Méthodes Numériques

Alfio Quarteroni
Riccardo Sacco
Fausto Saleri

Méthodes Numériques

Algorithmes, analyse et applications

Springer

Alfio Quarteroni
MOX – Dipartimento di Matematica
Politecnico di Milano et
Ecole Polytechnique Fédérale de Lausanne

Riccardo Sacco
Dipartimento di Matematica
Politecnico di Milano

Fausto Saleri
MOX – Dipartimento di Matematica
Politecnico di Milano

Traduit de l'italien par:
Jean-Frédéric Gerbeau
INRIA – Rocquencourt

Traduction à partir de l'ouvrage italien:
Matematica Numerica – A. Quarteroni, R. Sacco, F. Saleri

ISBN 13 978-88-470-0495-5 Springer Milan Berlin Heidelberg New York

Springer-Verlag Italia est membre de Springer Science+Business Media
springer.com

Mise en page: PTP-Berlin GmbH, Protago TEX-Production, www.ptp-berlin.eu
Maquette de couverture: Simona Colombo, Milano
Imprimé en Italie: Signum Srl, Bollate (Milano)

Springer-Verlag Italia
Via Decembrio 28
20137 Milano, Italia

Préface

Le calcul scientifique est une discipline qui consiste à développer, analyser et appliquer des méthodes relevant de domaines mathématiques aussi variés que l'analyse, l'algèbre linéaire, la géométrie, la théorie de l'approximation, les équations fonctionnelles, l'optimisation ou le calcul différentiel. Les méthodes numériques trouvent des applications naturelles dans de nombreux problèmes posés par la physique, les sciences biologiques, les sciences de l'ingénieur, l'économie et la finance.

Le calcul scientifique se trouve donc au carrefour de nombreuses disciplines des sciences appliquées modernes, auxquelles il peut fournir de puissants outils d'analyse, aussi bien qualitative que quantitative. Ce rôle est renforcé par l'évolution permanente des ordinateurs et des algorithmes : la taille des problèmes que l'on sait résoudre aujourd'hui est telle qu'il devient possible d'envisager la simulation de phénomènes réels.

La communauté scientifique bénéficie largement de la grande diffusion des logiciels de calcul numérique. Néanmoins, les utilisateurs doivent toujours choisir avec soin les méthodes les mieux adaptées à leurs cas particuliers : il n'existe en effet aucune "boite noire" qui puisse résoudre avec précision tous les types de problème.

Un des objectifs de ce livre est de présenter les fondements mathématiques du calcul scientifique en analysant les propriétés théoriques des méthodes numériques, tout en illustrant leurs avantages et inconvénients à l'aide d'exemples. La mise en oeuvre pratique est proposée dans le langage MATLAB® [1] qui présente l'avantage d'être d'une utilisation aisée et de bénéficier d'une large diffusion.

[1] MATLAB est une marque déposée de The MathWorks, Inc. Pour plus d'informations sur MATLAB et sur les autres produits de MathWorks, en particulier les outils d'analyse et de visualisation ("MATLAB Application Toolboxes") contactez : The MathWorks Inc., 3 Apple Hill Drive, Natick, MA 01760, Tel : 001+508-647-7000, Fax : 001+508-647-7001, e-mail : info@mathworks.com, www : http ://www.mathworks.com.

Chaque chapitre comporte des exemples, des exercices et des programmes. Plusieurs applications à des problèmes concrets sont rassemblées à la fin de l'ouvrage. Le lecteur peut donc à la fois acquérir les connaissances théoriques qui lui permettront d'effectuer le bon choix parmi les méthodes numériques et appliquer effectivement ces méthodes en implémentant les programmes correspondants.

Cet ouvrage est principalement destiné aux étudiants de second cycle des universités et aux élèves des écoles d'ingénieurs. Mais l'attention qui est accordée aux applications et aux questions d'implémentation le rend également utile aux étudiants de troisième cycle, aux chercheurs et, plus généralement, à tous les utilisateurs du calcul scientifique.

Le livre est organisé en 13 chapitres. Les deux premiers sont introductifs : on y trouvera des rappels d'algèbre linéaire, une explication des concepts généraux de consistance, stabilité et convergence des méthodes numériques ainsi que des notions de bases sur l'arithmétique des ordinateurs.

Les chapitres 3, 4 et 5 traitent des problèmes classiques de l'algèbre linéaire numérique : résolution des systèmes linéaires, calcul des valeurs propres et des vecteurs propres d'une matrice. La résolution des équations et des systèmes non linéaires est présentée dans le chapitre 6.

On aborde ensuite les problèmes de l'interpolation polynomiale (chapitre 7) et du calcul numérique des intégrales (chapitre 8). Le chapitre 9 présente la théorie des polynômes orthogonaux et ses applications aux problèmes de l'approximation et de l'intégration.

On traite de la résolution numérique des équations différentielles ordinaires dans le chapitre 10. Dans le chapitre 11, on aborde la résolution de problèmes aux limites en dimension 1 par la méthode des différences finies et des éléments finis. On y présente également quelques extensions au cas bidimensionnel. Des exemples d'équations aux dérivées partielles dépendant du temps, comme l'équation de la chaleur et l'équation des ondes, sont traités au chapitre 12.

Le chapitre 13 regroupe plusieurs exemples, issus de la physique et des sciences de l'ingénieur, résolus à l'aide des méthodes présentées dans les chapitres précédents.

Chaque programme MATLAB est accompagné d'une brève description des paramètres d'entrée et de sortie. Un index en fin d'ouvrage réunit l'ensemble des titres des programmes. Afin d'éviter au lecteur un travail fastidieux de saisie, les sources sont également disponibles sur internet à l'adresse `http ://www1.mate.polimi.it/~calnum/programs.html`.

Nous exprimons notre reconnaissance à Jean-Frédéric Gerbeau, traducteur de l'ouvrage, pour sa lecture soigneuse et critique ainsi que pour ses nombreuses suggestions. Nous remercions également Eric Cancès, Dominique Chapelle, Claude Le Bris et Marina Vidrascu qui ont aimablement accepté de relire certains chapitres. Nos remerciements s'adressent également à Francesca Bonadei de Springer-Italie et à Nathalie Huilleret de Springer-France pour leur précieuse collaboration en vue de la réussite de ce projet.

Le présent ouvrage est une édition revue et augmentée de notre livre intitulé *Méthodes numériques pour le calcul scientifique*, publié par Springer France en 2000. Il comporte en particulier deux nouveaux chapitres qui traitent de l'approximation d'équations aux dérivées partielles par différences finies et éléments finis.

Milan et Lausanne
février 2007

Alfio Quarteroni
Riccardo Sacco
Fausto Saleri

Table des matières

IV Transformations, dérivations et discrétisations

Partie I

Notions de base

1

Éléments d'analyse matricielle

Dans ce chapitre, nous rappelons les notions élémentaires d'algèbre linéaire que nous utiliserons dans le reste de l'ouvrage. Pour les démonstrations et pour plus de détails, nous renvoyons à [Bra75], [Nob69], [Hal58]. On trouvera également des résultats complémentaires sur les valeurs propres dans [Hou75] et [Wil65].

1.1 Espaces vectoriels

Définition 1.1 Un *espace vectoriel* sur un corps K ($K = \mathbb{R}$ ou $K = \mathbb{C}$) est un ensemble non vide V sur lequel on définit une loi interne notée $+$, appelée *addition*, et une loi externe, notée $\cdot$, appelée *multiplication par un scalaire*, qui possèdent les propriétés suivantes :

1. (V,+) est un groupe commutatif;
2. la loi externe satisfait $\forall\alpha \in K, \forall\mathbf{v}, \mathbf{w} \in V$, $\alpha(\mathbf{v}+\mathbf{w}) = \alpha\mathbf{v} + \alpha\mathbf{w}$; $\forall\alpha$, $\beta \in K$, $\forall\mathbf{v} \in V$, $(\alpha+\beta)\mathbf{v} = \alpha\mathbf{v} + \beta\mathbf{v}$ et $(\alpha\beta)\mathbf{v} = \alpha(\beta\mathbf{v})$; $1 \cdot \mathbf{v} = \mathbf{v}$,

où 1 est l'élément unité de K. Les éléments de V sont appelés *vecteurs*, ceux de K sont les *scalaires*. ■

Exemple 1.1 Voici des exemples d'espace vectoriel :

- $V = \mathbb{R}^n$ (resp. $V = \mathbb{C}^n$) : l'ensemble des n-uples de nombres réels (resp. complexes), $n \geq 1$;
- $V = \mathbb{P}_n$: l'ensemble des polynômes $p_n(x) = \sum_{k=0}^{n} a_k x^k$, de degré inférieur ou égal à n, $n \geq 0$, à coefficients réels ou complexes a_k ;
- $V = C^p([a,b])$: l'ensemble des fonctions, à valeurs réelles ou complexes, p fois continûment dérivables sur $[a,b]$, $0 \leq p < \infty$. •

Définition 1.2 On dit qu'une partie non vide W de V est un *sous-espace vectoriel* de V si et seulement si

$$\forall(\mathbf{v},\mathbf{w}) \in W^2,\ \forall(\alpha,\beta) \in K^2, \quad \alpha\mathbf{v}+\beta\mathbf{w} \in W. \qquad \blacksquare$$

En particulier, l'ensemble W des combinaisons linéaires d'une famille de p vecteurs de V, $\{\mathbf{v}_1,\ldots,\mathbf{v}_p\}$, est un sous-espace vectoriel de V, appelé *sous-espace engendré* par la famille de vecteurs. On le note

$$\begin{aligned} W &= \text{vect}\,\{\mathbf{v}_1,\ldots,\mathbf{v}_p\} \\ &= \{\mathbf{v} = \alpha_1\mathbf{v}_1 + \ldots + \alpha_p\mathbf{v}_p \quad \text{avec } \alpha_i \in K,\ i=1,\ldots,p\}. \end{aligned} \tag{1.1}$$

La famille $\{\mathbf{v}_1,\ldots,\mathbf{v}_p\}$ est appelée *famille génératrice* de W.

Si $W_1,\ldots,W_m$ sont des sous-espaces vectoriels de V, alors l'ensemble

$$S = \{\mathbf{w} :\ \mathbf{w} = \mathbf{v}_1 + \ldots + \mathbf{v}_m \quad \text{avec } \mathbf{v}_i \in W_i,\ i=1,\ldots,m\}$$

est aussi un sous-espace vectoriel de V.

Définition 1.3 On dit que S est la *somme directe* des sous-espaces W_i si tout élément $\mathbf{s} \in S$ admet une unique décomposition de la forme $\mathbf{s} = \mathbf{v}_1 + \ldots + \mathbf{v}_m$ avec $\mathbf{v}_i \in W_i$ et $i = 1,\ldots,m$. Dans ce cas, on écrit $S = W_1 \oplus \ldots \oplus W_m$. ■

Définition 1.4 Une famille de vecteurs $\{\mathbf{v}_1,\ldots,\mathbf{v}_m\}$ d'un espace vectoriel V est dite *libre* si les vecteurs $\mathbf{v}_1,\ldots,\mathbf{v}_m$ sont *linéairement indépendants* c'est-à-dire si la relation

$$\alpha_1\mathbf{v}_1 + \alpha_2\mathbf{v}_2 + \ldots + \alpha_m\mathbf{v}_m = \mathbf{0},$$

avec $\alpha_1,\alpha_2,\ldots,\alpha_m \in K$, implique $\alpha_1 = \alpha_2 = \ldots = \alpha_m = 0$ (on a noté $\mathbf{0}$ l'élément nul de V). Dans le cas contraire, la famille est dite *liée*. ■

On appelle *base* de V toute famille libre et génératrice de V. Si $\{\mathbf{u}_1,\ldots,\mathbf{u}_n\}$ est une base de V, l'expression $\mathbf{v} = v_1\mathbf{u}_1 + \ldots + v_n\mathbf{u}_n$ est appelée *décomposition* de $\mathbf{v}$ et les scalaires $v_1,\ldots,v_n \in K$ sont les *composantes* de $\mathbf{v}$ sur la base donnée. On a de plus la propriété suivante :

Propriété 1.1 (théorème de la dimension) *Si V est un espace vectoriel muni d'une base de n vecteurs, alors toute famille libre de V a au plus n éléments et toute autre base de V a exactement n éléments. Le nombre n est appelé dimension de V et on note $dim(V) = n$.*
Si pour tout n il existe n vecteurs de V linéairement indépendants, l'espace vectoriel est dit de dimension infinie.

Exemple 1.2 Pour tout p, l'espace $C^p([a,b])$ est de dimension infinie. Les espaces $\mathbb{R}^n$ et $\mathbb{C}^n$ sont de dimension n. La base usuelle (ou *canonique*) de $\mathbb{R}^n$ est l'ensemble des *vecteurs unitaires* $\{\mathbf{e}_1,\ldots,\mathbf{e}_n\}$ avec $(\mathbf{e}_i)_j = \delta_{ij}$ pour $i,j = 1,\ldots n$, où δ_{ij} désigne le *symbole de Kronecker* (*i.e.* 0 si $i \neq j$ et 1 si $i = j$). Ce choix n'est naturellement pas le seul possible (voir Exercice 2). •

1.2 Matrices

Soient m et n deux entiers positifs. On appelle *matrice* à m lignes et n colonnes, ou matrice $m \times n$, ou matrice (m, n), à coefficients dans K, un ensemble de mn scalaires $a_{ij} \in K$, avec $i = 1, \ldots, m$ et $j = 1, \ldots n$, représentés dans le tableau rectangulaire suivant

$$\mathrm{A} = \begin{bmatrix} a_{11} & a_{12} & \ldots & a_{1n} \\ a_{21} & a_{22} & \ldots & a_{2n} \\ \vdots & \vdots & & \vdots \\ a_{m1} & a_{m2} & \ldots & a_{mn} \end{bmatrix}. \tag{1.2}$$

Quand $K = \mathbb{R}$ ou $K = \mathbb{C}$, on écrit respectivement $\mathrm{A} \in \mathbb{R}^{m\times n}$ ou $\mathrm{A} \in \mathbb{C}^{m\times n}$, afin de mettre explicitement en évidence le corps auquel appartiennent les éléments de A. Nous désignerons une matrice par une lettre majuscule, et les coefficients de cette matrice par la lettre minuscule correspondante.
Pour écrire (1.2), nous utiliserons l'abréviation $\mathrm{A} = (a_{ij})$ avec $i = 1, \ldots, m$ et $j = 1, \ldots n$. L'entier i est appelé indice de ligne, et l'entier j indice de colonne. L'ensemble $(a_{i1}, a_{i2}, \ldots, a_{in})$ est la *i-ième ligne* de A ; de même, $(a_{1j}, a_{2j}, \ldots, a_{mj})$ est la *j-ième colonne* de A.

Si $n = m$, on dit que la matrice est *carrée* ou d'ordre n et on appelle *diagonale principale* le n-uple $(a_{11}, a_{22}, \ldots, a_{nn})$.

On appelle *vecteur ligne* (resp. *vecteur colonne*) une matrice n'ayant qu'une ligne (resp. colonne). Sauf mention explicite du contraire, nous supposerons toujours qu'un vecteur est un vecteur colonne. Dans le cas $n = m = 1$, la matrice désigne simplement un scalaire de K.
Il est quelquefois utile de distinguer, à l'intérieur d'une matrice, l'ensemble constitué de lignes et de colonnes particulières. Ceci nous conduit à introduire la définition suivante :

Définition 1.5 Soit A une matrice $m \times n$. Soient $1 \leq i_1 < i_2 < \ldots < i_k \leq m$ et $1 \leq j_1 < j_2 < \ldots < j_l \leq n$ deux ensembles d'indices. La matrice $\mathrm{S}(k \times l)$ ayant pour coefficients $s_{pq} = a_{i_p j_q}$ avec $p = 1, \ldots, k$, $q = 1, \ldots, l$ est appelée *sous-matrice* de A. Si $k = l$ et $i_r = j_r$ pour $r = 1, \ldots, k$, S est une *sous-matrice principale* de A. ■

Définition 1.6 Une matrice $\mathrm{A}(m \times n)$ est dite *décomposée en blocs* ou *décomposée en sous-matrices* si

$$\mathrm{A} = \begin{bmatrix} \mathrm{A}_{11} & \mathrm{A}_{12} & \ldots & \mathrm{A}_{1l} \\ \mathrm{A}_{21} & \mathrm{A}_{22} & \ldots & \mathrm{A}_{2l} \\ \vdots & \vdots & \ddots & \vdots \\ \mathrm{A}_{k1} & \mathrm{A}_{k2} & \ldots & \mathrm{A}_{kl} \end{bmatrix},$$

où les A_{ij} sont des sous-matrices de A. ■

Parmi toutes les partitions possibles de A, mentionnons en particulier la partition en colonnes

$$A = (\mathbf{a}_1,\ \mathbf{a}_2,\ \ldots, \mathbf{a}_n),$$

$\mathbf{a}_i$ étant le i-ième vecteur colonne de A. On définit de façon analogue la partition de A en lignes. Pour préciser les notations, si A est une matrice $m \times n$, nous désignerons par

$$A(i_1 : i_2, j_1 : j_2) = (a_{ij})\ i_1 \leq i \leq i_2,\ j_1 \leq j \leq j_2$$

la sous-matrice de A de taille $(i_2 - i_1 + 1) \times (j_2 - j_1 + 1)$ comprise entre les lignes i_1 et i_2 et les colonnes j_1 et j_2. De même, si $\mathbf{v}$ est un vecteur de taille n, nous désignerons par $\mathbf{v}(i_1 : i_2)$ le vecteur de taille $i_2 - i_1 + 1$ compris entre la i_1-ième et la i_2-ième composante de $\mathbf{v}$.

Ces notations sont utiles pour l'implémentation des algorithmes dans des langages de programmation tels que Fortran 90 ou MATLAB.

1.3 Opérations sur les matrices

Soient $A = (a_{ij})$ et $B = (b_{ij})$ deux matrices $m \times n$ sur K. On dit que A est *égale* à B, si $a_{ij} = b_{ij}$ pour $i = 1, \ldots, m$, $j = 1, \ldots, n$. On définit de plus les opérations suivantes :

- *somme de matrices* : on appelle somme des matrices A et B la matrice $C(m \times n)$ dont les coefficients sont $c_{ij} = a_{ij} + b_{ij}$, $i = 1, \ldots, m$, $j = 1, \ldots, n$. L'élément neutre pour la somme matricielle est la *matrice nulle*, notée $0_{m,n}$ ou plus simplement 0, constituée de coefficients tous nuls ;
- *multiplication d'une matrice par un scalaire* : la multiplication de A par $\lambda \in K$, est la matrice $C(m \times n)$ dont les coefficients sont donnés par $c_{ij} = \lambda a_{ij}$, $i = 1, \ldots, m$, $j = 1, \ldots, n$;
- *produit de deux matrices* : le produit d'une matrices A de taille (m, p) par une matrice B de taille (p, n) est la matrice $C(m, n)$, dont les coefficients sont donnés par $c_{ij} = \sum_{k=1}^{p} a_{ik} b_{kj}, i = 1, \ldots, m, j = 1, \ldots, n.$

Le produit matriciel est associatif et distributif par rapport à la somme matricielle, mais il n'est pas commutatif en général. On dira que deux matrices carrées *commutent* si AB = BA.

Dans le cas des matrices carrées, l'élément neutre pour le produit matriciel est la matrice carrée d'ordre n, appelée *matrice unité d'ordre* n ou, plus fréquemment, *matrice identité*, définie par $I_n = (\delta_{ij})$.

La matrice identité est, par définition, la seule matrice $n \times n$ telle que $AI_n = I_nA = A$ pour toutes les matrices carrées A. Dans la suite nous omettrons l'indice n à moins qu'il ne soit vraiment nécessaire. La matrice identité est un cas particulier de *matrice diagonale* d'ordre n, c'est-à-dire une matrice ayant tous ses termes nuls exceptés ceux de la diagonale qui valent d_{ii}, ce qu'on peut écrire $\mathrm{D} = (d_{ii}\delta_{ij})$. On utilisera le plus souvent la notation $\mathrm{D} = \mathrm{diag}(d_{11}, d_{22}, \ldots, d_{nn})$.

Enfin, si A est une matrice carrée d'ordre n et p un entier, on définit A^p comme le produit de A par elle-même répété p fois. On pose $\mathrm{A}^0 = \mathrm{I}$.

Abordons à présent les *opérations élémentaires sur les lignes* d'une matrice. Elles consistent en :

- la multiplication de la i-ième ligne d'une matrice par un scalaire α ; cette opération est équivalente à la multiplication de A par la matrice $\mathrm{D} = \mathrm{diag}(1, \ldots, 1, \alpha, 1, \ldots, 1)$, où α est à la i-ième place ;
- l'échange de la i-ième et de la j-ième ligne d'une matrice ; ceci peut être effectué en multipliant A par la matrice $\mathrm{P}^{(i,j)}$ définie par

$$p_{rs}^{(i,j)} = \begin{cases} 1 \text{ si } r = s = 1, \ldots, i-1, i+1, \ldots, j-1, j+1, \ldots, n, \\ 1 \text{ si } r = j, s = i \text{ ou } r = i, s = j, \\ 0 \text{ autrement.} \end{cases} \tag{1.3}$$

  Les matrices du type (1.3) sont appelées *matrices élémentaires de permutation.* Le produit de matrices élémentaires de permutation est appelé *matrice de permutation*, et il effectue les échanges de lignes associés à chaque matrice élémentaire. En pratique, on obtient une matrice de permutation en réordonnant les lignes de la matrice identité ;
- la somme de la i-ième ligne d'une matrice avec α fois sa j-ième ligne. Cette opération peut aussi être effectuée en multipliant A par la matrice $\mathrm{I}+\mathrm{N}_\alpha^{(i,j)}$, où $\mathrm{N}_\alpha^{(i,j)}$ est une matrice dont les coefficients sont tous nuls excepté celui situé en i, j dont la valeur est α.

1.3.1 Inverse d'une matrice

Définition 1.7 Un matrice carrée A d'ordre n est dite *inversible* (ou *régulière* ou *non singulière*) s'il existe une matrice carrée B d'ordre n telle que $\mathrm{A\,B} = \mathrm{B\,A} = \mathrm{I}$. On dit que B est la *matrice inverse* de A et on la note A^{-1}. Une matrice qui n'est pas inversible est dite *singulière.* ■

Si A est inversible, son inverse est aussi inversible et $(\mathrm{A}^{-1})^{-1} = \mathrm{A}$. De plus, si A et B sont deux matrices inversibles d'ordre n, leur produit AB est aussi inversible et$(\mathrm{A\,B})^{-1} = \mathrm{B}^{-1}\mathrm{A}^{-1}$. On a la propriété suivante :

Propriété 1.2 *Une matrice carrée est inversible si et seulement si ses vecteurs colonnes sont linéairement indépendants.*

Définition 1.8 On appelle *transposée* d'une matrice A$\in \mathbb{R}^{m\times n}$ la matrice $n \times m$, notée A^T, obtenue en échangeant les lignes et les colonnes de A. ■

On a clairement, $(A^T)^T = A$, $(A + B)^T = A^T + B^T$, $(AB)^T = B^T A^T$ et $(\alpha A)^T = \alpha A^T$ $\forall \alpha \in \mathbb{R}$. Si A est inversible, on a aussi $(A^T)^{-1} = (A^{-1})^T = A^{-T}$.

Définition 1.9 Soit $A \in \mathbb{C}^{m\times n}$; la matrice $B = A^* \in \mathbb{C}^{n\times m}$ est appelée *adjointe* (ou *transposée conjuguée*) de A si $b_{ij} = \bar{a}_{ji}$, où $\bar{a}_{ji}$ est le complexe conjugué de a_{ji}. ■

On a $(A + B)^* = A^* + B^*$, $(AB)^* = B^* A^*$ et $(\alpha A)^* = \bar{\alpha} A^*$ $\forall \alpha \in \mathbb{C}$.

Définition 1.10 Une matrice $A \in \mathbb{R}^{n\times n}$ est dite *symétrique* si $A = A^T$, et *antisymétrique* si $A = -A^T$. Elle est dite *orthogonale* si $A^T A = AA^T = I$, c'est-à-dire si $A^{-1} = A^T$. ■

Les matrices de permutation sont orthogonales et le produit de matrices orthogonales est orthogonale.

Définition 1.11 Une matrice $A \in \mathbb{C}^{n\times n}$ est dite *hermitienne* ou *autoadjointe* si $A^T = \bar{A}$, c'est-à-dire si $A^* = A$, et elle est dite *unitaire* si $A^* A = AA^* = I$. Enfin, si $AA^* = A^* A$, A est dite *normale.* ■

Par conséquent, une matrice unitaire est telle que $A^{-1} = A^*$. Naturellement, une matrice unitaire est également normale, mais elle n'est en général pas hermitienne.

On notera enfin que les coefficients diagonaux d'une matrice hermitienne sont nécessairement réels (voir aussi l'Exercice 5).

1.3.2 Matrices et applications linéaires

Définition 1.12 Une *application linéaire* de $\mathbb{C}^n$ sur $\mathbb{C}^m$ est une fonction $f : \mathbb{C}^n \longrightarrow \mathbb{C}^m$ telle que $f(\alpha \mathbf{x} + \beta \mathbf{y}) = \alpha f(\mathbf{x}) + \beta f(\mathbf{y})$, $\forall \alpha, \beta \in K$ et $\forall \mathbf{x}, \mathbf{y} \in \mathbb{C}^n$. ■

Le résultat suivant relie matrices et applications linéaires.

Propriété 1.3 *Si* $f : \mathbb{C}^n \longrightarrow \mathbb{C}^m$ *est une application linéaire, alors il existe une unique matrice* $A_f \in \mathbb{C}^{m\times n}$ *telle que*

$$f(\mathbf{x}) = A_f \mathbf{x} \qquad \forall \mathbf{x} \in \mathbb{C}^n. \tag{1.4}$$

Inversement, si $A_f \in \mathbb{C}^{m\times n}$*, alors la fonction définie par* (1.4) *est une application linéaire de* $\mathbb{C}^n$ *sur* $\mathbb{C}^m$.

Exemple 1.3 Un exemple important d'application linéaire est la *rotation* d'angle ϑ dans le sens trigonométrique dans le plan (x_1, x_2). La matrice associée est donnée par

$$\mathrm{G}(\vartheta) = \begin{bmatrix} c & -s \\ s & c \end{bmatrix}, \qquad c = \cos(\vartheta),\ s = \sin(\vartheta)$$

et on l'appelle *matrice de rotation*. Remarquer que $\mathrm{G}(\vartheta)$ fournit un exemple supplémentaire de matrice unitaire non symétrique. •

Toutes les opérations introduites précédemment peuvent être étendues au cas d'une matrice A par blocs, pourvu que la taille de chacun des blocs soit telle que toutes les opérations matricielles soient bien définies.

1.4 Trace et déterminant d'une matrice

Considérons une matrice carrée A d'ordre n. La *trace* de cette matrice est la somme des coefficients diagonaux de A : $\mathrm{tr}(\mathrm{A}) = \sum_{i=1}^{n} a_{ii}$.
On appelle *déterminant* de A le scalaire défini par la formule suivante :

$$\mathrm{dét}(\mathrm{A}) = \sum_{\boldsymbol{\pi} \in P} \mathrm{signe}(\boldsymbol{\pi}) a_{1\pi_1} a_{2\pi_2} \ldots a_{n\pi_n},$$

où $P = \{\boldsymbol{\pi} = (\pi_1, \ldots, \pi_n)^T\}$ est l'ensemble des $n!$ multi-indices obtenus par permutation du multi-indice $\mathbf{i} = (1, \ldots, n)^T$ et $\mathrm{signe}(\boldsymbol{\pi})$ vaut 1 (respectivement -1) si on effectue un nombre pair (respectivement impair) de transpositions pour obtenir $\boldsymbol{\pi}$ à partir de $\mathbf{i}$.
Dans le cas des matrices carrées d'ordre n, on a les propriétés suivantes :

$$\mathrm{dét}(\mathrm{A}) = \mathrm{dét}(\mathrm{A}^T), \qquad \mathrm{dét}(\mathrm{AB}) = \mathrm{dét}(\mathrm{A})\mathrm{dét}(\mathrm{B}),$$

$$\mathrm{dét}(\mathrm{A}^{-1}) = 1/\mathrm{dét}(\mathrm{A}),$$

$$\mathrm{dét}(\mathrm{A}^*) = \overline{\mathrm{dét}(\mathrm{A})}, \qquad \mathrm{dét}(\alpha\mathrm{A}) = \alpha^n \mathrm{dét}(\mathrm{A}),\ \forall \alpha \in K.$$

De plus, si deux lignes ou deux colonnes d'une matrice coïncident, le déterminant de cette matrice est nul. Quand on échange deux lignes (ou deux colonnes), on change le signe du déterminant. Enfin, le déterminant d'une matrice diagonale est le produit des éléments diagonaux.

Si on note A_{ij} la matrice d'ordre $n-1$ obtenue à partir de A en éliminant la i-ième ligne et la j-ième colonne, on appelle *mineur* associé au coefficient a_{ij} le déterminant de la matrice A_{ij}. On appelle *k-ième mineur principal* de A le déterminant d_k de la sous-matrice principale d'ordre k, $\mathrm{A}_k = \mathrm{A}(1:k, 1:k)$.

Le *cofacteur* de a_{ij} est défini par $\Delta_{ij} = (-1)^{i+j}\text{dét}(A_{ij})$, le calcul effectif du déterminant de A peut être effectué en utilisant la relation de récurrence

$$\text{dét}(A) = \begin{cases} a_{11} & \text{si } n = 1, \\ \\ \displaystyle\sum_{j=1}^{n} \Delta_{ij} a_{ij} & \text{pour } n > 1, \end{cases} \tag{1.5}$$

qui est connue sous le nom de *loi de Laplace*. Si A est une matrice inversible d'ordre n, alors

$$A^{-1} = \frac{1}{\text{dét}(A)} C,$$

où C est la matrice de coefficients Δ_{ji}, $i = 1, \ldots, n$, $j = 1, \ldots, n$.
Par conséquent, une matrice carrée est inversible si et seulement si son déterminant est non nul. Dans le cas d'une matrice diagonale inversible, l'inverse est encore une matrice diagonale ayant pour éléments les inverses des éléments de la matrice.

Toute *matrice orthogonale* est inversible, son inverse est A^T et $\text{dét}(A) = \pm 1$.

1.5 Rang et noyau d'une matrice

Soit A une matrice rectangulaire $m \times n$. On appelle *déterminant extrait d'ordre q (avec $q \geq 1$)*, le déterminant de n'importe quelle matrice d'ordre q obtenue à partir de A en éliminant $m - q$ lignes et $n - q$ colonnes.

Définition 1.13 Le *rang* de A, noté rg(A), est l'ordre maximum des déterminants extraits non nuls de A. Une matrice est de *rang maximum* si rg(A) $= \min(m,n)$. ■

Remarquer que le rang de A représente le nombre maximum de vecteurs colonnes de A linéairement indépendants. Autrement dit, c'est la dimension de *l'image* de A, définie par

$$\text{Im}(A) = \{\mathbf{y} \in \mathbb{R}^m : \ \mathbf{y} = A\mathbf{x} \text{ pour } \mathbf{x} \in \mathbb{R}^n\}. \tag{1.6}$$

Il faudrait distinguer *a priori* le rang des colonnes de A et le rang des lignes de A, ce dernier étant le nombre maximum de vecteurs lignes linéairement indépendants. Mais en fait, on peut prouver que le rang des lignes et le rang des colonnes coïncident.

Le *noyau* de A est le sous-espace vectoriel défini par

$$\text{Ker}(A) = \{\mathbf{x} \in \mathbb{R}^n : \ A\mathbf{x} = \mathbf{0}\}.$$

Soit $A \in \mathbb{R}^{m\times n}$; on a les relations suivantes :

$$\begin{aligned} &1.\ \mathrm{rg}(A) = \mathrm{rg}(A^T) \quad (\text{si } A \in \mathbb{C}^{m\times n},\ \mathrm{rg}(A) = \mathrm{rg}(A^*))\,; \\ &2.\ \mathrm{rg}(A) + \dim(\mathrm{Ker}(A)) = n. \end{aligned} \tag{1.7}$$

En général, $\dim(\mathrm{Ker}(A)) \neq \dim(\mathrm{Ker}(A^T))$. Si A est une matrice carrée inversible, alors $\mathrm{rg}(A) = n$ et $\dim(\mathrm{Ker}(A)) = 0$.

Exemple 1.4 La matrice

$$A = \begin{bmatrix} 1 & 1 & 0 \\ 1 & -1 & 1 \end{bmatrix},$$

est de rang 2, $\dim(\mathrm{Ker}(A)) = 1$ et $\dim(\mathrm{Ker}(A^T)) = 0$. •

On note enfin que pour une matrice $A \in \mathbb{C}^{n\times n}$ les propriétés suivantes sont équivalentes : (i) A est inversible ; (ii) $\det(A) \neq 0$; (iii) $\mathrm{Ker}(A) = \{\mathbf{0}\}$; (iv) $\mathrm{rg}(A) = n$; (v) les colonnes et les lignes de A sont linéairement indépendantes.

1.6 Matrices particulières

1.6.1 Matrices diagonales par blocs

Ce sont les matrices de la forme $D = \mathrm{diag}(D_1, \ldots, D_n)$, où D_i, $i = 1, \ldots, n$, sont des matrices carrées. Naturellement, chaque bloc peut être de taille différente. Nous dirons qu'une matrice diagonale par blocs est de taille n si elle comporte n blocs diagonaux. Le déterminant d'une matrice diagonale par blocs est égal au produit des déterminants des blocs diagonaux.

1.6.2 Matrices trapézoïdales et triangulaires

Une matrice $A(m \times n)$ est dite *trapézoïdale supérieure* si $a_{ij} = 0$ pour $i > j$, et *trapézoïdale inférieure* si $a_{ij} = 0$ pour $i < j$. Ce nom vient du fait que, quand $m < n$, les termes non nuls des matrices trapézoïdales supérieures ont la forme d'un trapèze.

Une *matrice triangulaire* est une matrice trapézoïdale carrée d'ordre n de la forme

$$L = \begin{bmatrix} l_{11} & 0 & \ldots & 0 \\ l_{21} & l_{22} & \ldots & 0 \\ \vdots & \vdots & & \vdots \\ l_{n1} & l_{n2} & \ldots & l_{nn} \end{bmatrix} \text{ ou } U = \begin{bmatrix} u_{11} & u_{12} & \ldots & u_{1n} \\ 0 & u_{22} & \ldots & u_{2n} \\ \vdots & \vdots & & \vdots \\ 0 & 0 & \ldots & u_{nn} \end{bmatrix}.$$

La matrice L est dite *triangulaire inférieure* tandis que U est dite *triangulaire supérieure* (les notations L et U viennent de l'anglais *lower triangular* et *upper triangular*).

Rappelons quelques propriétés algébriques élémentaires des matrices triangulaires :

- le déterminant d'une matrice triangulaire est le produit des termes diagonaux ;
- l'inverse d'une matrice triangulaire inférieure est encore une matrice triangulaire inférieure ;
- le produit de deux matrices triangulaires inférieures est encore une matrice triangulaire inférieure ;
- le produit de deux matrices triangulaires inférieures dont les éléments diagonaux sont égaux à 1 est encore une matrice triangulaire inférieure dont les éléments diagonaux sont égaux à 1.

Ces propriétés sont encore vraies si on remplace "inférieure" par "supérieure".

1.6.3 Matrices bandes

On dit qu'une matrice $A \in \mathbb{R}^{m\times n}$ (ou $\mathbb{C}^{m\times n}$) est une *matrice bande* si elle n'admet des éléments non nuls que sur un "certain nombre" de diagonales autour de la diagonale principale. Plus précisément, on dit que A est une matrice *bande-p inférieure* si $a_{ij} = 0$ quand $i > j + p$ et *bande-q supérieure* si $a_{ij} = 0$ quand $j > i + q$. On appelle simplement *matrice bande-p* une matrice qui est bande-p inférieure et supérieure.

Les matrices introduites dans la section précédente sont des cas particuliers de matrices bandes. Les matrices diagonales sont des matrices bandes pour lesquelles $p = q = 0$. Les matrices triangulaires correspondent à $p = m - 1$, $q = 0$ (triangulaires inférieures), ou $p = 0$, $q = n-1$ (triangulaires supérieures).

Il existe d'autres catégories intéressantes de matrices bandes : les *matrices tridiagonales* ($p = q = 1$), les *bidiagonales supérieures* ($p = 0$, $q = 1$) et les *bidiagonales inférieures* ($p = 1$, $q = 0$). Dans la suite, $\mathrm{tridiag}_n(\mathbf{b}, \mathbf{d}, \mathbf{c})$ désignera la matrice tridiagonale de taille n ayant sur la diagonale principale inférieure (resp. supérieure) le vecteur $\mathbf{b} = (b_1, \ldots, b_{n-1})^T$ (resp. $\mathbf{c} = (c_1, \ldots, c_{n-1})^T$), et sur la diagonale principale le vecteur $\mathbf{d} = (d_1, \ldots, d_n)^T$. Si $b_i = \beta$, $d_i = \delta$ et $c_i = \gamma$, où β, δ et γ sont des constantes, la matrice sera notée $\mathrm{tridiag}_n(\beta, \delta, \gamma)$.

Mentionnons également les *matrices de Hessenberg inférieures* ($p = m-1$, $q = 1$) et les *matrices de Hessenberg supérieures* ($p = 1$, $q = n - 1$) qui ont respectivement les structures suivantes

$$
\mathrm{H} = \begin{bmatrix} h_{11} & h_{12} & & 0 \\ h_{21} & h_{22} & \ddots & \\ \vdots & & \ddots & h_{m-1n} \\ h_{m1} & \ldots & \ldots & h_{mn} \end{bmatrix} \quad \text{ou } \mathrm{H} = \begin{bmatrix} h_{11} & h_{12} & \ldots & h_{1n} \\ h_{21} & h_{22} & & h_{2n} \\ & \ddots & \ddots & \vdots \\ 0 & & h_{mn-1} & h_{mn} \end{bmatrix}.
$$

On peut également écrire des matrices par blocs sous cette forme.

1.7 Valeurs propres et vecteurs propres

Soit A une matrice carrée d'ordre n à valeurs réelles ou complexes ; on dit que $\lambda \in \mathbb{C}$ est une *valeur propre* de A s'il existe un vecteur non nul $\mathbf{x} \in \mathbb{C}^n$ tel que $\mathrm{A}\mathbf{x} = \lambda\mathbf{x}$. Le vecteur $\mathbf{x}$ est le *vecteur propre* associé à la valeur propre λ et l'ensemble des valeurs propres de A est appelé *spectre* de A. On le note $\sigma(\mathrm{A})$. On dit que $\mathbf{x}$ et $\mathbf{y}$ sont respectivement *vecteur propre à droite* et *vecteur propre à gauche* de A associés à la valeur propre λ, si

$$\mathrm{A}\mathbf{x} = \lambda\mathbf{x}, \ \mathbf{y}^*\mathrm{A} = \lambda\mathbf{y}^*.$$

La valeur propre λ correspondant au vecteur propre $\mathbf{x}$ peut être déterminée en calculant le *quotient de Rayleigh* $\lambda = \mathbf{x}^*\mathrm{A}\mathbf{x}/(\mathbf{x}^*\mathbf{x})$. Le nombre λ est solution de l'*équation caractéristique*

$$p_{\mathrm{A}}(\lambda) = \mathrm{dét}(\mathrm{A} - \lambda\mathrm{I}) = 0,$$

où $p_{\mathrm{A}}(\lambda)$ est le *polynôme caractéristique.* Ce polynôme étant de degré n par rapport à λ, on sait qu'il existe n valeurs propres (non nécessairement distinctes).

On peut démontrer la propriété suivante :

$$\mathrm{dét}(\mathrm{A}) = \prod_{i=1}^{n} \lambda_i, \quad \mathrm{tr}(\mathrm{A}) = \sum_{i=1}^{n} \lambda_i, \tag{1.8}$$

et puisque $\mathrm{dét}(\mathrm{A}^T - \lambda\mathrm{I}) = \mathrm{dét}((\mathrm{A} - \lambda\mathrm{I})^T) = \mathrm{dét}(\mathrm{A} - \lambda\mathrm{I})$ on en déduit que $\sigma(\mathrm{A}) = \sigma(\mathrm{A}^T)$ et, de manière analogue, que $\sigma(\mathrm{A}^*) = \sigma(\bar{\mathrm{A}})$.

Partant de la première relation de (1.8), on peut conclure qu'une matrice est singulière si et seulement si elle a au moins une valeur propre nulle. En effet $p_{\mathrm{A}}(0) = \mathrm{dét}(\mathrm{A}) = \Pi_{i=1}^n \lambda_i$.

De plus, si A est une matrice réelle, $p_{\mathrm{A}}(\lambda)$ est un polynôme à coefficients réels. Les valeurs propres complexes de A sont donc deux à deux conjuguées.

Enfin, le théorème de Cayley-Hamilton assure que, si $p_{\mathrm{A}}(\lambda)$ est le polynôme caractéristique de A, alors $p_{\mathrm{A}}(\mathrm{A}) = 0$, où $p_{\mathrm{A}}(\mathrm{A})$ désigne un polynôme matriciel (pour la démonstration, voir p. ex. [Axe94], p. 51).

Le plus grand des modules des valeurs propres de A est appelé *rayon spectral* de A et il est noté $\rho(\mathrm{A})$:

$$\rho(\mathrm{A}) = \max_{\lambda \in \sigma(\mathrm{A})} |\lambda|.$$

En utilisant la caractérisation des valeurs propres d'une matrice comme racines du polynôme caractéristique, on voit en particulier que λ est une valeur propre de $\mathrm{A} \in \mathbb{C}^{n\times n}$ si et seulement si $\bar{\lambda}$ est une valeur propre de A^*. Une conséquence immédiate est que $\rho(\mathrm{A}) = \rho(\mathrm{A}^*)$. De plus, $\forall \mathrm{A} \in \mathbb{C}^{n\times n}$ et $\forall \alpha \in \mathbb{C}$ on a $\rho(\alpha\mathrm{A}) = |\alpha|\rho(\mathrm{A})$ et $\rho(\mathrm{A}^k) = [\rho(\mathrm{A})]^k$, $\forall k \in \mathbb{N}$.

Enfin, supposons que A soit une matrice triangulaire par blocs de la forme

$$A = \begin{bmatrix} A_{11} & A_{12} & \ldots & A_{1k} \\ 0 & A_{22} & \ldots & A_{2k} \\ \vdots & & \ddots & \vdots \\ 0 & \ldots & 0 & A_{kk} \end{bmatrix}.$$

Puisque $p_A(\lambda) = p_{A_{11}}(\lambda) p_{A_{22}}(\lambda) \cdots p_{A_{kk}}(\lambda)$, le spectre de A est la réunion des spectres de chaque bloc diagonal. On en déduit en particulier que si A est triangulaire, ses valeurs propres sont ses coefficients diagonaux.

Pour chaque valeur propre λ d'une matrice A, la réunion de l'ensemble des vecteurs propres associés à λ et du vecteur nul constitue un sous-espace vectoriel de $\mathbb{C}^n$ appelé *sous-espace propre* associé à λ. Ce sous-espace coïncide par définition avec Ker(A-λI). D'après (1.7) sa dimension est

$$\dim [\text{Ker}(A - \lambda I)] = n - \text{rg}(A - \lambda I),$$

on l'appelle *multiplicité géométrique* de la valeur propre λ. Elle ne peut jamais être supérieure à la *multiplicité algébrique* de λ, définie comme la multiplicité de λ en tant que racine du polynôme caractéristique. Les valeurs propres ayant une multiplicité géométrique strictement plus petite que leur multiplicité algébrique sont dites *défectives*. Une matrice ayant au moins une valeur propre défective est dite également *défective*.

Définition 1.14 Un sous-espace vectoriel S de $\mathbb{C}^n$ est dit *stable* par une matrice carrée A si $AS \subset S$, où AS désigne l'image de S par A. ■

Le sous-espace propre associé à une valeur propre d'une matrice A est stable par A.

1.8 Matrices semblables

Il est utile, aussi bien pour des raisons théoriques que pour les calculs, d'établir une relation entre les matrices possédant les mêmes valeurs propres. Ceci nous amène à introduire la notion de matrices semblables.

Définition 1.15 Soient A et C deux matrices carrées de même ordre, C étant supposée inversible. On dit que les matrices A et $C^{-1}AC$ sont *semblables*, et on appelle *similitude* la transformation qui à A associe $C^{-1}AC$. De plus, on dit que A et $C^{-1}AC$ sont *unitairement semblables* si C est unitaire. ■

Deux matrices semblables possèdent le même spectre et le même polynôme caractéristique. En effet, il est facile de vérifier que si $(\lambda, \mathbf{x})$ est un couple de valeur et vecteur propres de A, il en est de même de $(\lambda, \mathrm{C}^{-1}\mathbf{x})$ pour la matrice $\mathrm{C}^{-1}\mathrm{AC}$ puisque

$$(\mathrm{C}^{-1}\mathrm{AC})\mathrm{C}^{-1}\mathbf{x} = \mathrm{C}^{-1}\mathrm{A}\mathbf{x} = \lambda \mathrm{C}^{-1}\mathbf{x}.$$

Remarquons en particulier que les matrices AB et BA, avec $\mathrm{A} \in \mathbb{C}^{n\times m}$ et $\mathrm{B} \in \mathbb{C}^{m\times n}$, ne sont pas semblables. Elles ont néanmoins pour propriété d'avoir les mêmes valeurs propres, mise à part éventuellement la valeur propre nulle (voir [Hac94], p.18, Théorème 2.4.6). Par conséquent $\rho(\mathrm{AB}) = \rho(\mathrm{BA})$.

L'utilisation des similitudes permet de réduire la complexité du problème de l'évaluation des valeurs propres d'une matrice. En effet, si on sait transformer une matrice donnée en une matrice semblable diagonale ou triangulaire, le calcul des valeurs propres devient immédiat.
Le principal résultat dans cette direction est le théorème suivant (pour la démonstration, voir [Dem97], Théorème 4.2) :

Propriété 1.4 (décomposition de Schur) *Soit* $\mathrm{A} \in \mathbb{C}^{n\times n}$, *il existe* U *unitaire telle que*

$$\mathrm{U}^{-1}\mathrm{AU} = \mathrm{U}^*\mathrm{AU} = \begin{bmatrix} \lambda_1 & b_{12} & \ldots & b_{1n} \\ 0 & \lambda_2 & & b_{2n} \\ \vdots & & \ddots & \vdots \\ 0 & \ldots & 0 & \lambda_n \end{bmatrix} = \mathrm{T},$$

où les λ_i *sont les valeurs propres de* A.

Par conséquent, toute matrice A est unitairement semblable à une matrice triangulaire supérieure. Les matrices T et U ne sont pas nécessairement uniques [Hac94].
Le théorème de décomposition de Schur implique de nombreux résultats importants ; parmi eux, nous rappelons :

1. toute matrice hermitienne est *unitairement semblable* à une matrice diagonale réelle. Ainsi, quand A est hermitienne, toute décomposition de Schur de A est diagonale. Dans ce cas, puisque

$$\mathrm{U}^{-1}\mathrm{AU} = \Lambda = \mathrm{diag}(\lambda_1, \ldots, \lambda_n),$$

on a $\mathrm{AU} = \mathrm{U}\Lambda$, c'est-à-dire $\mathrm{A}\mathbf{u}_i = \lambda_i \mathbf{u}_i$ pour $i = 1, \ldots, n$, de sorte que les vecteurs colonnes de U sont les vecteurs propres de A. De plus, puisque les vecteurs propres sont deux à deux orthogonaux, on en déduit que les vecteurs propres d'une matrice hermitienne sont orthogonaux et engendrent l'espace $\mathbb{C}^n$ tout entier. Enfin, on peut montrer [Axe94] qu'une matrice A d'ordre n est semblable à une matrice diagonale D si et seulement si les vecteurs propres de A forment une base de $\mathbb{C}^n$;

2. une matrice $A \in \mathbb{C}^{n\times n}$ est normale si et seulement si elle est unitairement semblable à une matrice diagonale. Par conséquent, une matrice normale $A \in \mathbb{C}^{n\times n}$ admet la *décomposition spectrale* suivante : $A = U\Lambda U^* = \sum_{i=1}^{n} \lambda_i \mathbf{u}_i \mathbf{u}_i^*$, U étant unitaire et Λ diagonale [SS90] ;
3. soient A et B deux matrices normales qui commutent. Alors, une valeur propre quelconque μ_i de A+B est donnée par la somme $\lambda_i + \xi_i$, où λ_i et ξ_i sont des valeurs propres de A et B associées à un même vecteur propre.

Il existe bien sûr des matrices non symétriques semblables à des matrices diagonales, mais elles ne sont alors pas unitairement semblables (voir p. ex. Exercice 7).

La décomposition de Schur peut être améliorée comme suit (pour la preuve, voir p. ex. [Str80], [God66]) :

Propriété 1.5 (forme canonique de Jordan) *Si* A *est une matrice carrée, alors il existe une matrice inversible* X *qui transforme* A *en une matrice diagonale par blocs* J *telle que*

$$X^{-1}AX = J = \mathrm{diag}\left(J_{k_1}(\lambda_1), J_{k_2}(\lambda_2), \ldots, J_{k_l}(\lambda_l)\right).$$

La matrice J est appelée forme canonique de Jordan, les λ_j étant les valeurs propres de A *et $J_k(\lambda) \in \mathbb{C}^{k\times k}$ des blocs de la forme $J_1(\lambda) = \lambda$ pour $k = 1$ et*

$$J_k(\lambda) = \begin{bmatrix} \lambda & 1 & 0 & \ldots & 0 \\ 0 & \lambda & 1 & \cdots & \vdots \\ \vdots & \ddots & \ddots & 1 & 0 \\ \vdots & & \ddots & \lambda & 1 \\ 0 & \ldots & \ldots & 0 & \lambda \end{bmatrix} \qquad \textit{pour } k > 1.$$

Les $J_k(\lambda)$ sont appelés blocs de Jordan.

Si une valeur propre est défective, la taille des blocs de Jordan correspondants est plus grande que 1. La forme canonique de Jordan nous indique donc qu'une matrice est semblable à une matrice diagonale si et seulement si elle n'est pas défective. Pour cette raison, les matrices non défectives sont dites *diagonalisables.* En particulier, les matrices normales sont diagonalisables.
Soient $\mathbf{x}_j$ les vecteurs colonnes d'une matrice $X = (\mathbf{x}_1, \ldots, \mathbf{x}_n)$. On peut montrer que les k_i vecteurs associés au bloc de Jordan $J_{k_i}(\lambda_i)$ satisfont la relation de récurrence suivante :

$$\begin{aligned} &A\mathbf{x}_l = \lambda_i \mathbf{x}_l, && l = \sum_{j=1}^{i-1} m_j + 1, \\ &A\mathbf{x}_j = \lambda_i \mathbf{x}_j + \mathbf{x}_{j-1}, && j = l+1, \ldots, l-1+k_i, \text{ si } k_i \neq 1. \end{aligned} \tag{1.9}$$

Les vecteurs $\mathbf{x}_i$ sont appelés *vecteurs principaux* ou *vecteurs propres généralisés* de A.

Exemple 1.5 Considérons la matrice suivante

$$\mathrm{A} = \begin{bmatrix} 7/4 & 3/4 & -1/4 & -1/4 & -1/4 & 1/4 \\ 0 & 2 & 0 & 0 & 0 & 0 \\ -1/2 & -1/2 & 5/2 & 1/2 & -1/2 & 1/2 \\ -1/2 & -1/2 & -1/2 & 5/2 & 1/2 & 1/2 \\ -1/4 & -1/4 & -1/4 & -1/4 & 11/4 & 1/4 \\ -3/2 & -1/2 & -1/2 & 1/2 & 1/2 & 7/2 \end{bmatrix}.$$

La forme canonique de Jordan de A et sa matrice X associée sont données par

$$\mathrm{J} = \begin{bmatrix} 2 & 1 & 0 & 0 & 0 & 0 \\ 0 & 2 & 0 & 0 & 0 & 0 \\ 0 & 0 & 3 & 1 & 0 & 0 \\ 0 & 0 & 0 & 3 & 1 & 0 \\ 0 & 0 & 0 & 0 & 3 & 0 \\ 0 & 0 & 0 & 0 & 0 & 2 \end{bmatrix}, \quad \mathrm{X} = \begin{bmatrix} 1 & 0 & 0 & 0 & 0 & 1 \\ 0 & 1 & 0 & 0 & 0 & 1 \\ 0 & 0 & 1 & 0 & 0 & 1 \\ 0 & 0 & 0 & 1 & 0 & 1 \\ 0 & 0 & 0 & 0 & 1 & 1 \\ 1 & 1 & 1 & 1 & 1 & 1 \end{bmatrix}.$$

Remarquer que deux blocs de Jordan différents sont associés à la valeur propre $\lambda = 2$. Il est facile de vérifier la propriété (1.9). Considérer, par exemple, le bloc de Jordan associé à la valeur propre $\lambda_2 = 3$:

$$\begin{aligned}
\mathrm{A}\mathbf{x}_3 &= [0\,0\,3\,0\,0\,3]^T = 3\,[0\,0\,1\,0\,0\,1]^T = \lambda_2\mathbf{x}_3, \\
\mathrm{A}\mathbf{x}_4 &= [0\,0\,1\,3\,0\,4]^T = 3\,[0\,0\,0\,1\,0\,1]^T + [0\,0\,1\,0\,0\,1]^T = \lambda_2\mathbf{x}_4 + \mathbf{x}_3, \\
\mathrm{A}\mathbf{x}_5 &= [0\,0\,0\,1\,3\,4]^T = 3\,[0\,0\,0\,0\,1\,1]^T + [0\,0\,0\,1\,0\,1]^T = \lambda_2\mathbf{x}_5 + \mathbf{x}_4.
\end{aligned}$$

•

1.9 Décomposition en valeurs singulières

Toute matrice peut être réduite sous forme diagonale en la multipliant à droite et à gauche par des matrices unitaires bien choisies. Plus précisément, on a le résultat suivant :

Propriété 1.6 *Soit* A$\in \mathbb{C}^{m\times n}$. *Il existe deux matrices unitaires* U$\in \mathbb{C}^{m\times m}$ *et* V$\in \mathbb{C}^{n\times n}$ *telles que*

$$\mathrm{U}^*\mathrm{A}\mathrm{V} = \Sigma = \mathrm{diag}(\sigma_1, \ldots, \sigma_p) \in \mathbb{R}^{m\times n} \qquad \textit{avec } p = \min(m,n) \qquad (1.10)$$

et $\sigma_1 \geq \ldots \geq \sigma_p \geq 0$. *La relation* (1.10) *est appelée décomposition en valeurs singulières (DVS) de* A *et les scalaires* σ_i *(ou* $\sigma_i(\mathrm{A})$*) sont appelés valeurs singulières de* A.

Si A est une matrice réelle, U et V sont aussi des matrices réelles et on peut remplacer U^* par U^T dans (1.10).

Les valeurs singulières sont caractérisées par

$$\sigma_i(\mathrm{A}) = \sqrt{\lambda_i(\mathrm{A}^*\mathrm{A})}, \quad i = 1, \ldots, p. \tag{1.11}$$

En effet, d'après (1.10), on a $\mathrm{A} = \mathrm{U}\Sigma\mathrm{V}^*$ et $\mathrm{A}^* = \mathrm{V}\Sigma^*\mathrm{U}^*$. Or U et V sont unitaires, donc $\mathrm{A}^*\mathrm{A} = \mathrm{V}\Sigma^*\Sigma\mathrm{V}^*$, ce qui implique que $\lambda_i(\mathrm{A}^*\mathrm{A}) = \lambda_i(\Sigma^*\Sigma) = (\sigma_i(\mathrm{A}))^2$. Les matrices AA^* et $\mathrm{A}^*\mathrm{A}$ étant hermitiennes, les colonnes de U, appelées *vecteurs singuliers à gauche*, sont les vecteurs propres de AA^* (voir Section 1.8). Elles ne sont donc pas définies de manière unique. Il en est de même pour les colonnes de V, appelées *vecteurs singuliers à droite* de A.

Si $\mathrm{A} \in \mathbb{C}^{n\times n}$ est une matrice hermitienne de valeurs propres $\lambda_1, \lambda_2, \ldots, \lambda_n$, alors d'après (1.11) les valeurs singulières de A coïncident avec les modules des valeurs propres de A. En effet, puisque $\mathrm{AA}^* = \mathrm{A}^2$, on a $\sigma_i = \sqrt{\lambda_i^2} = |\lambda_i|$ pour $i = 1, \ldots, n$.
Si

$$\sigma_1 \geq \ldots \geq \sigma_r > \sigma_{r+1} = \ldots = \sigma_p = 0,$$

alors le rang de A est r, le noyau de A est le sous-espace vectoriel engendré par les vecteurs colonnes de V, $\{\mathbf{v}_{r+1}, \ldots, \mathbf{v}_n\}$, et l'image de A est le sous-espace vectoriel engendré par les vecteurs colonnes de U, $\{\mathbf{u}_1, \ldots, \mathbf{u}_r\}$.

Définition 1.16 Supposons que $\mathrm{A} \in \mathbb{C}^{m\times n}$ soit de rang r et qu'elle admette une décomposition en valeurs singulières du type $\mathrm{U}^*\mathrm{AV} = \Sigma$. La matrice $\mathrm{A}^\dagger = \mathrm{V}\Sigma^\dagger\mathrm{U}^*$ est appelée matrice *pseudo-inverse de Moore-Penrose*, où

$$\Sigma^\dagger = \mathrm{diag}\left(\frac{1}{\sigma_1}, \ldots, \frac{1}{\sigma_r}, 0, \ldots, 0\right). \tag{1.12}$$

■

La matrice $\mathrm{A}^\dagger$ est aussi appelée *matrice inverse généralisée* de A (voir Exercice 13). En effet, si $\mathrm{rg}(\mathrm{A}) = n < m$, alors $\mathrm{A}^\dagger = (\mathrm{A}^T\mathrm{A})^{-1}\mathrm{A}^T$, tandis que si $n = m = \mathrm{rg}(\mathrm{A})$, $\mathrm{A}^\dagger = \mathrm{A}^{-1}$. Pour d'autres propriétés de $\mathrm{A}^\dagger$, voir aussi l'Exercice 12.

1.10 Produits scalaires vectoriels et normes vectorielles

On a très souvent besoin, pour quantifier des erreurs ou mesurer des distances, de calculer la "grandeur" d'un vecteur ou d'une matrice. Nous introduisons pour cela la notion de norme vectorielle dans cette section, et dans la suivante, celle de norme matricielle. Nous renvoyons le lecteur à [Ste73], [SS90] et [Axe94] pour les démonstrations des propriétés qui sont énoncées ci-dessous.

Définition 1.17 Un *produit scalaire* sur un K-espace vectoriel V est une application $(\cdot,\cdot)$ de $V \times V$ sur K qui possèdent les propriétés suivantes :

1. elle est linéaire par rapport aux vecteurs de V, c'est-à-dire
$$(\gamma\mathbf{x} + \lambda\mathbf{z}, \mathbf{y}) = \gamma(\mathbf{x}, \mathbf{y}) + \lambda(\mathbf{z}, \mathbf{y}), \ \forall \mathbf{x}, \mathbf{z} \in V, \ \forall \gamma, \lambda \in K;$$
2. elle est *hermitienne*, c'est-à-dire $(\mathbf{y}, \mathbf{x}) = \overline{(\mathbf{x}, \mathbf{y})}$, $\forall \mathbf{x}, \mathbf{y} \in V$;
3. elle est *définie positive*, c'est-à-dire $(\mathbf{x}, \mathbf{x}) > 0$, $\forall \mathbf{x} \neq \mathbf{0}$ (autrement dit $(\mathbf{x}, \mathbf{x}) \geq 0$ et $(\mathbf{x}, \mathbf{x}) = 0$ si et seulement si $\mathbf{x} = \mathbf{0}$). ∎

Dans le cas $V = \mathbb{C}^n$ (ou $\mathbb{R}^n$), un exemple est donné par le produit scalaire euclidien classique
$$(\mathbf{x}, \mathbf{y}) = \mathbf{y}^*\mathbf{x} = \sum_{i=1}^{n} x_i \bar{y}_i,$$
où $\bar{z}$ désigne le complexe conjugué de z. Pour toute matrice carrée A d'ordre n et pour tout $\mathbf{x}$, $\mathbf{y} \in \mathbb{C}^n$, on a alors la relation suivante
$$(\mathrm{A}\mathbf{x}, \mathbf{y}) = (\mathbf{x}, \mathrm{A}^*\mathbf{y}). \qquad (1.13)$$
En particulier, puisque pour toute matrice $\mathrm{Q} \in \mathbb{C}^{n\times n}$, $(\mathrm{Q}\mathbf{x}, \mathrm{Q}\mathbf{y}) = (\mathbf{x}, \mathrm{Q}^*\mathrm{Q}\mathbf{y})$, on a :

Propriété 1.7 *Les matrices unitaires préservent le produit scalaire euclidien. En d'autres termes, pour toute matrice unitaire* Q *et pour tout vecteur* $\mathbf{x}$ *et* $\mathbf{y}$, *on a* $(\mathrm{Q}\mathbf{x}, \mathrm{Q}\mathbf{y}) = (\mathbf{x}, \mathbf{y})$.

Définition 1.18 Soit V un espace vectoriel sur K. On dit qu'une application $\|\cdot\|$ de V dans $\mathbb{R}$ est une *norme* sur V si :

1. (i) $\|\mathbf{v}\| \geq 0$ $\forall \mathbf{v} \in V$ et (ii) $\|\mathbf{v}\| = 0$ si et seulement si $\mathbf{v} = \mathbf{0}$;
2. $\|\alpha\mathbf{v}\| = |\alpha|\|\mathbf{v}\|$ $\forall \alpha \in K, \forall \mathbf{v} \in V$ (propriété d'homogénéité) ;
3. $\|\mathbf{v} + \mathbf{w}\| \leq \|\mathbf{v}\| + \|\mathbf{w}\|$ $\forall \mathbf{v}, \mathbf{w} \in V$ (inégalité triangulaire),

où $|\alpha|$ désigne la valeur absolue (resp. le module) de α si $K = \mathbb{R}$ (resp. $K = \mathbb{C}$). ∎

On appelle *espace vectoriel normé* le couple $(V, \|\cdot\|)$. Nous distinguerons les normes les unes des autres par un indice accolé à la double barre. On appelle *semi-norme* une application $|\cdot|$ de V dans $\mathbb{R}$ possédant seulement les propriétés $1(i)$, 2 et 3. Enfin, un vecteur de V de norme 1 est dit *vecteur unitaire*.

On définit la *p-norme* (ou *norme de Hölder*) par
$$\|\mathbf{x}\|_p = \left(\sum_{i=1}^{n} |x_i|^p\right)^{1/p} \qquad \text{pour } 1 \leq p < \infty, \qquad (1.14)$$

où les x_i sont les composantes du vecteur $\mathbf{x}$. Muni de $\|\cdot\|_p$, l'espace $\mathbb{R}^n$ est un espace vectoriel normé.
Remarquer que la limite de $\|\mathbf{x}\|_p$ quand p tend vers l'infini existe, est finie et égale au maximum des modules des composantes de $\mathbf{x}$. Cette limite définit à son tour une norme, appelée *norme infinie* (ou *norme du maximum*), donnée par

$$\|\mathbf{x}\|_\infty = \max_{1\leq i\leq n} |x_i|.$$

Quand on prend $p = 2$ dans (1.14), on retrouve la définition classique de la *norme euclidienne*

$$\|\mathbf{x}\|_2 = (\mathbf{x}, \mathbf{x})^{1/2} = \left(\sum_{i=1}^{n} |x_i|^2\right)^{1/2} = \left(\mathbf{x}^T\mathbf{x}\right)^{1/2},$$

qui possède la propriété suivante :

Propriété 1.8 (inégalité de Cauchy-Schwarz) *Pour tout vecteur* $\mathbf{x}, \mathbf{y} \in \mathbb{R}^n$,

$$|(\mathbf{x}, \mathbf{y})| = |\mathbf{x}^T\mathbf{y}| \leq \|\mathbf{x}\|_2 \, \|\mathbf{y}\|_2, \tag{1.15}$$

où l'inégalité est stricte si et seulement si $\mathbf{y} = \alpha\mathbf{x}$ *pour un* $\alpha \in \mathbb{R}$.

Rappelons que l'*inégalité de Hölder* fournit une relation entre le produit scalaire dans $\mathbb{R}^n$ et les p-normes définies par (1.14) :

$$|(\mathbf{x}, \mathbf{y})| \leq \|\mathbf{x}\|_p \|\mathbf{y}\|_q \quad \text{avec } \frac{1}{p} + \frac{1}{q} = 1.$$

Dans le cas où V est un espace de dimension finie, on a les propriétés suivantes (voir Exercice 14 pour une esquisse de la démonstration).

Propriété 1.9 *Toute norme vectorielle* $\|\cdot\|$ *définie sur* V *est une fonction continue de ses arguments. Autrement dit* $\forall\varepsilon > 0$, $\exists C > 0$ *tel que si* $\|\mathbf{x}-\widehat{\mathbf{x}}\| \leq \varepsilon$ *alors,* $|\ \|\mathbf{x}\| - \|\widehat{\mathbf{x}}\|\ | \leq C\varepsilon$ *pour tout* $\mathbf{x}$, $\widehat{\mathbf{x}} \in V$.

On peut construire facilement de nouvelles normes en utilisant le résultat suivant :

Propriété 1.10 *Soit* $\|\cdot\|$ *une norme sur* $\mathbb{R}^n$ *et* $\mathrm{A} \in \mathbb{R}^{n\times n}$ *une matrice dont les* n *colonnes sont linéairement indépendantes. Alors, l'application* $\|\cdot\|_{\mathrm{A}^2}$ *de* $\mathbb{R}^n$ *sur* $\mathbb{R}$ *définie par*

$$\|\mathbf{x}\|_{\mathrm{A}^2} = \|\mathrm{A}\mathbf{x}\| \qquad \forall \mathbf{x} \in \mathbb{R}^n,$$

est une norme sur $\mathbb{R}^n$.

Deux vecteurs $\mathbf{x}$, $\mathbf{y}$ de V sont dits *orthogonaux* si $(\mathbf{x}, \mathbf{y}) = 0$. Cette propriété a une interprétation géométrique immédiate quand $V = \mathbb{R}^2$ puisque dans ce cas

$$(\mathbf{x}, \mathbf{y}) = \|\mathbf{x}\|_2 \|\mathbf{y}\|_2 \cos(\vartheta),$$

où ϑ est l'angle entre les vecteurs $\mathbf{x}$ et $\mathbf{y}$. Par conséquent, si $(\mathbf{x}, \mathbf{y}) = 0$ alors ϑ est un angle droit et les deux vecteurs sont orthogonaux aux sens géométrique du terme.

Définition 1.19 Deux normes $\|\cdot\|_p$ et $\|\cdot\|_q$ sur V sont *équivalentes* s'il existe deux constantes positives c_{pq} et C_{pq} telles que

$$c_{pq}\|\mathbf{x}\|_q \leq \|\mathbf{x}\|_p \leq C_{pq}\|\mathbf{x}\|_q \quad \forall \mathbf{x} \in V.$$ ■

Dans un espace vectoriel normé de dimension finie toutes les normes sont équivalentes. En particulier, si $V = \mathbb{R}^n$ on peut montrer que pour les p-normes, avec $p = 1$, 2, et ∞, les constantes c_{pq} et C_{pq} sont données par les valeurs de la Table 1.1.

Table 1.1. Constantes d'équivalence pour les principales normes de $\mathbb{R}^n$

c_{pq}	$q=1$	$q=2$	$q=\infty$
$p=1$	1	1	1
$p=2$	$n^{-1/2}$	1	1
$p=\infty$	n^{-1}	$n^{-1/2}$	1

C_{pq}	$q=1$	$q=2$	$q=\infty$
$p=1$	1	$n^{1/2}$	n
$p=2$	1	1	$n^{1/2}$
$p=\infty$	1	1	1

Dans ce livre, nous traiterons souvent des suites de vecteurs et de leur *convergence*. A cette fin, rappelons qu'une suite de vecteurs $\{\mathbf{x}^{(k)}\}$ d'un espace vectoriel V de dimension finie n converge vers un vecteur $\mathbf{x}$ si

$$\lim_{k\to\infty} x_i^{(k)} = x_i, \quad i = 1, \ldots, n, \tag{1.16}$$

où $x_i^{(k)}$ et x_i sont les composantes, sur une base de V, des vecteurs correspondants. On note alors $\lim\limits_{k\to\infty} \mathbf{x}^{(k)} = \mathbf{x}$. Si $V = \mathbb{R}^n$, l'unicité de la limite d'une suite de nombres réels et (1.16) impliquent qu'on a également unicité de la limite, quand elle existe, d'une suite de vecteurs.

Notons de plus que dans un espace de dimension finie toutes les normes sont topologiquement équivalentes, c'est-à-dire que pour une suite de vecteurs $\mathbf{x}^{(k)}$,

$$\lim_{k\to\infty} |||\mathbf{x}^{(k)}||| = 0 \Leftrightarrow \lim_{k\to\infty} ||\mathbf{x}^{(k)}|| = 0,$$

où $|||\cdot|||$ et $||\cdot||$ sont deux normes vectorielles quelconques.

Comme conséquence, on peut établir le lien suivant entre normes et limites :

Propriété 1.11 *Soit* $\|\cdot\|$ *une norme sur un espace vectoriel* V *de dimension finie. Alors*

$$\lim_{k\to\infty} \mathbf{x}^{(k)} = \mathbf{x} \quad \Leftrightarrow \quad \lim_{k\to\infty} \|\mathbf{x} - \mathbf{x}^{(k)}\| = 0,$$

où $\mathbf{x} \in V$ *et* $\left\{\mathbf{x}^{(k)}\right\}$ *est une suite d'éléments de* V*.*

1.11 Normes matricielles

Définition 1.20 Une *norme matricielle* est une application $\|\cdot\| : \mathbb{R}^{m\times n} \to \mathbb{R}$ telle que :

1. $\|\mathrm{A}\| \geq 0$ $\forall \mathrm{A} \in \mathbb{R}^{m\times n}$ et $\|\mathrm{A}\| = 0$ si et seulement si $\mathrm{A} = 0$;
2. $\|\alpha \mathrm{A}\| = |\alpha| \|\mathrm{A}\|$ $\forall \alpha \in \mathbb{R}$, $\forall \mathrm{A} \in \mathbb{R}^{m\times n}$ (propriété d'homogénéité) ;
3. $\|\mathrm{A} + \mathrm{B}\| \leq \|\mathrm{A}\| + \|\mathrm{B}\|$ $\forall \mathrm{A}, \mathrm{B} \in \mathbb{R}^{m\times n}$ (inégalité triangulaire). ■

Sauf mention explicite du contraire, nous emploierons le même symbole $\|\cdot\|$ pour désigner les normes matricielles et vectorielles.

Nous pouvons mieux caractériser les normes matricielles en introduisant les notions de norme compatible et de norme subordonnée à une norme vectorielle.

Définition 1.21 On dit qu'une norme matricielle $\|\cdot\|$ est *compatible* ou *consistante* avec une norme vectorielle $\|\cdot\|$ si

$$\|\mathrm{A}\mathbf{x}\| \leq \|\mathrm{A}\| \, \|\mathbf{x}\|, \qquad \forall \mathbf{x} \in \mathbb{R}^n. \tag{1.17}$$

Plus généralement, on dit que trois normes, toutes notées $\|\cdot\|$ et respectivement définies sur $\mathbb{R}^m$, $\mathbb{R}^n$ et $\mathbb{R}^{m\times n}$, sont *consistantes* si $\forall \mathbf{x} \in \mathbb{R}^n$, $\forall \mathbf{y} \in \mathbb{R}^m$ et $\mathrm{A} \in \mathbb{R}^{m\times n}$ tels que $\mathrm{A}\mathbf{x} = \mathbf{y}$, on a $\|\mathbf{y}\| \leq \|\mathrm{A}\| \, \|\mathbf{x}\|$. ■

Pour qu'une norme matricielle soit intéressante dans la pratique, on demande généralement qu'elle possède la propriété suivante :

Définition 1.22 On dit qu'une norme matricielle $\|\cdot\|$ est *sous-multiplicative* si $\forall \mathrm{A} \in \mathbb{R}^{n\times m}$, $\forall \mathrm{B} \in \mathbb{R}^{m\times q}$

$$\|\mathrm{AB}\| \leq \|\mathrm{A}\| \, \|\mathrm{B}\|. \tag{1.18}$$ ■

Cette propriété n'est pas satisfaite par toutes les normes matricielles. Par exemple (cité dans [GL89]), la norme $\|\mathrm{A}\|_\Delta = \max |a_{ij}|$ pour $i = 1, \ldots, n$, $j = 1, \ldots, m$ ne satisfait pas (1.18) si on l'applique aux matrices

$$\mathrm{A} = \mathrm{B} = \begin{bmatrix} 1 & 1 \\ 1 & 1 \end{bmatrix},$$

puisque $2 = \|\mathrm{AB}\|_\Delta > \|\mathrm{A}\|_\Delta \|\mathrm{B}\|_\Delta = 1$.

Remarquer qu'il existe toujours une norme vectorielle avec laquelle une norme matricielle sous-multiplicative donnée $\|\cdot\|_\alpha$ est consistante. Par exemple, étant donné un vecteur fixé quelconque $\mathbf{y} \neq \mathbf{0}$ dans $\mathbb{C}^n$, il suffit de définir la norme vectorielle par :

$$\|\mathbf{x}\| = \|\mathbf{x}\mathbf{y}^*\|_\alpha \qquad \forall \mathbf{x} \in \mathbb{C}^n.$$

Ainsi, dans le cas d'une norme matricielle sous-multiplicative, il n'est pas nécessaire de préciser explicitement la norme vectorielle avec laquelle la norme matricielle est consistante.

Exemple 1.6 La norme

$$\|\mathrm{A}\|_F = \sqrt{\sum_{i,j=1}^{n} |a_{ij}|^2} = \sqrt{\mathrm{tr}(\mathrm{AA}^*)} \tag{1.19}$$

est une norme matricielle appelée *norme de Frobenius* (ou *norme euclidienne* dans $\mathbb{C}^{n^2}$) et elle est compatible avec la norme vectorielle euclidienne $\|\cdot\|_2$. En effet,

$$\|\mathrm{A}\mathbf{x}\|_2^2 = \sum_{i=1}^{n} \left|\sum_{j=1}^{n} a_{ij}x_j\right|^2 \leq \sum_{i=1}^{n} \left(\sum_{j=1}^{n} |a_{ij}|^2 \sum_{j=1}^{n} |x_j|^2\right) = \|\mathrm{A}\|_F^2 \|\mathbf{x}\|_2^2.$$

Remarquer que pour cette norme $\|\mathrm{I}_n\|_F = \sqrt{n}$. •

Afin de pouvoir définir la notion de norme naturelle, nous rappelons le théorème suivant :

Théorème 1.1 *Soit $\|\cdot\|$ une norme vectorielle. La fonction*

$$\|\mathrm{A}\| = \sup_{\mathbf{x} \neq \mathbf{0}} \frac{\|\mathrm{A}\mathbf{x}\|}{\|\mathbf{x}\|} \tag{1.20}$$

est une norme matricielle. On l'appelle norme matricielle subordonnée *ou* associée *à la norme vectorielle $\|\cdot\|$. On l'appelle aussi parfois norme matricielle* naturelle, *ou encore norme matricielle* induite *par la norme vectorielle $\|\cdot\|$.*

Démonstration. Commençons par remarquer que (1.20) est équivalente à

$$\|\mathrm{A}\| = \sup_{\|\mathbf{x}\|=1} \|\mathrm{A}\mathbf{x}\|. \tag{1.21}$$

En effet, on peut définir pour tout $\mathbf{x} \neq \mathbf{0}$ un vecteur unitaire $\mathbf{u} = \mathbf{x}/\|\mathbf{x}\|$, de sorte que (1.20) s'écrive

$$\|\mathrm{A}\| = \sup_{\|\mathbf{u}\|=1} \|\mathrm{A}\mathbf{u}\| = \|\mathrm{A}\mathbf{w}\| \qquad \text{avec } \|\mathbf{w}\| = 1.$$

Cela étant, vérifions que (1.20) (ou de façon équivalente (1.21)) est effectivement une norme, en utilisant directement la Définition 1.20.

1. Si $\|A\mathbf{x}\| \geq 0$, alors $\|A\| = \sup_{\|\mathbf{x}\|=1} \|A\mathbf{x}\| \geq 0$. De plus

$$\|A\| = \sup_{\mathbf{x}\neq \mathbf{0}} \frac{\|A\mathbf{x}\|}{\|\mathbf{x}\|} = 0 \Leftrightarrow \|A\mathbf{x}\| = 0 \ \forall \mathbf{x} \neq \mathbf{0},$$

   et $A\mathbf{x} = \mathbf{0} \ \forall \mathbf{x} \neq \mathbf{0}$ si et seulement si A=0. Donc $\|A\| = 0$ si et seulement si A=0.
2. Soit un scalaire α,

$$\|\alpha A\| = \sup_{\|\mathbf{x}\|=1} \|\alpha A\mathbf{x}\| = |\alpha| \sup_{\|\mathbf{x}\|=1} \|A\mathbf{x}\| = |\alpha| \ \|A\|.$$

3. Vérifions enfin l'inégalité triangulaire. Par définition du suprémum, si $\mathbf{x} \neq \mathbf{0}$ alors

$$\frac{\|A\mathbf{x}\|}{\|\mathbf{x}\|} \leq \|A\|, \quad \Rightarrow \quad \|A\mathbf{x}\| \leq \|A\|\|\mathbf{x}\|,$$

   ainsi, en prenant $\mathbf{x}$ de norme 1, on obtient

$$\|(A+B)\mathbf{x}\| \leq \|A\mathbf{x}\| + \|B\mathbf{x}\| \leq \|A\| + \|B\|,$$

   d'où on déduit $\|A+B\| = \sup_{\|\mathbf{x}\|=1} \|(A+B)\mathbf{x}\| \leq \|A\| + \|B\|$. ◇

Des exemples remarquables de normes matricielles subordonnées sont fournis par les *p-normes* :

$$\|A\|_p = \sup_{\mathbf{x}\neq \mathbf{0}} \frac{\|A\mathbf{x}\|_p}{\|\mathbf{x}\|_p}.$$

La 1-norme et la norme infinie se calculent facilement :

$$\|A\|_1 = \max_{j=1,\ldots,n} \sum_{i=1}^{m} |a_{ij}|,$$

$$\|A\|_\infty = \max_{i=1,\ldots,m} \sum_{j=1}^{n} |a_{ij}|,$$

et sont parfois appelées, pour des raisons évidentes, *norme somme des colonnes* et *norme somme des lignes* respectivement.

On a de plus $\|A\|_1 = \|A^T\|_\infty$ et, si A est autoadjointe ou symétrique réelle, $\|A\|_1 = \|A\|_\infty$.

La *2-norme* ou *norme spectrale* mérite une discussion particulière. Nous avons le théorème suivant :

Théorème 1.2 *Soit $\sigma_1(A)$ la plus grande valeur singulière de A. Alors*

$$\|A\|_2 = \sqrt{\rho(A^*A)} = \sqrt{\rho(AA^*)} = \sigma_1(A). \tag{1.22}$$

En particulier, si A est hermitienne (ou symétrique réelle), alors

$$\|A\|_2 = \rho(A), \tag{1.23}$$

tandis que si A est unitaire alors $\|A\|_2 = 1$.

Démonstration. Puisque A^*A est hermitienne, il existe une matrice unitaire U telle que

$$U^*A^*AU = \text{diag}(\mu_1, \ldots, \mu_n),$$

où les μ_i sont les valeurs propres (positives) de A^*A. Soit $\mathbf{y} = U^*\mathbf{x}$, alors

$$\begin{aligned} \|A\|_2 &= \sup_{\mathbf{x}\neq\mathbf{0}} \sqrt{\frac{(A^*A\mathbf{x},\mathbf{x})}{(\mathbf{x},\mathbf{x})}} = \sup_{\mathbf{y}\neq\mathbf{0}} \sqrt{\frac{(U^*A^*AU\mathbf{y},\mathbf{y})}{(\mathbf{y},\mathbf{y})}} \\ &= \sup_{\mathbf{y}\neq\mathbf{0}} \sqrt{\sum_{i=1}^{n} \mu_i |y_i|^2 / \sum_{i=1}^{n} |y_i|^2} = \sqrt{\max_{i=1,n} |\mu_i|}, \end{aligned}$$

d'où on déduit (1.22), grâce à (1.11).

Si A est hermitienne, les mêmes considérations s'appliquent directement à A. Enfin, si A est unitaire

$$\|A\mathbf{x}\|_2^2 = (A\mathbf{x}, A\mathbf{x}) = (\mathbf{x}, A^*A\mathbf{x}) = \|\mathbf{x}\|_2^2$$

et donc $\|A\|_2 = 1$. ◇

Le calcul de $\|A\|_2$ est donc beaucoup plus coûteux que celui de $\|A\|_\infty$ ou $\|A\|_1$. Néanmoins, quand on a seulement besoin d'une estimation de $\|A\|_2$, les relations suivantes peuvent être employées dans le cas des matrices carrées

$$\begin{aligned} &\max_{i,j} |a_{ij}| \leq \|A\|_2 \leq n \max_{i,j} |a_{ij}|, \\ &\frac{1}{\sqrt{n}} \|A\|_\infty \leq \|A\|_2 \leq \sqrt{n} \|A\|_\infty, \\ &\frac{1}{\sqrt{n}} \|A\|_1 \leq \|A\|_2 \leq \sqrt{n} \|A\|_1, \\ &\|A\|_2 \leq \sqrt{\|A\|_1 \, \|A\|_\infty}. \end{aligned} \tag{1.24}$$

De plus, si A est normale alors $\|A\|_2 \leq \|A\|_p$ pour tout n et tout $p \geq 2$. Nous renvoyons à l'Exercice 17 pour d'autres estimations du même genre.

Théorème 1.3 *Soit* $|||\cdot|||$ *une norme matricielle subordonnée à une norme vectorielle* $\|\cdot\|$. *Alors :*

1. $\|A\mathbf{x}\| \leq |||A||| \, \|\mathbf{x}\|$, i.e. $|||\cdot|||$ *est une norme compatible avec* $\|\cdot\|$ *;*
2. $|||I||| = 1$ *;*
3. $|||AB||| \leq |||A||| \, |||B|||$, i.e. $|||\cdot|||$ *est sous-multiplicative.*

Démonstration. Le premier point du théorème est contenu dans la démonstration du Théorème 1.1, tandis que le second découle de $|||\mathrm{I}||| = \sup_{\mathbf{x}\neq\mathbf{0}} \|\mathrm{I}\mathbf{x}\|/\|\mathbf{x}\| = 1$. Le troisième point est facile à vérifier. ◇

Noter que les p-normes sont sous-multiplicatives. De plus, remarquer que la propriété de sous-multiplicativité permet seulement de conclure que $|||\mathrm{I}||| \geq 1$. En effet, $|||\mathrm{I}||| = |||\mathrm{I}\cdot\mathrm{I}||| \leq |||\mathrm{I}|||^2$.

1.11.1 Relation entre normes et rayon spectral d'une matrice

Rappelons à présent quelques résultats, très utilisés au Chapitre 4, concernant les liens entre rayon spectral et normes matricielles.

Théorème 1.4 *Si* $\|\cdot\|$ *est une norme matricielle consistante alors*

$$\rho(\mathrm{A}) \leq \|\mathrm{A}\| \qquad \forall \mathrm{A} \in \mathbb{C}^{n\times n}.$$

Démonstration. Si λ est une valeur propre de A alors il existe $\mathbf{v} \neq \mathbf{0}$, vecteur propre de A, tel que $\mathrm{A}\mathbf{v} = \lambda\mathbf{v}$. Ainsi, puisque $\|\cdot\|$ est consistante,

$$|\lambda|\ \|\mathbf{v}\| = \|\lambda\mathbf{v}\| = \|\mathrm{A}\mathbf{v}\| \leq \|\mathrm{A}\|\ \|\mathbf{v}\|$$

et donc $|\lambda| \leq \|\mathrm{A}\|$. Cette inégalité étant vraie pour toute valeur propre de A, elle est en particulier quand $|\lambda|$ est égal au rayon spectral. ◇

Plus précisément, on a la propriété suivante (pour la démonstration voir [IK66], p. 12, Théorème 3) :

Propriété 1.12 *Soit* $\mathrm{A} \in \mathbb{C}^{n\times n}$ *et* $\varepsilon > 0$. *Il existe une norme matricielle consistante* $\|\cdot\|_{\mathrm{A},\varepsilon}$ *(dépendant de* ε*) telle que*

$$\|\mathrm{A}\|_{\mathrm{A},\varepsilon} \leq \rho(\mathrm{A}) + \varepsilon.$$

Ainsi, pour une tolérance fixée aussi petite que voulue, il existe toujours une norme matricielle telle que la norme de A soit arbitrairement proche du rayon spectral de A, c'est-à-dire

$$\rho(\mathrm{A}) = \inf_{\|\cdot\|} \|\mathrm{A}\|, \tag{1.25}$$

l'infimum étant pris sur l'ensemble de toutes les normes consistantes.

Insistons sur le fait que le rayon spectral n'est pas une norme mais une *semi-norme* sous-multiplicative. En effet, il n'y a pas en général équivalence entre $\rho(\mathrm{A}) = 0$ et $\mathrm{A} = 0$ (par exemple, toute matrice triangulaire dont les termes diagonaux sont nuls a un rayon spectral égal à zéro).

On a enfin la propriété suivante :

Propriété 1.13 *Soit* A *une matrice carrée et* $\|\cdot\|$ *une norme consistante. Alors*

$$\lim_{m\to\infty} \|\mathrm{A}^m\|^{1/m} = \rho(\mathrm{A}).$$

1.11.2 Suites et séries de matrices

On dit qu'une suite de matrices $\left\{\mathrm{A}^{(k)}\right\} \in \mathbb{R}^{n\times n}$ *converge* vers une matrice $\mathrm{A} \in \mathbb{R}^{n\times n}$ si

$$\lim_{k\to\infty} \|\mathrm{A}^{(k)} - \mathrm{A}\| = 0.$$

Le choix de la norme n'influence pas le résultat puisque, dans $\mathbb{R}^{n\times n}$, toutes les normes sont équivalentes. En particulier, quand on étudie la convergence des méthodes itératives pour la résolution des systèmes linéaires (voir Chapitre 4), on s'intéresse aux *matrices convergentes*, c'est-à-dire aux matrices telles que

$$\lim_{k\to\infty} \mathrm{A}^k = 0,$$

où 0 est la matrice nulle. On a le résultat suivant :

Théorème 1.5 *Soit* A *une matrice carrée, alors*

$$\lim_{k\to\infty} \mathrm{A}^k = 0 \Leftrightarrow \rho(\mathrm{A}) < 1. \tag{1.26}$$

De plus, la série géométrique $\sum_{k=0}^{\infty} \mathrm{A}^k$ *est convergente si et seulement si* $\rho(\mathrm{A}) < 1$*, et, dans ce cas*

$$\sum_{k=0}^{\infty} \mathrm{A}^k = (\mathrm{I} - \mathrm{A})^{-1}. \tag{1.27}$$

La matrice $\mathrm{I} - \mathrm{A}$ *est alors inversible et on a les inégalités suivantes*

$$\frac{1}{1 + \|\mathrm{A}\|} \le \|(\mathrm{I} - \mathrm{A})^{-1}\| \le \frac{1}{1 - \|\mathrm{A}\|}, \tag{1.28}$$

où $\|\cdot\|$ *est une norme matricielle subordonnée telle que* $\|\mathrm{A}\| < 1$.

Démonstration. Montrons (1.26). Soit $\rho(\mathrm{A}) < 1$, alors $\exists\varepsilon > 0$ tel que $\rho(\mathrm{A}) < 1-\varepsilon$ et donc, d'après la Propriété 1.12, il existe une norme matricielle consistante $\|\cdot\|$ telle que $\|\mathrm{A}\| \le \rho(\mathrm{A}) + \varepsilon < 1$. Puisque $\|\mathrm{A}^k\| \le \|\mathrm{A}\|^k < 1$ et d'après la définition de la convergence, il s'en suit que quand $k \to \infty$ la suite $\left\{\mathrm{A}^k\right\}$ tend vers zéro. Inversement, supposons que $\lim_{k\to\infty} \mathrm{A}^k = 0$ et soit λ une valeur propre de A. Alors, si $\mathbf{x}(\neq\mathbf{0})$ est un vecteur propre associé à λ, on a $\mathrm{A}^k\mathbf{x} = \lambda^k\mathbf{x}$, donc $\lim_{k\to\infty} \lambda^k = 0$. Par conséquent $|\lambda| < 1$ et, puisque c'est vrai pour une valeur propre arbitraire, on obtient bien l'inégalité voulue $\rho(\mathrm{A}) < 1$. La relation (1.27) peut être obtenue en remarquant tout d'abord que les valeurs propres de $\mathrm{I}-\mathrm{A}$ sont données par $1 - \lambda(\mathrm{A})$, $\lambda(\mathrm{A})$ désignant une valeur propre quelconque de A. D'autre part, puisque $\rho(\mathrm{A}) < 1$, la matrice $\mathrm{I}-\mathrm{A}$ est inversible. Alors, en utilisant l'identité

$$(\mathrm{I} - \mathrm{A})(\mathrm{I} + \mathrm{A} + \ldots + \mathrm{A}^n) = (\mathrm{I} - \mathrm{A}^{n+1})$$

et en passant à la limite quand n tend vers l'infini, on en déduit la propriété voulue puisque

$$(\mathrm{I}-\mathrm{A})\sum_{k=0}^{\infty}\mathrm{A}^k = \mathrm{I}.$$

Enfin, d'après le Théorème 1.3, on a l'égalité $\|\mathrm{I}\| = 1$, d'où

$$1 = \|\mathrm{I}\| \le \|\mathrm{I}-\mathrm{A}\| \; \|(\mathrm{I}-\mathrm{A})^{-1}\| \le (1+\|\mathrm{A}\|)\, \|(\mathrm{I}-\mathrm{A})^{-1}\|,$$

ce qui donne la première inégalité de (1.28). Pour la seconde, en remarquant que $\mathrm{I} = \mathrm{I} - \mathrm{A} + \mathrm{A}$ et en multipliant à droite les deux membres par $(\mathrm{I}-\mathrm{A})^{-1}$, on a $(\mathrm{I}-\mathrm{A})^{-1} = \mathrm{I} + \mathrm{A}(\mathrm{I}-\mathrm{A})^{-1}$. En prenant les normes, on obtient

$$\|(\mathrm{I}-\mathrm{A})^{-1}\| \le 1 + \|\mathrm{A}\| \; \|(\mathrm{I}-\mathrm{A})^{-1}\|,$$

d'où on déduit la seconde inégalité, puisque $\|\mathrm{A}\| < 1$. ◇

Remarque 1.1 L'hypothèse qu'il existe une norme matricielle subordonnée telle que $\|\mathrm{A}\| < 1$ est justifiée par la Propriété 1.12, en rappelant que A est convergente et que donc $\rho(\mathrm{A}) < 1$. ■

Remarquer que (1.27) suggère qu'un algorithme pour approcher l'inverse d'une matrice peut consister à tronquer la série $\sum_{k=0}^{\infty}(\mathrm{I}-\mathrm{A})^k$.

1.12 Matrices définies positives, matrices à diagonale dominante et M-matrices

Définition 1.23 Une matrice $\mathrm{A} \in \mathbb{C}^{n\times n}$ est *définie positive* sur $\mathbb{C}^n$ si $(\mathrm{A}\mathbf{x},\mathbf{x})$ est un nombre réel strictement positif $\forall \mathbf{x} \in \mathbb{C}^n$, $\mathbf{x} \neq \mathbf{0}$. Une matrice $\mathrm{A} \in \mathbb{R}^{n\times n}$ est *définie positive* sur $\mathbb{R}^n$ si $(\mathrm{A}\mathbf{x},\mathbf{x}) > 0$ $\forall \mathbf{x} \in \mathbb{R}^n$, $\mathbf{x} \neq \mathbf{0}$. Si l'inégalité stricte est remplacée par une inégalité au sens large ($\geq$), la matrice est dite *semi-définie positive.* ■

Exemple 1.7 Les matrices définies positives sur $\mathbb{R}^n$ ne sont pas nécessairement symétriques. C'est le cas par exemple des matrices de la forme

$$\mathrm{A} = \begin{bmatrix} 2 & \alpha \\ -2-\alpha & 2 \end{bmatrix} \tag{1.29}$$

avec $\alpha \neq -1$. En effet, pour tout vecteur non nul $\mathbf{x} = (x_1, x_2)^T$ de $\mathbb{R}^2$

$$(\mathrm{A}\mathbf{x},\mathbf{x}) = 2(x_1^2 + x_2^2 - x_1x_2) > 0.$$

Remarquer que A n'est *pas* définie positive sur $\mathbb{C}^2$. En effet, en prenant un vecteur complexe $\mathbf{x}$, le nombre $(\mathrm{A}\mathbf{x},\mathbf{x})$ n'est en général pas réel. •

Définition 1.24 Soit $A \in \mathbb{R}^{n\times n}$. Les matrices

$$A_S = \frac{1}{2}(A + A^T), \quad A_{SS} = \frac{1}{2}(A - A^T)$$

sont appelées respectivement *partie symétrique* et *partie antisymétrique* de A. Evidemment, $A = A_S + A_{SS}$. Si $A \in \mathbb{C}^{n\times n}$, on modifie les définitions comme suit : $A_S = \frac{1}{2}(A + A^*)$ et $A_{SS} = \frac{1}{2}(A - A^*)$. ■

On a la propriété suivante :

Propriété 1.14 *Une matrice réelle* A *d'ordre* n *est définie positive si et seulement si sa partie symétrique* A_S *est définie positive.*

En effet, il suffit de remarquer que, grâce à (1.13) et à la définition de A_{SS}, $\mathbf{x}^T A_{SS}\mathbf{x} = 0$, $\forall \mathbf{x} \in \mathbb{R}^n$. Par exemple, la matrice (1.29) a une partie symétrique définie positive puisque

$$A_S = \frac{1}{2}(A + A^T) = \begin{bmatrix} 2 & -1 \\ -1 & 2 \end{bmatrix}.$$

Plus généralement, on a (voir [Axe94] pour la démonstration) :

Propriété 1.15 *Soit* $A \in \mathbb{C}^{n\times n}$ *(resp.* $A \in \mathbb{R}^{n\times n}$*); si* $(A\mathbf{x}, \mathbf{x})$ *est réel* $\forall \mathbf{x} \in \mathbb{C}^n$*, alors* A *est hermitienne (resp. symétrique).*

On déduit immédiatement des résultats ci-dessus que les matrices qui sont définies positives sur $\mathbb{C}^n$ satisfont la propriété caractéristique suivante :

Propriété 1.16 *Un matrice carrée* A *d'ordre* n *est définie positive sur* $\mathbb{C}^n$ *si et seulement si elle est hermitienne et a des valeurs propres réelles. Ainsi, une matrice définie positive est inversible.*

Dans le cas de matrices réelles définies positives sur $\mathbb{R}^n$, des résultats plus spécifiques que ceux énoncés jusqu'à présent sont seulement valables quand la matrice est aussi symétrique (c'est la raison pour laquelle beaucoup d'ouvrages ne traitent que des matrices symétriques définies positives). En particulier :

Propriété 1.17 *Soit* $A \in \mathbb{R}^{n\times n}$ *une matrice symétrique. Alors,* A *est définie positive si et seulement si une des propriétés suivantes est satisfaite :*

1. $(A\mathbf{x}, \mathbf{x}) > 0 \ \forall \mathbf{x} \neq \mathbf{0}$ *avec* $\mathbf{x} \in \mathbb{R}^n$ *;*
2. *les valeurs propres des sous-matrices principales de* A *sont toutes positives ;*
3. *les mineurs principaux dominants de* A *sont tous positifs (critère de Sylvester) ;*
4. *il existe une matrice inversible* H *telle que* $A = HH^T$.

Tous les termes diagonaux d'une matrice définie positive sont strictement positifs. En effet, si $\mathbf{e}_i$ est le i-ième vecteur de la base canonique de $\mathbb{R}^n$, alors $\mathbf{e}_i^T \mathrm{A}\mathbf{e}_i = a_{ii} > 0$.

De plus, on peut montrer que si A est symétrique définie positive, l'élément de la matrice qui a le plus grand module doit être un terme diagonal.

Ces dernières propriétés sont donc des conditions nécessaires pour qu'une matrice soit définie positive (resp. symétrique définie positive).

Notons enfin que si A est symétrique définie positive et si $\mathrm{A}^{1/2}$ est l'unique matrice définie positive solution de l'équation $\mathrm{X}^2 = \mathrm{A}$, l'application $\|\cdot\|_\mathrm{A}$ donnée par

$$\|\mathbf{x}\|_\mathrm{A} = \|\mathrm{A}^{1/2}\mathbf{x}\|_2 = (\mathrm{A}\mathbf{x}, \mathbf{x})^{1/2} \tag{1.30}$$

définit une norme vectorielle, appelée *norme de l'énergie* du vecteur $\mathbf{x}$. On associe à la norme de l'énergie le *produit scalaire de l'énergie* donné par $(\mathbf{x}, \mathbf{y})_\mathrm{A} = (\mathrm{A}\mathbf{x}, \mathbf{y})$.

Définition 1.25 Une matrice A$\in \mathbb{R}^{n\times n}$ est dite *à diagonale dominante par lignes* si

$$|a_{ii}| \geq \sum_{j=1, j\neq i}^{n} |a_{ij}|, \text{ avec } i = 1, \ldots, n,$$

tandis qu'elle est dite *à diagonale dominante par colonnes* si

$$|a_{ii}| \geq \sum_{j=1, j\neq i}^{n} |a_{ji}|, \text{ avec } i = 1, \ldots, n.$$

Si les inégalités ci-dessus sont strictes, A est dite *à diagonale dominante stricte* (par lignes ou par colonnes respectivement). ■

Une matrice à diagonale dominante stricte qui est symétrique avec des termes diagonaux strictement positifs est également définie positive.

Définition 1.26 Une matrice inversible $\mathrm{A} \in \mathbb{R}^{n\times n}$ est une *M-matrice* si $a_{ij} \leq 0$ pour $i \neq j$ et si tous les termes de son inverse sont positifs ou nuls. ■

Les M-matrices possèdent la propriété du *principe du maximum discret* : si A est une M-matrice et $\mathrm{A}\mathbf{x} \leq \mathbf{0}$ avec $\mathbf{x} \neq \mathbf{0}$, alors $\mathbf{x} \leq \mathbf{0}$ (où les inégalités sont à prendre composantes par composantes).

Enfin, une relation entre les M-matrices et les matrices à diagonale dominante est donnée par la propriété suivante :

Propriété 1.18 *Une matrice* $\mathrm{A} \in \mathbb{R}^{n\times n}$ *qui est à diagonale dominante stricte par lignes et dont les termes satisfont les inégalités* $a_{ij} \leq 0$ *pour* $i \neq j$ *et* $a_{ii} > 0$*, est une M-matrice.*

Pour d'autres résultats sur les M-matrices, voir par exemple [Axe94] et [Var62].

1.13 Exercices

1. Soient W_1 et W_2 deux sous-espaces de $\mathbb{R}^n$. Montrer que si $V = W_1 \oplus W_2$, alors $\dim(V) = \dim(W_1) + \dim(W_2)$. Montrer que dans le cas général
$$\dim(W_1 + W_2) = \dim(W_1) + \dim(W_2) - \dim(W_1 \cap W_2).$$
[*Indication* : Considérer une base de $W_1 \cap W_2$, l'étendre d'abord à W_1, puis à W_2, vérifier que la base constituée par l'ensemble de ces vecteurs est une base pour l'espace somme.]

2. Vérifier que la famille de vecteurs définis par
$$\mathbf{v}_i = \left[x_1^{i-1}, x_2^{i-1}, \dots, x_n^{i-1}\right], \qquad i = 1, 2, \dots, n,$$
forme une base de $\mathbb{R}^n$, $x_1, \dots, x_n$ désignant n réels distincts.

3. Exhiber un exemple montrant que le produit de deux matrices symétriques peut être non symétrique.

4. Soit B une matrice antisymétrique, *i.e.* $\mathrm{B}^T = -\mathrm{B}$. Soit $\mathrm{A} = (\mathrm{I} + \mathrm{B})(\mathrm{I} - \mathrm{B})^{-1}$. Montrer que $\mathrm{A}^{-1} = \mathrm{A}^T$.

5. Une matrice $\mathrm{A} \in \mathbb{C}^{n \times n}$ est dite *antihermitienne* si $\mathrm{A}^* = -\mathrm{A}$. Montrer que les termes diagonaux d'une matrice A antihermitienne sont des nombres imaginaires purs.

6. Soient A et B des matrices inversibles d'ordre n telles que A+B soit aussi inversible. Montrer qu'alors $\mathrm{A}^{-1} + \mathrm{B}^{-1}$ est également inversible et que
$$\left(\mathrm{A}^{-1} + \mathrm{B}^{-1}\right)^{-1} = \mathrm{A}\,(\mathrm{A} + \mathrm{B})^{-1}\,\mathrm{B} = \mathrm{B}\,(\mathrm{A} + \mathrm{B})^{-1}\,\mathrm{A}.$$
[*Solution* : $\left(\mathrm{A}^{-1} + \mathrm{B}^{-1}\right)^{-1} = \mathrm{A}\left(\mathrm{I} + \mathrm{B}^{-1}\mathrm{A}\right)^{-1} = \mathrm{A}\,(\mathrm{B} + \mathrm{A})^{-1}\,\mathrm{B}$. La seconde égalité se montre de façon analogue en factorisant à gauche par B et à droite par A.]

7. Etant donné la matrice réelle non symétrique
$$\mathrm{A} = \begin{bmatrix} 0 & 1 & 1 \\ 1 & 0 & -1 \\ -1 & -1 & 0 \end{bmatrix},$$
vérifier qu'elle est semblable à la matrice diagonale $\mathrm{D} = \mathrm{diag}(1, 0, -1)$ et trouver ses vecteurs propres. Est-ce une matrice normale ?
[*Solution* : la matrice n'est pas normale.]

8. Soit A une matrice carrée d'ordre n. Vérifier que si $P(\mathrm{A}) = \sum_{k=0}^{n} c_k \mathrm{A}^k$ et $\lambda(\mathrm{A})$ sont des valeurs propres de A, alors les valeurs propres de $P(\mathrm{A})$ sont données par $\lambda(P(\mathrm{A})) = P(\lambda(\mathrm{A}))$. En particulier, montrer que $\rho(\mathrm{A}^2) = [\rho(\mathrm{A})]^2$.

9. Montrer qu'une matrice d'ordre n ayant n valeurs propres distinctes ne peut pas être défective. De même, montrer qu'une matrice normale ne peut pas être défective.

10. *Commutativité du produit matriciel.* Montrer que si A et B sont des matrices carrées possédant les mêmes vecteurs propres, alors AB = BA. Prouver, par un contre-exemple, que la réciproque est fausse.

11. Soit A une matrice normale dont les valeurs propres sont $\lambda_1, \ldots, \lambda_n$. Montrer que les valeurs singulières de A sont $|\lambda_1|, \ldots, |\lambda_n|$.

12. Soit $\mathrm{A} \in \mathbb{C}^{m\times n}$ avec $\mathrm{rg}(\mathrm{A}) = n$. Montrer que $\mathrm{A}^\dagger = (\mathrm{A}^T\mathrm{A})^{-1}\mathrm{A}^T$ possède les propriétés suivantes :

$$(1)\, \mathrm{A}^\dagger\mathrm{A} = \mathrm{I}_n; \quad (2)\, \mathrm{A}^\dagger\mathrm{A}\mathrm{A}^\dagger = \mathrm{A}^\dagger,\ \mathrm{A}\mathrm{A}^\dagger\mathrm{A} = \mathrm{A}; \quad (3) \text{ si } m = n,\ \mathrm{A}^\dagger = \mathrm{A}^{-1}.$$

13. Montrer que la pseudo-inverse de Moore-Penrose $\mathrm{A}^\dagger$ est la seule matrice qui minimise la fonctionnelle

$$\min_{\mathrm{X}\in\mathbb{C}^{n\times m}} \|\mathrm{AX} - \mathrm{I}_m\|_\mathrm{F},$$

où $\|\cdot\|_\mathrm{F}$ est la norme de Frobenius.

14. Montrer la Propriété 1.9.
[*Indication* : Pour tout $\mathbf{x}$, $\widehat{\mathbf{x}} \in V$, montrer que $|\,\|\mathbf{x}\| - \|\widehat{\mathbf{x}}\|\,| \le \|\mathbf{x} - \widehat{\mathbf{x}}\|$. En supposant que $\dim(V) = n$ et en décomposant le vecteur $\mathbf{w} = \mathbf{x} - \widehat{\mathbf{x}}$ sur une base de V, montrer que $\|\mathbf{w}\| \le C\|\mathbf{w}\|_\infty$. En déduire la propriété voulue en imposant $\|\mathbf{w}\|_\infty \le \varepsilon$ dans la première inégalité.]

15. Montrer la Propriété 1.10 dans le cas d'une matrice $\mathrm{A} \in \mathbb{R}^{n\times m}$ possédant m colonnes linéairement indépendantes.
[*Indication* : Montrer d'abord que $\|\cdot\|_\mathrm{A}$ satisfait toutes les propriétés caractérisant une norme : positivité (les colonnes de A sont linéairement indépendantes, donc si $\mathbf{x} \ne \mathbf{0}$, alors $\mathrm{A}\mathbf{x} \ne \mathbf{0}$), homogénéité et inégalité triangulaire.]

16. Montrer que pour une matrice rectangulaire $\mathrm{A} \in \mathbb{R}^{m\times n}$

$$\|\mathrm{A}\|_\mathrm{F}^2 = \sigma_1^2 + \ldots + \sigma_p^2,$$

où p est le minimum entre m et n, où les σ_i sont les valeurs singulières de A et où $\|\cdot\|_\mathrm{F}$ est la norme de Frobenius.

17. En supposant $p, q = 1, 2, \infty, F$, retrouver le tableau suivant des constantes d'équivalence c_{pq} telles que $\forall \mathrm{A} \in \mathbb{R}^{n\times n}$, $\|\mathrm{A}\|_p \le c_{pq}\|\mathrm{A}\|_q$.

c_{pq}	$q = 1$	$q = 2$	$q = \infty$	$q = F$
$p = 1$	1	$\sqrt{n}$	n	$\sqrt{n}$
$p = 2$	$\sqrt{n}$	1	$\sqrt{n}$	1
$p = \infty$	n	$\sqrt{n}$	1	$\sqrt{n}$
$p = F$	$\sqrt{n}$	$\sqrt{n}$	$\sqrt{n}$	1

18. Notons $|\mathrm{A}|$ la matrice dont les éléments sont les valeurs absolues des éléments de A. Une norme matricielle pour laquelle $\|\mathrm{A}\| = \|\,|\mathrm{A}|\,\|$ est appelée *norme absolue* Montrer que $\|\cdot\|_1$, $\|\cdot\|_\infty$ et $\|\cdot\|_F$ sont des normes absolues, tandis que $\|\cdot\|_2$ n'en est pas une. Montrer que pour cette dernière

$$\frac{1}{\sqrt{n}}\|\mathrm{A}\|_2 \le \|\,|\mathrm{A}|\,\|_2 \le \sqrt{n}\|\mathrm{A}\|_2.$$

2

Les fondements du calcul scientifique

Nous introduisons dans la première partie de ce chapitre les concepts de base de consistance, stabilité et convergence d'une méthode numérique dans un contexte très général : ils fournissent le cadre classique pour l'analyse des méthodes présentées dans la suite. La seconde partie du chapitre traite de la représentation finie des nombres réels dans les ordinateurs et de l'analyse de la propagation d'erreurs dans les opérations effectuées par les machines.

2.1 Problèmes bien posés et conditionnements

Considérons le problème suivant : trouver x tel que

$$F(x, d) = 0\,, \tag{2.1}$$

où d est l'ensemble des données dont dépend la solution et F est une relation fonctionnelle entre x et d. Selon la nature du problème qui est représenté en (2.1), les variables x et d peuvent être des nombres réels, des vecteurs ou des fonctions. Typiquement, on dit que (2.1) est un problème *direct* si F et d sont les données et x l'inconnue, un problème *inverse* si F et x sont les données et d l'inconnue, un problème d'*identification* si x et d sont données et la relation fonctionnelle F est inconnue (ces derniers problèmes ne seront pas abordés dans cet ouvrage).

Le problème (2.1) est *bien posé* si la solution x *existe*, est *unique* et *dépend continûment des données*. Nous utiliserons indifféremment les termes *bien posé* et *stable* et nous ne considérerons dans la suite que des problèmes bien posés.

Un problème qui ne possède pas la propriété ci-dessus est dit *mal posé* ou *instable*. Il faut alors le régulariser, c'est-à-dire le transformer convenablement en un problème bien posé (voir par exemple [Mor84]), avant d'envisager sa résolution numérique. Il n'est en effet pas raisonnable d'espérer qu'une méthode numérique traite les pathologies intrinsèques d'un problème mal posé.

Exemple 2.1 Un cas simple de problème mal posé est la détermination du nombre de racines réelles d'un polynôme. Par exemple, le nombre de racines réelles du polynôme $p(x) = x^4 - x^2(2a - 1) + a(a - 1)$ varie de façon discontinue quand a varie continûment sur la droite réelle. Il y a en effet 4 racines réelles si $a \geq 1$, 2 si $a \in [0, 1[$ et il n'y en a aucune si $a < 0$. •

La dépendance continue par rapport aux données signifie que de petites perturbations sur les données d induisent de "petites" modifications de la solution x. Plus précisément, soient δd une perturbation admissible des données et δx la modification induite sur la solution telles que

$$F(x + \delta x, d + \delta d) = 0. \tag{2.2}$$

On veut alors que

$$\begin{aligned} &\exists \eta_0 = \eta_0(d) > 0,\ \exists K_0 = K_0(d) \text{ tels que} \\ &\text{si } \|\delta d\| \leq \eta_0 \text{ alors } \|\delta x\| \leq K_0 \|\delta d\|. \end{aligned} \tag{2.3}$$

Les normes utilisées pour les données et pour la solution peuvent ne pas être les mêmes (en particulier quand d et x représentent des variables de nature différente).

Remarque 2.1 On aurait pu énoncer la propriété de dépendance continue par rapport aux données sous la forme alternative suivante, plus proche de sa forme classique en analyse,

$$\forall \varepsilon > 0\ \exists \delta = \delta(\varepsilon) \text{ tel que si } \|\delta d\| \leq \delta \text{ alors } \|\delta x\| \leq \varepsilon.$$

La forme (2.3) sera cependant plus commode pour exprimer le concept de *stabilité numérique*, c'est-à-dire, la propriété selon laquelle de petites perturbations sur les données entrainent des perturbations du même ordre sur la solution. ■

Afin de rendre cette analyse plus quantitative, nous introduisons la définition suivante :

Définition 2.1 Pour le problème (2.1), nous définissons le *conditionnement relatif* par

$$K(d) = \sup\left\{ \frac{\|\delta x\|/\|x\|}{\|\delta d\|/\|d\|},\ \delta d \neq 0,\ d + \delta d \in D \right\}. \tag{2.4}$$

Quand $d = 0$ ou $x = 0$, il est nécessaire d'introduire le *conditionnement absolu*, défini par

$$K_{abs}(d) = \sup\left\{ \frac{\|\delta x\|}{\|\delta d\|},\ \delta d \neq 0,\ d + \delta d \in D \right\}. \tag{2.5}$$

■

On dit que le problème (2.1) est *mal conditionné* si $K(d)$ est "grand" pour toute donnée admissible d (le sens précis de "petit" et "grand" change en fonction du problème considéré).

Le fait qu'un problème soit bien conditionné est une propriété indépendante de la méthode numérique choisie pour le résoudre. Il est possible de développer des méthodes stables ou instables pour résoudre des problèmes bien conditionnés. La notion de stabilité d'un algorithme ou d'une méthode numérique est analogue à celle utilisée pour le problème (2.1) et sera précisée dans la prochaine section.

Remarque 2.2 (problèmes mal posés) Même dans le cas où le conditionnement n'existe pas (quand il est formellement infini), le problème n'est pas nécessairement mal posé. Il existe en effet des problèmes bien posés (comme la recherche des racines multiples d'une équation algébrique, voir l'Exemple 2.2) pour lesquels le conditionnement est infini, mais qui peuvent être reformulés en problèmes équivalents (c'est-à-dire possédant les mêmes solutions) ayant un conditionnement fini. ■

Si le problème (2.1) admet une unique solution, alors il existe une application G, appelée *résolvante*, de l'ensemble des données sur celui des solutions, telle que

$$x = G(d), \qquad \text{c'est-à-dire} \qquad F(G(d), d) = 0. \tag{2.6}$$

Selon cette définition, (2.2) implique $x + \delta x = G(d + \delta d)$. Supposons G différentiable en d et notons formellement $G'(d)$ sa dérivée par rapport à d (si $G : \mathbb{R}^n \to \mathbb{R}^m$, $G'(d)$ sera la matrice jacobienne de G évaluée en d), un développement de Taylor donne

$$G(d + \delta d) - G(d) = G'(d)\delta d + o(\|\delta d\|) \qquad \text{pour } \delta d \to 0,$$

où $\|\cdot\|$ est une norme convenable pour δd et $o(\cdot)$ est le symbole infinitésimal classique (notation de Landau) désignant un infiniment petit par rapport à ses arguments. En négligeant l'infiniment petit d'ordre le plus grand par rapport à $\|\delta d\|$, on déduit respectivement de (2.4) et (2.5) que

$$K(d) \simeq \|G'(d)\| \frac{\|d\|}{\|G(d)\|}, \qquad K_{abs}(d) \simeq \|G'(d)\| \tag{2.7}$$

le symbole $\|\cdot\|$ désignant la norme matricielle (définie en (1.20)) subordonnée à la norme vectorielle. Les estimations (2.7) sont d'un grand intérêt pratique dans l'analyse des problèmes de la forme (2.6), comme le montrent les exemples suivants.

Exemple 2.2 (équations du second degré) Les solutions de l'équation algébrique $x^2 - 2px + 1 = 0$, avec $p \geq 1$, sont $x_\pm = p \pm \sqrt{p^2 - 1}$. Dans ce cas,

$F(x,p) = x^2 - 2px + 1$, la donnée d est le coefficient p, tandis que x est le vecteur de composantes $\{x_+, x_-\}$. Afin d'évaluer le conditionnement, remarquons que le problème peut s'écrire sous la forme (2.6) avec $G : \mathbb{R} \to \mathbb{R}^2$, $G(p) = \{x_+, x_-\}$. Posons $G_\pm(p) = p \pm \sqrt{p^2-1}$, d'où $G'_\pm(p) = 1 \pm p/\sqrt{p^2-1}$. En utilisant (2.7) et en posant $\|p\| = |p|$, $\|G(p)\| = \|G(p)\|_2 = \left\{[G_+(p)]^2 + [G_-(p)]^2\right\}^{1/2}$, $\|G'(p)\| = \|G'(p)\|_2 = \left\{[G'_+(p)]^2 + [G'_-(p)]^2\right\}^{1/2}$, nous obtenons

$$K(p) \simeq \frac{|p|}{\sqrt{p^2-1}}, \qquad p > 1. \tag{2.8}$$

Il découle de (2.8) que, dans le cas où les racines sont séparées (disons quand $p \geq \sqrt{2}$), le problème $F(x,p) = 0$ est bien conditionné. Le comportement change complètement dans le cas d'une racine multiple, c'est-à-dire quand $p = 1$. On constate tout d'abord que la fonction $G_\pm(p) = p \pm \sqrt{p^2-1}$ n'est plus différentiable en $p = 1$, (2.8) ne s'applique donc plus. D'autre part, cette dernière équation montre que le problème considéré est *mal conditionné* pour p voisin de 1. Néanmoins, le problème n'est pas *mal posé*. Comme indiqué à la Remarque 2.2, il est en effet possible de l'écrire sous la forme équivalente $F(x,t) = x^2 - ((1+t^2)/t)x + 1 = 0$, avec $t = p + \sqrt{p^2-1}$. Les racines de cette équation sont $x_- = t$ et $x_+ = 1/t$, elles coïncident pour $t = 1$. Ce changement de paramètre supprime ainsi la singularité présente dans la première représentation des racines en fonction de p. En effet, les deux racines $x_- = x_-(t)$ et $x_+ = x_+(t)$ sont à présent des fonctions régulières de t dans le voisinage de $t = 1$ et l'évaluation du conditionnement par (2.7) conduit à $K(t) \simeq 1$ pour toute valeur de t. Le problème transformé est par conséquent bien conditionné. •

Exemple 2.3 (systèmes d'équations linéaires) Considérons le système linéaire $\mathrm{A}\mathbf{x} = \mathbf{b}$, où $\mathbf{x}$ et $\mathbf{b}$ sont deux vecteurs de $\mathbb{R}^n$, et A est la matrice $n \times n$ des coefficients du système. Supposons A inversible ; dans ce cas x est la solution inconnue $\mathbf{x}$, tandis que les données d sont le second membre $\mathbf{b}$ et la matrice A, autrement dit, $d = \{b_i,\ a_{ij}, 1 \leq i,j \leq n\}$.

Supposons à présent qu'on perturbe seulement le second membre $\mathbf{b}$. Nous avons $d = \mathbf{b}$, $\mathbf{x} = G(\mathbf{b}) = \mathrm{A}^{-1}\mathbf{b}$ de sorte que, $G'(\mathbf{b}) = \mathrm{A}^{-1}$, et (2.7) entraîne

$$K(d) \simeq \frac{\|\mathrm{A}^{-1}\|\ \|\mathbf{b}\|}{\|\mathrm{A}^{-1}\mathbf{b}\|} = \frac{\|\mathrm{A}\mathbf{x}\|}{\|\mathbf{x}\|}\|\mathrm{A}^{-1}\| \leq \|\mathrm{A}\|\ \|\mathrm{A}^{-1}\| = K(\mathrm{A}), \tag{2.9}$$

où $K(\mathrm{A})$ est le conditionnement de la matrice A (voir Section 3.1.1), et où il est sous-entendu qu'on utilise une norme matricielle appropriée. Par conséquent, si le conditionnement de A est "petit", la résolution du système linéaire $\mathrm{A}\mathbf{x}=\mathbf{b}$ est un problème stable par rapport aux perturbations du second membre $\mathbf{b}$. La stabilité par rapport aux perturbations des coefficients de A sera analysée au Chapitre 3, Section 3.9. •

Exemple 2.4 (équations non linéaires) Soit $f : \mathbb{R} \to \mathbb{R}$ une fonction de classe C^1. Considérons l'équation non linéaire

$$F(x,d) = f(x) = \varphi(x) - d = 0,$$

où $d \in \mathbb{R}$ est une donnée (éventuellement égale à zéro) et $\varphi : \mathbb{R} \to \mathbb{R}$ est une fonction telle que $\varphi = f + d$. Le problème est bien défini à condition que φ soit inversible dans un voisinage de d : dans ce cas, en effet, $x = \varphi^{-1}(d)$ et la résolvante est donnée par $G = \varphi^{-1}$. Puisque $(\varphi^{-1})'(d) = [\varphi'(x)]^{-1}$, (2.7) s'écrit, pour $d \neq 0$,

$$K(d) \simeq |[\varphi'(x)]^{-1}| \frac{|d|}{|x|}, \tag{2.10}$$

et, si d (ou x) est égal à zéro,

$$K_{abs}(d) \simeq |[\varphi'(x)]^{-1}|. \tag{2.11}$$

Le problème est donc mal posé si x est une racine multiple de $\varphi(x) - d$; il est mal conditionné quand $\varphi'(x)$ est "petit", bien conditionné quand $\varphi'(x)$ est "grand". Nous aborderons ce sujet plus en détail à la Section 6.1. •

D'après (2.7), la quantité $\|G'(d)\|$ est une approximation de $K_{abs}(d)$. On l'appelle parfois *conditionnement absolu au premier ordre.* Ce dernier représente la limite de la constante de Lipschitz de G quand la perturbation des données tend vers zéro.

Une telle quantité ne fournit pas toujours une bonne estimation du conditionnement $K_{abs}(d)$. Cela se produit, par exemple, quand G' s'annule en un point tandis que G est non nulle sur un voisinage du même point. Prenons par exemple $x = G(d) = \cos(d) - 1$ pour $d \in]-\pi/2, \pi/2[$; on a bien $G'(0) = 0$, alors que $K_{abs}(0) = 2/\pi$.

2.2 Stabilité des méthodes numériques

Nous supposerons désormais que le problème (2.1) est bien posé. Une méthode numérique pour approcher la solution de (2.1) consistera, en général, en une suite de problèmes approchés

$$F_n(x_n, d_n) = 0 \qquad n \geq 1 \tag{2.12}$$

dépendant d'un certain paramètre n (à définir au cas par cas). L'attente naturelle est que $x_n \to x$ quand $n \to \infty$, *i.e.* que la solution numérique converge vers la solution exacte. Pour cela, il est nécessaire que $d_n \to d$ et que F_n "approche" F, quand $n \to \infty$. Plus précisément, si la donnée d du problème (2.1) est admissible pour F_n, nous dirons que la méthode numérique (2.12) est *consistante* si

$$F_n(x, d) = F_n(x, d) - F(x, d) \to 0 \ \text{ pour } n \to \infty \tag{2.13}$$

où x est la solution du problème (2.1) correspondant à la donnée d.

Dans les chapitres suivants, nous préciserons cette définition pour chaque classe de problèmes considérée.

Une méthode est dite *fortement consistante* si $F_n(x, d) = 0$ pour *toute* valeur de n (et pas seulement pour $n \to \infty$).

Dans certains cas (p. ex. dans les méthodes itératives), la méthode numérique s'écrit sous la forme suivante (plutôt que sous la forme (2.12)) :

$$F_n(x_n, x_{n-1}, \ldots, x_{n-q}, d_n) = 0\,, \qquad n \geq q\,, \tag{2.14}$$

où les $x_0, x_1, \ldots, x_{q-1}$ sont donnés. Dans ce cas, la propriété de consistance forte devient $F_n(x, x, \ldots, x, d) = 0$ pour tout $n \geq q$.

Exemple 2.5 Considérons la méthode itérative suivante (connue sous le nom de méthode de Newton, voir Section 6.2.2) pour approcher une racine simple d'une fonction $f : \mathbb{R} \to \mathbb{R}$,

$$\text{étant donné } x_0, \quad x_n = x_{n-1} - \frac{f(x_{n-1})}{f'(x_{n-1})}, \qquad n \geq 1. \tag{2.15}$$

Cette méthode peut s'écrire sous la forme (2.14) en posant $F_n(x_n, x_{n-1}, f) = x_n - x_{n-1} + f(x_{n-1})/f'(x_{n-1})$; on a alors clairement $F_n(\alpha, \alpha, f) = 0$. La méthode de Newton est donc fortement consistante.

Considérons à présent la méthode suivante (appelée méthode composite du point milieu, voir Section 8.2) pour approcher $x = \int_a^b f(t)\,dt$,

$$x_n = H \sum_{k=1}^{n} f\left(\frac{t_k + t_{k+1}}{2}\right) \quad \text{pour tout } n \geq 1\,,$$

où $H = (b-a)/n$ et $t_k = a + (k-1)H$, $k = 1, \ldots, (n+1)$. Cette méthode est consistante, mais elle n'est en général pas fortement consistante (mis à part pour des fonctions f particulières, p. ex. les polynômes de degré 1 par morceaux). Plus généralement, toute méthode numérique obtenue à partir du problème mathématique en tronquant une opération faisant intervenir des limites (p. ex. une série, une intégrale, une dérivée) n'est pas fortement consistante. •

Au regard de ce que nous avons déjà énoncé au sujet du problème (2.1), nous dirons qu'une méthode numérique est *bien posée* (ou *stable*) s'il existe, pour tout n, une unique solution x_n correspondant à la donnée d_n et si x_n dépend continûment des données. Plus précisément, soit d_n un élément quelconque de D_n, où D_n est l'ensemble des données admissibles pour (2.12). Soit δd_n une perturbation admissible, dans le sens que $d_n + \delta d_n \in D_n$, et soit δx_n la perturbation correspondante de la solution, c'est-à-dire

$$F_n(x_n + \delta x_n, d_n + \delta d_n) = 0.$$

On veut alors que

$$\begin{aligned} &\exists \eta_0 = \eta_0(d_n) > 0,\ \exists K_0 = K_0(d_n) \text{ tels que} \\ &\text{si } \|\delta d_n\| \leq \eta_0 \text{ alors } \|\delta x_n\| \leq K_0 \|\delta d_n\|. \end{aligned} \tag{2.16}$$

Comme en (2.4), nous introduisons pour chaque problème (2.12) les quantités

$$\begin{aligned} K_n(d_n) &= \sup\left\{\frac{\|\delta x_n\|/\|x_n\|}{\|\delta d_n\|/\|d_n\|}, \delta d_n \neq 0,\ d_n + \delta d_n \in D_n\right\}, \\ K_{abs,n}(d_n) &= \sup\left\{\frac{\|\delta x_n\|}{\|\delta d_n\|},\ \delta d_n \neq 0,\ d_n + \delta d_n \in D_n\right\}. \end{aligned} \tag{2.17}$$

La méthode numérique est dite bien conditionnée si $K(d_n)$ est “petit” pour toute donnée d_n admissible, et mal conditionnée sinon. Comme en (2.6), considérons le cas où, pour tout n, la relation fonctionnelle (2.12) définit une application G_n de l'ensemble des données numériques sur celui des solutions

$$x_n = G_n(d_n), \quad \text{c'est-à-dire } F_n(G_n(d_n), d_n) = 0. \tag{2.18}$$

En supposant G_n différentiable, on peut déduire de (2.17) que

$$K_n(d_n) \simeq \|G_n'(d_n)\| \frac{\|d_n\|}{\|G_n(d_n)\|}, \qquad K_{abs,n}(d_n) \simeq \|G_n'(d_n)\|. \tag{2.19}$$

On remarque que, dans le cas où les ensembles de données admissibles des problèmes (2.1) et (2.12) coïncident, on peut utiliser d au lieu de d_n dans (2.16) et (2.17). Dans ce cas, on peut définir le *conditionnement asymptotique absolu* et le *conditionnement asymptotique relatif* correspondant à la donnée d de la manière suivante

$$K^{num}(d) = \lim_{k\to\infty} \sup_{n\geq k} K_n(d), \quad K^{num}_{abs}(d) = \lim_{k\to\infty} \sup_{n\geq k} K_{abs,n}(d).$$

Exemple 2.6 (addition et soustraction) La fonction $f : \mathbb{R}^2 \to \mathbb{R}$, $f(a,b) = a+b$, est une application linéaire dont le gradient est le vecteur $f'(a,b) = (1,1)^T$. En utilisant la norme vectorielle $\|\cdot\|_1$ définie en (1.14), on obtient $K(a,b) \simeq (|a| + |b|)/(|a+b|)$. Il s'en suit que l'addition de deux nombres de même signe est une opération bien conditionnée, puisque $K(a,b) \simeq 1$. D'un autre côté, la soustraction de deux nombres presque égaux est une opération mal conditionnée, puisque $|a+b| \ll |a| + |b|$. Ce point, déjà mis en évidence dans l'Exemple 2.2, conduit à l'*annulation de chiffres significatifs* quand les nombres ne peuvent être représentés qu'avec une quantité finie de chiffres (comme dans l'arithmétique à virgule flottante, voir Section 2.5). •

Exemple 2.7 Considérons à nouveau le problème du calcul des racines d'un polynôme du second degré analysé dans l'Exemple 2.2. Quand $p > 1$ (racines séparées), un tel problème est bien conditionné. Néanmoins, l'algorithme consistant à évaluer la racine x_- par la formule $x_- = p - \sqrt{p^2-1}$ est *instable.* Cette formule est en effet sujette aux erreurs dues à l'*annulation numérique* de chiffres significatifs (voir Section 2.4) introduite par l'arithmétique finie des ordinateurs. Un remède possible à ce problème consiste à calculer d'abord $x_+ = p + \sqrt{p^2-1}$, puis $x_- = 1/x_+$. Une autre possibilité est de résoudre $F(x,p) = x^2 - 2px + 1 = 0$ par la méthode de Newton (présentée dans l'Exemple 2.5)

$$x_0 \text{ donné}, \quad x_n = f_n(p) = x_{n-1} - (x_{n-1}^2 - 2px_{n-1} + 1)/(2x_{n-1} - 2p), \quad n \geq 1.$$

Appliquer (2.19) pour $p > 1$ conduit à $K_n(p) \simeq |p|/|x_n - p|$. Pour calculer $K^{num}(p)$ nous remarquons que, dans le cas où l'algorithme converge, la solution x_n doit converger vers l'une des racines x_+ ou x_- ; par conséquent, $|x_n - p| \to \sqrt{p^2 - 1}$ et donc $K_n(p) \to K^{num}(p) \simeq |p|/\sqrt{p^2 - 1}$, en parfait accord avec la valeur (2.8) du conditionnement du problème exact.

Nous pouvons conclure que la méthode de Newton pour la recherche des racines simples d'une équation algébrique du second ordre est mal conditionnée si $|p|$ est très proche de 1, tandis qu'elle est bien conditionnée dans les autres cas. •

Le but ultime de l'approximation numérique est naturellement de construire, au moyen de problèmes du type (2.12), des solutions x_n qui se "rapprochent" de la solution du problème (2.1) quand n devient grand. Cette notion est précisée dans la définition suivante :

Définition 2.2 La méthode numérique (2.12) est dite *convergente* ssi

$$\begin{array}{l} \forall \varepsilon > 0, \exists n_0 = n_0(\varepsilon), \ \exists \delta = \delta(n_0, \varepsilon) > 0 \text{ tels que} \\ \forall n > n_0(\varepsilon), \forall \delta d_n : \|\delta d_n\| \leq \delta \ \Rightarrow \ \|x(d) - x_n(d + \delta d_n)\| \leq \varepsilon, \end{array} \tag{2.20}$$

où d est une donnée admissible du problème (2.1), $x(d)$ est la solution correspondante et $x_n(d+\delta d_n)$ est la solution du problème numérique (2.12) avec la donnée $d + \delta d_n$. ■

Pour vérifier (2.20), il suffit d'établir que, sous les mêmes hypothèses,

$$\|x(d + \delta d_n) - x_n(d + \delta d_n)\| \leq \frac{\varepsilon}{2}. \tag{2.21}$$

En effet, grâce à (2.3), on a alors

$$\begin{array}{l} \|x(d) - x_n(d + \delta d_n)\| \leq \|x(d) - x(d + \delta d_n)\| \\ +\|x(d + \delta d_n) - x_n(d + \delta d_n)\| \leq K_0\|\delta d_n\| + \frac{\varepsilon}{2}. \end{array}$$

En choisissant $\delta = \min\{\eta_0, \varepsilon/(2K_0)\}$, on obtient (2.20).

Des "mesures" de la convergence de x_n vers x sont données par l'*erreur absolue* et l'*erreur relative*, définies respectivement par

$$E(x_n) = |x - x_n|, \qquad E_{rel}(x_n) = \frac{|x - x_n|}{|x|} \quad \text{si } x \neq 0\,. \tag{2.22}$$

Dans les cas où x et x_n sont des matrices ou des vecteurs, les valeurs absolues dans (2.22) sont remplacées par des normes adéquates, et il est quelquefois utile d'introduire l'*erreur par composantes* :

$$E_{rel}^c(x_n) = \max_{i,j} \frac{|(x - x_n)_{ij}|}{|x_{ij}|}. \tag{2.23}$$

2.2.1 Relations entre stabilité et convergence

Les concepts de stabilité et de convergence sont fortement liés.
Avant tout, si le problème (2.1) est bien posé, la stabilité est une condition *nécessaire* pour que le problème numérique (2.12) soit convergeant.

Supposons que la méthode soit convergente, c'est-à-dire, que (2.20) soit vérifiée pour $\varepsilon > 0$ arbitraire. On a

$$\begin{aligned} \|\delta x_n\| &= \|x_n(d+\delta d_n) - x_n(d)\| \leq \|x_n(d) - x(d)\| \\ &+ \|x(d) - x(d+\delta d_n)\| + \|x(d+\delta d_n) - x_n(d+\delta d_n)\| \\ &\leq K(\delta(n_0,\varepsilon),d)\|\delta d_n\| + \varepsilon\,, \end{aligned} \tag{2.24}$$

où on a utilisé (2.3) et (2.21) deux fois. Choisissant maitenant δd_n tel que $\|\delta d_n\| \leq \eta_0$, on en déduit que $\|\delta x_n\|/\|\delta d_n\|$ peut être majoré par $K_0 = K(\delta(n_0,\varepsilon),d) + 1$, à condition que $\varepsilon \leq \|\delta d_n\|$.

La méthode est donc stable. Ainsi, nous ne nous intéressons qu'aux méthodes numériques stables car ce sont les seules à être convergentes.

La stabilité d'une méthode numérique devient une condition *suffisante* pour que le problème numérique (2.12) converge si ce dernier est également consistant avec le problème (2.1). En effet, sous ces hypothèses, on a

$$\begin{aligned} \|x(d+\delta d_n) - x_n(d+\delta d_n)\| &\leq \|x(d+\delta d_n) - x(d)\| + \|x(d) - x_n(d)\| \\ &+ \|x_n(d) - x_n(d+\delta d_n)\|. \end{aligned}$$

Grâce à (2.3), le premier terme du second membre peut être borné par $\|\delta d_n\|$ (à une constante multiplicative près, indépendante de δd_n). On peut trouver une majoration analogue pour le troisième terme, grâce à la propriété de stabilité (2.16). Enfin, en ce qui concerne le terme restant, si F_n est différentiable par rapport à x, un développement de Taylor permet d'obtenir

$$F_n(x(d),d) - F_n(x_n(d),d) = \frac{\partial F_n}{\partial x}_{|(\overline{x},d)}(x(d) - x_n(d)),$$

pour un certain $\overline{x}$ compris entre $x(d)$ et $x_n(d)$. En supposant aussi que $\partial F_n/\partial x$ est inversible, on obtient

$$x(d) - x_n(d) = \left(\frac{\partial F_n}{\partial x}\right)^{-1}_{|(\overline{x},d)} [F_n(x(d),d) - F_n(x_n(d),d)]. \tag{2.25}$$

D'autre part, en remplaçant $F_n(x_n(d),d)$ par $F(x(d),d)$ (tous les deux étant nuls) et en prenant les normes des deux membres, on trouve

$$\|x(d) - x_n(d)\| \leq \left\| \left(\frac{\partial F_n}{\partial x}\right)^{-1}_{|(\overline{x},d)} \right\| \|F_n(x(d),d) - F(x(d),d)\|.$$

On peut donc conclure, grâce à (2.13), que $\|x(d) - x_n(d)\| \to 0$ quand $n \to \infty$. Le résultat que nous venons de prouver formellement, bien qu'énoncé en termes qualitatifs, est un résultat fondamental de l'analyse numérique, connu sous le nom de *théorème d'équivalence* (théorème de Lax-Richtmyer) : "*pour une méthode numérique consistante, la stabilité est équivalente à la convergence*". On trouvera une preuve rigoureuse de ce théorème dans [Dah56] pour les problèmes de Cauchy linéaires, ou dans [Lax65] et [RM67] pour les problèmes aux valeurs initiales linéaires et bien posés.

2.3 Analyse *a priori* et *a posteriori*

L'analyse de la stabilité d'une méthode numérique peut être menée en suivant deux stratégies différentes :

1. *une analyse directe*, qui fournit une majoration des variations $\|\delta x_n\|$ de la solution dues aux perturbations des données et aux erreurs intrinsèques de la méthode numérique ;
2. *une analyse rétrograde*, ou *analyse par perturbation*, dont le but est d'estimer les perturbations qui devraient être appliquées aux données d'un problème afin d'obtenir les résultats effectivement calculés, sous l'hypothèse qu'on travaille en arithmétique exacte. Autrement dit, pour une certaine solution calculée $\widehat{x}_n$, l'analyse rétrograde consiste à chercher les perturbations δd_n des données telles que $F_n(\widehat{x}_n, d_n + \delta d_n) = 0$. Remarquer que, quand on procède à une telle estimation, on ne tient absolument *pas* compte de la manière dont $\widehat{x}_n$ a été obtenu (c'est-à-dire de la méthode qui a été utilisée pour le calculer).

L'analyse directe et l'analyse rétrograde sont deux exemples de ce qu'on appelle l'analyse *a priori*. Celle-ci peut non seulement s'appliquer à l'étude de la stabilité d'une méthode numérique, mais aussi à l'étude de sa convergence.

Dans ce dernier cas, on parle d'*analyse d'erreur a priori*. A nouveau, elle peut être effectuée par des techniques directes ou rétrogrades.

L'analyse d'erreur *a priori* se distingue de l'*analyse d'erreur a posteriori* qui consiste à établir une estimation de l'erreur sur la base des quantités qui sont effectivement calculées par la méthode numérique considérée. Typiquement, en notant $\widehat{x}_n$ la solution numérique calculée, pour approcher la solution x du problème (2.1), l'analyse d'erreur *a posteriori* consiste à évaluer l'erreur $x - \widehat{x}_n$ en fonction du résidu $r_n = F(\widehat{x}_n, d)$ au moyen de constantes appelées *facteurs de stabilité* (voir [EEHJ96]).

Exemple 2.8 Afin d'illustrer ceci, considérons le problème de la détermination des racines $\alpha_1, \ldots, \alpha_n$ d'un polynôme $p_n(x) = \sum_{k=0}^{n} a_k x^k$ de degré n.

Notons $\tilde{p}_n(x) = \sum_{k=0}^{n} \tilde{a}_k x^k$ un polynôme perturbé dont les racines sont $\tilde{\alpha}_i$. Le but de l'analyse directe est d'estimer l'erreur entre deux zéros α_i et $\tilde{\alpha}_i$, en fonction de la différence entre les coefficients $a_k - \tilde{a}_k$, $k = 0, 1, \ldots, n$.

Notons à présent $\{\hat{\alpha}_i\}$ les racines approchées de p_n (calculées d'une manière ou d'une autre). L'analyse rétrograde fournit une estimation des perturbations δa_k qui devraient affecter les coefficients afin que $\sum_{k=0}^{n}(a_k + \delta a_k)\hat{\alpha}_i^k = 0$, pour un $\hat{\alpha}_i$ fixé. Le but de l'analyse d'erreur *a posteriori* serait plutôt d'estimer l'erreur $\alpha_i - \hat{\alpha}_i$ comme une fonction du résidu $p_n(\hat{\alpha}_i)$.

Cette analyse sera faite dans la Section 6.1. •

Exemple 2.9 Considérons le système linéaire $\mathrm{A}\mathbf{x}=\mathbf{b}$, où $\mathrm{A}\in \mathbb{R}^{n\times n}$ est une matrice inversible.

Pour le système perturbé $\tilde{\mathrm{A}}\tilde{\mathbf{x}} = \tilde{\mathbf{b}}$, l'analyse directe fournit une estimation de l'erreur $\mathbf{x} - \tilde{\mathbf{x}}$ en fonction de $\mathrm{A} - \tilde{\mathrm{A}}$ et $\mathbf{b} - \tilde{\mathbf{b}}$. Dans l'analyse rétrograde, on évalue les perturbations $\delta\mathrm{A} = (\delta a_{ij})$ et $\delta\mathbf{b} = (\delta b_i)$ que devraient subir les termes de A et $\mathbf{b}$ afin d'obtenir $(\mathrm{A} + \delta\mathrm{A})\widehat{\mathbf{x}}_n = \mathbf{b} + \delta\mathbf{b}$, $\widehat{\mathbf{x}}_n$ étant la solution approchée du système linéaire (calculée par une méthode donnée). Enfin, dans une étude d'erreur *a posteriori*, on recherche une estimation de l'erreur $\mathbf{x} - \widehat{\mathbf{x}}_n$ comme fonction du résidu $\mathbf{r}_n = \mathbf{b} - \mathrm{A}\widehat{\mathbf{x}}_n$.

Nous développerons cette analyse dans la Section 3.1. •

Il est important de souligner l'importance du rôle joué par l'analyse *a posteriori* dans l'élaboration des stratégies de *contrôle d'erreur adaptatif*. Ces techniques, qui consistent à modifier convenablement les paramètres de discrétisation (par exemple, la distance entre les noeuds dans l'intégration numérique d'une fonction ou d'une équation différentielle), emploient l'analyse *a posteriori* afin d'assurer que l'erreur ne dépasse pas une tolérance fixée.

Une méthode numérique qui utilise un contrôle adaptatif d'erreur est appelée *méthode numérique adaptative*. En pratique, une méthode de ce type met en œuvre dans le processus de calcul l'idée de *rétroaction* : elle effectue, *sur la base d'une solution calculée*, un test de convergence qui garantit un contrôle de l'erreur. Quand le test de convergence échoue, une stratégie pour modifier les paramètres de discrétisation est automatiquement adoptée afin d'améliorer la précision de la nouvelle solution, et l'ensemble de la procédure est répétée jusqu'à ce que le test de convergence soit satisfait.

2.4 Sources d'erreurs dans un modèle numérique

Quand le problème numérique (2.12) est l'approximation du problème mathématique (2.1) et que ce dernier est à son tour issu d'un problème physique (noté PP), nous dirons que (2.12) est un *modèle numérique* de PP.

Dans ce processus, l'erreur globale, notée e, s'exprime comme la différence entre la solution effectivement calculée, $\widehat{x}_n$, et la solution physique, x_{ph}, dont x est un modèle. On peut donc interpréter l'erreur globale e comme la somme de l'erreur du modèle mathématique $e_m = x - x_{ph}$ et de l'erreur du modèle numérique, $e_c = \widehat{x}_n - x$. Autrement dit $e = e_m + e_c$ (voir Figure 2.1).

L'erreur e_m prend en compte l'erreur commise par le modèle mathématique au sens strict (c'est-à-dire, dans quelle mesure l'équation fonctionnelle (2.1) décrit de façon réaliste le problème PP) et l'erreur sur les données (c'est-à-dire

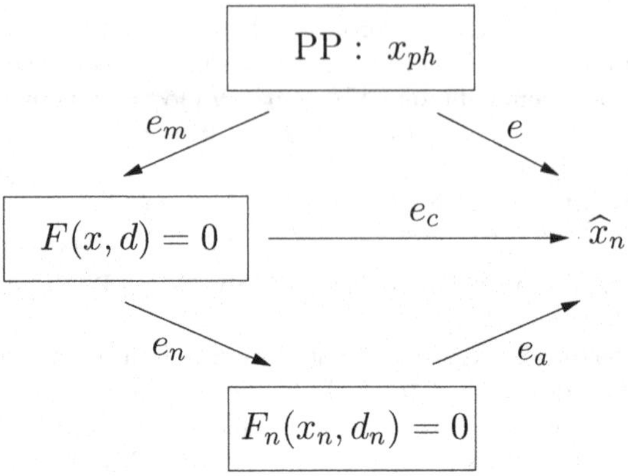

Fig. 2.1. Erreurs dans les modèles numériques

la précision avec laquelle d reflète les données physiques réelles). De même, e_c est une combinaison de l'erreur de discrétisation $e_n = x_n - x$, de l'erreur induite par l'algorithme numérique, et enfin, de l'erreur d'*arrondi* e_r introduite par l'ordinateur au cours de la résolution effective du problème (2.12) (voir Section 2.5).

On peut donc dégager, en général, les sources d'erreurs suivantes :

1. les erreurs dues au modèle, qu'on peut contrôler par un choix convenable du modèle mathématique ;
2. les erreurs sur les données, qui peuvent être réduites en améliorant la précision des mesures ;
3. les erreurs de troncature, qui proviennent du fait qu'on a remplacé dans le modèle numérique des passages à la limite par des opérations mettant en jeu un nombre fini d'étapes ;
4. les erreurs d'arrondi.

Les erreurs des points 3 et 4 constituent l'*erreur numérique*. Une méthode numérique est convergente si cette erreur peut être rendue arbitrairement petite quand on augmente l'effort de calcul. Naturellement, la convergence est le but principal – mais non unique – d'une méthode numérique ; les autres étant la *précision*, la *fiabilité* et l'*efficacité*.

La précision signifie que les erreurs sont petites par rapport à une tolérance fixée. On la mesure généralement par l'ordre infinitésimal de l'erreur e_n par rapport au paramètre caractéristique de discrétisation (par exemple la distance la plus grande entre les noeuds de discrétisation). On notera en passant que la *précision de la machine* ne limite pas, sur le plan théorique, la précision de la méthode.

La fiabilité signifie qu'il est possible de garantir que l'erreur globale se situe en dessous d'une certaine tolérance. Naturellement, un modèle numérique peut être considéré comme fiable seulement s'il a été convenablement *testé*, c'est-à-dire validé par plusieurs cas tests.

L'efficacité signifie que la complexité du calcul (c'est-à-dire la quantité d'opérations et la taille de mémoire requise) nécessaire pour maîtriser l'erreur est aussi petite que possible.

Ayant rencontré plusieurs fois dans cette section le terme *algorithme*, nous ne pouvons nous dispenser de donner une description intuitive de ce dont il s'agit. Par *algorithme*, nous entendons une démarche qui décrit, à l'aide d'opérations élémentaires, toutes les étapes nécessaires à la résolution d'un problème spécifique. Un algorithme peut à son tour contenir des sous-algorithmes. Il doit avoir la propriété de s'achever après un nombre fini d'opérations élémentaires. Celui qui exécute l'algorithme (une machine ou un être humain) doit y trouver toutes les instructions pour résoudre complètement le problème considéré (à condition que les ressources nécessaires à son exécution soient disponibles).

Par exemple, l'assertion "un polynôme du second degré admet deux racines dans le plan complexe" ne définit pas un algorithme, tandis que la formule fournissant les racines *est* un algorithme (pourvu que les sous-algorithmes requis pour l'exécution correcte de toutes les opérations aient été également définis).

Enfin, la *complexité d'un algorithme* est une mesure de son temps d'exécution. Calculer la complexité d'un algorithme fait donc partie de l'analyse de l'efficacité d'une méthode numérique. Plusieurs algorithmes, de complexités différentes, peuvent être employés pour résoudre un même problème P. On introduit donc la notion de *complexité d'un problème* qui est définie comme la complexité de l'algorithme qui a la complexité la plus petite parmi ceux qui résolvent P. La complexité d'un problème est typiquement mesurée par un paramètre directement associé à P. Par exemple, dans le cas du produit de deux matrices carrées, la complexité du calcul peut être exprimée en fonction d'une puissance de la taille n de la matrice (voir [Str69]).

2.5 Représentation des nombres en machine

Toute opération qu'effectue un ordinateur ("opération machine") est entachée par des *erreurs d'arrondi*. Elles sont dues au fait qu'on ne peut représenter dans un ordinateur qu'un sous-ensemble fini de l'ensemble des nombres réels. Dans cette section, après avoir rappelé la notation positionnelle des nombres réels, nous introduisons leur représentation machine.

2.5.1 Le système positionnel

Soit une base fixée $\beta \in \mathbb{N}$ avec $\beta \geq 2$, et soit x un nombre réel comportant un nombre fini de chiffres x_k avec $0 \leq x_k < \beta$ pour $k = -m, \ldots, n$. La notation conventionnelle

$$x_\beta = (-1)^s \left[x_n x_{n-1} \ldots x_1 x_0 . x_{-1} x_{-2} \ldots x_{-m}\right], \quad x_n \neq 0, \tag{2.26}$$

est appelée *représentation positionnelle* de x dans la base β. Le point entre x_0 et x_{-1} est appelé point décimal si la base est 10, point binaire si la base est 2, et s dépend du signe de x ($s = 0$ si x est positif, 1 si x est négatif). La relation (2.26) signifie

$$x_\beta = (-1)^s \left(\sum_{k=-m}^{n} x_k \beta^k \right).$$

Exemple 2.10 L'écriture $x_{10} = 425.33$ désigne le réel $x = 4 \cdot 10^2 + 2 \cdot 10 + 5 + 3 \cdot 10^{-1} + 3 \cdot 10^{-2}$, tandis que $x_6 = 425.33$ désigne le réel $x = 4 \cdot 6^2 + 2 \cdot 6 + 5 + 3 \cdot 6^{-1} + 3 \cdot 6^{-2}$. Un nombre rationnel peut avoir une infinité de chiffres dans une base et un quantité finie de chiffres dans une autre base. Par exemple, la fraction $1/3$ a une infinité de chiffres en base 10, $x_{10} = 0.\bar{3}$, tandis qu'elle a seulement un chiffre en base 3, $x_3 = 0.1$. •

Tout nombre réel peut être approché par des nombres ayant une représentation finie. On a en effet, pour une base β fixée, la propriété suivante :

$$\forall \varepsilon > 0, \forall x_\beta \in \mathbb{R}, \exists y_\beta \in \mathbb{R} \text{ tel que } |y_\beta - x_\beta| < \varepsilon,$$

où y_β a une représentation positionnelle finie.

En effet, étant donné le nombre positif $x_\beta = x_n x_{n-1} \ldots x_0 . x_{-1} \ldots x_{-m} \ldots$ comportant un nombre fini ou infini de chiffres, on peut construire, pour tout $r \geq 1$ deux nombres

$$x_\beta^{(l)} = \sum_{k=0}^{r-1} x_{n-k} \beta^{n-k}, \quad x_\beta^{(u)} = x_\beta^{(l)} + \beta^{n-r+1},$$

ayant r chiffres, tels que $x_\beta^{(l)} < x_\beta < x_\beta^{(u)}$ et $x_\beta^{(u)} - x_\beta^{(l)} = \beta^{n-r+1}$. Si r est choisi de manière à ce que $\beta^{n-r+1} < \epsilon$, on obtient alors l'inégalité voulue en prenant y_β égal à $x_\beta^{(l)}$ ou $x_\beta^{(u)}$. Ce résultat légitime la représentation des nombres réels par un nombre fini de chiffres et donc leur représentation dans les ordinateurs.

Bien que, d'un point de vue théorique, toutes les bases soient équivalentes, les ordinateurs emploient en général trois bases : la base 2 ou binaire, la base 10 ou décimale (la plus naturelle) et la base 16 ou hexadécimale. Presque tous les ordinateurs modernes utilisent la base 2, exceptés certains qui emploient la base 16.

Dans la représentation binaire, les chiffres se réduisent aux deux symboles `0` et `1`, appelés *bits* (de l'anglais *binary digits*). En hexadécimal les symboles utilisés pour la représentation des chiffres sont `0,1,...,9,A,B,C,D,E,F`. Clairement, plus petite est la base adoptée, plus longue est la chaîne de caractères nécessaire à la représentation d'un même nombre.

Afin de simplifier les notations, nous écrirons x au lieu de x_β, sous-entendant ainsi la base β.

2.5.2 Le système des nombres à virgule flottante

Supposons qu'un ordinateur dispose de N cases mémoires pour stocker les nombres.

La manière la plus naturelle d'utiliser ces cases pour représenter un nombre réel non nul x est d'en réserver une pour le signe, $N-k-1$ pour les chiffres entiers et k pour les chiffres situés après la virgule, de sorte que

$$x = (-1)^s \cdot [a_{N-2}a_{N-3}\ldots a_k \,.\, a_{k-1}\ldots a_0], \tag{2.27}$$

où s est égal à 0 ou 1. L'ensemble des nombres de ce type est appelé *système à virgule fixe.* L'équation (2.27) signifie

$$x = (-1)^s \cdot \beta^{-k} \sum_{j=0}^{N-2} a_j \beta^j. \tag{2.28}$$

Ceci revient donc à fixer un facteur d'échelle pour l'ensemble des nombres représentables.
L'utilisation de la virgule fixe limite considérablement les valeurs minimales et maximales des nombres pouvant être représentés par l'ordinateur, à moins qu'un très grand nombre N de cases mémoires ne soit employé (noter en passant que quand $\beta = 2$ la taille d'une case mémoire est de 1 *bit*).

Ce défaut peut être facilement corrigé en autorisant un facteur d'échelle variable dans (2.28). Dans ce cas, étant donné un nombre réel non nul x, sa représentation en *virgule flottante* est donnée par

$$x = (-1)^s \cdot (0.a_1a_2\ldots a_t) \cdot \beta^e = (-1)^s \cdot m \cdot \beta^{e-t}, \tag{2.29}$$

où $t \in \mathbb{N}$ est le nombre de chiffres significatifs a_i (avec $0 \leq a_i \leq \beta - 1$), $m = a_1a_2\ldots a_t$ un entier, appelé *mantisse*, tel que $0 \leq m \leq \beta^t - 1$ et e un entier appelé *exposant.* Clairement, l'exposant ne peut varier que dans un intervalle fini de valeurs admissibles : posons $L \leq e \leq U$ (typiquement $L < 0$ et $U > 0$). Les N cases mémoires sont à présent réparties ainsi : une case pour le signe, t cases pour les chiffres significatifs et les $N - t - 1$ cases restantes pour les chiffres de l'exposant. Le nombre zéro a une représentation à part.

Il y a typiquement sur un ordinateur deux formats disponibles pour les nombres à virgule flottante : les représentations en *simple* et en *double précision.* Dans le cas de la représentation binaire, ces formats sont codés dans les versions standards avec $N = 32$ *bits* (simple précision)

1	8 *bits*	23 *bits*
s	e	m

et avec $N = 64$ *bits* (double précision)

1	11 *bits*	52 *bits*
s	e	m

Notons

$$\mathbb{F}(\beta, t, L, U) = \{0\} \cup \left\{ x \in \mathbb{R} : \ x = (-1)^s \beta^e \sum_{i=1}^{t} a_i \beta^{-i} \right\}$$

avec $\beta \geq 2$, $0 \leq a_i \leq \beta - 1$, $L \leq e \leq U$, l'ensemble des nombres à virgule flottante écrits en base β, comportant t chiffres significatifs et dont l'exposant peut varier dans l'intervalle $]L, U[$.

Afin d'assurer l'unicité de la représentation d'un nombre, on suppose que $a_1 \neq 0$ et $m \geq \beta^{t-1}$. (Par exemple, dans le cas $\beta = 10$, $t = 4$, $L = -1$ et $U = 4$, si l'on ne faisait pas l'hypothèse que $a_1 \neq 0$, le nombre 1 admettrait les représentations suivantes

$$0.1000 \cdot 10^1, \quad 0.0100 \cdot 10^2, \quad 0.0010 \cdot 10^3, \quad 0.0001 \cdot 10^4.$$

On dit dans ce cas que a_1 est le chiffre significatif principal, a_t le dernier chiffre significatif et la représentation de x est alors dite *normalisée.* La mantisse m varie à présent entre β^{-1} et 1. Toujours pour assurer l'unicité de la représentation, on suppose que le nombre zéro a également un signe (on prend typiquement $s = 0$).
Il est immédiat de vérifier que si $x \in \mathbb{F}(\beta, t, L, U)$ alors $-x \in \mathbb{F}(\beta, t, L, U)$. On a de plus l'encadrement suivant pour la valeur absolue de x :

$$x_{min} = \beta^{L-1} \leq |x| \leq \beta^U (1 - \beta^{-t}) = x_{max}. \tag{2.30}$$

L'ensemble $\mathbb{F}(\beta, t, L, U)$ (noté simplement $\mathbb{F}$ dans la suite) a pour cardinal

$$card\ \mathbb{F} = 2(\beta - 1)\beta^{t-1}(U - L + 1) + 1.$$

D'après (2.30), il s'avère impossible de représenter un nombre réel non nul dont la valeur absolue est inférieure à x_{min}. Cette limitation peut être levée en complétant $\mathbb{F}$ par l'ensemble $\mathbb{F}_D$ des nombres *flottants dénormalisés* obtenu en abandonnant l'hypothèse $a_1 \neq 0$ pour les nombres d'exposant minimal L. De cette manière, on ne perd pas l'unicité de la représentation, et il est possible de construire des nombres avec une mantisse comprise entre 1 et $\beta^{t-1} - 1$ et qui appartiennent à l'intervalle $] -\beta^{L-1}, \beta^{L-1}[$. Le plus petit nombre de cet ensemble a une valeur absolue égale à β^{L-t}.

Exemple 2.11 Les nombres positifs de l'ensemble $\mathbb{F}(2, 3, -1, 2)$ sont

$$(0.111) \cdot 2^2 = \frac{7}{2}, \quad (0.110) \cdot 2^2 = 3, \quad (0.101) \cdot 2^2 = \frac{5}{2}, \quad (0.100) \cdot 2^2 = 2,$$

$$(0.111) \cdot 2 = \frac{7}{4}, \quad (0.110) \cdot 2 = \frac{3}{2}, \quad (0.101) \cdot 2 = \frac{5}{4}, \quad (0.100) \cdot 2 = 1,$$

$$(0.111) = \frac{7}{8}, \quad (0.110) = \frac{3}{4}, \quad (0.101) = \frac{5}{8}, \quad (0.100) = \frac{1}{2},$$

$$(0.111) \cdot 2^{-1} = \frac{7}{16}, \quad (0.110) \cdot 2^{-1} = \frac{3}{8}, \quad (0.101) \cdot 2^{-1} = \frac{5}{16}, \quad (0.100) \cdot 2^{-1} = \frac{1}{4}.$$

Ils sont compris entre $x_{min} = \beta^{L-1} = 2^{-2} = 1/4$ et $x_{max} = \beta^U(1-\beta^{-t}) = 2^2(1-2^{-3}) = 7/2$. Nous avons en tout $(\beta-1)\beta^{t-1}(U-L+1) = (2-1)2^{3-1}(2+1+1) = 16$ nombres strictement positifs. Il faut ajouter leurs opposés, ainsi que le nombre zéro. Remarquons que quand $\beta = 2$, le premier chiffre significatif dans la représentation normalisée est nécessairement égal à 1, et il peut donc ne pas être stocké par l'ordinateur (dans ce cas, on l'appelle *bit caché*).

Quand on prend aussi en compte les nombres positifs dénormalisés, l'ensemble ci-dessus doit être complété par les nombres suivants

$$(0.011)_2 \cdot 2^{-1} = \frac{3}{16}, \quad (0.010)_2 \cdot 2^{-1} = \frac{1}{8}, \quad (0.001)_2 \cdot 2^{-1} = \frac{1}{16}.$$

D'après ce qui a été précédemment établi, le plus petit nombre dénormalisé est $\beta^{L-t} = 2^{-1-3} = 1/16$. •

2.5.3 Répartition des nombres à virgule flottante

Les nombres à *virgule flottante* ne sont pas équirépartis le long de la droite réelle : ils deviennent plus denses près du plus petit nombre représentable. On peut vérifier que l'écart entre un nombre $x \in \mathbb{F}$ et son voisin le plus proche $y \in \mathbb{F}$, où x et y sont supposés non nuls, est au moins $\beta^{-1}\epsilon_M|x|$ et au plus $\epsilon_M|x|$, où $\epsilon_M = \beta^{1-t}$ est l'*epsilon machine*. Ce dernier représente la distance entre 1 et le nombre à virgule flottante qui lui est le plus proche, c'est donc le plus petit nombre de $\mathbb{F}$ tel que $1 + \epsilon_M > 1$.
En revanche, quand on se donne un intervalle de la forme $[\beta^e, \beta^{e+1}]$, les nombres de $\mathbb{F}$ qui appartiennent à cet intervalle sont équirépartis et sont distants de β^{e-t}. En augmentant (resp. diminuant) de 1 l'exposant, on augmente (resp. diminue) d'un facteur β la distance séparant les nombres consécutifs.

Contrairement à la distance absolue, la distance relative entre deux nombres consécutifs a un comportement périodique qui dépend seulement de la mantisse m. En effet, en notant $(-1)^s m(x)\beta^{e-t}$ l'un des deux nombres, la distance Δx qui le sépare de l'autre est égale à $(-1)^s\beta^{e-t}$, ce qui implique que la distance relative vaut

$$\frac{\Delta x}{x} = \frac{(-1)^s\beta^{e-t}}{(-1)^s m(x)\beta^{e-t}} = \frac{1}{m(x)}. \tag{2.31}$$

A l'intérieur d'un intervalle $[\beta^e, \beta^{e+1}]$, la valeur (2.31) diminue quand x augmente puisque dans la représentation normalisée la mantisse varie de β^{t-1} à $\beta^t - 1$. Cependant, dès que $x = \beta^{e+1}$, la distance relative reprend la valeur β^{-t+1} et recommence à décroître sur l'intervalle suivant, comme le montre la Figure 2.2. Ce phénomène oscillatoire est appelé *wobbling precision*. Il est d'autant plus prononcé que la base β est grande. C'est une autre raison pour laquelle on préfère employer des petites bases dans les ordinateurs.

2.5.4 Arithmétique IEC/IEEE

La possibilité de construire des nombres à virgule flottante qui diffèrent en base, nombre de chiffres significatifs et exposants a entraîné dans le passé le

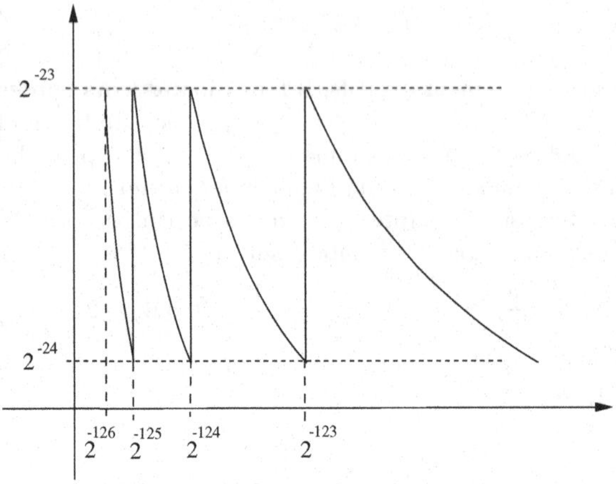

Fig. 2.2. Variation de la distance relative pour l'ensemble des nombres IEC/IEEE en simple précision

développement de systèmes $\mathbb{F}$ spécifiques à chaque type d'ordinateur. Afin d'éviter cette prolifération de systèmes numériques, un *standard* a été établi et il est presque universellement accepté de nos jours. Ce standard a été développé en 1985 par l'*Institute of Electrical and Electronics Engineers* (IEEE) et a été approuvé en 1989 par l'*International Electronical Commission* (IEC) comme standard international IEC559 ; il est actuellement connu sous ce nom (IEC est une organisation analogue à l'*International Standardization Organization* (ISO) dans le domaine de l'électronique). Le standard IEC559 comporte deux formats pour les nombres à virgule flottante : un *format de base*, constitué par le système $\mathbb{F}(2, 24, -125, 128)$ pour la simple précision, et par $\mathbb{F}(2, 53, -1021, 1024)$ pour la double précision, les deux incluant les nombres dénormalisés, et un *format étendu*, pour lequel sont fixés seulement les limites principales (voir Table 2.1).

Table 2.1. Limites supérieures et inférieures fixées par le standard IEC559 pour le format étendu des nombres à virgule flottante

	single	double		single	double
N	≥ 43 *bits*	≥ 79 *bits*	t	≥ 32	≥ 64
L	≤ -1021	≤ 16381	U	≥ 1024	≥ 16384

De nos jours, presque tous les ordinateurs satisfont les exigences énoncées ci-dessus.

Nous résumons dans la Table 2.2 les codages spéciaux utilisés par le standard IEC559 pour manipuler les valeurs ± 0, $\pm\infty$ et ce qu'on appelle les "non-nombres" (en abrégé NaN, de l'anglais *not a number*), qui correspondent par exemple à $0/0$ ou à d'autres opérations interdites.

Table 2.2. Codages IEC559 de quelques valeurs particulières

valeur	exposant	mantisse
± 0	$L-1$	0
$\pm\infty$	$U+1$	0
NaN	$U+1$	$\neq 0$

2.5.5 Arrondi d'un nombre réel en représentation machine

Le fait que, sur tout ordinateur, seul un sous-ensemble $\mathbb{F}(\beta, t, L, U)$ de $\mathbb{R}$ soit effectivement disponible pose plusieurs problèmes pratiques. Tout d'abord se pose la question de la représentation dans $\mathbb{F}$ d'un nombre réel *quelconque* donné. D'autre part, même si x et y sont deux nombres de $\mathbb{F}$, le résultat d'une opération entre eux n'appartient pas nécessairement à $\mathbb{F}$. On doit donc définir une arithmétique sur $\mathbb{F}$.

L'approche la plus simple pour résoudre le premier problème consiste à arrondir $x \in \mathbb{R}$ de façon à ce que le nombre arrondi appartienne à $\mathbb{F}$. Parmi toutes les manières possibles d'arrondir un nombre, considérons la suivante : étant donné $x \in \mathbb{R}$ en notation positionnelle normalisée, remplaçons x par son représentant $fl(x)$ dans $\mathbb{F}$, défini par

$$fl(x) = (-1)^s (0.a_1 a_2 \ldots \widetilde{a}_t) \cdot \beta^e, \ \tilde{a}_t = \begin{cases} a_t & \text{si } a_{t+1} < \beta/2\,, \\ a_t + 1 & \text{si } a_{t+1} \geq \beta/2\,. \end{cases} \tag{2.32}$$

L'application $fl : \mathbb{R} \to \mathbb{F}$, appelée *arrondi*, est la plus communément utilisée (dans l'approche appelée *troncature* on prendrait plus trivialement $\widetilde{a}_t = a_t$). Clairement, $fl(x) = x$ si $x \in \mathbb{F}$ et de plus $fl(x) \leq fl(y)$ si $x \leq y$ $\forall x, y \in \mathbb{R}$ (propriété de monotonie).

Remarque 2.3 (*Overflow* et *underflow*) Tout ce qui a été dit jusqu'à présent est seulement valable pour les nombres dont l'exposant e dans (2.26) appartient à $]L, U[$. En effet, si $x \in]-\infty, -x_{max}[\cup]x_{max}, \infty[$ la valeur $fl(x)$ n'est pas définie, tandis que si $x \in]-x_{min}, x_{min}[$ l'opération d'arrondi est toujours définie (même en l'absence des nombres dénormalisés). Dans le premier cas quand x est le résultat d'une opération sur des nombres de $\mathbb{F}$, on parle d'*overflow*, dans le second cas on parle d'*underflow* (ou de *graceful underflow* si les nombres dénormalisés sont pris en compte). L'*overflow* provoque une interruption du programme par le système. ■

A part dans des situations exceptionnelles, on peut facilement quantifier l'erreur, absolue ou relative, commise quand on remplace x par $fl(x)$. On peut montrer la propriété suivante (voir p. ex. [Hig96], Théorème 2.2) :

Propriété 2.1 *Si $x \in \mathbb{R}$ est tel que $x_{min} \leq |x| \leq x_{max}$, alors*

$$fl(x) = x(1 + \delta) \ \textit{avec} \ |\delta| \leq \mathbf{u}\,, \tag{2.33}$$

où

$$u = \frac{1}{2}\beta^{1-t} = \frac{1}{2}\epsilon_M \tag{2.34}$$

est appelé unité d'arrondi (ou précision machine).

On déduit immédiatement de (2.33) la majoration suivante de l'erreur relative

$$E_{rel}(x) = \frac{|x - fl(x)|}{|x|} \leq u, \tag{2.35}$$

tandis qu'on a pour l'erreur absolue

$$E(x) = |x - fl(x)| \leq \beta^{e-t}|(a_1 \ldots a_t.a_{t+1} \ldots) - (a_1 \ldots \tilde{a}_t)|.$$

D'après (2.32),

$$|(a_1 \ldots a_t.a_{t+1} \ldots) - (a_1 \ldots \tilde{a}_t)| \leq \beta^{-1}\frac{\beta}{2},$$

d'où

$$E(x) \leq \frac{1}{2}\beta^{-t+e}.$$

Remarque 2.4 Dans MATLAB, la valeur de ϵ_M est donnée par la variable `eps`. ■

2.5.6 Opérations machines en virgule flottante

Comme on l'a dit précédemment, il est nécessaire de définir sur l'ensemble des nombres machines une arithmétique, autant que possible analogue à l'arithmétique de $\mathbb{R}$. Ainsi, pour une opération arithmétique quelconque $\circ : \mathbb{R} \times \mathbb{R} \to \mathbb{R}$ entre deux opérandes de $\mathbb{R}$ (où le symbole $\circ$ peut désigner l'addition, la soustraction, la multiplication ou la division) nous noterons $\boxed{\circ}$ l'opération machine correspondante définie par

$$\boxed{\circ} : \mathbb{R} \times \mathbb{R} \to \mathbb{F}, \qquad x \boxed{\circ}\, y = fl(fl(x) \circ fl(y)).$$

D'après les propriétés des nombres à virgule flottante, on peut s'attendre à avoir la propriété suivante pour une opération bien définie entre deux opérandes :

$\forall x, y \in \mathbb{F}$, $\exists \delta \in \mathbb{R}$ tel que

$$x \boxed{\circ}\, y = (x \circ y)(1 + \delta) \qquad \text{avec } |\delta| \leq u. \tag{2.36}$$

Pour que la propriété (2.36) soit satisfaite quand $\circ$ est l'opération de soustraction, il faut faire une hypothèse supplémentaire sur la structure des nombres de $\mathbb{F}$: il s'agit de la notion de *chiffre de garde* sur laquelle on reviendra à la fin de cette section.

En particulier, si $\circ$ désigne l'addition, on a $\forall x, y \in \mathbb{R}$ (voir Exercice 10)

$$\frac{| x \boxed{+} y - (x+y)|}{|x+y|} \leq \mathrm{u}(1+\mathrm{u})\frac{|x|+|y|}{|x+y|} + \mathrm{u}, \tag{2.37}$$

et donc l'erreur relative associée à la somme sera petite, à moins que $x + y$ ne soit lui-même petit. La somme de deux nombres proches en module mais de signes opposés mérite un commentaire particulier : dans ce cas, en effet, $x + y$ peut être petit, ce qui génère ce qu'on appelle les *erreurs d'annulation* (comme le montre l'Exemple 2.6).

Il est important de remarquer que certaines propriétés de l'arithmétique classique sont conservées quand on passe à l'arithmétique des flottants (comme, par exemple, la commutativité de la somme ou du produit de deux termes), tandis que d'autres sont perdues. C'est le cas de l'associativité de la somme : on peut en effet montrer (voir Exercice 11) qu'en général

$$x \boxed{+} (y \boxed{+} z) \neq (x \boxed{+} y) \boxed{+} z.$$

Nous désignerons par *flop* (de l'anglais *floating operation*) une opération élémentaire à virgule flottante (addition, soustraction, multiplication ou division). Le lecteur prendra garde au fait que certains auteurs désignent par *flop* une opération de la forme $a + b \cdot c$. Selon la convention que nous adoptons, un produit scalaire entre deux vecteurs de longueur n requiert $2n - 1$ *flops*, un produit matrice-vecteur $2(m-1)n$ *flops* si la matrice est de taille $n \times m$ et enfin, un produit matrice-matrice $2(r-1)mn$ *flops* si les matrices sont respectivement de tailles $m \times r$ et $r \times n$.

Remarque 2.5 (arithmétique IEC559) Le standard IEC559 définit aussi une arithmétique fermée sur $\mathbb{F}$, ce qui signifie que toute opération sur $\mathbb{F}$ produit un résultat qui peut être représenté dans le système, même s'il n'est pas nécessairement défini d'un point de vue mathématique. Par exemple, la Table 2.3 montre les résultats obtenus dans des situations exceptionnelles. La présence d'un *NaN* (*Not a Number*) dans une suite d'opérations implique automatiquement que le résultat est un *NaN*. L'acceptation générale de ce standard est encore en cours. ■

Mentionnons que tous les systèmes de flottants ne satisfont pas (2.36). Une des raisons principales est l'absence de *chiffre de garde* dans la soustraction. Le chiffre de garde est un *bit* supplémentaire qui entre en jeu au niveau de la mantisse quand une soustraction est effectuée entre deux flottants. Pour montrer l'importance du chiffre de garde, considérons l'exemple suivant avec

Table 2.3. Résultats de quelques opérations exceptionnelles

exception	exemples	résultat
opération non valide	$0/0$, $0 \cdot \infty$	NaN
$overflow$		$\pm\infty$
division par zéro	$1/0$	$\pm\infty$
$underflow$		nombres sous-normaux

un système $\mathbb{F}$ pour lequel $\beta = 10$ et $t = 2$. Soustrayons 1 et 0.99. Nous avons

$$\begin{array}{lcll} 10^1 \cdot 0.1 & & 10^1 \cdot 0.10 & \\ 10^0 \cdot 0.99 & \Rightarrow & \underline{10^1 \cdot 0.09} & \\ & & 10^1 \cdot 0.01 & \longrightarrow \boxed{10^0 \cdot 0.10} \end{array}$$

ainsi, le résultat obtenu diffère du résultat exact d'un facteur 10. Si nous exécutons à présent la même opération en utilisant le chiffre de garde, nous obtenons le résultat exact. En effet

$$\begin{array}{lcll} 10^1 \cdot 0.1 & & 10^1 \cdot 0.10 & \\ 10^0 \cdot 0.99 & \Rightarrow & \underline{10^1 \cdot 0.09\boxed{9}} & \\ & & 10^1 \cdot 0.00\boxed{1} & \longrightarrow \boxed{10^0 \cdot 0.01} \end{array}$$

On peut en fait montrer que l'addition et la soustraction effectuées sans chiffre de garde, ne satisfont pas la propriété

$$fl(x \pm y) = (x \pm y)(1 + \delta) \text{ avec } |\delta| \leq \mathrm{u},$$

mais satisfont la propriété suivante :

$$fl(x \pm y) = x(1 + \alpha) \pm y(1 + \beta) \text{ avec } |\alpha| + |\beta| \leq \mathrm{u}.$$

Une arithmétique possédant cette dernière propriété est dite *aberrante*. Dans certains ordinateurs le chiffre de garde n'existe pas, l'accent étant mis sur la vitesse de calcul. Cependant, de nos jours la tendance est plutôt d'utiliser *deux* chiffres de garde (voir [HP94] pour les précisions techniques concernant ce sujet).

2.6 Exercices

1. Calculer, en utilisant (2.7), le conditionnement $K(d)$ des expressions suivantes

$$(1) \quad x - a^d = 0, \ a > 0\,; \qquad (2) \quad d - x + 1 = 0,$$

d étant la donnée, a un paramètre et x l'inconnue.
[*Solution* : (1) $K(d) \simeq |d||\log a|$; (2) $K(d) = |d|/|d+1|$.]

2. Etudier si le problème suivant est bien posé et calculer son conditionnement (en norme $\|\cdot\|_\infty$) en fonction de la donnée d : trouver x et y tels que

$$\begin{cases} x + dy = 1\,, \\ dx + y = 0\,. \end{cases}$$

[*Solution* : le problème considéré est un système linéaire dont la matrice est $\mathrm{A} = \begin{bmatrix} 1 & d \\ d & 1 \end{bmatrix}$. Il est bien posé si A n'est pas singulière, *i.e.*, si $d \neq \pm 1$. Dans ce cas, $K_\infty(\mathrm{A}) = |(|d|+1)/(|d|-1)|$.]

3. Etudier le conditionnement de la formule $x_\pm = -p \pm \sqrt{p^2+q}$ donnant la solution d'une équation du second degré $x^2 + 2px - q$ par rapport aux perturbations des paramètres p et q séparément.
[*Solution* : $K(p) = |p|/\sqrt{p^2+q}$, $K(q) = |q|/(2|x_\pm|\sqrt{p^2+q})$.]

4. Considérons le problème de Cauchy suivant

$$\begin{cases} x'(t) = x_0 e^{at}\,(a\cos(t) - \sin(t))\,, & t > 0\,, \\ x(0) = x_0\,, \end{cases} \tag{2.38}$$

dont la solution est $x(t) = x_0 e^{at}\cos(t)$ (a étant un nombre réel donné). Etudier le conditionnement de (2.38) par rapport au choix d'une donnée initiale et vérifier que sur des intervalles non bornés ce problème est bien conditionné si $a < 0$, et mal conditionné si $a > 0$.
[*Indication* : considérer la définition de $K_{abs}(a)$.]

5. Soit $\widehat{x} \neq 0$ une approximation d'une quantité x non nulle. Trouver la relation entre l'erreur relative $\epsilon = |x - \widehat{x}|/|x|$ et $\tilde{E} = |x - \widehat{x}|/|\widehat{x}|$.

6. Déterminer tous les éléments de l'ensemble $\mathbb{F} = (10, 6, -9, 9)$, dans le cas normalisé et le cas dénormalisé.

7. Considérer l'ensemble des nombres dénormalisés $\mathbb{F}_D$ et étudier le comportement de la distance absolue et de la distance relative entre deux nombres de cet ensemble. L'effet "*wobbling precision*" se produit-il encore ?
[*Indication* : pour ces nombres, il n'y a plus uniformité de la densité relative. Par conséquent, la distance absolue demeure constante (égale à β^{L-t}), tandis que la distance relative augmente rapidement quand x tend vers zéro.]

8. Quelle est la valeur de 0^0 en arithmétique IEEE ?
[*Solution* : idéalement, le résultat devrait être NaN. En pratique, les systèmes IEEE retournent la valeur 1. On peut trouver une motivation de ce résultat dans [Gol91].]

9. Montrer qu'à cause des erreurs d'annulation, la suite définie par

$$I_0 = \log\frac{6}{5}, \quad I_i + 5I_{i-1} = \frac{1}{i}, \quad i = 1, 2, \ldots, n, \tag{2.39}$$

n'est pas adaptée, en arithmétique finie, à l'approximation de l'intégrale $I_n = \int_0^1 \frac{x^n}{x+5}dx$ quand n est assez grand, alors qu'elle l'est en arithmétique infinie.

[*Indication* : considérer la donnée initiale perturbée $\tilde{I}_0 = I_0 + \mu_0$ et étudier la propagation de l'erreur μ_0 dans (2.39).]

10. Démontrer (2.37).
[*Solution* : remarquer que
$$\frac{| x \boxed{+} y - (x+y)|}{|x+y|} \leq \frac{| x \boxed{+} y - (fl(x)+fl(y))|}{|x+y|} + \frac{| fl(x) - x + fl(y) - y|}{|x+y|},$$
et appliquer (2.36) et (2.35).]

11. Etant donné $x, y, z \in \mathbb{F}$ avec $x+y$, $y+z$, $x+y+z$ appartenant à $\mathbb{F}$, montrer que
$$|(x \boxed{+} y) \boxed{+} z - (x+y+z)| \leq C_1 \simeq (2|x+y| + |z|)\mathbf{u},$$
$$|x \boxed{+} (y \boxed{+} z) - (x+y+z)| \leq C_2 \simeq (|x| + 2|y+z|)\mathbf{u}.$$

12. Laquelle des deux approximations de π,
$$\begin{aligned} \pi &= 4\left(1 - \frac{1}{3} + \frac{1}{5} - \frac{1}{7} + \frac{1}{9} - \ldots\right), \\ \pi &= 6\left(0.5 + \frac{1}{2}\frac{1}{3}\left(\frac{1}{2}\right)^3 + \frac{1\cdot 3}{2\cdot 2}\frac{1}{2!}\frac{1}{5}\left(\frac{1}{2}\right)^5 + \frac{1\cdot 3\cdot 5}{2\cdot 2\cdot 2}\frac{1}{3!}\frac{1}{7}\left(\frac{1}{2}\right)^7 + \ldots\right), \end{aligned} \tag{2.40}$$
limite le mieux la propagation des erreurs d'arrondi ? En utilisant MATLAB, comparer les résultats obtenus en fonction du nombre de termes de la somme.

13. Analyser la stabilité par rapport à la propagation des erreurs d'arrondi des deux codes MATLAB pour évaluer $f(x) = (e^x - 1)/x$ quand $|x| \ll 1$:

```
% Algorithme 1
if x == 0
  f = 1;
else
  f = (exp(x) - 1) / x;
end
```

```
% Algorithme 2
y = exp (x);
if y == 1
  f = 1;
else
  f = (y - 1) / log (y);
end
```

[*Solution* : le premier algorithme est imprécis à cause des erreurs d'annulation, tandis que le second (en présence du chiffre de garde) est stable et précis.]

14. En arithmétique binaire, on peut montrer [Dek71] que l'erreur d'arrondi dans la somme de deux nombres a et b, avec $a \geq b$, est donnée par
$$((a \boxed{+} b) \boxed{-} a) \boxed{-} b).$$
A partir de cette propriété, une méthode, appelée *somme compensée de Kahan* a été proposée pour calculer la somme de n termes a_i de manière à ce que les erreurs d'arrondi se compensent. On désigne par e_1 l'erreur d'arrondi initiale, et on pose $e_1 = 0$ et $s_1 = a_1$. A la i-ième étape, avec $i \geq 2$, on évalue $y_i = x_i - e_{i-1}$, la somme est mise à jour en posant $s_i = s_{i-1} + y_i$ et la nouvelle erreur d'arrondi est donnée par $e_i = (s_i - s_{i-1}) - y_i$. Implémenter cet algorithme dans MATLAB et vérifier sa précision en réévaluant la seconde expression de (2.40).

15. L'aire $A(T)$ d'un triangle T de côtés a, b et c, peut être calculée en utilisant la *formule d'Erone*

$$A(T) = \sqrt{p(p-a)(p-b)(p-c)},$$

où p est le demi-périmètre de T. Montrer que dans le cas d'un triangle très déformé ($a \simeq b + c$), cette formule manque de précision et vérifier ceci expérimentalement.

Partie II

Algèbre linéaire numérique

3

Méthodes directes pour la résolution des systèmes linéaires

Un système linéaire de m équations à n inconnues est un ensemble de relations algébriques de la forme

$$\sum_{j=1}^{n} a_{ij}x_j = b_i, \quad i = 1, \ldots, m, \tag{3.1}$$

où les x_j sont les inconnues, les a_{ij} les coefficients du système et les b_i les composantes du second membre. Il est commode d'écrire le système (3.1) sous la forme matricielle

$$\mathrm{A}\mathbf{x} = \mathbf{b}, \tag{3.2}$$

où on a noté $\mathrm{A} = (a_{ij}) \in \mathbb{C}^{m\times n}$ la matrice des coefficients, $\mathbf{b}=(b_i) \in \mathbb{C}^m$ le vecteur du second membre et $\mathbf{x}=(x_i) \in \mathbb{C}^n$ le vecteur inconnu. On appelle *solution* de (3.2) tout n-uple de valeurs x_i qui satisfait (3.1).

Dans ce chapitre, nous traiterons surtout des systèmes carrés d'ordre n à coefficients réels, c'est-à-dire, de la forme (3.2) avec $\mathrm{A} \in \mathbb{R}^{n\times n}$ et $\mathbf{b} \in \mathbb{R}^n$. Dans ce cas, on est assuré de l'existence et de l'unicité de la solution de (3.2) si une des conditions équivalentes suivantes est remplie :

1. A est inversible ;
2. $\mathrm{rg}(\mathrm{A})=n$;
3. le système homogène $\mathrm{A}\mathbf{x}=\mathbf{0}$ admet seulement la solution nulle.

La solution du système (3.2) est donnée – d'un point de vue théorique – par les *formules de Cramer*

$$x_j = \frac{\Delta_j}{\mathrm{dét}(\mathrm{A})}, \qquad j = 1, \ldots, n, \tag{3.3}$$

où Δ_j est le déterminant de la matrice obtenue en remplaçant la j-ième colonne de A par le second membre $\mathbf{b}$. Cette formule est cependant d'une utilité pratique limitée. En effet, si les déterminants sont évalués par la relation de

récurrence (1.5), le coût du calcul des formules de Cramer est de l'ordre de $(n+1)!$ *flops* ce qui est inacceptable même pour des matrices A de petites dimensions (par exemple, un ordinateur capable d'effectuer 10^9 *flops* par seconde mettrait $9.6\cdot 10^{47}$ années pour résoudre un système linéaire de seulement 50 équations).
Pour cette raison, des méthodes numériques alternatives aux formules de Cramer ont été développées. Elles sont dites *directes* si elles fournissent la solution du système en un nombre *fini* d'étapes, et *itératives* si elles nécessitent (théoriquement) un nombre *infini* d'étapes. Les méthodes itératives seront étudiées dans le prochain chapitre.

Notons dès à présent que le choix entre une méthode directe et une méthode itérative pour la résolution d'un système dépend non seulement de l'efficacité théorique des algorithmes, mais aussi du type de matrice, des capacités de stockage en mémoire, et enfin, de l'architecture de l'ordinateur.

3.1 Analyse de stabilité des systèmes linéaires

La résolution d'un système linéaire par une méthode numérique conduit invariablement à l'introduction d'erreurs d'arrondi. Seule l'utilisation de méthodes stables peut éviter de détériorer la précision de la solution par la propagation de telles erreurs. Dans cette section, nous aborderons deux aspects de l'analyse de stabilité.

Tout d'abord, nous analyserons la sensibilité de la solution de (3.2) aux perturbations des données A et $\mathbf{b}$ (analyse *a priori* directe). Ensuite, en supposant donnée une solution approchée $\widehat{\mathbf{x}}$ de (3.2), nous quantifierons les perturbations des données A et $\mathbf{b}$ afin que $\widehat{\mathbf{x}}$ soit la solution exacte d'un système perturbé (analyse *a priori* rétrograde). La taille de ces perturbations nous permettra alors de mesurer la précision de la solution calculée $\widehat{\mathbf{x}}$ par une analyse *a posteriori.*

3.1.1 Conditionnement d'une matrice

Le *conditionnement* d'une matrice $\mathrm{A} \in \mathbb{C}^{n\times n}$ est défini par

$$K(\mathrm{A}) = \|\mathrm{A}\|\ \|\mathrm{A}^{-1}\|, \tag{3.4}$$

où $\|\cdot\|$ est une norme matricielle subordonnée. En général, $K(\mathrm{A})$ dépend du choix de la norme ; ceci est signalé en introduisant un indice dans la notation, par exemple $K_\infty(\mathrm{A}) = \|\mathrm{A}\|_\infty\ \|\mathrm{A}^{-1}\|_\infty$. Plus généralement, $K_p(\mathrm{A})$ désigne le conditionnement de A dans la p-norme. Les cas remarquables sont $p=1$, $p=2$ et $p=\infty$ (nous renvoyons à l'Exercice 1 pour des relations entre $K_1(\mathrm{A})$, $K_2(\mathrm{A})$ et $K_\infty(\mathrm{A})$).

Comme cela a déjà été noté dans l'Exemple 2.3, plus le conditionnement de la matrice est grand, plus la solution du système linéaire est sensible aux perturbations des données.

Commençons par noter que $K(\mathrm{A}) \geq 1$ puisque

$$1 = \|\mathrm{AA}^{-1}\| \leq \|\mathrm{A}\| \, \|\mathrm{A}^{-1}\| = K(\mathrm{A}).$$

De plus, $K(\mathrm{A}^{-1}) = K(\mathrm{A})$ et $\forall \alpha \in \mathbb{C}$ avec $\alpha \neq 0$, $K(\alpha \mathrm{A}) = K(\mathrm{A})$. Enfin, si A est orthogonale, $K_2(\mathrm{A}) = 1$ puisque $\|\mathrm{A}\|_2 = \sqrt{\rho(\mathrm{A}^T\mathrm{A})} = \sqrt{\rho(\mathrm{I})} = 1$ et $\mathrm{A}^{-1} = \mathrm{A}^T$. Par convention, le conditionnement d'une matrice singulière est infini.

Pour $p = 2$, $K_2(\mathrm{A})$ peut être caractérisé comme suit. En partant de (1.22), on peut montrer que

$$K_2(\mathrm{A}) = \|\mathrm{A}\|_2 \, \|\mathrm{A}^{-1}\|_2 = \frac{\sigma_1(\mathrm{A})}{\sigma_n(\mathrm{A})},$$

où $\sigma_1(\mathrm{A})$ est la plus grande valeur singulière de A et $\sigma_n(\mathrm{A})$ la plus petite (voir Propriété 1.6). Par conséquent, dans le cas d'une matrice symétrique définie positive, on a

$$K_2(\mathrm{A}) = \frac{\lambda_{max}}{\lambda_{min}} = \rho(\mathrm{A})\rho(\mathrm{A}^{-1}), \tag{3.5}$$

où λ_{max} est la plus grande valeur propre de A et λ_{min} la plus petite. Pour établir (3.5), remarquer que

$$\|\mathrm{A}\|_2 = \sqrt{\rho(\mathrm{A}^T\mathrm{A})} = \sqrt{\rho(\mathrm{A}^2)} = \sqrt{\lambda_{max}^2} = \lambda_{max}.$$

De plus, puisque $\lambda(\mathrm{A}^{-1}) = 1/\lambda(\mathrm{A})$, on obtient $\|\mathrm{A}^{-1}\|_2 = 1/\lambda_{min}$ d'où l'on déduit (3.5). Pour cette raison, $K_2(\mathrm{A})$ est appelé *conditionnement spectral.*

Remarque 3.1 On définit la distance relative de $\mathrm{A} \in \mathbb{C}^{n\times n}$ à l'ensemble des matrices singulières, par rapport à la p-norme, par

$$\mathrm{dist}_p(\mathrm{A}) = \min \left\{ \frac{\|\delta\mathrm{A}\|_p}{\|\mathrm{A}\|_p} \; : \; \mathrm{A} + \delta\mathrm{A} \text{ est singulière} \right\}.$$

On peut alors montrer que ([Kah66], [Gas83])

$$\mathrm{dist}_p(\mathrm{A}) = \frac{1}{K_p(\mathrm{A})}. \tag{3.6}$$

L'équation (3.6) suggère qu'une matrice ayant un conditionnement élevé peut se comporter comme une matrice singulière de la forme $\mathrm{A}+\delta\mathrm{A}$. En d'autres termes, même si le membre de droite n'est pas perturbé, la solution peut l'être, puisque si $\mathrm{A}+\delta\mathrm{A}$ est singulière, le système homogène $(\mathrm{A} + \delta\mathrm{A})\mathbf{z} = \mathbf{0}$ n'admet plus comme unique solution la solution nulle. On peut aussi montrer que si

$$\|\mathrm{A}^{-1}\|_p \|\delta\mathrm{A}\|_p < 1, \tag{3.7}$$

alors $\mathrm{A}+\delta\mathrm{A}$ est inversible (voir p.ex. [Atk89], théorème 7.12). ■

La relation (3.6) semble indiquer que le déterminant est un candidat naturel pour mesurer le conditionnement d'une matrice, puisqu'avec (3.3) on pourrait penser qu'une matrice ayant un petit déterminant est "presque" singulière. En fait, cette conclusion est fausse car il existe des exemples de matrices dont le conditionnement *et* le déterminant sont tous les deux grands ou tous les deux petits (voir Exercice 2).

3.1.2 Analyse *a priori* directe

Dans cette section nous introduisons une mesure de la sensibilité du système aux perturbations des données. Ces perturbations seront interprétées à la Section 3.9 comme étant les effets des erreurs d'arrondi induites par la méthode numérique utilisée pour résoudre le système. Pour une analyse plus complète du sujet nous renvoyons à [Dat95], [GL89], [Ste73] et [Var62].

A cause des erreurs d'arrondi, une méthode numérique pour résoudre (3.2) ne fournit pas la solution exacte mais seulement une solution approchée qui satisfait un système perturbé. En d'autres termes, une méthode numérique fournit une solution (exacte) $\mathbf{x} + \boldsymbol{\delta}\mathbf{x}$ du système perturbé

$$(\mathrm{A} + \delta\mathrm{A})(\mathbf{x} + \delta\mathbf{x}) = \mathbf{b} + \boldsymbol{\delta}\mathbf{b}. \tag{3.8}$$

Le résultat suivant donne une estimation de $\boldsymbol{\delta}\mathbf{x}$ en fonction de $\delta\mathrm{A}$ et $\boldsymbol{\delta}\mathbf{b}$.

Théorème 3.1 *Soit* $\mathrm{A} \in \mathbb{R}^{n\times n}$ *une matrice inversible et* $\delta\mathrm{A} \in \mathbb{R}^{n\times n}$ *telles que l'inégalité* (3.7) *soit satisfaite pour une norme matricielle subordonnée* $\|\cdot\|$. *Si* $\mathbf{x}\in \mathbb{R}^n$ *est la solution de* $\mathrm{A}\mathbf{x}=\mathbf{b}$ *avec* $\mathbf{b} \in \mathbb{R}^n$ $(\mathbf{b} \neq \mathbf{0})$ *et si* $\boldsymbol{\delta}\mathbf{x} \in \mathbb{R}^n$ *satisfait* (3.8) *pour* $\boldsymbol{\delta}\mathbf{b} \in \mathbb{R}^n$, *alors*

$$\frac{\|\boldsymbol{\delta}\mathbf{x}\|}{\|\mathbf{x}\|} \leq \frac{K(\mathrm{A})}{1 - K(\mathrm{A})\|\delta\mathrm{A}\|/\|\mathrm{A}\|}\left(\frac{\|\boldsymbol{\delta}\mathbf{b}\|}{\|\mathbf{b}\|} + \frac{\|\delta\mathrm{A}\|}{\|\mathrm{A}\|}\right). \tag{3.9}$$

Démonstration. D'après (3.7), la matrice $\mathrm{A}^{-1}\delta\mathrm{A}$ a une norme inférieure à 1. Ainsi, d'après le Théorème 1.5, $\mathrm{I} + \mathrm{A}^{-1}\delta\mathrm{A}$ est inversible et (1.28) implique

$$\|(\mathrm{I} + \mathrm{A}^{-1}\delta\mathrm{A})^{-1}\| \leq \frac{1}{1 - \|\mathrm{A}^{-1}\delta\mathrm{A}\|} \leq \frac{1}{1 - \|\mathrm{A}^{-1}\|\ \|\delta\mathrm{A}\|}. \tag{3.10}$$

D'autre part, en résolvant (3.8) en $\boldsymbol{\delta}\mathbf{x}$ et en rappelant que $\mathrm{A}\mathbf{x} = \mathbf{b}$, on obtient

$$\boldsymbol{\delta}\mathbf{x} = (\mathrm{I} + \mathrm{A}^{-1}\delta\mathrm{A})^{-1}\mathrm{A}^{-1}(\boldsymbol{\delta}\mathbf{b} - \delta\mathrm{A}\mathbf{x}).$$

En passant aux normes et en utilisant (3.10), on a donc

$$\|\boldsymbol{\delta}\mathbf{x}\| \leq \frac{\|\mathrm{A}^{-1}\|}{1 - \|\mathrm{A}^{-1}\|\ \|\delta\mathrm{A}\|}\left(\|\boldsymbol{\delta}\mathbf{b}\| + \|\delta\mathrm{A}\|\ \|\mathbf{x}\|\right).$$

Enfin, en divisant les deux membres par $\|\mathbf{x}\|$ (qui est non nul puisque $\mathbf{b} \neq \mathbf{0}$ et A est inversible) et en remarquant que $\|\mathbf{x}\| \geq \|\mathbf{b}\|/\|\mathrm{A}\|$, on obtient le résultat voulu. ◇

Le fait qu'un système linéaire soit bien conditionné n'implique pas nécessairement que sa solution soit calculée avec précision. Il faut en plus, comme on l'a souligné au Chapitre 2, utiliser des algorithmes stables. Inversement, le fait d'avoir une matrice avec un grand conditionnement n'empêche pas nécessairement le système global d'être bien conditionné pour des choix particuliers du second membre $\mathbf{b}$ (voir Exercice 4).
Voici un cas particulier du Théorème 3.1.

Théorème 3.2 *Supposons que les conditions du Théorème* 3.1 *soient remplies et posons* $\delta \mathrm{A} = 0$. *Alors*

$$\frac{1}{K(\mathrm{A})} \frac{\|\boldsymbol{\delta}\mathbf{b}\|}{\|\mathbf{b}\|} \leq \frac{\|\boldsymbol{\delta}\mathbf{x}\|}{\|\mathbf{x}\|} \leq K(\mathrm{A}) \frac{\|\boldsymbol{\delta}\mathbf{b}\|}{\|\mathbf{b}\|}. \tag{3.11}$$

Démonstration. Nous prouvons seulement la première inégalité puisque la seconde découle directement de (3.9). La relation $\boldsymbol{\delta}\mathbf{x} = \mathrm{A}^{-1}\boldsymbol{\delta}\mathbf{b}$ implique $\|\boldsymbol{\delta}\mathbf{b}\| \leq \|\mathrm{A}\| \, \|\boldsymbol{\delta}\mathbf{x}\|$. En multipliant les deux membres par $\|\mathbf{x}\|$ et en rappelant que $\|\mathbf{x}\| \leq \|\mathrm{A}^{-1}\| \, \|\mathbf{b}\|$, il vient $\|\mathbf{x}\| \, \|\boldsymbol{\delta}\mathbf{b}\| \leq K(\mathrm{A})\|\mathbf{b}\| \, \|\boldsymbol{\delta}\mathbf{x}\|$, qui est l'inégalité voulue. ◇

En vue d'utiliser les inégalités (3.9) et (3.11) pour l'analyse de la propagation des erreurs d'arrondi dans le cas des méthodes directes, $\|\delta\mathrm{A}\|$ et $\|\boldsymbol{\delta}\mathbf{b}\|$ doivent être majorés en fonction de la dimension du système et des caractéristiques de l'arithmétique à virgule flottante.

Il est en effet raisonnable de s'attendre à ce que les perturbations induites par une méthode de résolution soient telles que $\|\delta\mathrm{A}\| \leq \gamma\|\mathrm{A}\|$ et $\|\boldsymbol{\delta}\mathbf{b}\| \leq \gamma\|\mathbf{b}\|$, γ étant un nombre positif qui dépend de l'unité d'arrondi u (défini en (2.34)). Par exemple, nous supposerons dorénavant que $\gamma = \beta^{1-t}$, où β est la base et t le nombre de chiffres significatifs de la mantisse du système $\mathbb{F}$ des nombres à virgule flottante. Dans ce cas, on peut compléter (3.9) par le théorème suivant.

Théorème 3.3 *Supposons que* $\|\delta\mathrm{A}\| \leq \gamma\|\mathrm{A}\|$, $\|\boldsymbol{\delta}\mathbf{b}\| \leq \gamma\|\mathbf{b}\|$ *avec* $\gamma \in \mathbb{R}^+$ *et* $\delta\mathrm{A} \in \mathbb{R}^{n\times n}$, $\boldsymbol{\delta}\mathbf{b} \in \mathbb{R}^n$. *Alors, si* $\gamma K(\mathrm{A}) < 1$, *on a les inégalités suivantes :*

$$\frac{\|\mathbf{x} + \boldsymbol{\delta}\mathbf{x}\|}{\|\mathbf{x}\|} \leq \frac{1 + \gamma K(\mathrm{A})}{1 - \gamma K(\mathrm{A})}, \tag{3.12}$$

$$\frac{\|\boldsymbol{\delta}\mathbf{x}\|}{\|\mathbf{x}\|} \leq \frac{2\gamma}{1 - \gamma K(\mathrm{A})} K(\mathrm{A}). \tag{3.13}$$

Démonstration. D'après (3.8), $(\mathrm{I} + \mathrm{A}^{-1}\delta\mathrm{A})(\mathbf{x} + \boldsymbol{\delta}\mathbf{x}) = \mathbf{x} + \mathrm{A}^{-1}\boldsymbol{\delta}\mathbf{b}$. De plus, puisque $\gamma K(\mathrm{A}) < 1$ et $\|\delta\mathrm{A}\| \leq \gamma\|\mathrm{A}\|$, $\mathrm{I} + \mathrm{A}^{-1}\delta\mathrm{A}$ est inversible. En prenant l'inverse de cette matrice et en passant aux normes, on obtient $\|\mathbf{x} + \boldsymbol{\delta}\mathbf{x}\| \leq \|(\mathrm{I} + \mathrm{A}^{-1}\delta\mathrm{A})^{-1}\| \left(\|\mathbf{x}\| + \gamma\|\mathrm{A}^{-1}\| \, \|\mathbf{b}\|\right)$. Le Théorème 1.5 entraîne alors que

$$\|\mathbf{x} + \boldsymbol{\delta}\mathbf{x}\| \leq \frac{1}{1 - \|\mathrm{A}^{-1}\delta\mathrm{A}\|} \left(\|\mathbf{x}\| + \gamma\|\mathrm{A}^{-1}\| \, \|\mathbf{b}\|\right),$$

ce qui implique (3.12), puisque $\|A^{-1}\delta A\| \leq \gamma K(A)$ et $\|\mathbf{b}\| \leq \|A\|\ \|\mathbf{x}\|$. Montrons (3.13). En retranchant (3.2) de (3.8), on a

$$A\boldsymbol{\delta}\mathbf{x} = -\delta A(\mathbf{x} + \boldsymbol{\delta}\mathbf{x}) + \boldsymbol{\delta}\mathbf{b}.$$

En prenant l'inverse de A et en passant aux normes, on obtient l'inégalité suivante

$$\begin{aligned}\|\boldsymbol{\delta}\mathbf{x}\| &\leq \|A^{-1}\delta A\|\ \|\mathbf{x} + \boldsymbol{\delta}\mathbf{x}\| + \|A^{-1}\|\ \|\boldsymbol{\delta}\mathbf{b}\| \\ &\leq \gamma K(A)\|\mathbf{x} + \boldsymbol{\delta}\mathbf{x}\| + \gamma\|A^{-1}\|\ \|\mathbf{b}\|.\end{aligned}$$

En divisant les deux membres par $\|\mathbf{x}\|$ et en utilisant l'inégalité triangulaire $\|\mathbf{x} + \boldsymbol{\delta}\mathbf{x}\| \leq \|\boldsymbol{\delta}\mathbf{x}\| + \|\mathbf{x}\|$, on obtient finalement (3.13). ◇

3.1.3 Analyse *a priori* rétrograde

Les méthodes numériques que nous avons considérées jusqu'à présent ne nécessitent pas le calcul explicite de l'inverse de A pour résoudre $A\mathbf{x}=\mathbf{b}$. Néanmoins, on peut toujours supposer qu'elles conduisent à une solution approchée de la forme $\widehat{\mathbf{x}} = C\mathbf{b}$, où la matrice C est une approximation de A^{-1} tenant compte des erreurs d'arrondi. En pratique, C est très rarement construite ; dans le cas où on devrait le faire, le résultat suivant donne une estimation de l'erreur commise quand on remplace A^{-1} par C (voir [IK66], Chapitre 2, Théorème 7).

Propriété 3.1 *Soit* $R = AC - I$ *; si* $\|R\| < 1$*, alors* A *et* C *sont inversibles et*

$$\|A^{-1}\| \leq \frac{\|C\|}{1 - \|R\|}, \quad \frac{\|R\|}{\|A\|} \leq \|C - A^{-1}\| \leq \frac{\|C\|\ \|R\|}{1 - \|R\|}. \tag{3.14}$$

Dans le cadre de l'analyse *a priori* rétrograde, on peut interpréter C comme étant l'inverse de $A + \delta A$ (où δA est inconnue). On suppose ainsi que $C(A + \delta A) = I$, ce qui implique

$$\delta A = C^{-1} - A = -(AC - I)C^{-1} = -RC^{-1}.$$

Par conséquent, si $\|R\| < 1$, on en déduit que

$$\|\delta A\| \leq \frac{\|R\|\ \|A\|}{1 - \|R\|}, \tag{3.15}$$

où on a utilisé la seconde inégalité de (3.14) avec A comme approximation de l'inverse de C (remarquer que les rôles de C et A sont interchangeables).

3.1.4 Analyse *a posteriori*

Avoir une approximation de l'inverse de A par une matrice C revient à avoir une approximation de la solution du système linéaire (3.2). Notons $\mathbf{y}$ une solution approchée connue. Le but de l'analyse *a posteriori* est de relier l'erreur (inconnue) $\mathbf{e} = \mathbf{y} - \mathbf{x}$ à des quantités qu'on peut calculer en utilisant $\mathbf{y}$ et C.

Le point de départ de l'analyse repose sur le fait que le *résidu* $\mathbf{r} = \mathbf{b} - \mathrm{A}\mathbf{y}$ est en général non nul, puisque $\mathbf{y}$ n'est qu'une approximation de la solution exacte inconnue. Le résidu peut être relié à l'erreur grâce à la Propriété 3.1 : si $\|\mathrm{R}\| < 1$ alors

$$\|\mathbf{e}\| \leq \frac{\|\mathbf{r}\| \; \|\mathrm{C}\|}{1 - \|\mathrm{R}\|}. \tag{3.16}$$

Remarquer que l'estimation ne nécessite pas que $\mathbf{y}$ coïncide avec la solution $\widehat{\mathbf{x}} = \mathrm{C}\mathbf{b}$ de l'analyse *a priori* rétrograde. On pourrait donc songer à calculer C dans le seul but d'utiliser l'estimation (3.16) (par exemple, dans le cas où (3.2) est résolu par la méthode d'élimination de Gauss, on peut calculer C *a posteriori* en utilisant la factorisation LU de A, voir les Sections 3.3 et 3.3.1).

Concluons en remarquant que si $\boldsymbol{\delta}\mathbf{b}$ est interprété dans (3.11) comme le résidu de la solution calculée $\mathbf{y} = \mathbf{x} + \delta\mathbf{x}$, on a également

$$\frac{\|\mathbf{e}\|}{\|\mathbf{x}\|} \leq K(\mathrm{A})\frac{\|\mathbf{r}\|}{\|\mathbf{b}\|}. \tag{3.17}$$

L'estimation (3.17) n'est pas utilisée en pratique car le résidu calculé est entaché d'erreur d'arrondi. En posant $\widehat{\mathbf{r}} = fl(\mathbf{b} - \mathrm{A}\mathbf{y})$ et en supposant que $\widehat{\mathbf{r}} = \mathbf{r} + \boldsymbol{\delta}\mathbf{r}$ avec $|\boldsymbol{\delta}\mathbf{r}| \leq \gamma_{n+1}(|\mathrm{A}| \; |\mathbf{y}| + |\mathbf{b}|)$, où $\gamma_{n+1} = (n+1)\mathrm{u}/(1-(n+1)\mathrm{u}) > 0$, une estimation plus significative (en norme $\|\cdot\|_\infty$) que (3.17) est donnée par

$$\frac{\|\mathbf{e}\|_\infty}{\|\mathbf{y}\|_\infty} \leq \frac{\| \, |\mathrm{A}^{-1}|(|\widehat{\mathbf{r}}| + \gamma_{n+1}(|\mathrm{A}||\mathbf{y}| + |\mathbf{b}|))\|_\infty}{\|\mathbf{y}\|_\infty}, \tag{3.18}$$

où on a noté $|\mathrm{A}|$ la matrice $n \times n$ de coefficients $|a_{ij}|$, $i, j = 1, \ldots, n$. Cette notation sera désignée dans la suite *notation valeur absolue*. Nous utiliserons aussi la notation suivante

$$\mathrm{C} \leq \mathrm{D}, \text{ où C, D} \in \mathbb{R}^{m \times n}$$

pour indiquer que

$$c_{ij} \leq d_{ij} \text{ pour } i = 1, \ldots, m, \; j = 1, \ldots, n.$$

Des formules du type de (3.18) sont implémentées dans la bibliothèque d'algèbre linéaire LAPACK (voir [ABB$^+$92]).

3.2 Résolution d'un système triangulaire

Considérons un système inversible 3×3 triangulaire inférieur :

$$\begin{bmatrix} l_{11} & 0 & 0 \\ l_{21} & l_{22} & 0 \\ l_{31} & l_{32} & l_{33} \end{bmatrix} \begin{bmatrix} x_1 \\ x_2 \\ x_3 \end{bmatrix} = \begin{bmatrix} b_1 \\ b_2 \\ b_3 \end{bmatrix}.$$

La matrice étant inversible, ses termes diagonaux l_{ii}, $i = 1, 2, 3$ sont non nuls. On peut donc déterminer successivement les valeurs inconnues x_i pour $i = 1, 2, 3$:

$$\begin{aligned} x_1 &= b_1/l_{11}, \\ x_2 &= (b_2 - l_{21}x_1)/l_{22}, \\ x_3 &= (b_3 - l_{31}x_1 - l_{32}x_2)/l_{33}. \end{aligned}$$

Cet algorithme peut être étendu aux systèmes $n \times n$. On l'appelle *substitution directe*. Dans le cas d'un système **L**$\mathbf{x}$=$\mathbf{b}$, où L est une matrice inversible triangulaire inférieure d'ordre n ($n \geq 2$), la méthode s'écrit

$$\begin{aligned} x_1 &= \frac{b_1}{l_{11}}, \\ x_i &= \frac{1}{l_{ii}}\left(b_i - \sum_{j=1}^{i-1} l_{ij}x_j\right), \quad i = 2, \ldots, n. \end{aligned} \tag{3.19}$$

On appelle ces relations *formules de "descente"*. L'algorithme effectue $n(n+1)/2$ multiplications et divisions et $n(n-1)/2$ additions et soustractions. Le nombre global d'opérations pour (3.19) est donc n^2 *flops*.

On traite de manière analogue un système linéaire U$\mathbf{x}$=$\mathbf{b}$, où U est une matrice inversible triangulaire supérieure d'ordre n ($n \geq 2$). Dans ce cas l'algorithme s'appelle *substitution rétrograde* et s'écrit dans le cas général

$$\begin{aligned} x_n &= \frac{b_n}{u_{nn}}, \\ x_i &= \frac{1}{u_{ii}}\left(b_i - \sum_{j=i+1}^{n} u_{ij}x_j\right), \quad i = n-1, \ldots, 1 \end{aligned} \tag{3.20}$$

(*formules de "remontée"*). Son coût est encore de n^2 *flops*.

3.2.1 Implémentation des méthodes de substitution

A l'étape i de l'algorithme (3.19), on effectue un produit scalaire entre le vecteur ligne L$(i, 1 : i-1)$ (cette notation désignant le vecteur obtenu en extrayant de la matrice L les éléments de la i-ième ligne depuis la première jusqu'à la (i-1)-ième colonne) et le vecteur colonne $\mathbf{x}(1 : i-1)$. L'accès aux éléments de la matrice L se fait donc par ligne; pour cette raison, on dit que l'algorithme de substitution directe implémenté comme ci-dessus est *orienté ligne*.

Son implémentation est proposée dans le Programme 1.

Programme 1 - forwardrow : Substitution directe : version orientée ligne

```
function [x]=forwardrow(L,b)
% FORWARDROW substitution directe: version orientée ligne.
% X=FORWARDROW(L,B) résout le système triangulaire inférieur L*X=B
% avec la méthode de substitution directe dans sa version
% orientée ligne
[n,m]=size(L);
if n ~= m, error('Seulement des systèmes carrés'); end
if min(abs(diag(L))) == 0, error('Le système est singulier'); end
x(1,1) = b(1)/L(1,1);
for i = 2:n
  x (i,1) = (b(i)-L(i,1:i-1)*x(1:i-1,1))/L(i,i);
end
return
```

Pour obtenir une version *orientée colonne* du même algorithme, on tire avantage du fait que la i-ième composante du vecteur $\mathbf{x}$, une fois calculée, peut être aisément éliminée du système.

Une implémentation de cette procédure, dans laquelle la solution $\mathbf{x}$ est stockée à la place du membre de droite $\mathbf{b}$, est proposée dans le Programme 2.

Programme 2 - forwardcol : Substitution directe : version orientée colonne

```
function [b]=forwardcol(L,b)
% FORWARDCOL substitution directe: version orientée colonne.
% X=FORWARDCOL(L,B) résout le système triangulaire inférieur L*X=B
% avec la méthode de substitution directe dans sa version
% orientée colonne
[n,m]=size(L);
if n ~= m, error('Seulement des systèmes carrés'); end
if min(abs(diag(L))) == 0, error('Le système est singulier'); end
for j=1:n-1
  b(j)= b(j)/L(j,j); b(j+1:n)=b(j+1:n)-b(j)*L(j+1:n,j);
end
b(n) = b(n)/L(n,n);
return
```

Implémenter le même algorithme par une approche orientée ligne plutôt que colonne peut modifier considérablement ses performances (mais bien sûr pas la solution). Le choix de l'implémentation doit donc être subordonné à l'architecture spécifique du calculateur utilisé.

Des considérations analogues sont valables pour la méthode de substitution rétrograde présentée en (3.20) dans sa version orientée ligne.
On a implémenté la version orientée colonne dans le Programme 3. Comme précédemment, le vecteur $\mathbf{x}$ est stocké dans $\mathbf{b}$.

Programme 3 - backwardcol : Substitution rétrograde : version orientée colonne

```
function [b]=backwardcol(U,b)
% BACKWARDCOL substitution rétrograde: version orientée colonne.
% X=BACKWARDCOL(U,B) résout le système triangulaire supérieur
% U*X=B avec la méthode de substitution rétrograde dans sa
% version orientée colonne.
[n,m]=size(U);
if n ~= m, error('Seulement des systèmes carrés'); end
if min(abs(diag(U))) == 0, error('Le système est singulier'); end
for j = n:-1:2,
   b(j)=b(j)/U(j,j); b(1:j-1)=b(1:j-1)-b(j)*U(1:j-1,j);
end
b(1) = b(1)/U(1,1);
return
```

Quand on résout de grands systèmes triangulaires, seule la partie triangulaire de la matrice doit être stockée, ce qui permet une économie de mémoire considérable.

3.2.2 Analyse des erreurs d'arrondi

Dans l'analyse effectuée jusqu'à présent, nous n'avons pas considéré la présence des erreurs d'arrondi. Quand on prend celles-ci en compte, les algorithmes de substitution directe et rétrograde ne conduisent plus aux solutions exactes des systèmes $\mathbf{L}\mathbf{x}=\mathbf{b}$ et $\mathbf{U}\mathbf{y}=\mathbf{b}$, mais fournissent des solutions approchées $\widehat{\mathbf{x}}$ qu'on peut voir comme des solutions *exactes* des systèmes perturbés

$$(\mathrm{L} + \delta\mathrm{L})\widehat{\mathbf{x}} = \mathbf{b}, \quad (\mathrm{U} + \delta\mathrm{U})\widehat{\mathbf{x}} = \mathbf{b},$$

où $\delta\mathrm{L} = (\delta l_{ij})$ et $\delta\mathrm{U} = (\delta u_{ij})$ sont des matrices de perturbation. En vue d'appliquer l'estimation (3.9) établie à la Section 3.1.2, on doit estimer les matrices de perturbation $\delta\mathrm{L}$ et $\delta\mathrm{U}$ en fonction des coefficients des matrices L et U, de leur taille, et des caractéristiques de l'arithmétique à virgule flottante. On peut montrer que

$$|\delta\mathrm{T}| \leq \frac{n\mathrm{u}}{1 - n\mathrm{u}}|\mathrm{T}|, \tag{3.21}$$

où T est égal à L ou U et où u est l'unité d'arrondi définie en (2.34). Clairement, si $n\mathrm{u} < 1$, en utilisant un développement de Taylor, il découle de (3.21) que $|\delta\mathrm{T}| \leq n\mathrm{u}|\mathrm{T}| + \mathcal{O}(\mathrm{u}^2)$. De plus, d'après (3.21) et (3.9), si $n\mathrm{u}K(\mathrm{T}) < 1$ alors

$$\frac{\|\mathbf{x} - \widehat{\mathbf{x}}\|}{\|\mathbf{x}\|} \leq \frac{n\mathrm{u}K(\mathrm{T})}{1 - n\mathrm{u}K(\mathrm{T})} = n\mathrm{u}K(\mathrm{T}) + \mathcal{O}(\mathrm{u}^2), \tag{3.22}$$

pour les normes $\|\cdot\|_1$, $\|\cdot\|_\infty$ et la norme de Frobenius. Si la valeur de u est assez petite (comme c'est typiquement le cas), les perturbations introduites par les erreurs d'arrondi dans la résolution d'un système triangulaire peuvent donc être négligées. Par conséquent, la précision des solutions calculées par les algorithmes de substitution directe et rétrograde est généralement très élevée.

Ces résultats peuvent être encore améliorés en faisant des hypothèses supplémentaires sur les coefficients de L ou U. En particulier, si les coefficients de U sont tels que $|u_{ii}| \geq |u_{ij}|$ pour tout $j > i$, alors

$$|x_i - \widehat{x}_i| \leq 2^{n-i+1} \frac{n\mathrm{u}}{1 - n\mathrm{u}} \max_{j\geq i} |\widehat{x}_j|, \qquad 1 \leq i \leq n.$$

On a le même résultat si T=L quand $|l_{ii}| \geq |l_{ij}|$ pour tout $j < i$, ou si L et U sont à diagonale dominante. Les estimations précédentes seront utilisées dans les Sections 3.3.1 et 3.4.2.

Pour les démonstrations des résultats que nous venons d'énoncer, voir [FM67], [Hig89] et [Hig88].

3.2.3 Inverse d'une matrice triangulaire

On peut employer l'algorithme (3.20) (resp. (3.19)) pour calculer explicitement l'inverse d'une matrice triangulaire supérieure (resp. inférieure). En effet, étant donné une matrice triangulaire supérieure inversible U, les vecteurs colonnes $\mathbf{v}_i$ de l'inverse $\mathrm{V}=(\mathbf{v}_1, \ldots, \mathbf{v}_n)$ de U satisfont les systèmes linéaires suivants

$$\mathrm{U}\mathbf{v}_i = \mathbf{e}_i, \quad i = 1, \ldots, n, \tag{3.23}$$

où $\{\mathbf{e}_i\}$ est la base canonique de $\mathbb{R}^n$ (définie dans l'Exemple 1.2). Le calcul des $\mathbf{v}_i$ nécessite donc d'appliquer n fois l'algorithme (3.20) à (3.23).

Cette procédure est assez inefficace puisqu'au moins la moitié des éléments de l'inverse de U sont nuls. Nous allons tirer avantage de ceci. Notons $\mathbf{v}'_k = (v'_{1k}, \ldots, v'_{kk})^T$ le vecteur de taille k tel que

$$\mathrm{U}^{(k)}\mathbf{v}'_k = \mathbf{l}_k \quad k = 1, \ldots, n, \tag{3.24}$$

où les $\mathrm{U}^{(k)}$ sont les sous-matrices principales de U d'ordre k et $\mathbf{l}_k$ est le vecteur de $\mathbb{R}^k$ dont le premier élément vaut 1 et les autres 0. Les systèmes (3.24) sont triangulaires supérieurs d'ordre k et ils peuvent être à nouveau résolus en utilisant la méthode (3.20). L'algorithme d'inversion des matrices triangulaires supérieures s'écrit : pour $k = n, n-1, \ldots, 1$, calculer

$$\begin{aligned} v'_{kk} &= u_{kk}^{-1}, \\ v'_{ik} &= -u_{ii}^{-1} \sum_{j=i+1}^{k} u_{ij} v'_{jk}, \quad \text{pour } i = k-1, k-2, \ldots, 1. \end{aligned} \tag{3.25}$$

A la fin de cette procédure, les vecteurs $\mathbf{v}'_k$ fournissent les termes non nuls des colonnes de U^{-1}. L'algorithme nécessite environ $n^3/3 + (3/4)n^2$ *flops*. A nouveau à cause des erreurs d'arrondi, l'algorithme (3.25) ne donne pas la solution exacte, mais une approximation de celle-ci. On peut évaluer l'erreur introduite en utilisant l'analyse *a priori* rétrograde effectuée à la Section 3.1.3.

3.3 Méthode d'élimination de Gauss et factorisation LU

La méthode d'élimination de Gauss a pour but de transformer le système $A\mathbf{x}=\mathbf{b}$ en un système équivalent (c'est-à-dire ayant la même solution) de la forme $U\mathbf{x}=\widehat{\mathbf{b}}$, où U est une matrice triangulaire supérieure et $\widehat{\mathbf{b}}$ est un second membre convenablement modifié. Ce dernier système peut être alors résolu par une méthode de substitution rétrograde.

Au cours de la transformation, on utilise essentiellement la propriété selon laquelle on ne change pas la solution du système quand on ajoute à une équation donnée une combinaison linéaire des autres équations.

Considérons une matrice inversible $A \in \mathbb{R}^{n\times n}$ dont le terme diagonal a_{11} est supposé non nul. On pose $A^{(1)} = A$ et $\mathbf{b}^{(1)} = \mathbf{b}$. On introduit les *multiplicateurs*

$$m_{i1} = \frac{a_{i1}^{(1)}}{a_{11}^{(1)}}, \quad i = 2, 3, \ldots, n,$$

où les $a_{ij}^{(1)}$ désignent les éléments de $A^{(1)}$. On peut éliminer l'inconnue x_1 des lignes $i = 2, \ldots, n$ en leur retranchant m_{i1} fois la première ligne et en faisant de même pour le membre de droite. On définit alors

$$a_{ij}^{(2)} = a_{ij}^{(1)} - m_{i1}a_{1j}^{(1)}, \quad i, j = 2, \ldots, n,$$

$$b_i^{(2)} = b_i^{(1)} - m_{i1}b_1^{(1)}, \quad i = 2, \ldots, n,$$

où les $b_i^{(1)}$ sont les composantes de $\mathbf{b}^{(1)}$ et on obtient un nouveau système de la forme

$$\begin{bmatrix} a_{11}^{(1)} & a_{12}^{(1)} & \ldots & a_{1n}^{(1)} \\ 0 & a_{22}^{(2)} & \ldots & a_{2n}^{(2)} \\ \vdots & \vdots & & \vdots \\ 0 & a_{n2}^{(2)} & \ldots & a_{nn}^{(2)} \end{bmatrix} \begin{bmatrix} x_1 \\ x_2 \\ \vdots \\ x_n \end{bmatrix} = \begin{bmatrix} b_1^{(1)} \\ b_2^{(2)} \\ \vdots \\ b_n^{(2)} \end{bmatrix},$$

que l'on note $A^{(2)}\mathbf{x} = \mathbf{b}^{(2)}$ et qui est équivalent au système de départ.
On peut à nouveau transformer ce système de façon à éliminer l'inconnue x_2 des lignes $3, \ldots, n$. En poursuivant ainsi, on obtient une suite finie de systèmes

$$A^{(k)}\mathbf{x} = \mathbf{b}^{(k)}, \quad 1 \le k \le n, \tag{3.26}$$

où, pour $k \geq 2$, la matrice $A^{(k)}$ est de la forme suivante

$$\mathrm{A}^{(k)} = \begin{bmatrix} a_{11}^{(1)} & a_{12}^{(1)} & \dots & \dots & \dots & a_{1n}^{(1)} \\ 0 & a_{22}^{(2)} & & & & a_{2n}^{(2)} \\ \vdots & & \ddots & & & \vdots \\ 0 & \dots & 0 & a_{kk}^{(k)} & \dots & a_{kn}^{(k)} \\ \vdots & & \vdots & \vdots & & \vdots \\ 0 & \dots & 0 & a_{nk}^{(k)} & \dots & a_{nn}^{(k)} \end{bmatrix},$$

où on a supposé $a_{ii}^{(i)} \neq 0$ pour $i = 1, \dots, k-1$. Il est clair que pour $k = n$ on obtient alors le système triangulaire supérieur $\mathrm{A}^{(n)}\mathbf{x} = \mathbf{b}^{(n)}$ suivant

$$\begin{bmatrix} a_{11}^{(1)} & a_{12}^{(1)} & \dots & \dots & a_{1n}^{(1)} \\ 0 & a_{22}^{(2)} & & & a_{2n}^{(2)} \\ \vdots & & \ddots & & \vdots \\ 0 & & & \ddots & \vdots \\ 0 & & & & a_{nn}^{(n)} \end{bmatrix} \begin{bmatrix} x_1 \\ x_2 \\ \vdots \\ \vdots \\ x_n \end{bmatrix} = \begin{bmatrix} b_1^{(1)} \\ b_2^{(2)} \\ \vdots \\ \vdots \\ b_n^{(n)} \end{bmatrix}.$$

Pour être consistant avec les notations introduites précédemment, on note U la matrice triangulaire supérieure $\mathrm{A}^{(n)}$. Les termes $a_{kk}^{(k)}$ sont appelés *pivots* et doivent être évidemment non nuls pour $k = 1, \dots, n-1$.

Afin d'expliciter les formules permettant de passer du k-ième système au $k+1$-ième, pour $k = 1, \dots, n-1$, on suppose que $a_{kk}^{(k)} \neq 0$ et on définit les multiplicateurs

$$m_{ik} = \frac{a_{ik}^{(k)}}{a_{kk}^{(k)}}, \quad i = k+1, \dots, n. \tag{3.27}$$

On pose alors

$$\begin{aligned} a_{ij}^{(k+1)} &= a_{ij}^{(k)} - m_{ik} a_{kj}^{(k)}, \quad i, j = k+1, \dots, n, \\ b_i^{(k+1)} &= b_i^{(k)} - m_{ik} b_k^{(k)}, \quad i = k+1, \dots, n. \end{aligned} \tag{3.28}$$

Exemple 3.1 Utilisons la méthode de Gauss pour résoudre le système suivant

$$(\mathrm{A}^{(1)}\mathbf{x} = \mathbf{b}^{(1)}) \quad \begin{cases} x_1 + \frac{1}{2}x_2 + \frac{1}{3}x_3 = \frac{11}{6}, \\ \frac{1}{2}x_1 + \frac{1}{3}x_2 + \frac{1}{4}x_3 = \frac{13}{12}, \\ \frac{1}{3}x_1 + \frac{1}{4}x_2 + \frac{1}{5}x_3 = \frac{47}{60}, \end{cases}$$

qui admet la solution $\mathbf{x}=(1,\ 1,\ 1)^T$. A la première étape, on calcule les multiplicateurs $m_{21} = 1/2$ et $m_{31} = 1/3$, et on soustrait de la deuxième (resp. troisième) équation la première ligne multipliée par m_{21} (resp. m_{31}). On obtient le système équivalent

$$(\mathrm{A}^{(2)}\mathbf{x} = \mathbf{b}^{(2)}) \quad \begin{cases} x_1 & + & \frac{1}{2}x_2 & + & \frac{1}{3}x_3 & = & \frac{11}{6}, \\ 0 & + & \frac{1}{12}x_2 & + & \frac{1}{12}x_3 & = & \frac{1}{6}, \\ 0 & + & \frac{1}{12}x_2 & + & \frac{4}{45}x_3 & = & \frac{31}{180}. \end{cases}$$

Si on soustrait à présent de la troisième ligne la seconde multipliée par $m_{32} = 1$, on obtient le système triangulaire supérieur

$$(\mathrm{A}^{(3)}\mathbf{x} = \mathbf{b}^{(3)}) \quad \begin{cases} x_1 & + & \frac{1}{2}x_2 & + & \frac{1}{3}x_3 & = & \frac{11}{6}, \\ 0 & + & \frac{1}{12}x_2 & + & \frac{1}{12}x_3 & = & \frac{1}{6}, \\ 0 & + & 0 & + & \frac{1}{180}x_3 & = & \frac{1}{180}, \end{cases}$$

à partir duquel on calcule immédiatement $x_3 = 1$ et, par substitution rétrograde, les autres inconnues $x_1 = x_2 = 1$. •

Remarque 3.2 La matrice de l'Exemple 3.1 est appelée *matrice de Hilbert* d'ordre 3. Dans le cas général $n \times n$, ses éléments sont

$$h_{ij} = 1/(i + j - 1), \qquad i, j = 1, \ldots, n. \tag{3.29}$$

Comme nous le verrons plus tard, cette matrice est un exemple type de matrice ayant un grand conditionnement. ■

Pour effectuer l'élimination de Gauss, $2(n-1)n(n+1)3 + n(n-1)$ *flops* sont nécessaires, auxquels il faut ajouter n^2 *flops* pour la résolution par "remontée" du système triangulaire $\mathrm{U}\,\mathbf{x} = \mathbf{b}^{(n)}$. Ainsi, environ $(2n^3/3+2n^2)$ *flops* sont nécessaires pour résoudre le système linéaire en utilisant la méthode de Gauss. En ne conservant que le terme dominant, on peut dire que le procédé d'élimination de Gauss a un coût de $2n^3/3$ *flops*.

Comme indiqué précédemment, la méthode de Gauss n'est correctement définie que si les pivots $a_{kk}^{(k)}$ sont différents de zéro pour $k = 1, \ldots, n-1$. Malheureusement, le fait que les termes diagonaux de A soient non nuls ne suffit pas à empêcher l'apparition de pivots nuls durant la phase d'élimination. Par exemple, la matrice A dans (3.30) est inversible et ses termes diagonaux sont non nuls

$$\mathrm{A} = \begin{bmatrix} 1 & 2 & 3 \\ 2 & 4 & 5 \\ 7 & 8 & 9 \end{bmatrix}, \quad \mathrm{A}^{(2)} = \begin{bmatrix} 1 & 2 & 3 \\ 0 & \boxed{0} & -1 \\ 0 & -6 & -12 \end{bmatrix}. \tag{3.30}$$

Pourtant, on doit interrompre la méthode de Gauss à la seconde étape car $a_{22}^{(2)} = 0$.

Des conditions plus restrictives sur A sont donc nécessaires pour assurer que la méthode s'applique bien. Nous verrons à la Section 3.3.1 que si les mineurs principaux d_i de A sont non nuls pour $i = 1, \ldots, n-1$ alors les pivots correspondants $a_{ii}^{(i)}$ sont également non nuls (rappelons que d_i est le déterminant de la i-ième sous-matrice principale A_i, *i.e.* la sous-matrice constituée des i premières lignes et colonnes de A). La matrice de l'exemple précédent ne satisfait pas cette condition puisque $d_1 = 1$ et $d_2 = 0$.
Il existe des catégories de matrices pour lesquelles la méthode de Gauss peut être utilisée sans risque dans sa forme de base (3.28). Parmi ces matrices, citons les suivantes :

1. les matrices *à diagonale dominante par ligne*;
2. les matrices *à diagonale dominante par colonne.* Dans ce cas, on peut même montrer que les multiplicateurs ont un module inférieur ou égal à 1 (voir Propriété 3.2) ;
3. les matrices *symétriques définies positives* (voir Théorème 3.6).

Ces résultats seront établis rigoureusement dans les prochaines sections.

3.3.1 La méthode de Gauss comme méthode de factorisation

Dans cette section, nous montrons que la méthode de Gauss est équivalente à la factorisation de la matrice A sous la forme d'un produit de deux matrices, A=LU, avec $U=A^{(n)}$. Les matrices L et U ne dépendant que de A (et non du second membre), la même factorisation peut être réutilisée quand on résout plusieurs systèmes linéaires ayant la même matrice A mais des seconds membres **b** différents. Le nombre d'opérations est alors considérablement réduit, puisque l'effort de calcul le plus important, environ $2n^3/3 flops$, est dédié à la procédure d'élimination.

Revenons à l'Exemple 3.1 concernant la matrice de Hilbert H_3. En pratique, pour passer de $A^{(1)}=H_3$ à $A^{(2)}$, on a multiplié à la première étape le système par la matrice

$$M_1 = \begin{bmatrix} 1 & 0 & 0 \\ -\frac{1}{2} & 1 & 0 \\ -\frac{1}{3} & 0 & 1 \end{bmatrix} = \begin{bmatrix} 1 & 0 & 0 \\ -m_{21} & 1 & 0 \\ -m_{31} & 0 & 1 \end{bmatrix}.$$

En effet,

$$M_1 A = M_1 A^{(1)} = \begin{bmatrix} 1 & \frac{1}{2} & \frac{1}{3} \\ 0 & \frac{1}{12} & \frac{1}{12} \\ 0 & \frac{1}{12} & \frac{4}{45} \end{bmatrix} = A^{(2)}.$$

De même, pour effectuer la seconde (et dernière) étape de la méthode de Gauss, on doit multiplier $A^{(2)}$ par la matrice

$$\mathrm{M}_2 = \begin{bmatrix} 1 & 0 & 0 \\ 0 & 1 & 0 \\ 0 & -1 & 1 \end{bmatrix} = \begin{bmatrix} 1 & 0 & 0 \\ 0 & 1 & 0 \\ 0 & -m_{32} & 1 \end{bmatrix},$$

et alors $\mathrm{A}^{(3)} = \mathrm{M}_2\mathrm{A}^{(2)}$. Ainsi

$$\mathrm{M}_2\mathrm{M}_1\mathrm{A} = \mathrm{A}^{(3)} = \mathrm{U}. \tag{3.31}$$

D'autre part, les matrices M_1 et M_2 étant triangulaires inférieures, leur produit est encore triangulaire inférieur ainsi que leur inverse ; on déduit donc de (3.31)

$$\mathrm{A} = (\mathrm{M}_2\mathrm{M}_1)^{-1}\mathrm{U} = \mathrm{LU}.$$

C'est la factorisation de A que l'on souhaitait établir. Cette identité peut être généralisée comme suit. En posant

$$\mathbf{m}_k = [0, \ldots, 0, m_{k+1,k}, \ldots, m_{n,k}]^T \in \mathbb{R}^n,$$

et en définissant

$$\mathrm{M}_k = \begin{bmatrix} 1 & \ldots & 0 & 0 & \ldots & 0 \\ \vdots & \ddots & \vdots & \vdots & & \vdots \\ 0 & & 1 & 0 & & 0 \\ 0 & & -m_{k+1,k} & 1 & & 0 \\ \vdots & \vdots & \vdots & \vdots & \ddots & \vdots \\ 0 & \ldots & -m_{n,k} & 0 & \ldots & 1 \end{bmatrix} = \mathrm{I}_n - \mathbf{m}_k\mathbf{e}_k^T$$

comme la k-ième *matrice de transformation de Gauss*, on a

$$(\mathrm{M}_k)_{ip} = \delta_{ip} - (\mathbf{m}_k\mathbf{e}_k^T)_{ip} = \delta_{ip} - m_{ik}\delta_{kp}, \qquad i, p = 1, \ldots, n.$$

D'autre part, on a d'après (3.28)

$$a_{ij}^{(k+1)} = a_{ij}^{(k)} - m_{ik}\delta_{kk}a_{kj}^{(k)} = \sum_{p=1}^{n}(\delta_{ip} - m_{ik}\delta_{kp})a_{pj}^{(k)}, \qquad i, j = k+1, \ldots, n,$$

ou, de manière équivalente,

$$\mathrm{A}^{(k+1)} = \mathrm{M}_k\mathrm{A}^{(k)}. \tag{3.32}$$

Par conséquent, à la fin du procédé d'élimination, on a construit les matrices M_k, $k = 1, \ldots, n-1$, et la matrice U telles que

$$\mathrm{M}_{n-1}\mathrm{M}_{n-2} \ldots \mathrm{M}_1\mathrm{A} = \mathrm{U}.$$

Les matrices M_k sont des matrices triangulaires inférieures dont les coefficients diagonaux valent 1 et dont l'inverse est donné par

$$M_k^{-1} = 2I_n - M_k = I_n + \mathbf{m}_k \mathbf{e}_k^T. \tag{3.33}$$

Les produits $(\mathbf{m}_i \mathbf{e}_i^T)(\mathbf{m}_j \mathbf{e}_j^T)$ étant nuls pour $i \neq j$, on a :

$$\begin{aligned}
A &= M_1^{-1} M_2^{-1} \dots M_{n-1}^{-1} U \\
&= (I_n + \mathbf{m}_1 \mathbf{e}_1^T)(I_n + \mathbf{m}_2 \mathbf{e}_2^T) \dots (I_n + \mathbf{m}_{n-1} \mathbf{e}_{n-1}^T) U \\
&= \left(I_n + \sum_{i=1}^{n-1} \mathbf{m}_i \mathbf{e}_i^T \right) U \\
&= \begin{bmatrix} 1 & 0 & \dots & \dots & 0 \\ m_{21} & 1 & & & \vdots \\ \vdots & m_{32} & \ddots & & \vdots \\ \vdots & \vdots & & \ddots & 0 \\ m_{n1} & m_{n2} & \dots & m_{n,n-1} & 1 \end{bmatrix} U.
\end{aligned} \tag{3.34}$$

Posons $L = (M_{n-1} M_{n-2} \dots M_1)^{-1} = M_1^{-1} \dots M_{n-1}^{-1}$, on a alors

$$A = LU.$$

Remarquons que, d'après (3.34), les éléments sous-diagonaux de L sont les multiplicateurs m_{ik} générés par la méthode de Gauss, tandis que les termes diagonaux sont égaux à 1.

Une fois calculées les matrices L et U, résoudre le système linéaire consiste simplement à résoudre successivement les deux systèmes triangulaires

$$L\mathbf{y} = \mathbf{b},$$

$$U\mathbf{x} = \mathbf{y}.$$

Le coût de la factorisation est évidemment le même que celui de la méthode de Gauss.

Le résultat suivant établit un lien entre les mineurs principaux d'une matrice et sa factorisation LU induite par la méthode de Gauss.

Théorème 3.4 *Soit $A \in \mathbb{R}^{n \times n}$. La factorisation LU de A avec $l_{ii} = 1$ pour $i = 1, \dots, n$ existe et est unique si et seulement si les sous-matrices principales A_i de A d'ordre $i = 1, \dots, n-1$ sont inversibles.*

Démonstration. Nous pourrions montrer l'existence de la factorisation LU en suivant les étapes de la méthode de Gauss. Nous préférons adopter ici une autre approche que nous réutiliserons dans les prochaines sections et qui nous permet de prouver en même temps l'existence et l'unicité.

Supposons les sous-matrices principales A_i de A inversibles pour $i = 1, \ldots, n-1$ et montrons par récurrence sur i l'existence et l'unicité de la factorisation LU de $A(= A_n)$ avec $l_{ii} = 1$ pour $i = 1, \ldots, n$.

La propriété est évidemment vraie si $i = 1$. Montrons que s'il existe une unique factorisation LU de A_{i-1} de la forme $A_{i-1} = L^{(i-1)}U^{(i-1)}$ avec $l_{kk}^{(i-1)} = 1$ pour $k = 1, \ldots, i-1$, alors il existe une unique factorisation pour A_i. Pour cela, décomposons A_i en blocs

$$A_i = \begin{bmatrix} A_{i-1} & \mathbf{c} \\ \mathbf{d}^T & a_{ii} \end{bmatrix}$$

et cherchons une factorisation de A_i de la forme

$$\begin{bmatrix} A_{i-1} & \mathbf{c} \\ \mathbf{d}^T & a_{ii} \end{bmatrix} = L^{(i)}U^{(i)} = \begin{bmatrix} L^{(i-1)} & \mathbf{0} \\ \mathbf{l}^T & 1 \end{bmatrix} \begin{bmatrix} U^{(i-1)} & \mathbf{u} \\ \mathbf{0}^T & u_{ii} \end{bmatrix}, \tag{3.35}$$

où l'on a également décomposé en blocs les facteurs $L^{(i)}$ et $U^{(i)}$. En calculant le produit de ces deux matrices et en identifiant par blocs les éléments de A_i, on en déduit que les vecteurs $\mathbf{l}$ et $\mathbf{u}$ sont les solutions des systèmes linéaires $L^{(i-1)}\mathbf{u} = \mathbf{c}$, $\mathbf{l}^T U^{(i-1)} = \mathbf{d}^T$.

Or, $0 \neq \text{dét}(A_{i-1}) = \text{dét}(L^{(i-1)})\text{dét}(U^{(i-1)})$, les matrices $L^{(i-1)}$ et $U^{(i-1)}$ sont donc inversibles. Par conséquent, $\mathbf{u}$ et $\mathbf{l}$ existent et sont uniques.

Ainsi, il existe une unique factorisation de A_i, et u_{ii} est l'unique solution de l'équation $u_{ii} = a_{ii} - \mathbf{l}^T\mathbf{u}$. Ce qui achève la preuve par récurrence.

Il reste maintenant à prouver que si la factorisation existe et est unique alors les $n-1$ premières sous-matrices principales de A sont inversibles. Nous distinguerons les cas où A est singulière et où A est inversible.

Commençons par le second cas, et supposons l'existence et l'unicité de la factorisation LU de A avec $l_{ii} = 1$ pour $i = 1, \ldots, n$. Alors, d'après (3.35), on a $A_i = L^{(i)}U^{(i)}$ pour $i = 1, \ldots, n$, et donc

$$\text{dét}(A_i) = \text{dét}(L^{(i)})\text{dét}(U^{(i)}) = \text{dét}(U^{(i)}) = u_{11}u_{22}\ldots u_{ii}. \tag{3.36}$$

En prenant $i = n$ et en utilisant le fait que A est inversible, on en déduit que $u_{11}u_{22}\ldots u_{nn} \neq 0$, et donc $\text{dét}(A_i) = u_{11}u_{22}\ldots u_{ii} \neq 0$ pour $i = 1, \ldots, n-1$.

Considérons maintenant le cas où A est une matrice singulière et supposons qu'au moins un terme diagonal de U soit égal à zéro. Notons u_{kk} le terme nul de U dont l'indice k est le plus petit. D'après (3.35), la factorisation peut être effectuée sans problème jusqu'à la $k+1$-ième étape. A partir de cette étape, la matrice $U^{(k)}$ étant singulière, on perd l'existence et l'unicité du vecteur $\mathbf{l}^T$. On perd donc aussi l'unicité de la factorisation. Afin que ceci ne se produise pas avant la factorisation complète de la matrice A, les termes u_{kk} doivent être tous non nuls jusqu'à l'indice $k = n-1$ inclus, et donc, d'après (3.36), toutes les sous-matrices principales A_k doivent être inversibles pour $k = 1, \ldots, n-1$. ◇

D'après le théorème précédent, si une sous-matrice A_i, $i = 1, \ldots, n-1$, est singulière, alors la factorisation peut ne pas exister ou ne pas être unique (voir Exercice 8).
Dans le cas où la factorisation LU est unique, notons que, puisque $\text{dét}(A) = \text{dét}(LU) = \text{dét}(L)\text{dét}(U) = \text{dét}(U)$, le déterminant de A est donné par

$$\text{dét}(A) = u_{11} \cdots u_{nn}.$$

Indiquons la propriété suivante (dont la preuve se trouve par exemple dans [GL89] ou [Hig96]) :

Propriété 3.2 *Si* A *est une matrice à diagonale dominante par ligne ou par colonne, alors la factorisation LU de* A *existe et est unique. En particulier, si* A *est à diagonale dominante par colonne alors* $|l_{ij}| \leq 1 \; \forall i, j$.

Dans la preuve du Théorème 3.4, nous avons exploité le fait que les termes diagonaux de L étaient égaux à 1. Nous aurions pu, de manière analogue, fixer à 1 les termes diagonaux de la matrice triangulaire supérieure U, obtenant alors une variante de la méthode de Gauss. Nous considérerons cette variante à la Section 3.3.4.

La liberté d'imposer les valeurs des termes diagonaux de L ou de U implique que plusieurs factorisations LU existent, chacune pouvant être déduite de l'autre par multiplication par une matrice diagonale convenable (voir Section 3.4.1).

3.3.2 Effets des erreurs d'arrondi

Si les erreurs d'arrondi sont prises en compte, la factorisation induite par la méthode de Gauss conduit à deux matrices, $\widehat{L}$ et $\widehat{U}$, telles que $\widehat{L}\widehat{U} = A + \delta A$, où δA est une matrice de perturbation. Une estimation de cette perturbation est donnée par

$$|\delta A| \leq \frac{n\mathrm{u}}{1 - n\mathrm{u}} |\widehat{L}| \, |\widehat{U}|, \tag{3.37}$$

où u est l'unité d'arrondi (voir [Hig89] pour la preuve de ce résultat). On voit que la présence de petits pivots peut rendre très grand le second membre de l'inégalité (3.37), conduisant alors à un mauvais contrôle de la matrice de perturbation δA. Il serait donc intéressant de trouver des estimations du type

$$|\delta A| \leq g(\mathrm{u}) |A|,$$

où $g(\mathrm{u})$ est une fonction de u à déterminer. Par exemple, supposons que $\widehat{L}$ et $\widehat{U}$ aient des termes positifs. On obtient alors, puisque $|\widehat{L}| \, |\widehat{U}| = |\widehat{L}\widehat{U}|$,

$$|\widehat{L}| \, |\widehat{U}| = |\widehat{L}\widehat{U}| = |A + \delta A| \leq |A| + |\delta A| \leq |A| + \frac{n\mathrm{u}}{1 - n\mathrm{u}} |\widehat{L}| \, |\widehat{U}|, \tag{3.38}$$

d'où on déduit l'estimation voulue avec $g(\mathrm{u}) = n\mathrm{u}/(1 - 2n\mathrm{u})$.

La stratégie du pivot, examinée à la Section 3.5, permet de maîtriser la taille des pivots et rend possible l'obtention d'estimations du type (3.38) pour toute matrice.

3.3.3 Implémentation de la factorisation LU

La matrice L étant triangulaire inférieure avec des 1 sur la diagonale et U étant triangulaire supérieure, il est possible (et commode) de stocker directement la factorisation LU dans l'emplacement mémoire occupé par la matrice A. Plus précisément, U est stockée dans la partie triangulaire supérieure de A (y compris la diagonale), et L occupe la partie triangulaire inférieure stricte (il est inutile de stocker les éléments diagonaux de L puisqu'on sait *a priori* qu'ils valent 1).

Le code MATLAB de l'algorithme est proposé dans le Programme 4. La factorisation LU est stockée directement à la place de la matrice A.

Programme 4 - lukji : Factorisation LU de la matrice A, version kji

```
function [A]=lukji(A)
% LUKJI Factorisation LU de la matrice A dans la version kji
%   Y=LUKJI(A): U est stocké dans la partie triangulaire supérieure
%   de Y et L est stocké dans la partie triangulaire inférieure
%   stricte de Y.
[n,m]=size(A);
if n ~= m, error('Seulement les systèmes carrés'); end
for k=1:n-1
   if A(k,k)==0; error('Pivot nul'); end
   A(k+1:n,k)=A(k+1:n,k)/A(k,k);
   for j=k+1:n
      i=[k+1:n]; A(i,j)=A(i,j)-A(i,k)*A(k,j);
   end
end
return
```

On appelle cette implémentation de l'algorithme de factorisation *version* kji, à cause de l'ordre dans lequel les boucles sont exécutées. On l'appelle également $SAXPY - kji$ car l'opération de base de l'algorithme consiste à effectuer le produit d'un scalaire par un vecteur puis une addition avec un autre vecteur ($SAXPY$ est une formule consacrée par l'usage; elle provient de "*S*calaire *A* multiplié par vecteur *X* *P*lus *Y*").

La factorisation peut naturellement être effectuée dans un ordre différent. Quand la boucle sur l'indice i précède celle sur j, l'algorithme est dit *orienté ligne*. Dans le cas contraire, on dit qu'il est *orienté colonne*. Comme d'habitude, cette terminologie provient du fait que la matrice est lue par lignes ou par colonnes.

Un exemple de factorisation LU en *version jki* et orienté colonne est donné dans le Programme 5. Cette version est appelée $GAXPY-jki$, car l'opération de base de cette implémentation est le produit matrice-vecteur ($GAXPY$ provenant de "$sAXPY$ Généralisé", ce qu'il faut interpréter comme "$SAXPY$ dans lequel le produit par un scalaire est remplacé par le produit par une matrice" ; pour plus de précisions voir [DGK84]).

Programme 5 - lujki : Factorisation LU de la matrice A, version jki

```
function [A]=lujki(A)
% LUJKI Factorisation LU de la matrice A dans la version jki
% Y=LUJKI(A):  U est stocké dans la partie triangulaire supérieure
%   de Y et L est stocké dans la partie triangulaire inférieure
%   stricte de Y.
[n,m]=size(A);
if n ~= m, error('Seulement les systèmes carrés'); end
for j=1:n
   if A(j,j)==0; error('Pivot nul'); end
   for k=1:j-1
      i=[k+1:n]; A(i,j)=A(i,j)-A(i,k)*A(k,j);
   end
   i=[j+1:n];   A(i,j)=A(i,j)/A(j,j);
end
return
```

3.3.4 Formes compactes de factorisation

La factorisation dite de Crout et celle dite de Doolittle constituent des variantes de la factorisation LU. On les appelle aussi *formes compactes* de la méthode d'élimination de Gauss car elles nécessitent moins de résultats intermédiaires que la méthode de Gauss classique pour produire une factorisation de A.

Calculer la factorisation de A est formellement équivalent à résoudre le système linéaire suivant de n^2 équations

$$a_{ij} = \sum_{r=1}^{\min(i,j)} l_{ir} u_{rj}, \tag{3.39}$$

les inconnues étant les $n^2 + n$ coefficients des matrices triangulaires L et U. Si on donne arbitrairement la valeur 1 à n coefficients, par exemple les éléments diagonaux de L ou de U, on aboutit respectivement aux méthodes de Doolittle et de Crout, qui constituent une manière efficace de résoudre le système (3.39).

Supposons que les $k-1$ premières colonnes de L et U soient disponibles et fixons $l_{kk} = 1$ (méthode de Doolittle). La relation (3.39) donne alors

$$a_{kj} = \sum_{r=1}^{k-1} l_{kr}u_{rj} + \boxed{u_{kj}} \quad , \quad j = k, \ldots, n,$$
$$a_{ik} = \sum_{r=1}^{k-1} l_{ir}u_{rk} + \boxed{l_{ik}}u_{kk} \quad , \quad i = k+1, \ldots, n.$$

Remarquer que ces équations peuvent être résolues de manière *séquentielle* par rapport aux inconnues (encadrées) u_{kj} et l_{ik}.

La méthode compacte de Doolittle fournit d'abord la k-ième ligne de U, puis la k-ième colonne de L, selon les formules : pour $k = 1, \ldots, n$

$$\begin{aligned} u_{kj} &= a_{kj} - \sum_{r=1}^{k-1} l_{kr}u_{rj}, & j &= k, \ldots, n, \\ l_{ik} &= \frac{1}{u_{kk}}\left(a_{ik} - \sum_{r=1}^{k-1} l_{ir}u_{rk}\right), & i &= k+1, \ldots, n. \end{aligned} \tag{3.40}$$

La factorisation de Crout s'obtient de façon similaire, en calculant d'abord la k-ième colonne de L, puis la k-ième ligne de U : pour $k = 1, \ldots, n$

$$\begin{aligned} l_{ik} &= a_{ik} - \sum_{r=1}^{k-1} l_{ir}u_{rk}, & i &= k, \ldots, n, \\ u_{kj} &= \frac{1}{l_{kk}}\left(a_{kj} - \sum_{r=1}^{k-1} l_{kr}u_{rj}\right), & j &= k+1, \ldots, n, \end{aligned}$$

où on a posé $u_{kk} = 1$. Selon les notations introduites précédemment, la factorisation de Doolittle n'est autre que la version ijk de la méthode de Gauss.

Nous proposons dans le Programme 6 une implémentation du schéma de Doolittle. Remarquer que l'opération principale est à présent un produit scalaire, le schéma est donc aussi connu sous le nom de version $DOT - ijk$ de la méthode de Gauss (*dot* désignant en anglais le *point* du produit scalaire).

Programme 6 - luijk : Factorisation LU de la matrice A, version ijk

```
function [A]=luijk(A)
% LUIJK Factorisation LU de la matrice A dans la version ijk
% Y=LUIJK(A): U est stocké dans la partie triangulaire supérieure
%   de Y et L est stocké dans la partie triangulaire inférieure
%   stricte de Y.
[n,m]=size(A);
if n ~= m, error('Seulement les systèmes carrés'); end
for i=1:n
  for j=2:i
    if A(j,j)==0; error('Pivot nul'); end
    A(i,j-1)=A(i,j-1)/A(j-1,j-1);
    k=[1:j-1];  A(i,j)=A(i,j)-A(i,k)*A(k,j);
```

```
    end
    k=[1:i-1];
    for j=i+1:n
       A(i,j)=A(i,j)-A(i,k)*A(k,j);
    end
end
return
```

3.4 Autres types de factorisation

Nous présentons maintenant des factorisations spécifiques aux matrices symétriques ou rectangulaires.

3.4.1 La factorisation LDM^T

Considérons une factorisation de A de la forme

$$A = LDM^T,$$

où L, M^T et D sont des matrices respectivement triangulaire inférieure, triangulaire supérieure et diagonale.

Une fois construite la factorisation, la résolution du système peut être effectuée en résolvant d'abord le système triangulaire inférieur $L\mathbf{y}=\mathbf{b}$, puis le système diagonal $D\mathbf{z}=\mathbf{y}$, et enfin le système triangulaire supérieur $M^T\mathbf{x}=\mathbf{z}$, ce qui représente un coût global de $n^2 + n$ *flops*. Dans le cas symétrique, on obtient $M = L$ et la factorisation LDL^T peut être calculée avec un coût deux fois moindre (voir Section 3.4.2).

La factorisation LDL^T possède une propriété analogue à celle de la factorisation LU énoncée dans le Théorème 3.4. On a en particulier le résultat suivant :

Théorème 3.5 *Si tous les mineurs principaux d'une matrice* $A \in \mathbb{R}^{n\times n}$ *sont non nuls, alors il existe une unique matrice diagonale* D, *une unique matrice triangulaire inférieure* L *et une unique matrice triangulaire supérieure* M^T, *telles que L et M n'aient que des 1 sur la diagonale et* $A = LDM^T$.

Démonstration. D'après le Théorème 3.4, nous savons déjà qu'il existe une unique factorisation LU de A avec $l_{ii} = 1$ pour $i = 1, \ldots, n$. Si on choisit les éléments diagonaux de D égaux à u_{ii} (non nuls puisque U est inversible), alors $A = LU = LD(D^{-1}U)$. En posant $M^T = D^{-1}U$ (qui est une matrice triangulaire supérieure avec des 1 sur la diagonale), l'existence de la décomposition LDM^T en découle. L'unicité de la factorisation LDM^T est une conséquence de celle de la factorisation LU. ◇

La preuve ci-dessus montre que, puisque les termes diagonaux de D coïncident avec ceux de U, on pourrait calculer L, M^T et D en partant de la décomposition LU de A, et poser M^T=$D^{-1}U$. Néanmoins, cet algorithme a le même coût que la décomposition LU standard. De même, il est aussi possible de calculer les trois matrices de la décomposition en imposant l'identité A=LDM^T terme à terme.

3.4.2 Matrices symétriques définies positives : la factorisation de Cholesky

Comme on l'a déjà dit plus haut, la factorisation LDM^T se simplifie considérablement quand A est symétrique, car dans ce cas M=L. On obtient alors la décomposition LDL^T dont le coût est d'environ $(n^3/3)$ *flops*, soit la moitié du coût de la décomposition LU.

Par exemple, la matrice de Hilbert d'ordre 3 admet la factorisation LDL^T suivante

$$H_3 = \begin{bmatrix} 1 & \frac{1}{2} & \frac{1}{3} \\ \frac{1}{2} & \frac{1}{3} & \frac{1}{4} \\ \frac{1}{3} & \frac{1}{4} & \frac{1}{5} \end{bmatrix} = \begin{bmatrix} 1 & 0 & 0 \\ \frac{1}{2} & 1 & 0 \\ \frac{1}{3} & 1 & 1 \end{bmatrix} \begin{bmatrix} 1 & 0 & 0 \\ 0 & \frac{1}{12} & 0 \\ 0 & 0 & \frac{1}{180} \end{bmatrix} \begin{bmatrix} 1 & \frac{1}{2} & \frac{1}{3} \\ 0 & 1 & 1 \\ 0 & 0 & 1 \end{bmatrix}.$$

Dans le cas où A est aussi définie positive, les termes diagonaux de D dans la factorisation LDL^T sont strictement positifs. On a de plus le résultat suivant :

Théorème 3.6 *Soit* $A \in \mathbb{R}^{n\times n}$ *une matrice symétrique définie positive. Alors, il existe une unique matrice triangulaire supérieure* H *dont les termes diagonaux sont strictement positifs telle que*

$$A = H^T H. \tag{3.41}$$

Cette factorisation est appelée factorisation de Cholesky *et les coefficients* h_{ij} *de* H^T *peuvent être calculés comme suit :* $h_{11} = \sqrt{a_{11}}$ *et, pour* $i = 2, \ldots, n$,

$$\begin{aligned} h_{ij} &= \left(a_{ij} - \sum_{k=1}^{j-1} h_{ik} h_{jk} \right) / h_{jj}, \quad j = 1, \ldots, i-1, \\ h_{ii} &= \left(a_{ii} - \sum_{k=1}^{i-1} h_{ik}^2 \right)^{1/2}. \end{aligned} \tag{3.42}$$

Démonstration. Montrons le théorème par récurrence sur la taille i de la matrice (comme dans la preuve du Théorème 3.4), en rappelant que si $A_i \in \mathbb{R}^{i\times i}$ est symétrique définie positive, il en est de même de toutes ses sous-matrices principales.

Pour $i = 1$ le résultat est évidemment vrai. Supposons le vrai au rang $i-1$ et montrons le au rang i. Il existe une matrice triangulaire supérieure H_{i-1} telle que $A_{i-1} = H_{i-1}^T H_{i-1}$. Décomposons A_i sous la forme

$$A_i = \begin{bmatrix} A_{i-1} & \mathbf{v} \\ \mathbf{v}^T & \alpha \end{bmatrix}$$

avec $\alpha \in \mathbb{R}^+$, $\mathbf{v}^T \in \mathbb{R}^{i-1}$ et cherchons une factorisation de A_i de la forme

$$\mathrm{A}_i = \mathrm{H}_i^T \mathrm{H}_i = \begin{bmatrix} \mathrm{H}_{i-1}^T & \mathbf{0} \\ \mathbf{h}^T & \beta \end{bmatrix} \begin{bmatrix} \mathrm{H}_{i-1} & \mathbf{h} \\ \mathbf{0}^T & \beta \end{bmatrix}.$$

Par identification avec les éléments de A_i, on obtient les équations $\mathrm{H}_{i-1}^T \mathbf{h} = \mathbf{v}$ et $\mathbf{h}^T\mathbf{h} + \beta^2 = \alpha$. Le vecteur $\mathbf{h}$ est ainsi déterminé de façon unique, puisque H_{i-1}^T est inversible. De plus, en utilisant les propriétés des déterminants, on a

$$0 < \text{dét}(\mathrm{A}_i) = \text{dét}(\mathrm{H}_i^T)\,\text{dét}(\mathrm{H}_i) = \beta^2(\text{dét}(\mathrm{H}_{i-1}))^2,$$

ce qui implique que β est un nombre réel. Par conséquent, $\beta = \sqrt{\alpha - \mathbf{h}^T\mathbf{h}}$ est l'élément diagonal cherché, ce qui conclut la preuve par récurrence.

Montrons maintenant les formules (3.42). Le fait que $h_{11} = \sqrt{a_{11}}$ est une conséquence immédiate de la récurrence au rang $i = 1$. Pour un i quelconque, les relations $(3.42)_1$ sont les formules de "remontée" pour la résolution du système linéaire $\mathrm{H}_{i-1}^T \mathbf{h} = \mathbf{v} = [a_{1i}, a_{2i}, \ldots, a_{i-1,i}]^T$, et les formules $(3.42)_2$ donnent $\beta = \sqrt{\alpha - \mathbf{h}^T\mathbf{h}}$, où $\alpha = a_{ii}$. ◇

L'algorithme correspondant à (3.42) nécessite environ $(n^3/3)$ *flops*, et il est stable par rapport à la propagation des erreurs d'arrondi. On peut en effet montrer que la matrice triangulaire supérieure $\tilde{\mathrm{H}}$ est telle que $\tilde{\mathrm{H}}^T\tilde{\mathrm{H}} = \mathrm{A} + \delta\mathrm{A}$, où $\delta\mathrm{A}$ est une matrice de perturbation telle que $\|\delta\mathrm{A}\|_2 \leq 8n(n+1)\mathrm{u}\|\mathrm{A}\|_2$, quand on considère les erreurs d'arrondi et qu'on suppose $2n(n+1)\mathrm{u} \leq 1 - (n+1)\mathrm{u}$ (voir [Wil68]).

Dans la décomposition de Cholesky, il est aussi possible de stocker la matrice H^T dans la partie triangulaire inférieure de A, sans allocation supplémentaire de mémoire. En procédant ainsi, on conserve à la fois A et la partie factorisée. On peut en effet stocker la matrice A dans le bloc triangulaire supérieur puisque A est symétrique et que ses termes diagonaux sont donnés par $a_{11} = h_{11}^2$, $a_{ii} = h_{ii}^2 + \sum_{k=1}^{i-1} h_{ik}^2$, $i = 2, \ldots, n$.
Un exemple d'implémentation de la décomposition de Cholesky est proposé dans le Programme 7.

Programme 7 - chol2 : Factorisation de Cholesky

```
function [A]=chol2(A)
% CHOL2 Factorisation de Cholesky d'une matrice A sym. def. pos.
% R=CHOL2(A) renvoie une matrice triangulaire supérieure R telle
% que R'*R=A.
[n,m]=size(A);
if n ~= m, error('Seulement les systèmes carrés'); end
for k=1:n-1
   if A(k,k) <= 0, error('Pivot nul ou négatif'); end
   A(k,k)=sqrt(A(k,k));   A(k+1:n,k)=A(k+1:n,k)/A(k,k);
   for j=k+1:n,   A(j:n,j)=A(j:n,j)-A(j:n,k)*A(j,k);   end
end
```

```
A(n,n)=sqrt(A(n,n));
A = tril(A); A=A';
return
```

3.4.3 Matrices rectangulaires : la factorisation QR

Définition 3.1 On dit qu'une matrice $A \in \mathbb{R}^{m\times n}$, avec $m \geq n$, admet une *factorisation QR* s'il existe une matrice orthogonale $Q \in \mathbb{R}^{m\times m}$ et une matrice trapézoïdale supérieure $R \in \mathbb{R}^{m\times n}$ (voir Section 1.6) dont les lignes sont nulles à partir de la $n+1$-ième, telles que

$$A = QR. \tag{3.43}$$

■

On peut construire cette factorisation en utilisant des matrices de transformation bien choisies (matrices de Givens ou Householder, voir Section 5.6.1), ou bien en utilisant le procédé d'orthogonalisation de Gram-Schmidt détaillé ci-dessous.

Il est également possible d'obtenir une version réduite de la factorisation QR (3.43), comme le montre le résultat suivant.

Propriété 3.3 *Soit* $A \in \mathbb{R}^{m\times n}$ *une matrice de rang* n *pour laquelle on connaît une factorisation QR. Alors, il existe une unique factorisation de* A *de la forme*

$$A = \widetilde{Q}\widetilde{R}, \tag{3.44}$$

où $\widetilde{Q}$ *et* $\widetilde{R}$ *sont des sous-matrices de* Q *et* R *définies par*

$$\widetilde{Q} = Q(1:m, 1:n), \quad \widetilde{R} = R(1:n, 1:n). \tag{3.45}$$

De plus, les vecteurs colonnes de $\widetilde{Q}$ *forment une famille orthonormale,* $\widetilde{R}$ *est triangulaire supérieure et coïncide avec la matrice de Cholesky* H *de la matrice symétrique définie positive* A^TA, *c'est-à-dire* $A^TA = \widetilde{R}^T\widetilde{R}$.

Si A est de rang n (*i.e.* de rang maximal), les vecteurs colonnes de $\tilde{Q}$ forment une base orthonormale de l'espace vectoriel Im(A) (défini en (1.6)). La décomposition QR de A peut donc être vue comme une technique pour construire une base orthonormale de Im(A).

Si le rang r de A est strictement inférieur à n, la factorisation QR ne conduit pas nécessairement à une base de Im(A). On peut néanmoins obtenir une factorisation de la forme

$$Q^TAP = \begin{bmatrix} R_{11} & R_{12} \\ 0 & 0 \end{bmatrix},$$

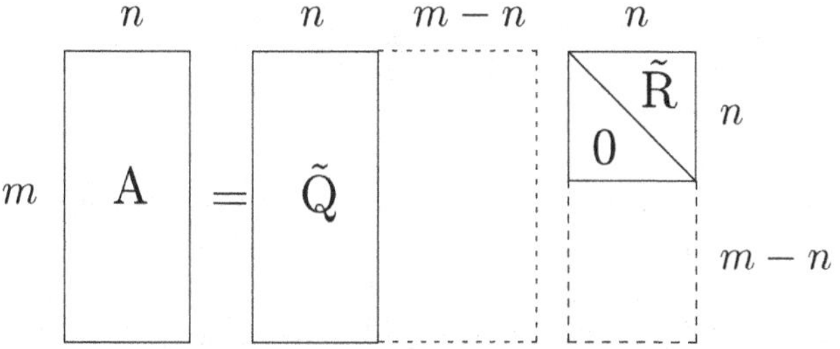

Fig. 3.1. Factorisation réduite. Les matrices de la factorisation QR sont en pointillés

où Q est orthogonale, P est une matrice de permutation et R_{11} est une matrice triangulaire supérieure inversible d'ordre r.

Dans la suite, quand nous utiliserons la factorisation QR, nous nous référerons toujours à sa forme réduite (3.44). Nous verrons une application intéressante de cette factorisation dans la résolution des systèmes surdéterminés (voir Section 3.12).

Les matrices $\tilde{Q}$ et $\tilde{R}$ dans (3.44) peuvent être calculées en utilisant le procédé d'orthogonalisation de Gram-Schmidt. Partant d'une famille de vecteurs linéairement indépendants $\mathbf{x}_1, \ldots, \mathbf{x}_n$, cet algorithme permet de construire une famille de vecteurs orthogonaux $\mathbf{q}_1, \ldots, \mathbf{q}_n$, donnés par

$$\begin{aligned} &\mathbf{q}_1 = \mathbf{x}_1, \\ &\mathbf{q}_{k+1} = \mathbf{x}_{k+1} - \sum_{i=1}^{k} \frac{(\mathbf{q}_i, \mathbf{x}_{k+1})}{(\mathbf{q}_i, \mathbf{q}_i)} \mathbf{q}_i, \qquad k = 1, \ldots, n-1. \end{aligned} \tag{3.46}$$

Notons $\mathbf{a}_1, \ldots, \mathbf{a}_n$ les vecteurs colonnes de A, posons $\tilde{\mathbf{q}}_1 = \mathbf{a}_1 / \|\mathbf{a}_1\|_2$ et, pour $k = 1, \ldots, n-1$, calculons les vecteurs colonnes de $\tilde{Q}$ par

$$\tilde{\mathbf{q}}_{k+1} = \mathbf{q}_{k+1} / \|\mathbf{q}_{k+1}\|_2,$$

où

$$\mathbf{q}_{k+1} = \mathbf{a}_{k+1} - \sum_{j=1}^{k} (\tilde{\mathbf{q}}_j, \mathbf{a}_{k+1}) \tilde{\mathbf{q}}_j.$$

Ensuite, en écrivant $A = \tilde{Q}\tilde{R}$ et en exploitant le fait que $\tilde{Q}$ est orthogonale (c'est-à-dire $\tilde{Q}^{-1} = \tilde{Q}^T$), on peut facilement calculer les éléments de $\tilde{R}$.

On peut également noter que, si A est de rang maximum, la matrice $A^T A$ est symétrique définie positive (voir Section 1.9) et qu'elle admet donc une unique décomposition de Cholesky de la forme $H^T H$. D'autre part, l'orthogonalité de $\tilde{Q}$ implique

$$H^T H = A^T A = \tilde{R}^T \tilde{Q}^T \tilde{Q} \tilde{R} = \tilde{R}^T \tilde{R},$$

ce qui permet de conclure que $\tilde{\mathrm{R}}$ est effectivement la matrice de Cholesky de $\mathrm{A}^T\mathrm{A}$. Les éléments diagonaux de $\tilde{\mathrm{R}}$ sont donc non nuls si et seulement si A est de rang maximum.

Le procédé de Gram-Schmidt n'est pas très utilisé en pratique car les erreurs d'arrondi font que les vecteurs calculés ne sont en général pas linéairement indépendants. L'algorithme produit en effet des valeurs très petites de $\|\mathbf{q}_{k+1}\|_2$ et $\tilde{r}_{kk}$, ce qui entraîne des instabilités numériques en arithmétique à virgule flottante et la destruction de l'orthogonalité de la matrice $\tilde{\mathrm{Q}}$ (voir l'Exemple 3.2).

Ceci suggère d'utiliser une version plus stable, appelée *procédé de Gram-Schmidt modifié*. Au début de la k-ième étape, on retranche du vecteur $\mathbf{a}_k$ ses projections le long des vecteurs $\tilde{\mathbf{q}}_1, \ldots, \tilde{\mathbf{q}}_k$. L'étape d'orthogonalisation est alors effectuée sur le vecteur résultant. En pratique, après avoir calculé $(\tilde{\mathbf{q}}_1, \mathbf{a}_{k+1})\tilde{\mathbf{q}}_1$ à la $k+1$-ième étape, ce vecteur est immédiatement retranché à $\mathbf{a}_{k+1}$. Ainsi, on pose

$$\mathbf{a}_{k+1}^{(1)} = \mathbf{a}_{k+1} - (\tilde{\mathbf{q}}_1, \mathbf{a}_{k+1})\tilde{\mathbf{q}}_1.$$

Ce nouveau vecteur $\mathbf{a}_{k+1}^{(1)}$ est projeté le long de la direction de $\tilde{\mathbf{q}}_2$, et le vecteur obtenu est retranché de $\mathbf{a}_{k+1}^{(1)}$, ce qui donne

$$\mathbf{a}_{k+1}^{(2)} = \mathbf{a}_{k+1}^{(1)} - (\tilde{\mathbf{q}}_2, \mathbf{a}_{k+1}^{(1)})\tilde{\mathbf{q}}_2,$$

et ainsi de suite, jusqu'à ce que $\mathbf{a}_{k+1}^{(k)}$ soit calculé.

On peut vérifier que $\mathbf{a}_{k+1}^{(k)}$ coïncide avec le vecteur correspondant $\mathbf{q}_{k+1}$ du procédé de Gram-Schmidt classique, puisque, grâce à l'orthogonalité des vecteurs $\tilde{\mathbf{q}}_1, \tilde{\mathbf{q}}_2, \ldots, \tilde{\mathbf{q}}_k$, on a

$$\begin{aligned}
\mathbf{a}_{k+1}^{(k)} &= \mathbf{a}_{k+1} - (\tilde{\mathbf{q}}_1, \mathbf{a}_{k+1})\tilde{\mathbf{q}}_1 - (\tilde{\mathbf{q}}_2, \mathbf{a}_{k+1} - (\tilde{\mathbf{q}}_1, \mathbf{a}_{k+1})\tilde{\mathbf{q}}_1)\,\tilde{\mathbf{q}}_2 + \ldots \\
&= \mathbf{a}_{k+1} - \sum_{j=1}^{k} (\tilde{\mathbf{q}}_j, \mathbf{a}_{k+1})\tilde{\mathbf{q}}_j.
\end{aligned}$$

Le Programme 8 est une implémentation du procédé de Gram-Schmidt modifié. Remarquer qu'il n'est pas possible de stocker la factorisation QR dans la matrice A. En général, la matrice $\widetilde{\mathrm{R}}$ est stockée dans A, tandis que $\widetilde{\mathrm{Q}}$ est stockée séparément. Le coût de l'algorithme de Gram-Schmidt modifié est de l'ordre de $2mn^2$ *flops*.

Programme 8 - modgrams : Procédé d'orthogonalisation de Gram-Schmidt modifié

```
function [Q,R]=modgrams(A)
% MODGRAMS Factorisation QR d'une matrice A.
% [Q,R]=MODGRAMS(A) renvoie une matrice trapézoïdale supérieure R
% et une matrice orthogonale Q telle que Q*R=A.
[m,n]=size(A);
Q=zeros(m,n);  Q(1:m,1) = A(1:m,1);  R=zeros(n);  R(1,1)=1;
for k = 1:n
  R(k,k) = norm(A(1:m,k));
  Q(1:m,k) = A(1:m,k)/R(k,k);
  j=[k+1:n];
  R(k,j) = Q (1:m,k)'*A(1:m,j);
  A(1:m,j) = A (1:m,j)-Q(1:m,k)*R(k,j);
end
return
```

Exemple 3.2 Considérons la matrice de Hilbert H_4 d'ordre 4 (voir (3.29)). La matrice $\tilde{Q}$, construite par le procédé de Gram-Schmidt classique, est orthogonale à 10^{-10} près,

$$I - \tilde{Q}^T\tilde{Q} = \mathbf{10^{-10}} \begin{bmatrix} 0.0000 & -0.0000 & 0.0001 & -0.0041 \\ -0.0000 & 0 & 0.0004 & -0.0099 \\ 0.0001 & 0.0004 & 0 & -0.4785 \\ -0.0041 & -0.0099 & -0.4785 & 0 \end{bmatrix}$$

et $\|I - \tilde{Q}^T\tilde{Q}\|_\infty = 4.9247 \cdot 10^{-11}$. En utilisant le procédé de Gram-Schmidt modifié, on obtient

$$I - \tilde{Q}^T\tilde{Q} = \mathbf{10^{-12}} \begin{bmatrix} 0.0001 & -0.0005 & 0.0069 & -0.2853 \\ -0.0005 & 0 & -0.0023 & 0.0213 \\ 0.0069 & -0.0023 & 0.0002 & -0.0103 \\ -0.2853 & 0.0213 & -0.0103 & 0 \end{bmatrix}$$

et cette fois $\|I - \tilde{Q}^T\tilde{Q}\|_\infty = 3.1686 \cdot 10^{-13}$.

Un meilleur résultat peut être obtenu en utilisant la fonction **qr** de MATLAB au lieu du Programme 8. On peut utiliser cette fonction aussi bien pour la factorisation (3.43) que pour sa version réduite (3.44). •

3.5 Changement de pivot

Nous avons déjà signalé que la méthode de Gauss échoue si un pivot s'annule. Dans ce cas, on doit recourir à une technique dite de *changement de pivot* qui consiste à échanger des lignes (ou des colonnes) du système de manière à ce qu'aucun pivot ne soit nul.

Exemple 3.3 Revenons à la matrice (3.30) pour laquelle la méthode de Gauss donne un pivot nul à la seconde étape. En échangeant simplement la deuxième et la troisième ligne, on trouve un pivot non nul et on peut exécuter une étape de plus. Le système obtenu est équivalent au système de départ, et on constate qu'il est déjà triangulaire supérieur. En effet,

$$\mathrm{A}^{(2)} = \begin{bmatrix} 1 & 2 & 3 \\ 0 & -6 & -12 \\ 0 & 0 & -1 \end{bmatrix} = \mathrm{U},$$

et les matrices de transformation sont données par

$$\mathrm{M}_1 = \begin{bmatrix} 1 & 0 & 0 \\ -2 & 1 & 0 \\ -7 & 0 & 1 \end{bmatrix}, \quad \mathrm{M}_2 = \begin{bmatrix} 1 & 0 & 0 \\ 0 & 1 & 0 \\ 0 & 0 & 1 \end{bmatrix}.$$

D'un point de vue algébrique, ayant effectué une *permutation* des lignes de A, l'égalité $\mathrm{A}=\mathrm{M}_1^{-1}\mathrm{M}_2^{-1}\mathrm{U}$ doit être remplacée par $\mathrm{A}=\mathrm{M}_1^{-1}\boxed{\mathrm{P}}\mathrm{M}_2^{-1}\mathrm{U}$ où P est la matrice de permutation

$$\mathrm{P} = \begin{bmatrix} 1 & 0 & 0 \\ 0 & 0 & 1 \\ 0 & 1 & 0 \end{bmatrix}. \tag{3.47}$$

•

La stratégie de pivot adoptée dans l'Exemple 3.3 peut être généralisée en recherchant, à chaque étape k de l'élimination, un pivot non nul parmi les termes de la sous-colonne $\mathrm{A}^{(k)}(k:n,k)$. On dit alors qu'on effectue un *changement de pivot partiel* (par ligne).

On peut voir à partir de (3.27) qu'une grande valeur de m_{ik} (provenant par exemple d'un petit pivot $a_{kk}^{(k)}$) peut amplifier les erreurs d'arrondi affectant les termes $a_{kj}^{(k)}$. Par conséquent, afin d'assurer une meilleure stabilité, on choisit comme pivot l'élément de la colonne $\mathrm{A}^{(k)}(k:n,k)$ le plus grand en module et le changement de pivot partiel est généralement effectué à chaque étape, même si ce n'est pas strictement nécessaire (c'est-à-dire même s'il n'y a pas de pivot nul).

Une méthode alternative consiste à rechercher le pivot dans l'ensemble de la sous-matrice $\mathrm{A}^{(k)}(k:n,k:n)$, effectuant alors un *changement de pivot total* (voir Figure 3.2). Remarquer cependant que le changement de pivot partiel ne requiert qu'un surcoût d'environ n^2 tests, alors que le changement de pivot total en nécessite environ $2n^3/3$, ce qui augmente considérablement le coût de la méthode de Gauss.

Exemple 3.4 Considérons le système linéaire $\mathrm{A}\mathbf{x} = \mathbf{b}$ avec

$$\mathrm{A} = \begin{bmatrix} 10^{-13} & 1 \\ 1 & 1 \end{bmatrix},$$

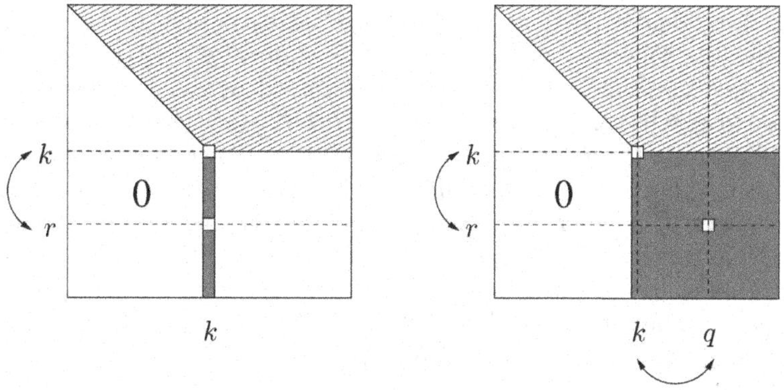

Fig. 3.2. Changement de pivot partiel par ligne (*à gauche*) et changement de pivot total (*à droite*). Les zones les plus sombres de la matrices sont celles où est effectuée la recherche du pivot

où $\mathbf{b}$ est choisi de façon à ce que $\mathbf{x} = [1, 1]^T$ soit la solution exacte. Supposons qu'on travaille en base 2 avec 16 chiffres significatifs. La méthode de Gauss sans changement de pivot donne $\mathbf{x}_{MEG} = [0.99920072216264, 1]^T$, alors qu'avec une stratégie de pivot partiel, la solution obtenue est exacte jusqu'au 16^{ime} chiffre. •

Analysons comment la stratégie de pivot partiel affecte la factorisation LU induite par la méthode de Gauss. Lors de la première étape de l'élimination de Gauss avec changement de pivot partiel, après avoir trouvé l'élément a_{r1} de module maximum dans la première colonne, on construit la matrice de permutation élémentaire P_1 qui échange la première et la r-ième ligne (si $r = 1$, P_1 est la matrice identité). On crée ensuite la première matrice de transformation de Gauss M_1 et on pose $\mathrm{A}^{(2)} = \mathrm{M}_1\mathrm{P}_1\mathrm{A}^{(1)}$. On procède de même avec $\mathrm{A}^{(2)}$, en cherchant les nouvelles matrices P_2 et M_2 telles que

$$\mathrm{A}^{(3)} = \mathrm{M}_2\mathrm{P}_2\mathrm{A}^{(2)} = \mathrm{M}_2\mathrm{P}_2\mathrm{M}_1\mathrm{P}_1\mathrm{A}^{(1)}.$$

Après avoir effectué toutes les étapes de l'élimination, la matrice triangulaire supérieure U obtenue est donnée par

$$\mathrm{U} = \mathrm{A}^{(n)} = \mathrm{M}_{n-1}\mathrm{P}_{n-1}\cdots\mathrm{M}_1\mathrm{P}_1\mathrm{A}^{(1)}. \tag{3.48}$$

En posant $\mathrm{M} = \mathrm{M}_{n-1}\mathrm{P}_{n-1}\cdots\mathrm{M}_1\mathrm{P}_1$ et $\mathrm{P} = \mathrm{P}_{n-1}\cdots\mathrm{P}_1$, on a U=MA et donc $\mathrm{U} = (\mathrm{MP}^{-1})\mathrm{PA}$. On vérifie facilement que la matrice $\mathrm{L} = \mathrm{PM}^{-1}$ est triangulaire inférieure (avec des 1 sur la diagonale), de sorte que la factorisation LU s'écrit

$$\mathrm{PA} = \mathrm{LU}. \tag{3.49}$$

On ne doit pas s'inquiéter de la présence de l'inverse de M, car $\mathrm{M}^{-1} = \mathrm{P}_1^{-1}\mathrm{M}_1^{-1}\cdots\mathrm{P}_{n-1}^{-1}\mathrm{M}_{n-1}^{-1}$, $\mathrm{P}_i^{-1} = \mathrm{P}_i^T$ et $\mathrm{M}_i^{-1} = 2\mathrm{I}_n - \mathrm{M}_i$.

Une fois calculées les matrices L, U et P, la résolution du système initial se ramène à la résolution des systèmes triangulaires $\mathrm{L}\mathbf{y} = \mathrm{P}\mathbf{b}$ et $\mathrm{U}\mathbf{x} = \mathbf{y}$. Remarquer que les coefficients de la matrice L coïncident avec les multiplicateurs calculés par une factorisation LU de la matrice PA sans changement de pivot. Si on adopte une stratégie de pivot total, à la première étape, une fois trouvé l'élément a_{qr} de plus grand module dans la sous-matrice $\mathrm{A}(1:n, 1:n)$, on doit échanger la première ligne et la première colonne avec la q-ième ligne et la r-ième colonne. Ceci conduit à la matrice $\mathrm{P}_1\mathrm{A}^{(1)}\mathrm{Q}_1$, où P_1 et Q_1 sont respectivement des matrices de permutation de lignes et de colonnes.
A ce stade, la matrice M_1 est donc telle que $\mathrm{A}^{(2)} = \mathrm{M}_1\mathrm{P}_1\mathrm{A}^{(1)}\mathrm{Q}_1$. En répétant ce processus, on obtient à la dernière étape

$$\mathrm{U} = \mathrm{A}^{(n)} = \mathrm{M}_{n-1}\mathrm{P}_{n-1}\cdots\mathrm{M}_1\mathrm{P}_1\mathrm{A}^{(1)}\mathrm{Q}_1\cdots\mathrm{Q}_{n-1},$$

au lieu de (3.48).
Dans le cas d'un changement de pivot total, la factorisation LU devient

$$\boxed{\mathrm{PAQ} = \mathrm{LU}}$$

où $\mathrm{Q} = \mathrm{Q}_1\cdots\mathrm{Q}_{n-1}$ est une matrice de permutation prenant en compte toutes les permutations effectuées. Par construction, la matrice L est encore triangulaire inférieure, et ses éléments ont tous un module inférieur ou égal à 1. Comme pour le changement de pivot partiel, les éléments de L sont les multiplicateurs produits par la factorisation LU de la matrice PAQ sans changement de pivot.

Le Programme 9 est un code MATLAB de la factorisation LU avec changement de pivot total. Pour une implémentation efficace de la factorisation LU avec changement de pivot partiel, nous renvoyons le lecteur à la fonction `lu` de MATLAB.

Programme 9 - LUpivtot : Factorisation LU avec changement de pivot total

```
function [L,U,P,Q]=LUpivtot(A)
%LUPIVOT Factorisation LU avec changement de pivot total
% [L,U,P,Q]=LUPIVOT(A) retourne une matrice triangulaire inférieure L,
% une matrice triangulaire supérieure U et des matrices de
% permutation P et Q telles que P*A*Q=L*U.
[n,m]=size(A);
if n ~= m, error('Seulement systèmes carrés'); end
P=eye(n); Q=P; Minv=P; I=eye(n);
for k=1:n-1
   [Pk,Qk]=pivot(A,k,n,I);  A=Pk*A*Qk;
   [Mk,Mkinv]=MGauss(A,k,n);
   A=Mk*A;   P=Pk*P;    Q=Q*Qk;
   Minv=Minv*Pk*Mkinv;
end
```

```
U=triu(A); L=P*Minv;
return

function [Mk,Mkinv]=MGauss(A,k,n)
Mk=eye(n);
i=[k+1:n];
Mk(i,k)=-A(i,k)/A(k,k);
Mkinv=2*eye(n)-Mk;
return

function [Pk,Qk]=pivot(A,k,n,I)
[y,i]=max(abs(A(k:n,k:n)));
[piv,jpiv]=max(y);
ipiv=i(jpiv);
jpiv=jpiv+k-1;
ipiv=ipiv+k-1;
Pk=I; Pk(ipiv,ipiv)=0; Pk(k,k)=0; Pk(k,ipiv)=1; Pk(ipiv,k)=1;
Qk=I; Qk(jpiv,jpiv)=0; Qk(k,k)=0; Qk(k,jpiv)=1; Qk(jpiv,k)=1;
return
```

Remarque 3.3 La présence de grands pivots ne suffit pas à elle seule à garantir la précision des solutions, comme le montre l'exemple suivant (pris dans [JM92]). Considérons le système linéaire $\mathbf{A}\mathbf{x} = \mathbf{b}$ suivant

$$\begin{bmatrix} -4000 & 2000 & 2000 \\ 2000 & 0.78125 & 0 \\ 2000 & 0 & 0 \end{bmatrix} \begin{bmatrix} x_1 \\ x_2 \\ x_3 \end{bmatrix} = \begin{bmatrix} 400 \\ 1.3816 \\ 1.9273 \end{bmatrix}.$$

A la première étape, le pivot est le terme diagonal -4000. Pourtant, la méthode de Gauss appliquée à cette matrice donne

$$\widehat{\mathbf{x}} = [0.00096365, \ -0.698496, \ 0.90042329]^T$$

dont la première composante diffère complètement de la première composante de la solution exacte $\mathbf{x} = [1.9273, \ -0.698496, \ 0.9004233]^T$.

La cause de ce comportement peut être imputée à la différence des ordres de grandeurs entre les coefficients. Ce problème peut être corrigé par un *scaling* convenable de la matrice (voir Section 3.11.1). ■

Remarque 3.4 (cas des matrices symétriques) On a déjà noté que le changement de pivot n'est pas strictement nécessaire quand la matrice est symétrique définie positive. Le cas d'une matrice symétrique mais non définie positive mérite un commentaire particulier. Dans ce cas en effet, un changement de pivot risque de détruire la symétrie de la matrice. Ceci peut être évité en effectuant un changement de pivot total de la forme PAP^T, même si ce changement de pivot se réduit à un simple réarrangement des coefficients diagonaux de A. Ainsi, la présence de petits coefficients sur la diagonale de A peut considérablement réduire les avantages du changement de pivot. Pour traiter des matrices de ce type, on doit utiliser des algorithmes particuliers (comme la méthode de Parlett-Reid [PR70] ou la méthode de Aasen [Aas71]). Nous renvoyons le lecteur à [GL89] pour la description de ces techniques, et à [JM92] pour le cas des matrices creuses. ■

3.6 Calculer l'inverse d'une matrice

Le calcul explicite de l'inverse d'une matrice peut être effectué en utilisant la factorisation LU comme suit. En notant X l'inverse d'une matrice régulière $A \in \mathbb{R}^{n\times n}$, les vecteurs colonnes de X sont les solutions des systèmes linéaires $A\mathbf{x}_i = \mathbf{e}_i$, pour $i = 1, \ldots, n$.

En supposant que PA=LU, où P est la matrice de changement de pivot partiel, on doit résoudre $2n$ systèmes triangulaires de la forme

$$L\mathbf{y}_i = P\mathbf{e}_i, \quad U\mathbf{x}_i = \mathbf{y}_i, \quad i = 1, \ldots, n,$$

c'est-à-dire une suite de systèmes linéaires ayant la même matrice mais des seconds membres différents.

Le calcul de l'inverse d'une matrice est une opération non seulement coûteuse, mais qui peut aussi s'avérer parfois moins stable que la méthode de Gauss (voir [Hig88]).

Les *formules de Faddev* ou de *Leverrier* offrent une alternative pour le calcul de l'inverse de A : posons B_0=I, et calculons par récurrence

$$\alpha_k = \frac{1}{k}\text{tr}(AB_{k-1}), \quad B_k = -AB_{k-1} + \alpha_k I, \quad k = 1, 2, \ldots, n.$$

Puisque $B_n = 0$, si $\alpha_n \neq 0$ on obtient

$$A^{-1} = \frac{1}{\alpha_n} B_{n-1},$$

et le coût de la méthode pour une matrice pleine est de $(n-1)n^3$ *flops* (pour plus de détails, voir [FF63], [Bar89]).

3.7 Systèmes bandes

Les méthodes de discrétisation des équations aux dérivées partielles conduisent souvent à la résolution de systèmes dont les matrices ont des structures bandes, creuses ou par blocs. Exploiter la structure de la matrice permet une réduction considérable du coût des algorithmes de factorisation et de substitution. Dans cette section et dans les suivantes, nous considérons des variantes de la méthode de Gauss ou de la décomposition LU spécialement adaptées aux matrices de ce type. Le lecteur trouvera des démonstrations et une approche plus exhaustive dans [GL89] et [Hig88] pour ce qui concerne les matrices bandes ou par blocs, et dans [JM92], [GL81], [Saa96] pour ce qui concerne les matrices creuses et leur stockage.

Voici le principal résultat pour les matrices bandes :

Propriété 3.4 *Soit* A$\in \mathbb{R}^{n\times n}$. *Supposons qu'il existe une factorisation* LU *de* A. *Si* A *a une largeur de bande supérieure* q *et une largeur de bande inférieure* p, *alors* U *a une largeur de bande supérieure* q *et* L *a une largeur de bande inférieure* p.

Remarquons en particulier que la zone mémoire utilisée pour A est suffisante pour stocker sa factorisation LU. En effet, une matrice A dont la largeur de bande supérieure est q et inférieure p est généralement stockée dans une matrice B $(p+q+1)\times n$, avec

$$b_{i-j+q+1,j} = a_{ij}$$

pour tous les indices i, j situés dans la bande de la matrice. Par exemple, dans le cas d'une matrice tridiagonale (*i.e.* $q = p = 1$) A=tridiag$_5(-1, 2, -1)$, le stockage compact s'écrit

$$\mathrm{B} = \begin{bmatrix} 0 & -1 & -1 & -1 & -1 \\ 2 & 2 & 2 & 2 & 2 \\ -1 & -1 & -1 & -1 & 0 \end{bmatrix}.$$

Le même format peut être utilisé pour stocker la factorisation LU de A. Notons que ce format peut être mal adapté au cas où seules quelques bandes de la matrice sont larges : dans le cas extrême où seule une colonne et une ligne seraient pleines, on aurait $p = q = n$ et B serait alors une matrice pleine avec de nombreux termes nuls.

Notons enfin que l'inverse d'une matrice bande est en général pleine (c'est ce qui se produit pour la matrice B ci-dessus).

3.7.1 Matrices tridiagonales

Considérons le cas particulier d'un système linéaire dont la matrice est tridiagonale et inversible :

$$\mathrm{A} = \begin{bmatrix} a_1 & c_1 & & \text{\Large 0} \\ b_2 & a_2 & \ddots & \\ & \ddots & & c_{n-1} \\ \text{\Large 0} & & b_n & a_n \end{bmatrix}.$$

Dans ce cas, les matrices L et U de la factorisation LU de A sont des matrices bidiagonales de la forme

$$\mathrm{L}=\begin{bmatrix} 1 & & & 0 \\ \beta_2 & 1 & & \\ & \ddots & \ddots & \\ 0 & & \beta_n & 1 \end{bmatrix}, \quad \mathrm{U}=\begin{bmatrix} \alpha_1 & c_1 & & 0 \\ & \alpha_2 & \ddots & \\ & & \ddots & c_{n-1} \\ 0 & & & \alpha_n \end{bmatrix}.$$

Les coefficients α_i et β_i s'obtiennent facilement avec les relations suivantes

$$\alpha_1 = a_1, \quad \beta_i = \frac{b_i}{\alpha_{i-1}}, \quad \alpha_i = a_i - \beta_i c_{i-1}, \ i = 2, \ldots, n. \tag{3.50}$$

Ces formules sont connues sous le nom d' *algorithme de Thomas* et peuvent être vues comme un cas particulier de la factorisation de Doolittle sans changement de pivot. Quand il n'est pas utile de conserver les éléments de la matrice originale, les coefficients α_i et β_i peuvent être stockés dans A.

On peut étendre l'algorithme de Thomas à la résolution du système $\mathrm{A}\mathbf{x} = \mathbf{f}$. Cela revient à résoudre deux systèmes bidiagonaux, $\mathrm{L}\mathbf{y} = \mathbf{f}$ et $\mathrm{U}\mathbf{x} = \mathbf{y}$, pour lesquels on a les formules suivantes :

$$(\mathrm{L}\mathbf{y} = \mathbf{f}) \quad y_1 = f_1, \quad y_i = f_i - \beta_i y_{i-1}, \quad i = 2, \ldots, n, \tag{3.51}$$

$$(\mathrm{U}\mathbf{x} = \mathbf{y}) \ x_n = \frac{y_n}{\alpha_n}, \quad x_i = (y_i - c_i x_{i+1})/\alpha_i, \quad i = n-1, \ldots, 1. \tag{3.52}$$

L'algorithme ne requiert que $8n - 7$ *flops* : plus précisément, $3(n-1)$ *flops* pour la factorisation (3.50) et $5n - 4$ *flops* pour la substitution (3.51)-(3.52).

Pour ce qui est de la stabilité de la méthode, si A est une matrice tridiagonale inversible et si $\widehat{\mathrm{L}}$ et $\widehat{\mathrm{U}}$ sont les matrices effectivement calculées au terme de la factorisation, alors

$$|\delta\mathrm{A}| \le (4\mathrm{u} + 3\mathrm{u}^2 + \mathrm{u}^3)|\widehat{\mathrm{L}}|\ |\widehat{\mathrm{U}}|,$$

où $\delta\mathrm{A}$ est définie implicitement par la relation $\mathrm{A}+\delta\mathrm{A} = \widehat{\mathrm{L}}\widehat{\mathrm{U}}$, et où u est l'unité d'arrondi. En particulier, si A est également symétrique définie positive ou si A est une M-matrice, alors

$$|\delta\mathrm{A}| \le \frac{4\mathrm{u} + 3\mathrm{u}^2 + \mathrm{u}^3}{1 - \mathrm{u}}|\mathrm{A}|,$$

ce qui implique la stabilité de la factorisation dans ces cas. Il existe un résultat analogue dans le cas où A est à diagonale dominante.

3.7.2 Implémentations

Une implémentation MATLAB de la factorisation LU pour les matrices bandes est proposée dans le Programme 10.

Programme 10 - luband : Factorisation LU pour une matrice bande

```
function [A]=luband(A,p,q)
%LUBAND Factorisation LU d'une matrice bande
%  Y=LUBAND(A,P,Q): U est stocké dans la partie triangulaire supérieure
%  de Y et L est stocké dans la partie triangulaire inférieure
%  stricte de Y, pour une matrice bande A de largeur de bande supérieure
%  Q et de largeur de bande inférieure P.
[n,m]=size(A);
if n ~= m, error('Seulement les systèmes carrés'); end
for k = 1:n-1
   for i = k+1:min(k+p,n), A(i,k)=A(i,k)/A(k,k); end
   for j = k+1:min(k+q,n)
      i = [k+1:min(k+p,n)];
      A(i,j)=A(i,j)-A(i,k)*A(k,j);
   end
end
return
```

Dans le cas où $n \gg p$ et $n \gg q$, cet algorithme effectue approximativement $2npq$ *flops*, ce qui représente une économie substantielle par rapport au cas d'une matrice pleine.

On peut concevoir aussi des versions *ad hoc* des méthodes de substitution (voir les Programmes 11 et 12). Leurs coûts sont, respectivement, de l'ordre de $2np$ *flops* et $2nq$ *flops*, toujours en supposant $n \gg p$ et $n \gg q$.

Programme 11 - forwband : Substitution directe pour une matrice L de largeur de bande p

```
function [b]=forwband (L,p,b)
%FORWBAND Substitution directe pour une matrice bande
% X=FORWBAND(L,P,B) résout le système triangulaire inférieur L*X=B
% où L est une matrice de largeur de bande inférieure P.
[n,m]=size(L);
if n ~= m, error('Seulement les systèmes carrés'); end
for j = 1:n
   i=[j+1:min(j+p,n)]; b(i) = b(i) - L(i,j)*b(j);
end
return
```

Programme 12 - backband : Substitution rétrograde pour une matrice U de largeur de bande q

```
function [b]=backband (U,q,b)
%BACKBAND Substitution rétrograde pour une matrice bande
% X=BACKBAND(U,Q,B) résout le système triangulaire inférieur U*X=B
% où U est une matrice de largeur de bande supérieure Q.
[n,m]=size(U);
if n ~= m, error('Seulement les systèmes carrés'); end
for j=n:-1:1
   b (j) = b (j) / U (j,j);
   i = [max(1,j-q):j-1]; b(i)=b(i)-U(i,j)*b(j);
end
return
```

Dans ces programmes toute la matrice est stockée (y compris les termes nuls).

Dans le cas tridiagonal, l'algorithme de Thomas peut être implémenté de plusieurs façons. En particulier, quand on l'implémente sur des calculateurs pour lesquels les divisions sont beaucoup plus coûteuses que les multiplications, il est possible d'écrire une version de l'algorithme sans division dans (3.51) et (3.52), en recourant à la factorisation suivante :

$$A = LDM^T =$$

$$\begin{bmatrix} \gamma_1^{-1} & 0 & & 0 \\ b_2 & \gamma_2^{-1} & \ddots & \\ & \ddots & \ddots & 0 \\ 0 & & b_n & \gamma_n^{-1} \end{bmatrix} \begin{bmatrix} \gamma_1 & & & 0 \\ & \gamma_2 & & \\ & & \ddots & \\ 0 & & & \gamma_n \end{bmatrix} \begin{bmatrix} \gamma_1^{-1} & c_1 & & 0 \\ 0 & \gamma_2^{-1} & \ddots & \\ & \ddots & \ddots & c_{n-1} \\ 0 & & 0 & \gamma_n^{-1} \end{bmatrix}.$$

Les coefficients γ_i peuvent être calculés par les formules de récurrence

$$\gamma_i = (a_i - b_i \gamma_{i-1} c_{i-1})^{-1} \quad \text{pour } i = 1, \dots, n,$$

où on a supposé $\gamma_0 = 0$, $b_1 = 0$ et $c_n = 0$. Les algorithmes de substitution directe et rétrograde s'écrivent respectivement

$$\begin{aligned} &(\mathbf{Ly} = \mathbf{f}) \quad y_1 = \gamma_1 f_1, \quad y_i = \gamma_i (f_i - b_i y_{i-1}), \quad i = 2, \dots, n, \\ &(\mathbf{Ux} = \mathbf{y}) \quad x_n = y_n \qquad x_i = y_i - \gamma_i c_i x_{i+1}, \qquad i = n-1, \dots, 1. \end{aligned} \tag{3.53}$$

On présente dans le Programme 13 une implémentation de l'algorithme de Thomas de la forme (3.53) sans division. En entrée, les vecteurs a, b et c contiennent respectivement les coefficients de la matrice tridiagonale $\{a_i\}$, $\{b_i\}$ et $\{c_i\}$, et le vecteur f contient les composantes $\{f_i\}$ du membre de droite **f**.

Programme 13 - modthomas : Algorithme de Thomas, version modifiée

```
function [x] = modthomas (a,b,c,f)
%MODTHOMAS Version modifiée de l'algorithme de Thomas
% X=MODTHOMAS(A,B,C,F) résout le système T*X=F où T
% est la matrice tridiagonale T=tridiag(B,A,C).
n=length(a);
b=[0; b];
c=[c; 0];
gamma(1)=1/a(1);
for i=2:n
   gamma(i)=1/(a(i)-b(i)*gamma(i-1)*c(i-1));
end
y(1)=gamma(1)*f (1);
for i =2:n
   y(i)=gamma(i)*(f(i)-b(i)*y(i-1));
end
x(n,1)=y(n);
for i=n-1:-1:1
   x(i,1)=y(i)-gamma(i)*c(i)*x(i+1,1);
end
return
```

3.8 Systèmes par blocs

Dans cette section, nous considérons la factorisation LU d'une matrice décomposée en blocs (ayant des tailles éventuellement différentes). Notre objectif est double : optimiser l'occupation mémoire en exploitant convenablement la structure de la matrice, et réduire le coût de la résolution du système.

3.8.1 La factorisation LU par blocs

Soit $\mathrm{A} \in \mathbb{R}^{n\times n}$ la matrice par blocs

$$\mathrm{A} = \begin{bmatrix} \mathrm{A}_{11} & \mathrm{A}_{12} \\ \mathrm{A}_{21} & \mathrm{A}_{22} \end{bmatrix},$$

où $\mathrm{A}_{11} \in \mathbb{R}^{r\times r}$ est une matrice inversible dont la factorisation $\mathrm{L}_{11}\mathrm{D}_1\mathrm{R}_{11}$ est connue, et où $\mathrm{A}_{22} \in \mathbb{R}^{(n-r)\times(n-r)}$. Dans ce cas, il est possible de factoriser A en utilisant seulement la décomposition LU du bloc A_{11}. En effet, on a

$$\begin{bmatrix} \mathrm{A}_{11} & \mathrm{A}_{12} \\ \mathrm{A}_{21} & \mathrm{A}_{22} \end{bmatrix} = \begin{bmatrix} \mathrm{L}_{11} & 0 \\ \mathrm{L}_{21} & \mathrm{I}_{n-r} \end{bmatrix} \begin{bmatrix} \mathrm{D}_1 & 0 \\ 0 & \Delta_2 \end{bmatrix} \begin{bmatrix} \mathrm{R}_{11} & \mathrm{R}_{12} \\ 0 & \mathrm{I}_{n-r} \end{bmatrix},$$

où

$$\begin{aligned} &\mathrm{L}_{21} = \mathrm{A}_{21}\mathrm{R}_{11}^{-1}\mathrm{D}_1^{-1}, \ \mathrm{R}_{12} = \mathrm{D}_1^{-1}\mathrm{L}_{11}^{-1}\mathrm{A}_{12}, \\ &\Delta_2 = \mathrm{A}_{22} - \mathrm{L}_{21}\mathrm{D}_1\mathrm{R}_{12}. \end{aligned}$$

Si nécessaire, la procédure de réduction peut être répétée sur la matrice Δ_2, obtenant ainsi une version par blocs de la factorisation LU.

Si A_{11} est un scalaire, l'approche ci-dessus permet de réduire de 1 la dimension de la matrice à factoriser. En appliquant itérativement cette méthode, on obtient une manière alternative d'effectuer la méthode de Gauss.

Notons que la preuve du Théorème 3.4 peut être étendue au cas des matrices par blocs. On a donc le résultat suivant :

Propriété 3.5 *Une matrice* $\mathrm{A} \in \mathbb{R}^{n\times n}$ *décomposée en* $m \times m$ *blocs* A_{ij}, $i,j = 1,\ldots,m$, *admet une unique décomposition LU par blocs (où* L *n'a que des 1 sur la diagonale) si et seulement si les* $m-1$ *mineurs principaux par blocs de* A *sont non nuls.*

L'analyse de stabilité effectuée pour la factorisation LU classique est encore valable pour la factorisation par blocs, les deux décompositions ayant une formulation analogue.

On trouvera dans [Hig88] des résultats plus fins concernant l'utilisation efficace de produits matrice-matrice rapides dans les algorithmes par blocs. Dans la section suivante, nous nous concentrons seulement sur le cas des matrices tridiagonales par blocs.

3.8.2 Inverse d'une matrice par blocs

L'inverse d'une matrice par blocs peut être construit en utilisant la factorisation introduite dans la section précédente. Considérons le cas particulier où A est une matrice par blocs de la forme

$$\mathrm{A} = \mathrm{C} + \mathrm{UBV},$$

où C est la matrice des blocs diagonaux de A, et où le produit UBV représente les blocs extradiagonaux. Dans ce cas, la matrice A peut être inversée en utilisant la formule dite de *Sherman-Morrison* ou de *Woodbury*

$$\mathrm{A}^{-1} = (\mathrm{C} + \mathrm{UBV})^{-1} = \mathrm{C}^{-1} - \mathrm{C}^{-1}\mathrm{U}\left(\mathrm{I} + \mathrm{BVC}^{-1}\mathrm{U}\right)^{-1}\mathrm{BVC}^{-1}, \qquad (3.54)$$

où l'on a supposé inversibles les matrices C et $\mathrm{I} + \mathrm{BVC}^{-1}\mathrm{U}$. Cette formule a de nombreuses applications théoriques et pratiques (voir [JM92]).

3.8.3 Systèmes tridiagonaux par blocs

Considérons les systèmes tridiagonaux par blocs de la forme

$$\begin{bmatrix} A_{11} & A_{12} & & 0 \\ A_{21} & A_{22} & \ddots & \\ & \ddots & \ddots & A_{n-1,n} \\ 0 & & A_{n,n-1} & A_{nn} \end{bmatrix} \begin{bmatrix} \mathbf{x}_1 \\ \vdots \\ \vdots \\ \mathbf{x}_n \end{bmatrix} = \begin{bmatrix} \mathbf{b}_1 \\ \vdots \\ \vdots \\ \mathbf{b}_n \end{bmatrix}, \qquad (3.55)$$

où les A_{ij} sont des matrices d'ordre $n_i \times n_j$ et où les $\mathbf{x}_i$ et $\mathbf{b}_i$ sont des vecteurs colonnes de tailles n_i, pour $i, j = 1, \ldots, n$. Nous supposons les blocs diagonaux carrés, mais de tailles éventuellement différentes. Pour $k = 1, \ldots, n$, posons

$$A_k = \begin{bmatrix} I_{n_1} & & & 0 \\ L_1 & I_{n_2} & & \\ & \ddots & \ddots & \\ 0 & & L_{k-1} & I_{n_k} \end{bmatrix} \begin{bmatrix} U_1 & A_{12} & & 0 \\ & U_2 & \ddots & \\ & & \ddots & A_{k-1,k} \\ 0 & & & U_k \end{bmatrix}.$$

En identifiant pour $k = n$ les blocs de cette matrice avec les blocs correspondants de A_n, on trouve tout d'abord $U_1 = A_{11}$. Les blocs suivants sont obtenus en résolvant successivement, pour $i = 2, \ldots, n$, les systèmes $L_{i-1}U_{i-1} = A_{i,i-1}$ pour les colonnes de L et en calculant $U_i = A_{ii} - L_{i-1}A_{i-1,i}$.
Ce procédé est bien défini à condition que toutes les matrices U_i soient inversibles, ce qui est le cas si, par exemple, les matrices $A_1, \ldots, A_n$ le sont. Une alternative serait de recourir aux méthodes de factorisation pour les matrices bandes, même si celles-ci impliquent le stockage d'un grand nombre de termes nuls (à moins qu'un réarrangement convenable des lignes de la matrice ne soit effectué).

Intéressons-nous au cas particulier où les matrices sont tridiagonales par blocs et symétriques, avec des blocs eux-mêmes symétriques et définis positifs. Dans ce cas, (3.55) s'écrit

$$\begin{bmatrix} A_{11} & A_{21}^T & & 0 \\ A_{21} & A_{22} & \ddots & \\ & \ddots & \ddots & A_{n,n-1}^T \\ 0 & & A_{n,n-1} & A_{nn} \end{bmatrix} \begin{bmatrix} \mathbf{x}_1 \\ \vdots \\ \vdots \\ \mathbf{x}_n \end{bmatrix} = \begin{bmatrix} \mathbf{b}_1 \\ \vdots \\ \vdots \\ \mathbf{b}_n \end{bmatrix}.$$

Considérons une extension au cas par blocs de l'algorithme de Thomas qui transforme A en une matrice bidiagonale par blocs. Pour cela, on doit tout d'abord éliminer le bloc A_{21}. Supposons qu'on connaisse la décomposition de Cholesky de A_{11} et notons H_{11} la matrice de Cholesky. En multipliant la première ligne du système (par blocs) par H_{11}^{-T}, on trouve

$$H_{11}\mathbf{x}_1 + H_{11}^{-T}A_{21}^T\mathbf{x}_2 = H_{11}^{-T}\mathbf{b}_1.$$

En posant $H_{21} = H_{11}^{-T} A_{21}^T$ et $\mathbf{c}_1 = H_{11}^{-T} \mathbf{b}_1$, on a $A_{21} = H_{21}^T H_{11}$ et les deux premières lignes du système sont donc

$$H_{11}\mathbf{x}_1 + H_{21}\mathbf{x}_2 = \mathbf{c}_1,$$
$$H_{21}^T H_{11}\mathbf{x}_1 + A_{22}\mathbf{x}_2 + A_{32}^T\mathbf{x}_3 = \mathbf{b}_2.$$

Par conséquent, en multipliant la première ligne par H_{21}^T et en la soustrayant à la seconde, on élimine l'inconnue $\mathbf{x}_1$ et on obtient l'équation équivalente suivante

$$A_{22}^{(1)}\mathbf{x}_2 + A_{32}^T\mathbf{x}_3 = \mathbf{b}_2 - H_{21}\mathbf{c}_1,$$

avec $A_{22}^{(1)} = A_{22} - H_{21}^T H_{21}$. On effectue alors la factorisation de $A_{22}^{(1)}$ puis on élimine l'inconnue $\mathbf{x}_3$ de la troisième ligne et on répète ces opérations pour les autres lignes du système. A la fin de cette procédure, au cours de laquelle on a résolu $(n-1)\sum_{j=1}^{n-1} n_j$ systèmes linéaires pour calculer les matrices $H_{i+1,i}$, $i = 1, \ldots, n-1$, on aboutit au système bidiagonal par blocs suivant

$$\begin{bmatrix} H_{11} & H_{21} & & 0 \\ & H_{22} & \ddots & \\ & & \ddots & H_{n,n-1} \\ 0 & & & H_{nn} \end{bmatrix} \begin{bmatrix} \mathbf{x}_1 \\ \vdots \\ \vdots \\ \mathbf{x}_n \end{bmatrix} = \begin{bmatrix} \mathbf{c}_1 \\ \vdots \\ \vdots \\ \mathbf{c}_n \end{bmatrix}$$

qui peut être résolu par une méthode de substitution rétrograde ("remontée") par blocs. Si tous les blocs sont de même taille p, le nombre de multiplications effectuées par cet algorithme est d'environ $(7/6)(n-1)p^3$ (en supposant p et n très grands).

Remarque 3.5 (matrices creuses) Quand le nombre de coefficients non nuls de la matrice $A \in \mathbb{R}^{n\times n}$ est de l'ordre de n et que la matrice n'a pas de structure particulière, on dit que la matrice est *creuse*. Dans ce cas, la factorisation entraîne l'apparition d'un grand nombre de termes non nuls à des endroits où les éléments étaient initialement nuls. Ce phénomène, appelé *remplissage* (*fill-in* en anglais), est très coûteux car il empêche de stocker la matrice factorisée dans le même emplacement mémoire que la matrice creuse elle-même. Pour cette raison, des algorithmes dont le but est de diminuer le remplissage ont été développés (voir p. ex. [QSS07], Section 3.9). ■

3.9 Précision de la méthode de Gauss

Analysons les effets des erreurs d'arrondi sur la précision de la solution obtenue par la méthode de Gauss. Supposons que A et **b** soient une matrice et un vecteur de nombres à virgule flottante. Notons $\widehat{L}$ et $\widehat{U}$ les matrices de la factorisation LU induite par la méthode de Gauss effectuée en arithmétique à virgule flottante. La solution $\widehat{\mathbf{x}}$ fournie par la méthode de Gauss peut être vue comme la solution (en arithmétique exacte) du système perturbé $(\mathrm{A} + \delta\mathrm{A})\widehat{\mathbf{x}} = \mathbf{b}$, où $\delta\mathrm{A}$ est une matrice de perturbation telle que

$$|\delta\mathrm{A}| \leq n\mathrm{u}\left(3|\mathrm{A}| + 5|\widehat{\mathrm{L}}||\widehat{\mathrm{U}}|\right) + \mathcal{O}(\mathrm{u}^2), \tag{3.56}$$

où u désigne l'unité d'arrondi et où on a utilisé la notation valeur absolue. Par conséquent, les éléments de $\delta\mathrm{A}$ sont petits à condition que ceux de $\widehat{\mathrm{L}}$ et $\widehat{\mathrm{U}}$ le soient. En effectuant un changement de pivot partiel, on peut majorer le module des éléments de $\widehat{\mathrm{L}}$ par 1. Ainsi, en prenant la norme infinie, et en remarquant que $\|\widehat{\mathrm{L}}\|_\infty \leq n$, l'estimation (3.56) devient

$$\|\delta\mathrm{A}\|_\infty \leq n\mathrm{u}\left(3\|\mathrm{A}\|_\infty + 5n\|\widehat{\mathrm{U}}\|_\infty\right) + \mathcal{O}(\mathrm{u}^2). \tag{3.57}$$

La majoration de $\|\delta\mathrm{A}\|_\infty$ dans (3.57) n'a d'intérêt pratique que s'il est possible d'avoir une estimation de $\|\widehat{\mathrm{U}}\|_\infty$. Dans ce but, on peut effectuer une analyse rétrograde en introduisant le *facteur d'accroissement*

$$\rho_n = \frac{\max\limits_{i,j,k}|\widehat{a}_{ij}^{(k)}|}{\max\limits_{i,j}|a_{ij}|}. \tag{3.58}$$

En utilisant le fait que $|\widehat{u}_{ij}| \leq \rho_n \max\limits_{i,j}|a_{ij}|$, le résultat suivant, dû à Wilkinson, peut être déduit de (3.57),

$$\|\delta\mathrm{A}\|_\infty \leq 8\mathrm{u}n^3\rho_n\|\mathrm{A}\|_\infty + \mathcal{O}(\mathrm{u}^2). \tag{3.59}$$

Le facteur d'accroissement peut être borné par 2^{n-1}, et, bien que dans la plupart des cas il soit de l'ordre de 10, il existe des matrices pour lesquelles l'inégalité (3.59) devient une égalité (voir, par exemple, l'Exercice 5). Pour des classes de matrices particulières, on peut trouver des majorations précises de ρ_n :

1. pour les matrices bandes dont les largeurs de bande supérieure et inférieure sont égales à p, $\rho_n \leq 2^{2p-1} - (p-1)2^{p-2}$ (par conséquent, dans le cas tridiagonal on a $\rho_n \leq 2$) ;
2. pour les matrices de Hessenberg, $\rho_n \leq n$;
3. pour les matrices symétriques définies positives, $\rho_n = 1$;
4. pour les matrices à diagonale dominante par colonnes, $\rho_n \leq 2$.

Pour obtenir une meilleure stabilité en utilisant la méthode de Gauss avec des matrices quelconques, le recours à la méthode du pivot total semble indispensable. On est alors assuré que $\rho_n \leq n^{1/2}\left(2 \cdot 3^{1/2} \cdot \ldots \cdot n^{1/(n-1)}\right)^{1/2}$, dont la croissance est plus lente que 2^{n-1} quand n augmente.

Néanmoins, en dehors de ce cas très particulier, la méthode de Gauss avec changement de pivot partiel présente des facteurs d'accroissement acceptables. Ceci fait d'elle la méthode la plus couramment utilisée dans les calculs pratiques.

Exemple 3.5 Considérons le système linéaire (3.2) avec

$$A = \begin{bmatrix} \varepsilon & 1 \\ 1 & 0 \end{bmatrix}, \quad \mathbf{b} = \begin{bmatrix} 1+\varepsilon \\ 1 \end{bmatrix}, \tag{3.60}$$

qui admet comme solution exacte $\mathbf{x}=\mathbf{1}$, quelle que soit la valeur de ε. Le conditionnement de la matrice est petit puisque $K_\infty(A) = (1+\varepsilon)^2$. En résolvant le système avec $\varepsilon = 10^{-15}$ par une factorisation LU avec 16 chiffres significatifs, et en utilisant les Programmes 5, 2 et 3, on obtient $\widehat{\mathbf{x}} = [0.8881784197001253, 1.000000000000000]^T$, ce qui représente une erreur de plus de 11% sur la première composante. On peut se faire une idée des raisons de ce manque de précision en examinant (3.56). Cette dernière inégalité ne donne en effet pas une majoration uniformément petite de tous les termes de la matrice δA. Plus précisément :

$$|\delta A| \leq \begin{bmatrix} 3.55 \cdot 10^{-30} & 1.33 \cdot 10^{-15} \\ 1.33 \cdot 10^{-15} & \boxed{2.22} \end{bmatrix}.$$

Remarquer que les éléments des matrices correspondantes $\widehat{L}$ et $\widehat{U}$ sont grands en module. En revanche, la méthode de Gauss avec changement de pivot total ou partiel conduit à la solution exacte du système (voir Exercice 6). •

Considérons à présent le rôle du conditionnement dans l'analyse d'erreur de la méthode de Gauss. La solution $\widehat{\mathbf{x}}$ obtenue par cet algorithme a typiquement un petit résidu $\widehat{\mathbf{r}} = \mathbf{b} - A\widehat{\mathbf{x}}$ (voir [GL89]). Néanmoins, cette propriété ne garantit pas que l'erreur $\mathbf{x} - \widehat{\mathbf{x}}$ soit petite quand $K(A) \gg 1$ (voir l'Exemple 3.6). En fait, en interprétant $\delta\mathbf{b}$ comme le résidu dans (3.11), on a

$$\frac{\|\mathbf{x} - \widehat{\mathbf{x}}\|}{\|\mathbf{x}\|} \leq K(A)\|\widehat{\mathbf{r}}\| \frac{1}{\|A\|\|\mathbf{x}\|} \leq K(A)\frac{\|\widehat{\mathbf{r}}\|}{\|\mathbf{b}\|}.$$

Ce résultat sera utilisé pour construire des méthodes, fondées sur l'analyse *a posteriori*, qui permettent d'améliorer la précision de la méthode de Gauss (voir Section 3.11).

Exemple 3.6 Considérons le système linéaire $A\mathbf{x} = \mathbf{b}$ avec

$$A = \begin{bmatrix} 1 & 1.0001 \\ 1.0001 & 1 \end{bmatrix}, \quad \mathbf{b} = \begin{bmatrix} 1 \\ 1 \end{bmatrix},$$

dont la solution est $\mathbf{x} = [0.499975\ldots, 0.499975\ldots]^T$. Supposons qu'on ait calculé une solution approchée $\widehat{\mathbf{x}} = [-4.499775, 5.5002249]^T$. Le résidu correspondant, $\widehat{\mathbf{r}} \simeq [-0.001, 0]^T$, est petit alors que $\widehat{\mathbf{x}}$ est très différent de la solution exacte. Ceci est lié au grand conditionnement de la matrice A. Dans ce cas en effet $K_\infty(A) = 20001$. •

Une estimation du nombre de chiffres significatifs exacts de la solution numérique peut être obtenue comme suit. D'après (3.13), en posant $\gamma = \mathrm{u}$ (l'unité d'arrondi) et en supposant $\mathrm{u}K_\infty(A) \leq 1/2$, on a

$$\frac{\|\delta\mathbf{x}\|_\infty}{\|\mathbf{x}\|_\infty} \leq \frac{2\mathrm{u}K_\infty(A)}{1 - \mathrm{u}K_\infty(A)} \leq 4\mathrm{u}K_\infty(A).$$

Par conséquent

$$\frac{\|\widehat{\mathbf{x}}-\mathbf{x}\|_\infty}{\|\mathbf{x}\|_\infty} \simeq \mathrm{u}K_\infty(\mathrm{A}). \tag{3.61}$$

En supposant que $\mathrm{u} \simeq \beta^{-t}$ et $K_\infty(\mathrm{A}) \simeq \beta^m$, on en déduit que la solution $\widehat{\mathbf{x}}$ calculée par la méthode de Gauss aura au moins $t-m$ chiffres exacts, où t est le nombre de chiffres de la mantisse. En d'autres termes, le mauvais conditionnement d'un système dépend à la fois de la précision de l'arithmétique à virgule flottante utilisée et de la tolérance requise pour la solution.

3.10 Un calcul approché de $K(\mathrm{A})$

Supposons que le système linéaire (3.2) ait été résolu par une méthode de factorisation. La précision de la solution calculée peut être évaluée en utilisant l'analyse effectuée à la Section 3.9. Mais il faut pour cela disposer d'une estimation $\widehat{K}(\mathrm{A})$ du conditionnement $K(\mathrm{A})$ de A. En effet, s'il est facile d'évaluer $\|\mathrm{A}\|$ pour une norme donnée (par exemple $\|\cdot\|_1$ ou $\|\cdot\|_\infty$), il n'est en aucun cas raisonnable de calculer A^{-1} dans le seul but d'évaluer $\|\mathrm{A}^{-1}\|$.

Un algorithme pour le calcul approché de $K_1(\mathrm{A})$ (c'est-à-dire le conditionnement pour la norme $\|\cdot\|_1$) est présenté en détail dans [QSS07], Section 3.10. Nous en proposons une implémentation dans le Programme 14 ci-dessous. C'est le même algorithme qui est implémenté dans la bibliothèque LINPACK [BDMS79] et dans la fonction `rcond` de MATLAB. Cette dernière retourne l'inverse de $\widehat{K}_1(\mathrm{A})$ afin d'éviter les erreurs d'arrondi. Un estimateur plus précis, décrit dans [Hig88], est implémenté dans la fonction `condest` de MATLAB.

Le Programme 14 propose une évaluation approchée de $K_1(\mathrm{A})$ pour une matrice A de forme quelconque. Les paramètres en entrée sont la taille `n` de `A`, la matrice `A` et les matrices `L`, `U` de la factorisation PA=LU.

Programme 14 - condest2 : Evaluation approchée de $K_1(\mathrm{A})$

```
function [k1]=condest2(A,L,U,theta)
%CONDEST2 Conditionnement
% K1=CONDEST2(A,L,U,THETA) renvoie une approximation du conditionnement
% de la matrice A. L et U sont les matrices de la factorisation LU de A.
% THETA contient des nombres aléatoires.
[n,m]=size(A);
if n ~= m, error('Seulement des matrices carrées'); end
p = zeros(1,n);
for k=1:n
   zplus=(theta(k)-p(k))/U(k,k);   zminu=(-theta(k)-p(k))/U(k,k);
```

```
    splus=abs(theta(k)-p(k));        sminu=abs(-theta(k)-p(k));
    for i=k+1:n
        splus=splus+abs(p(i)+U(k,i)*zplus);
        sminu=sminu+abs(p(i)+U(k,i)*zminu);
    end
    if splus >= sminu, z(k)=zplus; else, z(k)=zminu; end
    i=[k+1:n]; p(i)=p(i)+U(k,i)*z(k);
end
z = z';
x = backwardcol(L',z);
w = forwardcol(L,x);
y = backwardcol(U,w);
k1=norm(A,1)*norm(y,1)/norm(x,1);
return
```

Exemple 3.7 Considérons la matrice de Hilbert H_4. Son conditionnement $K_1(H_4)$, calculé en utilisant la fonction `invhilb` de MATLAB qui renvoie l'inverse exact de H_4, est $2.8375 \cdot 10^4$. Le Programme 14 avec `theta`$=[1,1,1,1]^T$ donne l'estimation raisonnable $\widehat{K}_1(H_4) = 2.1523 \cdot 10^4$ (la même que celle fournie par `rcond`), tandis que la fonction `condest` retourne la valeur exacte. •

3.11 Améliorer la précision de la méthode de Gauss

Si le conditionnement de la matrice du système est grand, nous avons déjà signalé que la solution calculée par la méthode de Gauss peut être imprécise, même quand son résidu est petit. Dans cette section, nous indiquons deux techniques dont le but est d'améliorer le résultat.

3.11.1 Scaling

Quand l'ordre de grandeur des coefficients de A varie beaucoup d'un élément à l'autre, on risque d'effectuer, au cours de l'élimination, des additions entre éléments de tailles très différentes, entraînant ainsi des erreurs d'arrondi. Un remède consiste à effectuer un changement d'échelle, ou *scaling*, de la matrice A avant de procéder à l'élimination.

Exemple 3.8 Considérons à nouveau la matrice A de la Remarque 3.3. En la multipliant à droite et à gauche par la matrice D=diag(0.0005, 1, 1), on obtient

$$\tilde{A} = DAD = \begin{bmatrix} -0.0001 & 1 & 1 \\ 1 & 0.78125 & 0 \\ 1 & 0 & 0 \end{bmatrix}.$$

En appliquant la méthode de Gauss au système obtenu après *scaling* $\tilde{A}\tilde{\mathbf{x}} = D\mathbf{b} = [0.2,\ 1.3816,\ 1.9273]^T$, on obtient la solution correcte $\mathbf{x} = D\tilde{x}$. •

Le *scaling* de A par lignes consiste à trouver une matrice diagonale inversible D_1 telle que les éléments diagonaux de D_1A aient tous le même ordre de grandeur. Le système linéaire $\mathbf{Ax} = \mathbf{b}$ se transforme en

$$D_1A\mathbf{x} = D_1\mathbf{b}.$$

Quand on considère à la fois les lignes et les colonnes de A, le *scaling* de (3.2) s'écrit

$$(D_1AD_2)\mathbf{y} = D_1\mathbf{b} \quad \text{avec } \mathbf{y} = D_2^{-1}\mathbf{x},$$

où D_2 est supposée inversible. La matrice D_1 modifie les équations tandis que D_2 modifie les inconnues. Remarquer qu'afin d'éviter les erreurs d'arrondi, les matrices de *scaling* sont choisies de la forme

$$D_1 = \mathrm{diag}(\beta^{r_1}, \ldots, \beta^{r_n}),\ D_2 = \mathrm{diag}(\beta^{c_1}, \ldots, \beta^{c_n}),$$

où β est la base de l'arithmétique à virgule flottante utilisée et où les exposants $r_1, \ldots, r_n$, $c_1, \ldots, c_n$ sont à déterminer. On peut montrer que

$$\frac{\|D_2^{-1}(\widehat{\mathbf{x}} - \mathbf{x})\|_\infty}{\|D_2^{-1}\mathbf{x}\|_\infty} \simeq \mathrm{u}K_\infty(D_1AD_2),$$

où u est l'unité d'arrondi. Le *scaling* sera donc efficace si $K_\infty(D_1AD_2)$ est beaucoup plus petit que $K_\infty(A)$. Trouver des matrices D_1 et D_2 convenables n'est en général pas une tâche facile.

Une stratégie consiste, par exemple, à prendre D_1 et D_2 de manière à ce que $\|D_1AD_2\|_\infty$ et $\|D_1AD_2\|_1$ appartiennent à l'intervalle $[1/\beta, 1]$, où β est la base de l'arithmétique à virgule flottante (voir [McK62] pour une analyse détaillée dans le cas de la factorisation de Crout).

Remarque 3.6 (conditionnement de Skeel) Le *conditionnement de Skeel*, défini par $\mathrm{cond}(A) = \|\, |A^{-1}|\, |A|\, \|_\infty$, est le suprémum pour $\mathbf{x} \in \mathbb{R}^n$, $\mathbf{x} \neq \mathbf{0}$, des nombres

$$\mathrm{cond}(A, \mathbf{x}) = \frac{\|\, |A^{-1}|\, |A|\, |\mathbf{x}|\, \|_\infty}{\|\mathbf{x}\|_\infty}.$$

Contrairement à $K(A)$, cond(A) est invariant par rapport au *scaling* par ligne de A, c'est-à-dire, par rapport aux transformations de A de la forme DA, où D est une matrice diagonale inversible. Le conditionnement de Skeel cond(A) est insensible au *scaling* de A par lignes. ■

3.11.2 Raffinement itératif

Le raffinement itératif est une technique pour améliorer la solution obtenue par une méthode directe. Supposons que le système linéaire (3.2) ait été résolu par une factorisation LU (avec changement de pivot partiel ou total), et notons $\mathbf{x}^{(0)}$ la solution calculée. Ayant préalablement fixé une tolérance *tol* pour l'erreur, le raffinement itératif consiste à effectuer les étapes suivantes jusqu'à convergence : pour $i = 0, 1, \ldots$,

1. calculer le résidu $\mathbf{r}^{(i)} = \mathbf{b} - \mathrm{A}\mathbf{x}^{(i)}$;
2. résoudre le système linéaire $\mathrm{A}\mathbf{z} = \mathbf{r}^{(i)}$ en utilisant la factorisation LU de A ;
3. mettre à jour la solution en posant $\mathbf{x}^{(i+1)} = \mathbf{x}^{(i)} + \mathbf{z}$;
4. si $\|\mathbf{z}\|/\|\mathbf{x}^{(i+1)}\| < tol$, sortir de la boucle et renvoyer la solution $\mathbf{x}^{(i+1)}$. Sinon, retourner à l'étape 1.

En l'absence d'erreur d'arrondi, l'algorithme s'arrête à la première étape et donne la solution exacte. Les propriétés de convergence de la méthode peuvent être améliorées en calculant le résidu $\mathbf{r}^{(i)}$ en double précision, et les autres quantités en simple précision. Nous appelons cette procédure *raffinement itératif en précision mixte* (RPM en abrégé), par opposition au *raffinement itératif en précision fixe* (RPF).

On peut montrer que, si $\| \, |\mathrm{A}^{-1}| \, |\widehat{\mathrm{L}}| \, |\widehat{\mathrm{U}}| \, \|_\infty$ est assez petit, alors, à chaque étape i de l'algorithme, l'erreur relative $\|\mathbf{x} - \mathbf{x}^{(i)}\|_\infty / \|\mathbf{x}\|_\infty$ est diminuée d'un facteur ρ donné par

$$
\begin{array}{lll}
 & \rho \simeq 2\, n \,\mathrm{cond}(\mathrm{A}, \mathbf{x})\mathrm{u} & \text{(RPF)}, \\
\text{ou} & \rho \simeq \mathrm{u} & \text{(RPM)}.
\end{array}
$$

Remarquer que ρ est indépendant du conditionnement de A dans le cas RPM. Une convergence lente de RPF est une indication claire du grand conditionnement de la matrice : si p est le nombre d'itérations nécessaires à la convergence de la méthode, on peut montrer que $K_\infty(\mathrm{A}) \simeq \beta^{t(1-1/p)}$.

Même quand il est effectué en précision fixe, le raffinement itératif est utile dans la mesure où il améliore la stabilité globale des méthodes directes pour la résolution d'un système. Nous renvoyons le lecteur à [Ric81], [Ske80], [JW77] [Ste73], [Wil63] et [CMSW79] pour davantage de renseignements sur ce sujet.

3.12 Systèmes indéterminés

Nous avons vu que si $n = m$ et si A est inversible alors la solution du système linéaire $\mathrm{A}\mathbf{x}=\mathbf{b}$ existe et est unique. Dans cette section, nous donnons un sens à la solution d'un système *surdéterminé*, *i.e.* quand $m > n$, et *sousdéterminé*, *i.e.* quand $m < n$. Notons qu'un système indéterminé n'a généralement pas de solution à moins que le second membre $\mathbf{b}$ n'appartienne à $\mathrm{Im}(\mathrm{A})$.
Nous renvoyons à [LH74], [GL89] et [Bjö88] pour une présentation plus détaillée.

Etant donné $\mathrm{A} \in \mathbb{R}^{m\times n}$ avec $m \geq n$, et $\mathbf{b} \in \mathbb{R}^m$, on dit que $\mathbf{x}^* \in \mathbb{R}^n$ est une solution du système linéaire $\mathrm{A}\mathbf{x}=\mathbf{b}$ *au sens des moindres carrés* si

$$
\Phi(\mathbf{x}^*) \leq \min_{\mathbf{x}\in\mathbb{R}^n} \Phi(\mathbf{x}), \qquad \text{où } \Phi(\mathbf{x}) = \|\mathrm{A}\mathbf{x} - \mathbf{b}\|_2^2. \tag{3.62}
$$

Le problème consiste donc à minimiser la norme euclidienne du résidu. La solution de (3.62) peut être déterminée en imposant au gradient de la fonction Φ de s'annuler en $\mathbf{x}^*$. Puisque

$$\Phi(\mathbf{x}) = (\mathrm{A}\mathbf{x} - \mathbf{b})^T(\mathrm{A}\mathbf{x} - \mathbf{b}) = \mathbf{x}^T\mathrm{A}^T\mathrm{A}\mathbf{x} - 2\mathbf{x}^T\mathrm{A}^T\mathbf{b} + \mathbf{b}^T\mathbf{b},$$

on a

$$\nabla\Phi(\mathbf{x}^*) = 2\mathrm{A}^T\mathrm{A}\mathbf{x}^* - 2\mathrm{A}^T\mathbf{b} = 0.$$

Il en découle que $\mathbf{x}^*$ doit être solution du système carré

$$\mathrm{A}^T\mathrm{A}\mathbf{x}^* = \mathrm{A}^T\mathbf{b}, \tag{3.63}$$

appelé système des *équations normales.* Le système est non singulier si A est de rang maximum. Dans ce cas, la solution au sens des moindres carrés existe et est unique.

Remarquons que $\mathrm{B} = \mathrm{A}^T\mathrm{A}$ est une matrice symétrique définie positive. Ainsi, pour résoudre les équations normales, on pourrait d'abord effectuer la factorisation de Cholesky $\mathrm{B} = \mathrm{H}^T\mathrm{H}$, puis résoudre les deux systèmes $\mathrm{H}^T\mathbf{y} = \mathrm{A}^T\mathbf{b}$ et $\mathrm{H}\mathbf{x}^* = \mathbf{y}$. Cependant, cette méthode présentent deux inconvénients majeur. D'une part le système (3.63) est mal conditionné. D'autre part, les erreurs d'arrondi peuvent entraîner une perte du nombre de chiffres significatifs lors du calcul de $\mathrm{A}^T\mathrm{A}$, ce qui peut altérer les propriétés d'inversibilité et/ou de positivité de cette matrice. Ainsi, dans l'exemple suivant (où les calculs sont effectués dans MATLAB), A est de rang maximal et la matrice $fl(\mathrm{A}^T\mathrm{A})$ est singulière

$$\mathrm{A} = \begin{bmatrix} 1 & 1 \\ 2^{-27} & 0 \\ 0 & 2^{-27} \end{bmatrix}, \quad fl(\mathrm{A}^T\mathrm{A}) = \begin{bmatrix} 1 & 1 \\ 1 & 1 \end{bmatrix}.$$

Il est en général plus efficace d'utiliser la factorisation QR introduite à la Section 3.4.3. On a alors le résultat suivant :

Théorème 3.7 *Soit* $\mathrm{A} \in \mathbb{R}^{m\times n}$, *avec* $m \geq n$, *une matrice de rang maximal. Alors, l'unique solution de* (3.62) *est donnée par*

$$\mathbf{x}^* = \tilde{\mathrm{R}}^{-1}\tilde{\mathrm{Q}}^T\mathbf{b}, \tag{3.64}$$

où $\tilde{\mathrm{R}} \in \mathbb{R}^{n\times n}$ *et* $\tilde{\mathrm{Q}} \in \mathbb{R}^{m\times n}$ *sont les matrices définies dans* (3.45) *à partir de la factorisation QR de* A. *De plus, le minimum de* Φ *est donné par*

$$\Phi(\mathbf{x}^*) = \sum_{i=n+1}^{m} [(\mathrm{Q}^T\mathbf{b})_i]^2.$$

Démonstration. La factorisation QR de A existe et est unique puisque A est de rang maximal. Ainsi, il existe deux matrices, Q$\in \mathbb{R}^{m\times m}$ et R$\in \mathbb{R}^{m\times n}$ telles que A=QR, où Q est orthogonale. Le fait que les matrices orthogonales préservent le produit scalaire euclidien entraîne

$$\|\mathrm{A}\mathbf{x}-\mathbf{b}\|_2^2 = \|\mathrm{R}\mathbf{x}-\mathrm{Q}^T\mathbf{b}\|_2^2.$$

En rappelant que R est trapézoïdale, on a

$$\|\mathrm{R}\mathbf{x}-\mathrm{Q}^T\mathbf{b}\|_2^2 = \|\tilde{\mathrm{R}}\mathbf{x}-\tilde{\mathrm{Q}}^T\mathbf{b}\|_2^2 + \sum_{i=n+1}^{m} [(\mathrm{Q}^T\mathbf{b})_i]^2.$$

Le minimum est donc atteint en $\mathbf{x} = \mathbf{x}^*$. ◇

Pour plus de précisions sur l'analyse du coût de cet algorithme (qui dépend de l'implémentation de la factorisation QR), ainsi que pour des résultats sur sa stabilité, nous renvoyons le lecteur aux ouvrages cités au début de la section.

Si A n'est pas de rang maximal, les techniques de résolution ci-dessus ne s'appliquent plus. Dans ce cas en effet, si $\mathbf{x}^*$ est solution de (3.62), le vecteur $\mathbf{x}^* + \mathbf{z}$, avec $\mathbf{z} \in \mathrm{Ker}(\mathrm{A})$, est également solution. On doit par conséquent imposer une contrainte supplémentaire pour forcer l'unicité de la solution. Typiquement, on peut chercher à minimiser la norme euclidienne de $\mathbf{x}^*$. Le problème des moindres carrés peut alors être formulé ainsi :

$$\begin{array}{l}\text{trouver } \mathbf{x}^* \in \mathbb{R}^n \text{ de norme euclidienne minimale tel que}\\ \|\mathrm{A}\mathbf{x}^*-\mathbf{b}\|_2^2 \leq \min\limits_{\mathbf{x}\in\mathbb{R}^n} \|\mathrm{A}\mathbf{x}-\mathbf{b}\|_2^2.\end{array} \tag{3.65}$$

Ce problème est consistant avec (3.62) si A est de rang maximal puisque dans ce cas (3.62) a une unique solution (qui est donc nécessairement de norme minimale).

L'outil pour résoudre (3.65) est la décomposition en valeurs singulières (ou DVS, voir Section 1.9). On a en effet le théorème suivant :

Théorème 3.8 *Soit* $\mathrm{A} \in \mathbb{R}^{m\times n}$ *dont la décomposition en valeurs singulières est donnée par* $\mathrm{A} = \mathrm{U}\Sigma\mathrm{V}^T$. *Alors, l'unique solution de* (3.65) *est*

$$\mathbf{x}^* = \mathrm{A}^\dagger\mathbf{b}, \tag{3.66}$$

où $\mathrm{A}^\dagger$ *est la pseudo-inverse de* A *introduite dans la Définition 1.16.*

Démonstration. En utilisant la DVS de A, le problème (3.65) est équivalent à trouver $\mathbf{w} = \mathrm{V}^T\mathbf{x}$ tel que $\mathbf{w}$ ait une norme euclidienne minimale et

$$\|\Sigma\mathbf{w}-\mathrm{U}^T\mathbf{b}\|_2^2 \leq \|\Sigma\mathbf{y}-\mathrm{U}^T\mathbf{b}\|_2^2, \quad \forall \mathbf{y}\in\mathbb{R}^n.$$

Si r est le nombre de valeurs singulières σ_i non nulles de A, alors

$$\|\Sigma\mathbf{w}-\mathrm{U}^T\mathbf{b}\|_2^2 = \sum_{i=1}^{r}\Big(\sigma_i w_i - (\mathrm{U}^T\mathbf{b})_i\Big)^2 + \sum_{i=r+1}^{m}\Big((\mathrm{U}^T\mathbf{b})_i\Big)^2,$$

qui est minimal si $w_i = (U^T\mathbf{b})_i/\sigma_i$ pour $i = 1, \ldots, r$. De plus, il est clair que parmi les vecteurs $\mathbf{w}$ de $\mathbb{R}^n$ dont les r premières composantes sont fixées, celui de norme euclidienne minimale est celui dont les $n - r$ composantes restantes sont nulles. Ainsi, la solution est $\mathbf{w}^* = \Sigma^\dagger U^T\mathbf{b}$, c'est-à-dire, $\mathbf{x}^* = V\Sigma^\dagger U^T\mathbf{b} = A^\dagger\mathbf{b}$, où $\Sigma^\dagger$ est la matrice diagonale définie en (1.12). ◇

En ce qui concerne la stabilité du problème (3.65), précisons que si la matrice A n'est pas de rang maximal, la solution $\mathbf{x}^*$ n'est pas nécessairement une fonction continue des données, de sorte qu'une petite modification de ces dernières peut induire de grandes variations dans $\mathbf{x}^*$. En voici un exemple :

Exemple 3.9 Considérons le système $A\mathbf{x} = \mathbf{b}$ avec

$$A = \begin{bmatrix} 1 & 0 \\ 0 & 0 \\ 0 & 0 \end{bmatrix}, \quad \mathbf{b} = \begin{bmatrix} 1 \\ 2 \\ 3 \end{bmatrix}, \quad \text{rg}(A) = 1.$$

La fonction `svd` de MATLAB permet de calculer la décomposition en valeurs singulières de A. En calculant la pseudo-inverse, on trouve alors la solution $\mathbf{x}^* = [1,\ 0]^T$. Si on modifie de 10^{-12} l'élément nul a_{22}, la matrice perturbée est de rang 2 (*i.e.* de rang maximal) et la solution (unique au sens de (3.62)) est alors donnée par $\widehat{\mathbf{x}}^* = [1,\ 2 \cdot 10^{12}]^T$. •

Dans le cas des systèmes sousdéterminés, *i.e.* pour lesquels $m < n$, si A est de rang maximal, la factorisation QR peut encore être utilisée. En particulier, quand on l'applique à la matrice transposée A^T, la méthode conduit à la solution de norme euclidienne minimale. Si, au contraire, la matrice n'est pas de rang maximal, on doit effectuer une décomposition en valeurs singulières.

Remarque 3.7 Si $m = n$ (système carré), la DVS et la factorisation QR peuvent être utilisées comme alternative à la méthode de Gauss pour résoudre le système linéaire $A\mathbf{x}=\mathbf{b}$. Même si ces algorithmes sont plus coûteux que la méthode de Gauss (la DVS, par exemple, nécessite $12n^3$ *flops*), ils se révèlent plus précis quand le système est mal conditionné et presque singulier. ■

Exemple 3.10 Calculons la solution du système linéaire $H_{15}\mathbf{x}=\mathbf{b}$, où H_{15} est la matrice de Hilbert d'ordre 15 (voir (3.29)) et où le second membre est choisi de façon à ce que la solution exacte soit le vecteur unité $\mathbf{x} = \mathbf{1}$. La méthode de Gauss avec changement de pivot partiel donne une solution dont l'erreur relative dépasse 100%. Une meilleure solution est obtenue en effectuant le calcul de la matrice pseudo-inverse, dans lequel les éléments de Σ inférieurs à 10^{-13} ont été remplacés par 0. •

3.13 Exercices

1. Pour une matrice carrée quelconque A$\in \mathbb{R}^{n\times n}$, montrer les relations suivantes :
$$\frac{1}{n}K_2(\mathrm{A}) \le K_1(\mathrm{A}) \le nK_2(\mathrm{A}), \quad \frac{1}{n}K_\infty(\mathrm{A}) \le K_2(\mathrm{A}) \le nK_\infty(\mathrm{A}),$$
$$\frac{1}{n^2}K_1(\mathrm{A}) \le K_\infty(\mathrm{A}) \le n^2K_1(\mathrm{A}).$$
Ceci permet de conclure qu'un système mal conditionné dans une certaine norme demeure mal conditionné dans une autre norme, à un facteur multiplicatif près dépendant de n.

2. Vérifier que la matrice $\mathrm{B} \in \mathbb{R}^{n\times n}$: $b_{ii} = 1$, $b_{ij} = -1$ si $i < j$, $b_{ij} = 0$ si $i > j$, est telle que dét(B) $= 1$ et $K_\infty(\mathrm{B}) = n2^{n-1}$.

3. Montrer que $K(\mathrm{AB}) \le K(\mathrm{A})K(\mathrm{B})$, pour toutes matrices A et $\mathrm{B} \in \mathbb{R}^{n\times n}$ inversibles.

4. Etant donné la matrice $\mathrm{A} \in \mathbb{R}^{2\times 2}$, $a_{11} = a_{22} = 1$, $a_{12} = \gamma$, $a_{21} = 0$, vérifier que pour $\gamma \ge 0$, $K_\infty(\mathrm{A}) = K_1(\mathrm{A}) = (1+\gamma)^2$. Soit $\mathrm{A}\mathbf{x} = \mathbf{b}$ le système linéaire où $\mathbf{b}$ est tel que $\mathbf{x} = [1-\gamma, 1]^T$ soit la solution. Trouver une majoration de $\|\boldsymbol{\delta}\mathbf{x}\|_\infty/\|\mathbf{x}\|_\infty$ en fonction de $\|\boldsymbol{\delta}\mathbf{b}\|_\infty/\|\mathbf{b}\|_\infty$ où $\boldsymbol{\delta}\mathbf{b} = [\delta_1, \delta_2]^T$. Le problème est-il bien conditionné ?

5. Soit $\mathrm{A} \in \mathbb{R}^{n\times n}$ la matrice telle que $a_{ij} = 1$ si $i = j$ ou $j = n$, $a_{ij} = -1$ si $i > j$, et 0 sinon. Montrer que A admet une décomposition LU, avec $|l_{ij}| \le 1$ et $u_{nn} = 2^{n-1}$.

6. Soit A la matrice de l'Exemple 3.5. Prouver que les éléments des matrices $\widehat{\mathrm{L}}$ et $\widehat{\mathrm{U}}$ sont très grands en module. Vérifier qu'on obtient la solution exacte en utilisant la méthode de Gauss avec changement de pivot total.

7. Construire une variante de la méthode de Gauss qui transforme une matrice inversible $\mathrm{A} \in \mathbb{R}^{n\times n}$ directement en une matrice diagonale D. Cet algorithme est connu sous le nom de *méthode de Gauss-Jordan.* Trouver les matrices de transformation de Gauss-Jordan G_i, $i = 1, \ldots, n$, telles que $\mathrm{G}_n \ldots \mathrm{G}_1\mathrm{A} = \mathrm{D}$.

8. Etudier l'existence et l'unicité de la factorisation LU des matrices suivantes
$$\mathrm{B} = \begin{bmatrix} 1 & 2 \\ 1 & 2 \end{bmatrix}, \quad \mathrm{C} = \begin{bmatrix} 0 & 1 \\ 1 & 0 \end{bmatrix}, \quad \mathrm{D} = \begin{bmatrix} 0 & 1 \\ 0 & 2 \end{bmatrix}.$$
[*Solution* : d'après la Propriété 3.4, la matrice singulière B, dont la sous-matrice principale $\mathrm{B}_1 = 1$ est inversible, admet une unique factorisation LU. La matrice inversible C dont la sous-matrice C_1 est singulière n'admet pas de factorisation, tandis que la matrice (singulière) D, dont la sous-matrice D_1 est singulière, admet une infinité de factorisations de la forme $\mathrm{D} = \mathrm{L}_\beta\mathrm{U}_\beta$, avec $l_{11}^\beta = 1$, $l_{21}^\beta = \beta$, $l_{22}^\beta = 1$, $u_{11}^\beta = 0$, $u_{12}^\beta = 1$ et $u_{22}^\beta = 2 - \beta$ $\forall \beta \in \mathbb{R}$.]

9. Considérer le système linéaire $\mathrm{A}\mathbf{x} = \mathbf{b}$ avec
$$\mathrm{A} = \begin{bmatrix} 1 & 0 & 6 & 2 \\ 8 & 0 & -2 & -2 \\ 2 & 9 & 1 & 3 \\ 2 & 1 & -3 & 10 \end{bmatrix}, \quad \mathbf{b} = \begin{bmatrix} 6 \\ -2 \\ -8 \\ -4 \end{bmatrix}.$$

(1) Est-il possible d'utiliser la méthode de Gauss sans pivot ? (2) Trouver une permutation de A, sous la forme PAQ, pour laquelle on peut appliquer la méthode de Gauss. Comment transforme-t-elle le système linéaire ?

[*Solution* : la Propriété 3.4 n'est pas satisfaite car $\text{dét}(A_{22}) = 0$. La matrice de permutation est celle qui échange d'une part la première et la seconde lignes, d'autre part la seconde et la troisième colonnes.]

10. Montrer que, si A est une matrice symétrique définie positive, résoudre le système linéaire $A\mathbf{x} = \mathbf{b}$ revient à calculer $\mathbf{x}= \sum_{i=1}^{n}(c_i/\lambda_i)\mathbf{v}_i$, où les λ_i sont les valeurs propres de A et où les $\mathbf{v}_i$ sont les vecteurs propres correspondants.

11. (D'après [JM92]). On se donne le système linéaire suivant

$$\begin{bmatrix} 1001 & 1000 \\ 1000 & 1001 \end{bmatrix} \begin{bmatrix} x_1 \\ x_2 \end{bmatrix} = \begin{bmatrix} b_1 \\ b_2 \end{bmatrix}.$$

En utilisant l'Exercice 10, expliquer pourquoi, quand $\mathbf{b} = [2001,\ 2001]^T$, un petite perturbation $\boldsymbol{\delta}\mathbf{b} = [1, 0]^T$ produit de grandes variations dans la solution, et réciproquement quand $\mathbf{b} = [1,\ -1]^T$, une petite variation $\delta\mathbf{x} = [0.001, 0]^T$ dans la solution induit de grandes variations dans $\mathbf{b}$.

[*Indication* : décomposer le second membre sur la base des vecteurs propres de la matrice.]

12. Déterminer le remplissage pour une matrice $A \in \mathbb{R}^{n\times n}$ n'ayant des termes non nuls que sur la diagonale principale, sur la première colonne et sur la dernière ligne. Proposer une permutation qui minimise le remplissage.

[*Indication* : il suffit d'échanger la première ligne et la première colonne avec la dernière ligne et la dernière colonne respectivement.]

13. Soit $H_n\mathbf{x} = \mathbf{b}$ un système linéaire où H_n est la matrice de Hilbert d'ordre n. Estimer, en fonction de n, le nombre maximum de chiffres significatifs qu'on peut attendre en résolvant ce système avec la méthode de Gauss.

14. Montrer que si A=QR alors

$$\frac{1}{n}K_1(A) \leq K_1(R) \leq nK_1(A),$$

et $K_2(A) = K_2(R)$.

4

Méthodes itératives pour la résolution des systèmes linéaires

Les méthodes itératives donnent, en théorie, la solution $\mathbf{x}$ d'un système linéaire après un nombre infini d'itérations. A chaque pas, elles nécessitent le calcul du résidu du système. Dans le cas d'une matrice pleine, leur coût est donc de l'ordre de n^2 opérations à chaque itération, alors que le coût des méthodes directes est, en tout et pour tout, de l'ordre de $\frac{2}{3}n^3$. Les méthodes itératives peuvent donc devenir compétitives si elles convergent en un nombre d'itérations indépendant de n, ou croissant sous-linéairement avec n.

Pour les grandes matrices creuses, les méthodes directes s'avèrent parfois très coûteuses à cause du remplissage (*fill-in*) et les méthodes itératives peuvent offrir une alternative intéressante. Il faut néanmoins savoir qu'il existe des solveurs directs très efficaces pour certains types de matrices creuses (voir p. ex. [GL81], [DER86], [Saa90]) comme, par exemple, celles qu'on rencontre dans l'approximation des équations aux dérivées partielles (voir Chapitres 11 et 12).

Enfin, quand A est mal conditionnée, les techniques de préconditionnement qui seront présentées à la Section 4.3.2 conduisent à une utilisation combinée des méthodes directes et itératives.

4.1 Convergence des méthodes itératives

L'idée de base des méthodes itératives est de construire une suite convergente de vecteurs $\left\{\mathbf{x}^{(k)}\right\}$ telle que

$$\mathbf{x} = \lim_{k\to\infty} \mathbf{x}^{(k)}, \tag{4.1}$$

où $\mathbf{x}$ est la solution de (3.2). En pratique, le calcul devrait être interrompu à la première itération n pour laquelle $\|\mathbf{x}^{(n)} - \mathbf{x}\| < \varepsilon$, où ε est une tolérance fixée et $\|\cdot\|$ une norme vectorielle donnée. Mais comme la solution exacte n'est évidemment pas connue, il faudra définir un critère d'arrêt plus commode (voir Section 4.5).

Considérons, pour commencer, les méthodes itératives de la forme

$$\mathbf{x}^{(0)} \text{ donné}, \quad \mathbf{x}^{(k+1)} = \mathrm{B}\mathbf{x}^{(k)} + \mathbf{f}, \quad k \geq 0, \tag{4.2}$$

où B désigne une matrice carrée $n \times n$ appelée *matrice d'itération* et où $\mathbf{f}$ est un vecteur dépendant de $\mathbf{b}$ (le second membre du système à résoudre).

Définition 4.1 Une méthode itérative de la forme (4.2) est dite *consistante* avec (3.2) si $\mathbf{f}$ et B sont tels que $\mathbf{x} = \mathrm{B}\mathbf{x} + \mathbf{f}$, $\mathbf{x}$ étant la solution de (3.2), ou, de manière équivalente, si $\mathbf{f}$ et B satisfont

$$\mathbf{f} = (\mathrm{I} - \mathrm{B})\mathrm{A}^{-1}\mathbf{b}.$$ ■

Si on note

$$\mathbf{e}^{(k)} = \mathbf{x}^{(k)} - \mathbf{x} \tag{4.3}$$

l'erreur à l'itération k, la condition (4.1) revient à $\lim_{k\to\infty} \mathbf{e}^{(k)} = \mathbf{0}$ pour toute valeur initiale $\mathbf{x}^{(0)}$.

La seule propriété de consistance ne suffit pas à assurer la convergence d'une méthode itérative, comme le montre l'exemple suivant.

Exemple 4.1 On veut résoudre le système linéaire $2\mathrm{I}\mathbf{x} = \mathbf{b}$ avec la méthode itérative

$$\mathbf{x}^{(k+1)} = -\mathbf{x}^{(k)} + \mathbf{b},$$

qui est clairement consistante. Cette suite n'est pas convergente pour une donnée initiale arbitraire. Si par exemple $\mathbf{x}^{(0)} = \mathbf{0}$, la méthode donne $\mathbf{x}^{(2k)} = \mathbf{0}$, $\mathbf{x}^{(2k+1)} = \mathbf{b}$, $k = 0, 1, \ldots$.

En revanche, si $\mathbf{x}^{(0)} = \frac{1}{2}\mathbf{b}$ la méthode est convergente. •

Théorème 4.1 *Si la méthode* (4.2) *est consistante, la suite de vecteurs* $\{\mathbf{x}^{(k)}\}$ *de* (4.2) *converge vers la solution de* (3.2) *pour toute donnée initiale* $\mathbf{x}^{(0)}$ *si et seulement si* $\rho(\mathrm{B}) < 1$.

Démonstration. D'après (4.3), et grâce à l'hypothèse de consistance, on a $\mathbf{e}^{(k+1)} = \mathrm{B}\mathbf{e}^{(k)}$, d'où

$$\mathbf{e}^{(k)} = \mathrm{B}^k\mathbf{e}^{(0)} \qquad \forall k = 0, 1, \ldots \tag{4.4}$$

Il résulte donc du Théorème 1.5 que $\lim_{k\to\infty} \mathrm{B}^k\mathbf{e}^{(0)} = \mathbf{0}$ pour tout $\mathbf{e}^{(0)}$ si et seulement si $\rho(\mathrm{B}) < 1$.

Réciproquement, supposons que $\rho(\mathrm{B}) > 1$, alors il existe au moins une valeur propre $\lambda(\mathrm{B})$ de module plus grand que 1. Soit $\mathbf{e}^{(0)}$ un vecteur propre associé à λ ; alors, $\mathrm{B}\mathbf{e}^{(0)} = \lambda\mathbf{e}^{(0)}$ et donc, $\mathbf{e}^{(k)} = \lambda^k\mathbf{e}^{(0)}$. Comme $|\lambda| > 1$, $\mathbf{e}^{(k)}$ ne peut pas tendre vers 0 quand $k \to \infty$. ◇

La Propriété 1.12 et le Théorème 1.4 permettent d'établir que la condition $\|B\| < 1$, pour une norme matricielle consistante arbitraire, est suffisante pour que la méthode converge. Il est raisonnable de penser que la convergence est d'autant plus rapide que $\rho(B)$ est petit. Une estimation de $\rho(B)$ peut donc fournir une bonne indication sur la convergence de l'algorithme. La définition suivante introduit d'autres quantités utiles à l'étude de la convergence.

Définition 4.2 Soit B une matrice d'itération. On appelle :

1. $\|B^m\|$ le *facteur de convergence* à l'itération m ;
2. $\|B^m\|^{1/m}$ le *facteur moyen de convergence* à l'itération m ;
3. $R_m(B) = -\frac{1}{m}\log\|B^m\|$ le *taux moyen de convergence* à l'itération m.

■

Le calcul de ces quantités est trop coûteux car il requiert l'évaluation de B^m. On préfère donc en général estimer le *taux de convergence asymptotique* défini par

$$R(B) = \lim_{k\to\infty} R_k(B) = -\log\rho(B), \tag{4.5}$$

où on a utilisé la Propriété 1.13. En particulier, si B est symétrique, on a

$$R_m(B) = -\frac{1}{m}\log\|B^m\|_2 = -\log\rho(B).$$

Pour des matrices non symétriques, $\rho(B)$ fournit parfois une estimation trop optimiste de $\|B^m\|^{1/m}$ (voir [Axe94], Section 5.1). En effet, bien que $\rho(B) < 1$, la convergence vers zéro de la suite $\|B^m\|$ peut ne pas être monotone (voir Exercice 1). D'après (4.5), $\rho(B)$ est le *facteur de convergence asymptotique*. Nous définirons des critères pour évaluer toutes ces quantités à la Section 4.5.

Remarque 4.1 Les itérations définies en (4.2) sont un cas particulier des méthodes itératives de la forme

$$\mathbf{x}^{(0)} = \mathbf{f}_0(A, \mathbf{b}),$$

$$\mathbf{x}^{(n+1)} = \mathbf{f}_{n+1}(\mathbf{x}^{(n)}, \mathbf{x}^{(n-1)}, \ldots, \mathbf{x}^{(n-m)}, A, \mathbf{b}), \text{ pour } n \geq m,$$

où les $\mathbf{f}_i$ sont des fonctions et les $\mathbf{x}^{(m)}, \ldots, \mathbf{x}^{(1)}$ des vecteurs donnés. Le nombre de pas dont dépend l'itération courante s'appelle *ordre de la méthode*. Si les fonctions $\mathbf{f}_i$ sont indépendantes de i, la méthode est dite *stationnaire*. Elle est *instationnaire* dans le cas contraire. Enfin, si $\mathbf{f}_i$ dépend linéairement de $\mathbf{x}^{(0)}, \ldots, \mathbf{x}^{(m)}$, la méthode est dite *linéaire*, autrement elle est dite *non linéaire*.

Au regard de ces définitions, les algorithmes considérés jusqu'à présent sont donc des *méthodes itératives linéaires stationnaires du premier ordre*. Nous donnerons à la Section 4.3 des exemples de méthodes instationnaires.

■

4.2 Méthodes itératives linéaires

Une technique générale pour définir une méthode itérative linéaire consistante est basée sur la décomposition, ou *splitting*, de la matrice A sous la forme A=P−N, où P est une matrice inversible. Pour des raisons qui s'éclairciront dans les prochaines sections, P est appelée *matrice de préconditionnement* ou *préconditionneur.*

On se donne $\mathbf{x}^{(0)}$, et on calcule $\mathbf{x}^{(k)}$ pour $k \geq 1$, en résolvant le système

$$\mathrm{P}\mathbf{x}^{(k+1)} = \mathrm{N}\mathbf{x}^{(k)} + \mathbf{b}, \quad k \geq 0. \tag{4.6}$$

La matrice d'itération de la méthode (4.6) est $\mathrm{B} = \mathrm{P}^{-1}\mathrm{N}$, et $\mathbf{f} = \mathrm{P}^{-1}\mathbf{b}$. On peut aussi écrire (4.6) sous la forme

$$\mathbf{x}^{(k+1)} = \mathbf{x}^{(k)} + \mathrm{P}^{-1}\mathbf{r}^{(k)}, \tag{4.7}$$

où

$$\mathbf{r}^{(k)} = \mathbf{b} - \mathrm{A}\mathbf{x}^{(k)} \tag{4.8}$$

désigne le *résidu* à l'itération k. La relation (4.7) montre qu'on doit résoudre un système linéaire de matrice P à chaque itération. En plus d'être inversible, P doit donc être "facile à inverser" afin de minimiser le coût du calcul. Remarquer que si P est égale à A et N=0, la méthode (4.7) converge en une itération, mais avec le même coût qu'une méthode directe.

Citons deux résultats qui garantissent la convergence de (4.7), sous des hypothèses convenables concernant le *splitting* de A (voir p. ex. [Hac94] pour les démonstrations).

Propriété 4.1 *Soit* $\mathrm{A} = \mathrm{P} - \mathrm{N}$*, avec* A *et* P *symétriques définies positives. Si la matrice* $2\mathrm{P} - \mathrm{A}$ *est définie positive, alors la méthode itérative* (4.7) *est convergente pour toute donnée initiale* $\mathbf{x}^{(0)}$ *et*

$$\rho(\mathrm{B}) = \|\mathrm{B}\|_{\mathrm{A}} = \|\mathrm{B}\|_{\mathrm{P}} < 1.$$

De plus, la convergence de la suite est monotone pour les normes $\|\cdot\|_{\mathrm{P}}$ *et* $\|\cdot\|_{\mathrm{A}}$ *(*i.e. $\|\mathbf{e}^{(k+1)}\|_{\mathrm{P}} < \|\mathbf{e}^{(k)}\|_{\mathrm{P}}$ *et* $\|\mathbf{e}^{(k+1)}\|_{\mathrm{A}} < \|\mathbf{e}^{(k)}\|_{\mathrm{A}}$*,* $k = 0, 1, \ldots$*).*

Propriété 4.2 *Soit* $\mathrm{A} = \mathrm{P} - \mathrm{N}$ *avec* A *symétrique définie positive. Si la matrice* $\mathrm{P} + \mathrm{P}^T - \mathrm{A}$ *est définie positive, alors* P *est inversible, la méthode itérative* (4.7) *converge de manière monotone pour la norme* $\|\cdot\|_{\mathrm{A}}$ *et* $\rho(\mathrm{B}) \leq \|\mathrm{B}\|_{\mathrm{A}} < 1$.

4.2.1 Les méthodes de Jacobi, de Gauss-Seidel et de relaxation

Dans cette section, nous considérons quelques méthodes itératives linéaires classiques.

Si les coefficients diagonaux de A sont non nuls, on peut isoler l'inconnue x_i dans la i-ème équation, et obtenir ainsi le système linéaire équivalent

$$x_i = \frac{1}{a_{ii}} \left[b_i - \sum_{\substack{j=1 \\ j \neq i}}^{n} a_{ij} x_j \right], \qquad i = 1, \dots, n. \tag{4.9}$$

Dans la *méthode de Jacobi*, pour une donnée initiale arbitraire $\mathbf{x}^0$, on calcule $\mathbf{x}^{(k+1)}$ selon la formule

$$x_i^{(k+1)} = \frac{1}{a_{ii}} \left[b_i - \sum_{\substack{j=1 \\ j \neq i}}^{n} a_{ij} x_j^{(k)} \right], \quad i = 1, \dots, n. \tag{4.10}$$

Cela revient à effectuer la décomposition suivante de la matrice A :

$$\mathrm{P} = \mathrm{D}, \quad \mathrm{N} = \mathrm{D} - \mathrm{A} = \mathrm{E} + \mathrm{F},$$

où D est la matrice diagonale composée des coefficients diagonaux de A, E est la matrice triangulaire inférieure de coefficients $e_{ij} = -a_{ij}$ si $i > j$, $e_{ij} = 0$ si $i \leq j$, et F est la matrice triangulaire supérieure de coefficients $f_{ij} = -a_{ij}$ si $j > i$, $f_{ij} = 0$ si $j \leq i$. Ainsi, $\mathrm{A} = \mathrm{D} - (\mathrm{E} + \mathrm{F})$.

La matrice d'itération de la méthode de Jacobi est donc donnée par

$$\mathrm{B}_J = \mathrm{D}^{-1}(\mathrm{E} + \mathrm{F}) = \mathrm{I} - \mathrm{D}^{-1}\mathrm{A}. \tag{4.11}$$

Une généralisation de la méthode de Jacobi est la *méthode de sur-relaxation* (ou JOR, pour *Jacobi over relaxation*), dans laquelle on se donne un paramètre de relaxation ω et on remplace (4.10) par

$$x_i^{(k+1)} = \frac{\omega}{a_{ii}} \left[b_i - \sum_{\substack{j=1 \\ j \neq i}}^{n} a_{ij} x_j^{(k)} \right] + (1 - \omega) x_i^{(k)}, \qquad i = 1, \dots, n.$$

La matrice d'itération correspondante est

$$\mathrm{B}_{J_\omega} = \omega \mathrm{B}_J + (1 - \omega)\mathrm{I}. \tag{4.12}$$

Sous la forme (4.7), la méthode JOR correspond à

$$\mathbf{x}^{(k+1)} = \mathbf{x}^{(k)} + \omega \mathrm{D}^{-1} \mathbf{r}^{(k)}.$$

Cette méthode est consistante pour tout $\omega \neq 0$. Pour $\omega = 1$, elle coïncide avec la méthode de Jacobi.

La *méthode de Gauss-Seidel* diffère de la méthode de Jacobi par le fait qu'à la $k+1$-ième étape les valeurs $x_i^{(k+1)}$ déjà calculées sont utilisées pour mettre à jour la solution. Ainsi, au lieu de (4.10), on a

$$x_i^{(k+1)} = \frac{1}{a_{ii}} \left[b_i - \sum_{j=1}^{i-1} a_{ij} x_j^{(k+1)} - \sum_{j=i+1}^{n} a_{ij} x_j^{(k)} \right], \quad i = 1, \ldots, n. \tag{4.13}$$

Cette méthode revient à effectuer la décomposition suivante de la matrice A :

$$\mathrm{P} = \mathrm{D} - \mathrm{E}, \quad \mathrm{N} = \mathrm{F},$$

et la matrice d'itération associée est

$$\mathrm{B}_{GS} = (\mathrm{D} - \mathrm{E})^{-1}\mathrm{F}. \tag{4.14}$$

En partant de la méthode de Gauss-Seidel et par analogie avec ce qui a été fait pour les itérations de Jacobi, on introduit la *méthode de sur-relaxation successive* (ou méthode *SOR* pour *successive over relaxation*)

$$x_i^{(k+1)} = \frac{\omega}{a_{ii}} \left[b_i - \sum_{j=1}^{i-1} a_{ij} x_j^{(k+1)} - \sum_{j=i+1}^{n} a_{ij} x_j^{(k)} \right] + (1-\omega) x_i^{(k)} \tag{4.15}$$

pour $i = 1, \ldots, n$. On peut écrire (4.15) sous forme vectorielle :

$$(\mathrm{I} - \omega \mathrm{D}^{-1}\mathrm{E})\mathbf{x}^{(k+1)} = [(1-\omega)\mathrm{I} + \omega \mathrm{D}^{-1}\mathrm{F}]\mathbf{x}^{(k)} + \omega \mathrm{D}^{-1}\mathbf{b}, \tag{4.16}$$

d'où on déduit la matrice d'itération

$$\mathrm{B}(\omega) = (\mathrm{I} - \omega \mathrm{D}^{-1}\mathrm{E})^{-1}[(1-\omega)\mathrm{I} + \omega \mathrm{D}^{-1}\mathrm{F}]. \tag{4.17}$$

En multipliant par D les deux côtés de (4.16) et en rappelant que $\mathrm{A} = \mathrm{D} - (\mathrm{E} + \mathrm{F})$, on peut écrire SOR sous la forme (4.7) :

$$\mathbf{x}^{(k+1)} = \mathbf{x}^{(k)} + \left(\frac{1}{\omega}\mathrm{D} - \mathrm{E} \right)^{-1} \mathbf{r}^{(k)}.$$

Elle est consistante pour tout $\omega \neq 0$ et elle coïncide avec la méthode de Gauss-Seidel pour $\omega = 1$. Si $\omega \in]0, 1[$, la méthode est appelée méthode de sous-relaxation, et méthode de sur-relaxation si $\omega > 1$.

4.2.2 Résultats de convergence pour les méthodes de Jacobi et de Gauss-Seidel

Il existe des cas où on peut établir des propriétés de convergence *a priori* pour les méthodes examinées à la section précédente. Voici deux résultats dans ce sens.

Théorème 4.2 *Si* A *est une matrice à diagonale dominante stricte, les méthodes de Jacobi et de Gauss-Seidel sont convergentes.*

Démonstration. Nous prouvons la partie du théorème concernant la méthode de Jacobi et nous renvoyons à [Axe94] pour la méthode de Gauss-Seidel. La matrice A étant à diagonale dominante, $|a_{ii}| > \sum_{j=1}^{n} |a_{ij}|$ pour $i = 1, \ldots, n$ et $j \neq i$. Par conséquent, $\|\mathrm{B}_J\|_\infty = \max\limits_{i=1,\ldots,n} \sum\limits_{j=1, j\neq i}^{n} |a_{ij}|/|a_{ii}| < 1$, la méthode de Jacobi est donc convergente. ◇

Théorème 4.3 *Si* A *et* 2D − A *sont symétriques définies positives, alors la méthode de Jacobi est convergente et* $\rho(\mathrm{B}_J) = \|\mathrm{B}_J\|_\mathrm{A} = \|\mathrm{B}_J\|_\mathrm{D}$.

Démonstration. Le théorème découle de la Propriété 4.1 en prenant P=D. ◇

Dans le cas de la méthode JOR, on peut se passer de l'hypothèse sur 2D − A, comme le montre le résultat suivant.

Théorème 4.4 *Quand* A *est symétrique définie positive, la méthode JOR est convergente si* $0 < \omega < 2/\rho(\mathrm{D}^{-1}\mathrm{A})$.

Démonstration. Il suffit d'appliquer la Propriété 4.1 à la matrice $\mathrm{P} = \frac{1}{\omega}\mathrm{D}$. La matrice 2P − A étant définie positive, ses valeurs propres sont strictement positives :

$$\lambda_i(2\mathrm{P} - \mathrm{A}) = \lambda_i\left(\frac{2}{\omega}\mathrm{D} - \mathrm{A}\right) = \frac{2}{\omega}d_{ii} - \lambda_i(\mathrm{A}) > 0.$$

Ce qui implique $0 < \omega < 2d_{ii}/\lambda_i(\mathrm{A})$ pour $i = 1, \ldots, n$, d'où le résultat. ◇

En ce qui concerne la méthode de Gauss-Seidel, on a le résultat suivant :

Théorème 4.5 *Si* A *est symétrique définie positive, la méthode de Gauss-Seidel converge de manière monotone pour la norme* $\|\cdot\|_\mathrm{A}$.

Démonstration. On peut appliquer la Propriété 4.2 à la matrice P=D−E. Vérifions pour cela que $\mathrm{P} + \mathrm{P}^T - \mathrm{A}$ est définie positive. En remarquant que $(\mathrm{D} - \mathrm{E})^T = \mathrm{D} - \mathrm{F}$, on a

$$\mathrm{P} + \mathrm{P}^T - \mathrm{A} = 2\mathrm{D} - \mathrm{E} - \mathrm{F} - \mathrm{A} = \mathrm{D}.$$

On conclut en remarquant que D est définie positive (c'est la diagonale de A). ◇

Enfin, si A est tridiagonale symétrique définie positive, on peut montrer que la méthode de Jacobi est convergente et que

$$\rho(\mathrm{B}_{GS}) = \rho^2(\mathrm{B}_J). \tag{4.18}$$

Dans ce cas, la méthode de Gauss-Seidel converge plus rapidement que celle de Jacobi. La relation (4.18) est encore vraie si A possède la *A-propriété* :

Définition 4.3 Une matrice M telle que les valeurs propres de $\alpha D^{-1}E + \alpha^{-1}D^{-1}F$ pour $\alpha \neq 0$ ne dépendent pas de α (où D est la diagonale de M, et E et F ses parties triangulaires resp. inférieure et supérieure) possède la *A-propriété* si on peut la décomposer en 2×2 blocs de la forme

$$M = \begin{bmatrix} \tilde{D}_1 & M_{12} \\ M_{21} & \tilde{D}_2 \end{bmatrix},$$

où $\tilde{D}_1$ et $\tilde{D}_2$ sont des matrices diagonales. ■

Pour des matrices générales, l'Exemple 4.2 montre qu'on ne peut tirer aucune conclusion *a priori* sur la convergence des méthodes de Jacobi et de Gauss-Seidel.

Exemple 4.2 Considérons les systèmes linéaires 3×3 de la forme $A_i\mathbf{x} = \mathbf{b}_i$. On choisit $\mathbf{b}_i$ de manière à ce que la solution du système soit le vecteur unité, et les matrices A_i sont données par

$$A_1 = \begin{bmatrix} 3 & 0 & 4 \\ 7 & 4 & 2 \\ -1 & 1 & 2 \end{bmatrix}, \qquad A_2 = \begin{bmatrix} -3 & 3 & -6 \\ -4 & 7 & -8 \\ 5 & 7 & -9 \end{bmatrix},$$

$$A_3 = \begin{bmatrix} 4 & 1 & 1 \\ 2 & -9 & 0 \\ 0 & -8 & -6 \end{bmatrix}, \qquad A_4 = \begin{bmatrix} 7 & 6 & 9 \\ 4 & 5 & -4 \\ -7 & -3 & 8 \end{bmatrix}.$$

On peut vérifier que la méthode de Jacobi ne converge pas pour A_1 ($\rho(B_J) = 1.33$), contrairement à celle de Gauss-Seidel. C'est exactement le contraire qui se produit pour A_2 ($\rho(B_{GS}) = 1.\bar{1}$). La méthode de Jacobi converge plus lentement que celle de Gauss-Seidel pour la matrice A_3 ($\rho(B_J) = 0.44$ et $\rho(B_{GS}) = 0.018$), alors que la méthode de Jacobi est plus rapide pour A_4 ($\rho(B_J) = 0.64$ et $\rho(B_{GS}) = 0.77$). •

Concluons cette section avec le résultat suivant :

Théorème 4.6 *Si la méthode de Jacobi converge, alors la méthode JOR converge pour* $0 < \omega \leq 1$.

Démonstration. D'après (4.12), les valeurs propres de B_{J_ω} sont

$$\mu_k = \omega\lambda_k + 1 - \omega, \qquad k = 1, \ldots, n,$$

où λ_k sont les valeurs propres de B_J. Alors, en posant $\lambda_k = r_k e^{i\theta_k}$, on a

$$|\mu_k|^2 = \omega^2 r_k^2 + 2\omega r_k \cos(\theta_k)(1-\omega) + (1-\omega)^2 \leq (\omega r_k + 1 - \omega)^2,$$

qui est strictement inférieur à 1 si $0 < \omega \leq 1$. ◇

4.2.3 Résultats de convergence pour la méthode de relaxation

Sans hypothèse particulière sur A, on peut déterminer les valeurs de ω pour lesquelles la méthode SOR ne peut pas converger :

Théorème 4.7 *On a* $\rho(\mathrm{B}(\omega)) \geq |\omega - 1|\ \forall \omega \in \mathbb{R}$. *La méthode SOR diverge donc si* $\omega \leq 0$ *ou* $\omega \geq 2$.

Démonstration. Si $\{\lambda_i\}$ désigne l'ensemble des valeurs propres de la matrice d'itération de SOR, alors

$$\left|\prod_{i=1}^{n} \lambda_i\right| = \left|\det\left[(1-\omega)\mathrm{I} + \omega \mathrm{D}^{-1}\mathrm{F}\right]\right| = |1-\omega|^n.$$

Par conséquent, au moins une valeur propre λ_i est telle que $|\lambda_i| \geq |1-\omega|$. Pour avoir convergence, il est donc nécessaire que $|1-\omega| < 1$, c'est-à-dire $0 < \omega < 2$. ◇

Si on suppose A symétrique définie positive, la condition nécessaire $0 < \omega < 2$ devient suffisante pour avoir convergence. On a en effet le résultat suivant (voir p. ex. [Hac94] pour la preuve) :

Propriété 4.3 (Ostrowski) *Si* A *est symétrique définie positive, alors la méthode SOR converge si et seulement si* $0 < \omega < 2$. *De plus, sa convergence est monotone pour* $\|\cdot\|_{\mathrm{A}}$.

Enfin, si A est *à diagonale dominante stricte*, SOR converge si $0 < \omega \leq 1$.

Les résultats ci-dessus montrent que SOR converge plus ou moins vite selon le choix du paramètre de relaxation ω. On ne peut donner de réponses satisfaisantes à la question du choix du paramètre optimal ω_{opt} (*i.e.* pour lequel le taux de convergence est le plus grand) seulement dans des cas particuliers (voir par exemple [Axe94], [You71], [Var62] ou [Wac66]). Nous nous contenterons ici de citer le résultat suivant (dont la preuve se trouve dans [Axe94]).

Propriété 4.4 *Si la matrice* A *possède la A-propriété et si les valeurs propres de* B_J *sont réelles, alors la méthode SOR converge pour toute donnée initiale* $\mathbf{x}^{(0)}$ *si et seulement si* $\rho(\mathrm{B}_J) < 1$ *et* $0 < \omega < 2$. *De plus,*

$$\omega_{opt} = \frac{2}{1 + \sqrt{1 - \rho(\mathrm{B}_J)^2}} \tag{4.19}$$

et le facteur de convergence asymptotique est donné par

$$\rho(\mathrm{B}(\omega_{opt})) = \frac{1 - \sqrt{1 - \rho(\mathrm{B}_J)^2}}{1 + \sqrt{1 - \rho(\mathrm{B}_J)^2}}.$$

4.2.4 Matrices par blocs

Les méthodes des sections précédentes font intervenir les *coefficients* de la matrice. Il existe aussi des versions par *blocs* de ces algorithmes.

Notons D la matrice diagonale par blocs dont les éléments sont les blocs diagonaux $m \times m$ de la matrice A (voir Section 1.6). On obtient la *méthode de Jacobi par blocs* en prenant encore P=D et N=D-A. La méthode n'est bien définie que si les blocs diagonaux de D sont inversibles. Si A est décomposée en $p \times p$ blocs carrés, la méthode de Jacobi par blocs s'écrit

$$\mathrm{A}_{ii}\mathbf{x}_i^{(k+1)} = \mathbf{b}_i - \sum_{\substack{j=1 \\ j \neq i}}^{p} \mathrm{A}_{ij}\mathbf{x}_j^{(k)}, \quad i = 1, \dots, p,$$

où l'on a aussi décomposé la solution et le second membre en blocs de tailles p notés respectivement $\mathbf{x}_i$ et $\mathbf{b}_i$. A chaque étape, la méthode de Jacobi par blocs nécessite la résolution de p systèmes linéaires associés aux matrices A_{ii}. Le Théorème 4.3 est encore vrai en remplaçant D par la matrice diagonale par blocs correspondante.

On peut définir de manière analogue les méthodes de Gauss-Seidel et SOR *par blocs.*

4.2.5 Forme symétrique des méthodes SOR et de Gauss-Seidel

Même pour une matrice symétrique, les méthodes SOR et de Gauss-Seidel conduisent à des matrices d'itération en général non symétriques. Pour cette raison, nous introduisons dans cette section une technique permettant de symétriser ces algorithmes. L'objectif à terme est de construire des préconditionneurs symétriques (voir Section 4.3.2).

Remarquons tout d'abord qu'on peut construire l'analogue de la méthode de Gauss-Seidel en échangeant simplement E et F. On définit alors l'algorithme suivant, appelé *méthode de Gauss-Seidel rétrograde*,

$$(\mathrm{D} - \mathrm{F})\mathbf{x}^{(k+1)} = \mathrm{E}\mathbf{x}^{(k)} + \mathbf{b},$$

dont la matrice d'itération est donnée par $\mathrm{B}_{GSb} = (\mathrm{D} - \mathrm{F})^{-1}\mathrm{E}$.
On obtient la *méthode de Gauss-Seidel symétrique* en combinant une itération de Gauss-Seidel avec une itération de Gauss-Seidel rétrograde. Plus précisément, la k-ième itération de la méthode de Gauss-Seidel symétrique est définie par

$$(\mathrm{D} - \mathrm{E})\mathbf{x}^{(k+1/2)} = \mathrm{F}\mathbf{x}^{(k)} + \mathbf{b}, \quad (\mathrm{D} - \mathrm{F})\mathbf{x}^{(k+1)} = \mathrm{E}\mathbf{x}^{(k+1/2)} + \mathbf{b}.$$

En éliminant $\mathbf{x}^{(k+1/2)}$, on obtient le schéma suivant

$$\begin{aligned} &\mathbf{x}^{(k+1)} = \mathrm{B}_{SGS}\mathbf{x}^{(k)} + \mathbf{b}_{SGS}, \\ &\mathrm{B}_{SGS} = (\mathrm{D} - \mathrm{F})^{-1}\mathrm{E}(\mathrm{D} - \mathrm{E})^{-1}\mathrm{F}, \\ &\mathbf{b}_{SGS} = (\mathrm{D} - \mathrm{F})^{-1}[\mathrm{E}(\mathrm{D} - \mathrm{E})^{-1} + \mathrm{I}]\mathbf{b}. \end{aligned} \tag{4.20}$$

La matrice de préconditionnement associée à (4.20) est

$$\mathrm{P}_{SGS} = (\mathrm{D} - \mathrm{E})\mathrm{D}^{-1}(\mathrm{D} - \mathrm{F}).$$

On peut alors prouver le résultat suivant (voir [Hac94]) :

Propriété 4.5 *Si* A *est une matrice symétrique définie positive, la méthode de Gauss-Seidel symétrique est convergente. De plus,* B_{SGS} *est symétrique définie positive.*

On peut définir de manière analogue la méthode SOR rétrograde

$$(\mathrm{D} - \omega\mathrm{F})\mathbf{x}^{(k+1)} = [\omega\mathrm{E} + (1-\omega)\mathrm{D}]\,\mathbf{x}^{(k)} + \omega\mathbf{b},$$

et la combiner à chaque pas à la méthode SOR pour obtenir la méthode *SOR symétrique* ou *SSOR*

$$\mathbf{x}^{(k+1)} = \mathrm{B}_s(\omega)\mathbf{x}^{(k)} + \mathbf{b}_\omega,$$

où

$$\begin{aligned}
\mathrm{B}_s(\omega) &= (\mathrm{D} - \omega\mathrm{F})^{-1}(\omega\mathrm{E} + (1-\omega)\mathrm{D})(\mathrm{D} - \omega\mathrm{E})^{-1}(\omega\mathrm{F} + (1-\omega)\mathrm{D}),\\
\mathbf{b}_\omega &= \omega(2-\omega)(\mathrm{D} - \omega\mathrm{F})^{-1}\mathrm{D}(\mathrm{D} - \omega\mathrm{E})^{-1}\mathbf{b}.
\end{aligned}$$

La matrice de préconditionnement de cet algorithme est

$$\mathrm{P}_{SSOR}(\omega) = \left(\frac{1}{\omega}\mathrm{D} - \mathrm{E}\right)\frac{\omega}{2-\omega}\mathrm{D}^{-1}\left(\frac{1}{\omega}\mathrm{D} - \mathrm{F}\right). \qquad (4.21)$$

Quand A est symétrique définie positive, la méthode SSOR est convergente si $0 < \omega < 2$ (voir [Hac94] pour la preuve). Typiquement, la méthode SSOR avec un choix optimal de paramètre de relaxation converge plus lentement que la méthode SOR correspondante. Néanmoins, la valeur de $\rho(\mathrm{B}_s(\omega))$ est moins sensible au choix de ω autour de la valeur optimale (voir le comportement des rayons spectraux des deux matrices d'itération sur la Figure 4.1). Pour cette raison, on choisit généralement pour SSOR la valeur de ω optimale pour SOR (voir [You71] pour plus de détails).

4.2.6 Implémentations

Nous présentons des implémentations MATLAB des méthodes de Jacobi et Gauss-Seidel avec relaxation.

Le Programme 15 propose la méthode JOR (l'algorithme de Jacobi est obtenu comme cas particulier en prenant `omega` = `1`). Le test d'arrêt contrôle la norme euclidienne du résidu divisée par sa valeur initiale.
Remarquer que chaque composante `x(i)` de la solution peut être calculée indépendamment. Cette méthode est donc facilement parallélisable.

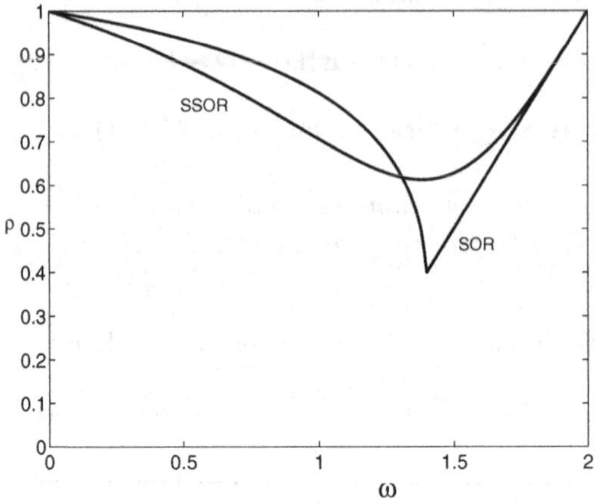

Fig. 4.1. Rayon spectral de la matrice d'itération des méthodes SOR et SSOR en fonction du paramètre de relaxation ω, pour la matrice $\mathrm{tridiag}_{10}(-1, 2, -1)$

Programme 15 - jor : Méthode JOR

```
function [x,iter]=jor(A,b,x0,nmax,tol,omega)
%JOR Méthode JOR
% [X,ITER]=JOR(A,B,X0,NMAX,TOL,OMEGA) tente de résoudre le système
% A*X=B avec la méthode JOR. TOL est la tolérance de la méthode.
% NMAX est le nombre maximum d'itérations. X0 est la donnée initiale.
% OMEGA est le paramètre de relaxation.
% ITER est l'itération à laquelle la solution X a été calculée.
[n,m]=size(A);
if n ~= m, error('Seulement les systèmes carrés'); end
iter=0;
r = b-A*x0; r0=norm(r); err=norm(r); x=x0;
while err > tol & iter < nmax
   iter = iter + 1;
   for i=1:n
      s = 0;
      for j = 1:i-1, s=s+A(i,j)*x(j);  end
      for j = i+1:n, s=s+A(i,j)*x(j);  end
      xnew(i,1)=omega*(b(i)-s)/A(i,i)+(1-omega)*x(i);
   end
   x=xnew;  r=b-A*x;  err=norm(r)/r0;
end
return
```

Le Programme 16 propose la méthode SOR. En prenant `omega=1`, on obtient l'algorithme de Gauss-Seidel.

Contrairement à la méthode de Jacobi, ce schéma est complètement séquentiel (les composantes de la solution ne sont plus calculées indépendamment les unes des autres). En revanche, on peut l'implémenter efficacement sans stocker la solution de l'itération précédente, ce qui permet d'économiser de la mémoire.

Programme 16 - sor : Méthode SOR

```
function [x,iter]=sor(A,b,x0,nmax,tol,omega)
%SOR Méthode SOR
%  [X,ITER]=SOR(A,B,X0,NMAX,TOL,OMEGA) tente de résoudre le système
%  A*X=B avec la méthode SOR. TOL est la tolérance de la méthode.
%  NMAX est le nombre maximum d'itérations. X0 est la donnée initiale.
%  OMEGA est le paramètre de relaxation.
%  ITER est l'itération à laquelle la solution X a été calculée.
[n,m]=size(A);
if n ~= m, error('Seulement les systèmes carrés'); end
iter=0; r=b-A*x0; r0=norm(r); err=norm(r); xold=x0;
while err > tol & iter < nmax
   iter = iter + 1;
   for i=1:n
      s=0;
      for j = 1:i-1, s=s+A(i,j)*x(j); end
      for j = i+1:n, s=s+A(i,j)*xold(j); end
      x(i,1)=omega*(b(i)-s)/A(i,i)+(1-omega)*xold(i);
   end
   xold=x;  r=b-A*x; err=norm(r)/r0;
end
return
```

4.3 Méthodes itératives stationnaires et instationnaires

Notons

$$R_P = I - P^{-1}A$$

la matrice d'itération associée à (4.7). En procédant comme pour les méthodes de relaxation, (4.7) peut être généralisée en introduisant un paramètre de relaxation (ou d'accélération) α. Ceci conduit à la *méthode de Richardson stationnaire*

$$\mathbf{x}^{(k+1)} = \mathbf{x}^{(k)} + \alpha P^{-1}\mathbf{r}^{(k)}, \qquad k \geq 0. \tag{4.22}$$

Plus généralement, si α dépend de l'itération, on obtient la méthode *de Richardson instationnaire* ou *méthode semi-itérative* :

$$\mathbf{x}^{(k+1)} = \mathbf{x}^{(k)} + \alpha_k P^{-1}\mathbf{r}^{(k)}, \qquad k \geq 0. \tag{4.23}$$

La matrice d'itération de ces méthodes à la k-ième étape est

$$\mathrm{R}_{\alpha_k} = \mathrm{I} - \alpha_k \mathrm{P}^{-1}\mathrm{A},$$

avec $\alpha_k = \alpha$ dans le cas stationnaire. Si P=I, on dit que la méthode est *non préconditionnée*. Les itérations de Jacobi et Gauss-Seidel peuvent être vues comme des méthodes de Richardson stationnaires avec $\alpha = 1$ et respectivement $\mathrm{P} = \mathrm{D}$ et $\mathrm{P} = \mathrm{D} - \mathrm{E}$.

On peut récrire (4.22) et (4.23) sous une forme mieux adaptée aux calculs : en posant $\mathbf{z}^{(k)} = \mathrm{P}^{-1}\mathbf{r}^{(k)}$ (qu'on appelle *résidu préconditionné*), on obtient $\mathbf{x}^{(k+1)} = \mathbf{x}^{(k)} + \alpha_k \mathbf{z}^{(k)}$ et $\mathbf{r}^{(k+1)} = \mathbf{b} - \mathrm{A}\mathbf{x}^{(k+1)} = \mathbf{r}^{(k)} - \alpha_k \mathrm{A}\mathbf{z}^{(k)}$.
En résumé, une méthode de Richardson instationnaire s'écrit, à l'étape $k+1$:

$$\begin{array}{l}
\text{résoudre le système linéaire}\, \mathrm{P}\mathbf{z}^{(k)} = \mathbf{r}^{(k)} \\
\text{calculer le paramètre d'accélération}\, \alpha_k \\
\text{mettre à jour la solution } \mathbf{x}^{(k+1)} = \mathbf{x}^{(k)} + \alpha_k \mathbf{z}^{(k)} \\
\text{mettre à jour le résidu } \mathbf{r}^{(k+1)} = \mathbf{r}^{(k)} - \alpha_k \mathrm{A}\mathbf{z}^{(k)}.
\end{array} \qquad (4.24)$$

4.3.1 Analyse de la convergence des méthodes de Richardson

Considérons tout d'abord les méthodes de Richardson stationnaires (*i.e.* pour lesquelles $\alpha_k = \alpha$ pour $k \geq 0$). On a le résultat de convergence suivant :

Théorème 4.8 *Pour toute matrice inversible* P, *la méthode de Richardson stationnaire* (4.22) *est convergente si et seulement si*

$$\frac{2\mathrm{Re}\lambda_i}{\alpha|\lambda_i|^2} > 1 \quad \forall i = 1, \ldots, n, \qquad (4.25)$$

où les λ_i *sont les valeurs propres de* $\mathrm{P}^{-1}\mathrm{A}$.

Démonstration. Appliquons le Théorème 4.1 à la matrice d'itération $\mathrm{R}_\alpha = \mathrm{I} - \alpha\mathrm{P}^{-1}\mathrm{A}$. La condition $|1 - \alpha\lambda_i| < 1$ pour $i = 1, \ldots, n$ entraîne l'inégalité

$$(1 - \alpha\mathrm{Re}\lambda_i)^2 + \alpha^2(\mathrm{Im}\lambda_i)^2 < 1,$$

d'où (4.25) découle immédiatement. ◇

Remarquons que, si le signe des parties réelles des valeurs propres de $\mathrm{P}^{-1}\mathrm{A}$ n'est pas constant, la méthode stationnaire de Richardson *ne peut pas* converger.

Des résultats plus spécifiques peuvent être obtenus si des hypothèses convenables sont faites sur le spectre de $\mathrm{P}^{-1}\mathrm{A}$:

Théorème 4.9 *On suppose la matrice* P *inversible et les valeurs propres de* $P^{-1}A$ *strictement positives et telles que* $\lambda_1 \geq \lambda_2 \geq \ldots \geq \lambda_n > 0$. *Alors, la méthode de Richardson stationnaire* (4.22) *est convergente si et seulement si* $0 < \alpha < 2/\lambda_1$. *De plus,*

$$\alpha_{opt} = \frac{2}{\lambda_1 + \lambda_n}. \tag{4.26}$$

Le rayon spectral de la matrice d'itération R_α *est minimal si* $\alpha = \alpha_{opt}$, *avec*

$$\rho_{opt} = \min_{\alpha} [\rho(R_\alpha)] = \frac{\lambda_1 - \lambda_n}{\lambda_1 + \lambda_n}. \tag{4.27}$$

Démonstration. Les valeurs propres de R_α sont données par

$$\lambda_i(R_\alpha) = 1 - \alpha\lambda_i,$$

la suite définie par (4.22) est donc convergente si et seulement si $|\lambda_i(R_\alpha)| < 1$ pour $i = 1, \ldots, n$, c'est-à-dire si et seulement si $0 < \alpha < 2/\lambda_1$. Par conséquent (voir Figure 4.2), $\rho(R_\alpha)$ est minimal quand $1 - \alpha\lambda_n = \alpha\lambda_1 - 1$, c'est-à-dire pour $\alpha = 2/(\lambda_1 + \lambda_n)$, ce qui donne la valeur de α_{opt}. Par substitution, on en déduit ρ_{opt}. ◇

Si $P^{-1}A$ est symétrique définie positive, on peut montrer que la convergence de la méthode de Richardson est monotone par rapport à $\|\cdot\|_2$ et $\|\cdot\|_A$. Dans ce cas, on peut aussi relier ρ à $K_2(P^{-1}A)$. On a en effet

$$\rho_{opt} = \frac{K_2(P^{-1}A) - 1}{K_2(P^{-1}A) + 1}, \quad \alpha_{opt} = \frac{2\|A^{-1}P\|_2}{K_2(P^{-1}A) + 1}. \tag{4.28}$$

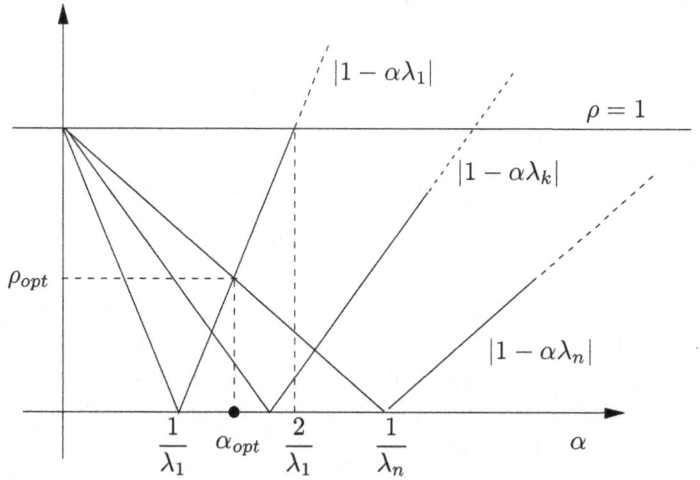

Fig. 4.2. Rayon spectral de R_α en fonction des valeurs propres de $P^{-1}A$

Le choix d'un bon préconditionneur est donc d'une importance capitale pour améliorer la convergence d'une méthode de Richardson. Mais il faut bien sûr faire ce choix en tâchant de conserver un coût de calcul aussi bas que possible. Nous décrirons à la Section 4.3.2 quelques préconditionneurs couramment utilisés dans la pratique.

Corollaire 4.1 *Si* A *est une matrice symétrique définie positive, de valeurs propres* $\lambda_1 \geq \lambda_2 \geq \ldots \geq \lambda_n$. *Alors, si* $0 < \alpha < 2/\lambda_1$, *la méthode de Richardson stationnaire non préconditionnée est convergente et*

$$\|\mathbf{e}^{(k+1)}\|_A \leq \rho(R_\alpha)\|\mathbf{e}^{(k)}\|_A, \quad k \geq 0. \tag{4.29}$$

On a le même résultat pour la méthode de Richardson préconditionnée, à condition que les matrices P, A *et* $P^{-1}A$ *soient symétriques définies positives.*

Démonstration. La convergence est une conséquence du Théorème 4.8. On remarque de plus que

$$\|\mathbf{e}^{(k+1)}\|_A = \|R_\alpha \mathbf{e}^{(k)}\|_A = \|A^{1/2}R_\alpha \mathbf{e}^{(k)}\|_2 \leq \|A^{1/2}R_\alpha A^{-1/2}\|_2 \|A^{1/2}\mathbf{e}^{(k)}\|_2.$$

La matrice R_α est symétrique définie positive et semblable à $A^{1/2}R_\alpha A^{-1/2}$. Par conséquent

$$\|A^{1/2}R_\alpha A^{-1/2}\|_2 = \rho(R_\alpha).$$

On en déduit (4.29) en notant que $\|A^{1/2}\mathbf{e}^{(k)}\|_2 = \|\mathbf{e}^{(k)}\|_A$. On peut faire une preuve analogue dans le cas préconditionné en remplaçant A par $P^{-1}A$. ◇

Notons enfin que l'inégalité (4.29) reste vraie même quand seules P et A sont symétriques définies positives (pour la preuve, voir p. ex. [QV94], Chapitre 2).

4.3.2 Matrices de préconditionnement

Toutes les méthodes de la section précédente peuvent être écrites sous la forme (4.2). On peut donc les voir comme des méthodes pour résoudre le système

$$(I - B)\mathbf{x} = \mathbf{f} = P^{-1}\mathbf{b}.$$

D'autre part, puisque $B=P^{-1}N$, le système (3.2) peut s'écrire

$$P^{-1}A\mathbf{x} = P^{-1}\mathbf{b}. \tag{4.30}$$

Ce dernier système s'appelle *système préconditionné*, et P est la *matrice de préconditionnement* ou *préconditionneur à gauche*. On peut définir de même des préconditionneurs *à droite* et des préconditionneurs *centrés*, si le système (3.2) est transformé respectivement en

$$AP^{-1}\mathbf{y} = \mathbf{b}, \quad \mathbf{y} = P\mathbf{x},$$

ou

$$P_L^{-1}AP_R^{-1}\mathbf{y} = P_L^{-1}\mathbf{b}, \quad \mathbf{y} = P_R\mathbf{x}.$$

On parle de *préconditionneurs ponctuels* (resp. *préconditionneurs par blocs*), s'ils sont appliqués aux coefficients (resp. aux blocs) de A. Les méthodes itératives considérées jusqu'à présent correspondent à des itérations de point fixe sur un système préconditionné à gauche. L'algorithme (4.24) montre qu'il n'est pas nécessaire de calculer l'inverse de P ; le rôle de P est en effet de "préconditionner" le résidu $\mathbf{r}^{(k)}$ par la résolution du système supplémentaire $P\mathbf{z}^{(k)} = \mathbf{r}^{(k)}$.

Le préconditionneur agissant sur le rayon spectral de la matrice d'itération, il serait utile de déterminer, pour un système linéaire donné, un *préconditionneur optimal*, *i.e.* un préconditionneur qui rende indépendant de la taille du système le nombre d'itérations nécessaires à la convergence. Remarquer que le choix P=A est optimal mais trivialement inefficace ; nous examinons ci-dessous des alternatives plus intéressantes pour les calculs.

Nous manquons de résultats théoriques généraux pour construire des préconditionneurs optimaux. Mais il est communément admis que P est un bon préconditionneur pour A si $P^{-1}A$ est "presque" une matrice normale et si ses valeurs propres sont contenues dans une région suffisamment petite du plan complexe. Le choix d'un préconditionneur doit aussi être guidé par des considérations pratiques, en particulier son coût de calcul et la place qu'il occupe en mémoire.

On peut séparer les préconditionneurs en deux catégories principales : les préconditionneurs algébriques et fonctionnels. Les préconditionneurs algébriques sont indépendants du problème dont est issu le système à résoudre : ils sont construits par une procédure purement algébrique. Au contraire, les préconditionneurs fonctionnels tirent avantage de la connaissance du problème et sont construits en conséquence.

Décrivons à présent d'autres préconditionneurs algébriques d'usage courant qui viennent s'ajouter aux préconditionneurs déjà introduits à la Section 4.2.5.

1. *Préconditionneurs diagonaux* : ils correspondent au cas où P est simplement une matrice diagonale. Pour les matrices symétriques définies positives, il est souvent assez efficace de prendre pour P la diagonale de A. Un choix habituel pour les matrices non symétriques est de prendre

$$p_{ii} = \left(\sum_{j=1}^{n} a_{ij}^2\right)^{1/2}.$$

En se rappelant les remarques faites au sujet du *scaling* d'une matrice (voir Section 3.11.1), on comprendra que la construction d'un P qui minimise $K(P^{-1}A)$ est loin d'être triviale.

2. *Factorisation LU incomplète* (ILU en abrégé) et *Factorisation de Cholesky incomplète* (IC en abrégé).
Une factorisation LU incomplète de A consiste à calculer une matrice triangulaire inférieure L_{in} et une matrice triangulaire supérieure U_{in} (approximations des matrices exactes L et U de la factorisation LU de A), telles que le résidu $R = A - L_{in}U_{in}$ possède des propriétés données, comme celle d'avoir certains coefficients nuls. L'objectif est d'utiliser les matrices L_{in}, U_{in} comme préconditionneur dans (4.24), en posant $P = L_{in}U_{in}$.
Nous supposons dans la suite que la factorisation de la matrice A peut être effectuée sans changement de pivot.
L'idée de base de la factorisation incomplète consiste à imposer à la matrice approchée L_{in} (resp. U_{in}) d'avoir la même structure creuse que la partie inférieure (resp. supérieure) de A. Un algorithme général pour construire une factorisation incomplète est d'effectuer une élimination de Gauss comme suit : à chaque étape k, calculer $m_{ik} = a_{ik}^{(k)}/a_{kk}^{(k)}$ seulement si $a_{ik} \neq 0$ pour $i = k+1, \ldots, n$. Calculer alors $a_{ij}^{(k+1)}$ pour $j = k+1, \ldots, n$ seulement si $a_{ij} \neq 0$. Cet algorithme est implémenté dans le Programme 17 où la matrice L_{in} (resp. U_{in}) est progressivement écrite à la place de la partie inférieure de A (resp. supérieure).

Programme 17 - basicILU : Factorisation LU incomplète (ILU)

```
function [A] = basicILU(A)
%BASICILU Factorisation LU incomplète.
%  Y=BASICILU(A): U est stockée dans la partie triangulaire supérieure
%  de Y et L dans la partie triangulaire inférieure stricte de Y.
%  Les matrices L et U ont la même structure creuse que la matrice A
[n,m]=size(A);
if n ~= m, error('Seulement pour les matrices carrées'); end
for k=1:n-1
   for i=k+1:n,
      if A(i,k) ~= 0
         if A(k,k) == 0, error('Pivot nul'); end
         A(i,k)=A(i,k)/A(k,k);
         for j=k+1:n
            if A(i,j) ~= 0
               A(i,j)=A(i,j)-A(i,k)*A(k,j);
            end
         end
      end
   end
end
return
```

Remarquer que le fait d'avoir la même structure creuse pour L_{in} (resp. U_{in}) que pour la partie inférieure (resp. supérieure) de A, n'implique pas

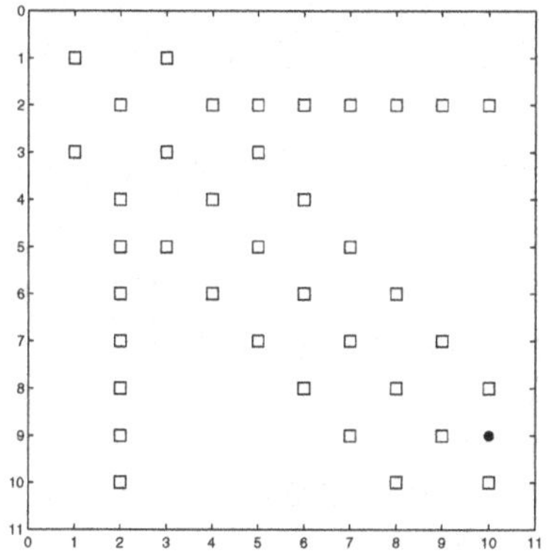

Fig. 4.3. La structure de matrice creuse de A est représentée par des carrés, et celle de $R = A - L_{in}U_{in}$, calculée par le Programme 17, par des points noirs

que R ait la même structure que A, mais garantit que $r_{ij} = 0$ si $a_{ij} \neq 0$, comme le montre la Figure 4.3.

On appelle ILU(0) la factorisation incomplète ainsi obtenue, où le "0" signifie qu'aucun remplissage (*fill-in*) n'a été introduit pendant la factorisation. Une autre stratégie pourrait être de fixer la structure de L_{in} et U_{in} indépendamment de celle de A, mais de manière à satisfaire certains critères (par exemple, que les matrices obtenues aient la structure la plus simple possible).

La précision de la factorisation ILU(0) peut être évidemment améliorée en autorisant un peu de remplissage, c'est-à-dire en acceptant qu'apparaissent des coefficients non nuls à certains endroits où les coefficients de A étaient nuls. Pour cela, on introduit une fonction, appelée *niveau de remplissage*, associée à chaque coefficient de A, et qui évolue au cours de la factorisation. Si le niveau de remplissage d'un coefficient dépasse une valeur préalablement fixée, le coefficient correspondant dans U_{in} ou L_{in} est pris égal à zéro.

Expliquons maintenant le principe du procédé quand les matrices L_{in} et U_{in} sont progressivement écrites à la place de A (comme dans le Programme 4). Le niveau de remplissage d'un coefficient $a_{ij}^{(k)}$, noté lev_{ij} – pour *fill-in level* – (l'indice k étant sous-entendu pour simplifier), est censé fournir une estimation raisonnable de la taille du coefficient durant la factorisation. On suppose en effet que si $lev_{ij} = q$ alors $a_{ij} \simeq \delta^q$ avec $\delta \in]0, 1[$, de sorte que q est d'autant plus grand que $a_{ij}^{(k)}$ est petit.

Soit $p \in \mathbb{N}$ la valeur maximale du niveau de remplissage. Au démarrage, le niveau des coefficients non nuls et des coefficients diagonaux de A est fixé à 0, et le niveau des coefficients nuls est pris égal à l'infini. Pour les lignes $i =$

$2, \ldots, n$, on effectue les opérations suivantes : si $lev_{ik} \leq p$, $k = 1, \ldots, i-1$, le coefficient m_{ik} de L_{in} et les coefficients $a_{ij}^{(k+1)}$ de U_{in}, $j = i+1, \ldots, n$, sont mis à jour. De plus, si $a_{ij}^{(k+1)} \neq 0$ la valeur lev_{ij} est choisie comme le minimum entre l'ancienne valeur de lev_{ij} et $lev_{ik} + lev_{kj} + 1$. La raison de ce choix est que $|a_{ij}^{(k+1)}| = |a_{ij}^{(k)} - m_{ik}a_{kj}^{(k)}| \simeq |\delta^{lev_{ij}} - \delta^{lev_{ik}+lev_{kj}+1}|$, et qu'on peut donc supposer que $|a_{ij}^{(k+1)}|$ est le maximum entre $\delta^{lev_{ij}}$ et $\delta^{lev_{ik}+lev_{kj}+1}$.

La procédure de factorisation que l'on vient de décrire s'appelle ILU(p) et se révèle extrêmement efficace (pour p petit) quand on la couple avec une renumérotation convenable des lignes et des colonnes de la matrice.

Le Programme 18 propose une implémentation de la factorisation ILU(p) ; il renvoie en sortie les matrices approchées L_{in} et U_{in} (stockées dans la matrice initiale `a`), avec des 1 sur la diagonale de L_{in}, et la matrice `lev` contenant le niveau de remplissage de chaque coefficient à la fin de la factorisation.

Programme 18 - ilup : Factorisation incomplète ILU(p)

```
function [A,lev]=ilup(A,p)
%ILUP Factorisation incomplète ILU(p).
%   [Y,LEV]=ILUP(A): U est stockée dans la partie triangulaire supérieure
%   de Y et L dans la partie triangulaire inférieure stricte de Y.
%   Les matrices L et U ont un niveau de remplissage P.
%   LEV contient le niveau de remplissage de chaque terme à la fin
%   de la factorisation.
[n,m]=size(A);
if n ~= m, error('Seulement pour les matrices carrées'); end
lev=Inf*ones(n,n);
i=(A~=0);
lev(i)=0,
for i=2:n
   for k=1:i-1
      if lev(i,k) <= p
         if A(k,k)==0, error('Pivot nul'); end
         A(i,k)=A(i,k)/A(k,k);
         for j=k+1:n
            A(i,j)=A(i,j)-A(i,k)*A(k,j);
            if A(i,j) ~= 0
               lev(i,j)=min(lev(i,j),lev(i,k)+lev(k,j)+1);
            end
         end
      end
   end
   for j=1:n, if lev(i,j) > p, A(i,j) = 0; end, end
end
return
```

Exemple 4.3 Considérons la matrice $\mathrm{A} \in \mathbb{R}^{46\times 46}$ associée à l'approximation par différences finies centrées de l'opérateur de Laplace $\Delta\cdot = \partial^2\cdot/\partial x_1^2 + \partial^2\cdot/\partial x_2^2$ sur le carré $\Omega = [-1,1]^2$ (voir Section 11.4 et p. ex. [IK66]). Cette matrice peut être construite avec les commandes MATLAB suivantes : `G=numgrid('B',20);` `A=delsq(G)` et correspond à la discrétisation de l'opérateur différentiel sur une sous-région de Ω ayant la forme d'un domaine extérieur à un papillon. La matrice A possède 174 coefficients non nuls. La Figure 4.4 montre la structure de la matrice A (points noirs) et les coefficients ajoutés par le remplissage liés aux factorisations ILU(1) et ILU(2) (représentés respectivement par des carrés et des triangles). Remarquer que ces coefficients sont tous contenus dans l'enveloppe de A car aucun changement de pivot n'a été effectué. •

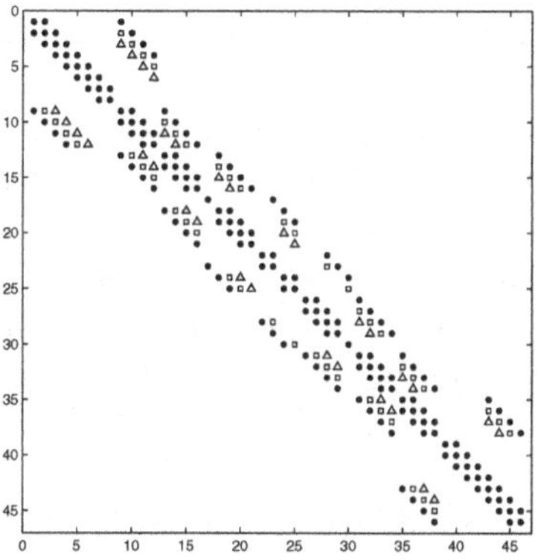

Fig. 4.4. Structure de la matrice A de l'Exemple 4.3 (*points noirs*) ; coefficients ajoutés par les factorisations ILU(1) et ILU(2) (*respectivement carrés et triangles*)

La factorisation ILU(p) peut être effectuée sans connaître la valeur des coefficients de A, mais en se donnant seulement leur niveau de remplissage. On peut donc distinguer la *factorisation symbolique* (génération des niveaux) et la *factorisation effective* (calcul des coefficients de ILU(p) en partant des informations contenues dans la fonction de niveau). Cette approche est particulièrement efficace quand on doit résoudre plusieurs systèmes linéaires dont les matrices ont la même structure et des coefficients différents.

Observer cependant que, pour certaines matrices, le niveau de remplissage n'est pas toujours un bon indicateur de la grandeur effective des coefficients. Dans ce cas, il vaut mieux contrôler la grandeur des coefficients de R et négliger les coefficients trop petits. Par exemple, on peut délaisser les éléments $a_{ij}^{(k+1)}$ tels que

$$|a_{ij}^{(k+1)}| \leq c|a_{ii}^{(k+1)} a_{jj}^{(k+1)}|^{1/2}, \qquad i,j = 1,\ldots,n,$$

avec $0 < c < 1$ (voir [Axe94]).

Dans les stratégies considérées jusqu'à présent, les coefficients qui ont été négligés ne peuvent plus être pris en compte durant la factorisation incomplète. Une alternative possible consiste par exemple à ajouter, ligne par ligne, les coefficients négligés au coefficient diagonal de U_{in}, à la fin de chaque étape de factorisation. La factorisation incomplète ainsi obtenue est connue sous le nom de MILU (pour ILU modifiée). Elle possède la propriété d'être exacte par rapport aux vecteurs constants, c'est-à-dire $\mathrm{R}\mathbf{1} = \mathbf{0}$ (voir [Axe94] pour d'autres formulations). En pratique, cette simple astuce fournit, pour une large classe de matrices, un meilleur préconditionnement que ILU.
L'existence de la factorisation ILU n'est pas garantie pour toutes les matrices inversibles (voir [Elm86] pour un exemple) et le procédé s'interrompt si un pivot nul apparaît. Des théorèmes d'existence peuvent être établis pour les M-matrices [MdV77] et les matrices à diagonale dominante [Man80].
Terminons en mentionnant la factorisation ILUT, qui possède les propriétés de ILU(p) et MILU. Cette factorisation peut aussi inclure, au prix d'une légère augmentation du coût de calcul, un changement de pivot partiel par colonnes.

Pour une implémentation efficace des factorisations incomplètes, nous renvoyons à la fonction `luinc` de la *toolbox* `sparfun` de MATLAB.

3. *Préconditionneurs polynomiaux* : la matrice de préconditionnement est définie par

$$\mathrm{P}^{-1} = p(\mathrm{A}),$$

où p est un polynôme en A, généralement de bas degré.
Considérons l'exemple important des préconditionneurs polynomiaux de Neumann. En posant $\mathrm{A} = \mathrm{D} - \mathrm{C}$, on a $\mathrm{A} = (\mathrm{I} - \mathrm{C}\mathrm{D}^{-1})\mathrm{D}$, d'où

$$\mathrm{A}^{-1} = \mathrm{D}^{-1}(\mathrm{I} - \mathrm{C}\mathrm{D}^{-1})^{-1} = \mathrm{D}^{-1}(\mathrm{I} + \mathrm{C}\mathrm{D}^{-1} + (\mathrm{C}\mathrm{D}^{-1})^2 + \ldots).$$

On peut obtenir un préconditionneur en tronquant la série à une certaine puissance p. La méthode n'est vraiment efficace que si $\rho(\mathrm{C}\mathrm{D}^{-1}) < 1$, *i.e.* si la série de Neumann est convergente.
Des préconditionneurs polynomiaux plus sophistiqués utilisent le polynôme généré par la méthode itérative de Chebyshev après un (petit) nombre d'étapes fixé (voir aussi la Section 4.3.1).

4. *Préconditionneurs par moindres carrés* : A^{-1} est approchée au sens des moindres carrés par un polynôme $p_s(\mathrm{A})$ (voir Section 3.12). Puisque le but est de rendre la matrice $\mathrm{I} - \mathrm{P}^{-1}\mathrm{A}$ aussi proche que possible de zéro,

l'approximation au sens des moindres carrés $p_s(\mathrm{A})$ est choisie de manière à minimiser la fonction $\varphi(x) = 1 - p_s(x)x$. Cette technique de préconditionnement ne fonctionne effectivement que si A est symétrique définie positive.

Pour davantage de résultats sur les préconditionneurs, voir [dV89] et [Axe94].

Exemple 4.4 Considérons la matrice A$\in \mathbb{R}^{324\times 324}$ associée à l'approximation par différences finies de l'opérateur de Laplace sur le carré $[-1,1]^2$. Cette matrice peut être générée avec les commandes MATLAB suivantes : `G=numgrid('N',20); A=delsq(G)`. Le conditionnement de la matrice est $K_2(\mathrm{A}) = 211.3$. La Table 4.1 montre les valeurs de $K_2(\mathrm{P}^{-1}\mathrm{A})$ calculées en utilisant les préconditionneurs ILU(p) et de Neumann avec $p = 0, 1, 2, 3$. Dans ce dernier cas, D est la partie diagonale de A. •

Table 4.1. Conditionnement spectral de la matrice A préconditionnée de l'Exemple 4.4 en fonction de p

p	ILU(p)	Neumann
0	22.3	211.3
1	12	36.91
2	8.6	48.55
3	5.6	18.7

Remarque 4.2 Soient A et P des matrices symétriques réelles d'ordre n, avec P définie positive. Les valeurs propres de la matrice préconditionnée $\mathrm{P}^{-1}\mathrm{A}$ vérifient

$$\mathrm{A}\mathbf{x} = \lambda \mathrm{P}\mathbf{x}, \tag{4.31}$$

où $\mathbf{x}$ est le vecteur propre associé à la valeur propre λ. L'équation (4.31) est un exemple de *problème aux valeurs propres généralisé* et la valeur propre λ peut être calculée à l'aide du quotient de Rayleigh généralisé

$$\lambda = \frac{(\mathrm{A}\mathbf{x}, \mathbf{x})}{(\mathrm{P}\mathbf{x}, \mathbf{x})}.$$

Le Théorème de Courant-Fisher donne

$$\frac{\lambda_{min}(\mathrm{A})}{\lambda_{max}(\mathrm{P})} \leq \lambda \leq \frac{\lambda_{max}(\mathrm{A})}{\lambda_{min}(\mathrm{P})}. \tag{4.32}$$

La relation (4.32) fournit un encadrement des valeurs propres de la matrice préconditionnée en fonction des valeurs propres extrémales de A et P. Elle est donc utile pour estimer le conditionnement de $\mathrm{P}^{-1}\mathrm{A}$. ■

4.3.3 La méthode du gradient

Le principal problème quand on utilise les méthodes de Richardson est le choix du paramètre d'accélération α. La formule du paramètre optimal donnée par le Théorème 4.9 requiert la connaissance des valeurs propres extrémales de la matrice $\mathrm{P}^{-1}\mathrm{A}$, elle donc inutile en pratique. Néanmoins, dans le cas particulier des matrices symétriques définies positives, le paramètre d'accélération optimal peut être calculé *dynamiquement* à chaque étape k comme suit.

On remarque tout d'abord que, pour ces matrices, la résolution du système (3.2) est équivalente à la détermination de $\mathbf{x} \in \mathbb{R}^n$ minimisant la forme quadratique

$$\Phi(\mathbf{y}) = \frac{1}{2}\mathbf{y}^T\mathrm{A}\mathbf{y} - \mathbf{y}^T\mathbf{b},$$

appelée *énergie du système* (3.2). En effet, si on calcule le gradient de Φ, on obtient

$$\nabla\Phi(\mathbf{y}) = \frac{1}{2}(\mathrm{A}^T + \mathrm{A})\mathbf{y} - \mathbf{b} = \mathrm{A}\mathbf{y} - \mathbf{b}, \tag{4.33}$$

car A est symétrique. Par conséquent, si $\nabla\Phi(\mathbf{x}) = \mathbf{0}$ alors $\mathbf{x}$ est une solution du système original. Inversement, si le vecteur $\mathbf{x}$ est une solution, alors il minimise la fonctionnelle Φ. Cette propriété est immédiate si on remarque que

$$\Phi(\mathbf{y}) = \Phi(\mathbf{x} + (\mathbf{y} - \mathbf{x})) = \Phi(\mathbf{x}) + \frac{1}{2}(\mathbf{y} - \mathbf{x})^T\mathrm{A}(\mathbf{y} - \mathbf{x}) \qquad \forall \mathbf{y} \in \mathbb{R}^n$$

et donc $\Phi(\mathbf{y}) > \Phi(\mathbf{x})$ pour $\mathbf{y} \neq \mathbf{x}$.

Des considérations similaires nous permettent de relier la recherche d'un minimiseur de Φ à la minimisation de l'erreur $\mathbf{y} - \mathbf{x}$ en norme-A ou *norme de l'énergie*, définie en (1.30) ; en effet

$$\frac{1}{2}\|\mathbf{y} - \mathbf{x}\|_{\mathrm{A}}^2 = \Phi(\mathbf{y}) - \Phi(\mathbf{x}). \tag{4.34}$$

Le problème est donc de déterminer le minimiseur $\mathbf{x}$ de Φ en partant d'un point $\mathbf{x}^{(0)} \in \mathbb{R}^n$, ce qui revient à déterminer des directions de déplacement qui permettent de se rapprocher le plus possible de la solution $\mathbf{x}$. La direction optimale, *i.e.* celle qui relie le point de départ $\mathbf{x}^{(0)}$ à la solution $\mathbf{x}$, est évidemment inconnue *a priori*. On doit donc effectuer un pas à partir de $\mathbf{x}^{(0)}$ le long d'une direction $\mathbf{p}^{(0)}$, puis fixer le long de celle-ci un nouveau point $\mathbf{x}^{(1)}$ à partir duquel on itère le procédé jusqu'à convergence.

Ainsi, à l'étape k, $\mathbf{x}^{(k+1)}$ est déterminé par

$$\mathbf{x}^{(k+1)} = \mathbf{x}^{(k)} + \alpha_k\mathbf{p}^{(k)}, \tag{4.35}$$

où α_k est la valeur qui fixe la longueur du pas le long de $\mathbf{d}^{(k)}$. L'idée la plus naturelle est de prendre la direction de descente de pente maximale $\nabla\Phi(\mathbf{x}^{(k)})$. C'est la *méthode du gradient* ou *méthode de plus profonde descente.*

D'après (4.33), $\nabla\Phi(\mathbf{x}^{(k)}) = \mathrm{A}\mathbf{x}^{(k)} - \mathbf{b} = -\mathbf{r}^{(k)}$, la direction du gradient de Φ coïncide donc avec le résidu et peut être immédiatement calculée en utilisant la valeur $\mathbf{x}^{(k)}$. Ceci montre que la méthode du gradient, comme celle de Richardson (4.23) avec $\mathrm{P} = \mathrm{I}$, revient à se déplacer à chaque étape k le long de la direction $\mathbf{p}^{(k)} = \mathbf{r}^{(k)} = -\nabla\Phi(\mathbf{x}^{(k)})$, avec un paramètre α_k à déterminer.

Afin de calculer ce paramètre, remarquons que la restriction de la fonctionnelle Φ le long de $\mathbf{x}^{(k+1)}$ admet un minimum local ; ceci suggère de choisir α_k dans (4.35) afin d'atteindre exactement le minimum local. Pour cela, écrivons explicitement la restriction de Φ à $\mathbf{x}^{(k+1)}$ en fonction d'un paramètre α

$$\Phi(\mathbf{x}^{(k+1)}) = \frac{1}{2}(\mathbf{x}^{(k)} + \alpha\mathbf{r}^{(k)})^T\mathrm{A}(\mathbf{x}^{(k)} + \alpha\mathbf{r}^{(k)}) - (\mathbf{x}^{(k)} + \alpha\mathbf{r}^{(k)})^T\mathbf{b}.$$

En écrivant que la dérivée par rapport à α vaut zéro, on obtient la valeur voulue de α_k

$$\alpha_k = \frac{\mathbf{r}^{(k)^T}\mathbf{r}^{(k)}}{\mathbf{r}^{(k)^T}\mathrm{A}\mathbf{r}^{(k)}}. \tag{4.36}$$

On vient ainsi d'obtenir une expression dynamique du paramètre d'accélération qui ne dépend que du résidu à la k-ième itération. Pour cette raison, la méthode de Richardson instationnaire utilisant (4.36) pour évaluer le paramètre d'accélération est aussi appelée *méthode du gradient avec paramètre dynamique* (ou *méthode du gradient à pas optimal*), pour la distinguer de la méthode de Richardson stationnaire (4.22) (appelée aussi *méthode du gradient à pas fixe*) où $\alpha_k = \alpha$ est constant pour tout $k \geq 0$.

Remarquons que la ligne passant par $\mathbf{x}^{(k)}$ et $\mathbf{x}^{(k+1)}$ est tangente à la surface de niveau ellipsoïdale $\{\mathbf{x} \in \mathbb{R}^n : \Phi(\mathbf{x}) = \Phi(\mathbf{x}^{(k+1)})\}$ au point $\mathbf{x}^{(k+1)}$ (voir aussi Figure 4.5).

En résumé, la méthode du gradient peut donc s'écrire :
étant donné $\mathbf{x}^{(0)} \in \mathbb{R}^n$, poser $\mathbf{r}^{(0)} = \mathbf{b} - \mathrm{A}\mathbf{x}^{(0)}$, calculer pour $k = 0, 1, \ldots$ jusqu'à convergence

$$\alpha_k = \frac{\mathbf{r}^{(k)^T}\mathbf{r}^{(k)}}{\mathbf{r}^{(k)^T}\mathrm{A}\mathbf{r}^{(k)}},$$

$$\mathbf{x}^{(k+1)} = \mathbf{x}^{(k)} + \alpha_k\mathbf{r}^{(k)},$$

$$\mathbf{r}^{(k+1)} = \mathbf{r}^{(k)} - \alpha_k\mathrm{A}\mathbf{r}^{(k)}.$$

Théorème 4.10 *Soit* A *une matrice symétrique définie positive ; alors la méthode du gradient est convergente pour n'importe quelle donnée initiale* $\mathbf{x}^{(0)}$ *et*

$$\|\mathbf{e}^{(k+1)}\|_{\mathrm{A}} \leq \frac{K_2(\mathrm{A}) - 1}{K_2(\mathrm{A}) + 1}\|\mathbf{e}^{(k)}\|_{\mathrm{A}}, \qquad k = 0, 1, \ldots, \tag{4.37}$$

où $\|\cdot\|_{\mathrm{A}}$ *est la norme de l'énergie définie en* (1.30).

Démonstration. Soit $\mathbf{x}^{(k)}$ la solution construite par la méthode du gradient à la k-ième itération et soit $\mathbf{x}_R^{(k+1)}$ le vecteur construit après un pas de Richardson à pas optimal non préconditionné en partant de $\mathbf{x}^{(k)}$, autrement dit $\mathbf{x}_R^{(k+1)} = \mathbf{x}^{(k)} + \alpha_{opt}\mathbf{r}^{(k)}$.

Grâce au Corollaire 4.1 et à (4.27), on a

$$\|\mathbf{e}_R^{(k+1)}\|_{\mathrm{A}} \leq \frac{K_2(\mathrm{A})-1}{K_2(\mathrm{A})+1}\|\mathbf{e}^{(k)}\|_{\mathrm{A}},$$

où $\mathbf{e}_R^{(k+1)} = \mathbf{x}_R^{(k+1)} - \mathbf{x}$. De plus, d'après (4.34), le vecteur $\mathbf{x}^{(k+1)}$ généré par la méthode du gradient est celui qui minimise la A-norme de l'erreur sur l'ensemble des vecteurs de la forme $\mathbf{x}^{(k)} + \theta\mathbf{r}^{(k)}$, où $\theta \in \mathbb{R}$. Par conséquent, $\|\mathbf{e}^{(k+1)}\|_{\mathrm{A}} \leq \|\mathbf{e}_R^{(k+1)}\|_{\mathrm{A}}$. C'est le résultat voulu. ◇

On considère maintenant la méthode du gradient préconditionné et on suppose que la matrice P est symétrique définie positive. Dans ce cas, la valeur optimale de α_k dans l'algorithme (4.24) est

$$\alpha_k = \frac{\mathbf{z}^{(k)^T}\mathbf{r}^{(k)}}{\mathbf{z}^{(k)^T}\mathrm{A}\mathbf{z}^{(k)}}$$

et on a

$$\|\mathbf{e}^{(k+1)}\|_{\mathrm{A}} \leq \frac{K_2(\mathrm{P}^{-1}\mathrm{A})-1}{K_2(\mathrm{P}^{-1}\mathrm{A})+1}\|\mathbf{e}^{(k)}\|_{\mathrm{A}}.$$

Pour la preuve de ce résultat de convergence, voir par exemple [QV94], Section 2.4.1.

La relation (4.37) montre que la convergence de la méthode du gradient peut être assez lente si $K_2(\mathrm{A}) = \lambda_1/\lambda_n$ est grand. On peut donner une interprétation géométrique simple de ce résultat dans le cas $n = 2$. Supposons que $\mathrm{A}=\mathrm{diag}(\lambda_1, \lambda_2)$, avec $0 < \lambda_2 \leq \lambda_1$ et $\mathbf{b} = [b_1, b_2]^T$. Dans ce cas, les courbes correspondant à $\Phi(x_1, x_2) = c$, pour c décrivant $\mathbb{R}^+$, forment une suite d'ellipses concentriques dont les demi-axes ont une longueur inversement proportionnelle à λ_1 et λ_2. Si $\lambda_1 = \lambda_2$, les ellipses dégénèrent en cercles et la direction du gradient croise directement le centre. La méthode du gradient converge alors en une itération. Inversement, si $\lambda_1 \gg \lambda_2$, les ellipses deviennent très excentriques et la méthode converge assez lentement le long d'une trajectoire en “zigzag”, comme le montre la Figure 4.5.

Le Programme 19 donne une implémentation MATLAB de la méthode du gradient avec paramètre dynamique. Ici, comme dans les programmes des sections à venir, les paramètres en entrée `A`, `x`, `b`, `P`, `nmax` et `tol` représentent respectivement la matrice du système linéaire, la donnée initiale $\mathbf{x}^{(0)}$, le second membre, un préconditionneur éventuel, le nombre maximum d'itérations admissible et une tolérance pour le test d'arrêt. Ce test d'arrêt vérifie que le quotient $\|\mathbf{r}^{(k)}\|_2/\|\mathbf{b}\|_2$ est inférieur à `tol`. Les paramètres de sortie du code sont : le nombre d'itérations `iter` effectuées pour remplir les conditions de convergence, le vecteur `x` contenant la solution calculée après `iter` itérations et le résidu normalisé `relres` $= \|\mathbf{r}^{(\mathtt{iter})}\|_2/\|\mathbf{b}\|_2$. Si `flag` vaut zéro, l'algo-

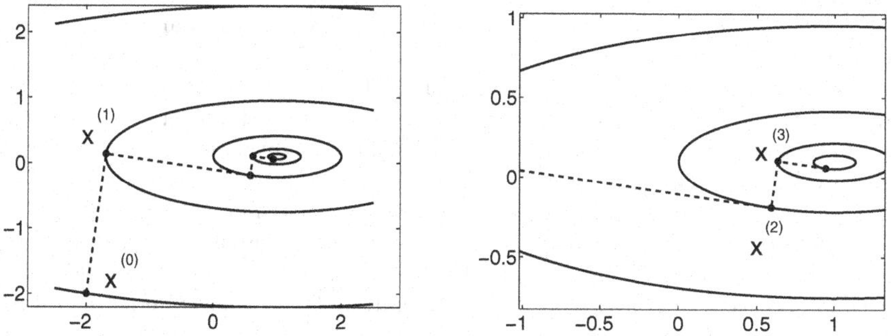

Fig. 4.5. Les premières itérées de la méthode du gradient le long des courbes de niveau de Φ

rithme a effectivement satisfait le critère d'arrêt (*i.e.* le nombre maximum d'itérations admissible n'a pas été atteint).

Programme 19 - gradient : Méthode du gradient à pas optimal

```
function [x,relres,iter,flag]=gradient(A,b,x,P,nmax,tol)
%GRADIENT Méthode du gradient
% [X,RELRES,ITER,FLAG]=GRADIENT(A,B,X0,P,NMAX,TOL) tente
% de résoudre le système A*X=B avec la méthode du gradient. TOL est la
% tolérance de la méthode. NMAX est le nombre maximal d'itérations.
% X0 est la donnée initiale. P est un préconditionneur. RELRES est le
% residu relatif. Si FLAG vaut 1, alors RELRES > TOL.
% ITER est l'itération à laquelle X est calculé.
[n,m]=size(A);
if n ~= m, error('Seulement les systèmes carrés'); end
flag = 0; iter = 0; bnrm2 = norm( b );
if bnrm2==0, bnrm2 = 1; end
r=b-A*x; relres=norm(r)/bnrm2;
if relres<tol, return, end
for iter=1:nmax
   z=P\r;
   rho=r'*z;
   q=A*z;
   alpha=rho/(z'*q);
   x=x+alpha*z;
   r=r-alpha*q;
   relres=norm(r)/bnrm2;
   if relres<=tol, break, end
end
if relres>tol, flag = 1; end
return
```

Exemple 4.5 Résolvons par la méthode du gradient le système linéaire associé à la matrice $A_m \in \mathbb{R}^{m\times m}$ construite dans MATLAB par les commandes `G=numgrid('S',n); A=delsq(G)` avec $m = (n-2)^2$. Cette matrice provient de la discrétisation de l'opérateur de Laplace sur le domaine $[-1,1]^2$. Le second membre $\mathbf{b}_m$ est tel que la solution exacte soit le vecteur $\mathbf{1}^T \in \mathbb{R}^m$. La matrice A_m est symétrique définie positive pour tout m et elle est mal conditionnée pour m grand. On exécute le Programme 19 pour $m = 16$ et $m = 400$, avec $\mathbf{x}^{(0)} = \mathbf{0}$, `tol`$=10^{-10}$ et `nmax`$=200$. Si $m = 400$, la méthode ne parvient pas à satisfaire le critère d'arrêt dans le nombre d'itérations imparti et le résidu décroît très lentement (voir Figure 4.6). Dans ce cas en effet $K_2(A_{400}) \simeq 258$. En revanche, si on préconditionne le système avec la matrice $P = R_{in}^T R_{in}$, où R_{in} est la matrice triangulaire inférieure de la factorisation de Cholesky incomplète de A, l'algorithme satisfait le test d'arrêt dans le nombre d'itérations fixé (à présent $K_2(P^{-1}A_{400}) \simeq 38$). •

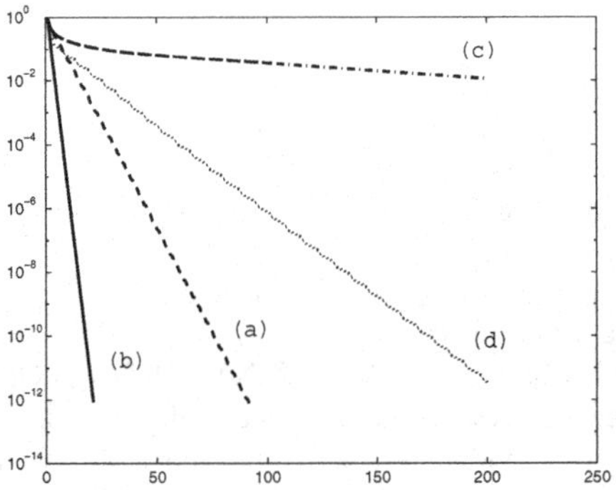

Fig. 4.6. Résidu normalisé par le résidu initial en fonction du nombre d'itérations pour la méthode du gradient appliquée aux systèmes de l'Exemple 4.5. Les courbes (a) et (b) concernent le cas $m = 16$ *sans* et *avec* préconditionnement, les courbes (c) et (d) concernent le cas $m = 400$ *sans* et *avec* préconditionnement

4.3.4 La méthode du gradient conjugué

La méthode du gradient consiste essentiellement en deux phases : choisir une direction de descente (celle du résidu) et un point où Φ atteint un minimum local le long de cette direction. La seconde phase est indépendante de la première. En effet, étant donné une direction $\mathbf{p}^{(k)}$, on peut choisir α_k comme étant la valeur du paramètre α telle que $\Phi(\mathbf{x}^{(k)} + \alpha\mathbf{p}^{(k)})$ est minimum. En écrivant que la dérivée par rapport à α s'annule au point où la fonction admet un minimum local, on obtient

$$\alpha_k = \frac{\mathbf{p}^{(k)^T}\mathbf{r}^{(k)}}{\mathbf{p}^{(k)^T}A\mathbf{p}^{(k)}}, \tag{4.38}$$

(ce qui redonne (4.36) quand $\mathbf{p}^{(k)} = \mathbf{r}^{(k)}$). On peut se demander si un autre choix de direction de recherche $\mathbf{p}^{(k)}$ ne pourrait pas donner une convergence plus rapide que la méthode de Richardson quand $K_2(\mathrm{A})$ est grand. Comme on a, d'après (4.35),

$$\mathbf{r}^{(k+1)} = \mathbf{r}^{(k)} - \alpha_k \mathrm{A}\mathbf{p}^{(k)}, \qquad (4.39)$$

la relation (4.38) donne

$$(\mathbf{p}^{(k)})^T \mathbf{r}^{(k+1)} = 0,$$

donc le nouveau résidu devient orthogonal à la direction de recherche. Pour l'itération suivante, la statégie consiste à trouver une nouvelle direction de recherche $\mathbf{p}^{(k+1)}$ telle que

$$(\mathrm{A}\mathbf{p}^{(j)})^T \mathbf{p}^{(k+1)} = 0, \qquad j = 0, \ldots, k. \qquad (4.40)$$

Voyons comment les $k+1$ relations (4.40) peuvent s'obtenir en pratique.

Supposons que pour $k \geq 1$, les directions $\mathbf{p}^{(0)}, \mathbf{p}^{(1)}, \ldots, \mathbf{p}^{(k)}$ soient *deux à deux conjuguées* (ou *A-orthogonales*), c'est-à-dire

$$(\mathrm{A}\mathbf{p}^{(i)})^T \mathbf{p}^{(j)} = 0, \qquad \forall i, j = 0, \ldots, k, \; i \neq j. \qquad (4.41)$$

Ceci est possible (en arithmétique exacte) à condition que $k < n$. Supposons aussi, sans perte de généralité, que

$$(\mathbf{p}^{(j)})^T \mathbf{r}^{(k)} = 0, \qquad j = 0, 1, \ldots, k-1. \qquad (4.42)$$

Alors, pour tout $k \geq 0$, le nouveau résidu $\mathbf{r}^{(k+1)}$ est orthogonal aux directions $\mathbf{p}^{(j)}$, $j = 0, \ldots, k$, c'est-à-dire

$$(\mathbf{p}^{(j)})^T \mathbf{r}^{(k+1)} = 0, \qquad j = 0, \ldots, k. \qquad (4.43)$$

Ceci peut se montrer par récurrence sur k. Pour $k = 0$, $\mathbf{r}^{(1)} = \mathbf{r}^{(0)} - \alpha_0 \mathrm{A}\mathbf{r}^{(0)}$, donc $(\mathbf{p}^{(0)})^T \mathbf{r}^{(1)} = 0$ puisque $\alpha_0 = (\mathbf{p}^{(0)})^T \mathbf{r}^{(0)} / ((\mathbf{p}^{(0)})^T \mathrm{A}\mathbf{p}^{(0)})$, d'où (4.42). L'équation (4.39) implique (A étant symétrique)

$$(\mathbf{p}^{(j)})^T \mathbf{r}^{(k+1)} = (\mathbf{p}^{(j)})^T \mathbf{r}^{(k)} - \alpha_k (\mathrm{A}\mathbf{p}^{(j)})^T \mathbf{p}^{(k)}.$$

Mis à part pour $j = k$, $(\mathrm{A}\mathbf{p}^{(j)})^T \mathbf{p}^{(k)}$ vaut zéro d'après (4.41), tandis $(\mathbf{p}^{(j)})^T \mathbf{r}^{(k)}$ vaut zéro par hypothèse de récurrence. De plus, quand $j = k$ le second membre est nul à cause du choix (4.38) de α_k.

Il ne reste qu'à construire de manière efficace la suite des directions de recherche $\mathbf{p}^{(0)}, \mathbf{p}^{(1)}, \ldots, \mathbf{p}^{(k)}$ en les rendant deux à deux A-orthogonales. Pour celà, soit

$$\mathbf{p}^{(k+1)} = \mathbf{r}^{(k+1)} - \beta_k \mathbf{p}^{(k)}, \qquad k = 0, 1, \ldots, \qquad (4.44)$$

où $\mathbf{p}^{(0)} = \mathbf{r}^{(0)}$ et où $\beta_0, \beta_1, \ldots$ sont à déterminer. En utilisant (4.44) dans (4.40) pour $j = k$, on trouve

$$\beta_k = \frac{(\mathrm{A}\mathbf{p}^{(k)})^T \mathbf{r}^{(k+1)}}{(\mathrm{A}\mathbf{p}^{(k)})^T \mathbf{p}^{(k)}}, \qquad k = 0, 1, \ldots. \qquad (4.45)$$

On remarque aussi que, pour tout $j = 0, \ldots, k$, la relation (4.44) implique

$$(\mathbf{Ap}^{(j)})^T \mathbf{p}^{(k+1)} = (\mathbf{Ap}^{(j)})^T \mathbf{r}^{(k+1)} - \beta_k (\mathbf{Ap}^{(j)})^T \mathbf{p}^{(k)}.$$

Par hypothèse de récurrence pour $j \leq k-1$, le dernier produit scalaire est nul. Montrons que c'est aussi le cas du premier produit scalaire du second membre. Soit $V_k = \text{vect}(\mathbf{p}^{(0)}, \ldots, \mathbf{p}^{(k)})$. Si on choisit $\mathbf{p}^{(0)} = \mathbf{r}^{(0)}$, on voit avec (4.44) que V_k peut aussi s'exprimer comme $V_k = \text{vect}(\mathbf{r}^{(0)}, \ldots, \mathbf{r}^{(k)})$. Donc, $\mathbf{Ap}^{(k)} \in V_{k+1}$ pour tout $k \geq 0$ d'après (4.39). Comme $\mathbf{r}^{(k+1)}$ est orthogonal à tout vecteur de V_k (voir (4.43)),

$$(\mathbf{Ap}^{(j)})^T \mathbf{r}^{(k+1)} = 0, \qquad j = 0, 1, \ldots, k-1.$$

On a donc prouvé (4.40) par récurrence sur k, dès lors que les directions A-orthogonales sont choisies comme en (4.44) et (4.45).

La méthode du gradient conjugué (notée GC) est la méthode obtenue en choisissant comme directions de descente les vecteurs $\mathbf{p}^{(k)}$ donnés par (4.44) et comme paramètres d'accélération les α_k définis en (4.38). Par conséquent, étant donné $\mathbf{x}^{(0)} \in \mathbb{R}^n$, en posant $\mathbf{r}^{(0)} = \mathbf{b} - \mathbf{Ax}^{(0)}$ et $\mathbf{p}^{(0)} = \mathbf{r}^{(0)}$, la k-ième itération de la méthode du gradient conjugué s'écrit

$$\begin{aligned}
\alpha_k &= \frac{\mathbf{p}^{(k)^T} \mathbf{r}^{(k)}}{\mathbf{p}^{(k)^T} \mathbf{Ap}^{(k)}}, \\
\mathbf{x}^{(k+1)} &= \mathbf{x}^{(k)} + \alpha_k \mathbf{p}^{(k)}, \\
\mathbf{r}^{(k+1)} &= \mathbf{r}^{(k)} - \alpha_k \mathbf{Ap}^{(k)}, \\
\beta_k &= \frac{(\mathbf{Ap}^{(k)})^T \mathbf{r}^{(k+1)}}{(\mathbf{Ap}^{(k)})^T \mathbf{p}^{(k)}}, \\
\mathbf{p}^{(k+1)} &= \mathbf{r}^{(k+1)} - \beta_k \mathbf{p}^{(k)}.
\end{aligned}$$

On peut montrer que les deux paramètres α_k et β_k peuvent aussi s'exprimer ainsi (voir Exercice 10) :

$$\alpha_k = \frac{\|\mathbf{r}^{(k)}\|_2^2}{\mathbf{p}^{(k)^T} \mathbf{Ap}^{(k)}}, \quad \beta_k = -\frac{\|\mathbf{r}^{(k+1)}\|_2^2}{\|\mathbf{r}^{(k)}\|_2^2}. \tag{4.46}$$

Remarquons enfin qu'en éliminant la direction de descente de $\mathbf{r}^{(k+1)} = \mathbf{r}^{(k)} - \alpha_k \mathbf{Ap}^{(k)}$, on obtient la relation de récurrence à trois termes sur les résidus (voir Exercice 11)

$$\mathbf{Ar}^{(k)} = -\frac{1}{\alpha_k} \mathbf{r}^{(k+1)} + \left(\frac{1}{\alpha_k} - \frac{\beta_{k-1}}{\alpha_{k-1}} \right) \mathbf{r}^{(k)} + \frac{\beta_k}{\alpha_{k-1}} \mathbf{r}^{(k-1)}. \tag{4.47}$$

Concernant la convergence de la méthode du gradient conjugué, on a les résultats suivants.

Théorème 4.11 *Soit* A *une matrice symétrique définie positive d'ordre* n. *Toute méthode qui utilise des directions conjuguées pour résoudre* (3.2) *conduit à la solution exacte en au plus* n *itérations.*

Démonstration. Les directions $\mathbf{p}^{(0)}, \mathbf{p}^{(1)}, \ldots, \mathbf{p}^{(n-1)}$ forment une base A-orthogonale de $\mathbb{R}^n$. De plus, puisque $\mathbf{x}^{(k)}$ est optimal par rapport à toutes les directions $\mathbf{p}^{(j)}, j = 0, \ldots, k-1$, le vecteur $\mathbf{r}^{(k)}$ est orthogonal à l'espace $V_{k-1} = \text{vect}(\mathbf{p}^{(0)}, \mathbf{p}^{(1)}, \ldots, \mathbf{p}^{(k-1)})$. Par conséquent, $\mathbf{r}^{(n)} \perp V_{n-1} = \mathbb{R}^n$ et donc $\mathbf{r}^{(n)} = \mathbf{0}$ ce qui implique $\mathbf{x}^{(n)} = \mathbf{x}$. ◇

Revenons à l'exemple de la Section 4.3.3. La Figure 4.7 permet de comparer les performances des méthodes du gradient conjugué (GC) et du gradient (G). Dans ce cas ($n = 2$), GC converge en deux itérations grâce à la propriété de A-orthogonalité, tandis que la méthode du gradient converge très lentement, à cause des trajectoires en "zig-zag" des directions de recherche.

Théorème 4.12 *Soit* A *une matrice symétrique définie positive. La méthode du gradient conjugué pour la résolution de* (3.2) *converge après au plus* n *étapes. De plus, l'erreur* $\mathbf{e}^{(k)}$ *à la* k*-ième itération (avec* $k < n$*) est orthogonale à* $\mathbf{p}^{(j)}$, *pour* $j = 0, \ldots, k-1$ *et*

$$\|\mathbf{e}^{(k)}\|_A \leq \frac{2c^k}{1+c^{2k}} \|\mathbf{e}^{(0)}\|_A \quad \textit{avec } c = \frac{\sqrt{K_2(A)} - 1}{\sqrt{K_2(A)} + 1}. \tag{4.48}$$

Démonstration. La convergence de GC en n étapes est une conséquence du Théorème 4.11. Pour l'estimation de l'erreur, voir p. ex. [QSS07]. ◇

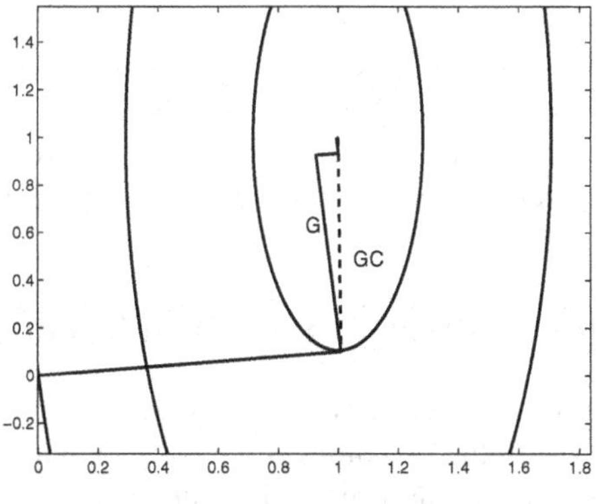

Fig. 4.7. Directions de descente pour la méthode du gradient conjuguée (notée GC, *pointillés*) et pour la méthode du gradient (notée G, *traits pleins*). Remarquer que GC converge vers la solution en deux itérations

La k-ième itération de la méthode du gradient conjugué n'est bien définie que si la direction de descente $\mathbf{p}^{(k)}$ est non nulle. En outre, si $\mathbf{p}^{(k)} = \mathbf{0}$, alors l'itérée $\mathbf{x}^{(k)}$ doit coïncider avec la solution $\mathbf{x}$ du système. De plus, on peut montrer (voir [Axe94], p. 463), indépendamment du paramètre β_k, que la suite $\mathbf{x}^{(k)}$ générée par GC satisfait la propriété suivante : ou bien $\mathbf{x}^{(k)} \neq \mathbf{x}$, $\mathbf{p}^{(k)} \neq \mathbf{0}$, $\alpha_k \neq 0$ pour tout k, ou bien il existe un entier m tel que $\mathbf{x}^{(m)} = \mathbf{x}$, où $\mathbf{x}^{(k)} \neq \mathbf{x}$, $\mathbf{p}^{(k)} \neq \mathbf{0}$ et $\alpha_k \neq 0$ pour $k = 0, 1, \ldots, m-1$.

Le choix particulier fait pour β_k en (4.46) assure que $m \leq n$. En l'absence d'erreur d'arrondi, la méthode du gradient conjugué peut donc être vue comme une méthode directe puisqu'elle converge en un nombre fini d'étapes. Néanmoins, pour les matrices de grandes tailles, elle est généralement utilisée comme méthode itérative puisqu'on l'interrompt dès que l'erreur devient inférieure à une tolérance fixée. De ce point de vue, la dépendance de l'erreur par rapport au conditionnement de la matrice est plus favorable que pour la méthode du gradient. Signalons également que l'estimation (4.48) est souvent beaucoup trop pessimiste et ne prend pas en compte le fait que dans cette méthode, et contrairement à la méthode du gradient, la convergence est influencée par la *totalité* du spectre de A, et pas seulement par les valeurs propres extrémales.

Remarque 4.3 (effet des erreurs d'arrondi) La méthode du gradient conjugué ne converge en un nombre fini d'étapes qu'en arithmétique exacte. L'accumulation des erreurs d'arrondi détruit l'A-orthogonalité des directions de descente et peut même provoquer des divisions par zéro lors du calcul des coefficients α_k et β_k. Ce dernier phénomène (appelé *breakdown* dans la littérature anglo-saxonne) peut être évité grâce à des procédés de stabilisation ; on parle alors de méthodes de gradient stabilisées.

Il se peut, malgré ces stratégies, que GC ne converge pas (en arithmétique finie) après n itérations. Dans ce cas, la seule possibilité raisonnable est de redémarrer les itérations avec le dernier résidu calculé. On obtient alors la méthode du *gradient conjugué cyclique* ou *méthode du gradient conjugué avec redémarrage*, qui ne possède pas les propriétés de convergence de GC. ■

4.3.5 La méthode du gradient conjugué préconditionné

Si P est une matrice de préconditionnement symétrique définie positive, la méthode du gradient conjugué préconditionné consiste à appliquer la méthode du gradient conjugué au système préconditionné

$$\mathrm{P}^{-1/2}\mathrm{A}\mathrm{P}^{-1/2}\mathbf{y} = \mathrm{P}^{-1/2}\mathbf{b} \qquad \text{avec } \mathbf{y} = \mathrm{P}^{1/2}\mathbf{x}.$$

En pratique, la méthode est implémentée sans calculer explicitement $\mathrm{P}^{1/2}$ ou $\mathrm{P}^{-1/2}$. Après un peu d'algèbre, on obtient le schéma suivant :

on se donne $\mathbf{x}^{(0)} \in \mathbb{R}^n$ et on pose $\mathbf{r}^{(0)} = \mathbf{b} - \mathrm{A}\mathbf{x}^{(0)}$, $\mathbf{z}^{(0)} = \mathrm{P}^{-1}\mathbf{r}^{(0)}$ et $\mathbf{p}^{(0)} = \mathbf{z}^{(0)}$, la k-ième itération s'écrit alors

$$\alpha_k = \frac{\mathbf{z}^{(k)^T}\mathbf{r}^{(k)}}{\mathbf{p}^{(k)^T}\mathrm{A}\mathbf{p}^{(k)}},$$

$$\mathbf{x}^{(k+1)} = \mathbf{x}^{(k)} + \alpha_k \mathbf{p}^{(k)},$$

$$\mathbf{r}^{(k+1)} = \mathbf{r}^{(k)} - \alpha_k \mathrm{A}\mathbf{p}^{(k)},$$

$$\mathrm{P}\mathbf{z}^{(k+1)} = \mathbf{r}^{(k+1)},$$

$$\beta_k = \frac{\mathbf{z}^{(k+1)^T}\mathbf{r}^{(k+1)}}{\mathbf{z}^{(k)^T}\mathbf{r}^{(k)}},$$

$$\mathbf{p}^{(k+1)} = \mathbf{z}^{(k+1)} + \beta_k \mathbf{p}^{(k)}.$$

Le coût du calcul est plus élevé que pour GC puisqu'on doit résoudre à chaque itération le système linéaire $\mathrm{P}\mathbf{z}^{(k+1)} = \mathbf{r}^{(k+1)}$. Pour ce système, on peut utiliser les préconditionneurs symétriques vus à la Section 4.3.2. L'estimation de l'erreur est la même que pour la méthode non préconditionnée, à condition de remplacer A par $\mathrm{P}^{-1}\mathrm{A}$.

Nous donnons dans le Programme 20 une implémentation MATLAB du gradient conjugué préconditionné. Pour une description des paramètres en entrée et en sortie, voir le Programme 19.

Programme 20 - conjgrad : Méthode du gradient conjugué préconditionné

```
function [x,relres,iter,flag]=conjgrad(A,b,x,P,nmax,tol)
%CONJGRAD Méthode du gradient conjugué
% [X,RELRES,ITER,FLAG]=CONJGRAD(A,B,X0,P,NMAX,TOL) tente
% de résoudre le système A*X=B avec la méthode du gradient conjugué. TOL est
% la tolérance de la méthode. NMAX est le nombre maximum d'itérations.
% X0 est la donnée initiale. P est un préconditionneur. RELRES est le residu
% relatif. Si FLAG vaut 1, alors RELRES > TOL. ITER est l'itération
% à laquelle la solution X a été calculée.
flag=0; iter=0; bnrm2=norm(b);
if bnrm2==0, bnrm2=1; end
r=b-A*x; relres=norm(r)/bnrm2;
if relres<tol, return, end
for iter = 1:nmax
   z=P\r; rho=r'*z;
   if iter>1
      beta=rho/rho1;
      p=z+beta*p;
   else
      p=z;
```

```
    end
    q=A*p;
    alpha=rho/(p'*q);
    x=x+alpha*p;
    r=r-alpha*q;
    relres=norm(r)/bnrm2;
    if relres<=tol, break, end
    rho1 = rho;
end
if relres>tol, flag = 1; end
return
```

Exemple 4.6 Considérons à nouveau le système linéaire de l'Exemple 4.5. La méthode converge en 3 itérations pour $m = 16$ et en 45 itérations pour $m = 400$; En utilisant le même préconditionneur que dans l'Exemple 4.5, le nombre d'itérations passe de 45 à 26 dans le cas $m = 400$. •

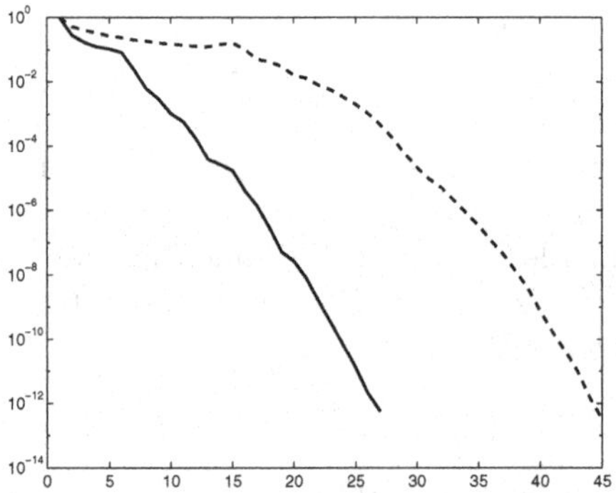

Fig. 4.8. Comportement du résidu (normalisé par le second membre) en fonction du nombre d'itérations pour la méthode du gradient conjugué appliquée aux systèmes de l'Exemple 4.5 pour $m = 400$. Les deux courbes se rapportent respectivement aux méthodes non préconditionnée et préconditionnée

4.4 Méthodes de Krylov

Nous introduisons dans cette section les méthodes basées sur les sous-espaces de Krylov. Pour les démonstrations et pour plus de détails nous renvoyons à [Saa96], [Axe94] et [Hac94].

Considérons la méthode de Richardson (4.23) avec P=I ; la relation entre le k-ième résidu et le résidu initial est donnée par

$$\mathbf{r}^{(k)} = \prod_{j=0}^{k-1} (\mathrm{I} - \alpha_j \mathrm{A})\mathbf{r}^{(0)}. \tag{4.49}$$

Autrement dit $\mathbf{r}^{(k)} = p_k(\mathrm{A})\mathbf{r}^{(0)}$, où $p_k(\mathrm{A})$ est un polynôme en A de degré k. Si on définit l'espace

$$K_m(\mathrm{A};\mathbf{v}) = \text{vect}\left\{\mathbf{v}, \mathrm{A}\mathbf{v}, \ldots, \mathrm{A}^{m-1}\mathbf{v}\right\}, \tag{4.50}$$

il est immédiat d'après (4.49) que $\mathbf{r}^{(k)} \in K_{k+1}(\mathrm{A};\mathbf{r}^{(0)})$. L'espace (4.50) est appelé *sous-espace de Krylov* d'ordre m. C'est un sous-espace de l'espace engendré par tous les vecteurs $\mathbf{u} \in \mathbb{R}^n$ de la forme $\mathbf{u} = p_{m-1}(\mathrm{A})\mathbf{v}$, où p_{m-1} est un polynôme en A de degré $\leq m-1$.

De manière analogue à (4.49), on montre que l'itérée $\mathbf{x}^{(k)}$ de la méthode de Richardson est donnée par

$$\mathbf{x}^{(k)} = \mathbf{x}^{(0)} + \sum_{j=0}^{k-1} \alpha_j \mathbf{r}^{(j)}.$$

L'itérée $\mathbf{x}^{(k)}$ appartient donc à l'espace

$$W_k = \left\{\mathbf{v} = \mathbf{x}^{(0)} + \mathbf{y},\ \mathbf{y} \in K_k(\mathrm{A};\mathbf{r}^{(0)})\right\}. \tag{4.51}$$

Remarquer aussi que $\sum_{j=0}^{k-1} \alpha_j \mathbf{r}^{(j)}$ est un polynôme en A de degré inférieur à $k-1$. Dans la méthode de Richardson non préconditionnée, on cherche donc une valeur approchée de $\mathbf{x}$ dans l'espace W_k. Plus généralement, on peut imaginer des méthodes dans lesquelles on recherche des solutions approchées de la forme

$$\mathbf{x}^{(k)} = \mathbf{x}^{(0)} + q_{k-1}(\mathrm{A})\mathbf{r}^{(0)}, \tag{4.52}$$

où q_{k-1} est un polynôme choisi de manière à ce que $\mathbf{x}^{(k)}$ soit, dans un sens à préciser, la meilleure approximation de $\mathbf{x}$ dans W_k. Une méthode dans laquelle on recherche une solution de la forme (4.52) avec W_k défini par (4.51) est appelée *méthode de Krylov.*

On a le résultat suivant :

Propriété 4.6 *Soit* $\mathrm{A} \in \mathbb{R}^{n\times n}$ *et* $\mathbf{v} \in \mathbb{R}^n$. *On définit le degré de* $\mathbf{v}$ *par rapport à* A *, noté* $\deg_{\mathrm{A}}(\mathbf{v})$, *comme étant le degré minimum des polynômes non nuls* p *tels que* $p(\mathrm{A})\mathbf{v} = \mathbf{0}$. *Le sous-espace de Krylov* $K_m(\mathrm{A};\mathbf{v})$ *a une dimension égale à* m *si et seulement si le degré de* $\mathbf{v}$ *par rapport à* A *est strictement supérieur à* m.

La dimension de $K_m(\mathrm{A};\mathbf{v})$ est donc égale au minimum entre m et le degré de $\mathbf{v}$ par rapport à A. Par conséquent, la dimension des sous-espaces de Krylov est une fonction croissante de m. Remarquer que le degré de $\mathbf{v}$ ne peut pas être plus grand que n d'après le théorème de Cayley-Hamilton (voir Section 1.7).

Exemple 4.7 Considérons la matrice $\mathrm{A} = \text{tridiag}_4(-1, 2, -1)$. Le vecteur $\mathbf{v} = [1, 1, 1, 1]^T$ est de degré 2 par rapport à A puisque $p_2(\mathrm{A})\mathbf{v} = \mathbf{0}$ avec $p_2(\mathrm{A}) =$

$I_4 - 3A + A^2$, et puisqu'il n'y a pas de polynôme p_1 de degré 1 tel que $p_1(A)\mathbf{v} = \mathbf{0}$. Par conséquent, tous les sous-espaces de Krylov à partir de $K_2(A; \mathbf{v})$ sont de dimension 2. Le vecteur $\mathbf{w} = [1, 1, -1, 1]^T$ est de degré 4 par rapport à A. •

Pour un m fixé, il est possible de calculer une base orthonormale de $K_m(A; \mathbf{v})$ en utilisant l'*algorithme d'Arnoldi.*

En posant $\mathbf{v}_1 = \mathbf{v}/\|\mathbf{v}\|_2$, cette méthode génère une base orthonormale $\{\mathbf{v}_i\}$ de $K_m(A; \mathbf{v}_1)$ en utilisant le procédé de Gram-Schmidt (voir Section 3.4.3). Pour $k = 1, \ldots, m$, l'algorithme d'Arnoldi consiste à calculer :

$$\begin{aligned} h_{ik} &= \mathbf{v}_i^T A \mathbf{v}_k, \qquad & i &= 1, 2, \ldots, k, \\ \mathbf{w}_k &= A\mathbf{v}_k - \sum_{i=1}^{k} h_{ik}\mathbf{v}_i, \qquad & h_{k+1,k} &= \|\mathbf{w}_k\|_2. \end{aligned} \tag{4.53}$$

Si $\mathbf{w}_k = \mathbf{0}$, le processus s'interrompt (on parle de *breakdown*) ; autrement, on pose $\mathbf{v}_{k+1} = \mathbf{w}_k/\|\mathbf{w}_k\|_2$ et on reprend l'algorithme en augmentant k de 1.

On peut montrer que si la méthode s'achève à l'étape m, alors les vecteurs $\mathbf{v}_1, \ldots, \mathbf{v}_m$ forment une base de $K_m(A; \mathbf{v})$. Dans ce cas, en notant $V_m \in \mathbb{R}^{n\times m}$ la matrice dont les colonnes sont les vecteurs $\mathbf{v}_i$, on a

$$V_m^T A V_m = H_m, \quad V_{m+1}^T A V_m = \widehat{H}_m, \tag{4.54}$$

où $\widehat{H}_m \in \mathbb{R}^{(m+1)\times m}$ est la matrice de Hessenberg supérieure dont les coefficients h_{ij} sont donnés par (4.53) et $H_m \in \mathbb{R}^{m\times m}$ est la restriction de $\widehat{H}_m$ aux m premières lignes et m premières colonnes.

L'algorithme s'interrompt à une étape $k < m$ si et seulement si $\deg_A(\mathbf{v}_1) = k$. Pour ce qui de la stabilité, tout ce qui a été dit pour le procédé de Gram-Schmidt peut être repris ici. Pour des variantes plus efficaces et plus stables de (4.53), nous renvoyons à [Saa96].

Les fonctions `arnoldi_alg` et `GSarnoldi` du Programme 21, fournissent une implémentation MATLAB de l'algorithme d'Arnoldi. En sortie, les colonnes de `V` contiennent les vecteurs de la base construite, et la matrice `H` stocke les coefficients h_{ik} calculés par l'algorithme. Si m étapes sont effectuées, `V` $= V_m$ et `H`$(1:m, 1:m) = H_m$.

Programme 21 - arnoldialg : Méthode d'Arnoldi avec orthonormalisation de Gram-Schmidt

```
function [V,H]=arnoldialg(A,v,m)
% ARNOLDIALG Algorithme d'Arnoldi
% [B,H]=ARNOLDIALG(A,V,M) construit pour un M fixé une base orthonormale
% B de K_M(A,V) telle que V^T*A*V=H.
v=v/norm(v,2); V=v; H=[]; k=0;
while k <= m-1
```

```
  [k,V,H] = GSarnoldi(A,m,k,V,H);
end
return

function [k,V,H]=GSarnoldi(A,m,k,V,H)
% GSARNOLDI Méthode de Gram-Schmidt pour l'algorithme d'Arnoldi
k=k+1; H=[H,V(:,1:k)'*A*V(:,k)];
s=0;
for i=1:k
  s=s+H(i,k)*V(:,i);
end
w=A*V(:,k)-s; H(k+1,k)=norm(w,2);
if H(k+1,k)>=eps & k<m
  V=[V,w/H(k+1,k)];
else
  k=m+1;
end
return
```

Ayant décrit un algorithme pour construire la base d'un sous-espace de Krylov d'ordre quelconque, nous pouvons maintenant résoudre le système linéaire (3.2) par une méthode de Krylov. Pour toutes ces méthodes, le vecteur $\mathbf{x}^{(k)}$ est toujours de la forme (4.52) et, pour un $\mathbf{r}^{(0)}$ donné, $\mathbf{x}^{(k)}$ est choisi comme étant l'unique élément de W_k qui satisfait un critère de distance minimale à $\mathbf{x}$. C'est la manière de choisir $\mathbf{x}^{(k)}$ qui permet de distinguer deux méthodes de Krylov.

L'idée la plus naturelle est de chercher $\mathbf{x}^{(k)} \in W_k$ comme le vecteur qui minimise la norme euclidienne de l'erreur. Mais cette approche n'est pas utilisable en pratique car $\mathbf{x}^{(k)}$ dépendrait alors de l'inconnue $\mathbf{x}$.

Voici deux stratégies alternatives :

1. calculer $\mathbf{x}^{(k)} \in W_k$ en imposant au résidu $\mathbf{r}^{(k)}$ d'être orthogonal à tout vecteur de $K_k(\mathrm{A}; \mathbf{r}^{(0)})$, autrement dit on cherche $\mathbf{x}^{(k)} \in W_k$ tel que

$$\mathbf{v}^T(\mathbf{b} - \mathrm{A}\mathbf{x}^{(k)}) = 0 \qquad \forall \mathbf{v} \in K_k(\mathrm{A}; \mathbf{r}^{(0)}); \tag{4.55}$$

2. calculer $\mathbf{x}^{(k)} \in W_k$ qui minimise la norme euclidienne du résidu $\|\mathbf{r}^{(k)}\|_2$, c'est-à-dire

$$\|\mathbf{b} - \mathrm{A}\mathbf{x}^{(k)}\|_2 = \min_{\mathbf{v} \in W_k} \|\mathbf{b} - \mathrm{A}\mathbf{v}\|_2. \tag{4.56}$$

La relation (4.55) conduit à la méthode d'Arnoldi pour les systèmes linéaires (également connue sous le nom de FOM, pour *full orthogonalization method*), tandis que (4.56) conduit à la méthode GMRES.

Dans les deux prochaines sections, nous supposerons que k étapes de l'algorithme d'Arnoldi auront été effectuées. Une base orthonormale de $K_k(\mathrm{A}; \mathbf{r}^{(0)})$

aura donc été construite et on la supposera stockée dans les vecteurs colonnes de la matrice V_k avec $\mathbf{v}_1 = \mathbf{r}^{(0)}/\|\mathbf{r}^{(0)}\|_2$. Dans ce cas, la nouvelle itérée $\mathbf{x}^{(k)}$ peut toujours s'écrire comme

$$\mathbf{x}^{(k)} = \mathbf{x}^{(0)} + \mathrm{V}_k \mathbf{z}^{(k)}, \tag{4.57}$$

où $\mathbf{z}^{(k)}$ doit être choisi selon un critère donné.

4.4.1 La méthode d'Arnoldi pour les systèmes linéaires

Imposons à $\mathbf{r}^{(k)}$ d'être orthogonal à $K_k(\mathrm{A}; \mathbf{r}^{(0)})$ en imposant (4.55) pour tous les vecteurs de la base $\mathbf{v}_i$, *i.e.*

$$\mathrm{V}_k^T \mathbf{r}^{(k)} = 0. \tag{4.58}$$

Puisque $\mathbf{r}^{(k)} = \mathbf{b} - \mathrm{A}\mathbf{x}^{(k)}$ avec $\mathbf{x}^{(k)}$ de la forme (4.57), la relation (4.58) devient

$$\mathrm{V}_k^T(\mathbf{b} - \mathrm{A}\mathbf{x}^{(0)}) - \mathrm{V}_k^T \mathrm{A} \mathrm{V}_k \mathbf{z}^{(k)} = \mathrm{V}_k^T \mathbf{r}^{(0)} - \mathrm{V}_k^T \mathrm{A} \mathrm{V}_k \mathbf{z}^{(k)} = 0. \tag{4.59}$$

Grâce à l'orthonormalité de la base et au choix de $\mathbf{v}_1$, on a $\mathrm{V}_k^T \mathbf{r}^{(0)} = \|\mathbf{r}^{(0)}\|_2 \mathbf{e}_1$, $\mathbf{e}_1$ étant le premier vecteur unitaire de $\mathbb{R}^k$. Avec (4.54), il découle de (4.59) que $\mathbf{z}^{(k)}$ est la solution du système linéaire

$$\mathrm{H}_k \mathbf{z}^{(k)} = \|\mathbf{r}^{(0)}\|_2 \mathbf{e}_1. \tag{4.60}$$

Une fois $\mathbf{z}^{(k)}$ connu, on peut calculer $\mathbf{x}^{(k)}$ à partir de (4.57). Comme H_k est une matrice de Hessenberg supérieure, on peut facilement résoudre le système linéaire (4.60) en effectuant, par exemple, une factorisation LU de H_k.

Remarquons qu'en arithmétique exacte la méthode ne peut effectuer plus de n étapes et qu'elle s'achève en $m < n$ étapes seulement si l'algorithme d'Arnoldi s'interrompt. Pour la convergence de la méthode, on a le résultat suivant.

Théorème 4.13 *En arithmétique exacte, la méthode d'Arnoldi donne la solution de* (3.2) *après au plus n itérations.*

Démonstration. Si la méthode s'arrête à la n-ième itération, alors nécessairement $\mathbf{x}^{(n)} = \mathbf{x}$ puisque $K_n(\mathrm{A}; \mathbf{r}^{(0)}) = \mathbb{R}^n$. Si la méthode s'arrête à la m-ième itération (*breakdown*), pour un $m < n$, alors $\mathbf{x}^{(m)} = \mathbf{x}$. En effet, on inversant la première relation de (4.54), on a

$$\mathbf{x}^{(m)} = \mathbf{x}^{(0)} + \mathrm{V}_m \mathbf{z}^{(m)} = \mathbf{x}^{(0)} + \mathrm{V}_m \mathrm{H}_m^{-1} \mathrm{V}_m^T \mathbf{r}^{(0)} = \mathrm{A}^{-1}\mathbf{b}.$$

◇

L'algorithme d'Arnoldi ne peut être utilisé tel qu'on vient de le décrire, puisque la solution ne serait calculée qu'après avoir achevé l'ensemble du processus, sans aucun contrôle de l'erreur. Néanmoins le résidu est disponible sans avoir à calculer explicitement la solution ; en effet, à la k-ième étape, on a

$$\|\mathbf{b} - \mathrm{A}\mathbf{x}^{(k)}\|_2 = h_{k+1,k}|\mathbf{e}_k^T \mathbf{z}_k|,$$

et on peut décider par conséquent d'interrompre l'algorithme si

$$h_{k+1,k}|\mathbf{e}_k^T \mathbf{z}_k|/\|\mathbf{r}^{(0)}\|_2 \leq \varepsilon, \qquad (4.61)$$

où $\varepsilon > 0$ est une tolérance fixée.

La conséquence la plus importante du Théorème 4.13 est que la méthode d'Arnoldi peut être vue comme une méthode directe, puisqu'elle fournit la solution exacte après un nombre fini d'itérations. Ceci n'est cependant plus vrai en arithmétique à virgule flottante à cause de l'accumulation des erreurs d'arrondi. De plus, si on prend en compte le coût élevé du calcul (qui est de l'ordre de $2(n_z+mn)$ *flops* pour m étapes et une matrice creuse d'ordre n ayant n_z coefficients non nuls) et la mémoire importante nécessaire au stockage de la matrice V_m, on comprend que la méthode d'Arnoldi ne peut être utilisée telle quelle en pratique, sauf pour de petites valeurs de m.

De nombreux remèdes existent contre ce problème. Un d'entre eux consiste à préconditionner le système (en utilisant, par exemple, un des préconditionneurs de la Section 4.3.2). On peut aussi introduire des versions modifiées de la méthode d'Arnoldi en suivant deux approches :

1. on effectue au plus m étapes consécutives, m étant un nombre petit fixé (habituellement $m \simeq 10$). Si la méthode ne converge pas, on pose $\mathbf{x}^{(0)} = \mathbf{x}^{(m)}$ et on recommence l'algorithme d'Arnoldi pour m nouvelles étapes. La procédure est répétée jusqu'à convergence. Cette méthode, appelée FOM(m) ou méthode d'Arnoldi avec redémarrage (ou *restart*), permet de réduire l'occupation mémoire puisqu'elle ne nécessite de stocker que des matrices d'au plus m colonnes ;
2. on impose une limitation dans le nombre de directions qui entrent en jeu dans le procédé d'orthogonalisation d'Arnoldi. On obtient alors la méthode d'orthogonalisation incomplète ou IOM. En pratique, la k-ième étape de l'algorithme d'Arnoldi génère un vecteur $\mathbf{v}_{k+1}$ qui est orthonormal aux q vecteurs précédents, où q est fixé en fonction de la mémoire disponible.

Il est important de noter que ces deux stratégies n'ont plus la propriété de donner la solution exacte après un nombre fini d'itérations.

Le Programme 22 donne une implémentation de l'algorithme d'Arnoldi (FOM) avec un critère d'arrêt basé sur le résidu (4.61). Le paramètre d'entrée `m` est la taille maximale admissible des sous-espaces de Krylov. C'est par conséquent le nombre maximum d'itérations.

Programme 22 - arnoldimet : Méthode d'Arnoldi pour la résolution des systèmes linéaires

```
function [x,iter]=arnoldimet(A,b,x0,m,tol)
%ARNOLDIMET Méthode d'Arnoldi.
% [X,ITER]=ARNOLDIMET(A,B,X0,M,TOL) tente de résoudre le système
% A*X=B avec la méthode d'Arnoldi. TOL est la tolérance de la méthode.
% M est la taille maximale de l'espace de Krylov. X0 est la donnée
% initiale. ITER est l'itération à laquelle la solution X a été calculée.
r0=b-A*x0; nr0=norm(r0,2);
if nr0 ~= 0
  v1=r0/nr0; V=[v1]; H=[]; iter=0; istop=0;
  while (iter <= m-1) & (istop == 0)
    [iter,V,H] = GSarnoldi(A,m,iter,V,H);
    [nr,nc]=size(H); e1=eye(nc);
    y=(e1(:,1)'*nr0)/H(1:nc,:);
    residual = H(nr,nc)*abs(y*e1(:,nc));
    if residual <= tol
      istop = 1; y=y';
    end
  end
  if istop==0
    [nr,nc]=size(H); e1=eye(nc);
    y=(e1(:,1)'*nr0)/H(1:nc,:); y=y';
  end
  x=x0+V(:,1:nc)*y;
else
  x=x0;
end
```

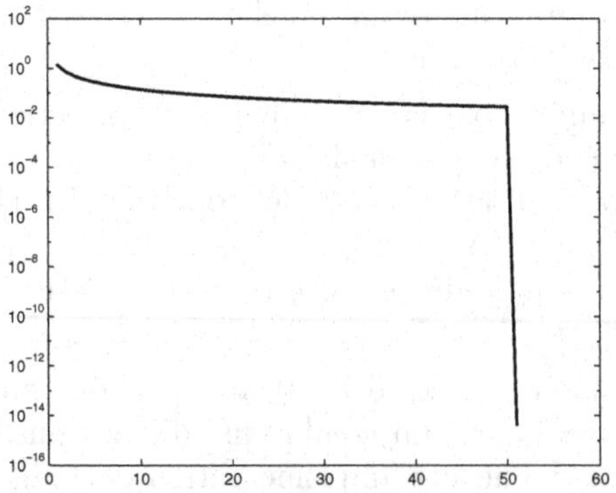

Fig. 4.9. Comportement du résidu en fonction du nombre d'itérations de la méthode d'Arnoldi appliquée au système linéaire de l'Exemple 4.8

Exemple 4.8 Résolvons le système linéaire $A\mathbf{x} = \mathbf{b}$ avec $A = \text{tridiag}_{100}(-1, 2, -1)$ et $\mathbf{b}$ tel que la solution soit $\mathbf{x} = \mathbf{1}$. Le vecteur initial est $\mathbf{x}^{(0)} = \mathbf{0}$ et `tol`$=10^{-10}$. La méthode converge en 50 itérations et la Figure 4.9 montre le comportement de la norme euclidienne du résidu normalisée par celle du résidu initial en fonction du nombre d'itérations. Remarquer la réduction brutale du résidu : c'est le signal typique du fait que le dernier sous-espace W_k construit est assez riche pour contenir la solution exacte du système. •

4.4.2 La méthode GMRES

Dans cette méthode, on choisit $\mathbf{x}^{(k)}$ de manière à minimiser la norme euclidienne du résidu à chaque itération k. On a d'après (4.57)

$$\mathbf{r}^{(k)} = \mathbf{r}^{(0)} - AV_k\mathbf{z}^{(k)}. \tag{4.62}$$

Or, puisque $\mathbf{r}^{(0)} = \mathbf{v}_1\|\mathbf{r}^{(0)}\|_2$, la relation (4.62) devient, d'après (4.54),

$$\mathbf{r}^{(k)} = V_{k+1}(\|\mathbf{r}^{(0)}\|_2\mathbf{e}_1 - \widehat{H}_k\mathbf{z}^{(k)}), \tag{4.63}$$

où $\mathbf{e}_1$ est le premier vecteur unitaire de $\mathbb{R}^{k+1}$. Ainsi, dans GMRES, la solution à l'étape k peut être calculée avec (4.57) et

$$\mathbf{z}^{(k)} \text{ choisi de manière à minimiser } \|\,\|\mathbf{r}^{(0)}\|_2\mathbf{e}_1 - \widehat{H}_k\mathbf{z}^{(k)}\|_2. \tag{4.64}$$

Noter que la matrice V_{k+1} intervenant dans (4.63) ne modifie pas la valeur de $\|\cdot\|_2$ car elle est orthogonale. Comme on doit résoudre à chaque étape un problème de moindres carrés de taille k, GMRES est d'autant plus efficace que le nombre d'itérations est petit. Exactement comme pour la méthode d'Arnoldi, GMRES s'achève en donnant la solution exacte après au plus n itérations. Un arrêt prématuré est dû à une interruption dans le procédé d'orthonormalisation d'Arnoldi. Plus précisément, on a le résultat suivant :

Propriété 4.7 *La méthode GMRES s'arrête à l'étape m (avec $m < n$) si et seulement si la solution calculée $\mathbf{x}^{(m)}$ coïncide avec la solution exacte du système.*

Une implémentation MATLAB élémentaire de GMRES est proposée dans le Programme 23. Ce dernier demande en entrée la taille maximale admissible `m` des sous-espaces de Krylov et la tolérance `tol` sur la norme euclidienne du résidu normalisée par celle du résidu initial. Dans cette implémentation, on calcule la solution $\mathbf{x}^{(k)}$ à chaque pas pour calculer le résidu, ce qui induit une augmentation du coût de calcul.

Programme 23 - gmres : Méthode GMRES pour la résolution des systèmes linéaires

```
function [x,iter]=gmres(A,b,x0,m,tol)
%GMRES Méthode GMRES.
% [X,ITER]=GMRES(A,B,X0,M,TOL) tente de résoudre le système
% A*X=B avec la méthode GMRES. TOL est la tolérance de la méthode.
% M est la taille maximale de l'espace de Krylov. X0 est la donnée
% initiale. ITER est l'itération à laquelle la solution X a été calculée.
r0=b-A*x0; nr0=norm(r0,2);
if nr0 ~= 0
  v1=r0/nr0; V=[v1]; H=[]; iter=0; residual=1;
  while iter <= m-1 & residual > tol,
    [iter,V,H] = GSarnoldi(A,m,iter,V,H);
    [nr,nc]=size(H);   y=(H'*H) \ (H'*nr0*[1;zeros(nr-1,1)]);
    x=x0+V(:,1:nc)*y;   residual = norm(b-A*x,2)/nr0;
  end
else
  x=x0;
end
```

Pour améliorer l'efficacité de l'implémentation de GMRES, il est nécessaire de définir un critère d'arrêt qui ne requiert pas le calcul explicite du résidu à chaque pas. Ceci est possible si on résout de façon appropriée le système associé à la matrice de Hessenberg $\widehat{\mathrm{H}}_k$.

En pratique, $\widehat{\mathrm{H}}_k$ est transformé en une matrice triangulaire supérieure $\mathrm{R}_k \in \mathbb{R}^{(k+1)\times k}$ avec $r_{k+1,k} = 0$ telle que $\mathrm{Q}_k^T \mathrm{R}_k = \widehat{\mathrm{H}}_k$, où Q_k est le résultat du produit de k rotations de Givens (voir Section 5.6.3). On peut alors montrer que, Q_k étant orthogonale, minimiser $\| \|\mathbf{r}^{(0)}\|_2 \mathbf{e}_1 - \widehat{\mathrm{H}}_k \mathbf{z}^{(k)}\|_2$ est équivalent à minimiser $\|\mathbf{f}_k - \mathrm{R}_k \mathbf{z}^{(k)}\|_2$, avec $\mathbf{f}_k = \mathrm{Q}_k \|\mathbf{r}^{(0)}\|_2 \mathbf{e}_1$. On peut aussi montrer que la valeur absolue de la $k+1$-ième composante de $\mathbf{f}_k$ est égale à la norme euclidienne du résidu à l'itération k.

Tout comme la méthode d'Arnoldi, GMRES est coûteuse en calcul et en mémoire à moins que la convergence ne survienne qu'après peu d'itérations. Pour cette raison, on dispose à nouveau de deux variantes de l'algorithme : la première, GMRES(m), basée sur un redémarrage après m itérations, la seconde, Quasi-GMRES ou QGMRES, sur l'arrêt du procédé d'orthogonalisation d'Arnoldi. Dans les deux cas, on perd la propriété de GMRES d'obtenir la solution exacte en un nombre fini d'itérations.

Remarque 4.4 (méthodes de projection) Les itérations de Krylov peuvent être vues comme des méthodes de projection. En notant Y_k et L_k deux sous-espaces quelconques de $\mathbb{R}^n$ de dimension m, on appelle *méthode de projection* un procédé qui construit une solution approchée $\mathbf{x}^{(k)}$ à l'étape k, en imposant que $\mathbf{x}^{(k)} \in Y_k$ et que le résidu $\mathbf{r}^{(k)} = \mathbf{b} - \mathrm{A}\mathbf{x}^{(k)}$ soit orthogonal à L_k. Si $Y_k = L_k$, la projection est dite *orthogonale* ; sinon, elle est dite *oblique*.

Par exemple, la méthode d'Arnoldi est une méthode de projection orthogonale où $L_k = Y_k = K_k(\mathrm{A}; \mathbf{r}^{(0)})$, tandis que GMRES est une méthode de projection oblique avec $Y_k = K_k(\mathrm{A}; \mathbf{r}^{(0)})$ et $L_k = \mathrm{A}Y_k$. Remarquons d'ailleurs que certaines méthodes classiques introduites dans les sections précédentes appartiennent aussi à cette catégorie. Par exemple, la méthode de Gauss-Seidel est une projection orthogonale où $K_k(\mathrm{A}; \mathbf{r}^{(0)}) = \mathrm{vect}(\mathbf{e}_k)$, pour $k = 1, \ldots, n$. Les projections sont effectuées de manière cyclique de 1 à n jusqu'à convergence. ■

4.5 Tests d'arrêt

Dans cette section nous abordons le problème de l'estimation de l'erreur induite par une méthode itérative. En particulier, on cherche à évaluer le nombre d'itérations k_{min} nécessaire pour que la norme de l'erreur divisée par celle de l'erreur initiale soit inférieure à un ε fixé.

En pratique, une estimation *a priori* de k_{min} peut être obtenue à partir de (4.2), qui donne la vitesse à laquelle $\|\mathbf{e}^{(k)}\| \to 0$ quand k tend vers l'infini. D'après (4.4), on obtient

$$\frac{\|\mathbf{e}^{(k)}\|}{\|\mathbf{e}^{(0)}\|} \leq \|\mathrm{B}^k\|.$$

Ainsi, $\|\mathrm{B}^k\|$ donne une estimation du facteur de réduction de la norme de l'erreur après k itérations. Typiquement, on poursuit les itérations jusqu'à ce que

$$\|\mathbf{e}^{(k)}\| \leq \varepsilon \|\mathbf{e}^{(0)}\| \text{ avec } \varepsilon < 1. \tag{4.65}$$

Si on suppose $\rho(\mathrm{B}) < 1$, alors la Propriété 1.12 implique qu'il existe une norme matricielle $\|\cdot\|$ telle que $\|\mathrm{B}\| < 1$. Par conséquent, $\|\mathrm{B}^k\|$ tend vers zéro quand k tend vers l'infini; (4.65) peut donc être satisfait pour un k assez grand tel que $\|\mathrm{B}^k\| \leq \varepsilon$. Néanmoins, puisque $\|\mathrm{B}^k\| < 1$, l'inégalité précédente revient à avoir

$$k \geq \frac{\log(\varepsilon)}{\left(\dfrac{1}{k}\log\|\mathrm{B}^k\|\right)} = -\frac{\log(\varepsilon)}{R_k(\mathrm{B})}, \tag{4.66}$$

où $R_k(\mathrm{B})$ est le taux de convergence moyen introduit dans la Définition 4.2. D'un point de vue pratique, (4.66) est inutile car non linéaire en k ; si le taux de convergence asymptotique est utilisé (au lieu du taux moyen), on obtient l'estimation suivante pour k_{min} :

$$k_{min} \simeq -\frac{\log(\varepsilon)}{R(\mathrm{B})}. \tag{4.67}$$

Cette dernière estimation est en général plutôt optimiste, comme le confirme l'Exemple 4.9.

Exemple 4.9 Pour la matrice A_3 de l'Exemple 4.2, dans le cas de la méthode de Jacobi, en posant $\varepsilon = 10^{-5}$, la condition (4.66) est satisfaite pour $k_{min} = 16$, et (4.67) donne $k_{min} = 15$. Sur la matrice A_4 de l'Exemple 4.2, on trouve que (4.66) est satisfaite avec $k_{min} = 30$, tandis que (4.67) donne $k_{min} = 26$. •

4.5.1 Un test d'arrêt basé sur l'incrément

D'après la relation de récurrence sur l'erreur $\mathbf{e}^{(k+1)} = \mathrm{B}\mathbf{e}^{(k)}$, on a

$$\|\mathbf{e}^{(k+1)}\| \leq \|\mathrm{B}\|\|\mathbf{e}^{(k)}\|. \tag{4.68}$$

En utilisant l'inégalité triangulaire, on a

$$\|\mathbf{e}^{(k+1)}\| \leq \|\mathrm{B}\|(\|\mathbf{e}^{(k+1)}\| + \|\mathbf{x}^{(k+1)} - \mathbf{x}^{(k)}\|),$$

et donc

$$\|\mathbf{x} - \mathbf{x}^{(k+1)}\| \leq \frac{\|\mathrm{B}\|}{1 - \|\mathrm{B}\|}\|\mathbf{x}^{(k+1)} - \mathbf{x}^{(k)}\|. \tag{4.69}$$

En particulier, en prenant $k = 0$ dans (4.69) et en appliquant la formule de récurrence (4.68) on obtient aussi l'inégalité

$$\|\mathbf{x} - \mathbf{x}^{(k+1)}\| \leq \frac{\|\mathrm{B}\|^{k+1}}{1 - \|\mathrm{B}\|}\|\mathbf{x}^{(1)} - \mathbf{x}^{(0)}\|$$

qu'on peut utiliser pour estimer le nombre d'itérations nécessaire à satisfaire la condition $\|\mathbf{e}^{(k+1)}\| \leq \varepsilon$, pour une tolérance ε donnée.

En pratique, on peut estimer $\|\mathrm{B}\|$ comme suit : puisque

$$\mathbf{x}^{(k+1)} - \mathbf{x}^{(k)} = -(\mathbf{x} - \mathbf{x}^{(k+1)}) + (\mathbf{x} - \mathbf{x}^{(k)}) = \mathrm{B}(\mathbf{x}^{(k)} - \mathbf{x}^{(k-1)}),$$

la quantité $\|\mathrm{B}\|$ est minorée par $c = \delta_{k+1}/\delta_k$, où $\delta_{k+1} = \|\mathbf{x}^{(k+1)} - \mathbf{x}^{(k)}\|$. En remplaçant $\|\mathrm{B}\|$ par c, le membre de droite de (4.69) suggère d'utiliser l'indicateur suivant pour $\|\mathbf{e}^{(k+1)}\|$

$$\epsilon^{(k+1)} = \frac{\delta_{k+1}^2}{\delta_k - \delta_{k+1}}. \tag{4.70}$$

Il faut prendre garde au fait qu'avec l'approximation utilisée pour $\|\mathrm{B}\|$, on ne peut pas voir $\epsilon^{(k+1)}$ comme un majorant de $\|\mathbf{e}^{(k+1)}\|$. Néanmoins, $\epsilon^{(k+1)}$ fournit souvent une indication raisonnable du comportement de l'erreur, comme le montre l'exemple suivant.

Exemple 4.10 Considérons le système linéaire Ax=b avec

$$A = \begin{bmatrix} 4 & 1 & 1 \\ 2 & -9 & 0 \\ 0 & -8 & -6 \end{bmatrix}, \quad \mathbf{b} = \begin{bmatrix} 6 \\ -7 \\ -14 \end{bmatrix},$$

qui admet le vecteur unité comme solution. Appliquons la méthode de Jacobi et évaluons l'erreur à chaque itération en utilisant (4.70). La Figure 4.10 montre une assez bonne adéquation entre le comportement de l'erreur $\|\mathbf{e}^{(k+1)}\|_\infty$ et celui de son estimation $\epsilon^{(k+1)}$. •

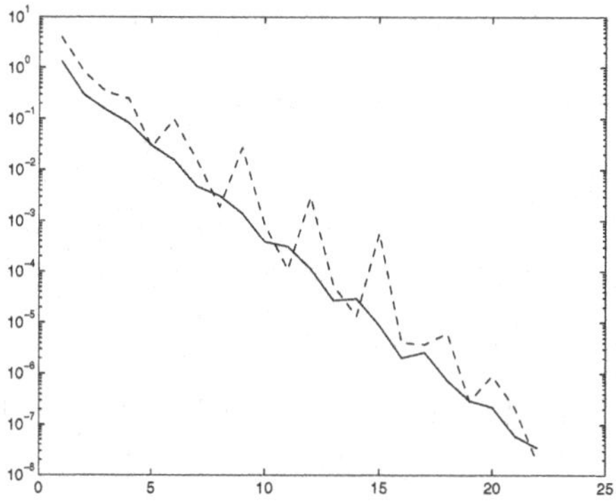

Fig. 4.10. Erreur absolue (*trait plein*) et erreur estimée à l'aide de (4.70) (*pointillés*). Le nombre d'itérations est indiqué sur l'axe des x

4.5.2 Un test d'arrêt basé sur le résidu

Un autre critère d'arrêt consiste à tester si $\|\mathbf{r}^{(k)}\| \leq \varepsilon$, ε étant une tolérance fixée. Comme

$$\|\mathbf{x} - \mathbf{x}^{(k)}\| = \|A^{-1}\mathbf{b} - \mathbf{x}^{(k)}\| = \|A^{-1}\mathbf{r}^{(k)}\| \leq \|A^{-1}\| \, \varepsilon,$$

on doit prendre $\varepsilon \leq \delta/\|A^{-1}\|$ pour que l'erreur soit inférieure à δ.

Il est en général plus judicieux de considérer un résidu normalisé : on interrompt alors les itérations quand $\|\mathbf{r}^{(k)}\|/\|\mathbf{r}^{(0)}\| \leq \varepsilon$ ou bien quand $\|\mathbf{r}^{(k)}\|/\|\mathbf{b}\| \leq \varepsilon$ (ce qui correspond au choix $\mathbf{x}^{(0)} = \mathbf{0}$). Dans ce dernier cas, le test d'arrêt fournit le contrôle suivant de l'erreur relative

$$\frac{\|\mathbf{x} - \mathbf{x}^{(k)}\|}{\|\mathbf{x}\|} \leq \frac{\|A^{-1}\| \, \|\mathbf{r}^{(k)}\|}{\|\mathbf{x}\|} \leq K(A) \frac{\|\mathbf{r}^{(k)}\|}{\|\mathbf{b}\|} \leq \varepsilon K(A).$$

Dans le cas des méthodes préconditionnées, le résidu est remplacé par le résidu préconditionné. Le critère précédent devient alors

$$\frac{\|P^{-1}\mathbf{r}^{(k)}\|}{\|P^{-1}\mathbf{r}^{(0)}\|} \leq \varepsilon,$$

où P est la matrice de préconditionnement.

4.6 Exercices

1. Le rayon spectral de la matrice

$$B = \begin{bmatrix} a & 4 \\ 0 & a \end{bmatrix}$$

est $\rho(B) = |a|$. Vérifier que si $0 < a < 1$, alors $\rho(B) < 1$, tandis que $\|B^m\|_2^{1/m}$ peut être plus grand que 1.

2. Soit $A \in \mathbb{R}^{n\times n}$. Montrer que si A est à diagonale dominante stricte, alors l'algorithme de Gauss-Seidel pour la résolution du système linéaire (3.2) converge.

3. Vérifier que les valeurs propres de la matrice $A = \mathrm{tridiag}_n(-1, \alpha, -1)$, avec $\alpha \in \mathbb{R}$, sont

$$\lambda_j = \alpha - 2\cos(j\theta), \quad j = 1, \dots, n,$$

où $\theta = \pi/(n+1)$, et que les vecteurs propres associés sont

$$\mathbf{q}_j = [\sin(j\theta),\ \sin(2j\theta), \dots, \sin(nj\theta)]^T .$$

Sous quelles conditions sur α la matrice est-elle définie positive ?
[*Solution* : A est définie positive si $\alpha \geq 2$.]

4. On considère la matrice pentadiagonale $A = \mathrm{pentadiag}_n(-1, -1, 10, -1, -1)$. On suppose $n = 10$ et $A = M + N + D$, avec $D = \mathrm{diag}(8, \dots, 8) \in \mathbb{R}^{10\times 10}$, $M = \mathrm{pentadiag}_{10}(-1, -1, 1, 0, 0)$ et $N = M^T$. Analyser la convergence des méthodes itératives suivantes pour la résolution de $A\mathbf{x} = \mathbf{b}$:

$$(a) \quad (M + D)\mathbf{x}^{(k+1)} = -N\mathbf{x}^{(k)} + \mathbf{b},$$

$$(b) \quad D\mathbf{x}^{(k+1)} = -(M + N)\mathbf{x}^{(k)} + \mathbf{b},$$

$$(c) \quad (M + N)\mathbf{x}^{(k+1)} = -D\mathbf{x}^{(k)} + \mathbf{b}.$$

[*Solution* : en notant respectivement par ρ_a, ρ_b et ρ_c les rayons spectraux des matrices d'itération des trois méthodes, on a $\rho_a = 0.1450$, $\rho_b = 0.5$ et $\rho_c = 12.2870$ ce qui implique la convergence des méthodes (a) et (b) et la divergence de (c).]

5. On veut résoudre le système linéaire $A\mathbf{x} = \mathbf{b}$ défini par

$$A = \begin{bmatrix} 1 & 2 \\ 2 & 3 \end{bmatrix}, \quad \mathbf{b} = \begin{bmatrix} 3 \\ 5 \end{bmatrix},$$

avec la méthode itérative suivante

$$\mathbf{x}^{(0)} \text{ donné}, \qquad \mathbf{x}^{(k+1)} = B(\theta)\mathbf{x}^{(k)} + \mathbf{g}(\theta), \qquad k \geq 0,$$

où θ est un paramètre réel et

$$B(\theta) = \frac{1}{4}\begin{bmatrix} 2\theta^2 + 2\theta + 1 & -2\theta^2 + 2\theta + 1 \\ -2\theta^2 + 2\theta + 1 & 2\theta^2 + 2\theta + 1 \end{bmatrix}, \quad \mathbf{g}(\theta) = \begin{bmatrix} \frac{1}{2} - \theta \\ \frac{1}{2} - \theta \end{bmatrix}.$$

Vérifier que la méthode est consistante pour tout $\theta \in \mathbb{R}$. Puis déterminer les valeurs de θ pour lesquelles la méthode est convergente et calculer la valeur optimale de θ (*i.e.* la valeur du paramètre pour laquelle le taux de convergence est maximal).

[*Solution* : la méthode est convergente si et seulement si $-1 < \theta < 1/2$ et le taux de convergence est maximum si $\theta = (1-\sqrt{3})/2$.]

6. Pour résoudre le système linéaire par blocs

$$\begin{bmatrix} \mathrm{A}_1 & \mathrm{B} \\ \mathrm{B} & \mathrm{A}_2 \end{bmatrix} \begin{bmatrix} \mathbf{x} \\ \mathbf{y} \end{bmatrix} = \begin{bmatrix} \mathbf{b}_1 \\ \mathbf{b}_2 \end{bmatrix},$$

on considère les deux méthodes :

$$(1) \quad \mathrm{A}_1\mathbf{x}^{(k+1)} + \mathrm{B}\mathbf{y}^{(k)} = \mathbf{b}_1, \quad \mathrm{B}\mathbf{x}^{(k)} + \mathrm{A}_2\mathbf{y}^{(k+1)} = \mathbf{b}_2;$$

$$(2) \quad \mathrm{A}_1\mathbf{x}^{(k+1)} + \mathrm{B}\mathbf{y}^{(k)} = \mathbf{b}_1, \quad \mathrm{B}\mathbf{x}^{(k+1)} + \mathrm{A}_2\mathbf{y}^{(k+1)} = \mathbf{b}_2.$$

Trouver des conditions suffisantes pour que ces schémas soient convergents pour toute donnée initiale $\mathbf{x}^{(0)}$, $\mathbf{y}^{(0)}$.

[*Solution* : la méthode (1) se traduit par un système découplé d'inconnues $\mathbf{x}^{(k+1)}$ et $\mathbf{y}^{(k+1)}$. Supposons A_1 et A_2 inversibles, la méthode (1) converge si $\rho(\mathrm{A}_1^{-1}\mathrm{B}) < 1$ et $\rho(\mathrm{A}_2^{-1}\mathrm{B}) < 1$. Pour la méthode (2), on a un système couplé d'inconnues $\mathbf{x}^{(k+1)}$ et $\mathbf{y}^{(k+1)}$ à résoudre à chaque itération. En résolvant la première équation par rapport à $\mathbf{x}^{(k+1)}$ (ce qui nécessite d'avoir A_1 inversible) et en substituant la solution dans la seconde, on voit que la méthode (2) est convergente si $\rho(\mathrm{A}_2^{-1}\mathrm{B}\mathrm{A}_1^{-1}\mathrm{B}) < 1$ (là encore, A_2 doit être inversible).]

7. Considérons le système linéaire $\mathrm{A}\mathbf{x} = \mathbf{b}$ avec

$$\mathrm{A} = \begin{bmatrix} 62 & 24 & 1 & 8 & 15 \\ 23 & 50 & 7 & 14 & 16 \\ 4 & 6 & 58 & 20 & 22 \\ 10 & 12 & 19 & 66 & 3 \\ 11 & 18 & 25 & 2 & 54 \end{bmatrix}, \quad \mathbf{b} = \begin{bmatrix} 110 \\ 110 \\ 110 \\ 110 \\ 110 \end{bmatrix}.$$

(1) Vérifier si on peut utiliser les méthodes de Jacobi et Gauss-Seidel pour résoudre ce système. (2) Vérifier si la méthode de Richardson stationnaire avec paramètre optimal peut être utilisée avec $\mathrm{P} = \mathrm{I}$ et $\mathrm{P} = \mathrm{D}$, où D est la diagonale de A. Calculer les valeurs correspondantes de α_{opt} et ρ_{opt}.

[*Solution* : (1) : la matrice A n'est ni à diagonale dominante ni symétrique définie positive, on doit donc calculer le rayon spectral des matrices d'itération de Jacobi et Gauss-Seidel pour vérifier si ces méthodes sont convergentes. On trouve $\rho_J = 0.9280$ et $\rho_{GS} = 0.3066$ ce qui implique la convergence des deux méthodes. (2) : dans le cas où $\mathrm{P} = \mathrm{I}$, toutes les valeurs propres de A sont strictement positives, la méthode de Richardson peut donc être appliquée et $\alpha_{opt} = 0.015$, $\rho_{opt} = 0.6452$. Si $\mathrm{P} = \mathrm{D}$ la méthode est encore applicable et $\alpha_{opt} = 0.8510$, $\rho_{opt} = 0.6407$.]

8. On considère la méthode itérative (4.6), avec $\mathrm{P} = \mathrm{D} + \omega\mathrm{F}$ et $\mathrm{N} = -\beta\mathrm{F} - \mathrm{E}$, ω et β étant des nombres réels pour résoudre le système linéaire $\mathrm{A}\mathbf{x} = \mathbf{b}$. Vérifier

que la méthode n'est consistante que si $\beta = 1 - \omega$. Dans ce cas, exprimer les valeurs propres de la matrice d'itération en fonction de ω et déterminer pour quelles valeurs de ω la méthode est convergente ainsi que ω_{opt}, en supposant $A = \text{tridiag}_{10}(-1, 2, -1)$.
[*Indication* : Utiliser le résultat de l'Exercice 3.]

9. Soit $A \in \mathbb{R}^{n\times n}$ tel que $A = (1+\omega)P - (N + \omega P)$, avec $P^{-1}N$ inversible et de valeurs propres réelles $\lambda_1 \leq \lambda_2 \leq \ldots \leq \lambda_n < 1$. Trouver les valeurs de $\omega \in \mathbb{R}$ pour lesquelles la méthode itérative

$$(1+\omega)P\mathbf{x}^{(k+1)} = (N + \omega P)\mathbf{x}^{(k)} + \mathbf{b}, \qquad k \geq 0,$$

converge pour tout $\mathbf{x}^{(0)}$ vers la solution du système linéaire (3.2). Déterminer aussi la valeur de ω pour laquelle le taux de convergence est maximal.
[*Solution* : $\omega > -(1+\lambda_1)/2$; $\omega_{opt} = -(\lambda_1 + \lambda_n)/2$.]

10. Montrer que les coefficients α_k et β_k de la méthode du gradient conjugué peuvent s'écrire sous la forme (4.46).
[*Solution* : remarquer que $A\mathbf{p}^{(k)} = (\mathbf{r}^{(k)} - \mathbf{r}^{(k+1)})/\alpha_k$ et donc $(A\mathbf{p}^{(k)})^T\mathbf{r}^{(k+1)} = -\|\mathbf{r}^{(k+1)}\|_2^2/\alpha_k$. De plus, $\alpha_k(A\mathbf{p}^{(k)})^T\mathbf{p}^{(k)} = -\|\mathbf{r}^{(k)}\|_2^2$.]

11. Montrer la formule de récurrence à trois termes (4.47) vérifiée par le résidu de la méthode du gradient conjugué.
[*Solution* : soustraire des deux membres de $A\mathbf{p}^{(k)} = (\mathbf{r}^{(k)} - \mathbf{r}^{(k+1)})/\alpha_k$ la quantité $\beta_{k-1}/\alpha_k\mathbf{r}^{(k)}$ et utiliser $A\mathbf{p}^{(k)} = A\mathbf{r}^{(k)} - \beta_{k-1}A\mathbf{p}^{(k-1)}$. En exprimant le résidu $\mathbf{r}^{(k)}$ en fonction de $\mathbf{r}^{(k-1)}$, on obtient alors immédiatement la relation voulue.]

5

Approximation des valeurs propres et des vecteurs propres

Nous abordons dans ce chapitre l'approximation des valeurs propres et des vecteurs propres d'une matrice $A \in \mathbb{C}^{n\times n}$. Il existe deux classes de méthodes numériques pour traiter ce problème : les méthodes *partielles*, qui permettent le calcul approché des valeurs propres extrêmes de A (c'est-à-dire celles de plus grand et de plus petit module), et les méthodes *globales*, qui fournissent des approximations de tout le spectre de A.
Certaines méthodes de calcul des valeurs propres permettent également le calcul des vecteurs propres. Ainsi, la *méthode de la puissance* (qui est une méthode partielle, voir Section 5.3) fournit l'approximation d'une paire particulière de valeur propre/vecteur propre. Mais toutes les méthodes utilisées pour calculer les valeurs propres ne donnent pas systématiquement les vecteurs propres associés. Par exemple, la *méthode QR* (qui est une méthode globale, voir Section 5.5) permet le calcul de la forme de Schur réelle de A, c'est-à-dire une forme canonique qui contient *toutes* les valeurs propres de A, mais elle ne fournit *aucun* des vecteurs propres. Ces vecteurs propres peuvent être obtenus à partir de la forme de Schur réelle de A par un calcul supplémentaire (voir [GL89], Section 7.6.1).

Enfin, nous considérons à la Section 5.8 des méthodes *ad hoc* pour traiter efficacement le cas particulier où A est une matrice symétrique.

5.1 Localisation géométrique des valeurs propres

Les valeurs propres de A étant les racines du polynôme caractéristique $p_A(\lambda)$ (voir Section 1.7), on ne peut les calculer qu'avec des méthodes itératives quand $n \geq 5$. Il est donc utile de connaître leur localisation dans le plan complexe pour accélérer la convergence.

Une première estimation est donnée par le Théorème 1.4,

$$|\lambda| \leq \|A\|, \qquad \forall\lambda \in \sigma(A), \tag{5.1}$$

pour toute norme matricielle consistante $\|\cdot\|$. L'inégalité (5.1), qui est souvent assez grossière, montre que toutes les valeurs propres de A sont contenues dans un disque de rayon $R_{\|A\|} = \|A\|$ centré à l'origine du plan complexe.
On peut obtenir un autre résultat en étendant aux matrices complexes la décomposition de la Définition 1.24.

Théorème 5.1 *Si* $A \in \mathbb{C}^{n\times n}$, *soient*

$$H = (A + A^*)/2 \qquad et \qquad iS = (A - A^*)/2$$

les parties hermitienne et antihermitienne de A (où $i^2 = -1$*). Pour tout* $\lambda \in \sigma(A)$

$$\lambda_{min}(H) \leq \mathrm{Re}(\lambda) \leq \lambda_{max}(H), \quad \lambda_{min}(S) \leq \mathrm{Im}(\lambda) \leq \lambda_{max}(S). \tag{5.2}$$

Démonstration. D'après la définition de H et S, on a $A = H + iS$. Soit $\mathbf{u} \in \mathbb{C}^n$, $\|\mathbf{u}\|_2 = 1$, un vecteur propre associé à la valeur propre λ ; le quotient de Rayleigh (introduit à la Section 1.7) s'écrit

$$\lambda = \mathbf{u}^* A\mathbf{u} = \mathbf{u}^* H\mathbf{u} + i\mathbf{u}^* S\mathbf{u}. \tag{5.3}$$

Remarquer que H et S sont toutes les deux des matrices hermitiennes, tandis que iS est antihermitienne. Ainsi, les matrices H et S sont unitairement semblables à une matrice réelle diagonale (voir Section 1.7). Leur valeurs propres sont donc réelles et on déduit de (5.3) que

$$\mathrm{Re}(\lambda) = \mathbf{u}^* H\mathbf{u}, \qquad \mathrm{Im}(\lambda) = \mathbf{u}^* S\mathbf{u},$$

d'où découle (5.2). ◇

Le résultat suivant donne une estimation *a priori* des valeurs propres de A.

Théorème 5.2 (des disques de Gershgorin) *Si* $A \in \mathbb{C}^{n\times n}$, *alors*

$$\sigma(A) \subseteq \mathcal{S}_{\mathcal{R}} = \bigcup_{i=1}^{n} \mathcal{R}_i, \qquad \mathcal{R}_i = \{z \in \mathbb{C} : |z - a_{ii}| \leq \sum_{\substack{j=1 \\ j\neq i}}^{n} |a_{ij}|\}. \tag{5.4}$$

Les ensembles $\mathcal{R}_i$ *sont appelés disques de Gershgorin.*

Démonstration. Décomposons A en $A = D + E$, où D est la partie diagonale de A, et $e_{ii} = 0$ pour $i = 1, \ldots, n$. Pour $\lambda \in \sigma(A)$ (avec $\lambda \neq a_{kk}, \leq k \leq n$), on introduit la matrice $B_\lambda = A - \lambda I = (D - \lambda I) + E$. Comme B_λ est singulière, il existe un vecteur non nul $\mathbf{x} \in \mathbb{C}^n$ tel que $B_\lambda \mathbf{x} = \mathbf{0}$, *i.e.* $((D - \lambda I) + E)\,\mathbf{x} = \mathbf{0}$. En passant à la norme $\|\cdot\|_\infty$, on a ainsi

$$\mathbf{x} = -(D - \lambda I)^{-1} E\mathbf{x}, \qquad \|\mathbf{x}\|_\infty \leq \|(D - \lambda I)^{-1} E\|_\infty \|\mathbf{x}\|_\infty,$$

et donc pour un certain k, $1 \leq k \leq n$,

$$1 \leq \|(D - \lambda I)^{-1} E\|_\infty = \sum_{j=1}^{n} \frac{|e_{kj}|}{|a_{kk} - \lambda|} = \sum_{\substack{j=1 \\ j\neq k}}^{n} \frac{|a_{kj}|}{|a_{kk} - \lambda|}. \tag{5.5}$$

Donc $\lambda \in \mathcal{R}_k$, d'où (5.4). ◇

Les estimations (5.4) assurent que toute valeur propre de A se trouve dans la réunion des disques $\mathcal{R}_i$. De plus, les matrices A et A^T ayant le même spectre, le Théorème 5.2 s'écrit aussi sous la forme

$$\sigma(A) \subseteq \mathcal{S}_\mathcal{C} = \bigcup_{j=1}^{n} \mathcal{C}_j, \qquad \mathcal{C}_j = \{z \in \mathbb{C} : |z - a_{jj}| \leq \sum_{\substack{i=1 \\ i \neq j}}^{n} |a_{ij}|\}. \tag{5.6}$$

Les disques $\mathcal{R}_i$ du plan complexe sont appelés "disques lignes", et les $\mathcal{C}_j$ "disques colonnes". Le résultat suivant est une conséquence immédiate de (5.4) et (5.6).

Propriété 5.1 (premier théorème de Gershgorin) *Pour une matrice donnée* $A \in \mathbb{C}^{n \times n}$,

$$\forall \lambda \in \sigma(A), \qquad \lambda \in \mathcal{S}_\mathcal{R} \bigcap \mathcal{S}_\mathcal{C}. \tag{5.7}$$

On peut également prouver les deux théorèmes de localisation suivants (voir [Atk89], p. 588-590 et [Hou75], p. 66-67) :

Propriété 5.2 (second théorème de Gershgorin) *Soient* $1 \leq m \leq n$ *et*

$$\mathcal{S}_1 = \bigcup_{i=1}^{m} \mathcal{R}_i, \quad \mathcal{S}_2 = \bigcup_{i=m+1}^{n} \mathcal{R}_i.$$

Si $\mathcal{S}_1 \cap \mathcal{S}_2 = \emptyset$, *alors* $\mathcal{S}_1$ *contient exactement* m *valeurs propres de* A, *chacune étant comptée avec sa multiplicité algébrique, les autres valeurs propres sont dans* $\mathcal{S}_2$.

Remarque 5.1 Les Propriétés 5.1 et 5.2 n'excluent pas la possibilité qu'il existe des disques ne contenant aucune valeur propre. C'est par exemple le cas pour la matrice de l'Exercice 1. ■

Définition 5.1 Une matrice $A \in \mathbb{C}^{n \times n}$ est dite *réductible* s'il existe une matrice de permutation P telle que

$$PAP^T = \begin{bmatrix} B_{11} & B_{12} \\ 0 & B_{22} \end{bmatrix},$$

où B_{11} et B_{22} sont des matrices carrées ; la matrice A est dite *irréductible* dans le cas contraire. ■

Propriété 5.3 (troisième théorème de Gershgorin) *Soit* $A \in \mathbb{C}^{n \times n}$ *une matrice irréductible. Une valeur propre* $\lambda \in \sigma(A)$ *ne peut pas appartenir au bord de* $\mathcal{S}_\mathcal{R}$ *à moins qu'elle n'appartienne au bord de chaque disque* $\mathcal{R}_i$, *pour* $i = 1, \ldots, n$.

Exemple 5.1 Considérons la matrice

$$
A = \begin{bmatrix} 10 & 2 & 3 \\ -1 & 2 & -1 \\ 0 & 1 & 3 \end{bmatrix}
$$

dont le spectre est $\sigma(A) = \{9.687, 2.656 \pm i0.693\}$. On peut utiliser l'estimation (5.1) avec les valeurs suivantes de $R_{\|A\|}$: $\|A\|_1 = 11$, $\|A\|_2 = 10.72$, $\|A\|_\infty = 15$ et $\|A\|_F = 11.36$. L'estimation (5.2) donne quant à elle $1.96 \leq \mathrm{Re}(\lambda(A)) \leq 10.34$, $-2.34 \leq \mathrm{Im}(\lambda(A)) \leq 2.34$, et les disques "lignes" et "colonnes" sont $\mathcal{R}_1 = \{|z| : |z - 10| \leq 5\}$, $\mathcal{R}_2 = \{|z| : |z-2| \leq 2\}$, $\mathcal{R}_3 = \{|z| : |z-3| \leq 1\}$ et $\mathcal{C}_1 = \{|z| : |z-10| \leq 1\}$, $\mathcal{C}_2 = \{|z| : |z - 2| \leq 3\}$, $\mathcal{C}_3 = \{|z| : |z - 3| \leq 4\}$.
On a dessiné sur la Figure 5.1, pour $i = 1, 2, 3$ les disques $\mathcal{R}_i$ et $\mathcal{C}_i$ ainsi que l'intersection $\mathcal{S}_\mathcal{R} \cap \mathcal{S}_\mathcal{C}$ (zone grisée). En accord avec la Propriété 5.2, on constate qu'une valeur propre est contenue dans $\mathcal{C}_1$, qui est disjoint de $\mathcal{C}_2$ et $\mathcal{C}_3$, tandis que les autres valeurs propres, d'après la Propriété 5.1, se trouvent dans l'ensemble $\mathcal{R}_2 \cup \{\mathcal{C}_3 \cap \mathcal{R}_1\}$. •

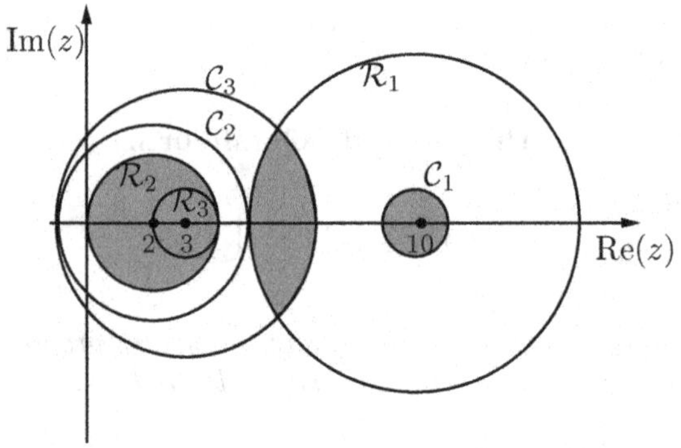

Fig. 5.1. Disques lignes et colonnes de la matrice A de l'Exemple 5.1

5.2 Analyse de stabilité et conditionnement

Dans cette section, nous établissons des estimations *a priori* et *a posteriori* utiles à l'analyse de stabilité du problème de la détermination des vecteurs propres et valeurs propres d'une matrice. Cette présentation suit le plan du Chapitre 2. Pour plus de détails, voir [GL89], Chapitre 7.

5.2.1 Estimations *a priori*

Soit $A \in \mathbb{C}^{n\times n}$ une matrice diagonalisable et $X = (\mathbf{x}_1, \ldots, \mathbf{x}_n) \in \mathbb{C}^{n\times n}$ la matrice des vecteurs propres à droite de A. Par définition, $D = X^{-1}AX = \mathrm{diag}(\lambda_1, \ldots, \lambda_n)$, où les $\{\lambda_i\}$ sont les valeurs propres de A. Soit $E \in \mathbb{C}^{n\times n}$ une perturbation de A. On a le théorème suivant :

Théorème 5.3 (Bauer-Fike) *Si μ est une valeur propre de la matrice $\mathrm{A} + \mathrm{E} \in \mathbb{C}^{n\times n}$, alors*

$$\min_{\lambda\in\sigma(\mathrm{A})} |\lambda - \mu| \leq K_p(\mathrm{X})\|\mathrm{E}\|_p \,, \tag{5.8}$$

où $\|\cdot\|_p$ est une p-norme matricielle quelconque, et $K_p(\mathrm{X}) = \|\mathrm{X}\|_p\|\mathrm{X}^{-1}\|_p$ est, par définition, le conditionnement du problème aux valeurs propres de la matrice A.

Démonstration. On commence par remarquer que si $\mu \in \sigma(\mathrm{A})$ alors (5.8) est trivialement vérifiée, puisque $\|\mathrm{X}\|_p\|\mathrm{X}^{-1}\|_p\|\mathrm{E}\|_p \geq 0$. Supposons dorénavant que $\mu \notin \sigma(\mathrm{A})$. Par définition d'une valeur propre, la matrice $(\mathrm{A} + \mathrm{E} - \mu\mathrm{I})$ est singulière, ce qui implique (rappelons que X est inversible) que la matrice $\mathrm{X}^{-1}(\mathrm{A} + \mathrm{E} - \mu\mathrm{I})\mathrm{X} = \mathrm{D} + \mathrm{X}^{-1}\mathrm{E}\mathrm{X} - \mu\mathrm{I}$ est singulière. Il existe donc un vecteur non nul $\mathbf{x} \in \mathbb{C}^n$ tel que

$$\left((\mathrm{D} - \mu\mathrm{I}) + \mathrm{X}^{-1}\mathrm{E}\mathrm{X}\right)\mathbf{x} = \mathbf{0}.$$

Comme $\mu \notin \sigma(\mathrm{A})$, la matrice diagonale $(\mathrm{D} - \mu\mathrm{I})$ est inversible et on peut écrire la précédente équation sous la forme

$$\left(\mathrm{I} + (\mathrm{D} - \mu\mathrm{I})^{-1}(\mathrm{X}^{-1}\mathrm{E}\mathrm{X})\right)\mathbf{x} = \mathbf{0}.$$

En prenant la norme $\|\cdot\|_p$ et en procédant comme dans la preuve du Théorème 5.2, on obtient

$$1 \leq \|(\mathrm{D} - \mu\mathrm{I})^{-1}\|_p K_p(\mathrm{X})\|\mathrm{E}\|_p,$$

d'où découle (5.8), puisque

$$\|(\mathrm{D} - \mu\mathrm{I})^{-1}\|_p = (\min_{\lambda\in\sigma(\mathrm{A})} |\lambda - \mu|)^{-1}.$$

$\diamond$

Si A est une matrice *normale*, on déduit du théorème de décomposition de Schur (voir Section 1.8) que la matrice de passage X est unitaire et donc $K_2(\mathrm{X}) = 1$. Ceci implique

$$\forall\mu \in \sigma(\mathrm{A} + \mathrm{E}), \qquad \min_{\lambda\in\sigma(\mathrm{A})} |\lambda - \mu| \leq \|\mathrm{E}\|_2. \tag{5.9}$$

Le problème aux valeurs propres est donc *bien conditionné* par rapport à l'erreur absolue. Mais ceci ne l'empêche pas d'être affecté par des erreurs *relatives* significatives, tout particulièrement quand A a un large spectre.

Exemple 5.2 Considérons, pour $1 \leq n \leq 10$, le calcul des valeurs propres de la matrice de Hilbert $\mathrm{H}_n \in \mathbb{R}^{n\times n}$ (voir l'Exemple 3.1, Chapitre 3). Elle est symétrique (donc normale) et son conditionnement est très grand pour $n \geq 4$. Soit $\mathrm{E}_n \in \mathbb{R}^{n\times n}$ une matrice dont les coefficients sont égaux à $\eta = 10^{-3}$. La Table 5.1 montre les résultats du calcul du minimum dans (5.9). Remarquer que l'erreur décroît (la valeur propre de plus petit module tendant vers zéro), tandis que l'erreur relative augmente avec n à cause de la sensibilité des "petites" valeurs propres aux erreurs d'arrondi. •

Table 5.1. Erreurs relatives et absolues dans le calcul des valeurs propres de la matrice de Hilbert (en utilisant la fonction `eig` de MATLAB). "Err. abs." et "Err. rel." désignent respectivement les erreurs absolues et relatives (par rapport à λ)

n	Err. abs.	Err. rel.	$\|\mathrm{E}_n\|_2$	$K_2(\mathrm{H}_n)$	$K_2(\mathrm{H}_n + \mathrm{E}_n)$
1	$1 \cdot 10^{-3}$	$1 \cdot 10^{-3}$	$1 \cdot 10^{-3}$	$1 \cdot 10^{-3}$	1
2	$1.677 \cdot 10^{-4}$	$1.446 \cdot 10^{-3}$	$2 \cdot 10^{-3}$	19.28	19.26
4	$5.080 \cdot 10^{-7}$	$2.207 \cdot 10^{-3}$	$4 \cdot 10^{-3}$	$1.551 \cdot 10^{4}$	$1.547 \cdot 10^{4}$
8	$1.156 \cdot 10^{-12}$	$3.496 \cdot 10^{-3}$	$8 \cdot 10^{-3}$	$1.526 \cdot 10^{10}$	$1.515 \cdot 10^{10}$
10	$1.355 \cdot 10^{-15}$	$4.078 \cdot 10^{-3}$	$1 \cdot 10^{-2}$	$1.603 \cdot 10^{13}$	$1.589 \cdot 10^{13}$

Le théorème de Bauer-Fike montre que le problème aux valeurs propres est bien conditionné quand A est une matrice normale. Mais quand A n'est pas normale, le calcul d'une de ses valeurs propres n'est pas nécessairement mal conditionné. Le résultat suivant peut être vu comme une estimation *a priori* du conditionnement du calcul d'une valeur propre particulière.

Théorème 5.4 *Soit* $\mathrm{A} \in \mathbb{C}^{n\times n}$ *une matrice diagonalisable ; soient* λ *une valeur propre simple et* $\mathbf{x}$ *et* $\mathbf{y}$ *les vecteurs propres associés à droite et à gauche, avec* $\|\mathbf{x}\|_2 = \|\mathbf{y}\|_2 = 1$. *On pose, pour* $\varepsilon > 0$, $\mathrm{A}(\varepsilon) = \mathrm{A} + \varepsilon\mathrm{E}$, *avec* $\mathrm{E} \in \mathbb{C}^{n\times n}$ *telle que* $\|\mathrm{E}\|_2 = 1$. *Si on note* $\lambda(\varepsilon)$ *et* $\mathbf{x}(\varepsilon)$ *la valeur propre et le vecteur propre correspondant de* $\mathrm{A}(\varepsilon)$, *tels que* $\lambda(0) = \lambda$ *et* $\mathbf{x}(0) = \mathbf{x}$,

$$\left|\frac{\partial\lambda}{\partial\varepsilon}(0)\right| \leq \frac{1}{|\mathbf{y}^*\mathbf{x}|}. \tag{5.10}$$

Démonstration. Prouvons tout d'abord que $\mathbf{y}^*\mathbf{x} \neq 0$. En posant $\mathrm{Y} = (\mathrm{X}^*)^{-1} = (\mathbf{y}_1, \ldots, \mathbf{y}_n)$, avec $\mathbf{y}_k \in \mathbb{C}^n$ pour $k = 1, \ldots, n$, on a $\mathbf{y}_k^*\mathrm{A} = \lambda_k\mathbf{y}_k^*$, *i.e.*, les lignes de $\mathrm{X}^{-1} = \mathrm{Y}^*$ sont des vecteurs propres à gauche de A. Or $\mathrm{Y}^*\mathrm{X} = \mathrm{I}$, donc $\mathbf{y}_i^*\mathbf{x}_j = \delta_{ij}$ pour $i, j = 1, \ldots, n$, où δ_{ij} est le symbole de Kronecker. Ce qui revient à dire que les vecteurs propres $\{\mathbf{x}\}$ de A et les vecteurs propres $\{\mathbf{y}\}$ de A^* forment un ensemble *bi-orthogonal*.

Prouvons maintenant (5.10). Comme les racines du polynôme caractéristique de $\mathrm{A}(\varepsilon)$ sont des fonctions continues de ses coefficients, les valeurs propres de $\mathrm{A}(\varepsilon)$ sont des fonctions continues de ε (voir p. ex. [Hen74], p. 281). Ainsi, dans un voisinage de $\varepsilon = 0$,

$$(\mathrm{A} + \varepsilon\mathrm{E})\mathbf{x}(\varepsilon) = \lambda(\varepsilon)\mathbf{x}(\varepsilon).$$

En dérivant cette équation par rapport à ε et prenant $\varepsilon = 0$, on obtient

$$\mathrm{A}\frac{\partial\mathbf{x}}{\partial\varepsilon}(0) + \mathrm{E}\mathbf{x} = \frac{\partial\lambda}{\partial\varepsilon}(0)\mathbf{x} + \lambda\frac{\partial\mathbf{x}}{\partial\varepsilon}(0),$$

d'où on déduit, en multipliant à gauche les deux membres par $\mathbf{y}^*$ et en utilisant le fait que $\mathbf{y}^*$ est un vecteur propre à gauche de A,

$$\frac{\partial\lambda}{\partial\varepsilon}(0) = \frac{\mathbf{y}^*\mathrm{E}\mathbf{x}}{\mathbf{y}^*\mathbf{x}}.$$

L'estimation (5.10) découle alors de l'inégalité de Cauchy-Schwarz. ◇

Remarquer que $|\mathbf{y}^*\mathbf{x}| = |\cos(\theta_\lambda)|$, où θ_λ est l'angle entre les vecteurs propres $\mathbf{y}^*$ et $\mathbf{x}$ (les deux ayant une norme euclidienne égale à 1). Ainsi, quand ces deux vecteurs sont presque orthogonaux le calcul de la valeur propre λ devient mal conditionné. On peut donc prendre la quantité

$$\kappa(\lambda) = \frac{1}{|\mathbf{y}^*\mathbf{x}|} = \frac{1}{|\cos(\theta_\lambda)|} \tag{5.11}$$

comme le *conditionnement de la valeur propre* λ. On a évidemment $\kappa(\lambda) \geq 1$; quand A est une matrice normale, comme elle est unitairement semblable à une matrice diagonale, les vecteurs propres à gauche et à droite $\mathbf{y}$ et $\mathbf{x}$ coïncident, ce qui implique $\kappa(\lambda) = 1/\|\mathbf{x}\|_2^2 = 1$.

On peut interpréter de manière heuristique l'inégalité (5.10) en disant que des perturbations d'ordre $\delta\varepsilon$ dans les coefficients de la matrice A induisent une modification d'ordre $\delta\lambda = \delta\varepsilon/|\cos(\theta_\lambda)|$ dans les valeurs propres λ. Si on considère des matrices normales, le calcul de λ est un problème bien conditionné ; on verra dans les prochaines sections qu'on peut traiter le cas d'une matrice quelconque non symétrique en utilisant des méthodes basées sur les similitudes.

Il est intéressant de constater que le conditionnement d'un problème aux valeurs propres est invariant par transformation unitaire. En effet, soient $\mathrm{U} \in \mathbb{C}^{n\times n}$ une matrice unitaire et $\widetilde{\mathrm{A}} = \mathrm{U}^*\mathrm{AU}$. On note λ_j une valeur propre de A, κ_j le conditionnement $\kappa(\lambda_j)$ défini en (5.11) et $\widetilde{\kappa}_j$ le conditionnement de λ_j vue comme valeur propre de $\widetilde{\mathrm{A}}$. Soient enfin $\{\mathbf{x}_k\}$, $\{\mathbf{y}_k\}$ les vecteurs propres à droite et à gauche de A. Clairement, $\{\mathrm{U}^*\mathbf{x}_k\}$, $\{\mathrm{U}^*\mathbf{y}_k\}$ sont les vecteurs propres à droite et à gauche de $\widetilde{\mathrm{A}}$. Ainsi, pour tout $j = 1, \ldots, n$,

$$\widetilde{\kappa}_j = \left|\mathbf{y}_j^*\mathrm{UU}^*\mathbf{x}_j\right|^{-1} = \kappa_j,$$

d'où on déduit que la stabilité du calcul de λ_j n'est pas affectée par des transformations unitaires. On peut aussi vérifier que ce type de transformation ne change pas les normes euclidiennes et les angles entre des vecteurs de $\mathbb{C}^n$. On a de plus l'estimation *a priori* suivante (voir [GL89], p. 317).

$$fl\left(\mathrm{X}^{-1}\mathrm{AX}\right) = \mathrm{X}^{-1}\mathrm{AX} + \mathrm{E}, \qquad \|\mathrm{E}\|_2 \simeq \mathrm{u}K_2(\mathrm{X})\|\mathrm{A}\|_2\,, \tag{5.12}$$

où $fl(\mathrm{M})$ est la représentation machine de la matrice M et u est l'unité d'arrondi (voir Section 2.5). Il découle de (5.12) que l'utilisation de transformations par des matrices non unitaires dans un calcul de valeurs propres peut entraîner des instabilités liées aux erreurs d'arrondi.

Nous terminons cette section avec un résultat de stabilité concernant l'approximation d'un vecteur propre associé à une valeur propre simple. Avec les mêmes hypothèses qu'au Théorème 5.4, on peut montrer le résultat suivant (pour la preuve, voir [Atk89], Problème 6, p. 649-650).

Propriété 5.4 *Les vecteurs propres* $\mathbf{x}_k$ *et* $\mathbf{x}_k(\varepsilon)$ *des matrices* A *et* $\mathrm{A}(\varepsilon) = \mathrm{A} + \varepsilon\mathrm{E}$*, avec* $\|\mathbf{x}_k(\varepsilon)\|_2 = \|\mathbf{x}_k\|_2 = 1$ *pour* $k = 1, \ldots, n$*, satisfont*

$$\|\mathbf{x}_k(\varepsilon) - \mathbf{x}_k\|_2 \leq \frac{\varepsilon}{\min_{j \neq k} |\lambda_k - \lambda_j|} + \mathcal{O}(\varepsilon^2) \qquad \forall k = 1, \ldots, n.$$

Comme en (5.11), on peut voir la quantité

$$\kappa(\mathbf{x}_k) = \frac{1}{\min_{j \neq k} |\lambda_k - \lambda_j|}$$

comme le *conditionnement du vecteur propre* $\mathbf{x}_k$. Le calcul de $\mathbf{x}_k$ peut donc être mal conditionné s'il y a des valeurs propres λ_j "très proches" de la valeur propre λ_k associée à $\mathbf{x}_k$.

5.2.2 Estimations *a posteriori*

Les estimations *a priori* vues à la section précédente permettent d'obtenir les propriétés de stabilité d'un problème aux valeurs et aux vecteurs propres. Du point de vue de l'implémentation, il est également important de disposer d'estimations *a posteriori* qui permettent de contrôler la qualité de l'approximation pendant l'exécution. Les résultats de cette section pourront servir à la définition de critères d'arrêt pertinents pour les méthodes itératives que nous verrons plus loin.

Théorème 5.5 *Soit* $\mathrm{A} \in \mathbb{C}^{n\times n}$ *une matrice hermitienne et soit* $(\widehat{\lambda}, \widehat{\mathbf{x}})$ *l'approximation d'un couple* $(\lambda, \mathbf{x})$ *formé d'une valeur propre et d'un vecteur propre de* A*. En définissant le résidu par*

$$\widehat{\mathbf{r}} = \mathrm{A}\widehat{\mathbf{x}} - \widehat{\lambda}\widehat{\mathbf{x}}, \qquad \widehat{\mathbf{x}} \neq \mathbf{0},$$

on a

$$\min_{\lambda_i \in \sigma(\mathrm{A})} |\widehat{\lambda} - \lambda_i| \leq \frac{\|\widehat{\mathbf{r}}\|_2}{\|\widehat{\mathbf{x}}\|_2}. \tag{5.13}$$

Démonstration. Comme A est hermitienne, on peut construire une base orthonormale de $\mathbb{C}^n$ constituée des vecteurs propres $\{\mathbf{u}_k\}$ de A. En particulier, $\widehat{\mathbf{x}} = \sum_{i=1}^{n} \alpha_i \mathbf{u}_i$ avec $\alpha_i = \mathbf{u}_i^* \widehat{\mathbf{x}}$, et donc $\widehat{\mathbf{r}} = \sum_{i=1}^{n} \alpha_i(\lambda_i - \widehat{\lambda})\mathbf{u}_i$. Par conséquent

$$\left(\frac{\|\widehat{\mathbf{r}}\|_2}{\|\widehat{\mathbf{x}}\|_2}\right)^2 = \sum_{i=1}^{n} \beta_i (\lambda_i - \widehat{\lambda})^2 \quad \text{avec } \beta_i = |\alpha_k|^2 / (\sum_{j=1}^{n} |\alpha_j|^2). \tag{5.14}$$

Comme $\sum_{i=1}^{n} \beta_i = 1$, l'inégalité (5.13) découle immédiatement de (5.14). ◇

L'estimation (5.13) assure qu'un petit *résidu relatif* induit une petite *erreur absolue* dans le calcul de la valeur propre de A la plus proche de $\widehat{\lambda}$.

Considérons maintenant l'estimation *a posteriori* suivante pour le vecteur propre $\widehat{\mathbf{x}}$ (pour la preuve, voir [IK66], p. 142-143).

Propriété 5.5 *On reprend les hypothèses du Théorème* 5.5, *et on suppose que* $|\lambda_i - \widehat{\lambda}| \leq \|\widehat{\mathbf{r}}\|_2$ *pour* $i = 1, \ldots, m$ *et que* $|\lambda_i - \widehat{\lambda}| \geq \delta > 0$ *pour* $i = m+1, \ldots, n$. *Alors*

$$d(\widehat{\mathbf{x}}, \mathbf{U}_m) \leq \frac{\|\widehat{\mathbf{r}}\|_2}{\delta}, \tag{5.15}$$

où $d(\widehat{\mathbf{x}}, \mathbf{U}_m)$ *est la distance euclidienne entre* $\widehat{\mathbf{x}}$ *et l'espace* $\mathbf{U}_m$ *engendré par les vecteurs propres* $\mathbf{u}_i$, $i = 1, \ldots, m$ *associés aux valeurs propres* λ_i *de* A.

L'estimation *a posteriori* (5.15) assure qu'une petite *erreur absolue* correspond à un petit *résidu* dans l'approximation du vecteur propre associé à la valeur propre de A qui est la plus proche de $\widehat{\lambda}$, à condition que les valeurs propres de A soient bien séparées (c'est-à-dire que δ soit assez grand).
Pour une matrice A non hermitienne quelconque, on ne sait donner une estimation *a posteriori* pour la valeur propre $\widehat{\lambda}$ que si l'on dispose de la matrice des vecteurs propres de A. On a en effet le résultat suivant (pour la preuve, voir [IK66], p. 146) :

Propriété 5.6 *Soient* $\mathrm{A} \in \mathbb{C}^{n\times n}$ *une matrice diagonalisable et X une matrice de vecteurs propres indépendants* $\mathrm{X} = [\mathbf{x}_1, \ldots, \mathbf{x}_n]$ *telle que* $\mathrm{X}^{-1}\mathrm{AX} = \mathrm{diag}\,(\lambda_1, \ldots, \lambda_n)$. *Si, pour un* $\varepsilon > 0$,

$$\|\widehat{\mathbf{r}}\|_2 \leq \varepsilon \|\widehat{\mathbf{x}}\|_2,$$

alors

$$\min_{\lambda_i \in \sigma(\mathrm{A})} |\widehat{\lambda} - \lambda_i| \leq \varepsilon \|\mathrm{X}^{-1}\|_2 \|\mathrm{X}\|_2.$$

Cette estimation est d'une utilité pratique limitée car elle requiert la connaissance de tous les vecteurs propres de A. Des estimations *a posteriori* pouvant être effectivement implémentées dans un algorithme numérique seront proposées aux Sections 5.3.1 et 5.3.2.

5.3 La méthode de la puissance

La *méthode de la puissance* fournit une très bonne approximation des valeurs propres *extrémales* d'une matrice et des vecteurs propres associés. On notera λ_1 et λ_n les valeurs propres ayant respectivement le plus grand et le plus petit module.

La résolution d'un tel problème présente un grand intérêt dans beaucoup d'applications concrètes (sismique, étude des vibrations des structures et des machines, analyse de réseaux électriques, mécanique quantique, ...) dans lesquelles λ_n et le vecteur propre associé $\mathbf{x}_n$ permettent la détermination de la *fréquence propre* et du *mode fondamental* d'un système physique donné.

Il peut être aussi utile de disposer d'approximations de λ_1 et λ_n pour analyser des méthodes numériques. Par exemple, si A est symétrique définie positive, λ_1 et λ_n permettent de calculer la valeur optimale du paramètre d'accélération de la méthode de Richardson, d'estimer son facteur de réduction d'erreur (voir Chapitre 4), et d'effectuer l'analyse de stabilité des méthodes de discrétisation des systèmes d'équations différentielles ordinaires (voir Chapitre 10).

5.3.1 Approximation de la valeur propre de plus grand module

Soit $A \in \mathbb{C}^{n\times n}$ une matrice diagonalisable et soit $X \in \mathbb{C}^{n\times n}$ la matrice de ses vecteurs propres $\mathbf{x}_i$, pour $i = 1, \ldots, n$. Supposons les valeurs propres de A ordonnées de la façon suivante

$$|\lambda_1| > |\lambda_2| \geq |\lambda_3| \ldots \geq |\lambda_n|, \tag{5.16}$$

et supposons que λ_1 ait une multiplicité algébrique égale à 1. Sous ces hypothèses, λ_1 est appelée valeur propre *dominante* de la matrice A.
Etant donné un vecteur initial arbitraire $\mathbf{q}^{(0)} \in \mathbb{C}^n$ de norme euclidienne égale à 1, considérons pour $k = 1, 2, \ldots$ la méthode itérative suivante, connue sous le nom de *méthode de la puissance* :

$$\begin{aligned} \mathbf{z}^{(k)} &= A\mathbf{q}^{(k-1)}, \\ \mathbf{q}^{(k)} &= \mathbf{z}^{(k)}/\|\mathbf{z}^{(k)}\|_2, \\ \nu^{(k)} &= (\mathbf{q}^{(k)})^* A\mathbf{q}^{(k)}. \end{aligned} \tag{5.17}$$

Analysons les propriétés de convergence de la méthode (5.17). Par récurrence sur k, on peut vérifier que

$$\mathbf{q}^{(k)} = \frac{A^k\mathbf{q}^{(0)}}{\|A^k\mathbf{q}^{(0)}\|_2}, \qquad k \geq 1. \tag{5.18}$$

Cette relation rend explicite le rôle joué par les puissances de A. Ayant supposé la matrice A diagonalisable, ses vecteurs propres $\mathbf{x}_i$ forment une base de $\mathbb{C}^n$ sur laquelle on peut décomposer $\mathbf{q}^{(0)}$:

$$\mathbf{q}^{(0)} = \sum_{i=1}^{n} \alpha_i \mathbf{x}_i, \qquad \alpha_i \in \mathbb{C}, \qquad i = 1, \ldots, n. \tag{5.19}$$

De plus, comme $A\mathbf{x}_i = \lambda_i \mathbf{x}_i$, on a

$$A^k\mathbf{q}^{(0)} = \alpha_1\lambda_1^k \left(\mathbf{x}_1 + \sum_{i=2}^{n} \frac{\alpha_i}{\alpha_1} \left(\frac{\lambda_i}{\lambda_1}\right)^k \mathbf{x}_i \right), \; k = 1, 2, \ldots \tag{5.20}$$

Quand k augmente, comme $|\lambda_i/\lambda_1| < 1$ pour $i = 2, \ldots, n$, la composante le long de $\mathbf{x}_1$ du vecteur $A^k\mathbf{q}^{(0)}$ (et donc aussi celle de $\mathbf{q}^{(k)}$ d'après (5.18)) augmente, tandis que ses composantes suivant les autres directions $\mathbf{x}_j$ diminuent.

En utilisant (5.18) et (5.20), on obtient

$$\mathbf{q}^{(k)} = \frac{\alpha_1\lambda_1^k(\mathbf{x}_1 + \mathbf{y}^{(k)})}{\|\alpha_1\lambda_1^k(\mathbf{x}_1 + \mathbf{y}^{(k)})\|_2} = \mu_k \frac{\mathbf{x}_1 + \mathbf{y}^{(k)}}{\|\mathbf{x}_1 + \mathbf{y}^{(k)}\|_2},$$

où μ_k est le signe de $\alpha_1\lambda_1^k$ et $\mathbf{y}^{(k)}$ désigne un vecteur qui tend vers zéro quand $k \to \infty$.

Le vecteur $\mathbf{q}^{(k)}$ s'aligne donc le long de la direction du vecteur propre $\mathbf{x}_1$ quand $k \to \infty$. On a de plus l'estimation d'erreur suivante à l'étape k :

Théorème 5.6 *Soit* $\mathrm{A} \in \mathbb{C}^{n\times n}$ *une matrice diagonalisable dont les valeurs propres satisfont* (5.16). *En supposant* $\alpha_1 \neq 0$, *il existe une constante* $C > 0$ *telle que*

$$\|\tilde{\mathbf{q}}^{(k)} - \mathbf{x}_1\|_2 \leq C \left|\frac{\lambda_2}{\lambda_1}\right|^k, \qquad k \geq 1, \tag{5.21}$$

où

$$\tilde{\mathbf{q}}^{(k)} = \frac{\mathbf{q}^{(k)}\|\mathrm{A}^k\mathbf{q}^{(0)}\|_2}{\alpha_1\lambda_1^k} = \mathbf{x}_1 + \sum_{i=2}^{n} \frac{\alpha_i}{\alpha_1}\left(\frac{\lambda_i}{\lambda_1}\right)^k \mathbf{x}_i, \qquad k = 1, 2, \ldots \tag{5.22}$$

Démonstration. On peut, sans perte de généralité, supposer que les colonnes de la matrice X ont une norme euclidienne égale à 1, c'est-à-dire $\|\mathbf{x}_i\|_2 = 1$ pour $i = 1, \ldots, n$. D'après (5.20), on a alors

$$\begin{aligned}\|\mathbf{x}_1 + \sum_{i=2}^{n}\left[\frac{\alpha_i}{\alpha_1}\left(\frac{\lambda_i}{\lambda_1}\right)^k \mathbf{x}_i\right] - \mathbf{x}_1\|_2 &= \|\sum_{i=2}^{n}\frac{\alpha_i}{\alpha_1}\left(\frac{\lambda_i}{\lambda_1}\right)^k \mathbf{x}_i\|_2 \\ &\leq \left(\sum_{i=2}^{n}\left[\frac{\alpha_i}{\alpha_1}\right]^2\left[\frac{\lambda_i}{\lambda_1}\right]^{2k}\right)^{1/2} \leq \left|\frac{\lambda_2}{\lambda_1}\right|^k \left(\sum_{i=2}^{n}\left[\frac{\alpha_i}{\alpha_1}\right]^2\right)^{1/2},\end{aligned}$$

c'est-à-dire (5.21) avec $C = \left(\sum_{i=2}^{n}(\alpha_i/\alpha_1)^2\right)^{1/2}$. ◇

L'estimation (5.21) exprime la convergence de la suite $\tilde{\mathbf{q}}^{(k)}$ vers $\mathbf{x}_1$. La suite des quotients de Rayleigh

$$((\tilde{\mathbf{q}}^{(k)})^*\mathrm{A}\tilde{\mathbf{q}}^{(k)})/\|\tilde{\mathbf{q}}^{(k)}\|_2^2 = \left(\mathbf{q}^{(k)}\right)^* \mathrm{A}\mathbf{q}^{(k)} = \nu^{(k)}$$

converge donc vers λ_1. Par conséquent, $\lim_{k\to\infty}\nu^{(k)} = \lambda_1$, et la convergence est d'autant plus rapide que le quotient $|\lambda_2/\lambda_1|$ est petit.

Si la matrice A est *réelle* et *symétrique*, on peut prouver, toujours en supposant $\alpha_1 \neq 0$, que (voir [GL89], p. 406-407)

$$|\lambda_1 - \nu^{(k)}| \leq |\lambda_1 - \lambda_n| \tan^2(\theta_0) \left|\frac{\lambda_2}{\lambda_1}\right|^{2k}, \tag{5.23}$$

où $\cos(\theta_0) = |\mathbf{x}_1^T \mathbf{q}^{(0)}| \neq 0$. L'inégalité (5.23) montre que la convergence de la suite $\nu^{(k)}$ vers λ_1 est *quadratique* par rapport à $|\lambda_2/\lambda_1|$ (voir Section 5.3.3 pour des résultats numériques).
Nous concluons cette section en proposant un critère d'arrêt pour les itérations (5.17). Introduisons pour cela le résidu à l'étape k

$$\mathbf{r}^{(k)} = \mathrm{A}\mathbf{q}^{(k)} - \nu^{(k)}\mathbf{q}^{(k)}, \qquad k \geq 1,$$

et, pour $\varepsilon > 0$, la matrice $\varepsilon \mathrm{E}^{(k)} = -\mathbf{r}^{(k)} \left[\mathbf{q}^{(k)}\right]^* \in \mathbb{C}^{n\times n}$ avec $\|\mathrm{E}^{(k)}\|_2 = 1$. Puisque

$$\varepsilon \mathrm{E}^{(k)}\mathbf{q}^{(k)} = -\mathbf{r}^{(k)}, \qquad k \geq 1, \tag{5.24}$$

on obtient $\left(\mathrm{A} + \varepsilon \mathrm{E}^{(k)}\right)\mathbf{q}^{(k)} = \nu^{(k)}\mathbf{q}^{(k)}$. Ainsi, à chaque étape de la méthode de la puissance $\nu^{(k)}$ est une *valeur propre de la matrice perturbée* $\mathrm{A} + \varepsilon \mathrm{E}^{(k)}$. D'après (5.24) et (1.20), $\varepsilon = \|\mathbf{r}^{(k)}\|_2$ pour $k = 1, 2, \ldots$. En utilisant cette identité dans (5.10) et en approchant la dérivée partielle dans (5.10) par le quotient $|\lambda_1 - \nu^{(k)}|/\varepsilon$, on obtient

$$|\lambda_1 - \nu^{(k)}| \simeq \frac{\|\mathbf{r}^{(k)}\|_2}{|\cos(\theta_\lambda)|}, \qquad k \geq 1, \tag{5.25}$$

où θ_λ est l'angle entre les vecteurs propres à droite et à gauche, $\mathbf{x}_1$ et $\mathbf{y}_1$, associés à λ_1. Remarquer que si A est hermitienne, alors $\cos(\theta_\lambda) = 1$ et (5.25) conduit à une estimation analogue à (5.13).

En pratique, pour pouvoir utiliser les estimations (5.25), il est nécessaire de remplacer à chaque étape $|\cos(\theta_\lambda)|$ par le module du produit scalaire des deux approximations $\mathbf{q}^{(k)}$ et $\mathbf{w}^{(k)}$ de $\mathbf{x}_1$ et $\mathbf{y}_1$ calculées par la méthode de la puissance. On obtient alors l'estimation *a posteriori* suivante

$$|\lambda_1 - \nu^{(k)}| \simeq \frac{\|\mathbf{r}^{(k)}\|_2}{|(\mathbf{w}^{(k)})^*\mathbf{q}^{(k)}|}, \qquad k \geq 1. \tag{5.26}$$

Des exemples d'applications de (5.26) seront donnés à la Section 5.3.3.

5.3.2 Méthode de la puissance inverse

Dans cette section, nous recherchons une approximation de la valeur propre d'une matrice $\mathrm{A} \in \mathbb{C}^{n\times n}$ la *plus proche* d'un nombre $\mu \in \mathbb{C}$ donné, avec $\mu \notin \sigma(\mathrm{A})$. On peut pour cela appliquer la méthode de la puissance (5.17) à la matrice $(\mathrm{M}_\mu)^{-1} = (\mathrm{A} - \mu \mathrm{I})^{-1}$, ce qui conduit à la méthode des *itérations inverses* ou méthode de la *puissance inverse*. Le nombre μ est appelé *shift* en anglais.

Les valeurs propres de M_μ^{-1} sont $\xi_i = (\lambda_i - \mu)^{-1}$; supposons qu'il existe un entier m tel que

$$|\lambda_m - \mu| < |\lambda_i - \mu|, \qquad \forall i = 1, \ldots, n \quad \text{et } i \neq m. \tag{5.27}$$

Cela revient à supposer que la valeur propre λ_m qui est la plus proche de μ a une multiplicité égale à 1. De plus, (5.27) montre que ξ_m est la valeur propre de M_μ^{-1} de plus grand module ; en particulier, si $\mu = 0$, λ_m est la valeur propre de A de plus petit module.

Etant donné un vecteur initial arbitraire $\mathbf{q}^{(0)} \in \mathbb{C}^n$ de norme euclidienne égale à 1, on construit pour $k = 1, 2, \ldots$ la suite définie par

$$\begin{aligned} (\mathrm{A} - \mu \mathrm{I})\, \mathbf{z}^{(k)} &= \mathbf{q}^{(k-1)}, \\ \mathbf{q}^{(k)} &= \mathbf{z}^{(k)} / \|\mathbf{z}^{(k)}\|_2, \\ \sigma^{(k)} &= (\mathbf{q}^{(k)})^* \mathrm{A} \mathbf{q}^{(k)}. \end{aligned} \tag{5.28}$$

Remarquer que les vecteurs propres de M_μ sont les mêmes que ceux de A puisque $M_\mu = X(\Lambda - \mu I_n) X^{-1}$, où $\Lambda = \mathrm{diag}(\lambda_1, \ldots, \lambda_n)$. Pour cette raison, on calcule directement le quotient de Rayleigh dans (5.28) à partir de la matrice A (et non à partir de M_μ^{-1}). La différence principale par rapport à (5.17) est qu'on doit résoudre à chaque itération k un système linéaire de matrice $M_\mu = A - \mu I$. D'un point de vue numérique, la factorisation LU de M_μ est calculée une fois pour toute quand $k = 1$, de manière à n'avoir à résoudre à chaque itération que deux systèmes triangulaires, pour un coût de l'ordre de n^2 *flops*.

Bien qu'étant plus coûteuse que la méthode de la puissance (5.17), la méthode de la puissance inverse a l'avantage de pouvoir converger vers n'importe quelle valeur propre de A (la plus proche de μ). Les itérations inverses se prêtent donc bien au raffinement de l'approximation μ d'une valeur propre de A. Cette approximation peut être par exemple obtenue en appliquant les techniques de localisation introduites à la Section 5.1. Les itérations inverses peuvent aussi être utilisées efficacement pour calculer le vecteur propre associé à une valeur propre (approchée) donnée.

En vue de l'analyse de convergence des itérations (5.28), supposons A diagonalisable et décomposons $\mathbf{q}^{(0)}$ sous la forme (5.19). En procédant de la même manière que pour la méthode de la puissance, on a

$$\tilde{\mathbf{q}}^{(k)} = \mathbf{x}_m + \sum_{i=1, i\neq m}^{n} \frac{\alpha_i}{\alpha_m} \left(\frac{\xi_i}{\xi_m} \right)^k \mathbf{x}_i,$$

où les $\mathbf{x}_i$ sont les vecteurs propres de M_μ^{-1} (et donc aussi ceux de A), et les α_i sont comme en (5.19). Par conséquent, en rappelant la définition des ξ_i et en utilisant (5.27), on obtient

$$\lim_{k\to\infty} \tilde{\mathbf{q}}^{(k)} = \mathbf{x}_m, \qquad \lim_{k\to\infty} \sigma^{(k)} = \lambda_m.$$

La convergence sera d'autant plus rapide que μ est proche de λ_m. Sous les mêmes hypothèses que pour prouver (5.26), on peut obtenir l'estimation *a posteriori* suivante de l'erreur d'approximation sur λ_m

$$|\lambda_m - \sigma^{(k)}| \simeq \frac{\|\widehat{\mathbf{r}}^{(k)}\|_2}{|(\widehat{\mathbf{w}}^{(k)})^* \mathbf{q}^{(k)}|}, \qquad k \geq 1, \tag{5.29}$$

où $\widehat{\mathbf{r}}^{(k)} = \mathrm{A}\mathbf{q}^{(k)} - \sigma^{(k)}\mathbf{q}^{(k)}$ et où $\widehat{\mathbf{w}}^{(k)}$ est la k-ième itérée de la méthode de la puissance inverse pour approcher le vecteur propre à gauche associé à λ_m.

5.3.3 Implémentations

L'analyse de convergence de la Section 5.3.1 montre que l'efficacité de la méthode de la puissance dépend fortement des valeurs propres dominantes. Plus précisément, la méthode est d'autant plus efficace que les valeurs dominantes sont *bien séparées*, *i.e.* $|\lambda_2|/|\lambda_1| \ll 1$. Analysons à présent le comportement des itérations (5.17) quand il y a deux valeurs propres dominantes de même module (c'est-à-dire quand $|\lambda_2| = |\lambda_1|$). On doit distinguer trois cas :

1. $\lambda_2 = \lambda_1$: les deux valeurs propres dominantes coïncident. La méthode est encore convergente, puisque pour k assez grand, (5.20) implique
$$\mathrm{A}^k\mathbf{q}^{(0)} \simeq \lambda_1^k \left(\alpha_1\mathbf{x}_1 + \alpha_2\mathbf{x}_2\right)$$
qui est un vecteur propre de A. Pour $k \to \infty$, la suite $\tilde{\mathbf{q}}^{(k)}$ (convenablement redéfinie) converge vers un vecteur appartenant à l'espace engendré par $\mathbf{x}_1$ et $\mathbf{x}_2$. La suite $\nu^{(k)}$ converge encore vers λ_1.
2. $\lambda_2 = -\lambda_1$: les deux valeurs propres dominantes sont opposées. Dans ce cas, la valeur propre de plus grand module peut être approchée en appliquant la méthode de la puissance à la matrice A^2. En effet, pour $i = 1, \ldots, n$, $\lambda_i(\mathrm{A}^2) = [\lambda_i(\mathrm{A})]^2$, donc $\lambda_1^2 = \lambda_2^2$ et on est ramené au cas précédent avec la matrice A^2.
3. $\lambda_2 = \overline{\lambda}_1$: les deux valeurs propres dominantes sont complexes conjuguées. Cette fois, des oscillations non amorties se produisent dans la suite $\mathbf{q}^{(k)}$ et la méthode de la puissance ne converge pas (voir [Wil65], Chapitre 9, Section 12).

Pour l'implémentation de (5.17), il est bon de noter que le fait de normaliser le vecteur $\mathbf{q}^{(k)}$ à 1 permet d'éviter les problèmes d'*overflow* (quand $|\lambda_1| > 1$) ou d'*underflow* (quand $|\lambda_1| < 1$) dans (5.20). Indiquons aussi que la condition $\alpha_1 \neq 0$ (qui est *a priori* impossible à remplir quand on ne dispose d'aucune information sur le vecteur propre $\mathbf{x}_1$) n'est pas essentielle pour la convergence effective de l'algorithme. En effet, bien qu'on puisse prouver qu'en arithmétique exacte la suite (5.17) converge vers le couple $(\lambda_2, \mathbf{x}_2)$ si $\alpha_1 = 0$ (voir Exercice 8), les inévitables erreurs d'arrondi font qu'en pratique le vecteur $\mathbf{q}^{(k)}$ contient aussi une composante *non nulle* dans la direction de $\mathbf{x}_1$. Ceci permet à la valeur propre λ_1 d'être "visible" et à la méthode de la puissance de converger rapidement vers elle.

Une implémentation MATLAB de la méthode de la puissance est donnée dans le Programme 24. Dans cet algorithme comme dans les suivants, le test de convergence est basé sur l'estimation *a posteriori* (5.26).

Ici, et dans le reste du chapitre, les valeurs en entrée `z0`, `tol` et `nmax` sont respectivement le vecteur initial, la tolérance pour le test d'arrêt et le nombre maximum d'itérations admissible. En sortie, les vecteurs `lambda` et `relres` contiennent les suites $\{\nu^{(k)}\}$ et $\{\|\mathbf{r}^{(k)}\|_2/|\cos(\theta_\lambda)|\}$ (voir (5.26)), `x` et `iter` sont respectivement les approximations du vecteur propre $\mathbf{x}_1$ et le nombre d'itérations nécessaire à la convergence de l'algorithme.

Programme 24 - powerm : Méthode de la puissance

```
function [lambda,x,iter,relres]=powerm(A,z0,tol,nmax)
%POWERM Méthode de la puissance
% [LAMBDA,X,ITER,RELRES]=POWERM(A,Z0,TOL,NMAX) calcule la
% valeur propre LAMBDA de plus grand module de la matrice A et un vecteur
% propre correspondant X de norme un. TOL est la tolérance de la méthode.
% NMAX est le nombre maximum d'itérations. Z0 est la donnée initiale.
% ITER est l'itération à laquelle la solution X a été calculée.
q=z0/norm(z0); q2=q;
relres=tol+1; iter=0; z=A*q;
while relres(end)>=tol & iter<=nmax
 q=z/norm(z); z=A*q;
 lambda=q'*z; x=q;
 z2=q2'*A; q2=z2/norm(z2); q2=q2';
 y1=q2; costheta=abs(y1'*x);
 if costheta >= 5e-2
   iter=iter+1;
   temp=norm(z-lambda*q)/costheta;
   relres=[relres; temp];
 else
   fprintf('Valeur propre multiple'); break;
 end
end
return
```

Un code MATLAB pour la méthode de la puissance inverse est donné dans le Programme 25. Le paramètre d'entrée `mu` est l'approximation initiale de la valeur propre. En sortie, les vecteurs `sigma` et `relres` contiennent les suites $\{\sigma^{(k)}\}$ et $\{\|\widehat{\mathbf{r}}^{(k)}\|_2/(|(\widehat{\mathbf{w}}^{(k)})^*\mathbf{q}^{(k)}|)\}$ (voir (5.29)). La factorisation LU (avec changement de pivot partiel) de la matrice M_μ est effectuée en utilisant la fonction `lu` de MATLAB, tandis que les systèmes triangulaires sont résolus avec les Programmes 2 et 3 du Chapitre 3.

Programme 25 - invpower : Méthode de la puissance inverse

```
function [sigma,x,iter,relres]=invpower(A,z0,mu,tol,nmax)
%INVPOWER Méthode de la puissance inverse
% [SIGMA,X,ITER,RELRES]=INVPOWER(A,Z0,MU,TOL,NMAX) calcule la
% valeur propre LAMBDA de plus petit module de la matrice A et un vecteur
% propre correspondant X de norme un. TOL est la tolérance de la méthode.
% NMAX est le nombre maximum d'itérations. X0 est la donnée initiale.
% MU est le shift. ITER est l'itération à laquelle la solution X a
% été calculée.
M=A-mu*eye(size(A)); [L,U,P]=lu(M);
q=z0/norm(z0); q2=q'; sigma=[];
relres=tol+1; iter=0;
while relres(end)>=tol & iter<=nmax
  iter=iter+1;
  b=P*q;
  y=L\b; z=U\y;
  q=z/norm(z); z=A*q; sigma=q'*z;
  b=q2'; y=U'\b; w=L'\y;
  q2=w'*P; q2=q2/norm(q2); costheta=abs(q2*q);
  if costheta>=5e-2
    temp=norm(z-sigma*q)/costheta; relres=[relres,temp];
  else
    fprintf('Valeur propre multiple'); break;
  end
  x=q;
end
return
```

Exemple 5.3 On se donne les matrices

$$
\mathrm{A} = \begin{bmatrix} 15 & -2 & 2 \\ 1 & 10 & -3 \\ -2 & 1 & 0 \end{bmatrix} \quad \text{et } \mathrm{V} = \begin{bmatrix} -0.944 & 0.393 & -0.088 \\ -0.312 & 0.919 & 0.309 \\ 0.112 & 0.013 & 0.947 \end{bmatrix}. \tag{5.30}
$$

La matrice A a pour valeurs propres : $\lambda_1 \simeq 14.103$, $\lambda_2 = 10.385$ et $\lambda_3 \simeq 0.512$, et les vecteur propres correspondants sont les vecteurs colonnes de la matrice V.
Pour approcher le couple $(\lambda_1, \mathbf{x}_1)$, nous avons exécuté le Programme 24 avec $\mathbf{z}^{(0)} = [1,1,1]^T$ pour donnée initiale. Après 71 itérations de la méthode de la puissance, les erreurs absolues sont $|\lambda_1 - \nu^{(71)}| = 7.91 \cdot 10^{-11}$ et $\|\mathbf{x}_1 - \mathbf{x}_1^{(71)}\|_\infty = 1.42 \cdot 10^{-11}$.

Dans un second cas, nous avons pris $\mathbf{z}^{(0)} = \mathbf{x}_2 + \mathbf{x}_3$ (remarquer qu'avec ce choix on a $\alpha_1 = 0$). Après 215 itérations les erreurs absolues sont $|\lambda_1 - \nu^{(215)}| = 4.26 \cdot 10^{-14}$ et $\|\mathbf{x}_1 - \mathbf{x}_1^{(215)}\|_\infty = 1.38 \cdot 10^{-14}$.
La Figure 5.2 (à gauche) montre la fiabilité de l'estimation *a posteriori* (5.26) : on a représenté les suites $|\lambda_1 - \nu^{(k)}|$ (trait plein) et les estimations *a posteriori* (5.26) correspondantes (trait discontinu) en fonction du nombre d'itérations (en abscisses). Noter l'excellente adéquation entre les deux courbes.

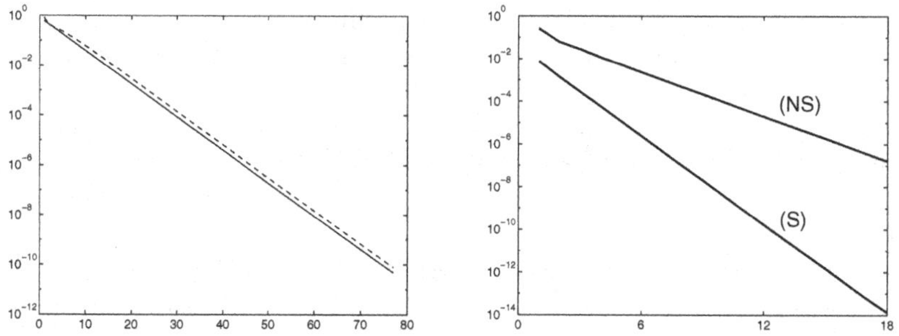

Fig. 5.2. Comparaison entre l'estimation d'erreur *a posteriori* et l'erreur absolue effective pour la matrice (5.30) (*à gauche*); courbes de convergence de la méthode de la puissance appliquée à la matrice (5.31) dans sa forme symétrique (S) et non symétrique (NS) (*à droite*)

Considérons les matrices

$$\mathrm{A} = \begin{bmatrix} 1 & 3 & 4 \\ 3 & 1 & 2 \\ 4 & 2 & 1 \end{bmatrix} \quad \text{et } \mathrm{T} = \begin{bmatrix} 8 & 1 & 6 \\ 3 & 5 & 7 \\ 4 & 9 & 2 \end{bmatrix}. \tag{5.31}$$

La matrice symétrique A a pour valeurs propres $\lambda_1 = 7.047$, $\lambda_2 = -3.1879$ et $\lambda_3 = -0.8868$ (avec 4 chiffres significatifs).
Il est intéressant de comparer le comportement de la méthode de la puissance quand on calcule λ_1 pour la matrice symétrique A et pour la matrice $\mathrm{M} = \mathrm{T}^{-1}\mathrm{AT}$ qui lui est semblable, où T est la matrice inversible (et non orthogonale) définie en (5.31). En exécutant le Programme 24 avec $\mathbf{z}^{(0)} = [1, 1, 1]^T$, la méthode de la puissance converge vers la valeur propre λ_1 en 18 itérations pour la matrice A et en 30 itérations pour la matrice M. La suite des erreurs absolues $|\lambda_1 - \nu^{(k)}|$ est tracée sur la Figure 5.2 (à droite) où (S) et (NS) se rapportent respectivement aux calculs effectués sur A et sur M. Remarquer la réduction rapide de l'erreur dans le cas symétrique, conformément à la propriété de convergence quadratique de la méthode de la puissance (voir Section 5.3.1).
Nous utilisons enfin la méthode de la puissance inverse (5.28) pour calculer $\lambda_3 = 0.512$ qui est la valeur propre de plus petit module de la matrice A définie en (5.30). En exécutant le Programme 25 avec $\mathbf{q}^{(0)} = [1, 1, 1]^T/\sqrt{3}$, la méthode converge en 9 itérations, avec comme erreurs absolues $|\lambda_3 - \sigma^{(9)}| = 1.194 \cdot 10^{-12}$ et $\|\mathbf{x}_3 - \mathbf{x}_3^{(9)}\|_\infty = 4.59 \cdot 10^{-13}$. •

5.4 La méthode QR

Nous présentons dans cette section des méthodes itératives pour approcher simultanément *toutes* les valeurs propres d'une matrice A donnée. L'idée de base est de transformer A en une matrice semblable pour laquelle le calcul des valeurs propres est plus simple.

Le problème serait résolu si on savait déterminer de manière directe, c'est-à-dire en un nombre fini d'itérations, la matrice unitaire U de la décomposition de Schur 1.4, *i.e.* la matrice U telle que $T = U^*AU$, où T est triangulaire supérieure avec $t_{ii} = \lambda_i(A)$ pour $i = 1, \ldots, n$. Malheureusement, d'après le théorème d'Abel, dès que $n \geq 5$ la matrice U ne peut pas être calculée de façon directe (voir Exercice 6). Notre problème ne peut donc être résolu que de manière itérative.
L'algorithme de référence sur ce thème est la *méthode QR* que nous n'examinerons que dans le cas des matrices réelles (pour des remarques sur l'extension des algorithmes au cas complexe, voir [GL89], Section 5.2.10 et [Dem97], Section 4.2.1).

Soit $A \in \mathbb{R}^{n\times n}$; on se donne une matrice orthogonale $Q^{(0)} \in \mathbb{R}^{n\times n}$ et on pose $T^{(0)} = (Q^{(0)})^T AQ^{(0)}$. Les itérations de la méthode QR s'écrivent pour $k = 1, 2, \ldots$, jusqu'à convergence :

$$\begin{aligned} &\text{déterminer } Q^{(k)}, R^{(k)} \text{ telles que} \\ &Q^{(k)}R^{(k)} = T^{(k-1)} \qquad \text{(factorisation QR);} \\ &\text{puis poser} \\ &T^{(k)} = R^{(k)}Q^{(k)}. \end{aligned} \tag{5.32}$$

A chaque étape $k \geq 1$, la première phase consiste en la factorisation de la matrice $T^{(k-1)}$ sous la forme du produit d'une matrice orthogonale $Q^{(k)}$ par une matrice triangulaire supérieure $R^{(k)}$ (voir Section 5.6.3). La seconde phase est un simple produit matriciel. Remarquer que

$$\begin{aligned} T^{(k)} &= R^{(k)}Q^{(k)} = (Q^{(k)})^T(Q^{(k)}R^{(k)})Q^{(k)} = (Q^{(k)})^T T^{(k-1)}Q^{(k)} \\ &= (Q^{(0)}Q^{(1)}\cdots Q^{(k)})^T A(Q^{(0)}Q^{(1)}\cdots Q^{(k)}), \qquad k \geq 0, \end{aligned} \tag{5.33}$$

autrement dit, toute matrice $T^{(k)}$ est *orthogonalement semblable* à A. Ceci est particulièrement appréciable pour la *stabilité* de la méthode. On a en effet vu à la Section 5.2 que dans ce cas le conditionnement du problème aux valeurs propres pour $T^{(k)}$ est au moins aussi bon que celui pour A (voir aussi [GL89], p. 360).

On examine à la Section 5.5 une implémentation basique de la méthode QR (5.32) où on prend $Q^{(0)} = I_n$. Un version plus efficace en termes de calcul, qui démarre avec $T^{(0)}$ sous la forme d'une matrice de Hessenberg supérieure, est décrite en détail à la Section 5.6.

Si A possède des valeurs propres réelles, distinctes en valeur absolue, nous verrons à la Section 5.5 que la limite de $T^{(k)}$ est une matrice triangulaire supérieure (avec bien sûr les valeurs propres de A sur la diagonale). En revanche, si A a des valeurs propres complexes, la limite T de $T^{(k)}$ *ne peut pas* être triangulaire supérieure. Si c'était le cas, les valeurs propres de T seraient nécessairement réelles et T semblable à A, ce qui est contradictoire.

Il peut aussi ne pas y avoir convergence vers une matrice triangulaire dans des situations plus générales comme le montre l'Exemple 5.9.

Pour cette raison, il est nécessaire d'introduire des variantes de la méthode QR (5.32) basées sur des techniques de translation et déflation (voir Section 5.7 et, pour une discussion plus détaillée sur ce sujet, voir [GL89], Chapitre 7, [Dat95], Chapitre 8 et [Dem97], Chapitre 4).
Ces techniques permettent à $\mathrm{T}^{(k)}$ de converger vers une matrice *quasi-triangulaire* supérieure, connue sous le nom de *décomposition de Schur réelle* de A, pour laquelle on a le résultat suivant (nous renvoyons à [GL89], p. 341-342 pour la preuve).

Propriété 5.7 *Etant donné une matrice* $\mathrm{A} \in \mathbb{R}^{n\times n}$*, il existe une matrice orthogonale* $\mathrm{Q} \in \mathbb{R}^{n\times n}$ *telle que*

$$\mathrm{Q}^T\mathrm{AQ} = \begin{bmatrix} \mathrm{R}_{11} & \mathrm{R}_{12} & \ldots & \mathrm{R}_{1m} \\ 0 & \mathrm{R}_{22} & \ldots & \mathrm{R}_{2m} \\ \vdots & \vdots & \ddots & \vdots \\ 0 & 0 & \ldots & \mathrm{R}_{mm} \end{bmatrix}, \tag{5.34}$$

où chaque bloc diagonal R_{ii} *est soit un nombre réel soit une matrice d'ordre 2 ayant des valeurs propres complexes conjuguées. De plus*

$$\mathrm{Q} = \lim_{k\to\infty}\left[\mathrm{Q}^{(0)}\mathrm{Q}^{(1)}\cdots\mathrm{Q}^{(k)}\right] \tag{5.35}$$

où $\mathrm{Q}^{(k)}$ *est la matrice orthogonale construite à la k-ième étape de la méthode QR* (5.32).

5.5 La méthode QR "de base"

Dans la forme "basique" de la méthode QR, on pose $\mathrm{Q}^{(0)} = \mathrm{I}_n$ de sorte que $\mathrm{T}^{(0)} = \mathrm{A}$. A chaque itération $k \geq 1$, la factorisation QR de la matrice $\mathrm{T}^{(k-1)}$ peut être effectuée en utilisant le procédé de Gram-Schmidt modifié décrit à la Section 3.4.3, ce qui représente un coût de l'ordre de $2n^3$ *flops* (pour une matrice pleine). On a le résultat de convergence suivant (pour la preuve, voir [GL89], Théorème 7.3.1, ou [Wil65], p. 517-519) :

Propriété 5.8 (convergence de la méthode QR) *Soit* $\mathrm{A} \in \mathbb{R}^{n\times n}$ *une matrice telle que*

$$|\lambda_1| > |\lambda_2| > \ldots > |\lambda_n|.$$

Alors

$$\lim_{k\to+\infty} \mathrm{T}^{(k)} = \begin{bmatrix} \lambda_1 & t_{12} & \dots & t_{1n} \\ 0 & \lambda_2 & t_{23} & \dots \\ \vdots & \vdots & \ddots & \vdots \\ 0 & 0 & \dots & \lambda_n \end{bmatrix}. \tag{5.36}$$

Le taux de convergence est de la forme

$$|t_{i,i-1}^{(k)}| = \mathcal{O}\left(\left|\frac{\lambda_i}{\lambda_{i-1}}\right|^k\right), \qquad i = 2,\dots,n, \qquad \text{pour } k \to +\infty. \tag{5.37}$$

Si on suppose de plus que la matrice A *est symétrique, la suite* $\{\mathrm{T}^{(k)}\}$ *tend vers une matrice diagonale.*

Si les valeurs propres de A, bien que distinctes, ne sont pas *bien séparées*, on déduit de (5.37) que la convergence de $\mathrm{T}^{(k)}$ vers une matrice triangulaire peut être assez lente. Pour l'accélérer, on peut recourir à la technique des translations qu'on abordera à la Section 5.7.

Remarque 5.2 Il est toujours possible de réduire la matrice A sous une forme triangulaire au moyen d'algorithmes itératifs utilisant des transformations *non orthogonales*. C'est le cas par exemple de la *méthode LR* (ou *méthode de Rutishauser*, [Rut58]), qui est en fait à l'origine de la méthode QR (voir aussi [Fra61], [Wil65]). La méthode LR est basée sur la factorisation de la matrice A sous la forme du produit de deux matrices L et R, respectivement triangulaire inférieure et triangulaire supérieure, et sur la transformation (non orthogonale)

$$\mathrm{L}^{-1}\mathrm{AL} = \mathrm{L}^{-1}(\mathrm{LR})\mathrm{L} = \mathrm{RL}.$$

On utilise rarement la méthode LR dans la pratique à cause de la perte de précision due à l'augmentation en module des coefficients sur-diagonaux de R au cours de la factorisation LR. On trouvera dans [Wil65], Chapitre 8, des détails sur ce point particulier et sur l'implémentation de l'algorithme ainsi que des comparaisons avec la méthode QR. ■

Exemple 5.4 On applique la méthode QR à la matrice symétrique A$\in \mathbb{R}^{4\times4}$ telle que $a_{ii} = 4$, pour $i = 1,\dots,4$, et $a_{ij} = 4 + i - j$ pour $i < j \le 4$, dont les valeurs propres sont $\lambda_1 = 11.09$, $\lambda_2 = 3.41$, $\lambda_3 = 0.9$ et $\lambda_4 = 0.51$. Après 20 itérations, on obtient

$$\mathrm{T}^{(20)} = \begin{bmatrix} \boxed{11.09} & 6.44\cdot10^{-10} & -3.62\cdot10^{-15} & 9.49\cdot10^{-15} \\ 6.47\cdot10^{-10} & \boxed{3.41} & 1.43\cdot10^{-11} & 4.60\cdot10^{-16} \\ 1.74\cdot10^{-21} & 1.43\cdot10^{-11} & \boxed{0.9} & 1.16\cdot10^{-4} \\ 2.32\cdot10^{-25} & 2.68\cdot10^{-15} & 1.16\cdot10^{-4} & \boxed{0.58} \end{bmatrix}.$$

Remarquer la structure "presque diagonale" de la matrice $T^{(20)}$ et les effets d'arrondi qui altèrent légèrement la symétrie prévue. On trouve une bonne correspondance entre les coefficients sous-diagonaux et l'estimation (5.37). •

Une implémentation MATLAB de la méthode QR de base est donnée dans le Programme 26. La factorisation QR est effectuée en utilisant le procédé de Gram-Schmidt modifié (Programme 8). Le paramètre d'entrée `nmax` désigne le nombre maximum d'itérations admissible, et les paramètres de sortie `T`, `Q` et `R` sont les matrices T, Q et R de (5.32) après `nmax` itérations de la méthode QR.

Programme 26 - basicqr : Méthode QR de base

```
function [T,Q,R]=basicqr(A,nmax)
%BASICQR Méthode QR de base
% [T,Q,R]=BASICQR(A,NMAX) effectue NMAX itérations de la
% version de base de la méthode QR
T=A;
for i=1:nmax
   [Q,R]=modgrams(T);
   T=R*Q;
end
return
```

5.6 La méthode QR pour les matrices de Hessenberg

L'implémentation naïve de la méthode QR vue à la section précédente représente un calcul dont le coût (pour une matrice pleine) est de l'ordre de n^3 *flops* par itération. Dans cette section, nous proposons une variante, appelée *méthode QR-Hessenberg*, qui permet une grande économie de calcul. L'idée consiste à démarrer les itérations avec une matrice $T^{(0)}$ de type *Hessenberg supérieure*, c'est-à-dire telle que $t_{ij}^{(0)} = 0$ pour $i > j + 1$. On peut en effet montrer qu'avec ce choix le calcul de $T^{(k)}$ dans (5.32) ne requiert que n^2 *flops* par itération.

Afin d'assurer l'efficacité et la stabilité de l'algorithme, on utilise des *matrices de transformation* appropriées. Plus précisément, la réduction préliminaire de la matrice A sous la forme de Hessenberg supérieure est réalisée avec des matrices de Householder, tandis que la factorisation QR de $T^{(k)}$ est effectuée avec des matrices de Givens, plutôt que par le procédé de Gram-Schmidt modifié vu à la Section 3.4.3.

Nous décrivons brièvement les matrices de Householder et de Givens dans la prochaine section, et nous renvoyons à la Section 5.6.5 pour les implémentations. L'algorithme ainsi que des exemples de calcul de la forme de Schur réelle de A en partant de la forme de Hessenberg supérieure sont présentés à la Section 5.6.4.

5.6.1 Matrices de transformation de Householder et Givens

Pour tout vecteur $\mathbf{v} \in \mathbb{R}^n$, introduisons la matrice symétrique et orthogonale

$$\mathrm{P} = \mathrm{I} - 2\mathbf{v}\mathbf{v}^T/\|\mathbf{v}\|_2^2. \tag{5.38}$$

Etant donné un vecteur $\mathbf{x} \in \mathbb{R}^n$, le vecteur $\mathbf{y} = \mathrm{P}\mathbf{x}$ est le symétrique de $\mathbf{x}$ par rapport à l'hyperplan $\pi = \mathrm{vect}\{\mathbf{v}\}^\perp$ constitué des vecteurs orthogonaux à $\mathbf{v}$ (voir Figure 5.3, à gauche). La matrice P est appelée *matrice de Householder* et le vecteur $\mathbf{v}$ est un *vecteur de Householder.*

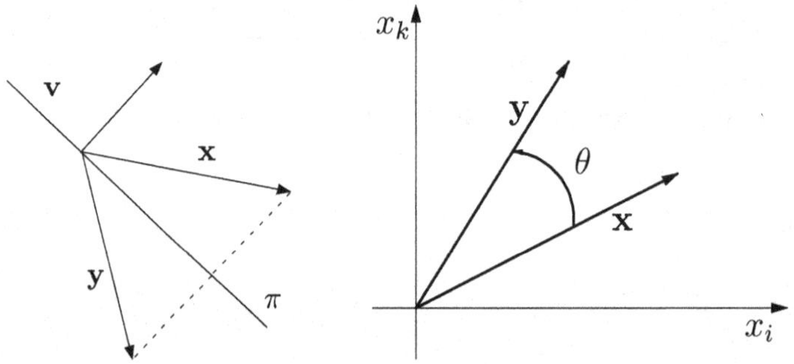

Fig. 5.3. Symétrie par rapport à l'hyperplan orthogonal à $\mathbf{v}$ (*à gauche*); rotation d'angle θ dans le plan (x_i, x_k) (*à droite*)

Les matrices de Householder peuvent être utilisées pour annuler un bloc de composantes d'un vecteur $\mathbf{x} \in \mathbb{R}^n$ donné. Si, par exemple, on souhaite annuler toutes les composantes de $\mathbf{x}$, sauf la m-ième, le vecteur de Householder doit être défini par

$$\mathbf{v} = \mathbf{x} \pm \|\mathbf{x}\|_2 \mathbf{e}_m, \tag{5.39}$$

$\mathbf{e}_m$ étant le m-ième vecteur unitaire de $\mathbb{R}^n$. La matrice P calculée en (5.38) dépend de $\mathbf{x}$, et on peut vérifier que

$$\mathrm{P}\mathbf{x} = \left[0, 0, \ldots, \underbrace{\pm\|\mathbf{x}\|_2}_{m}, 0, \ldots, 0\right]^T. \tag{5.40}$$

Exemple 5.5 Soit $\mathbf{x} = [1, 1, 1, 1]^T$ et $m = 3$; alors

$$\mathbf{v} = \begin{bmatrix} 1 \\ 1 \\ 3 \\ 1 \end{bmatrix}, \quad \mathrm{P} = \frac{1}{6}\begin{bmatrix} 5 & -1 & -3 & -1 \\ -1 & 5 & -3 & -1 \\ -3 & -3 & -3 & -3 \\ -1 & -1 & -3 & 5 \end{bmatrix}, \quad \mathrm{P}\mathbf{x} = \begin{bmatrix} 0 \\ 0 \\ -2 \\ 0 \end{bmatrix}.$$

•

Si, pour $k \geq 1$, on veut laisser les k premières composantes de $\mathbf{x}$ inchangées et annuler toutes les composantes à partir de la $k+2$-ième, la matrice de Householder $\mathrm{P} = \mathrm{P}_{(k)}$ prend la forme suivante

$$\mathrm{P}_{(k)} = \begin{bmatrix} \mathrm{I}_k & 0 \\ 0 & \mathrm{R}_{n-k} \end{bmatrix}, \quad \mathrm{R}_{n-k} = \mathrm{I}_{n-k} - 2\frac{\mathbf{w}^{(k)}(\mathbf{w}^{(k)})^T}{\|\mathbf{w}^{(k)}\|_2^2}. \tag{5.41}$$

Comme d'habitude, I_k est la matrice identité d'ordre k, et R_{n-k} est la matrice de Householder élémentaire d'ordre $n-k$ associée à la symétrie par rapport à l'hyperplan orthogonal au vecteur $\mathbf{w}^{(k)} \in \mathbb{R}^{n-k}$. D'après (5.39), le vecteur de Householder est donné par

$$\mathbf{w}^{(k)} = \mathbf{x}^{(n-k)} \pm \|\mathbf{x}^{(n-k)}\|_2 \mathbf{e}_1^{(n-k)}, \tag{5.42}$$

où $\mathbf{x}^{(n-k)} \in \mathbb{R}^{n-k}$ est le vecteur constitué par les $n-k$ dernières composantes de $\mathbf{x}$ et $\mathbf{e}_1^{(n-k)}$ est le premier vecteur de la base canonique de $\mathbb{R}^{n-k}$. Nous discuterons à la Section 5.6.5 d'un critère pour choisir le signe dans la définition de $\mathbf{w}^{(k)}$.

Les composantes du vecteur $\mathbf{y} = \mathrm{P}_{(k)}\,\mathbf{x}$ sont

$$\begin{cases} y_j = x_j & j = 1, \ldots, k, \\ y_j = 0 & j = k+2, \ldots, n, \\ y_{k+1} = \pm\|\mathbf{x}^{(n-k)}\|_2. & \end{cases}$$

Nous utiliserons les matrices de Householder à la Section 5.6.2 pour transformer une matrice A en une matrice de Hessenberg supérieure $\mathrm{H}^{(0)}$. Ceci constitue la première étape d'une implémentation efficace de la méthode QR (5.32) avec $\mathrm{T}^{(0)} = \mathrm{H}^{(0)}$.

Exemple 5.6 Soient $\mathbf{x}=[1,2,3,4,5]^T$ et $k=1$ (ce qui signifie qu'on veut annuler les composantes x_j pour $j=3,4,5$). La matrice $\mathrm{P}_{(1)}$ et le vecteur $\mathbf{y}=\mathrm{P}_{(1)}\,\mathbf{x}$ sont donnés par

$$\mathrm{P}_{(1)} = \begin{bmatrix} 1 & 0 & 0 & 0 & 0 \\ 0 & 0.2722 & 0.4082 & 0.5443 & 0.6804 \\ 0 & 0.4082 & 0.7710 & -0.3053 & -0.3816 \\ 0 & 0.5443 & -0.3053 & 0.5929 & -0.5089 \\ 0 & 0.6804 & -0.3816 & -0.5089 & 0.3639 \end{bmatrix}, \quad \mathbf{y} = \begin{bmatrix} 1 \\ 7.3485 \\ 0 \\ 0 \\ 0 \end{bmatrix}.$$

•

Les *matrices élémentaires de Givens* sont des matrices orthogonales de rotation qui permettent d'annuler certains coefficients d'un vecteur ou d'une matrice. Pour un couple donné d'indices i et k, et un angle θ, ces matrices sont définies par

$$\mathrm{G}(i,k,\theta) = \mathrm{I}_n - \mathrm{Y}\,, \tag{5.43}$$

où $\mathrm{Y} \in \mathbb{R}^{n\times n}$ est la matrice dont tous les coefficients valent zéro sauf $y_{ii} = y_{kk} = 1 - \cos(\theta)$, $y_{ik} = -\sin(\theta) = -y_{ki}$. Une matrice de Givens est de la forme

$$\mathrm{G}(i,k,\theta) \quad = \quad \begin{array}{cc} \begin{array}{ccccccccc} & & & i & & k & & & \end{array} & \\ \left[\begin{array}{ccccccccc} 1 & & & & & & & & 0 \\ & 1 & & & & & & & \\ & & \ddots & & & & & & \\ & & & \cos(\theta) & & \sin(\theta) & & & \\ & & & & \ddots & & & & \\ & & & -\sin(\theta) & & \cos(\theta) & & & \\ & & & & & & \ddots & & \\ & & & & & & & 1 & \\ 0 & & & & & & & & 1 \end{array}\right]. & \begin{array}{c} \\ \\ \\ i \\ \\ k \\ \\ \\ \\ \end{array} \end{array}$$

Pour un vecteur donné $\mathbf{x} \in \mathbb{R}^n$, le produit $\mathbf{y} = (\mathrm{G}(i,k,\theta))^T\mathbf{x}$ revient à effectuer une rotation de $\mathbf{x}$ d'angle θ (dans le sens trigonométrique) dans le plan des coordonnées (x_i, x_k) (voir Figure 5.3). En posant $c = \cos\theta$, $s = \sin\theta$, on a donc

$$y_j = \begin{cases} x_j, & j \neq i,k, \\ cx_i - sx_k, & j = i, \\ sx_i + cx_k, & j = k. \end{cases} \tag{5.44}$$

Soit $\alpha_{ik} = \sqrt{x_i^2 + x_k^2}$, remarquons que si c et s satisfont $c = x_i/\alpha_{ik}$, $s = -x_k/\alpha_{ik}$ (dans ce cas, $\theta = \arctan(-x_k/x_i)$), on obtient $y_k = 0$, $y_i = \alpha_{ik}$ et $y_j = x_j$ pour $j \neq i,k$. De même, si $c = x_k/\alpha_{ik}$, $s = x_i/\alpha_{ik}$ (c'est-à-dire $\theta = \arctan(x_i/x_k)$), alors $y_i = 0$, $y_k = \alpha_{ik}$ et $y_j = x_j$ pour $j \neq i,k$.
Les matrices de Givens seront utilisées à la Section 5.6.3 pour effectuer l'étape de factorisation QR de l'algorithme 5.32 et à la Section 5.8.1 pour la méthode de Jacobi appliquée aux matrices symétriques.

Remarque 5.3 (Déflation de Householder) On peut utiliser les transformations élémentaires de Householder pour calculer les premières (plus grandes ou plus petites) valeurs propres d'une matrice $\mathrm{A} \in \mathbb{R}^{n\times n}$. Supposons les valeurs propres ordonnées comme en (5.16) et supposons que les paires valeurs propres/vecteurs propres $(\lambda_1, \mathbf{x}_1)$ aient été calculées en utilisant la méthode de la puissance. La matrice A peut alors être transformée en (voir

[Dat95], Théorème 8.5.4, p. 418) :

$$\mathrm{A}_1 = \mathrm{HAH} = \begin{bmatrix} \lambda_1 & \mathbf{b}^T \\ 0 & \mathrm{A}_2 \end{bmatrix},$$

où $\mathbf{b} \in \mathbb{R}^{n-1}$, H est la matrice de Householder telle que $\mathrm{H}\mathbf{x}_1 = \alpha\mathbf{x}_1$ pour $\alpha \in \mathbb{R}$, et où les valeurs propres de $\mathrm{A}_2 \in \mathbb{R}^{(n-1)\times(n-1)}$ sont les mêmes que celles de A, exceptée λ_1. La matrice H peut être calculée en utilisant (5.38) avec $\mathbf{v} = \mathbf{x}_1 \pm \|\mathbf{x}_1\|_2\mathbf{e}_1$.

La méthode de *déflation* consiste à calculer la seconde valeur propre dominante (ou "sous-dominante") de A en appliquant la méthode de la puissance à A_2, à condition que λ_2 et λ_3 aient des modules distincts. Une fois calculée λ_2, le vecteur propre correspondant $\mathbf{x}_2$ peut être calculé en appliquant la méthode de la puissance inverse à la matrice A avec $\mu = \lambda_2$ (voir Section 5.3.2). On procède de même pour les autres valeurs propres et vecteurs propres de A. ■

5.6.2 Réduction d'une matrice sous la forme de Hessenberg

Une matrice A$\in \mathbb{R}^{n\times n}$ peut être transformée en une matrice semblable de la forme de *Hessenberg supérieure* avec un coût de l'ordre de n^3 *flops*. L'algorithme nécessite $n-2$ étapes et la transformation Q peut être calculée comme produit de matrices de Householder $\mathrm{P}_{(1)}\cdots\mathrm{P}_{(n-2)}$. C'est pourquoi ce procédé de réduction est connu sous le nom de *méthode de Householder*.

La k-ième étape consiste à transformer A à l'aide d'une matrice de Householder $\mathrm{P}_{(k)}$ afin d'annuler les éléments situés sur les lignes $k+2,\ldots,n$ de la k-ième colonne de A, pour $k = 1,\ldots,(n-2)$ (voir Section 5.6.1). Par exemple, dans le cas $n = 4$, le processus de réduction donne :

$$\begin{bmatrix} \bullet & \bullet & \bullet & \bullet \\ \bullet & \bullet & \bullet & \bullet \\ \bullet & \bullet & \bullet & \bullet \\ \bullet & \bullet & \bullet & \bullet \end{bmatrix} \underset{\mathrm{P}_{(1)}}{\longrightarrow} \begin{bmatrix} \bullet & \bullet & \bullet & \bullet \\ \bullet & \bullet & \bullet & \bullet \\ 0 & \bullet & \bullet & \bullet \\ 0 & \bullet & \bullet & \bullet \end{bmatrix} \underset{\mathrm{P}_{(2)}}{\longrightarrow} \begin{bmatrix} \bullet & \bullet & \bullet & \bullet \\ \bullet & \bullet & \bullet & \bullet \\ 0 & \bullet & \bullet & \bullet \\ 0 & 0 & \bullet & \bullet \end{bmatrix},$$

où les $\bullet$ désignent les coefficients de la matrice *a priori* non nuls. Etant donné $\mathrm{A}^{(0)} = \mathrm{A}$, la méthode génère une suite de matrices $\mathrm{A}^{(k)}$ qui sont orthogonalement semblables à A

$$\begin{aligned} \mathrm{A}^{(k)} &= \mathrm{P}_{(k)}^T\mathrm{A}^{(k-1)}\mathrm{P}_{(k)} = (\mathrm{P}_{(k)}\cdots\mathrm{P}_{(1)})^T\mathrm{A}(\mathrm{P}_{(k)}\cdots\mathrm{P}_{(1)}) \\ &= \mathrm{Q}_{(k)}^T\mathrm{A}\mathrm{Q}_{(k)}, \qquad k \geq 1. \end{aligned} \tag{5.45}$$

Pour tout $k \geq 1$ la matrice $\mathrm{P}_{(k)}$ est donnée par (5.41), où $\mathbf{x}$ est remplacé par le k-ième vecteur colonne de $\mathrm{A}^{(k-1)}$. D'après la définition (5.41), il est facile de vérifier que l'opération $\mathrm{P}_{(k)}^T\ \mathrm{A}^{(k-1)}$ laisse inchangées les k premières lignes de $\mathrm{A}^{(k-1)}$, tandis que $\mathrm{P}_{(k)}^T\ \mathrm{A}^{(k-1)}\ \mathrm{P}_{(k)} = \mathrm{A}^{(k)}$ fait de même pour les k premières colonnes. Après $n-2$ étapes de la réduction de Householder, on obtient une matrice $\mathrm{H} = \mathrm{A}^{(n-2)}$ sous la forme de Hessenberg supérieure.

Remarque 5.4 (le cas symétrique) Si A est symétrique, la transformation (5.45) conserve cette propriété. En effet

$$(\mathrm{A}^{(k)})^T = (\mathrm{Q}_{(k)}^T \mathrm{A} \mathrm{Q}_{(k)})^T = \mathrm{A}^{(k)}, \qquad \forall k \geq 1,$$

H doit donc être *tridiagonale*. Ses valeurs propres peuvent être calculées de manière efficace en utilisant la *méthode des suites de Sturm* qui a un coût de l'ordre de n *flops*. Nous verrons ceci à la Section 5.8.2. ■

Une implémentation MATLAB de la méthode de Householder est proposée dans le Programme 27. On utilise le Programme 30 pour calculer le vecteur de Householder. En sortie, la matrice H est de Hessenberg, Q est orthogonale et $\mathrm{H} = \mathrm{Q}^T \mathrm{A} \mathrm{Q}$.

Programme 27 - houshess : Méthode de Householder-Hessenberg

```
function [H,Q]=houshess(A)
%HOUSHESS Méthode de Householder-Hessenberg.
%  [H,Q]=HOUSHESS(A) calcule les matrices H et Q telles que H=Q'AQ.
[n,m]=size(A);
if n~=m; error('Seulement pour les matrices carrées'); end
Q=eye(n); H=A;
for k=1:n-2
   [v,beta]=vhouse(H(k+1:n,k)); I=eye(k); N=zeros(k,n-k);
   m=length(v);
   R=eye(m)-beta*v*v';
   H(k+1:n,k:n)=R*H(k+1:n,k:n);
   H(1:n,k+1:n)=H(1:n,k+1:n)*R; P=[I, N; N', R]; Q=Q*P;
end
return
```

L'algorithme du Programme 27 a un coût de $10n^3/3$ *flops* et il est bien conditionné par rapport aux erreurs d'arrondi. On a en effet l'estimation (voir [Wil65], p. 351)

$$\widehat{\mathrm{H}} = \mathrm{Q}^T (\mathrm{A} + \mathrm{E}) \mathrm{Q}, \qquad \|\mathrm{E}\|_F \leq c n^2 \mathrm{u} \|\mathrm{A}\|_F, \tag{5.46}$$

où $\widehat{\mathrm{H}}$ est la matrice de Hessenberg calculée par le Programme 27, Q est une matrice orthogonale, c est une constante, u est l'unité d'arrondi et $\|\cdot\|_F$ est la norme de Frobenius (voir (1.19)).

Exemple 5.7 Considérons la réduction de la matrice de Hilbert $\mathrm{H}_4 \in \mathbb{R}^{4\times 4}$ sous la forme de Hessenberg supérieure. Comme H_4 est symétrique, sa forme de Hessenberg doit être triadiagonale symétrique. Le Programme 27 donne le résultat suivant

$$
\mathrm{Q} = \begin{bmatrix} 1.00 & 0 & 0 & 0 \\ 0 & 0.77 & -0.61 & 0.20 \\ 0 & 0.51 & 0.40 & -0.76 \\ 0 & 0.38 & 0.69 & 0.61 \end{bmatrix}, \quad \mathrm{H} = \begin{bmatrix} 1.00 & 0.65 & 0 & 0 \\ 0.65 & 0.65 & 0.06 & 0 \\ 0 & 0.06 & 0.02 & 0.001 \\ 0 & 0 & 0.001 & 0.0003 \end{bmatrix}.
$$

La précision de la transformation (5.45) peut être mesurée en calculant la norme $\|\cdot\|_F$ de la différence entre H et $\mathrm{Q}^T\mathrm{H}_4\mathrm{Q}$. On trouve $\|\mathrm{H}-\mathrm{Q}^T\mathrm{H}_4\mathrm{Q}\|_F = 3.38\cdot 10^{-17}$, ce qui confirme l'inégalité de stabilité (5.46). •

5.6.3 Factorisation QR d'une matrice de Hessenberg

Nous expliquons dans cette section comment implémenter efficacement une étape de la méthode QR quand on part d'une matrice $\mathrm{T}^{(0)} = \mathrm{H}^{(0)}$ sous la forme de Hessenberg supérieure.

Pour tout $k \geq 1$, la première phase consiste à calculer la factorisation QR de $\mathrm{H}^{(k-1)}$ au moyen de $n-1$ rotations de Givens

$$
\left(\mathrm{Q}^{(k)}\right)^T \mathrm{H}^{(k-1)} = \left(\mathrm{G}_{n-1}^{(k)}\right)^T \cdots \left(\mathrm{G}_1^{(k)}\right)^T \mathrm{H}^{(k-1)} = \mathrm{R}^{(k)}, \tag{5.47}
$$

où, pour $j = 1, \ldots, n-1$, $\mathrm{G}_j^{(k)} = \mathrm{G}(j, j+1, \theta_j)^{(k)}$ est, pour $k \geq 1$, la j-ième matrice de rotation de Givens (5.43) dans laquelle θ_j est choisi d'après (5.44) de manière à ce que les coefficients d'indices $(j+1, j)$ de la matrice $\left(\mathrm{G}_j^{(k)}\right)^T \cdots \left(\mathrm{G}_1^{(k)}\right)^T \mathrm{H}^{(k-1)}$ soient nuls. Le coût du produit (5.47) est de l'ordre de $3n^2$ *flops*.

L'étape suivante consiste à compléter la transformation orthogonale

$$
\mathrm{H}^{(k)} = \mathrm{R}^{(k)}\mathrm{Q}^{(k)} = \mathrm{R}^{(k)}\left(\mathrm{G}_1^{(k)} \cdots \mathrm{G}_{n-1}^{(k)}\right). \tag{5.48}
$$

La matrice orthogonale $\mathrm{Q}^{(k)} = \left(\mathrm{G}_1^{(k)} \cdots \mathrm{G}_{n-1}^{(k)}\right)$ est de la forme de Hessenberg supérieure. En effet, en prenant par exemple $n = 3$, on obtient (d'après la Section 5.6.1)

$$
\mathrm{Q}^{(k)} = \mathrm{G}_1^{(k)}\mathrm{G}_2^{(k)} = \begin{bmatrix} \bullet & \bullet & 0 \\ \bullet & \bullet & 0 \\ 0 & 0 & 1 \end{bmatrix} \begin{bmatrix} 1 & 0 & 0 \\ 0 & \bullet & \bullet \\ 0 & \bullet & \bullet \end{bmatrix} = \begin{bmatrix} \bullet & \bullet & \bullet \\ \bullet & \bullet & \bullet \\ 0 & \bullet & \bullet \end{bmatrix}.
$$

Le coût de (5.48) est également de l'ordre de $3n^2$ opérations, le coût total est donc de l'ordre de $6n^2$ *flops*. En conclusion, effectuer la factorisation QR en utilisant les rotations de Givens sur une matrice de départ de Hessenberg supérieure entraine une réduction du coût de calcul *d'un ordre de grandeur* par rapport à la factorisation utilisant le procédé de Gram-Schmidt modifié de la Section 5.5.

5.6.4 Méthode QR de base en partant d'une matrice de Hessenberg supérieure

On propose dans le Programme 28 une implémentation MATLAB simple de la méthode QR pour construire la décomposition de Schur réelle de la matrice A en partant de sa forme de Hessenberg supérieure.

Le Programme 28 utilise le Programme 27 pour réduire A sous sa forme de Hessenberg supérieure ; chaque factorisation QR dans (5.32) est effectuée avec le Programme 29 qui utilise les rotations de Givens. L'efficacité globale de l'algorithme est assurée par l'utilisation des matrices de Givens (voir Section 5.6.5) et par la construction de la matrice $Q^{(k)} = G_1^{(k)} \cdots G_{n-1}^{(k)}$ dans la fonction `prodgiv`, avec un coût de $n^2 - 2$ *flops*, *sans* calculer explicitement les matrices de Givens $G_j^{(k)}$, pour $j = 1, \ldots, n-1$.

En ce qui concerne la stabilité de la méthode QR par rapport à la propagation des erreurs d'arrondi, on peut montrer que la forme de Schur réelle calculée $\hat{T}$ satisfait

$$\hat{T} = Q^T(A + E)Q,$$

où Q est orthogonale et $\|E\|_2 \simeq u\|A\|_2$, u étant l'unité d'arrondi de la machine.

Le Programme 28 retourne, après `nmax` itérations de la méthode QR, les matrices T, Q et R de (5.32).

Programme 28 - hessqr : Méthode de Hessenberg-QR

```
function [T,Q,R]=hessqr(A,nmax)
%HESSQR Méthode de Hessenberg-QR.
% [T,Q,R]=HESSQR(A,NMAX) calcule la décomposition de Schur réelle
% de la matrice A dans sa forme de Hessenberg en NMAX iterations.
[n,m]=size(A);
if n~=m, error('Seulement pour les matrices carrées'); end
[T,Qhess]=houshess(A);
for j=1:nmax
  [Q,R,c,s]= qrgivens(T);
  T=R;
  for k=1:n-1,
     T=gacol(T,c(k),s(k),1,k+1,k,k+1);
  end
end
return
```

Programme 29 - qrgivens : Factorisation QR avec rotations de Givens

```
function [Q,R,c,s]= qrgivens(H)
%QRGIVENS Factorisation QR avec rotations de Givens.
[m,n]=size(H);
for k=1:n-1
    [c(k),s(k)]=givcos(H(k,k),H(k+1,k));
    H=garow(H,c(k),s(k),k,k+1,k,n);
end
R=H; Q=prodgiv(c,s,n);
return

function Q=prodgiv(c,s,n)
n1=n-1; n2=n-2;
Q=eye(n); Q(n1,n1)=c(n1); Q(n,n)=c(n1);
Q(n1,n)=s(n1); Q(n,n1)=-s(n1);
for k=n2:-1:1,
  k1=k+1; Q(k,k)=c(k); Q(k1,k)=-s(k);
  q=Q(k1,k1:n); Q(k,k1:n)=s(k)*q;
  Q(k1,k1:n)=c(k)*q;
end
return
```

Exemple 5.8 Considérons la matrice A (déjà sous forme de Hessenberg)

$$\mathrm{A} = \begin{bmatrix} 3 & 17 & -37 & 18 & -40 \\ 1 & 0 & 0 & 0 & 0 \\ 0 & 1 & 0 & 0 & 0 \\ 0 & 0 & 1 & 0 & 0 \\ 0 & 0 & 0 & 1 & 0 \end{bmatrix}.$$

Pour calculer ses valeurs propres (-4, $\pm i$, 2 et 5), on applique la méthode QR et on obtient la matrice $\mathrm{T}^{(40)}$ après 40 itérations du Programme 28. Remarquer que l'algorithme converge vers la décomposition de Schur réelle de A (5.34), avec trois blocs R_{ii} d'ordre 1 ($i = 1, 2, 3$) et le bloc $\mathrm{R}_{44} = \mathrm{T}^{(40)}(4:5, 4:5)$ ayant pour valeurs propres $\pm i$

$$\mathrm{T}^{(40)} = \begin{bmatrix} 4.9997 & 18.9739 & -34.2570 & 32.8760 & -28.4604 \\ 0 & -3.9997 & 6.7693 & -6.4968 & 5.6216 \\ 0 & 0 & 2 & -1.4557 & 1.1562 \\ 0 & 0 & 0 & 0.3129 & -0.8709 \\ 0 & 0 & 0 & 1.2607 & -0.3129 \end{bmatrix}.$$

•

Exemple 5.9 Utilisons maintenant la méthode QR pour construire la décomposition de Schur réelle de la matrice A ci-dessous, après l'avoir réduite sous forme de Hessenberg supérieure

$$\mathrm{A} = \begin{bmatrix} 17 & 24 & 1 & 8 & 15 \\ 23 & 5 & 7 & 14 & 16 \\ 4 & 6 & 13 & 20 & 22 \\ 10 & 12 & 19 & 21 & 3 \\ 11 & 18 & 25 & 2 & 9 \end{bmatrix}.$$

Les valeurs propres de A sont réelles et données par $\lambda_1 = 65$, $\lambda_{2,3} = \pm 21.28$ et $\lambda_{4,5} = \pm 13.13$. Après 40 itérations du Programme 28, la matrice calculée est

$$\mathrm{T}^{(40)} = \begin{bmatrix} 65 & 0 & 0 & 0 & 0 \\ 0 & 14.6701 & 14.2435 & 4.4848 & -3.4375 \\ 0 & 16.6735 & -14.6701 & -1.2159 & 2.0416 \\ 0 & 0 & 0 & -13.0293 & -0.7643 \\ 0 & 0 & 0 & -3.3173 & 13.0293 \end{bmatrix}.$$

Ce n'est *pas* une matrice triangulaire supérieure, mais triangulaire supérieure par blocs, avec un bloc diagonal qui se réduit à un scalaire $\mathrm{R}_{11} = 65$ et deux blocs diagonaux

$$\mathrm{R}_{22} = \begin{bmatrix} 14.6701 & 14.2435 \\ 16.6735 & -14.6701 \end{bmatrix}, \quad \mathrm{R}_{33} = \begin{bmatrix} -13.0293 & -0.7643 \\ -3.3173 & 13.0293 \end{bmatrix},$$

ayant respectivement pour spectre $\sigma(\mathrm{R}_{22}) = \lambda_{2,3}$ et $\sigma(\mathrm{R}_{33}) = \lambda_{4,5}$.

Il est important de noter que la matrice $\mathrm{T}^{(40)}$ n'est *pas* la décomposition de Schur réelle de A, mais seulement une version "trompeuse" de celle-ci. En fait, pour que la méthode QR converge vers la décomposition de Schur réelle de A, il est nécessaire de recourir aux techniques de translation introduites à la Section 5.7. •

5.6.5 Implémentation des matrices de transformation

Dans la définition (5.42) il est commode de choisir le signe moins, *i.e.* $\mathbf{w}^{(k)} = \mathbf{x}^{(n-k)} - \|\mathbf{x}^{(n-k)}\|_2 \mathbf{e}_1^{(n-k)}$, de façon à ce que le vecteur $\mathrm{R}_{n-k}\mathbf{x}^{(n-k)}$ soit un multiple positif de $\mathbf{e}_1^{(n-k)}$. Si x_{k+1} est positif, on peut éviter les erreurs d'annulation en effectuant le calcul ainsi :

$$w_1^{(k)} = \frac{x_{k+1}^2 - \|\mathbf{x}^{(n-k)}\|_2^2}{x_{k+1} + \|\mathbf{x}^{(n-k)}\|_2} = \frac{-\sum_{j=k+2}^{n} x_j^2}{x_{k+1} + \|\mathbf{x}^{(n-k)}\|_2}.$$

La construction du vecteur de Householder est effectuée par le Programme 30, qui prend en entrée un vecteur $\mathbf{p} \in \mathbb{R}^{n-k}$ (précédemment le vecteur $\mathbf{x}^{(n-k)}$)

et qui retourne un vecteur $\mathbf{q} \in \mathbb{R}^{n-k}$ (le vecteur de Householder $\mathbf{w}^{(k)}$), pour un coût de l'ordre de n *flops*.

Soit $\mathrm{M} \in \mathbb{R}^{m\times m}$ une matrice quelconque qu'on veut multiplier par la matrice de Householder P (5.38). En posant $\mathbf{w} = \mathrm{M}^T\mathbf{v}$, on a

$$\mathrm{PM} = \mathrm{M} - \beta\mathbf{v}\mathbf{w}^T, \qquad \beta = 2/\|\mathbf{v}\|_2^2. \tag{5.49}$$

Ainsi, le produit PM se ramène à un produit matrice-vecteur ($\mathbf{w} = \mathrm{M}^T\mathbf{v}$) plus un produit vecteur-vecteur ($\mathbf{v}\mathbf{w}^T$) ; le coût global du calcul de PM est donc de $2(m^2 + m)$ *flops*. Par des considérations analogues,

$$\mathrm{MP} = \mathrm{M} - \beta\mathbf{w}\mathbf{v}^T, \tag{5.50}$$

où on a posé $\mathbf{w} = \mathrm{M}\mathbf{v}$. Remarquer que (5.49) et (5.50) ne nécessitent pas la construction explicite de la matrice P. Ceci ramène le coût du calcul à m^2 *flops*, alors que si on avait effectué le produit PM sans prendre en compte la structure particulière de P, on aurait augmenté le nombre d'opérations de m^3 *flops*.

Programme 30 - vhouse : Construction du vecteur de Householder

```
function [v,beta]=vhouse(x)
%VHOUSE Vecteur de Householder
n=length(x); x=x/norm(x); s=x(2:n)'*x(2:n); v=[1; x(2:n)];
if s==0
   beta=0;
else
   mu=sqrt(x(1)^2+s);
   if x(1)<=0
      v(1)=x(1)-mu;
   else
      v(1)=-s/(x(1)+mu);
   end
   beta=2*v(1)^2/(s+v(1)^2); v=v/v(1);
end
return
```

En ce qui concerne les matrices de rotation de Givens, le calcul de c et s est effectué comme suit. Supposons qu'on se donne deux indices i et k et qu'on veuille annuler la k-ième composante d'un vecteur $\mathbf{x} \in \mathbb{R}^n$. En posant $r = \sqrt{x_i^2 + x_k^2}$, la relation (5.44) donne

$$\begin{bmatrix} c & -s \\ s & c \end{bmatrix} \begin{bmatrix} x_i \\ x_k \end{bmatrix} = \begin{bmatrix} r \\ 0 \end{bmatrix}. \tag{5.51}$$

Il n'est donc nécessaire ni de calculer explicitement θ, ni d'évaluer une fonction trigonométrique.

L'exécution du Programme 31 pour résoudre le système (5.51), requiert 5 *flops* et l'évaluation d'une racine carrée. Comme on l'a déjà remarqué pour les matrices de Householder, il n'est pas nécessaire de calculer explicitement la matrice de Givens $G(i, k, \theta)$ pour effectuer son produit avec une matrice $M \in \mathbb{R}^{m \times m}$. Nous utilisons pour cela les Programmes 32 et 33 ($6m$ *flops*). En observant la structure (5.43) de la matrice $G(i, k, \theta)$, il est clair que le premier algorithme ne modifie que les lignes i et k de M, tandis que le second ne modifie que les colonnes i et k.
Notons enfin que le calcul du vecteur de Householder $\mathbf{v}$ et des sinus et cosinus de Givens (c, s), sont des opérations *bien conditionnées* par rapport aux erreurs d'arrondi (voir [GL89], p. 212-217 et les références citées).

La résolution du système (5.51) est implémentée dans le Programme 31. Les paramètres d'entrée sont les composantes x_i et x_k du vecteur, et on a en sortie les cosinus et sinus de Givens c et s.

Programme 31 - givcos : Calcul des cosinus et sinus de Givens

```
function [c,s]=givcos(xi, xk)
%GIVCOS Calcule les cosinus et sinus de Givens.
if xk==0
   c=1; s=0;
else
   if abs(xk)>abs(xi)
      t=-xi/xk; s=1/sqrt(1+t^2); c=s*t;
   else
      t=-xk/xi; c=1/sqrt(1+t^2); s=c*t;
   end
end
return
```

Les Programmes 32 et 33 calculent respectivement $G(i, k, \theta)^T M$ et $MG(i, k, \theta)$. Les paramètres d'entrée `c` et `s` sont les cosinus et sinus de Givens. Dans le Programme 32, les indices `i` et `k` désignent les lignes de la matrice M affectées par la mise à jour $M \leftarrow G(i, k, \theta)^T M$, et `j1` et `j2` sont les indices des colonnes qui interviennent dans le calcul. De même, dans le Programme 33, `i` et `k` désignent les colonnes affectées par la mise à jour $M \leftarrow MG(i, k, \theta)$, et `j1` et `j2` sont les indices des lignes qui interviennent dans le calcul.

Programme 32 - garow : Produit $G(i, k, \theta)^T M$

```
function [M]=garow(M,c,s,i,k,j1,j2)
%GAROW Produit de la transposée d'une matrice de rotation de Givens
%  avec M.
for j=j1:j2
   t1=M(i,j);
   t2=M(k,j);
```

```
    M(i,j)=c*t1-s*t2;
    M(k,j)=s*t1+c*t2;
end
return
```

Programme 33 - gacol : Produit $MG(i, k, \theta)$

```
function [M]=gacol(M,c,s,j1,j2,i,k)
%GACOL Produit de M avec une matrice de rotation de Givens.
for j=j1:j2
    t1=M(j,i);
    t2=M(j,k);
    M(j,i)=c*t1-s*t2;
    M(j,k)=s*t1+c*t2;
end
return
```

5.7 La méthode QR avec translations

L'Exemple 5.9 montre que les itérations QR ne convergent pas toujours vers la forme de Schur réelle d'une matrice A donnée.

Une technique efficace pour améliorer le résultat consiste à introduire dans la méthode QR (5.32) une technique de translation similaire à celle utilisée pour la méthode de la puissance inverse à la Section 5.3.2.

Ceci conduit à la *méthode QR avec translations* (*with single shift* en anglais) décrite à la Section 5.7.1, qui est utilisée pour accélérer la convergence des itérations QR quand les valeurs propres de A sont proches les unes des autres.

On trouvera dans [QSS07] une technique de translation plus sophistiquée, appelée *méthode du double QR* (*with double shift* en anglais) qui garantit la convergence des itérations QR vers la forme de Schur réelle (approchée) de la matrice A (Propriété 5.7). Cette méthode, très utilisée en pratique pour résoudre les problèmes aux valeurs propres, est implémentée dans la fonction `eig` de MATLAB.

5.7.1 La méthode QR avec translations

Etant donné $\mu \in \mathbb{R}$, la méthode QR avec *translations* est définie comme suit : pour $k = 1, 2, \ldots$, jusqu'à convergence,

$$\begin{aligned}&\text{déterminer } \mathrm{Q}^{(k)}, \mathrm{R}^{(k)} \text{ tels que}\\&\mathrm{Q}^{(k)}\mathrm{R}^{(k)} = \mathrm{T}^{(k-1)} - \mu\mathrm{I} \qquad \text{(factorisation QR);}\\&\text{puis, poser}\\&\mathrm{T}^{(k)} = \mathrm{R}^{(k)}\mathrm{Q}^{(k)} + \mu\mathrm{I},\end{aligned} \tag{5.52}$$

où $\mathrm{T}^{(0)} = \left(\mathrm{Q}^{(0)}\right)^T \mathrm{A}\mathrm{Q}^{(0)}$ est une matrice de Hessenberg supérieure. Comme la factorisation QR dans (5.52) est effectuée sur la matrice translatée $\mathrm{T}^{(k-1)} - \mu\mathrm{I}$, le scalaire μ est appelé facteur de translation (*shift* en anglais). Les matrices $\mathrm{T}^{(k)}$ générées par (5.52) sont encore semblables à la matrice initiale A, puisque pour tout $k \geq 1$,

$$\begin{aligned}&\mathrm{R}^{(k)}\mathrm{Q}^{(k)} + \mu\mathrm{I} = \left(\mathrm{Q}^{(k)}\right)^T \left(\mathrm{Q}^{(k)}\mathrm{R}^{(k)}\mathrm{Q}^{(k)} + \mu\mathrm{Q}^{(k)}\right)\\&= \left(\mathrm{Q}^{(k)}\right)^T \left(\mathrm{Q}^{(k)}\mathrm{R}^{(k)} + \mu\mathrm{I}\right)\mathrm{Q}^{(k)} = \left(\mathrm{Q}^{(0)}\mathrm{Q}^{(1)}\cdots\mathrm{Q}^{(k)}\right)^T \mathrm{A}\left(\mathrm{Q}^{(0)}\mathrm{Q}^{(1)}\cdots\mathrm{Q}^{(k)}\right).\end{aligned}$$

Supposons μ fixé et les valeurs propres de A telles que

$$|\lambda_1 - \mu| \geq |\lambda_2 - \mu| \geq \ldots \geq |\lambda_n - \mu|.$$

On peut alors montrer que, pour $1 < j \leq n$, le coefficient sous-diagonal $t_{j,j-1}^{(k)}$ tend vers zéro avec une vitesse proportionnelle au quotient

$$|(\lambda_j - \mu)/(\lambda_{j-1} - \mu)|^k.$$

Ceci permet d'étendre le résultat de convergence (5.37) à la méthode QR avec translations (voir [GL89], Sections 7.5.2 et 7.3).

Le résultat ci-dessus suggère que si μ est choisi de manière à ce que

$$|\lambda_n - \mu| < |\lambda_i - \mu|, \qquad i = 1, \ldots, n-1,$$

alors le coefficient $t_{n,n-1}^{(k)}$ tend rapidement vers zéro quand k augmente. Dans le cas extrême où μ est égal à une valeur propre de $\mathrm{T}^{(k)}$, et donc de A, on a $t_{n,n-1}^{(k)} = 0$ et $t_{n,n}^{(k)} = \mu$. En pratique on prend dans la méthode QR avec translations

$$\mu = t_{n,n}^{(k)}.$$

La convergence vers zéro de la suite $\left\{t_{n,n-1}^{(k)}\right\}$ est alors *quadratique* dans le sens suivant : si $|t_{n,n-1}^{(k)}|/\|\mathrm{T}^{(0)}\|_2 = \eta_k < 1$, pour $k \geq 0$, alors $|t_{n,n-1}^{(k+1)}|/\|\mathrm{T}^{(0)}\|_2 = \mathcal{O}(\eta_k^2)$ (voir [Dem97], p. 161-163 et [GL89], p. 354-355).

Quand on implémente la méthode QR avec translations, on peut exploiter ce résultat avec profit en examinant la taille des coefficients sous-diagonaux $t_{n,n-1}^{(k)}$. En pratique, $t_{n,n-1}^{(k)}$ est remplacé par zéro si

$$|t_{n,n-1}^{(k)}| \leq \varepsilon(|t_{n-1,n-1}^{(k)}| + |t_{n,n}^{(k)}|), \qquad k \geq 0, \tag{5.53}$$

pour un ε fixé de l'ordre de l'unité d'arrondi. Ce test est p. ex. adopté dans la bibliothèque EISPACK. Si A est une matrice de Hessenberg et si $a_{n,n-1}^{(k)}$ est annulé pour un certain k, alors $t_{n,n}^{(k)}$ est une approximation de λ_n. On peut donc faire une nouvelle itération QR avec translations sur $\mathrm{T}^{(k)}(1:n-1, 1:n-1)$, et ainsi de suite. Cet algorithme est une technique de *déflation* (voir la Remarque 5.3 pour un autre exemple).

Exemple 5.10 On considère à nouveau la matrice A de l'Exemple 5.9. Le Programme 28, avec `tol` égal à l'unité d'arrondi, converge en 14 itérations vers la matrice suivante qui est une approximation de la forme de Schur réelle de A et qui contient sur la diagonale les valeurs propres correctes de A (jusqu'au sixième chiffre significatif) :

$$\mathrm{T}^{(40)} = \begin{bmatrix} 65 & 0 & 0 & 0 & 0 \\ 0 & -21.2768 & 2.5888 & -0.0445 & -4.2959 \\ 0 & 0 & -13.1263 & -4.0294 & -13.079 \\ 0 & 0 & 0 & 21.2768 & -2.6197 \\ 0 & 0 & 0 & 0 & 13.1263 \end{bmatrix}.$$

On donne dans la Table 5.2 le taux de convergence $p^{(k)}$ de la suite $\left\{t_{n,n-1}^{(k)}\right\}$ $(n=5)$:

$$p^{(k)} = 1 + \frac{1}{\log(\eta_k)} \log \frac{|t_{n,n-1}^{(k)}|}{|t_{n,n-1}^{(k-1)}|}, \qquad k \geq 1.$$

Les résultats sont conformes au taux quadratique auquel on s'attendait. •

Table 5.2. Taux de convergence de la suite $\left\{t_{n,n-1}^{(k)}\right\}$ pour la méthode QR avec translations

k	$\lvert t_{n,n-1}^{(k)}\rvert / \lVert \mathrm{T}^{(0)} \rVert_2$	$p^{(k)}$
0	0.13865	
1	$1.5401 \cdot 10^{-2}$	2.1122
2	$1.2213 \cdot 10^{-4}$	2.1591
3	$1.8268 \cdot 10^{-8}$	1.9775
4	$8.9036 \cdot 10^{-16}$	1.9449

On propose une implémentation MATLAB de la méthode QR avec translations (5.52) dans le Programme 34. Le code utilise le Programme 27 pour réduire la matrice A sous forme de Hessenberg supérieure et le Programme 29 pour effectuer l'étape de factorisation QR. Les paramètres d'entrée `tol` et `nmax` sont la tolérance dans (5.53) et le nombre maximum d'itérations. En sortie, le programme retourne la forme (approchée) de Schur réelle de A et le nombre d'itérations effectivement effectuées.

Programme 34 - qrshift : Méthode QR avec translations

```
function [T,iter]=qrshift(A,tol,nmax)
%QRSHIFT Méthode QR avec translations.
% [T,ITER]=QRSHIFT(A,TOL,NMAX) calcule après ITER itérations la
% forme de Schur réelle T de la matrice A avec une tolérance TOL.
% NMAX est le nombre maximal d'itérations.
[n,m]=size(A);
if n~=m, error('Seulement pour les matrices carrées'); end
iter=0; [T,Q]=houshess(A);
for k=n:-1:2
  I=eye(k);
  while abs(T(k,k-1))>tol*(abs(T(k,k))+abs(T(k-1,k-1)))
    iter=iter+1;
    if iter > nmax
      return
    end
    mu=T(k,k); [Q,R,c,s]=qrgivens(T(1:k,1:k)-mu*I);
    T(1:k,1:k)=R*Q+mu*I;
  end
  T(k,k-1)=0;
end
return
```

5.8 Calcul des valeurs propres des matrices symétriques

Nous présentons dans cette section des algorithmes qui, contrairement à la méthode QR, prennent en compte la structure particulière des matrices symétriques $\mathrm{A} \in \mathbb{R}^{n\times n}$.

Nous considérons tout d'abord la méthode de Jacobi, qui consiste à construire une suite de matrices convergeant vers la forme de Schur diagonale de A. Nous présentons ensuite la méthode des suites de Sturm pour traiter le cas des matrices tridiagonales.

5.8.1 La méthode de Jacobi

La méthode de Jacobi permet de construire une suite de matrices $\mathrm{A}^{(k)}$, orthogonalement semblables à la matrice A, et qui converge vers une matrice diagonale dont les coefficients sont les valeurs propres de A. On va utiliser pour cela les transformations de Givens (5.43).

On pose $\mathrm{A}^{(0)} = \mathrm{A}$, et, pour $k = 1, 2, \ldots$, on se donne deux indices p et q tels que $1 \leq p < q \leq n$. Puis, en posant $\mathrm{G}_{pq} = \mathrm{G}(p, q, \theta)$, on construit la matrice $\mathrm{A}^{(k)} = (\mathrm{G}_{pq})^T \mathrm{A}^{(k-1)} \mathrm{G}_{pq}$, orthogonalement semblable à A telle que

$$a_{ij}^{(k)} = 0 \quad \text{si} \quad (i, j) = (p, q). \tag{5.54}$$

On note $c = \cos\theta$ et $s = \sin\theta$, les calculs pour obtenir les nouveaux coefficients de $A^{(k)}$ à partir de ceux de $A^{(k-1)}$ s'écrivent

$$\begin{bmatrix} a_{pp}^{(k)} & a_{pq}^{(k)} \\ a_{pq}^{(k)} & a_{qq}^{(k)} \end{bmatrix} = \begin{bmatrix} c & s \\ -s & c \end{bmatrix}^T \begin{bmatrix} a_{pp}^{(k-1)} & a_{pq}^{(k-1)} \\ a_{pq}^{(k-1)} & a_{qq}^{(k-1)} \end{bmatrix} \begin{bmatrix} c & s \\ -s & c \end{bmatrix}. \tag{5.55}$$

Si $a_{pq}^{(k-1)} = 0$, on peut obtenir (5.54) en prenant $c = 1$ et $s = 0$. Si $a_{pq}^{(k-1)} \neq 0$, on pose $t = s/c$, et (5.55) nécessite la résolution de l'équation

$$t^2 + 2\eta t - 1 = 0, \qquad \eta = \frac{a_{qq}^{(k-1)} - a_{pp}^{(k-1)}}{2a_{pq}^{(k-1)}}. \tag{5.56}$$

On choisit la racine $t = 1/(\eta + \sqrt{1+\eta^2})$ de (5.56) si $\eta \geq 0$, autrement on prend $t = -1/(-\eta + \sqrt{1+\eta^2})$; puis, on pose

$$c = \frac{1}{\sqrt{1+t^2}}, \qquad s = ct. \tag{5.57}$$

Pour examiner la vitesse avec laquelle les termes extra-diagonaux de $A^{(k)}$ tendent vers zéro, il est commode d'introduire, pour une matrice donnée $M \in \mathbb{R}^{n\times n}$, la quantité

$$\Psi(M) = \left(\sum_{\substack{i,j=1 \\ i\neq j}}^{n} m_{ij}^2 \right)^{1/2} = \left(\|M\|_F^2 - \sum_{i=1}^{n} m_{ii}^2 \right)^{1/2}. \tag{5.58}$$

La méthode de Jacobi assure que $\Psi(A^{(k)}) \leq \Psi(A^{(k-1)})$, pour tout $k \geq 1$. En effet le calcul de (5.58) pour la matrice $A^{(k)}$ donne

$$(\Psi(A^{(k)}))^2 = (\Psi(A^{(k-1)}))^2 - 2\left(a_{pq}^{(k-1)}\right)^2 \leq (\Psi(A^{(k-1)}))^2. \tag{5.59}$$

L'estimation (5.59) suggère qu'à chaque étape k, le choix optimal des indices p et q est celui qui implique

$$|a_{pq}^{(k-1)}| = \max_{i\neq j} |a_{ij}^{(k-1)}|.$$

Mais le coût de cette méthode est de l'ordre de n^2 *flops* pour la recherche du coefficient de module maximum, et de l'ordre de n *flops* pour l'étape de mise à jour $A^{(k)} = (G_{pq})^T A^{(k-1)} G_{pq}$ (voir Section 5.6.5). On propose donc une autre solution, appelée *méthode de Jacobi cyclique par lignes*, dans laquelle le choix des indices p et q est fait par un balayage des lignes de la matrice $A^{(k)}$ selon l'algorithme suivant :

pour tout $k = 1, 2, \ldots$ et pour la ligne i de $A^{(k)}$ ($i = 1, \ldots, n-1$), on pose $p = i$ et $q = (i+1), \ldots, n$. Chaque balayage nécessite $N = n(n-1)/2$

transformations de Jacobi. En supposant que $|\lambda_i - \lambda_j| \geq \delta$ pour $i \neq j$, la méthode de Jacobi cyclique converge de manière quadratique, c'est-à-dire (voir [Wil65], [Wil62])

$$\Psi(\mathrm{A}^{(k+N)}) \leq \frac{1}{\delta\sqrt{2}}(\Psi(\mathrm{A}^{(k)}))^2, \qquad k = 1, 2, \ldots$$

Pour davantage de détails sur l'algorithme, nous renvoyons à [GL89], Section 8.4.

Exemple 5.11 Appliquons la méthode de Jacobi cyclique à la matrice de Hilbert H_4 de coefficients $h_{ij} = 1/(i+j-1)$, dont les valeurs propres sont (avec 5 chiffres significatifs) $\lambda_1 = 1.5002$, $\lambda_2 = 1.6914 \cdot 10^{-1}$, $\lambda_3 = 6.7383 \cdot 10^{-3}$ et $\lambda_4 = 9.6702 \cdot 10^{-5}$. En exécutant le Programme 37 avec `tol` $= 10^{-15}$, la méthode converge en trois balayages vers une matrice dont les coefficients diagonaux coïncident avec les valeurs propres de H_4 à $4.4409 \cdot 10^{-16}$ près. Pour ce qui est des termes extra-diagonaux, on a indiqué dans la Table 5.3 les valeurs de $\Psi(\mathrm{H}_4^{(k)})$. •

Les relations (5.58) et (5.57) sont implémentées dans les Programmes 35 et 36.

Table 5.3. Convergence de l'algorithme de Jacobi cyclique

Balayage	$\Psi(\mathrm{H}_4^{(k)})$	*Balayage*	$\Psi(\mathrm{H}_4^{(k)})$	*Balayage*	$\Psi(\mathrm{H}_4^{(k)})$
1	$5.262 \cdot 10^{-2}$	2	$3.824 \cdot 10^{-5}$	3	$5.313 \cdot 10^{-16}$

Programme 35 - psinorm : Evaluation de $\Psi(\mathrm{A})$ dans la méthode de Jacobi cyclique

```
function [psi]=psinorm(A)
%PSINORM Evaluation de Psi(A).
[n,m]=size(A);
if n~=m, error('Seulement pour les matrices carrées'); end
psi=0;
for i=1:n-1
   j=[i+1:n];
   psi = psi + sum(A(i,j).^2+A(j,i).^2');
end
psi=sqrt(psi);
return
```

Programme 36 - symschur : Evaluation de c et s

```
function [c,s]=symschur(A,p,q)
%SYMSCHUR Evaluation des paramètres c et s dans (5.62).
if A(p,q)==0
```

```
    c=1; s=0;
else
    eta=(A(q,q)-A(p,p))/(2*A(p,q));
    if eta>=0
        t=1/(eta+sqrt(1+eta^2));
    else
        t=-1/(-eta+sqrt(1+eta^2));
    end
    c=1/sqrt(1+t^2); s=c*t;
end
return
```

Une implémentation MATLAB de la méthode de Jacobi cyclique est donnée dans le Programme 37. Les paramètres d'entrée sont la matrice symétrique $A \in \mathbb{R}^{n\times n}$, une tolérance `tol` et le nombre maximum d'itérations `nmax`. Le programme renvoie une matrice $D = G^T AG$ avec G orthogonale, telle que $\Psi(D) \leq$ `tol`$\|A\|_F$, la valeur de $\Psi(D)$ et le nombre de balayages effectués pour converger.

Programme 37 - cycjacobi : Méthode de Jacobi cyclique pour les matrices symétriques

```
function [D,sweep,psi]=cycjacobi(A,tol,nmax)
%CYCJACOBI Méthode de Jacobi cyclique.
% [D,SWEEP,PSI]=CYCJACOBI(A,TOL,NMAX) calcule les valeurs propres D de la
% matrice symétrique A. TOL est la tolérance de la méthode. PSI=PSINORM(D) et
% SWEEP est le nombre de balayages. NMAX est le nombre maximum d'itérations.
[n,m]=size(A);
if n~=m, error('Seulement pour les matrices carrées'); end
D=A;
psi=norm(A,'fro');
epsi=tol*psi;
psi=psinorm(D);
sweep=0;
iter=0;
while psi>epsi&iter<=nmax
    iter = iter + 1;
    sweep=sweep+1;
    for p=1:n-1
        for q=p+1:n
            [c,s]=symschur(D,p,q);
            [D]=gacol(D,c,s,1,n,p,q);
            [D]=garow(D,c,s,p,q,1,n);
        end
    end
    psi=psinorm(D);
end
return
```

5.8.2 La méthode des suites de Sturm

Nous considérons dans cette section le problème du calcul des valeurs propres d'une matrice symétrique tridiagonale à coefficients réels T. Typiquement, cette question se pose quand on applique la transformation de Householder à une matrice symétrique A (voir Section 5.6.2) ou quand on résout un problème aux limites en dimension 1 (voir Section 13.2 pour un exemple).

Analysons la *méthode des suites de Sturm*, ou *méthode de Givens*, introduite dans [Giv54]. Pour $i = 1, \ldots, n$, on note d_i les éléments diagonaux de T et b_i, $i = 1, \ldots, n-1$, ses éléments sur et sous-diagonaux. On supposera $b_i \neq 0$ pour tout i (autrement le calcul peut se ramener à des problèmes moins complexes).

Soit T_i le mineur principal d'ordre i de la matrice T et $p_0(x) = 1$, on définit pour $i = 1, \ldots, n$ la suite de polynômes $p_i(x) = \mathrm{dét}(\mathrm{T}_i - x\mathrm{I}_i)$

$$
\begin{aligned}
&p_1(x) = d_1 - x\,, \\
&p_i(x) = (d_i - x)p_{i-1}(x) - b_{i-1}^2 p_{i-2}(x), \quad i = 2, \ldots, n.
\end{aligned}
\tag{5.60}
$$

On peut vérifier que p_n est le polynôme caractéristique de T ; le coût du calcul de l'évaluation de ce polynôme en x est de l'ordre de $2n$ *flops*. La suite (5.60) est appelée *suite de Sturm*. Elle possède la propriété suivante, dont la preuve se trouve dans [Wil65], Chapitre 2, Section 47 et Chapitre 5, Section 37.

Propriété 5.9 (suites de Sturm) *Pour $i = 2, \ldots, n$ les valeurs propres de T_{i-1} séparent strictement celles de T_i, c'est-à-dire*

$$
\lambda_i(\mathrm{T}_i) < \lambda_{i-1}(\mathrm{T}_{i-1}) < \lambda_{i-1}(\mathrm{T}_i) < \ldots < \lambda_2(\mathrm{T}_i) < \lambda_1(\mathrm{T}_{i-1}) < \lambda_1(\mathrm{T}_i).
$$

De plus, si on pose pour tout réel μ

$$
\mathcal{S}_\mu = \{p_0(\mu), p_1(\mu), \ldots, p_n(\mu)\},
$$

le nombre $s(\mu)$ de changements de signe dans $\mathcal{S}_\mu$ donne le nombre de valeurs propres de T strictement plus petites que μ, avec la convention que $p_i(\mu)$ a un signe opposé à $p_{i-1}(\mu)$ si $p_i(\mu) = 0$ (deux éléments consécutifs de la suite ne peuvent pas s'annuler pour la même valeur μ).

Exemple 5.12 Soit T la partie tridiagonale de la matrice de Hilbert $\mathrm{H}_4 \in \mathbb{R}^{4\times 4}$. Les valeurs propres de T sont (avec 5 chiffres significatifs) $\lambda_1 = 1.2813$, $\lambda_2 = 0.4205$, $\lambda_3 = -0.1417$ et $\lambda_4 = 0.1161$. En prenant $\mu = 0$, le Programme 38 calcule la suite de Sturm suivante :

$$
\mathcal{S}_0 = \{p_0(0), p_1(0), p_2(0), p_3(0), p_4(0)\} = \{1, 1, 0.0833, -0.0458, -0.0089\},
$$

d'où on déduit, d'après la Propriété 5.9, que la matrice T a 1 valeur propre plus petite que 0. Dans le cas de la matrice $\mathrm{T} = \mathrm{tridiag}_4(-1, 2, -1)$, de valeurs propres $\{0.38,\ 1.38,\ 2.62,\ 3.62\}$, on obtient avec $\mu = 3$

$$
\{p_0(3), p_1(3), p_2(3), p_3(3), p_4(3)\} = \{1, -1, 0, 1, -1\},
$$

ce qui montre que T a trois valeurs propres plus petites que 3, puisqu'il y a trois changements de signe. •

Présentons maintenant la méthode de Givens pour le calcul des valeurs propres de T. Posons $b_0 = b_n = 0$, le Théorème 5.2 donne un intervalle $\mathcal{J} = [\alpha, \beta]$ qui contient le spectre de T, avec

$$\alpha = \min_{1 \leq i \leq n} [d_i - (|b_{i-1}| + |b_i|)], \qquad \beta = \max_{1 \leq i \leq n} [d_i + (|b_{i-1}| + |b_i|)].$$

L'ensemble $\mathcal{J}$ est utilisé comme donnée initiale pour la recherche d'une valeur propre λ_i de T, pour $i = 1, \ldots, n$ par dichotomie (voir Chapitre 6).

Plus précisément, pour $a^{(0)} = \alpha$ et $b^{(0)} = \beta$, on pose $c^{(0)} = (\alpha+\beta)/2$ et on calcule $s(c^{(0)})$; on pose alors, d'après Propriété 5.9, $b^{(1)} = c^{(0)}$ si $s(c^{(0)}) > (n-i)$, et $a^{(1)} = c^{(0)}$ autrement. Après r itérations, la valeur $c^{(r)} = (a^{(r)} + b^{(r)})/2$ fournit une approximation de λ_i à $(|\alpha| + |\beta|) \cdot 2^{-(r+1)}$ près (voir (6.9)).

Pendant l'exécution de la méthode de Givens, il est possible de mémoriser de manière systématique les informations sur la position des valeurs propres de T dans l'intervalle $\mathcal{J}$. L'algorithme résultant produit une suite de sous-intervalles $a_j^{(r)}, b_j^{(r)}$, $j = 1, \ldots, n$, de longueur arbitrairement petite et contenant chacun une valeur propre λ_j de T (pour plus de détails, voir [BMW67]).

Exemple 5.13 Utilisons la méthode de Givens pour calculer la valeur propre $\lambda_2 \simeq 2.62$ de la matrice T de l'Exemple 5.12. En prenant `tol`$=10^{-4}$ dans le Programme 39, on obtient les résultats présentés dans la Table 5.4 (on a noté $s^{(k)} = s(c^{(k)})$ pour abréger). On constate la convergence de la suite $c^{(k)}$ vers la valeur propre voulue en 13 itérations. Des résultats similaires sont obtenus en exécutant le Programme 39 pour les autres valeurs propres de T. •

Table 5.4. Convergence de la méthode de Givens pour le calcul de la valeur propre λ_2 de la matrice T définie dans l'Exemple 5.12

k	$a^{(k)}$	$b^{(k)}$	$c^{(k)}$	$s^{(k)}$	k	$a^{(k)}$	$b^{(k)}$	$c^{(k)}$	$s^{(k)}$
0	0	4.000	2.0000	2	7	2.5938	2.625	2.6094	2
1	2.0000	4.000	3.0000	3	8	2.6094	2.625	2.6172	2
2	2.0000	3.000	2.5000	2	9	2.6094	2.625	2.6172	2
3	2.5000	3.000	2.7500	3	10	2.6172	2.625	2.6211	3
4	2.5000	2.750	2.6250	3	11	2.6172	2.621	2.6191	3
5	2.5000	2.625	2.5625	2	12	2.6172	2.619	2.6182	3
6	2.5625	2.625	2.5938	2	13	2.6172	2.618	2.6177	2

Une implémentation MATLAB de l'évaluation des polynômes (5.60) est proposée dans le Programme 38. Il reçoit en entrée les vecteurs `dd` et `bb` contenant les diagonales principales et supérieures de T. Les valeurs $p_i(x)$, $i = 0, \ldots, n$ sont stockées en sortie dans le vecteur `p`.

Programme 38 - sturm : Calcul de la suite de Sturm

```
function [p]=sturm(dd,bb,x)
%STURM Suite de Sturm
% P=STURM(D,B,X) calcule la suite de Sturm (5.65) en X.
n=length(dd);
p(1)=1;
p(2)=dd(1)-x;
for i=2:n
   p(i+1)=(dd(i)-x)*p(i)-bb(i-1)^2*p(i-1);
end
return
```

Un implémentation élémentaire de la méthode de Givens est donnée dans le Programme 39. En entrée, `ind` est le pointeur sur la valeur propre cherchée, les autres paramètres étant les mêmes que ceux du Programme 38. En sortie, le programme retourne les suites $a^{(k)}$, $b^{(k)}$ et $c^{(k)}$, ainsi que le nombre d'itérations `niter` et la suite de changements de signe $s(c^{(k)})$.

Programme 39 - givsturm : Méthode de Givens avec suite de Sturm

```
function [ak,bk,ck,nch,niter]=givsturm(dd,bb,ind,tol)
%GIVSTURM Méthode de Givens avec suite de Sturm
[a, b]=bound(dd,bb); dist=abs(b-a); s=abs(b)+abs(a);
n=length(dd); niter=0; nch=[];
while dist>tol*s
   niter=niter+1;
   c=(b+a)/2;
   ak(niter)=a;
   bk(niter)=b;
   ck(niter)=c;
   nch(niter)=chcksign(dd,bb,c);
   if nch(niter)>n-ind
      b=c;
   else
      a=c;
   end
   dist=abs(b-a); s=abs(b)+abs(a);
end
return
```

Programme 40 - chcksign : Calcul du nombre de changements de signe dans la suite de Sturm

```
function nch=chcksign(dd,bb,x)
%CHCKSIGN Détermine le nombre de changements de signe dans la suite
%  de Sturm
```

```
[p]=sturm(dd,bb,x);
n=length(dd);
nch=0;
s=0;
for i=2:n+1
   if p(i)*p(i-1)<=0
      nch=nch+1;
   end
   if p(i)==0
      s=s+1;
   end
end
nch=nch-s;
return
```

Programme 41 - bound : Calcul de l'intervalle $\mathcal{J} = [\alpha, \beta]$

```
function [alfa,beta]=bound(dd,bb)
%BOUND Calcul de l'intervalle [ALPHA,BETA] pour la méthode de Givens.
n=length(dd);
alfa=dd(1)-abs(bb(1));
temp=dd(n)-abs(bb(n-1));
if temp<alfa
   alfa=temp;
end
for i=2:n-1
   temp=dd(i)-abs(bb(i-1))-abs(bb(i));
   if temp<alfa
      alfa=temp;
   end
end
beta=dd(1)+abs(bb(1)); temp=dd(n)+abs(bb(n-1));
if temp>beta
   beta=temp;
end
for i=2:n-1
   temp=dd(i)+abs(bb(i-1))+abs(bb(i));
   if temp>beta
      beta=temp;
   end
end
return
```

5.9 Exercices

1. Avec les théorèmes de Gershgorin, localiser les valeurs propres de la matrice A obtenue en posant $\mathrm{A} = (\mathrm{P}^{-1}\mathrm{DP})^T$ puis $a_{1,3} = 0$, $a_{2,3} = 0$, où D=diag$_3$(1, 50, 100) et

$$\mathrm{P} = \begin{bmatrix} 1 & 1 & 1 \\ 10 & 20 & 30 \\ 100 & 50 & 60 \end{bmatrix}.$$

[*Solution :* $\sigma(\mathrm{A}) = \{-151.84, 80.34, 222.5\}$.]

2. Localiser la valeur propre de plus petit module de la matrice

$$\mathrm{A} = \begin{bmatrix} 1 & 2 & -1 \\ 2 & 7 & 0 \\ -1 & 0 & 5 \end{bmatrix}.$$

[*Solution :* $\sigma(\mathrm{A}) \subset [-2, 9]$.]

3. Donner une estimation du nombre de valeurs propres complexes de la matrice

$$\mathrm{A} = \begin{bmatrix} -4 & 0 & 0 & 0.5 & 0 \\ 2 & 2 & 4 & -3 & 1 \\ 0.5 & 0 & -1 & 0 & 0 \\ 0.5 & 0 & 0.2 & 3 & 0 \\ 2 & 0.5 & -1 & 3 & 4 \end{bmatrix}.$$

[*Indication :* vérifier que A peut être réduite sous la forme

$$\mathrm{A} = \begin{bmatrix} \mathrm{M}_1 & \mathrm{M}_2 \\ 0 & \mathrm{M}_3 \end{bmatrix}$$

où $\mathrm{M}_1 \in \mathbb{R}^{2\times 2}$ et $\mathrm{M}_2 \in \mathbb{R}^{3\times 3}$. Puis étudier les valeurs propres des blocs M_1 et M_2 en utilisant les théorèmes de Gershgorin et vérifier que A n'a pas de valeur propre complexe.]

4. Soit $\mathrm{A} \in \mathbb{C}^{n\times n}$ une matrice bidiagonale et soit $\widetilde{\mathrm{A}} = \mathrm{A} + \mathrm{E}$ une perturbation de A avec $e_{ii} = 0$ pour $i = 1, \ldots, n$. Montrer que

$$|\lambda_i(\widetilde{\mathrm{A}}) - \lambda_i(\mathrm{A})| \leq \sum_{j=1}^{n} |e_{ij}|, \qquad i = 1, \ldots, n. \tag{5.61}$$

5. Soit $\varepsilon \geq 0$. Appliquer l'estimation (5.61) dans le cas où les matrices A et E sont données par

$$\mathrm{A} = \begin{bmatrix} 1 & 0 \\ 0 & 2 \end{bmatrix}, \qquad \mathrm{E} = \begin{bmatrix} 0 & \varepsilon \\ \varepsilon & 0 \end{bmatrix}.$$

[*Solution :* $\sigma(\mathrm{A}) = \{1,\ 2\}$ et $\sigma(\widetilde{\mathrm{A}}) = (3 \mp \sqrt{1 + 4\varepsilon^2})/2$.]

6. Vérifier que la détermination des zéros d'un polynôme de degré $\leq n$ à coefficients réels

$$p_n(x) = \sum_{k=0}^{n} a_k x^k = a_0 + a_1 x + ... + a_n x^n, \quad a_n \neq 0, \quad a_k \in \mathbb{R}, \ k = 0, \ldots n,$$

est équivalente à la détermination du spectre de la matrice de Frobenius $\mathrm{C} \in \mathbb{R}^{\mathrm{n}\times\mathrm{n}}$ associée à p_n (appelée *matrice compagnon*)

$$\mathrm{C} = \begin{bmatrix} -(a_{n-1}/a_n) & -(a_{n-2}/a_n) & \ldots & -(a_1/a_n) & -(a_0/a_n) \\ 1 & 0 & \ldots & 0 & 0 \\ 0 & 1 & \ldots & 0 & 0 \\ \vdots & \vdots & \ddots & \vdots & \vdots \\ 0 & 0 & \ldots & 1 & 0 \end{bmatrix}. \quad (5.62)$$

Il est important de noter que, grâce au théorème d'Abel, on déduit de ce résultat qu'il n'existe pas de méthodes directes générales pour calculer les valeurs propres d'une matrice quand $n \geq 5$.

7. Montrer que si la matrice $\mathrm{A} \in \mathbb{C}^{n\times n}$ admet un couple $(\lambda, \mathbf{x})$ de valeur propre/vecteur propre, alors la matrice $\mathrm{U}^*\mathrm{AU}$, avec U unitaire, admet le couple de valeur propre/vecteur propre $(\lambda, \mathrm{U}^*\mathbf{x})$.

8. Supposer que toutes les hypothèses nécessaires pour appliquer la méthode de la puissance sont satisfaites exceptée $\alpha_1 \neq 0$ (voir Section 5.3.1). Montrer que dans ce cas la suite (5.17) converge vers le couple valeur propre/vecteur propre $(\lambda_2, \mathbf{x}_2)$. Etudier alors expérimentalement le comportement de la méthode en calculant $(\lambda_1, \mathbf{x}_1)$ pour la matrice

$$\mathrm{A} = \begin{bmatrix} 1 & -1 & 2 \\ -2 & 0 & 5 \\ 6 & -3 & 6 \end{bmatrix}.$$

Utiliser pour cela le Programme 24 en prenant $\mathbf{q}^{(0)} = \mathbf{1}/\sqrt{3}$ et $\mathbf{q}^{(0)} = \mathbf{w}^{(0)}/\|\mathbf{w}^{(0)}\|_2$, avec $\mathbf{w}^{(0)} = (1/3)\mathbf{x}_2 - (2/3)\mathbf{x}_3$.
[*Solution* : $\lambda_1 = 5$, $\lambda_2 = 3$, $\lambda_3 = -1$ et $\mathbf{x}_1 = [5, 16, 18]^T$, $\mathbf{x}_2 = [1, 6, 4]^T$, $\mathbf{x}_3 = [5, 16, 18]^T$.]

9. Montrer que la matrice compagnon associée au polynôme $p_n(x) = x^n + a_n x^{n-1} + \ldots + a_1$, peut être écrite

$$\mathrm{A} = \begin{bmatrix} 0 & a_1 & & & \mathbf{0} \\ -1 & 0 & a_2 & & \\ & \ddots & \ddots & \ddots & \\ & & -1 & 0 & a_{n-1} \\ \mathbf{0} & & & -1 & a_n \end{bmatrix},$$

au lieu de (5.62).

10. (D'après [FF63]) On suppose que la matrice réelle $\mathrm{A} \in \mathbb{R}^{n\times n}$ a deux valeurs propres complexes de modules maximaux $\lambda_1 = \rho e^{i\theta}$ et $\lambda_2 = \rho e^{-i\theta}$, avec $\theta \neq 0$. On suppose de plus que les valeurs propres restantes ont des modules inférieurs à ρ. La méthode de la puissance peut être modifiée comme suit :
soit $\mathbf{q}^{(0)}$ un vecteur réel et $\mathbf{q}^{(k)}$ le vecteur donné par la méthode de la puissance sans normalisation. On pose alors $x_k = \mathbf{q}^{(k)}_{n_0}$ pour un certain n_0 tel que $1 \leq n_0 \leq n$. Montrer que

$$\rho^2 = \frac{x_k x_{k+2} - x_{k+1}^2}{x_{k-1}x_{k+1} - x_k^2} + \mathcal{O}\left(\left|\frac{\lambda_3}{\rho}\right|^k\right),$$

$$\cos(\theta) = \frac{\rho x_{k-1} + r^{-1}x_{k+1}}{2x_k} + \mathcal{O}\left(\left|\frac{\lambda_3}{\rho}\right|^k\right).$$

[*Indication* : montrer d'abord que

$$x_k = C(\rho^k \cos(k\theta + \alpha)) + \mathcal{O}\left(\left|\frac{\lambda_3}{\rho}\right|^k\right),$$

où α dépend des composantes du vecteur initial suivant les directions des vecteurs propres associés à λ_1 et λ_2.]

11. Appliquer la méthode de la puissance modifiée de l'Exercice 10 à la matrice

$$\mathrm{A} = \begin{bmatrix} 1 & -\frac{1}{4} & \frac{1}{4} \\ 1 & 0 & 0 \\ 0 & 1 & 0 \end{bmatrix},$$

et comparer les résultats obtenus avec ceux de la méthode de la puissance classique.

Partie III

Sur les fonctions et les fonctionnelles

6

Résolution des équations et des systèmes non linéaires

L'objet essentiel de ce chapitre est l'approximation des racines d'une fonction réelle d'une variable réelle, c'est-à-dire la résolution approchée du problème suivant :

$$\text{étant donné } f : \mathcal{I} =]a, b[\subseteq \mathbb{R} \to \mathbb{R}, \text{ trouver } \alpha \in \mathbb{C} \text{ tel que } f(\alpha) = 0. \quad (6.1)$$

L'analyse du problème (6.1) dans le cas des systèmes d'équations non linéaires sera également abordée dans la Section 6.7. Il est important de noter que, bien que f soit à valeurs réelles, ses zéros peuvent être complexes. C'est par exemple le cas quand f est un polynôme, comme nous le verrons à la Section 6.4. On renvoie le lecteur à [QSS07], chapitre 7 pour les problèmes d'optimisation.

Les méthodes pour approcher une racine α de f sont en général itératives : elles consistent à construire une suite $\{x^{(k)}\}$ telle que

$$\lim_{k\to\infty} x^{(k)} = \alpha.$$

La convergence des itérations est caractérisée par la définition suivante :

Définition 6.1 On dit qu'une suite $\{x^{(k)}\}$ construite par une méthode numérique *converge vers α avec un ordre $p \geq 1$* si

$$\exists C > 0 : \frac{|x^{(k+1)} - \alpha|}{|x^{(k)} - \alpha|^p} \leq C, \; \forall k \geq k_0, \quad (6.2)$$

où $k_0 \geq 0$ est un entier. Dans ce cas, on dit que la méthode est d'*ordre p*. Remarquer que si p est égal à 1, il est nécessaire que $C < 1$ dans (6.2) pour que $x^{(k)}$ converge vers α. On appelle alors la constante C *facteur de convergence* de la méthode. ■

Contrairement au cas des systèmes linéaires, la convergence des méthodes itératives pour la détermination des racines d'une équation non linéaire dépend en général du choix de la donnée initiale $x^{(0)}$. Le plus souvent, on ne sait établir que des résultats de convergence *locale*, c'est-à-dire valables seulement pour un $x^{(0)}$ appartenant à un certain voisinage de la racine α. Les méthodes qui convergent vers α *pour tout* choix de $x^{(0)}$ dans l'intervalle $\mathcal{I}$ sont dites *globalement convergentes* vers α.

6.1 Conditionnement d'une équation

Considérons l'équation non linéaire $f(\alpha) = \varphi(\alpha) - d = 0$ et supposons f continûment différentiable. On veut analyser la sensibilité de la recherche des racines de f par rapport à des perturbations de la donnée d.

Le problème n'est bien posé que si la fonction φ est localement inversible. Dans ce cas, on a $\alpha = \varphi^{-1}(d)$, et, avec les notations du Chapitre 2, la résolvante G est φ^{-1}. Si $\varphi'(\alpha) \neq 0$, alors $(\varphi^{-1})'(d) = 1/\varphi'(\alpha)$ et les formules (2.7) donnant des approximations du conditionnement relatif et du conditionnement absolu s'écrivent

$$K(d) \simeq \frac{|d|}{|\alpha||f'(\alpha)|}, \qquad K_{abs}(d) \simeq \frac{1}{|f'(\alpha)|}. \tag{6.3}$$

Le problème est mal conditionné si $f'(\alpha)$ est "petit" et bien conditionné si $f'(\alpha)$ est "grand".

Quand α est une racine de f de multiplicité $m > 1$, on peut généraliser l'analyse qui conduit à (6.3) de la manière suivante. En écrivant le développement de Taylor de φ au point α jusqu'à l'ordre m, on obtient

$$d + \delta d = \varphi(\alpha + \delta\alpha) = \varphi(\alpha) + \sum_{k=1}^{m} \frac{\varphi^{(k)}(\alpha)}{k!}(\delta\alpha)^k + o((\delta\alpha)^m).$$

Or $\varphi^{(k)}(\alpha) = 0$ pour $k = 1, \ldots, m-1$, donc

$$\delta d = f^{(m)}(\alpha)(\delta\alpha)^m/m!,$$

de sorte qu'une approximation du conditionnement absolu est donnée par

$$K_{abs}(d) \simeq \left|\frac{m!\delta d}{f^{(m)}(\alpha)}\right|^{1/m} \frac{1}{|\delta d|}. \tag{6.4}$$

Remarquer que (6.3) est un cas particulier de (6.4) pour $m = 1$. On déduit également de ceci que $K_{abs}(d)$ peut être grand même quand δd est assez petit pour avoir $|m!\delta d/f^{(m)}(\alpha)| < 1$. En conclusion, le problème de la détermination d'une racine d'une équation non linéaire est bien conditionné quand α est une racine simple et quand $|f'(\alpha)|$ est très différent de zéro. Il est mal conditionné sinon.

Considérons à présent le problème suivant, directement relié au précédent. Supposons que $d = 0$, que α soit une racine de f, *i.e.* $f(\alpha) = 0$, et que

$f(\hat{\alpha}) = \hat{r} \neq 0$ pour $\hat{\alpha} \neq \alpha$. On cherche une majoration de la différence $\hat{\alpha} - \alpha$ en fonction du *résidu* $\hat{r}$.

En appliquant (6.3) avec $\delta\alpha = \hat{\alpha} - \alpha$ et $\delta d = \hat{r}$, et en utilisant la définition de K_{abs} (2.5), on obtient

$$K_{abs}(0) \simeq \frac{1}{|f'(\alpha)|}.$$

Par conséquent

$$\frac{|\hat{\alpha} - \alpha|}{|\alpha|} \lesssim \frac{|\hat{r}|}{|f'(\alpha)||\alpha|}, \tag{6.5}$$

où la notation $a \lesssim c$ signifie $a \leq c$ et $a \simeq c$. Si α est de multiplicité $m > 1$, en utilisant (6.4) au lieu de (6.3) et en procédant comme ci-dessus, on obtient

$$\frac{|\hat{\alpha} - \alpha|}{|\alpha|} \lesssim \left(\frac{m!}{|f^{(m)}(\alpha)||\alpha|^m} \right)^{1/m} |\hat{r}|^{1/m}. \tag{6.6}$$

Ces estimations seront utiles dans l'étude de critères d'arrêt pour les méthodes itératives (voir Section 6.5).

Considérons maintenant le cas particulier où f est un polynôme p_n de degré n. Dans ce cas, il y a exactement n racines α_i, réelles ou complexes, chacune étant comptée avec sa multiplicité. Nous allons étudier la sensibilité des racines de p_n aux perturbations de ses coefficients.

Pour cela, on pose $\hat{p}_n = p_n + q_n$, où q_n est un polynôme de perturbation de degré n, et on note $\hat{\alpha}_i$ les racines de $\hat{p}_n$. La relation (6.6) fournit directement, pour une racine α_i arbitraire, l'estimation suivante :

$$E'_{rel} = \frac{|\hat{\alpha}_i - \alpha_i|}{|\alpha_i|} \lesssim \left(\frac{m!}{|p_n^{(m)}(\alpha_i)||\alpha_i|^m} \right)^{1/m} |q_n(\hat{\alpha}_i)|^{1/m} = S^i, \tag{6.7}$$

où m est la multiplicité de la racine considérée et $q_n(\hat{\alpha}_i) = -p_n(\hat{\alpha}_i)$ est le "résidu" du polynôme p_n évalué en la racine perturbée.

Remarque 6.1 On peut établir une analogie formelle entre les estimations *a priori* obtenues jusqu'à présent pour le problème non linéaire $\varphi(\alpha) = d$ et celles établies à la Section 3.1.2 pour les systèmes linéaires en remplaçant φ par A et d par **b**. Plus précisément, (6.5) est l'analogue de (3.9) si δA=0, et de même pour (6.7) (avec $m = 1$) si $\boldsymbol{\delta}\mathbf{b} = \mathbf{0}$. ■

Exemple 6.1 Soient $p_4(x) = (x-1)^4$ et $\hat{p}_4(x) = (x-1)^4 - \varepsilon$, avec $0 < \varepsilon \ll 1$. Les racines du polynôme perturbé sont simples et égales à $\hat{\alpha}_i = \alpha_i + \sqrt[4]{\varepsilon}$, où $\alpha_i = 1$ est le zéro (multiple) de p_4. Elles se situent dans le plan complexe sur le cercle de rayon $\sqrt[4]{\varepsilon}$ et de centre $z = (1,0)^T$.

Le problème est stable (car $\lim_{\varepsilon \to 0} \hat{\alpha}_i = 1$), mais il est *mal conditionné* car

$$\frac{|\hat{\alpha}_i - \alpha_i|}{|\alpha_i|} = \sqrt[4]{\varepsilon}, \qquad i = 1, \ldots 4,$$

Par exemple si $\varepsilon = 10^{-4}$, le changement relatif est de 10^{-1}. Remarquer que le second membre de (6.7) vaut exactement $\sqrt[4]{\varepsilon}$, donc, dans ce cas (6.7) est une égalité. •

Exemple 6.2 Considérons le polynôme suivant (dit polynôme de Wilkinson)

$$p_{10}(x) = \Pi_{k=1}^{10}(x+k) = x^{10} + 55x^9 + \ldots + 10!.$$

Soit $\hat{p}_{10} = p_{10} + \varepsilon x^9$, avec $\varepsilon = 2^{-23} \simeq 1.2 \cdot 10^{-7}$. Etudions le conditionnement de la détermination des racines de p_{10}. En utilisant (6.7) avec $m = 1$, nous indiquons dans la Table 6.1 les erreurs relatives E^i_{rel} et les estimations correspondantes S^i pour $i = 1, \ldots, 10$.

Ces résultats montrent que le problème est mal conditionné, puisque la plus grande erreur relative (correspondant à $\alpha_8 = -8$) est de trois ordres de grandeurs supérieure à la perturbation. On notera de plus la très bonne adéquation entre les estimations *a priori* et les erreurs relatives effectivement observées. •

Table 6.1. Erreurs relatives observées et erreurs relatives estimées en utilisant (6.7) pour le polynôme de Wilkinson de degré 10

i	E^i_{rel}	S^i	i	E^i_{rel}	S^i
1	$3.039 \cdot 10^{-13}$	$3.285 \cdot 10^{-13}$	6	$6.956 \cdot 10^{-5}$	$6.956 \cdot 10^{-5}$
2	$7.562 \cdot 10^{-10}$	$7.568 \cdot 10^{-10}$	7	$1.589 \cdot 10^{-4}$	$1.588 \cdot 10^{-4}$
3	$7.758 \cdot 10^{-8}$	$7.759 \cdot 10^{-8}$	8	$1.984 \cdot 10^{-4}$	$1.987 \cdot 10^{-4}$
4	$1.808 \cdot 10^{-6}$	$1.808 \cdot 10^{-6}$	9	$1.273 \cdot 10^{-4}$	$1.271 \cdot 10^{-4}$
5	$1.616 \cdot 10^{-5}$	$1.616 \cdot 10^{-5}$	10	$3.283 \cdot 10^{-5}$	$3.286 \cdot 10^{-5}$

6.2 Une approche géométrique de la détermination des racines

Nous introduisons dans cette section les méthodes de dichotomie (ou de bissection), de la corde, de la sécante, de la fausse position (ou *Regula Falsi*) et de Newton. Nous les présentons dans l'ordre de complexité croissante des algorithmes. Dans le cas de la méthode de dichotomie, la seule information utilisée est le *signe* de la fonction f aux extrémités de sous-intervalles, tandis que pour les autres algorithmes on prend aussi en compte les *valeurs* de la fonction et/ou de ses dérivées.

6.2.1 Méthode de dichotomie

La méthode de dichotomie est fondée sur la propriété suivante :

Propriété 6.1 (théorème des zéros d'une fonction continue) *Soit une fonction continue* $f : [a,b] \to \mathbb{R}$, *si* $f(a)f(b) < 0$, *alors* $\exists\ \alpha \in]a,b[$ *tel que* $f(\alpha) = 0$.

En partant de $\mathcal{I}_0 = [a, b]$, la méthode de dichotomie produit une suite de sous-intervalles $\mathcal{I}_k = [a^{(k)}, b^{(k)}]$, $k \geq 0$, avec $\mathcal{I}_k \subset \mathcal{I}_{k-1}$, $k \geq 1$, et tels que $f(a^{(k)})f(b^{(k)}) < 0$. Plus précisément, on pose $a^{(0)} = a$, $b^{(0)} = b$ et $x^{(0)} = (a^{(0)} + b^{(0)})/2$; alors, pour $k \geq 0$:

$$\begin{array}{ll} \text{on pose } a^{(k+1)} = a^{(k)},\ b^{(k+1)} = x^{(k)} & \text{si } f(x^{(k)})f(a^{(k)}) < 0; \\ \text{ou } a^{(k+1)} = x^{(k)},\ b^{(k+1)} = b^{(k)} & \text{si } f(x^{(k)})f(b^{(k)}) < 0; \\ \text{et } x^{(k+1)} = (a^{(k+1)} + b^{(k+1)})/2. & \end{array}$$

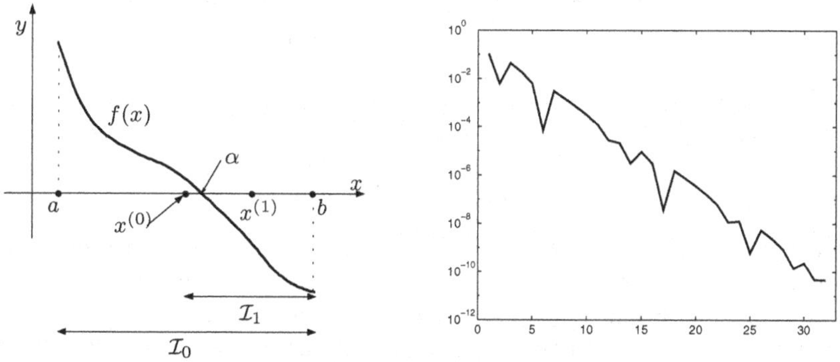

Fig. 6.1. Les deux premiers pas de la méthode de dichotomie (*à gauche*). Historique de la convergence pour l'Exemple 6.3 (*à droite*) ; le nombre d'itérations est reporté sur l'axe des x et l'erreur absolue sur l'axe des y

Les itérations s'achèvent à la m-ème étape quand $|x^{(m)} - \alpha| \leq |\mathcal{I}_m| \leq \varepsilon$, où ε est une tolérance fixée et $|\mathcal{I}_m|$ désigne la longueur de $\mathcal{I}_m$. Considérons à présent la *vitesse de convergence* de la méthode de dichotomie. Remarquer que $|\mathcal{I}_0| = b - a$, et que

$$|\mathcal{I}_k| = |\mathcal{I}_0|/2^k = (b-a)/2^k, \qquad k \geq 0. \tag{6.8}$$

En notant $e^{(k)} = x^{(k)} - \alpha$ l'*erreur absolue* à l'étape k, on déduit de (6.8) que $|e^{(k)}| < |\mathcal{I}_k|/2 = (b-a)/2^{k+1}$, ce qui implique $\lim_{k\to\infty} |e^{(k)}| = 0$.

La méthode de dichotomie est donc *globalement convergente*. De plus, pour avoir $|x^{(m)} - \alpha| \leq \varepsilon$, on doit prendre

$$m \geq \log_2\left(\frac{b-a}{\varepsilon}\right) - 1 = \frac{\log((b-a)/\varepsilon)}{\log(2)} - 1 \simeq \frac{\log((b-a)/\varepsilon)}{0.6931} - 1. \tag{6.9}$$

En particulier, pour améliorer d'un ordre de grandeur la précision de l'approximation de la racine (*i.e.* pour avoir $|x^{(k)} - \alpha| = |x^{(j)} - \alpha|/10$), on doit effectuer $k - j = \log_2(10) \simeq 3.32$ dichotomies. Cet algorithme converge donc à coup sûr mais lentement. De plus, notons que la méthode de dichotomie ne garantit pas la réduction *monotone* de l'erreur absolue d'une itération à l'autre. Autrement dit, on ne peut pas assurer *a priori* que

$$|e^{(k+1)}| \leq \mathcal{M}_k |e^{(k)}| \qquad \text{pour tout } k \geq 0, \tag{6.10}$$

avec $\mathcal{M}_k < 1$. Comme la propriété (6.10) n'est pas satisfaite, la méthode de dichotomie n'est pas une méthode d'ordre 1 au sens de la Définition 6.1.

Exemple 6.3 Vérifions les propriétés de convergence de la méthode de dichotomie pour l'approximation de la racine $\alpha = 0.9062\ldots$ du polynôme de Legendre de degré 5,

$$L_5(x) = \frac{x}{8}(63x^4 - 70x^2 + 15),$$

dont les racines se situent dans l'intervalle $]-1,1[$ (voir Section 9.1.2). On exécute le Programme 42 en prenant `a` $= 0.6$, `b` $= 1$ (donc $L_5(a) \cdot L_5(b) < 0$), `nmax` $= 100$, `tol` $= 10^{-10}$. La convergence est obtenue en 32 itérations, conformément à l'estimation théorique (6.9) ($m \geq 31.8974$). L'historique de la convergence rapportée sur la Figure 6.1 (à droite) montre que l'erreur est réduite (en moyenne) d'un facteur deux et que la suite $\{x^{(k)}\}$ a un comportement oscillant. •

La lente convergence de la méthode de dichotomie suggère de n'utiliser cet algorithme que pour s'approcher de la racine. En effet, après quelques itérations de dichotomie, on obtient une approximation raisonnable de α qu'on peut utiliser comme point de départ pour une méthode d'ordre supérieur qui fournira alors une convergence rapide vers la solution avec une précision donnée. Nous présenterons un exemple de cette technique à la Section 13.3.

L'algorithme de dichotomie est implémenté en MATLAB dans le Programme 42. Les paramètres en entrée, ici et dans le reste du chapitre, sont les suivants : `a` et `b` sont les extrémités de l'intervalle de recherche, `fun` est la variable contenant l'expression de la fonction f, `tol` est une tolérance fixée et `nmax` le nombre maximum d'itérations.

En sortie, les vecteurs `xvect`, `xdif` et `fx` contiennent respectivement les suites $\{x^{(k)}\}$, $\{|x^{(k+1)} - x^{(k)}|\}$ et $\{f(x^{(k)})\}$, pour $k \geq 0$, tandis que `nit` désigne le nombre d'itérations nécessaire à satisfaire le critère d'arrêt. Dans le cas de la méthode de dichotomie, le code s'arrête dès que la demi-longueur de l'intervalle est inférieure à `tol`.

Programme 42 - bisect : Méthode de dichotomie

```
function [xvect,xdif,fx,nit]=bisect(a,b,tol,nmax,fun)
%BISECT Méthode de dichotomie
% [XVECT,XDIF,FX,NIT]=BISECT(A,B,TOL,NMAX,FUN) tente de trouver un zéro
% de la fonction continue FUN sur l'intervalle [A,B] en utilisant la
% méthode de dichotomie. FUN accepte une variable réelle scalaire x et
% renvoie une valeur réelle scalaire.
% XVECT est le vecteur des itérées, XDIF est le vecteur des différences
% entre itérées consécutives, FX est le résidu. TOL est la tolérance de
% la méthode.
```

```
err=tol+1;
nit=0;
xvect=[]; fx=[]; xdif=[];
while nit<nmax & err>tol
  nit=nit+1;
  c=(a+b)/2; x=c; fc=eval(fun); xvect=[xvect;x];
  fx=[fx;fc]; x=a;
  if fc*eval(fun)>0
    a=c;
  else
    b=c;
  end
  err=0.5*abs(b-a); xdif=[xdif;err];
end
return
```

6.2.2 Les méthodes de la corde, de la sécante, de la fausse position et de Newton

Afin de mettre au point des algorithmes possédant de meilleures propriétés de convergence que la méthode de dichotomie, il est nécessaire de prendre en compte les informations données par les valeurs de f et, éventuellement, par sa dérivée f' (si f est différentiable) ou par une approximation convenable de celle-ci.

Ecrivons pour cela le développement de Taylor de f en α au premier ordre. On obtient alors la version *linéarisée* du problème (6.1)

$$f(\alpha) = 0 = f(x) + (\alpha - x)f'(\xi), \qquad (6.11)$$

où ξ est entre α et x. L'équation (6.11) conduit à la méthode itérative suivante : pour tout $k \geq 0$, étant donné $x^{(k)}$, déterminer $x^{(k+1)}$ en résolvant l'équation $f(x^{(k)}) + (x^{(k+1)} - x^{(k)})q_k = 0$, où q_k est une approximation de $f'(x^{(k)})$.

La méthode qu'on vient de décrire revient à chercher l'intersection entre l'axe des x et la droite de pente q_k passant par le point $(x^{(k)}, f(x^{(k)}))$, ce qui s'écrit

$$x^{(k+1)} = x^{(k)} - q_k^{-1} f(x^{(k)}) \qquad \forall k \geq 0.$$

Considérons maintenant quatre choix particuliers de q_k.

La méthode de la corde. On pose

$$q_k = q = \frac{f(b) - f(a)}{b - a} \qquad \forall k \geq 0,$$

d'où on déduit la relation de récurrence suivante (pour une valeur $x^{(0)}$ donnée) :

$$x^{(k+1)} = x^{(k)} - \frac{b - a}{f(b) - f(a)} f(x^{(k)}) \qquad \forall k \geq 0\,. \qquad (6.12)$$

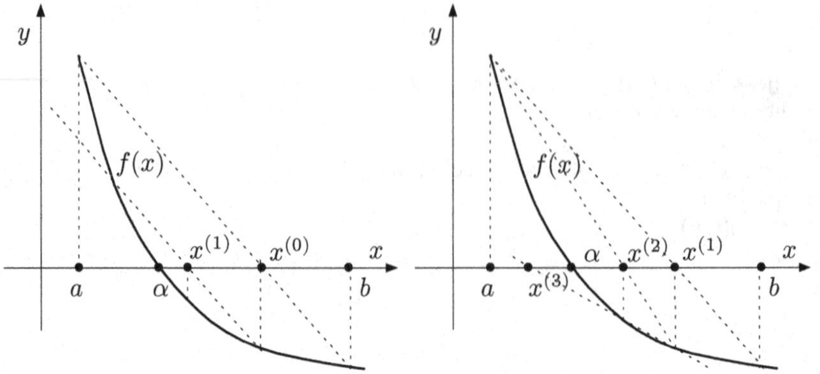

Fig. 6.2. Les deux premières étapes de la méthode de la corde (*à gauche*) et de la méthode de la sécante (*à droite*)

A la Section 6.3.1, nous verrons que la suite $\{x^{(k)}\}$ définie par (6.12) converge vers la racine α avec un ordre de convergence $p = 1$.

La méthode de la sécante. On pose

$$q_k = \frac{f(x^{(k)}) - f(x^{(k-1)})}{x^{(k)} - x^{(k-1)}} \qquad \forall k \geq 0 \tag{6.13}$$

d'où on déduit, en se donnant *deux valeurs initiales* $x^{(-1)}$ et $x^{(0)}$, la relation suivante :

$$x^{(k+1)} = x^{(k)} - \frac{x^{(k)} - x^{(k-1)}}{f(x^{(k)}) - f(x^{(k-1)})} f(x^{(k)}) \qquad \forall k \geq 0. \tag{6.14}$$

Comparée à la méthode de la corde, la méthode itérative (6.14) nécessite une donnée initiale supplémentaire $x^{(-1)}$ et $f(x^{(-1)})$, ainsi que, pour chaque k, le calcul du quotient (6.13). Le bénéfice que l'on tire de cet effort de calcul supplémentaire est une vitesse de convergence accrue. C'est ce que montre la propriété suivante qui est un premier exemple de théorème de *convergence locale* (pour la preuve, voir [IK66] p. 99-101).

Propriété 6.2 *On suppose que* $f \in C^2(\mathcal{J})$ *où* $\mathcal{J}$ *est un voisinage de la racine* α *et que* $f'(\alpha) \neq 0$. *Alors, si les données initiales* $x^{(-1)}$ *et* $x^{(0)}$ *(choisies dans* $\mathcal{J}$*) sont assez proches de* α*, la suite* (6.14) *converge vers* α *avec un ordre* $p = (1 + \sqrt{5})/2 \simeq 1.63$.

La méthode de la fausse position. C'est une variante de la méthode de la sécante dans laquelle, au lieu de prendre la droite passant par les points $(x^{(k)}, f(x^{(k)}))$ et $(x^{(k-1)}, f(x^{(k-1)}))$, on prend celle passant par $(x^{(k)}, f(x^{(k)}))$ et $(x^{(k')}, f(x^{(k')}))$, k' étant le plus grand indice inférieur à k tel que $f(x^{(k')}) \cdot$

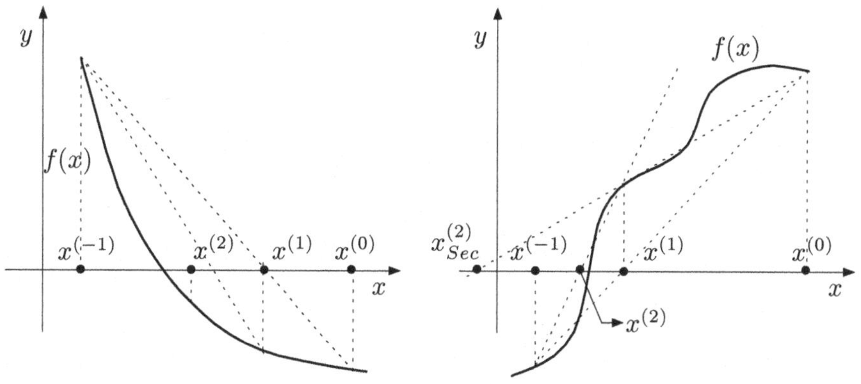

Fig. 6.3. Les deux premières étapes de la méthode de la fausse position pour deux fonctions différentes

$f(x^{(k)}) < 0$. Plus précisément, une fois trouvées deux valeurs $x^{(-1)}$ et $x^{(0)}$ telles que $f(x^{(-1)}) \cdot f(x^{(0)}) < 0$, on pose

$$x^{(k+1)} = x^{(k)} - \frac{x^{(k)} - x^{(k')}}{f(x^{(k)}) - f(x^{(k')})} f(x^{(k)}) \qquad \forall k \geq 0. \tag{6.15}$$

Ayant fixé une tolérance absolue ε, les itérations (6.15) se terminent à l'étape m quand $|f(x^{(m)})| < \varepsilon$. Remarquer que la suite d'indice k' est croissante ; pour trouver la nouvelle valeur de k' à l'itération k, on peut donc s'arrêter à la valeur k' déterminée à l'étape précédente, évitant ainsi de parcourir l'ensemble des valeurs antérieures de la suite. Nous montrons sur la Figure 6.3 (à gauche) les deux premières étapes de (6.15) dans le cas particulier où $x^{(k')}$ coïncide avec $x^{(-1)}$ pour tout $k \geq 0$.

La méthode de la fausse position, bien qu'ayant la même complexité que la méthode de la sécante, a une convergence linéaire (voir, par exemple, [RR78] p. 339-340). Néanmoins, contrairement à la méthode de la sécante, les itérées construites par (6.15) sont toutes contenues dans l'intervalle de départ $[x^{(-1)}, x^{(0)}]$.

Sur la Figure 6.3 (à droite), on a représenté les deux premières itérations des méthodes de la sécante et de la fausse position obtenues en partant des mêmes données initiales $x^{(-1)}$ et $x^{(0)}$. Remarquer que la valeur $x^{(1)}$ calculée par la méthode de la sécante coïncide avec celle calculée par la méthode de la fausse position, tandis que la valeur $x^{(2)}$ obtenue avec la méthode de la sécante (notée $x^{(2)}_{Sec}$) se trouve à l'extérieur de l'intervalle de recherche $[x^{(-1)}, x^{(0)}]$.

La méthode de la fausse position peut être vue comme une méthode *globalement convergente*, tout comme celle de dichotomie.

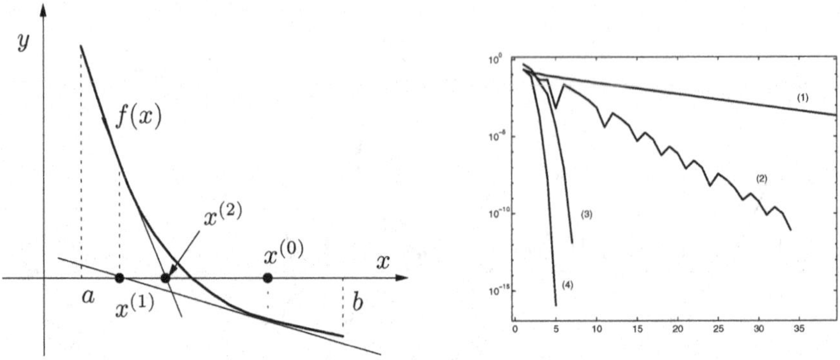

Fig. 6.4. Les deux premières étapes de la méthode de Newton (*à gauche*) ; historique des convergences de l'Exemple 6.4 pour les méthodes de la corde (1), de dichotomie (2), de la sécante (3) et de Newton (4) (*à droite*). Le nombre d'itérations est reporté sur l'axe des x et l'erreur absolue sur l'axe des y

La méthode de Newton. Supposons $f \in C^1(\mathcal{I})$ et $f'(\alpha) \neq 0$ (*i.e.* α est une racine simple de f). En posant

$$q_k = f'(x^{(k)}) \qquad \forall k \geq 0$$

et en se donnant la valeur initiale $x^{(0)}$, on obtient la méthode de *Newton* (encore appelée méthode de *Newton-Raphson* ou des *tangentes*)

$$x^{(k+1)} = x^{(k)} - \frac{f(x^{(k)})}{f'(x^{(k)})} \qquad \forall k \geq 0. \tag{6.16}$$

A la k-ème itération, la méthode de Newton nécessite l'évaluation des *deux* fonctions f et f' au point $x^{(k)}$. Cet effort de calcul supplémentaire est plus que compensé par une accélération de la convergence, la méthode de Newton étant d'ordre 2 (voir Section 6.3.1).

Exemple 6.4 Comparons les méthodes introduites jusqu'à présent pour approcher la racine $\alpha \simeq 0.5149$ de la fonction $f(x) = \cos^2(2x) - x^2$ sur l'intervalle $]0, 1.5[$. La tolérance ε sur l'erreur absolue est fixée à 10^{-10} et l'historique des convergences est dessiné sur la Figure 6.4 (à droite). Pour toutes les méthodes, on prend $x^{(0)} = 0.75$ comme donnée initiale. Pour la méthode de la sécante on se donne aussi $x^{(-1)} = 0$.

L'analyse des résultats met en évidence la lenteur de la convergence de la méthode de la corde. L'évolution de l'erreur de la méthode de la fausse position est similaire à celle de la méthode de la sécante, on ne l'a donc pas indiquée sur la Figure 6.4.

Il est intéressant de comparer les performances des méthodes de Newton et de la sécante (les deux ayant un ordre $p > 1$) en terme de coût de calcul. On peut montrer qu'il est plus avantageux d'utiliser la méthode de la sécante quand le nombre d'opérations sur les flottants pour évaluer f' est environ le double de celui nécessaire à l'évaluation de f (voir [Atk89], p. 71-73). Dans l'exemple considéré, la méthode de

Newton converge vers α en 6 itérations au lieu de 7, mais la méthode de la sécante effectue 94 *flops* au lieu de 177 *flops* pour celle de Newton. •

Les méthodes de la corde, de la sécante, de la fausse position et de Newton sont implémentées dans les Programmes 43, 44, 45 et 46. Ici et dans le reste du chapitre, `x0` et `xm1` désignent les données initiales $x^{(0)}$ et $x^{(-1)}$. La variable `tol` sert pour le test d'arrêt (qui est, dans le cas de la méthode de la fausse position, $|f(x^{(k)})| <$ `tol`, et pour les autres méthodes $|x^{(k+1)} - x^{(k)}| <$ `tol`). Enfin, `dfun` contient l'expression de f' pour la méthode de Newton.

Programme 43 - chord : Méthode de la corde

```
function [xvect,xdif,fx,nit]=chord(a,b,x0,tol,nmax,fun)
%CHORD Méthode de la corde
% [XVECT,XDIF,FX,NIT]=CHORD(A,B,X0,TOL,NMAX,FUN) tente de trouver un
% zéro de la fonction continue FUN sur l'intervalle [A,B] en utilisant
% la méthode de la corde. FUN accepte une variable réelle scalaire x et
% renvoie une valeur réelle scalaire.
% XVECT est le vecteur des itérées, XDIF est le vecteur des différences
% entre itérées consécutives, FX est le résidu. TOL est la tolérance de
% la méthode.
x=a; fa=eval(fun);
x=b; fb=eval(fun);
r=(fb-fa)/(b-a);
err=tol+1; nit=0; xvect=x0; x=x0; fx=eval(fun); xdif=[];
while nit<nmax & err>tol
   nit=nit+1;
   x=xvect(nit);
   xn=x-fx(nit)/r;
   err=abs(xn-x);
   xdif=[xdif; err];
   x=xn;
   xvect=[xvect;x];    fx=[fx;eval(fun)];
end
return
```

Programme 44 - secant : Méthode de la sécante

```
function [xvect,xdif,fx,nit]=secant(xm1,x0,tol,nmax,fun)
%SECANT Méthode de la sécante
% [XVECT,XDIF,FX,NIT]=SECANT(XM1,X0,TOL,NMAX,FUN) tente de trouver un
% zéro de la fonction continue FUN en utilisant la méthode de la
% sécante. FUN accepte une variable réelle scalaire x et
% renvoie une valeur réelle scalaire.
% XVECT est le vecteur des itérées, XDIF est le vecteur des différences
% entre itérées consécutives, FX est le résidu. TOL est la tolérance de
% la méthode.
x=xm1; fxm1=eval(fun);
```

```
xvect=[x]; fx=[fxm1];
x=x0; fx0=eval(fun);
xvect=[xvect;x]; fx=[fx;fx0];
err=tol+1; nit=0; xdif=[];
while nit<nmax & err>tol
   nit=nit+1;
   x=x0-fx0*(x0-xm1)/(fx0-fxm1);
   xvect=[xvect;x];
   fnew=eval(fun);    fx=[fx;fnew];
   err=abs(x0-x);
   xdif=[xdif;err];
   xm1=x0; fxm1=fx0;
   x0=x; fx0=fnew;
end
return
```

Programme 45 - regfalsi : Méthode de la fausse position

```
function [xvect,xdif,fx,nit]=regfalsi(xm1,x0,tol,nmax,fun)
%REGFALSI Méthode de la fausse position
% [XVECT,XDIF,FX,NIT]=REGFALSI(XM1,X0,TOL,NMAX,FUN) tente de
% trouver un zéro de la fonction continue FUN sur l'intervalle
% [XM1,X0] en utilisant la méthode de la fausse position.
% FUN accepte une variable réelle scalaire x et renvoie une valeur
% réelle scalaire.
% XVECT est le vecteur des itérées, XDIF est le vecteur des différences
% entre itérées consécutives, FX est le résidu. TOL est la tolérance de
% la méthode.
nit=0;
x=xm1; f=eval(fun); fx=[f];
x=x0; f=eval(fun); fx=[fx, f];
xvect=[xm1,x0]; xdif=[]; f=tol+1; kprime=1;
while nit<nmax & abs(f)>tol
   nit=nit+1;
   dim=length(xvect);
   x=xvect(dim);
   fxk=eval(fun);
   xk=x; i=dim;
   while i>=kprime
      i=i-1; x=xvect(i); fxkpr=eval(fun);
      if fxkpr*fxk<0
         xkpr=x; kprime=i; break;
      end
   end
   x=xk-fxk*(xk-xkpr)/(fxk-fxkpr);
   xvect=[xvect, x]; f=eval(fun);
   fx=[fx, f]; err=abs(x-xkpr); xdif=[xdif, err];
end
return
```

Programme 46 - newton : Méthode de Newton

```
function [xvect,xdif,fx,nit]=newton(x0,tol,nmax,fun,dfun)
%NEWTON méthode de Newton
% [XVECT,XDIF,FX,NIT]=NEWTON(X0,TOL,NMAX,FUN,DFUN) tente de
% trouver un zéro de la fonction continue FUN avec la méthode de
% Newton en partant de la donnée initiale X0. FUN et DFUN accepte
% une variable réelle scalaire x et renvoie une valeur réelle
% scalaire. XVECT est le vecteur des itérées, XDIF est le vecteur
% des différences entre itérées consécutives, FX est le résidu.
% TOL est la tolérance de la méthode.
err=tol+1; nit=0; xvect=x0; x=x0; fx=eval(fun); xdif=[];
while nit<nmax & err>tol
   nit=nit+1;
   x=xvect(nit);
   dfx=eval(dfun);
   if dfx==0
      err=tol*1.e-10;
      fprintf('arrêt car dfun est nulle');
   else
      xn=x-fx(nit)/dfx; err=abs(xn-x); xdif=[xdif; err];
      x=xn; xvect=[xvect;x]; fx=[fx;eval(fun)];
   end
end
return
```

6.3 Itérations de point fixe pour les équations non linéaires

Nous donnons dans cette section un procédé général pour trouver les racines d'une équation non linéaire. La méthode est fondée sur le fait qu'il est toujours possible, pour $f : [a,b] \to \mathbb{R}$, de transformer le problème $f(x) = 0$ en un problème équivalent $x - \phi(x) = 0$, où la fonction auxiliaire $\phi : [a,b] \to \mathbb{R}$ a été choisie de manière à ce que $\phi(\alpha) = \alpha$ quand $f(\alpha) = 0$. Approcher les zéros de f se ramène donc au problème de la détermination des *points fixes* de ϕ, ce qui se fait en utilisant l'algorithme itératif suivant :
étant donné $x^{(0)}$, on pose

$$x^{(k+1)} = \phi(x^{(k)}), \qquad k \geq 0. \tag{6.17}$$

On dit que (6.17) est une *itération de point fixe* et ϕ la *fonction d'itération* associée. On appelle parfois (6.17) *itération de Picard* ou *itération fonctionnelle* pour la résolution de $f(x) = 0$. Remarquer que, par construction, les méthodes de la forme (6.17) sont *fortement consistantes* au sens de la définition donnée à la Section 2.2.

Le choix de ϕ n'est pas unique. Par exemple, toute fonction de la forme $\phi(x) = x + F(f(x))$, où F est une fonction continue telle que $F(0) = 0$, est une fonction d'itération possible.
Les deux résultats suivants donnent des conditions *suffisantes* pour que la méthode de point fixe (6.17) converge vers la racine α du problème (6.1).

Théorème 6.1 (convergence des itérations de point fixe) *On se donne* $x^{(0)}$ *et on considère la suite* $x^{(k+1)} = \phi(x^{(k)})$, *pour* $k \geq 0$. *Si*

1. $\forall x \in [a,b],\ \phi(x) \in [a,b]$,
2. $\phi \in C^1([a,b])$,
3. $\exists K < 1 : |\phi'(x)| \leq K\ \forall x \in [a,b]$,

alors ϕ *a un unique point fixe* α *dans* $[a,b]$ *et la suite* $\{x^{(k)}\}$ *converge vers* α *pour tout choix de* $x^{(0)} \in [a,b]$. *De plus, on a*

$$\lim_{k\to\infty} \frac{x^{(k+1)} - \alpha}{x^{(k)} - \alpha} = \phi'(\alpha). \tag{6.18}$$

Démonstration. L'hypothèse *1* et la continuité de ϕ assurent que la fonction d'itération ϕ a au moins un point fixe dans $[a,b]$. L'hypothèse *3* implique que ϕ est une *contraction* et assure l'unicité du point fixe. Supposons en effet qu'il existe deux valeurs α_1 et $\alpha_2 \in [a,b]$ telles que $\phi(\alpha_1) = \alpha_1$ et $\phi(\alpha_2) = \alpha_2$. Un développement de Taylor donne

$$|\alpha_2 - \alpha_1| = |\phi(\alpha_2) - \phi(\alpha_1)| = |\phi'(\eta)(\alpha_2 - \alpha_1)| \leq K|\alpha_2 - \alpha_1| < |\alpha_2 - \alpha_1|,$$

avec $\eta \in]\alpha_1, \alpha_2[$, d'où on déduit $\alpha_2 = \alpha_1$.

On utilise à nouveau ce développement pour analyser la convergence de la suite $\{x^{(k)}\}$. Pour $k \geq 0$, il existe une valeur $\eta^{(k)}$ entre α et $x^{(k)}$ telle que

$$x^{(k+1)} - \alpha = \phi(x^{(k)}) - \phi(\alpha) = \phi'(\eta^{(k)})(x^{(k)} - \alpha), \tag{6.19}$$

d'où on déduit que $|x^{(k+1)} - \alpha| \leq K|x^{(k)} - \alpha| \leq K^{k+1}|x^{(0)} - \alpha| \to 0$ pour $k \to \infty$. Ainsi, $x^{(k)}$ converge vers α et (6.19) implique que

$$\lim_{k\to\infty} \frac{x^{(k+1)} - \alpha}{x^{(k)} - \alpha} = \lim_{k\to\infty} \phi'(\eta^{(k)}) = \phi'(\alpha),$$

d'où (6.18). ◇

La quantité $|\phi'(\alpha)|$ est appelée facteur de convergence asymptotique, et par analogie avec les méthodes itératives pour les systèmes linéaires, on peut définir le taux de convergence asymptotique par

$$R = -\log(|\phi'(\alpha)|). \tag{6.20}$$

Le Théorème 6.1 assure la convergence, avec un ordre 1, de la suite $\{x^{(k)}\}$ vers la racine α pour *tout choix* d'une valeur initiale $x^{(0)} \in [a,b]$. Il constitue donc un exemple de résultat de convergence *globale*.

Mais en pratique, il est souvent difficile de déterminer *a priori* l'intervalle $[a,b]$; dans ce cas, le résultat de convergence suivant peut être utile (pour la preuve, voir [OR70]).

Propriété 6.3 (théorème d'Ostrowski) *Soit α un point fixe d'une fonction ϕ continue et différentiable dans un voisinage $\mathcal{J}$ de α. Si $|\phi'(\alpha)| < 1$, alors il existe $\delta > 0$ tel que la suite $\{x^{(k)}\}$ converge vers α, pour tout $x^{(0)}$ tel que $|x^{(0)} - \alpha| < \delta$.*

Remarque 6.2 Si $|\phi'(\alpha)| > 1$, on déduit de (6.19) que si $x^{(n)}$ est assez proche de α pour que $|\phi'(x^{(n)})| > 1$ alors $|\alpha - x^{(n+1)}| > |\alpha - x^{(n)}|$ et la convergence est impossible. Dans le cas où $|\phi'(\alpha)| = 1$, on ne peut en général tirer aucune conclusion : selon le problème considéré, il peut y avoir convergence ou divergence. ■

Exemple 6.5 Soit $\phi(x) = x - x^3$ qui admet $\alpha = 0$ comme point fixe. Bien que $\phi'(\alpha) = 1$, si $x^{(0)} \in [-1, 1]$ alors $x^{(k)} \in]-1, 1[$ pour $k \geq 1$ et la suite converge (très lentement) vers α (si $x^{(0)} = \pm 1$, on a même $x^{(k)} = \alpha$ pour tout $k \geq 1$). En partant de $x^{(0)} = 1/2$, l'erreur absolue après 2000 itérations vaut 0.0158. Considérons maintenant $\phi(x) = x + x^3$ qui a aussi $\alpha = 0$ comme point fixe. A nouveau, $\phi'(\alpha) = 1$ mais dans ce cas la suite $\left\{x^{(k)}\right\}$ diverge pour tout choix $x^{(0)} \neq 0$. •

On dit qu'un point fixe est *d'ordre p* (p non nécessairement entier) si la suite construite par les itérations de point fixe converge vers le point fixe α avec un ordre p au sens de la Définition 6.1.

Propriété 6.4 *Si $\phi \in C^{p+1}(\mathcal{J})$ pour un certain voisinage $\mathcal{J}$ de α et un entier $p \geq 1$, et si $\phi^{(i)}(\alpha) = 0$ pour $1 \leq i \leq p$ et $\phi^{(p+1)}(\alpha) \neq 0$, alors la méthode de point fixe associée à la fonction d'itération ϕ est d'ordre $p + 1$ et*

$$\lim_{k\to\infty} \frac{x^{(k+1)} - \alpha}{(x^{(k)} - \alpha)^{p+1}} = \frac{\phi^{(p+1)}(\alpha)}{(p+1)!}. \tag{6.21}$$

Démonstration. Un développement de Taylor de ϕ en $x = \alpha$ donne

$$x^{(k+1)} - \alpha = \sum_{i=0}^{p} \frac{\phi^{(i)}(\alpha)}{i!}(x^{(k)} - \alpha)^i + \frac{\phi^{(p+1)}(\eta)}{(p+1)!}(x^{(k)} - \alpha)^{p+1} - \phi(\alpha),$$

où η est entre $x^{(k)}$ et α. Ainsi, on a

$$\lim_{k\to\infty} \frac{(x^{(k+1)} - \alpha)}{(x^{(k)} - \alpha)^{p+1}} = \lim_{k\to\infty} \frac{\phi^{(p+1)}(\eta)}{(p+1)!} = \frac{\phi^{(p+1)}(\alpha)}{(p+1)!}.$$ ◇

Pour un ordre p fixé, la convergence de la suite vers α est d'autant plus rapide que le membre de droite de (6.21) est petit.

La méthode de point fixe (6.17) est implémentée dans le Programme 47. La variable `phi` contient l'expression de la fonction d'itération ϕ.

Programme 47 - fixpoint : Méthode de point fixe

```
function [xvect,xdif,fx,nit]=fixpoint(x0,tol,nmax,fun,phi)
%FIXPOINT Méthode de point fixe
% [XVECT,XDIF,FX,NIT]=FIXPOINT(X0,TOL,NMAX,FUN,PHI) tente de trouver un
% zéro de la fonction continue FUN en utilisant la méthode de point fixe
% X=PHI(X), en partant de la donnée initiale X0.
% XVECT est le vecteur des itérées, XDIF est le vecteur des différences
% entre itérées consécutives, FX est le résidu. TOL est la tolérance de
% la méthode.
err=tol+1; nit=0;
xvect=x0; x=x0; fx=eval(fun); xdif=[];
while nit<nmax & err>tol
   nit=nit+1;
   x=xvect(nit);
   xn=eval(phi);
   err=abs(xn-x);
   xdif=[xdif; err];
   x=xn; xvect=[xvect;x]; fx=[fx;eval(fun)];
end
return
```

6.3.1 Résultats de convergence pour des méthodes de point fixe

Le Théorème 6.1 fournit un outil théorique pour l'analyse de quelques méthodes itératives de la Section 6.2.2.

La méthode de la corde. La relation (6.12) est un cas particulier de (6.17), pour lequel $\phi(x) = \phi_{corde}(x) = x - q^{-1}f(x) = x - (b-a)/(f(b)-f(a))f(x)$. Si $f'(\alpha) = 0$, $\phi'_{corde}(\alpha) = 1$ et on ne peut assurer que la méthode converge. Autrement, la condition $|\phi'_{corde}(\alpha)| < 1$ revient à demander que $0 < q^{-1}f'(\alpha) < 2$.

Ainsi, la pente q de la corde doit avoir le même signe que $f'(\alpha)$, et l'intervalle de recherche $[a, b]$ doit être tel que

$$b - a < \ 2\frac{f(b) - f(a)}{f'(\alpha)}.$$

La méthode de la corde converge en une itération si f est affine, autrement elle converge linéairement, sauf dans le cas – exceptionnel – où $f'(\alpha) = (f(b) - f(a))/(b - a)$, *i.e.* $\phi'_{corde}(\alpha) = 0$ (la convergence est alors au moins quadratique).

La méthode de Newton. La relation (6.16) peut être mise sous la forme générale (6.17) en posant

$$\phi_{Newt}(x) = x - \frac{f(x)}{f'(x)}.$$

En supposant $f'(\alpha) \neq 0$ (*i.e.* α racine simple), on trouve

$$\phi'_{Newt}(\alpha) = 0, \qquad \phi''_{Newt}(\alpha) = \frac{f''(\alpha)}{f'(\alpha)}.$$

La méthode de Newton est donc d'ordre 2. Si la racine α est de multiplicité $m > 1$, alors la méthode (6.16) n'est plus du second ordre. En effet, on a alors (voir Exercice 2)

$$\phi'_{Newt}(\alpha) = 1 - \frac{1}{m}. \tag{6.22}$$

Si la valeur de m est connue *a priori*, on peut retrouver la convergence quadratique de la méthode de Newton en recourant à la *méthode de Newton modifiée*

$$x^{(k+1)} = x^{(k)} - m\frac{f(x^{(k)})}{f'(x^{(k)})}, \qquad k \geq 0. \tag{6.23}$$

Pour vérifier l'ordre de convergence des itérations (6.23), voir Exercice 2.

6.4 Racines des équations algébriques

Dans cette section, nous considérons le cas particulier où f est un polynôme de degré $n \geq 0$, *i.e.* une fonction de la forme

$$p_n(x) = \sum_{i=0}^{n} a_k x^k, \tag{6.24}$$

où les a_k sont des coefficients réels donnés.

On peut aussi écrire p_n sous la forme

$$p_n(x) = a_n(x - \alpha_1)^{m_1} ... (x - \alpha_k)^{m_k}, \qquad \sum_{l=1}^{k} m_l = n\,,$$

où α_i désigne la i-ème racine et m_i sa multiplicité. D'autres écritures de p_n sont possibles, voir Section 6.4.1.

Les coefficients a_k étant réels, si α est un zéro de p_n alors son complexe conjugué $\bar{\alpha}$ est également un zéro de p_n.

Le théorème d'Abel dit que pour $n \geq 5$ il n'existe pas de formule explicite donnant les racines de p_n (voir, p. ex., [MM71], Théorème 10.1) ; ceci motive la résolution numérique de l'équation $p_n(x) = 0$. Puisque les méthodes introduites jusqu'à présent nécessitent un intervalle de recherche $[a, b]$ ou une donnée initiale $x^{(0)}$, nous donnons deux résultats qui peuvent être utiles pour *localiser* les zéros d'un polynôme.

Propriété 6.5 (règle des signes de Descartes) *Soit $p_n \in \mathbb{P}_n$. Notons ν le nombre de changements de signe dans l'ensemble des coefficients $\{a_j\}$ et k le nombre de racines réelles positives de p_n (chacune comptée avec sa multiplicité). Alors, $k \leq \nu$ et $\nu - k$ est un nombre pair.*

Propriété 6.6 (théorème de Cauchy) *Tous les zéros de p_n sont contenus dans le disque Γ du plan complexe*

$$\Gamma = \{z \in \mathbb{C} : \ |z| \leq 1 + \eta_k\}, \qquad \text{où} \quad \eta_k = \max_{0\leq k\leq n-1} |a_k/a_n|.$$

La seconde propriété n'est pas très utile quand $\eta_k \gg 1$. Dans ce cas, il vaut mieux effectuer un changement de coordonnées par translation, comme suggéré dans l'Exercice 10.

6.4.1 Méthode de Horner et déflation

Dans cette section, nous décrivons la méthode de Horner pour l'évaluation efficace d'un polynôme (et de sa dérivée) en un point z donné. L'algorithme permet de générer automatiquement un procédé, appelé *déflation*, pour l'approximation successive de *toutes* les racines d'un polynôme.

La méthode de Horner est fondée sur le fait que tout polynôme $p_n \in \mathbb{P}_n$ peut être écrit sous la forme

$$p_n(x) = a_0 + x(a_1 + x(a_2 + \ldots + x(a_{n-1} + a_n x)\ldots)). \tag{6.25}$$

Les formules (6.24) et (6.25) sont équivalentes d'un point de vue algébrique ; néanmoins, (6.24) nécessite n sommes et $2n-1$ multiplications pour évaluer $p_n(x)$, tandis que (6.25) ne requiert que n sommes et n multiplications. La seconde expression, parfois appelée algorithme des *multiplications emboîtées*, est l'ingrédient de base de la méthode de Horner. Cette méthode évalue efficacement le polynôme p_n au point z par l'algorithme de *division synthétique* suivant

$$\begin{aligned} b_n &= a_n, \\ b_k &= a_k + b_{k+1}z, \quad k = n-1, n-2, ..., 0. \end{aligned} \tag{6.26}$$

L'algorithme de division synthétique (6.26) est implémenté dans le Programme 48. Les coefficients a_j du polynôme sont stockés dans le vecteur a, en commençant par a_n.

Programme 48 - horner : Algorithme de division synthétique

```
function [pnz,b] = horner(a,n,z)
%HORNER Algorithme de division synthétique.
% [PNZ,B]=HORNER(A,N,Z) évalue avec la méthode de Horner un polynôme
% de degré N et de coefficients A(1),...,A(N) au point Z.
b(1)=a(1);
for j=2:n+1
   b(j)=a(j)+b(j-1)*z;
end
pnz=b(n+1);
return
```

Tous les coefficients b_k dépendent de z et $b_0 = p_n(z)$. Le polynôme

$$q_{n-1}(x;z) = b_1 + b_2 x + \ldots + b_n x^{n-1} = \sum_{k=1}^{n} b_k x^{k-1} \tag{6.27}$$

est de degré $n-1$ en la variable x et dépend du paramètre z par l'intermédiaire des coefficients b_k ; on l'appelle *polynôme associé* à p_n.

Rappelons la propriété de la *division euclidienne* :

étant donné deux polynômes $h_n \in \mathbb{P}_n$ et $g_m \in \mathbb{P}_m$ avec $m \leq n$, il existe un unique polynôme $\delta \in \mathbb{P}_{n-m}$ et un unique polynôme $\rho \in \mathbb{P}_{m-1}$ tels que

$$h_n(x) = g_m(x)\delta(x) + \rho(x). \tag{6.28}$$

Ainsi, en divisant p_n par $x - z$, on a

$$p_n(x) = b_0 + (x - z) q_{n-1}(x;z),$$

où $q_{n-1}(x;z)$ désigne le quotient et b_0 le reste de la division. Si z est un zéro de p_n, alors $b_0 = p_n(z) = 0$ et donc $p_n(x) = (x - z)q_{n-1}(x;z)$. Dans ce cas, l'équation algébrique $q_{n-1}(x;z) = 0$ fournit les $n-1$ autres zéros de $p_n(x)$. Cette observation suggère d'adopter l'algorithme suivant, dit de *déflation*, pour trouver les racines de p_n :

pour $m = n, n-1, \ldots, 1$:

1. trouver une racine r de p_m en utilisant une méthode d'approximation adéquate ;
2. évaluer $q_{m-1}(x;r)$ par (6.26) ;
3. poser $p_{m-1} = q_{m-1}$.

Dans les deux prochaines sections, nous envisagerons des méthodes de déflation particulières en précisant le choix de l'algorithme du point 1.

6.4.2 La méthode de Newton-Horner

Dans ce premier exemple, on utilise la méthode de Newton pour calculer la racine r à l'étape 1 de l'algorithme de déflation de la section précédente. L'implémentation de la méthode de Newton exploite pleinement de l'algorithme de Horner (6.26). En effet, si q_{n-1} est le polynôme associé à p_n défini en (6.27), comme $p_n'(x) = q_{n-1}(x;z) + (x-z)q_{n-1}'(x;z)$, on a $p_n'(z) = q_{n-1}(z;z)$ (où p_n' est la dérivée de p_n par rapport à x). Grâce à cette identité, la méthode de Newton-Horner pour l'approximation d'une racine (réelle ou complexe) r_j de p_n ($j = 1, \ldots, n$) prend la forme suivante :

étant donné une estimation initiale $r_j^{(0)}$ de la racine, résoudre pour tout $k \geq 0$

$$r_j^{(k+1)} = r_j^{(k)} - \frac{p_n(r_j^{(k)})}{p_n'(r_j^{(k)})} = r_j^{(k)} - \frac{p_n(r_j^{(k)})}{q_{n-1}(r_j^{(k)}; r_j^{(k)})}. \tag{6.29}$$

Une fois que les itérations (6.29) ont convergé, on effectue l'étape de déflation. Celle-ci est facilitée par le fait que $p_n(x) = (x - r_j)p_{n-1}(x)$. On recherche alors l'approximation d'une racine de $p_{n-1}(x)$ et ainsi de suite jusqu'à ce que toutes les racines de p_n aient été calculées.

En notant $n_k = n - k$ le degré du polynôme obtenu à chaque itération du processus de déflation, pour $k = 0, \ldots, n-1$, le coût de chaque itération de l'algorithme de Newton-Horner (6.29) est égal à $4n_k$. Si $r_j \in \mathbb{C}$, il est nécessaire de travailler en arithmétique complexe et de prendre $r_j^{(0)} \in \mathbb{C}$; autrement la méthode de Newton-Horner (6.29) conduit à une suite $\{r_j^{(k)}\}$ de nombres *réels*.

Le processus de déflation peut être affecté par des erreurs d'arrondi et peut donc conduire à des résultats imprécis. Pour améliorer sa stabilité, on peut commencer par approcher la racine r_1 de module minimum, qui est la plus sensible au mauvais conditionnement du problème (voir Exemple 2.7, Chapitre 2) puis continuer avec les racines suivantes $r_2, \ldots$, jusqu'à ce que la racine de module maximum ait été calculée. Pour localiser r_1, on peut utiliser les techniques décrites à la Section 5.1 ou la méthode des *suites de Sturm* (voir [IK66], p. 126).

On peut encore améliorer la précision en procédant comme suit. Une fois calculée une approximation $\widetilde{r}_j$ de la racine r_j, on retourne au polynôme *original* p_n et on construit par la méthode de Newton-Horner (6.29) une nouvelle approximation de r_j en prenant $r_j^{(0)} = \widetilde{r}_j$ comme donnée initiale. Cette combinaison de déflation et de correction de la racine est appelée méthode de Newton-Horner *avec raffinement.*

Exemple 6.6 Examinons les performances de la méthode de Newton-Horner dans deux cas : dans le premier cas, le polynôme n'admet que des racines réelles, et dans le second il admet deux paires de racines complexes conjuguées. Nous avons implémenté (6.29) en activant ou en désactivant le raffinement afin d'en étudier l'influence (méthodes `NwtRef` et `Nwt` respectivement). Les racines approchées obtenues avec la méthode `Nwt` sont notées r_j, tandis que les s_j désignent celles calculées par `NwtRef`. Pour les tests numériques, les calculs ont été effectués en arithmétique complexe, avec $x^{(0)} = 0 + i\,0$ (où $i = \sqrt{-1}$), `nmax` $= 100$ et `tol` $= 10^{-5}$. La tolérance pour le critère d'arrêt dans la boucle de raffinement a été fixée à $10^{-3} \cdot$ `tol`.

1) $p_5(x) = x^5 + x^4 - 9x^3 - x^2 + 20x - 12 = (x-1)^2(x-2)(x+2)(x+3)$.

Nous indiquons dans les Tables 6.2(a) et 6.2(b) les racines approchées r_j ($j = 1, \ldots, 5$) et le nombre d'itérations de Newton (`Nit`) effectuées pour obtenir chacune d'elles ; dans le cas de la méthode `NwtRef`, nous donnons aussi le nombre d'itérations supplémentaires nécessaires au raffinement (`Extra`).

Remarquer la nette amélioration de la précision apportée par le raffinement, même avec peu d'itérations supplémentaires.

2) $p_6(x) = x^6 - 2x^5 + 5x^4 - 6x^3 + 2x^2 + 8x - 8$.

Table 6.2. Racines du polynôme p_5 calculées avec la méthode de Newton-Horner sans raffinement (*à gauche*, méthode `Nwt`), et avec raffinement (*à droite*, méthode `NwtRef`)

(a)

r_j	Nit
0.99999348047830	17
$1 - i3.56 \cdot 10^{-25}$	6
$2 - i2.24 \cdot 10^{-13}$	9
$-2 - i1.70 \cdot 10^{-10}$	7
$-3 + i5.62 \cdot 10^{-6}$	1

(b)

s_j	Nit	Extra
0.9999999899210124	17	10
$1 - i2.40 \cdot 10^{-28}$	6	10
$2 + i1.12 \cdot 10^{-22}$	9	1
$-2 + i8.18 \cdot 10^{-22}$	7	1
$-3 - i7.06 \cdot 10^{-21}$	1	2

Les zéros de p_6 sont les nombres complexes $\{1, -1, 1 \pm i, \pm 2i\}$. Nous rapportons ci-dessous les approximations des racines de p_6, notées r_j, $(j = 1, \ldots, 6)$, obtenues avec la méthode `Nwt`, après un nombre d'itérations égal à 2, 1, 1, 7, 7 et 1, respectivement. Nous donnons également les approximations s_j calculées par la méthode `NwtRef` obtenues avec un maximum de deux itérations supplémentaires. •

Un code MATLAB de l'algorithme de Newton-Horner est proposé dans le Programme 49. Les paramètres d'entrée sont `A` (un vecteur contenant les coefficients du polynôme), `n` (le degré du polynôme), `tol` (la tolérance sur la variation maximale entre deux itérées consécutives de la méthode de Newton), `x0` (la valeur initiale, avec $x^{(0)} \in \mathbb{R}$), `nmax` (nombre maximum d'itérations pour la méthode de Newton) et `iref` (si `iref` = 1 alors la procédure de raffinement est activée). Pour traiter le cas général des racines complexes, la donnée initiale est automatiquement convertie en un nombre complexe $z = x^{(0)} + ix^{(0)}$.

Le programme renvoie en sortie les variables `xn` (un vecteur contenant la suite des itérées correspondant à chaque zéro de $p_n(x)$), `iter` (un vecteur contenant le nombre d'itérations effectuées pour approcher chaque racine), `itrefin` (un vecteur contenant le nombre d'itérations de Newton effectuées pour le raffinement de chaque racine) et `root` (un vecteur contenant les racines calculées).

Table 6.3. Racines du polynôme p_6 obtenues avec la méthode de Newton-Horner sans raffinement (*à gauche*) et avec raffinement (*à droite*)

r_j	`Nwt`	s_j	`NwtRef`
r_1	1	s_1	1
r_2	$-0.99 - i9.54 \cdot 10^{-17}$	s_2	$-1 + i1.23 \cdot 10^{-32}$
r_3	$1+i$	s_3	$1+i$
r_4	$1-i$	s_4	$1-i$
r_5	$-1.31 \cdot 10^{-8} + i2$	s_5	$-5.66 \cdot 10^{-17} + i2$
r_6	$-i2$	s_6	$-i2$

Programme 49 - newthorn : Méthode de Newton-Horner avec raffinement

```
function [xn,iter,root,itrefin]=newthorn(A,n,tol,x0,nmax,iref)
%NEWTHORN Méthode de Newton-Horner avec raffinement.
%  [XN,ITER,ROOT,ITREFIN]=NEWTHORN(A,N,TOL,X0,NMAX,IREF) tente
%  de calculer toutes les racines d'un polynôme de degré N et de
%  coefficients A(1),...,A(N). TOL est la tolérance de la méthode.
%  X0 est la donnée initiale. NMAX est le nombre maximum d'itérations.
%  Si IREF vaut 1, la procédure de raffinement est activée.
apoly=A;
for i=1:n, it=1; xn(it,i)=x0+sqrt(-1)*x0; err=tol+1; Ndeg=n-i+1;
  if Ndeg == 1
    it=it+1; xn(it,i)=-A(2)/A(1);
  else
    while it<nmax & err>tol
      [px,B]=horner(A,Ndeg,xn(it,i)); [pdx,C]=horner(B,Ndeg-1,xn(it,i));
      it=it+1;
      if pdx ~=0
        xn(it,i)=xn(it-1,i)-px/pdx;
        err=max(abs(xn(it,i)-xn(it-1,i)),abs(px));
      else
        fprintf(' Arrêt dû à une annulation de p'' ');
        err=0; xn(it,i)=xn(it-1,i);
      end
    end
  end
  A=B;
  if iref==1
    alfa=xn(it,i); itr=1; err=tol+1;
    while err>tol*1e-3 & itr<nmax
      [px,B]=horner(apoly,n,alfa); [pdx,C]=horner(B,n-1,alfa);
      itr=itr+1;
      if pdx~=0
        alfa2=alfa-px/pdx;
        err=max(abs(alfa2-alfa),abs(px));
        alfa=alfa2;
      else
        fprintf(' Arrêt dû à une annulation de p'' ');
        err=0;
      end
    end
    itrefin(i)=itr-1; xn(it,i)=alfa;
  end
  iter(i)=it-1; root(i)=xn(it,i); x0=root(i);
end
return
```

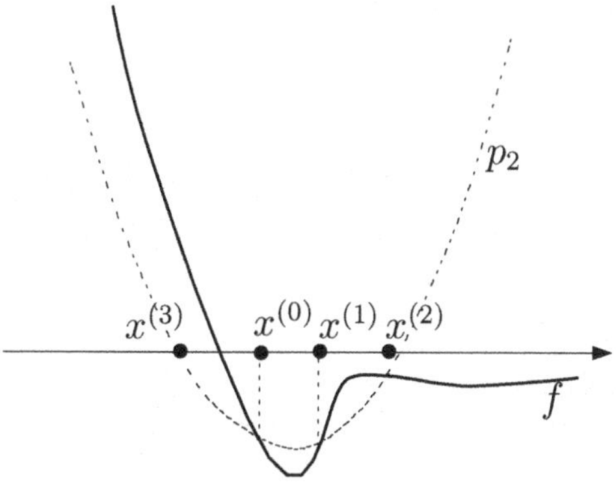

Fig. 6.5. Une étape de la méthode de Muller

6.4.3 La méthode de Muller

Un second exemple de déflation utilise la méthode de Muller pour déterminer, à l'étape 1 de l'algorithme décrit à la Section 6.4.1, une approximation de la racine r (voir [Mul56]). Contrairement à la méthode de Newton ou à celle de la sécante, la méthode de Muller est capable de calculer des zéros complexes d'une fonction f, même en partant d'une donnée initiale réelle ; de plus, sa convergence est presque quadratique.

Une étape de la méthode de Muller est représentée sur la Figure 6.5. Ce schéma est une extension de la méthode de la sécante dans laquelle on remplace le polynôme de degré un introduit en (6.13) par un polynôme du second degré : pour trois valeurs distinctes $x^{(0)}$, $x^{(1)}$ et $x^{(2)}$, le nouveau point $x^{(3)}$ est tel que $p_2(x^{(3)}) = 0$, où $p_2 \in \mathbb{P}_2$ est l'unique polynôme qui interpole f aux points $x^{(i)}$, $i = 0, 1, 2$, *i.e.* $p_2(x^{(i)}) = f(x^{(i)})$ pour $i = 0, 1, 2$. On a donc

$$p_2(x) = f(x^{(2)}) + (x - x^{(2)})f[x^{(2)}, x^{(1)}] + (x - x^{(2)})(x - x^{(1)})f[x^{(2)}, x^{(1)}, x^{(0)}],$$

où

$$f[\xi, \eta] = \frac{f(\eta) - f(\xi)}{\eta - \xi}, \quad f[\xi, \eta, \tau] = \frac{f[\eta, \tau] - f[\xi, \eta]}{\tau - \xi}$$

sont les *différences divisées* d'ordre 1 et 2 associées aux points ξ, η et τ (voir Section 7.2.1). En remarquant que $x - x^{(1)} = (x - x^{(2)}) + (x^{(2)} - x^{(1)})$, on obtient

$$p_2(x) = f(x^{(2)}) + w(x - x^{(2)}) + f[x^{(2)}, x^{(1)}, x^{(0)}](x - x^{(2)})^2,$$

où

$$\begin{aligned} w &= f[x^{(2)}, x^{(1)}] + (x^{(2)} - x^{(1)})f[x^{(2)}, x^{(1)}, x^{(0)}] \\ &= f[x^{(2)}, x^{(1)}] + f[x^{(2)}, x^{(0)}] - f[x^{(0)}, x^{(1)}]. \end{aligned}$$

En écrivant $p_2(x^{(3)}) = 0$, on en déduit

$$x^{(3)} = x^{(2)} + \frac{-w \pm \left\{w^2 - 4f(x^{(2)})f[x^{(2)}, x^{(1)}, x^{(0)}]\right\}^{1/2}}{2f[x^{(2)}, x^{(1)}, x^{(0)}]}.$$

On doit faire des calculs similaires pour trouver $x^{(4)}$ à partir de $x^{(1)}$, $x^{(2)}$ et $x^{(3)}$ et, plus généralement, pour trouver $x^{(k+1)}$ à partir de $x^{(k-2)}$, $x^{(k-1)}$ et $x^{(k)}$, avec $k \geq 2$, grâce à la formule suivante

$$x^{(k+1)} = x^{(k)} - \frac{2f(x^{(k)})}{w \mp \left\{w^2 - 4f(x^{(k)})f[x^{(k)}, x^{(k-1)}, x^{(k-2)}]\right\}^{1/2}}. \tag{6.30}$$

Le signe dans (6.30) est choisi de manière à maximiser le module du dénominateur. Si on suppose que $f \in C^3(\mathcal{J})$ dans un voisinage $\mathcal{J}$ de la racine α, avec $f'(\alpha) \neq 0$, l'ordre de convergence est presque quadratique. Plus précisément, l'erreur $e^{(k)} = \alpha - x^{(k)}$ obéit à la relation suivante (voir [Hil87] pour la preuve)

$$\lim_{k\to\infty} \frac{|e^{(k+1)}|}{|e^{(k)}|^p} = \frac{1}{6}\left|\frac{f'''(\alpha)}{f'(\alpha)}\right|, \qquad p \simeq 1.84.$$

Exemple 6.7 Utilisons la méthode de Muller pour approcher les racines du polynôme p_6 de l'Exemple 6.6. La tolérance pour le test d'arrêt est `tol` $= 10^{-6}$, et les données pour (6.30) sont $x^{(0)} = -5$, $x^{(1)} = 0$ et $x^{(2)} = 5$. Nous indiquons dans la Table 6.4 les racines approchées de p_6, notées s_j et r_j ($j = 1, \ldots, 5$), où, comme dans l'Exemple 6.6, s_j et r_j ont été obtenues respectivement avec et sans raffinement. Pour calculer les racines r_j, on a effectué respectivement 12, 11, 9, 9, 2 et 1 itérations, et seulement une itération supplémentaire pour le raffinement de toutes les racines.

On peut encore noter dans cette exemple l'efficacité de la procédure de raffinement, basée sur la méthode de Newton, pour améliorer la précision des solutions fournies par (6.30). •

La méthode de Muller est implémentée en MATLAB dans le Programme 50, pour le cas particulier où f est un polynôme de degré n. Le procédé de déflation

Table 6.4. Les racines du polynôme p_6 obtenues avec la méthode de Muller sans raffinement (r_j) et avec raffinement (s_j)

r_j		s_j	
r_1	$1 + i2.2 \cdot 10^{-15}$	s_1	$1 + i9.9 \cdot 10^{-18}$
r_2	$-1 - i8.4 \cdot 10^{-16}$	s_2	-1
r_3	$0.99 + i$	s_3	$1 + i$
r_4	$0.99 - i$	s_4	$1 - i$
r_5	$-1.1 \cdot 10^{-15} + i1.99$	s_5	$i2$
r_6	$-1.0 \cdot 10^{-15} - i2$	s_6	-$i2$

inclut également la phase de raffinement ; l'évaluation de $f(x^{(k-2)})$, $f(x^{(k-1)})$ et $f(x^{(k)})$, avec $k \geq 2$, est effectuée par le Programme 48. Les paramètres en entrée et en sortie sont analogues à ceux du Programme 49.

Programme 50 - mulldefl : Méthode de Muller avec raffinement

```
function [xn,iter,root,itrefin]=mulldefl(A,n,tol,x0,x1,x2,nmax,iref)
%MULLDEFL Méthode de Muller avec raffinement.
%  [XN,ITER,ROOT,ITREFIN]=MULLDEFL(A,N,TOL,X0,X1,X2,NMAX,IREF) tente
%  de calculer toutes les racines d'un polynôme de degré N et de
%  coefficients A(1),...,A(N). TOL est la tolérance de la méthode.
%  X0 est la donnée initiale. NMAX est le nombre maximum d'itérations.
%  Si IREF vaut 1, la procédure de raffinement est activée.
apoly=A;
for i=1:n
  xn(1,i)=x0; xn(2,i)=x1; xn(3,i)=x2;
  it=0; err=tol+1; k=2; Ndeg=n-i+1;
  if Ndeg==1
    it=it+1; k=0; xn(it,i)=-A(2)/A(1);
  else
    while err>tol & it<nmax
      k=k+1; it=it+1;
      [f0,B]=horner(A,Ndeg,xn(k-2,i)); [f1,B]=horner(A,Ndeg,xn(k-1,i));
      [f2,B]=horner(A,Ndeg,xn(k,i));
      f01=(f1-f0)/(xn(k-1,i)-xn(k-2,i)); f12=(f2-f1)/(xn(k,i)-xn(k-1,i));
      f012=(f12-f01)/(xn(k,i)-xn(k-2,i));
      w=f12+(xn(k,i)-xn(k-1,i))*f012;
      arg=w^2-4*f2*f012; d1=w-sqrt(arg);
      d2=w+sqrt(arg); den=max(d1,d2);
      if den~=0
        xn(k+1,i)=xn(k,i)-(2*f2)/den;
        err=abs(xn(k+1,i)-xn(k,i));
      else
        fprintf(' Annulation du dénominateur ');
        return
      end
    end
  end
  radix=xn(k+1,i);
  if iref==1
    alfa=radix; itr=1; err=tol+1;
    while err>tol*1e-3 & itr<nmax
      [px,B]=horner(apoly,n,alfa); [pdx,C]=horner(B,n-1,alfa);
      if pdx == 0
        fprintf(' Annulation de la dérivée '); err=0;
      end
      itr=itr+1;
      if pdx~=0
```

```
            alfa2=alfa-px/pdx; err=abs(alfa2-alfa); alfa=alfa2;
         end
      end
      itrefin(i)=itr-1; xn(k+1,i)=alfa; radix=alfa;
   end
   iter(i)=it; root(i)=radix; [px,B]=horner(A,Ndeg-1,xn(k+1,i)); A=B;
end
return
```

6.5 Critères d'arrêt

Supposons que $\{x^{(k)}\}$ soit une suite qui converge vers un zéro α d'une fonction f. Nous donnons dans cette section quelques critères d'arrêt pour interrompre le processus itératif d'approximation de α. Tout comme à la Section 4.5 où nous avons envisagé le cas des méthodes itératives pour les systèmes linéaires, nous avons le choix entre deux types de critères : ceux basés sur le résidu et ceux basés sur l'incrément. Nous désignerons par ε une tolérance fixée pour le calcul approché de α et par $e^{(k)} = \alpha - x^{(k)}$ l'erreur absolue. Nous supposerons de plus f continûment différentiable dans un voisinage de la racine.

1. **Contrôle du résidu** : *les itérations s'achèvent dès que* $|f(x^{(k)})| < \varepsilon$.

Il y a des situations pour lesquelles ce test s'avère trop restrictif ou, au contraire, trop optimiste (voir Figure 6.6). L'estimation (6.6) donne

$$\frac{|e^{(k)}|}{|\alpha|} \lesssim \left(\frac{m!}{|f^{(m)}(\alpha)||\alpha|^m}\right)^{1/m} |f(x^{(k)})|^{1/m}.$$

En particulier, dans le cas des racines simples, l'erreur est majorée par le résidu multiplié par $1/|f'(\alpha)|$. On peut donc en tirer les conclusions suivantes :

1. si $|f'(\alpha)| \simeq 1$, alors $|e^{(k)}| \simeq \varepsilon$; le test donne donc une indication satisfaisante de l'erreur ;
2. si $|f'(\alpha)| \ll 1$, le test n'est pas bien adapté car $|e^{(k)}|$ peut être assez grand par rapport à ε ;
3. si enfin $|f'(\alpha)| \gg 1$, on a $|e^{(k)}| \ll \varepsilon$ et le test est trop restrictif.

Nous renvoyons à la Figure 6.6 pour une illustration de ces deux derniers cas.

Les conclusions qu'on vient de tirer sont conformes à celles de l'Exemple 2.4. En effet, quand $f'(\alpha) \simeq 0$, le conditionnement du problème $f(x) = 0$ est très grand et le résidu ne fournit donc pas une bonne indication de l'erreur.

2. **Contrôle de l'incrément** : *les itérations s'achèvent dès que* $|x^{(k+1)} - x^{(k)}| < \varepsilon$.

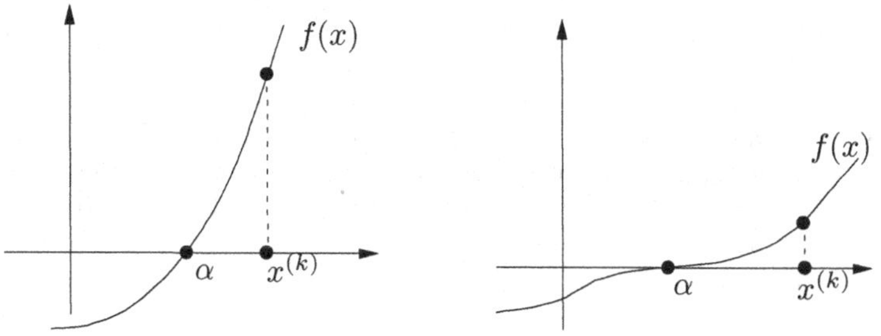

Fig. 6.6. Deux situations où le test d'arrêt basé sur le résidu est trop restrictif (quand $|e^{(k)}| \leq |f(x^{(k)})|$, *à gauche*) ou trop optimiste (quand $|e^{(k)}| \geq |f(x^{(k)})|$, *à droite*)

Soit $\{x^{(k)}\}$ la suite produite par l'algorithme de point fixe $x^{(k+1)} = \phi(x^{(k)})$. On obtient par un développement au premier ordre

$$e^{(k+1)} = \phi(\alpha) - \phi(x^{(k)}) = \phi'(\xi^{(k)})e^{(k)},$$

avec $\xi^{(k)}$ entre $x^{(k)}$ et α. Donc

$$x^{(k+1)} - x^{(k)} = e^{(k)} - e^{(k+1)} = \left(1 - \phi'(\xi^{(k)})\right) e^{(k)}$$

et, en supposant qu'on puisse remplacer $\phi'(\xi^{(k)})$ par $\phi'(\alpha)$, on en déduit que

$$e^{(k)} \simeq \frac{1}{1 - \phi'(\alpha)}(x^{(k+1)} - x^{(k)}). \tag{6.31}$$

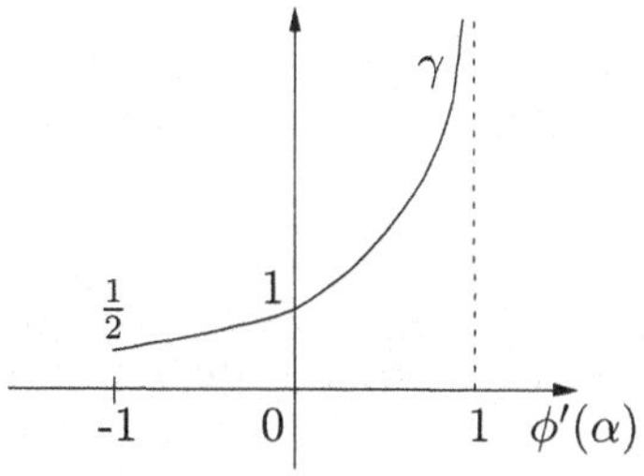

Fig. 6.7. Comportement de $\gamma = 1/(1 - \phi'(\alpha))$ en fonction de $\phi'(\alpha)$

Comme le montre la Figure 6.7, on peut conclure que le test :

- n'est pas satisfaisant si $\phi'(\alpha)$ est proche de 1 ;
- est optimal pour les méthodes d'ordre 2 (pour lesquelles $\phi'(\alpha) = 0$) comme la méthode de Newton ;
- est encore satisfaisant si $-1 < \phi'(\alpha) < 0$.

Exemple 6.8 Le zéro de la fonction $f(x) = e^{-x} - \eta$, avec $\eta > 0$, est donné par $\alpha = -\log(\eta)$. Pour $\eta = 10^{-9}$, $\alpha \simeq 20.723$ et $f'(\alpha) = -e^{-\alpha} \simeq -10^{-9}$. On est donc dans le cas où $|f'(\alpha)| \ll 1$ et on veut examiner le comportement de la méthode de Newton dans l'approximation de α quand on adopte les critères d'arrêt ci-dessus.

Nous présentons respectivement dans les Tables 6.5 et 6.6 les résultats obtenus avec le test basé sur le résidu (1) et sur l'incrément (2). Nous avons pris $x^{(0)} = 0$ et utilisé deux valeurs différentes pour la tolérance. Le nombre d'itérations requis par la méthode est noté `nit`.

Table 6.5. Méthode de Newton pour l'approximation de la racine de $f(x) = e^{-x} - \eta = 0$. Le test d'arrêt est basé sur le contrôle du résidu

ε	nit	$\|f(x^{(\mathrm{nit})})\|$	$\|\alpha - x^{(\mathrm{nit})}\|$	$\|\alpha - x^{(\mathrm{nit})}\|/\alpha$
10^{-10}	22	$5.9 \cdot 10^{-11}$	$5.7 \cdot 10^{-2}$	0.27
10^{-3}	7	$9.1 \cdot 10^{-4}$	13.7	66.2

Table 6.6. Méthode de Newton pour l'approximation de la racine de $f(x) = e^{-x} - \eta = 0$. Le test d'arrêt est basé sur le contrôle de l'incrément

ε	nit	$\|x^{(\mathrm{nit})} - x^{(\mathrm{nit}-1)}\|$	$\|\alpha - x^{(\mathrm{nit})}\|$	$\|\alpha - x^{(\mathrm{nit})}\|/\alpha$
10^{-10}	26	$8.4 \cdot 10^{-13}$	$\simeq 0$	$\simeq 0$
10^{-3}	25	$1.3 \cdot 10^{-6}$	$8.4 \cdot 10^{-13}$	$4 \cdot 10^{-12}$

Comme on est dans le cas où $\phi'(\alpha) = 0$, le test basé sur l'incrément est satisfaisant pour les deux valeurs (très différentes) de la tolérance ε, conformément à (6.31). En revanche, le test basé sur le résidu ne conduit à une estimation acceptable que pour de très petites tolérances, et se révèle complètement inadapté pour de grandes valeurs de ε. •

6.6 Techniques de post-traitement pour les méthodes itératives

Nous concluons ce chapitre en introduisant deux algorithmes dont le but est d'accélérer la convergence des méthodes itératives de recherche des racines d'une fonction.

6.6.1 Accélération d'Aitken

Nous décrivons cette technique dans le cas des méthodes de point fixe à convergence linéaire, et nous renvoyons à [IK66], p. 104–108, pour les méthodes d'ordre supérieur.

Considérons un algorithme de point fixe convergeant linéairement vers un zéro α d'une fonction f donnée. En notant λ une approximation de $\phi'(\alpha)$ à définir et en utilisant (6.18), on a pour $k \geq 1$

$$\begin{aligned} \alpha &\simeq \frac{x^{(k)} - \lambda x^{(k-1)}}{1-\lambda} = \frac{x^{(k)} - \lambda x^{(k)} + \lambda x^{(k)} - \lambda x^{(k-1)}}{1-\lambda} \\ &= x^{(k)} + \frac{\lambda}{1-\lambda}(x^{(k)} - x^{(k-1)}). \end{aligned} \tag{6.32}$$

La méthode d'Aitken propose une manière simple de calculer un λ susceptible d'accélérer la convergence de la suite $\{x^{(k)}\}$ vers la racine α. En introduisant pour $k \geq 2$ la quantité

$$\lambda^{(k)} = \frac{x^{(k)} - x^{(k-1)}}{x^{(k-1)} - x^{(k-2)}}, \tag{6.33}$$

on a

$$\lim_{k\to\infty} \lambda^{(k)} = \phi'(\alpha). \tag{6.34}$$

En effet, pour k assez grand, on a

$$x^{(k+2)} - \alpha \simeq \phi'(\alpha)(x^{(k+1)} - \alpha)$$

et donc

$$\begin{aligned} \lim_{k\to\infty} \lambda^{(k)} &= \lim_{k\to\infty} \frac{x^{(k)} - x^{(k-1)}}{x^{(k-1)} - x^{(k-2)}} = \lim_{k\to\infty} \frac{(x^{(k)} - \alpha) - (x^{(k-1)} - \alpha)}{(x^{(k-1)} - \alpha) - (x^{(k-2)} - \alpha)} \\ &= \lim_{k\to\infty} \frac{\dfrac{x^{(k)} - \alpha}{x^{(k-1)} - \alpha} - 1}{1 - \dfrac{x^{(k-2)} - \alpha}{x^{(k-1)} - \alpha}} = \frac{\phi'(\alpha) - 1}{1 - \dfrac{1}{\phi'(\alpha)}} = \phi'(\alpha)\,. \end{aligned}$$

En remplaçant dans (6.32) λ par son approximation $\lambda^{(k)}$ donnée par (6.33), on obtient

$$\alpha \simeq x^{(k)} + \frac{\lambda^{(k)}}{1 - \lambda^{(k)}}(x^{(k)} - x^{(k-1)}). \tag{6.35}$$

Cette relation n'est valable que pour de grandes valeurs de k. Néanmoins, en supposant (6.35) vraie pour $k \geq 2$, et en notant $\widehat{x}^{(k)}$ la nouvelle approximation de α obtenue en réintroduisant (6.33) dans (6.35), on a

$$\widehat{x}^{(k)} = x^{(k)} - \frac{(x^{(k)} - x^{(k-1)})^2}{(x^{(k)} - x^{(k-1)}) - (x^{(k-1)} - x^{(k-2)})}, \qquad k \geq 2. \tag{6.36}$$

Cette relation est connue sous le nom de *formule d'extrapolation d'Aitken.* En posant, pour $k \geq 2$,

$$\triangle x^{(k)} = x^{(k)} - x^{(k-1)}, \qquad \triangle^2 x^{(k)} = \triangle(\triangle x^{(k)}) = \triangle x^{(k+1)} - \triangle x^{(k)},$$

on peut écrire (6.36) sous la forme

$$\widehat{x}^{(k)} = x^{(k)} - \frac{(\triangle x^{(k)})^2}{\triangle^2 x^{(k-1)}}, \qquad k \geq 2. \tag{6.37}$$

Cette écriture explique pourquoi (6.36) est aussi appelée *méthode* $\triangle^2$ *d'Aitken*. Pour analyser la convergence de la méthode d'Aitken, il est commode d'écrire (6.36) comme une méthode de point fixe (6.17), en introduisant la fonction d'itération

$$\phi_\triangle(x) = \frac{x\phi(\phi(x)) - \phi^2(x)}{\phi(\phi(x)) - 2\phi(x) + x}. \tag{6.38}$$

Ce quotient est indéterminé en $x = \alpha$ car $\phi(\alpha) = \alpha$; néanmoins, on vérifie facilement (en appliquant par exemple la règle de l'Hôpital) que $\lim_{x\to\alpha} \phi_\triangle(x) = \alpha$ sous l'hypothèse que ϕ est différentiable en α et $\phi'(\alpha) \neq 1$. Ainsi, $\phi_\triangle$ est bien définie et continue en α, et c'est aussi vrai si α est une racine multiple de f. On peut de plus montrer que les points fixes de (6.38) coïncident avec ceux de ϕ même dans le cas où α est une racine multiple de f (voir [IK66], p. 104-106).

On déduit de (6.38) que la méthode d'Aitken peut être appliquée à une méthode de point fixe $x = \phi(x)$ d'ordre arbitraire. On a en effet le résultat de convergence suivant :

Propriété 6.7 (convergence de la méthode d'Aitken) *Soit* $x^{(k+1)} = \phi(x^{(k)})$ *une méthode de point fixe d'ordre* $p \geq 1$ *pour l'approximation d'un zéro simple* α *d'une fonction* f. *Si* $p = 1$, *la méthode d'Aitken converge vers* α *avec un ordre* 2, *tandis que si* $p \geq 2$ *l'ordre de convergence est* $2p - 1$. *En particulier, si* $p = 1$, *la méthode d'Aitken est convergente même si la méthode de point fixe ne l'est pas. Si* α *est de multiplicité* $m \geq 2$ *et si la méthode* $x^{(k+1)} = \phi(x^{(k)})$ *est convergente et du premier ordre, alors la méthode d'Aitken converge linéairement avec un facteur de convergence* $C = 1 - 1/m$.

Exemple 6.9 Considérons le calcul du zéro simple $\alpha = 1$ de la fonction $f(x) = (x-1)e^x$. Nous utilisons pour cela trois méthodes de point fixe dont les fonctions d'itération sont $\phi_0(x) = \log(xe^x)$, $\phi_1(x) = (e^x + x)/(e^x + 1)$ et $\phi_2(x) = (x^2 - x + 1)/x$ (pour $x \neq 0$). Remarquer que $|\phi_0'(1)| = 2$; la méthode de point fixe correspondante n'est donc pas convergente. Dans les deux autres cas les algorithmes sont respectivement d'ordre 1 et 2.

Vérifions les performances de la méthode d'Aitken en exécutant le Programme 51 avec $x^{(0)} = 2$, $\texttt{tol} = 10^{-10}$ et en utilisant l'arithmétique complexe. Remarquer que dans le cas de ϕ_0, elle produit des nombres complexes si $x^{(k)}$ est négatif. En accord avec la Propriété 6.7, la méthode d'Aitken appliquée à la fonction d'itération ϕ_0 converge en 8 étapes vers la valeur $x^{(8)} = 1.000002 + i\,0.000002$. Dans les deux autres cas, la méthode d'ordre 1 converge vers α en 18 itérations, contre 4 itérations pour la méthode d'Aitken, tandis qu'avec ϕ_2 la convergence a lieu en 7 itérations contre 5 pour la méthode d'Aitken. •

La méthode d'Aitken est implémentée en MATLAB dans le Programme 51. Les paramètres en entrée et en sortie sont les mêmes que pour les précédents programmes de ce chapitre.

Programme 51 - aitken : Extrapolation d'Aitken

```
function [xvect,xdif,fx,nit]=aitken(x0,nmax,tol,phi,fun)
%AITKEN Extrapolation d'Aitken
% [XVECT,XDIF,FX,NIT]=AITKEN(X0,NMAX,TOL,PHI,FUN) tente de trouver un
% zéro de la fonction continue FUN en appliquant l'extrapolation
% d'Aitken à la méthode de point fixe X=PHI(X), en partant de la donnée
% initiale X0.
% XVECT est le vecteur des itérées, XDIF est le vecteur des différences
% entre itérées consécutives, FX est le résidu. TOL est la tolérance de
% la méthode.
nit=0; xvect=[x0]; x=x0; fxn=eval(fun);
fx=[fxn]; xdif=[]; err=tol+1;
while err>=tol & nit<=nmax
   nit=nit+1; xv=xvect(nit); x=xv; phix=eval(phi);
   x=phix; phixx=eval(phi); den=phixx-2*phix+xv;
   if den == 0
      err=tol*1.e-01;
   else
      xn=(xv*phixx-phix^2)/den;
      xvect=[xvect; xn];
      xdif=[xdif; abs(xn-xv)];
      x=xn; fxn=abs(eval(fun));
      fx=[fx; fxn]; err=fxn;
   end
end
return
```

6.6.2 Techniques pour les racines multiples

Comme on l'a noté lors de la description de la méthode d'Aitken, on peut estimer le facteur de convergence asymptotique $\phi'(\alpha)$ en prenant les quotients incrémentaux des itérées successives $\lambda^{(k)}$ définis en (6.33).

Cette information peut être utilisée pour estimer la multiplicité de la racine d'une équation non linéaire. Elle fournit donc un outil pour modifier l'algorithme de Newton afin de retrouver sa propriété de convergence quadratique (voir (6.23)). En effet, en définissant la suite $m^{(k)}$ par la relation $\lambda^{(k)} = 1 - 1/m^{(k)}$, et en utilisant (6.22), on en déduit que $m^{(k)}$ tend vers m quand $k \to \infty$.
Si la multiplicité m est connue *a priori*, il est très simple d'utiliser la méthode de Newton modifiée (6.23). Dans le cas contraire, on peut recourir à

l'*algorithme de Newton adaptatif* :

$$x^{(k+1)} = x^{(k)} - m^{(k)} \frac{f(x^{(k)})}{f'(x^{(k)})}, \qquad k \geq 2, \tag{6.39}$$

où on a posé

$$m^{(k)} = \frac{1}{1 - \lambda^{(k)}} = \frac{x^{(k-1)} - x^{(k-2)}}{2x^{(k-1)} - x^{(k)} - x^{(k-2)}}. \tag{6.40}$$

Exemple 6.10 Vérifions les performances de la méthode de Newton sous les trois formes présentées jusqu'à présent (standard (6.16), modifiée (6.23) et adaptative (6.39)), pour approcher le zéro multiple $\alpha = 1$ de la fonction $f(x) = (x^2 - 1)^p \log x$ (pour $p \geq 1$ et $x > 0$). La racine est de multiplicité $m = p + 1$. On a considéré les valeurs $p = 2, 4, 6$ et dans tous les cas $x^{(0)} = 0.8$, `tol`$=10^{-10}$.

Les résultats obtenus sont résumés dans la Table 6.7, où on a indiqué, pour chaque méthode, le nombre n_{it} d'itérations nécessaire à la convergence. Dans le cas de la méthode adaptative, en plus de n_{it}, on a indiqué entre parenthèses l'estimation $m^{(n_{it})}$ de la multiplicité m fournie par le Programme 52. •

Table 6.7. Solution du problème $(x^2 - 1)^p \log x = 0$ sur l'intervalle $[0.5, 1.5]$, avec $p = 2, 4, 6$

m	standard	adaptative	modifiée
3	51	13 (2.9860)	4
5	90	16 (4.9143)	5
7	127	18 (6.7792)	5

Dans l'Exemple 6.10, la méthode de Newton adaptative converge plus rapidement que la méthode standard, mais moins rapidement que la méthode de Newton modifiée. On doit cependant noter que la méthode adaptative fournit en plus une bonne estimation de la multiplicité de la racine, ce qui peut être utilisé avec profit dans un procédé de déflation pour approcher les racines d'un polynôme.

L'algorithme (6.39), avec l'estimation adaptative (6.40) de la multiplicité de la racine, est implémenté dans le Programme 52. Pour éviter l'apparition d'instabilités numériques, on effectue la mise à jour de $m^{(k)}$ seulement quand la variation entre deux itérations consécutives a suffisamment diminué. Les paramètres en entrée et en sortie sont les mêmes que pour les précédents programmes de ce chapitre.

Programme 52 - adptnewt : Méthode de Newton adaptative

```
function [xvect,xdif,fx,nit]=adptnewt(x0,tol,nmax,fun,dfun)
%ADPTNEWT Méthode de Newton adaptative
% [XVECT,XDIF,FX,NIT]=ADPTNEWT(X0,TOL,NMAX,FUN,DFUN) tente de
% trouver un zéro de la fonction continue FUN en utilisant la méthode
% adaptative de Newton, en partant de la donnée initiale X0. FUN et DFUN acceptent
% une variable réelle scalaire x et renvoie une valeur réelle scalaire.
% XVECT est le vecteur des itérées, XDIF est le vecteur des différences
% entre itérées consécutives, FX est le résidu. TOL est la tolérance de
% la méthode.
xvect=x0;
nit=0; r=[1]; err=tol+1; m=[1]; xdif=[];
while nit<nmax & err>tol
  nit=nit+1;
  x=xvect(nit); fx(nit)=eval(fun); f1x=eval(dfun);
  if f1x == 0
    fprintf(' Annulation de la dérivée ');
    return
  end;
  x=x-m(nit)*fx(nit)/f1x;
  xvect=[xvect;x]; fx=[fx;eval(fun)];
  rd=err; err=abs(xvect(nit+1)-xvect(nit)); xdif=[xdif;err];
  ra=err/rd; r=[r;ra]; diff=abs(r(nit+1)-r(nit));
  if diff<1.e-3 & r(nit+1)>1.e-2
    m(nit+1)=max(m(nit),1/abs(1-r(nit+1)));
  else
    m(nit+1)=m(nit);
  end
end
return
```

6.7 Résolution des systèmes d'équations non linéaires

Nous abordons dans cette section la résolution des systèmes d'équations non linéaires. Plus précisément, nous considérons le problème suivant :

$$\text{pour } \mathbf{F} : \mathbb{R}^n \to \mathbb{R}^n, \text{ trouver } \mathbf{x}^* \in \mathbb{R}^n \text{ tel que } \mathbf{F}(\mathbf{x}^*) = \mathbf{0}. \tag{6.41}$$

Nous allons pour cela étendre au cas de la dimension $n > 1$ certains des algorithmes proposés dans les sections précédentes.

Avant de traiter le problème (6.41), introduisons quelques notations. Pour $k \geq 0$, nous noterons $C^k(D)$ l'ensemble des fonctions k fois continûment différentiables de $\mathbb{R}^n$ dans $\mathbb{R}^n$ restreintes à D, où $D \subseteq \mathbb{R}^n$ sera précisé dans chaque cas. Nous supposerons toujours que $\mathbf{F} \in C^1(D)$.

Nous noterons $\mathrm{J}_{\mathbf{F}}(\mathbf{x})$ la matrice jacobienne associée à $\mathbf{F}$ et évaluée au point $\mathbf{x} = [x_1, \ldots, x_n]^T$ de $\mathbb{R}^n$, c'est-à-dire la matrice de coefficients

$$(\mathrm{J}_{\mathbf{F}}(\mathbf{x}))_{ij} = \left(\frac{\partial F_i}{\partial x_j}\right)(\mathbf{x}), \qquad i,j = 1, \ldots, n.$$

Pour une norme vectorielle donnée $\|\cdot\|$, nous désignerons la boule ouverte de rayon R et de centre $\mathbf{x}^*$ par $B(\mathbf{x}^*; R) = \{\mathbf{y} \in \mathbb{R}^n : \ \|\mathbf{y} - \mathbf{x}^*\| < R\}$.

6.7.1 La méthode de Newton et ses variantes

On peut étendre la méthode de Newton (6.16) au cas vectoriel :

étant donné $\mathbf{x}^{(0)} \in \mathbb{R}^n$, pour $k = 0, 1, \ldots$, jusqu'à convergence :

$$\begin{array}{ll} \text{résoudre} & \mathrm{J}_{\mathbf{F}}(\mathbf{x}^{(k)})\boldsymbol{\delta}\mathbf{x}^{(k)} = -\mathbf{F}(\mathbf{x}^{(k)}), \\ \text{poser} & \mathbf{x}^{(k+1)} = \mathbf{x}^{(k)} + \boldsymbol{\delta}\mathbf{x}^{(k)}. \end{array} \qquad (6.42)$$

On doit donc résoudre un système linéaire de matrice $\mathrm{J}_{\mathbf{F}}(\mathbf{x}^{(k)})$ à chaque itération k.

Exemple 6.11 Considérons le système non linéaire $e^{x_1^2+x_2^2} - 1 = 0$, $e^{x_1^2-x_2^2} - 1 = 0$, qui admet pour unique solution $\mathbf{x}^* = \mathbf{0}$. Dans ce cas, $\mathbf{F}(\mathbf{x}) = [e^{x_1^2+x_2^2} - 1, e^{x_1^2-x_2^2} - 1]$. En exécutant le Programme 53 (méthode de Newton) avec $\mathbf{x}^{(0)} = [0.1, 0.1]^T$, et $\|\boldsymbol{\delta}\mathbf{x}^{(k)}\|_2 \leq 10^{-10}$ comme test d'arrêt, on obtient en 26 itérations le couple $[0.13 \cdot 10^{-8}, 0.13 \cdot 10^{-8}]^T$, ce qui démontre une convergence assez rapide. Le comportement est cependant très sensible au choix de la donnée initiale. Par exemple, en prenant $\mathbf{x}^{(0)} = [10, 10]^T$, 229 itérations sont nécessaires pour obtenir une solution comparable à la précédente, tandis que la méthode diverge si $\mathbf{x}^{(0)} = [20, 20]^T$. •

L'exemple précédent met en évidence la grande sensibilité de la méthode de Newton au choix de la donnée initiale $\mathbf{x}^{(0)}$. On a le résultat de convergence locale suivant :

Théorème 6.2 *Soit $\mathbf{F} : \mathbb{R}^n \to \mathbb{R}^n$ une fonction de classe C^1 sur un ouvert convexe D de $\mathbb{R}^n$ qui contient $\mathbf{x}^*$. Supposons que $\mathrm{J}_{\mathbf{F}}^{-1}(\mathbf{x}^*)$ existe et qu'il existe des constantes R, C et L telles que $\|\mathrm{J}_{\mathbf{F}}^{-1}(\mathbf{x}^*)\| \leq C$ et*

$$\|\mathrm{J}_{\mathbf{F}}(\mathbf{x}) - \mathrm{J}_{\mathbf{F}}(\mathbf{y})\| \leq L\|\mathbf{x} - \mathbf{y}\| \quad \forall \mathbf{x}, \mathbf{y} \in B(\mathbf{x}^*; R),$$

où on a noté par le même symbole $\|\cdot\|$ une norme vectorielle et une norme matricielle consistante. Il existe alors $r > 0$ tel que, pour tout $\mathbf{x}^{(0)} \in B(\mathbf{x}^*; r)$, la suite (6.42) est définie de façon unique et converge vers $\mathbf{x}^*$ avec

$$\|\mathbf{x}^{(k+1)} - \mathbf{x}^*\| \leq CL\|\mathbf{x}^{(k)} - \mathbf{x}^*\|^2. \qquad (6.43)$$

Démonstration. On va montrer par récurrence sur k la relation (6.43) et le fait que $\mathbf{x}^{(k+1)} \in B(\mathbf{x}^*; r)$, avec $r = \min(R, 1/(2CL))$. Prouvons tout d'abord que pour tout $\mathbf{x}^{(0)} \in B(\mathbf{x}^*; r)$ la matrice inverse $\mathrm{J}_{\mathbf{F}}^{-1}(\mathbf{x}^{(0)})$ existe bien. On a

$$\|\mathrm{J}_{\mathbf{F}}^{-1}(\mathbf{x}^*)[\mathrm{J}_{\mathbf{F}}(\mathbf{x}^{(0)}) - \mathrm{J}_{\mathbf{F}}(\mathbf{x}^*)]\| \leq \|\mathrm{J}_{\mathbf{F}}^{-1}(\mathbf{x}^*)\| \; \|\mathrm{J}_{\mathbf{F}}(\mathbf{x}^{(0)}) - \mathrm{J}_{\mathbf{F}}(\mathbf{x}^*)\| \leq CLr \leq \frac{1}{2},$$

et on déduit du Théorème 1.5 que $\mathrm{J}_{\mathbf{F}}^{-1}(\mathbf{x}^{(0)})$ existe car

$$\|\mathrm{J}_{\mathbf{F}}^{-1}(\mathbf{x}^{(0)})\| \leq \frac{\|\mathrm{J}_{\mathbf{F}}^{-1}(\mathbf{x}^*)\|}{1 - \|\mathrm{J}_{\mathbf{F}}^{-1}(\mathbf{x}^*)[\mathrm{J}_{\mathbf{F}}(\mathbf{x}^{(0)}) - \mathrm{J}_{\mathbf{F}}(\mathbf{x}^*)]\|} \leq 2\|\mathrm{J}_{\mathbf{F}}^{-1}(\mathbf{x}^*)\| \leq 2C.$$

Par conséquent, $\mathbf{x}^{(1)}$ est bien défini et

$$\mathbf{x}^{(1)} - \mathbf{x}^* = \mathbf{x}^{(0)} - \mathbf{x}^* - \mathrm{J}_{\mathbf{F}}^{-1}(\mathbf{x}^{(0)})[\mathbf{F}(\mathbf{x}^{(0)}) - \mathbf{F}(\mathbf{x}^*)].$$

En mettant en facteur $\mathrm{J}_{\mathbf{F}}^{-1}(\mathbf{x}^{(0)})$ dans le membre de droite et en prenant les normes, on obtient

$$\begin{aligned} \|\mathbf{x}^{(1)} - \mathbf{x}^*\| &\leq \|\mathrm{J}_{\mathbf{F}}^{-1}(\mathbf{x}^{(0)})\| \; \|\mathbf{F}(\mathbf{x}^*) - \mathbf{F}(\mathbf{x}^{(0)}) - \mathrm{J}_{\mathbf{F}}(\mathbf{x}^{(0)})[\mathbf{x}^* - \mathbf{x}^{(0)}]\| \\ &\leq 2C\frac{L}{2}\|\mathbf{x}^* - \mathbf{x}^{(0)}\|^2 \end{aligned}$$

où on a majoré le reste de la série de Taylor de $\mathbf{F}$. Cette relation montre (6.43) pour $k = 0$; comme de plus $\mathbf{x}^{(0)} \in B(\mathbf{x}^*; r)$, on a $\|\mathbf{x}^* - \mathbf{x}^{(0)}\| \leq 1/(2CL)$, d'où $\|\mathbf{x}^{(1)} - \mathbf{x}^*\| \leq \frac{1}{2}\|\mathbf{x}^* - \mathbf{x}^{(0)}\|$. Ce qui assure que $\mathbf{x}^{(1)} \in B(\mathbf{x}^*; r)$.

On montre de manière analogue que si on suppose la relation (6.43) vraie pour un certain k, alors elle est encore vraie pour $k + 1$. Ceci prouve le théorème. ◇

Le Théorème 6.2 montre que la méthode de Newton converge de manière quadratique si $\mathbf{x}^{(0)}$ est assez proche de la solution $\mathbf{x}^*$ et si la matrice jacobienne est inversible. Il faut noter que la résolution du système linéaire (6.42) peut s'avérer excessivement coûteuse quand n devient grand. De plus, la matrice $\mathrm{J}_{\mathbf{F}}(\mathbf{x}^{(k)})$ peut être mal conditionnée, ce qui rend difficile l'obtention d'une solution précise. Pour ces raisons, plusieurs versions modifiées de la méthode de Newton ont été proposées. Nous les aborderons brièvement dans les prochaines sections et nous renvoyons à la littérature spécialisée pour plus de détails (voir [OR70], [DS83], [Erh97], [BS90], [SM03], [Deu04] et les références qu'ils contiennent).

Remarque 6.3 Si on note $\mathbf{r}^{(k)} = \mathbf{F}(\mathbf{x}^{(k)})$ le résidu à l'étape k, on déduit de (6.42) que la méthode de Newton peut être récrite sous la forme

$$\left(\mathrm{I} - \mathrm{J}_{\mathbf{G}}(\mathbf{x}^{(k)})\right)\left(\mathbf{x}^{(k+1)} - \mathbf{x}^{(k)}\right) = -\mathbf{r}^{(k)},$$

où $\mathbf{G}(\mathbf{x}) = \mathbf{x} - \mathbf{F}(\mathbf{x})$. Cette relation nous permet d'interpréter la méthode de Newton comme une méthode de Richardson stationnaire préconditionnée. Ceci nous incite à introduire un paramètre d'accélération α_k :

$$\left(\mathrm{I} - \mathrm{J}_{\mathbf{G}}(\mathbf{x}^{(k)})\right)\left(\mathbf{x}^{(k+1)} - \mathbf{x}^{(k)}\right) = -\alpha_k\mathbf{r}^{(k)}.$$

Pour le choix de ce paramètre, voir p. ex. [QSS07], Section 7.2.6. ■

6.7.2 Méthodes de Newton modifiées

Plusieurs modifications de la méthode de Newton ont été proposées pour réduire son coût quand on est assez proche de $\mathbf{x}^*$.

1. Mise à jour cyclique de la matrice jacobienne

Une alternative efficace à la méthode (6.42) consiste à garder la matrice jacobienne (ou plus précisément sa factorisation) inchangée pendant un certain nombre $p \geq 2$ d'étapes. En général, la détérioration de la vitesse de convergence s'accompagne d'un gain en efficacité de calcul.

On a implémenté dans le Programme 53 la méthode de Newton dans le cas où la factorisation LU de la matrice Jacobienne est mise à jour toutes les p itérations. Les programmes utilisés pour résoudre les systèmes triangulaires ont été décrits au Chapitre 3.

Ici, et dans les programmes qui suivent, `x0` désigne le vecteur initial, `F` et `J` les expressions fonctionnelles de $\mathbf{F}$ et de sa matrice jacobienne $\mathrm{J}_{\mathbf{F}}$. Les paramètres `tol` et `nmax` représentent la tolérance pour le critère d'arrêt et le nombre maximum d'itérations. En sortie, le vecteur `x` contient l'approximation du zéro de $\mathbf{F}$, et `iter` le nombre d'itérations effectuées.

Programme 53 - newtonsys : Méthode de Newton pour les systèmes d'équations non linéaires

```
function [x,iter]=newtonsys(F,J,x0,tol,nmax,p)
%NEWTONSYS Méthode de Newton pour les systèmes non linéaires
% [X, ITER] = NEWTONSYS(F, J, X0, TOL, NMAX, P) tente de résoudre
% le système non linéaire F(X)=0 avec la méthode de Newton.
% F et J sont des chaînes contenant les expressions des équations
% non linéaires et de la matrice jacobienne. X0 est la donnée initiale
% TOL est la tolérance de la méthode. NMAX est le nombre maximum
% d'itérations. P est le nombre de pas consécutifs durant lesquels la
% jacobienne est fixée. ITER est l'itération à laquelle la solution X
% a été calculée.
[n,m]=size(F);
if n ~= m, error('Seulement pour les systèmes carrés'); end
iter=0; Fxn=zeros(n,1); x=x0; err=tol+1;
for i=1:n
   for j=1:n
      Jxn(i,j)=eval(J((i-1)*n+j,:));
   end
end
[L,U,P]=lu(Jxn);
step=0;
while err>tol
   if step == p
      step = 0;
```

```
        for i=1:n
           Fxn(i)=eval(F(i,:));
           for j=1:n; Jxn(i,j)=eval(J((i-1)*n+j,:)); end
        end
        [L,U,P]=lu(Jxn);
    else
        for i=1:n, Fxn(i)=eval(F(i,:)); end
    end
    iter=iter+1; step=step+1; Fxn=-P*Fxn;
    y=forwardcol(L,Fxn);
    deltax=backwardcol(U,y);
    x = x + deltax;
        err=norm(deltax);
    if iter > nmax
        error(' Pas de converge dans le nombre d''itérations fixé');
    end
end
return
```

2. Résolution approchée des systèmes linéaires

Une autre possibilité consiste à résoudre le système linéaire (6.42) par une méthode itérative avec un nombre d'itérations fixé *a priori*. Les algorithmes qui en résultent sont les méthodes dites de Newton-Jacobi, Newton-SOR ou Newton-Krylov en fonction de la méthode itérative utilisée pour le système linéaire (voir [BS90], [Kel99]). Nous nous limiterons ici à la description de la méthode de Newton-SOR.

Par analogie avec ce qui a été fait à la Section 4.2.1, décomposons la matrice jacobienne à l'étape k de la façon suivante :

$$\mathrm{J}_{\mathbf{F}}(\mathbf{x}^{(k)}) = \mathrm{D}_k - \mathrm{E}_k - \mathrm{F}_k ,$$

où $\mathrm{D}_k = \mathrm{D}(\mathbf{x}^{(k)})$, $-\mathrm{E}_k = -\mathrm{E}(\mathbf{x}^{(k)})$ et $-\mathrm{F}_k = -\mathrm{F}(\mathbf{x}^{(k)})$, sont respectivement la diagonale et les parties triangulaires supérieure et inférieure de la matrice $\mathrm{J}_{\mathbf{F}}(\mathbf{x}^{(k)})$. Nous supposerons D_k inversible. La méthode SOR pour résoudre le système linéaire dans (6.42) se présente comme suit : poser $\boldsymbol{\delta}\mathbf{x}_0^{(k)} = \mathbf{0}$ et résoudre

$$\boldsymbol{\delta}\mathbf{x}_r^{(k)} = \mathrm{M}_k \boldsymbol{\delta}\mathbf{x}_{r-1}^{(k)} - \omega_k(\mathrm{D}_k - \omega_k \mathrm{E}_k)^{-1}\mathbf{F}(\mathbf{x}^{(k)}), \quad r = 1, 2, \ldots, \tag{6.44}$$

où M_k est la matrice d'itération de la méthode SOR

$$\mathrm{M}_k = [\mathrm{D}_k - \omega_k \mathrm{E}_k]^{-1} \ [(1-\omega_k)\mathrm{D}_k + \omega_k \mathrm{F}_k] ,$$

et ω_k un paramètre de relaxation positif dont la valeur optimale peut rarement être déterminée *a priori*. Supposons qu'on effectue seulement m étapes. En rappelant que $\boldsymbol{\delta}\mathbf{x}_r^{(k)} = \mathbf{x}_r^{(k)} - \mathbf{x}^{(k)}$ et en notant encore $\mathbf{x}^{(k+1)}$ la solution obtenue après m itérations, cette dernière s'écrit finalement (voir Exercice 13)

$$\mathbf{x}^{(k+1)} = \mathbf{x}^{(k)} - \omega_k \left(\mathrm{M}_k^{m-1} + \ldots + \mathrm{I}\right)\left(\mathrm{D}_k - \omega_k \mathrm{E}_k\right)^{-1} \mathbf{F}(\mathbf{x}^{(k)}). \qquad (6.45)$$

Dans cette méthode, on effectue donc à la k-ième étape, m itérations de SOR en partant de $\mathbf{x}^{(k)}$ pour résoudre le système (6.42) de manière approchée.

L'entier m, ainsi que ω_k, peuvent dépendre de l'indice k ; le choix le plus simple consiste à effectuer à chaque itération de Newton, une seule itération de SOR. On déduit alors de (6.44) avec $r = 1$ la méthode de Newton-SOR à un pas

$$\mathbf{x}^{(k+1)} = \mathbf{x}^{(k)} - \omega_k \left(\mathrm{D}_k - \omega_k \mathrm{E}_k\right)^{-1} \mathbf{F}(\mathbf{x}^{(k)}).$$

De manière analogue, la méthode de Newton-Richardson préconditionnée par P_k tronquée à la m-ième itération, s'écrit

$$\mathbf{x}^{(k+1)} = \mathbf{x}^{(k)} - \left[\mathrm{I} + \mathrm{M}_k + \ldots + \mathrm{M}_k^{m-1}\right] \mathrm{P}_k^{-1} \mathbf{F}(\mathbf{x}^{(k)}),$$

où P_k est le préconditionneur de $\mathrm{J}_\mathbf{F}$ et

$$\mathrm{M}_k = \mathrm{P}_k^{-1}\mathrm{N}_k, \quad \mathrm{N}_k = \mathrm{P}_k - \mathrm{J}_\mathbf{F}(\mathbf{x}^{(k)}).$$

Nous renvoyons au *package* MATLAB développé dans [Kel99] pour une implémentation efficace de ces techniques.

3. Approximations de la matrice Jacobienne

Une autre possibilité est de remplacer $\mathrm{J}_\mathbf{F}(\mathbf{x}^{(k)})$ (dont le calcul explicite est souvent coûteux) par une approximation du type

$$(\mathrm{J}_h^{(k)})_j = \frac{\mathbf{F}(\mathbf{x}^{(k)} + h_j^{(k)}\mathbf{e}_j) - \mathbf{F}(\mathbf{x}^{(k)})}{h_j^{(k)}} \qquad \forall k \geq 0, \qquad (6.46)$$

où $\mathbf{e}_j$ est le j-ième vecteur de la base canonique de $\mathbb{R}^n$ et les $h_j^{(k)} > 0$ sont des incréments convenablement choisis à chaque pas k de (6.42). On peut alors montrer le résultat suivant :

Propriété 6.8 *Soient* $\mathbf{F}$ *et* $\mathbf{x}^*$ *satisfaisant les hypothèses du Théorème* 6.2 *où* $\|\cdot\|$ *désigne à la fois la norme vectorielle* $\|\cdot\|_1$ *et la norme matricielle induite. S'il existe deux constantes positives* ε *et* h *telles que* $\mathbf{x}^{(0)} \in B(\mathbf{x}^*, \varepsilon)$ *et* $0 < |h_j^{(k)}| \leq h$ *pour* $j = 1, \ldots, n$ *alors la suite*

$$\mathbf{x}^{(k+1)} = \mathbf{x}^{(k)} - \left[\mathrm{J}_h^{(k)}\right]^{-1} \mathbf{F}(\mathbf{x}^{(k)}), \qquad (6.47)$$

est bien définie et converge linéairement vers $\mathbf{x}^*$. *Si de plus il existe une constante positive* C *telle que* $\max_j |h_j^{(k)}| \leq C\|\mathbf{x}^{(k)} - \mathbf{x}^*\|$ *ou, de manière équivalente, s'il existe une constante positive* c *telle que* $\max_j |h_j^{(k)}| \leq c\|\mathbf{F}(\mathbf{x}^{(k)})\|$, *alors la suite* (6.47) *converge quadratiquement.*

Ce résultat ne donne pas d'indication constructive sur la manière de calculer les incréments $h_j^{(k)}$. Faisons à ce propos la remarque suivante : en diminuant les $h_j^{(k)}$, on peut diminuer l'erreur de troncature commise dans (6.47) ; cependant, des valeurs de $h_j^{(k)}$ trop petites peuvent induire des erreurs d'arrondi importantes. On doit donc trouver un bon équilibre entre erreur de troncature et précision des calculs en arithmétique flottante.

Un choix possible consiste à prendre

$$h_j^{(k)} = \sqrt{\epsilon_M} \max\left\{|x_j^{(k)}|, M_j\right\} \mathrm{sign}(x_j),$$

où M_j est un paramètre caractérisant la taille typique de la composante x_j de la solution. On peut améliorer encore les résultats en utilisant des différences divisées d'ordre supérieur pour approcher la dérivée :

$$(\mathrm{J}_h^{(k)})_j = \frac{\mathbf{F}(\mathbf{x}^{(k)} + h_j^{(k)}\mathbf{e}_j) - \mathbf{F}(\mathbf{x}^{(k)} - h_j^{(k)}\mathbf{e}_j)}{2h_j^{(k)}} \qquad \forall k \geq 0.$$

Pour plus de détails sur ce sujet voir par exemple [BS90].

6.7.3 Méthodes de Quasi-Newton

On désigne par ce terme les algorithmes qui couplent des méthodes globalement convergentes avec des méthodes de type Newton qui sont seulement localement convergentes mais d'ordre supérieur à un.
On se donne une fonction continûment différentiable $\mathbf{F} : \mathbb{R}^n \to \mathbb{R}^n$ et une valeur initiale $\mathbf{x}^{(0)} \in \mathbb{R}^n$. Une méthode de quasi-Newton consiste à effectuer les opérations suivantes à chaque étape k :

1. calculer $\mathbf{F}(\mathbf{x}^{(k)})$;
2. déterminer $\tilde{\mathrm{J}}_{\mathbf{F}}(\mathbf{x}^{(k)})$ égal à $\mathrm{J}_{\mathbf{F}}(\mathbf{x}^{(k)})$ ou à une de ses approximations;
3. résoudre le système linéaire $\tilde{\mathrm{J}}_{\mathbf{F}}(\mathbf{x}^{(k)})\boldsymbol{\delta}\mathbf{x}^{(k)} = -\mathbf{F}(\mathbf{x}^{(k)})$;
4. poser $\mathbf{x}^{(k+1)} = \mathbf{x}^{(k)} + \alpha_k \boldsymbol{\delta}\mathbf{x}^{(k)}$, où α_k est un *paramètre d'amortissement.*

L'étape 4 est caractéristique de cette famille de méthodes. Pour une analyse de ces algorithmes, et pour des critères permettant de choisir la “direction” $\boldsymbol{\delta}\mathbf{x}^{(k)}$, nous renvoyons le lecteur à [QSS07], Chapitre 7.

6.7.4 Méthodes de type sécante

Sur la base de la méthode de la sécante introduite à la Section 6.2 pour les fonctions scalaires, on se donne $\mathbf{x}^{(0)}$ et $\mathbf{x}^{(1)}$, on résout pour $k \geq 1$ le système linéaire

$$\mathrm{Q}_k \delta\mathbf{x}^{(k+1)} = -\mathbf{F}(\mathbf{x}^{(k)}) \tag{6.48}$$

et on pose $\mathbf{x}^{(k+1)} = \mathbf{x}^{(k)} + \delta\mathbf{x}^{(k+1)}$. La matrice Q_k, de taille $n \times n$, est telle que

$$\mathrm{Q}_k \delta\mathbf{x}^{(k)} = \mathbf{F}(\mathbf{x}^{(k)}) - \mathbf{F}(\mathbf{x}^{(k-1)}) = \mathbf{b}^{(k)}, \qquad k \geq 1. \tag{6.49}$$

Elle est obtenue en généralisant formellement (6.13). Néanmoins, l'égalité ci-dessus ne suffit pas à déterminer Q_k de manière unique. Pour cela, on impose à Q_k, pour $k \geq n$, d'être solution des n systèmes d'équations

$$\mathrm{Q}_k \left(\mathbf{x}^{(k)} - \mathbf{x}^{(k-j)}\right) = \mathbf{F}(\mathbf{x}^{(k)}) - \mathbf{F}(\mathbf{x}^{(k-j)}), \qquad j = 1, \ldots, n. \tag{6.50}$$

Si les vecteurs $\mathbf{x}^{(k-j)}$, ..., $\mathbf{x}^{(k)}$ sont linéairement indépendants, le système (6.50) permet de calculer les coefficients inconnus $\{(\mathrm{Q}_k)_{lm}, l, m = 1, \ldots, n\}$ de Q_k. Malheureusement, ces vecteurs tendent en pratique à devenir liés et la méthode obtenue est instable, sans parler de la nécessité de stocker les n itérées précédentes.

Pour ces raisons, on suit une approche alternative qui consiste à conserver l'information fournie par la méthode à l'étape k. Plus précisément, on cherche Q_k de manière à ce que la différence entre les approximations linéaires de $\mathbf{F}(\mathbf{x}^{(k-1)})$ et $\mathbf{F}(\mathbf{x}^{(k)})$ données par

$$\mathbf{F}(\mathbf{x}^{(k)}) + \mathrm{Q}_k(\mathbf{x} - \mathbf{x}^{(k)}) \quad \text{et} \quad \mathbf{F}(\mathbf{x}^{(k-1)}) + \mathrm{Q}_{k-1}(\mathbf{x} - \mathbf{x}^{(k-1)}),$$

soit minimisée sous la contrainte que Q_k soit solution de (6.50). En utilisant (6.50) avec $j = 1$, on voit que la différence entre deux approximations est donnée par

$$\mathbf{d}_k = (\mathrm{Q}_k - \mathrm{Q}_{k-1}) \left(\mathbf{x} - \mathbf{x}^{(k-1)}\right). \tag{6.51}$$

Décomposons le vecteur $\mathbf{x} - \mathbf{x}^{(k-1)}$ de la façon suivante : $\mathbf{x} - \mathbf{x}^{(k-1)} = \alpha \boldsymbol{\delta}\mathbf{x}^{(k)} + \mathbf{s}$, où $\alpha \in \mathbb{R}$ et $\mathbf{s}^T \boldsymbol{\delta}\mathbf{x}^{(k)} = 0$. Alors (6.51) devient

$$\mathbf{d}_k = \alpha (\mathrm{Q}_k - \mathrm{Q}_{k-1}) \boldsymbol{\delta}\mathbf{x}^{(k)} + (\mathrm{Q}_k - \mathrm{Q}_{k-1}) \mathbf{s}.$$

Seul le second terme de cette relation peut être minimisé. Le premier est en effet indépendant de Q_k puisque

$$(\mathrm{Q}_k - \mathrm{Q}_{k-1})\boldsymbol{\delta}\mathbf{x}^{(k)} = \mathbf{b}^{(k)} - \mathrm{Q}_{k-1}\boldsymbol{\delta}\mathbf{x}^{(k)}.$$

Le problème s'écrit donc : trouver la matrice Q_k telle que $(\mathrm{Q}_k - \mathrm{Q}_{k-1}) \mathbf{s}$ est minimisé $\forall \mathbf{s}$ orthogonal à $\boldsymbol{\delta}\mathbf{x}^{(k)}$ sous la contrainte (6.50). On montre qu'un telle matrice existe et qu'elle peut être calculée par la formule de récurrence

$$\mathrm{Q}_k = \mathrm{Q}_{k-1} + \frac{(\mathbf{b}^{(k)} - \mathrm{Q}_{k-1}\boldsymbol{\delta}\mathbf{x}^{(k)})\boldsymbol{\delta}\mathbf{x}^{(k)^T}}{\boldsymbol{\delta}\mathbf{x}^{(k)^T} \boldsymbol{\delta}\mathbf{x}^{(k)}}. \tag{6.52}$$

La méthode (6.48) avec la matrice Q_k donnée par (6.52) est appelée *méthode de Broyden*. Pour initialiser (6.52), on prend Q_0 égal à la matrice $\mathrm{J}_{\mathbf{F}}(\mathbf{x}^{(0)})$ ou à une de ses approximations (par exemple celle donnée par (6.46)). Concernant la convergence de la méthode de Broyden, on a le résultat suivant :

Propriété 6.9 *Si les hypothèses du Théorème 6.2 sont satisfaites et s'il existe deux constantes positives ε et γ telles que*

$$\|\mathbf{x}^{(0)} - \mathbf{x}^*\| \leq \varepsilon, \quad \|Q_0 - \mathbf{J_F}(\mathbf{x}^*)\| \leq \gamma,$$

alors la suite de vecteurs $\mathbf{x}^{(k)}$ construite par la méthode Broyden est bien définie et converge superlinéairement vers $\mathbf{x}^*$, c'est-à-dire

$$\|\mathbf{x}^{(k)} - \mathbf{x}^*\| \leq c_k \|\mathbf{x}^{(k-1)} - \mathbf{x}^*\|, \tag{6.53}$$

où les constantes c_k sont telles que $\lim_{k\to\infty} c_k = 0$.

En faisant des hypothèses supplémentaires, il est possible de montrer que la suite Q_k converge vers $\mathbf{J_F}(\mathbf{x}^*)$. Cette propriété n'est pas toujours satisfaite par l'algorithme précédent comme le montre l'Exemple 6.13.

Il existe de nombreuses variantes de la méthode de Broyden moins coûteuses en calculs, mais elles sont en général moins stables (voir [DS83], Chapitre 8).

Le Programme 54 propose une implémentation de la méthode de Broyden (6.48)-(6.52). On a noté `Q` l'approximation initiale Q_0 dans (6.52).

Programme 54 - broyden : Méthode de Broyden pour les systèmes d'équations non linéaires

```
function [x,iter]=broyden(F,Q,x0,tol,nmax)
%BROYDEN Méthode de Broyden pour les systèmes non linéaires
% [X, ITER] = BROYDEN(F, Q, X0, TOL, NMAX) tente de résoudre
% le système non linéaire F(X)=0 avec la méthode de Broyden.
% F est une chaîne contenant l'expression des équations
% non linéaires. Q est une approximation initiale de la jocobienne.
% X0 est la donnée initiale. TOL est la tolérance de la méthode.
% NMAX est le nombre maximum d'itérations. ITER est l'itération
% à laquelle la solution X a été calculée.
[n,m]=size(F);
if n ~= m, error('Seulement pour les systèmes carrés'); end
iter=0; err=1+tol; fk=zeros(n,1); fk1=fk; x=x0;
for i=1:n
   fk(i)=eval(F(i,:)); end
   while iter < nmax & err > tol
      s=-Q \ fk;
      x=s+x;
      err=norm(s,inf);
      if err > tol
         for i=1:n, fk1(i)=eval(F(i,:)); end
         Q=Q+1/(s'*s)*fk1*s';
      end
      iter=iter+1;
```

```
      fk=fk1;
   end
end
return
```

Exemple 6.12 Résolvons à l'aide de la méthode de Broyden le système non linéaire de l'Exemple 6.11. La méthode converge en 35 itérations vers la valeur $[0.7\cdot 10^{-8}, 0.7\cdot 10^{-8}]^T$, à comparer avec les 26 itérations de la méthode de Newton (en partant de la même valeur initiale ($\mathbf{x}^{(0)} = [0.1, 0.1]^T$)). La matrice Q_0 a été choisie égale à la matrice jacobienne évaluée en $\mathbf{x}^{(0)}$. La Figure 6.8 montre le comportement de la norme euclidienne de l'erreur pour les deux méthodes. •

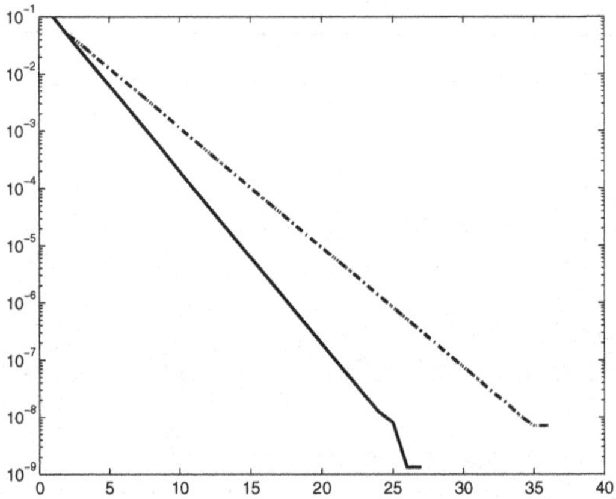

Fig. 6.8. Norme euclidienne de l'erreur pour la méthode de Newton (*trait plein*) et pour la méthode de Broyden (*trait discontinu*) dans le cas du système non linéaire de l'Exemple 6.11

Exemple 6.13 On résout par la méthode de Broyden le système non linéaire $\mathbf{F}(\mathbf{x}) = [x_1 + x_2 - 3; x_1^2 + x_2^2 - 9]^T = \mathbf{0}$. Ce système admet les deux solutions $[0, 3]^T$ et $[3, 0]^T$. La méthode de Broyden converge en 8 itérations vers la solution $[0, 3]^T$ quand on part de $\mathbf{x}^{(0)} = [2, 4]^T$. Pourtant, la suite Q_k, stockée dans la variable `Q` du Programme 54, ne converge pas vers la matrice jacobienne :

$$\lim_{k\to\infty} Q^{(k)} = \begin{bmatrix} 1 & 1 \\ 1.5 & 1.75 \end{bmatrix} \neq \mathbf{J}_\mathbf{F}([0,3]^T) = \begin{bmatrix} 1 & 1 \\ 0 & 6 \end{bmatrix}.$$

•

6.7.5 Méthodes de point fixe

Nous concluons l'analyse des méthodes de résolution des systèmes non linéaires en étendant au cas de la dimension n les techniques de point fixe introduites dans le cas scalaire. Nous récrivons pour cela le problème (6.41) sous la forme :

$$\text{étant donné } \mathbf{G} : \mathbb{R}^n \to \mathbb{R}^n, \text{ trouver } \mathbf{x}^* \in \mathbb{R}^n \text{ tel que } \mathbf{G}(\mathbf{x}^*) = \mathbf{x}^*, \qquad (6.54)$$

où $\mathbf{G}$ satisfait la propriété suivante : si $\mathbf{x}^*$ est un point fixe de $\mathbf{G}$, alors $\mathbf{F}(\mathbf{x}^*) = \mathbf{0}$.
Comme on l'a fait à la Section 6.3, on introduit la méthode itérative suivante pour résoudre (6.54) :

étant donné $\mathbf{x}^{(0)} \in \mathbb{R}^n$, calculer pour $k = 0, 1, \ldots$ jusqu'à convergence,

$$\mathbf{x}^{(k+1)} = \mathbf{G}(\mathbf{x}^{(k)}). \qquad (6.55)$$

La définition qui suit sera utile dans l'analyse de la convergence des itérations de point fixe (6.55).

Définition 6.2 On dit qu'une application $\mathbf{G} : D \subset \mathbb{R}^n \to \mathbb{R}^n$ est *contractante* sur l'ensemble $D_0 \subset D$ s'il existe une constante $\alpha < 1$ telle que $\|\mathbf{G}(\mathbf{x}) - \mathbf{G}(\mathbf{y})\| \leq \alpha\|\mathbf{x} - \mathbf{y}\|$ pour tout $\mathbf{x}$, $\mathbf{y}$ dans D_0 où $\|\cdot\|$ est une norme vectorielle. Une application contractante est aussi appelée *contraction*. ■

Le théorème suivant donne l'existence et l'unicité d'un point fixe de $\mathbf{G}$.

Propriété 6.10 (théorème de l'application contractante) *Si* $\mathbf{G} : D \subset \mathbb{R}^n \to \mathbb{R}^n$ *est une contraction sur un ensemble fermé* $D_0 \subset D$ *telle que* $\mathbf{G}(\mathbf{x}) \in D_0$ *pour tout* $\mathbf{x} \in D_0$*, alors* $\mathbf{G}$ *admet un unique point fixe dans* D_0*.*

Le résultat suivant donne une condition suffisante pour avoir convergence de la suite (6.55) (pour la preuve voir [OR70], p. 299-301). Il s'agit d'une extension du Théorème 6.3 vu dans le cas scalaire.

Propriété 6.11 *On suppose que* $\mathbf{G} : D \subset \mathbb{R}^n \to \mathbb{R}^n$ *possède un point fixe* $\mathbf{x}^*$ *à l'intérieur de* D *et que* $\mathbf{G}$ *est continûment différentiable dans un voisinage de* $\mathbf{x}^*$*. On note* $\mathrm{J}_{\mathbf{G}}$ *la jacobienne de* $\mathbf{G}$ *et on suppose que* $\rho(\mathrm{J}_{\mathbf{G}}(\mathbf{x}^{(*)})) < 1$*. Alors il existe un voisinage* S *de* $\mathbf{x}^*$ *tel que* $S \subset D$ *et, pour tout* $\mathbf{x}^{(0)} \in S$*, la suite définie par* (6.55) *demeure dans* D *et converge vers* $\mathbf{x}^*$*.*

Le rayon spectral étant l'infimum des normes matricielles subordonnées, il suffit, pour être assuré de la convergence, de vérifier qu'on a $\|\mathrm{J}_{\mathbf{G}}(\mathbf{x})\| < 1$ pour une certaine norme.

Exemple 6.14 Considérons le système non linéaire

$$\mathbf{F}(\mathbf{x}) = [x_1^2 + x_2^2 - 1, 2x_1 + x_2 - 1]^T = \mathbf{0},$$

dont les solutions sont $\mathbf{x}_1^* = [0,1]^T$ et $\mathbf{x}_2^* = [4/5, -3/5]^T$. Utilisons pour le résoudre deux méthodes de point fixe respectivement définies par les fonctions d'itération

$$\mathbf{G}_1(\mathbf{x}) = \begin{bmatrix} \dfrac{1-x_2}{2} \\ \sqrt{1-x_1^2} \end{bmatrix}, \quad \mathbf{G}_2(\mathbf{x}) = \begin{bmatrix} \dfrac{1-x_2}{2} \\ -\sqrt{1-x_1^2} \end{bmatrix}.$$

On peut vérifier que $\mathbf{G}_i(\mathbf{x}_i^*) = \mathbf{x}_i^*$ pour $i = 1, 2$; les deux méthodes sont convergentes dans un voisinage de leur point fixe respectif car

$$\mathrm{J}_{\mathbf{G}_1}(\mathbf{x}_1^*) = \begin{bmatrix} 0 & -\frac{1}{2} \\ 0 & 0 \end{bmatrix}, \quad \mathrm{J}_{\mathbf{G}_2}(\mathbf{x}_2^*) = \begin{bmatrix} 0 & -\frac{1}{2} \\ \frac{4}{3} & 0 \end{bmatrix},$$

et donc $\rho(\mathrm{J}_{\mathbf{G}_1}(\mathbf{x}_1^*)) = 0$ et $\rho(\mathrm{J}_{\mathbf{G}_2}(\mathbf{x}_2^*)) = \sqrt{2/3} \simeq 0.817 < 1$.

En exécutant le Programme 55, avec une tolérance de 10^{-10} sur le maximum de la valeur absolue de la différence entre deux itérées successives, le premier schéma converge vers $\mathbf{x}_1^*$ en 9 itérations en partant de $\mathbf{x}^{(0)} = [-0.9, 0.9]^T$, et le second converge vers $\mathbf{x}_2^*$ en 115 itérations en partant de $\mathbf{x}^{(0)} = [0.9, 0.9]^T$. Cette différence de comportement entre les deux suites s'explique par la différence entre les rayons spectraux des matrices d'itération correspondantes. •

Remarque 6.4 La méthode de Newton peut être vue comme une méthode de point fixe associée à la fonction

$$\mathbf{G}_N(\mathbf{x}) = \mathbf{x} - \mathrm{J}_{\mathbf{F}}^{-1}(\mathbf{x})\mathbf{F}(\mathbf{x}). \tag{6.56}$$

■

Un code MATLAB de la méthode de point fixe (6.55) est proposé dans le Programme 55. Nous avons noté `dim` la taille du système non linéaire et `Phi` la variable contenant l'expression de la fonction d'itération $\mathbf{G}$. En sortie, le vecteur `alpha` contient l'approximation du zéro de $\mathbf{F}$ et le vecteur `res` contient les normes du maximum du résidu $\mathbf{F}(\mathbf{x}^{(k)})$.

Programme 55 - fixposys : Méthode de point fixe pour les systèmes non linéaires

```
function [alpha,res,iter]=fixposys(F,Phi,x0,tol,nmax,dim)
%FIXPOSYS Méthode de point fixe pour les systèmes non linéaires
% [ALPHA, RES, ITER] = FIXPOSYS(F, PHI, X0, TOL, NMAX, DIM) tente de
% résoudre le système non linéaire F(X)=0 avec la méthode du point
% fixe. F et PHI sont des chaînes contenant les expressions des équations
% non linéaires et de la fonction d'itération. X0 est la donnée initiale
% TOL est la tolérance de la méthode. NMAX est le nombre maximum
% d'itérations. DIM est la taille du système non linéaire. ITER est
% l'itération à laquelle la solution ALPHA a été calculée. RES est le
% résidu du système calculé en ALPHA.
x = x0; alpha=[x']; res = 0;
```

```
for k=1:dim
   r=abs(eval(F(k,:))); if (r > res), res = r; end
end;
iter = 0;
residual(1)=res;
while ((iter <= nmax) & (res >= tol)),
  iter = iter + 1;
  for k = 1:dim
     xnew(k) = eval(Phi(k,:));
  end
  x = xnew; res = 0; alpha=[alpha;x]; x=x';
  for k = 1:dim
     r = abs(eval(F(k,:)));
     if (r > res), res=r; end,
  end
  residual(iter+1)=res;
end
res=residual';
return
```

6.8 Exercices

1. Déterminer géométriquement la suite des premières itérées des méthodes de dichotomie, de la fausse position, de la sécante et de Newton pour l'approximation du zéro de la fonction $f(x) = x^2 - 2$ dans l'intervalle $[1, 3]$.

2. Soit f une fonction continue m fois différentiable ($m \geq 1$), telle que $f(\alpha) = \ldots = f^{(m-1)}(\alpha) = 0$ et $f^{(m)}(\alpha) \neq 0$. Montrer (6.22) et vérifier que la méthode de Newton modifiée (6.23) a un ordre de convergence égal à 2.
[*Indication* : poser $f(x) = (x - \alpha)^m h(x)$, où h est une fonction telle que $h(\alpha) \neq 0$].

3. Soit $f(x) = \cos^2(2x) - x^2$ la fonction définie sur l'intervalle $0 \leq x \leq 1.5$ et étudiée dans l'Exemple 6.4. Si on se fixe une tolérance $\varepsilon = 10^{-10}$ sur l'erreur absolue, déterminer expérimentalement les sous-intervalles pour lesquels la méthode de Newton converge vers $\alpha \simeq 0.5149$.
[*Solution* : pour $0 < x^{(0)} \leq 0.02$, $0.94 \leq x^{(0)} \leq 1.13$ et $1.476 \leq x^{(0)} \leq 1.5$, la méthode converge vers la solution $-\alpha$. Pour toute autre valeur de $x^{(0)}$ dans $[0, 1.5]$, la méthode converge vers α].

4. Vérifier les propriétés suivantes :
   a) $0 < \phi'(\alpha) < 1$: convergence *monotone*, c'est-à-dire, l'erreur $x^{(k)} - \alpha$ garde un signe constant quand k varie ;
   b) $-1 < \phi'(\alpha) < 0$: convergence oscillante c'est-à-dire, $x^{(k)} - \alpha$ change de signe quand k varie ;
   c) $|\phi'(\alpha)| > 1$: divergence. Plus précisément, si $\phi'(\alpha) > 1$, la suite diverge de façon monotone, tandis que pour $\phi'(\alpha) < -1$ elle diverge en oscillant.

5. Considérer pour $k \geq 0$ la méthode de point fixe, connue sous le nom de *méthode de Steffensen*,

$$x^{(k+1)} = x^{(k)} - \frac{f(x^{(k)})}{\varphi(x^{(k)})}, \quad \varphi(x^{(k)}) = \frac{f(x^{(k)} + f(x^{(k)})) - f(x^{(k)})}{f(x^{(k)})},$$

et prouver qu'elle est du second ordre. Implémenter la méthode de Steffensen dans MATLAB et l'utiliser pour approcher la racine de l'équation non linéaire $e^{-x} - \sin(x) = 0$.

6. Analyser la convergence de la méthode de point fixe $x^{(k+1)} = \phi_j(x^{(k)})$ pour le calcul des zéros $\alpha_1 = -1$ et $\alpha_2 = 2$ de la fonction $f(x) = x^2 - x - 2$, quand on utilise les fonctions d'itération suivantes : $\phi_1(x) = x^2 - 2$, $\phi_2(x) = \sqrt{2+x}$ $\phi_3(x) = -\sqrt{2+x}$ et $\phi_4(x) = 1 + 2/x$, $x \neq 0$.
[*Solution* : la méthode ne converge pas avec ϕ_1, elle converge seulement vers α_2 avec ϕ_2 et ϕ_4, et elle converge seulement vers α_1 avec ϕ_3].

7. On considère les méthodes de point fixe suivantes pour approcher les zéros de la fonction $f(x) = (2x^2 - 3x - 2)/(x - 1)$:
(1) $x^{(k+1)} = g(x^{(k)})$, où $g(x) = (3x^2 - 4x - 2)/(x - 1)$;
(2) $x^{(k+1)} = h(x^{(k)})$, où $h(x) = x - 2 + x/(x - 1)$.
Etudier la convergence des deux méthodes et déterminer leur ordre. Vérifier le comportement des deux schémas en utilisant le Programme 47 et donner, pour le second, une estimation expérimentale de l'intervalle dans lequel on doit choisir $x^{(0)}$ pour que la méthode converge vers $\alpha = 2$.
[*Solution* : zéros : $\alpha_1 = -1/2$ et $\alpha_2 = 2$. La méthode (1) ne converge pas, la méthode (2) approche seulement α_2 et elle est du second ordre. On a convergence seulement pour $x^{(0)} > 1$].

8. Proposer au moins deux méthodes de point fixe pour approcher la racine $\alpha \simeq 0.5885$ de l'équation $e^{-x} - \sin(x) = 0$ et étudier leur convergence.

9. En utilisant la règle des signes de Descartes, déterminer le nombre de racines réelles des polynômes $p_6(x) = x^6 - x - 1$ et $p_4(x) = x^4 - x^3 - x^2 + x - 1$.
[*Solution* : p_6 et p_4 ont tous les deux une racine réelle négative et une racine réelle positive].

10. En utilisant le théorème de Cauchy, localiser les zéros des polynômes p_4 et p_6 de l'Exercice 9. Donner une estimation analogue pour les polynômes $p_4(x) = x^4 + 8x^3 - 8x^2 - 200x - 425 = (x-5)(x+5)(x+4+i)(x+4-i)$, où $i^2 = -1$.
[*Indication* : poser $t = x - \mu$, avec $\mu = -4$, de manière à récrire le polynôme sous la forme $p_4(t) = t^4 - 8t^3 - 8t^2 - 8t - 9$].

11. En utilisant la règle de Descartes et le théorème de Cauchy, localiser les zéros du polynôme de Legendre L_5 défini à l'Exemple 6.3.
[*Solution* : 5 racines réelles, contenues dans l'intervalle $[-r, r]$, avec $r = 1 + 70/63 \simeq 2.11$. En fait, les racines de L_5 se situent dans l'intervalle $]-1, 1[$].

12. Soit $g : \mathbb{R} \rightarrow \mathbb{R}$ la fonction définie par $g(x) = \sqrt{1 + x^2}$. Montrer que les itérées de la méthode de Newton pour l'équation $g'(x) = 0$ satisfont les propriétés

suivantes :

$$
\begin{array}{ll}
(a) & |x^{(0)}| < 1 \Rightarrow g(x^{(k+1)}) < g(x^{(k)}),\ k \geq 0,\ \lim_{k\to\infty} x^{(k)} = 0\,; \\
(b) & |x^{(0)}| > 1 \Rightarrow g(x^{(k+1)}) > g(x^{(k)}),\ k \geq 0,\ \lim_{k\to\infty} |x^{(k)}| = +\infty\,.
\end{array}
$$

13. Prouver (6.45) pour l'étape m de la méthode de Newton-SOR.
[*Indication* : utiliser SOR pour résoudre un système linéaire $\mathrm{A}\mathbf{x}=\mathbf{b}$ avec A=D-E-F et exprimer la k-ème itérée en fonction de la donnée initiale $\mathbf{x}^{(0)}$. On obtient alors

$$
\mathbf{x}^{(k+1)} = \mathbf{x}^{(0)} + (\mathrm{M}^{k+1} - \mathrm{I})\mathbf{x}^{(0)} + (\mathrm{M}^k + \ldots + \mathrm{I})\mathrm{B}^{-1}\mathbf{b},
$$

où B$=\omega^{-1}(\mathrm{D} - \omega\mathrm{E})$ et $\mathrm{M} = \mathrm{B}^{-1}\omega^{-1}\left[(1-\omega)\mathrm{D} + \omega F\right]$. Puisque $\mathrm{B}^{-1}\mathrm{A} = \mathrm{I} - \mathrm{M}$ et

$$
(\mathrm{I} + \ldots + \mathrm{M}^k)(\mathrm{I} - \mathrm{M}) = \mathrm{I} - \mathrm{M}^{k+1}
$$

on en déduit (6.45) en identifiant la matrice et le membre de droite du système.]

14. On veut résoudre le système non linéaire

$$
\left\{
\begin{array}{l}
-\dfrac{1}{81}\cos x_1 + \dfrac{1}{9}x_2^2 + \dfrac{1}{3}\sin x_3 = x_1\,, \\
\dfrac{1}{3}\sin x_1 + \dfrac{1}{3}\cos x_3 = x_2\,, \\
-\dfrac{1}{9}\cos x_1 + \dfrac{1}{3}x_2 + \dfrac{1}{6}\sin x_3 = x_3\,,
\end{array}
\right.
$$

avec la méthode de point fixe $\mathbf{x}^{(n+1)} = \Psi(\mathbf{x}^{(n)})$, où $\mathbf{x} = [x_1, x_2, x_3]^T$ et $\Psi(\mathbf{x})$ est le membre de gauche du système. Analyser la convergence de la méthode vers le point fixe $\boldsymbol{\alpha} = [0, 1/3, 0]^T$.
[*Solution* : la méthode de point fixe est convergente car $\|\Psi(\boldsymbol{\alpha})\|_\infty = 1/2$.]

7

Interpolation polynomiale

Ce chapitre traite de l'approximation d'une fonction dont on ne connaît les valeurs qu'en certains points.

Plus précisément, étant donné $n+1$ couples (x_i, y_i), le problème consiste à trouver une fonction $\Phi = \Phi(x)$ telle que $\Phi(x_i) = y_i$ pour $i = 0, \ldots, m$, où les y_i sont des valeurs données. On dit alors que Φ *interpole* $\{y_i\}$ aux noeuds $\{x_i\}$. On parle d'*interpolation polynomiale* quand Φ est un polynôme, d'*approximation trigonométrique* quand Φ est un polynôme trigonométrique et d'*interpolation polynomiale par morceaux* (ou d'*interpolation par fonctions splines*) si Φ est polynomiale par morceaux.

Les quantités y_i peuvent, par exemple, représenter les valeurs aux noeuds x_i d'une fonction f connue analytiquement ou des données expérimentales. Dans le premier cas, l'approximation a pour but de remplacer f par une fonction plus simple en vue d'un calcul numérique d'intégrale ou de dérivée. Dans l'autre cas, le but est d'avoir une représentation synthétique de données expérimentales dont le nombre peut être très élevé.

Nous étudions dans ce chapitre l'interpolation polynomiale, polynomiale par morceaux et les splines paramétriques. Les interpolations trigonométriques et celles basées sur des polynômes orthogonaux seront abordées au Chapitre 9.

7.1 Interpolation polynomiale

Considérons $n+1$ couples (x_i, y_i). Le problème est de trouver un polynôme $\Pi_m \in \mathbb{P}_m$, appelé *polynôme d'interpolation* ou *polynôme interpolant*, tel que

$$\Pi_m(x_i) = a_m x_i^m + \ldots + a_1 x_i + a_0 = y_i \quad i = 0, \ldots, n. \tag{7.1}$$

Les points x_i sont appelés *noeuds d'interpolation*. Si $n \neq m$ le problème est sur ou sous-déterminé et sera étudié à la Section 9.7.1. Si $n = m$, on a le résultat suivant :

Théorème 7.1 *Etant donné $n+1$ points distincts $x_0, \dots, x_n$ et $n+1$ valeurs correspondantes $y_0, \dots, y_n$, il existe un unique polynôme $\Pi_n \in \mathbb{P}_n$ tel que $\Pi_n(x_i) = y_i$ pour $i = 0, \dots, n$.*

Démonstration. Pour prouver l'existence, on va construire explicitement Π_n. Posons

$$l_i \in \mathbb{P}_n : \quad l_i(x) = \prod_{\substack{j=0 \\ j \neq i}}^{n} \frac{x - x_j}{x_i - x_j} \qquad i = 0, \dots, n. \tag{7.2}$$

Les polynômes $\{l_i, i = 0, \dots, n\}$ forment une base de $\mathbb{P}_n$ (voir Exercice 1). En décomposant Π_n sur cette base, on a $\Pi_n(x) = \sum_{j=0}^{n} b_j l_j(x)$, d'où

$$\Pi_n(x_i) = \sum_{j=0}^{n} b_j l_j(x_i) = y_i, \quad i = 0, \dots, n, \tag{7.3}$$

et comme $l_j(x_i) = \delta_{ij}$, on en déduit immédiatement que $b_i = y_i$.

Par conséquent, le polynôme d'interpolation existe et s'écrit sous la forme suivante

$$\Pi_n(x) = \sum_{i=0}^{n} y_i l_i(x). \tag{7.4}$$

Pour montrer l'unicité, supposons qu'il existe un autre polynôme Ψ_m de degré $m \leq n$, tel que $\Psi_m(x_i) = y_i$ pour $i = 0, ..., n$. La différence $\Pi_n - \Psi_m$ s'annule alors en $n+1$ points distincts x_i, elle est donc nulle. Ainsi, $\Psi_m = \Pi_n$.

Un approche alternative pour montrer l'existence et l'unicité de Π_n est proposée dans l'Exercice 2. $\diamond$

On peut vérifier (voir Exercice 3) que

$$\Pi_n(x) = \sum_{i=0}^{n} \frac{\omega_{n+1}(x)}{(x - x_i)\omega'_{n+1}(x_i)} y_i, \tag{7.5}$$

où ω_{n+1} est le *polynôme nodal* de degré $n+1$ défini par

$$\omega_{n+1}(x) = \prod_{i=0}^{n} (x - x_i). \tag{7.6}$$

La relation (7.4) est appelée *formule d'interpolation de Lagrange*, et les polynômes $l_i(x)$ sont les *polynômes caractéristiques (de Lagrange)*. On a représenté sur la Figure 7.1 les polynômes caractéristiques $l_2(x)$, $l_3(x)$ et $l_4(x)$, pour $n = 6$, sur l'intervalle [-1,1] avec des noeuds équirépartis (comprenant les extrémités de l'intervalle).
Noter que $|l_i(x)|$ peut être plus grand que 1 dans l'intervalle d'interpolation.

Si $y_i = f(x_i)$ pour $i = 0, \dots, n$, f étant une fonction donnée, le polynôme d'interpolation $\Pi_n(x)$ sera noté $\Pi_n f(x)$.

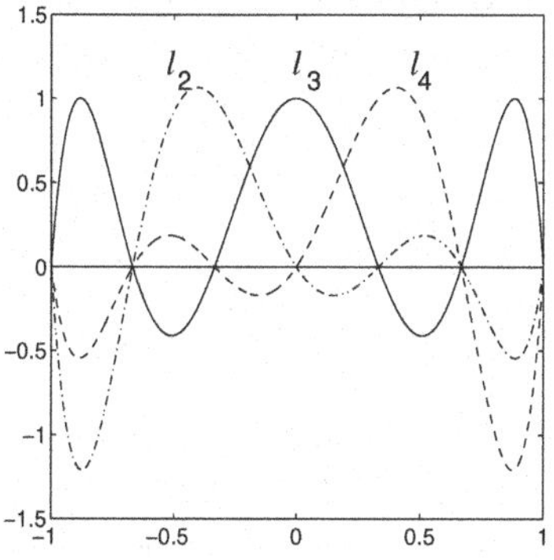

Fig. 7.1. Polynômes caractéristiques de Lagrange

7.1.1 Erreur d'interpolation

Dans cette section, nous évaluons l'erreur d'interpolation faite quand on remplace une fonction f donnée par le polynôme $\Pi_n f$ qui l'interpole aux noeuds $x_0, x_1, \ldots, x_n$ (nous renvoyons le lecteur intéressé par davantage de résultats à [Wen66], [Dav63]).

Théorème 7.2 *Soient $x_0, x_1, \ldots, x_n$, $n+1$ noeuds distincts et soit x un point appartenant au domaine de définition de f. On suppose que $f \in C^{n+1}(I_x)$, où I_x est le plus petit intervalle contenant les noeuds $x_0, x_1, \ldots, x_n$ et x. L'erreur d'interpolation au point x est donnée par*

$$E_n(x) = f(x) - \Pi_n f(x) = \frac{f^{(n+1)}(\xi)}{(n+1)!}\omega_{n+1}(x), \tag{7.7}$$

où $\xi \in I_x$ et ω_{n+1} est le polynôme nodal de degré $n+1$.

Démonstration. Le résultat est évidemment vrai si x coïncide avec l'un des noeuds d'interpolation. Autrement, définissons pour $t \in I_x$, la fonction $G(t) = E_n(t) - \omega_{n+1}(t)E_n(x)/\omega_{n+1}(x)$. Puisque $f \in C^{(n+1)}(I_x)$ et puisque ω_{n+1} est un polynôme, $G \in C^{(n+1)}(I_x)$ et possède au moins $n+2$ zéros distincts dans I_x. En effet,

$$G(x_i) = E_n(x_i) - \omega_{n+1}(x_i)E_n(x)/\omega_{n+1}(x) = 0, \quad i = 0, \ldots, n,$$
$$G(x) = E_n(x) - \omega_{n+1}(x)E_n(x)/\omega_{n+1}(x) = 0.$$

Ainsi, d'après le théorème des valeurs intermédiaires, G' admet au moins $n+1$ zéros distincts, et par récurrence, $G^{(j)}$ a au moins $n+2-j$ zéros distincts. Par conséquent, $G^{(n+1)}$ a au moins un zéro, qu'on note ξ. D'autre part, puisque $E_n^{(n+1)}(t) = f^{(n+1)}(t)$ et $\omega_{n+1}^{(n+1)}(x) = (n+1)!$ on a

$$G^{(n+1)}(t) = f^{(n+1)}(t) - \frac{(n+1)!}{\omega_{n+1}(x)}E_n(x),$$

ce qui donne, avec $t = \xi$, l'expression voulue pour $E_n(x)$. ◇

7.1.2 Les défauts de l'interpolation polynomiale avec noeuds équirépartis et le contre-exemple de Runge

Nous analysons dans cette section le comportement de l'erreur d'interpolation (7.7) quand n tend vers l'infini. Rappelons qu'on définit la *norme du maximum* d'une fonction $f \in C^0([a,b])$ par

$$\|f\|_\infty = \max_{x\in[a,b]} |f(x)|. \tag{7.8}$$

Introduisons une "matrice" triangulaire inférieure X de taille infinie, appelée *matrice d'interpolation* sur $[a,b]$, dont les coefficients x_{ij}, pour $i,j = 0,1,\ldots$, représentent les points de $[a,b]$, avec l'hypothèse que sur chaque ligne les coefficients sont tous distincts.

Pour tout $n \geq 0$, la $n+1$-ième ligne de X contient $n+1$ valeurs distinctes que l'on identifie à des noeuds. Pour une fonction f donnée, on peut définir de façon unique un polynôme $\Pi_n f$ de degré n qui interpole f en ces noeuds (le polynôme $\Pi_n f$ dépend de X et de f).

Pour une fonction f donnée et pour une matrice d'interpolation X, on définit l'erreur d'interpolation

$$E_{n,\infty}(\mathrm{X}) = \|f - \Pi_n f\|_\infty, \quad n = 0,1,\ldots \tag{7.9}$$

On note $p_n^* \in \mathbb{P}_n$ la *meilleure approximation polynomiale*, *i.e.* l'interpolation pour laquelle

$$E_n^* = \|f - p_n^*\|_\infty \leq \|f - q_n\|_\infty \qquad \forall q_n \in \mathbb{P}_n.$$

On a alors le résultat suivant (pour la preuve, voir [Riv74]).

Propriété 7.1 *Soient $f \in C^0([a,b])$ et X une matrice d'interpolation sur $[a,b]$. Alors*

$$E_{n,\infty}(\mathrm{X}) \leq E_n^* \left(1 + \Lambda_n(\mathrm{X})\right), \qquad n = 0,1,\ldots \tag{7.10}$$

où $\Lambda_n(\mathrm{X})$ désigne la constante de Lebesgue de X définie par

$$\Lambda_n(\mathrm{X}) = \left\| \sum_{j=0}^{n} |l_j^{(n)}| \right\|_\infty, \tag{7.11}$$

et où $l_j^{(n)} \in \mathbb{P}_n$ est le j-ième polynôme caractéristique associé à la $n+1$-ième ligne de X, c'est-à-dire le polynôme satisfaisant $l_j^{(n)}(x_{nk}) = \delta_{jk}$, $j,k = 0,1,\ldots$

Puisque E_n^* ne dépend pas de X, toute l'information concernant les effets de X sur $E_{n,\infty}(\mathrm{X})$ doit être cherchée dans $\Lambda_n(\mathrm{X})$. Bien qu'il existe une matrice d'interpolation X^* telle que $\Lambda_n(\mathrm{X})$ soit minimum, la détermination explicite de ses coefficients n'est en général pas une tâche facile. Nous verrons à la

Section 9.3, que les zéros des polynômes de Chebyshev définissent une matrice d'interpolation sur $[-1, 1]$ dont la constante de Lebesgue est très petite.

D'autre part, pour tout choix de X, il existe une constante $C > 0$ telle que (voir [Erd61])

$$\Lambda_n(\mathrm{X}) > \frac{2}{\pi} \log(n+1) - C, \qquad n = 0, 1, \ldots$$

Cette propriété implique que $\Lambda_n(\mathrm{X}) \to \infty$ quand $n \to \infty$, ce qui a des conséquences importantes : on peut en particulier montrer (voir [Fab14]) que pour une matrice d'interpolation X sur un intervalle $[a, b]$, il existe toujours une fonction continue f sur $[a, b]$ telle que $\Pi_n f$ ne converge pas uniformément (c'est-à-dire pour la norme du maximum) vers f. Ainsi, l'interpolation polynomiale ne permet pas d'approcher convenablement *toute* fonction continue. C'est ce que montre l'exemple suivant.

Exemple 7.1 (contre-exemple de Runge) Supposons qu'on approche la fonction suivante

$$f(x) = \frac{1}{1+x^2}, \qquad -5 \le x \le 5 \tag{7.12}$$

en utilisant l'interpolation de Lagrange avec noeuds équirépartis. On peut vérifier qu'il existe des points x à l'intérieur de l'intervalle d'interpolation tels que

$$\lim_{n\to\infty} |f(x) - \Pi_n f(x)| \neq 0.$$

En particulier, l'interpolation de Lagrange diverge pour $|x| > 3.63\ldots$. Ce phénomène est particulièrement évident au voisinage des extrémités de l'intervalle d'interpolation, comme le montre la Figure 7.2. Il est dû au fait que les noeuds sont équirépartis. Nous verrons au Chapitre 9 qu'en choisissant convenablement les noeuds, on pourra établir la convergence uniforme du polynôme d'interpolation vers la fonction f. •

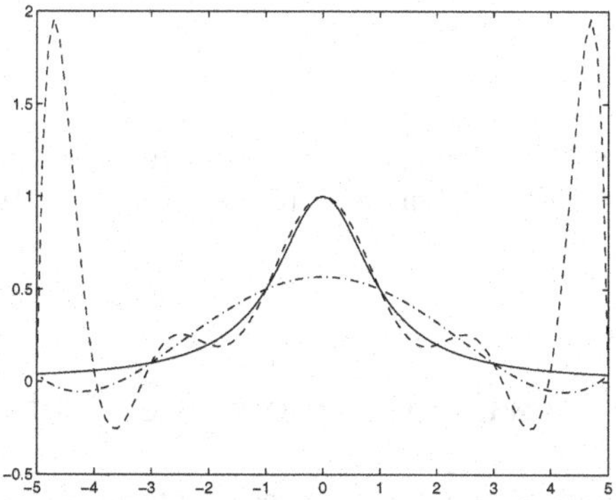

Fig. 7.2. Contre-exemple de Runge concernant l'interpolation de Lagrange sur des noeuds équirépartis : la fonction $f(x) = 1/(1+x^2)$ et les polynômes d'interpolation $\Pi_5 f$ (*trait mixte*) et $\Pi_{10} f$ (*trait discontinu*)

7.1.3 Stabilité du polynôme d'interpolation

On note $\widetilde{f}(x_i)$ les valeurs résultant de la perturbation d'un ensemble de données $f(x_i)$ en des noeuds $x_i \in [a,b]$, $i = 0,\ldots,n$. La perturbation peut être due, par exemple, aux erreurs d'arrondi ou à des erreurs dans des mesures expérimentales.

En notant $\Pi_n \widetilde{f}$ le polynôme qui interpole les valeurs $\widetilde{f}(x_i)$, on a

$$\begin{aligned}\|\Pi_n f - \Pi_n \widetilde{f}\|_\infty &= \max_{a\le x\le b} \left| \sum_{j=0}^{n} (f(x_j) - \widetilde{f}(x_j)) l_j(x) \right| \\ &\le \Lambda_n(\mathrm{X}) \max_{i=0,\ldots,n} |f(x_i) - \widetilde{f}(x_i)|.\end{aligned}$$

Par conséquent, des petites modifications sur les données n'induisent des petites modifications sur le polynôme d'interpolation que si la constante de Lebesgue est petite. Cette constante joue le rôle de *conditionnement* pour le problème d'interpolation.

Comme on l'a noté précédemment, Λ_n croît quand $n \to \infty$. En particulier, pour l'interpolation de Lagrange sur des noeuds équirépartis on peut montrer que (voir [Nat65])

$$\Lambda_n(\mathrm{X}) \simeq \frac{2^{n+1}}{e n \log n},$$

où $e = 2.7183\ldots$ est le nombre de Neper. Ceci montre que, pour n grand, cette forme d'interpolation peut devenir instable. Remarquer qu'on a laissé de côté jusqu'à présent les erreurs liées à la construction de $\Pi_n f$. On peut néanmoins montrer que leurs effets sont en général négligeables (voir [Atk89]).

Exemple 7.2 On interpole sur l'intervalle $[-1,1]$ la fonction $f(x) = \sin(2\pi x)$ en 22 noeuds équirépartis. On génère ensuite un ensemble de valeurs perturbées $\widetilde{f}(x_i)$ de $f(x_i) = \sin(2\pi x_i)$ avec $\max_{i=0,\ldots,21} |f(x_i) - \widetilde{f}(x_i)| \simeq 9.5 \cdot 10^{-4}$. Sur la Figure 7.3 on compare les polynômes $\Pi_{21} f$ et $\Pi_{21}\widetilde{f}$: remarquer que la différence entre les deux polynômes au voisinage des extrémités de l'intervalle d'interpolation est bien plus grande que la perturbation imposée (en effet $\|\Pi_{21} f - \Pi_{21}\widetilde{f}\|_\infty \simeq 2.1635$ et $\Lambda_{21} \simeq 24000$). •

7.2 Forme de Newton du polynôme d'interpolation

La forme de Lagrange (7.4) du polynôme d'interpolation n'est pas la plus commode d'un point de vue pratique. Nous introduisons dans cette section une forme alternative dont le coût de calcul est moins élevé. Notre but est le suivant : étant donné $n+1$ paires $\{x_i, y_i\}$, $i = 0,\ldots,n$, on veut représenter Π_n (tel que $\Pi_n(x_i) = y_i$ avec $i = 0,\ldots,n$) comme la somme de Π_{n-1} (tel que

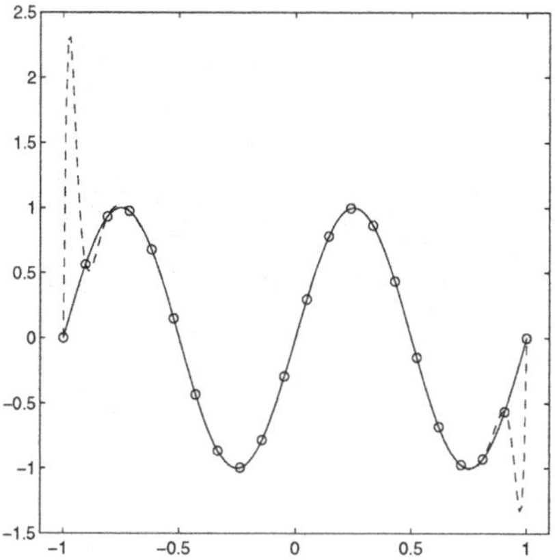

Fig. 7.3. Instabilité de l'interpolation de Lagrange. En trait plein $\Pi_{21}f$, sur des données non perturbées, en trait discontinu $\Pi_{21}\widetilde{f}$, sur des données perturbées (Exemple 7.2)

$\Pi_{n-1}(x_i) = y_i$ pour $i = 0, \ldots, n-1$) et d'un polynôme de degré n qui dépend des noeuds x_i et d'un seul coefficient inconnu. On pose donc

$$\Pi_n(x) = \Pi_{n-1}(x) + q_n(x), \tag{7.13}$$

où $q_n \in \mathbb{P}_n$. Puisque $q_n(x_i) = \Pi_n(x_i) - \Pi_{n-1}(x_i) = 0$ pour $i = 0, \ldots, n-1$, on a nécessairement

$$q_n(x) = a_n(x - x_0) \ldots (x - x_{n-1}) = a_n\omega_n(x).$$

Pour déterminer le coefficient a_n, supposons que $y_i = f(x_i)$, $i = 0, \ldots, n$, où f est une fonction donnée, pas nécessairement sous forme explicite. Puisque $\Pi_n f(x_n) = f(x_n)$, on déduit de (7.13) que

$$a_n = \frac{f(x_n) - \Pi_{n-1}f(x_n)}{\omega_n(x_n)}. \tag{7.14}$$

Le coefficient a_n est appelé n-ième *différence divisée de Newton* et on le note en général

$$a_n = f[x_0, x_1, \ldots, x_n] \tag{7.15}$$

pour $n \geq 1$. Par conséquent, (7.13) devient

$$\Pi_n f(x) = \Pi_{n-1}f(x) + \omega_n(x)f[x_0, x_1, \ldots, x_n]. \tag{7.16}$$

En posant $y_0 = f(x_0) = f[x_0]$ et $\omega_0 = 1$, on obtient à partir de (7.16) la formule suivante par récurrence sur n

$$\Pi_n f(x) = \sum_{k=0}^{n} \omega_k(x) f[x_0, \ldots, x_k]. \tag{7.17}$$

D'après l'unicité du polynôme d'interpolation, cette expression définit le même polynôme que la formule de Lagrange. La forme (7.17) est communément appelée *formule des différences divisées de Newton* du polynôme d'interpolation.

On propose dans le Programme 56 une implémentation de la formule de Newton. En entrée, les vecteurs x et y contiennent respectivement les noeuds d'interpolation et les valeurs de f correspondantes, le vecteur z contient les abscisses où le polynôme $\Pi_n f$ doit être évalué. Ce polynôme est retourné en sortie dans le vecteur f.

Programme 56 - interpol : Polynôme d'interpolation de Lagrange utilisant les formules de Newton

```
function [f]=interpol(x,y,z)
%INTERPOL Polynôme d'interpolation de Lagrange
% [F] = INTERPOL(X, Y, Z) calcule le polynôme d'interpolation de
%  Lagrange d'une fonction. X contient les noeuds d'interpolation. Y
%  contient les valeurs de la fonction en X. Z contient les points
%  auxquels le polynôme d'interpolation F doit être évalué.
[m n] = size(y);
for j = 1:m
   a (:,1) = y (j,:)';
   for i = 2:n
      a (i:n,i) = ( a(i:n,i-1)-a(i-1,i-1) )./(x(i:n)-x(i-1))';
   end
   f(j,:) = a(n,n).*(z-x(n-1)) + a(n-1,n-1);
   for i = 2:n-1
      f(j,:) = f(j,:).*(z-x(n-i))+a(n-i,n-i);
   end
end
return
```

7.2.1 Quelques propriétés des différences divisées de Newton

On remarque que la n-ième différence divisée $f[x_0, \ldots, x_n] = a_n$ est le coefficient de x^n dans $\Pi_n f$. En isolant ce coefficient dans (7.5) et en l'identifiant avec le coefficient correspondant dans la formule de Newton (7.17), on obtient la définition explicite

$$f[x_0, \ldots, x_n] = \sum_{i=0}^{n} \frac{f(x_i)}{\omega'_{n+1}(x_i)}. \tag{7.18}$$

Cette formule a des conséquences remarquables :

1. la valeur prise par la différence divisée est invariante par permutation des indices des noeuds. Ceci peut être utilisé avec profit quand des problèmes

de stabilité suggèrent d'échanger des indices (par exemple, si x est le point où le polynôme doit être calculé, il peut être commode d'introduire une permutation des indices telle que $|x-x_k| \leq |x-x_{k-1}|$ pour $k = 1, \ldots, n$) ;

2. si $f = \alpha g + \beta h$ pour $\alpha, \beta \in \mathbb{R}$, alors

$$f[x_0, \ldots, x_n] = \alpha g[x_0, \ldots, x_n] + \beta h[x_0, \ldots, x_n];$$

3. si $f = gh$, on a la formule suivante (appelée formule de Leibniz) (voir [Die93])

$$f[x_0, \ldots, x_n] = \sum_{j=0}^{n} g[x_0, \ldots, x_j] h[x_j, \ldots, x_n];$$

4. une manipulation algébrique de (7.18) (voir Exercice 7) donne la formule de récurrence suivante permettant le calcul des différences divisées

$$f[x_0, \ldots, x_n] = \frac{f[x_1, \ldots, x_n] - f[x_0, \ldots, x_{n-1}]}{x_n - x_0}, \quad n \geq 1. \tag{7.19}$$

On a implémenté dans le Programme 57 la formule de récurrence (7.19). Les valeurs de f aux noeuds d'interpolation x sont stockées dans le vecteur y, tandis que la matrice de sortie d (triangulaire inférieure) contient les différences divisées stockées sous la forme suivante

$$\begin{array}{c|lllll}
x_0 & f[x_0] & & & & \\
x_1 & f[x_1] & f[x_0, x_1] & & & \\
x_2 & f[x_2] & f[x_1, x_2] & f[x_0, x_1, x_2] & & \\
\vdots & \vdots & & \vdots & \ddots & \\
x_n & f[x_n] & f[x_{n-1}, x_n] & f[x_{n-2}, x_{n-1}, x_n] & \ldots & f[x_0, \ldots, x_n]
\end{array}$$

Les coefficients intervenant dans la formule de Newton sont les éléments diagonaux de la matrice.

Programme 57 - dividif : Différences divisées de Newton

```
function [d]=dividif(x,y)
%DIVIDIF Différences divisées de Newton
% [D] = DIVIDIF(X, Y) calcule les différences divisées d'ordre n.
% X contient les noeuds d'interpolation. Y les valeurs de la fonction
% en X. D contient les différences divisée d'ordre n.
[n,m]=size(y);
if n == 1, n = m; end
n = n-1;
d = zeros (n+1,n+1);
d(:,1) = y';
for j = 2:n+1
```

```
    for i = j:n+1
        d (i,j) = ( d (i-1,j-1)-d (i,j-1))/(x (i-j+1)-x (i));
    end
end
return
```

En utilisant (7.19), $n(n+1)$ additions et $n(n+1)/2$ divisions sont nécessaires pour construire la matrice complète. Si on disposait de la valeur prise par f en un nouveau noeud x_{n+1}, on aurait à calculer seulement une ligne supplémentaire ($f[x_n, x_{n+1}]$, ..., $f[x_0, x_1, \ldots, x_{n+1}]$). Ainsi, pour construire $\Pi_{n+1} f$ à partir de $\Pi_n f$, il suffit d'ajouter à $\Pi_n f$ le terme $a_{n+1}\omega_{n+1}(x)$, ce qui nécessite $(n+1)$ divisions et $2(n+1)$ additions. Pour simplifier les notations, nous écrirons $D^r f(x_i) = f[x_i, x_{i+1}, \ldots, x_r]$.

Exemple 7.3 Nous donnons dans la Table 7.1 les différences divisées sur l'intervalle]0,2[pour la fonction $f(x) = 1 + \sin(3x)$. Les valeurs de f et les différences divisées correspondantes ont été calculées avec 16 chiffres significatifs, bien qu'on ait noté seulement les 4 premiers. Si on se donne en plus la valeur de f au noeud $x = 0.2$, la mise à jour de la table des différences divisées se limite seulement aux coefficients mettant en jeu $x_1 = 0.2$ et $f(x_1) = 1.5646$. •

Table 7.1. Différences divisées pour la fonction $f(x) = 1 + \sin(3x)$ dans le cas où on ajoute à la liste la valeur de f en $x = 0.2$. Les nouveaux coefficients calculés sont notés en italique

x_i	$f(x_i)$	$f[x_i, x_{i-1}]$	$D^2 f_i$	$D^3 f_i$	$D^4 f_i$	$D^5 f_i$	$D^6 f_i$
0	1.0000						
0.2	*1.5646*	*2.82*					
0.4	1.9320	*1.83*	*-2.46*				
0.8	1.6755	-0.64	*-4.13*	*-2.08*			
1.2	0.5575	-2.79	-2.69	*1.43*	*2.93*		
1.6	0.0038	-1.38	1.76	3.71	*1.62*	*-0.81*	
2.0	0.7206	1.79	3.97	1.83	-1.17	*-1.55*	*-0.36*

Remarquer que $f[x_0, \ldots, x_n] = 0$ pour tout $f \in \mathbb{P}_{n-1}$. Néanmoins cette propriété n'est pas toujours satisfaite numériquement car le calcul des différences divisées peut être fortement affecté par des erreurs d'arrondi.

Exemple 7.4 Considérons les différences divisées de la fonction $f(x) = 1 + \sin(3x)$ sur l'intervalle $]0, 0.0002[$. Dans un voisinage de 0, f est équivalente à $1 + 3x$, on s'attend donc à trouver des nombres plus petits quand l'ordre des différences divisées augmente. Pourtant les résultats obtenus avec le Programme `dividif`, présentés dans la Table 7.2 en notation exponentielle avec 4 chiffres significatifs (bien que 16 chiffres aient été utilisés dans les calculs), montrent un comportement radicalement différent.

Les petites erreurs d'arrondi introduites dans le calcul des différences divisées d'ordre bas se sont spectaculairement propagées sur les différences divisées d'ordre élevé. •

Table 7.2. Différences divisées pour la fonction $f(x) = 1 + \sin(3x)$ sur l'intervalle $]0,0.0002[$. Remarquer la valeur complètement fausse dans la dernière colonne (elle devrait être approximativement égale à 0). Ceci est dû à la propagation des erreurs d'arrondi dans l'algorithme

x_i	$f(x_i)$	$f[x_i, x_{i-1}]$	$D^2 f_i$	$D^3 f_i$	$D^4 f_i$	$D^5 f_i$
0	1.0000					
4.0e-5	1.0001	3.000				
8.0e-5	1.0002	3.000	-5.39e-4			
1.2e-4	1.0004	3.000	-1.08e-3	-4.50		
1.6e-4	1.0005	3.000	-1.62e-3	-4.49	1.80e+1	
2.0e-4	1.0006	3.000	-2.15e-3	-4.49	-7.23	$-1.2e+5$

7.2.2 Erreur d'interpolation avec les différences divisées

Soit $\Pi_n f$ le polynôme d'interpolation de f aux noeuds $x_0, \ldots, x_n$ et soit x un noeud distinct des précédents ; en posant $x_{n+1} = x$, on note $\Pi_{n+1} f$ le polynôme interpolant f aux noeuds x_k, $k = 0, \ldots, n+1$. En utilisant la formule des différences divisées de Newton, on a

$$\Pi_{n+1} f(t) = \Pi_n f(t) + (t - x_0) \cdots (t - x_n) f[x_0, \ldots, x_n, t].$$

Puisque $\Pi_{n+1} f(x) = f(x)$, on obtient l'expression suivante pour l'erreur d'interpolation en $t = x$

$$\begin{aligned} E_n(x) &= f(x) - \Pi_n f(x) = \Pi_{n+1} f(x) - \Pi_n f(x) \\ &= (x - x_0) \cdots (x - x_n) f[x_0, \ldots, x_n, x] \\ &= \omega_{n+1}(x) f[x_0, \ldots, x_n, x]. \end{aligned} \tag{7.20}$$

En supposant que $f \in C^{(n+1)}(I_x)$ et en comparant (7.20) à (7.7), on a donc

$$f[x_0, \ldots, x_n, x] = \frac{f^{(n+1)}(\xi)}{(n+1)!} \tag{7.21}$$

pour un certain $\xi \in I_x$. Comme (7.21) est le reste du développement de Taylor de f, la formule d'interpolation de Newton (7.17) peut être vue comme un développement tronqué autour de x_0 (à condition que $|x_n - x_0|$ ne soit pas trop grand).

7.3 Interpolation de Lagrange par morceaux

A la Section 7.1.2, nous avons mis en évidence le fait qu'on ne peut garantir la convergence uniforme de $\Pi_n f$ vers f quand les noeuds d'interpolation sont équirépartis. L'interpolation de Lagrange de bas degré est cependant suffisamment précise quand elle est utilisée sur des intervalles assez petits, y compris avec des noeuds équirépartis (ce qui est commode en pratique).

Il est donc naturel d'introduire une partition $\mathcal{T}_h$ de $[a,b]$ en K sous-intervalles $I_j = [x_j, x_{j+1}]$ de longueur h_j, avec $h = \max_{0\leq j\leq K-1} h_j$, tels que $[a,b] = \cup_{j=0}^{K-1} I_j$ et d'utiliser l'interpolation de Lagrange sur chaque I_j en $k+1$ noeuds équirépartis $\left\{x_j^{(i)},\ 0 \leq i \leq k\right\}$, avec k petit.

Pour $k \geq 1$ et pour une partition $\mathcal{T}_h$ donnée, on introduit

$$X_h^k = \left\{v \in C^0([a,b]) : v|_{I_j} \in \mathbb{P}_k(I_j)\, \forall I_j \in \mathcal{T}_h\right\} \tag{7.22}$$

qui est l'espace des fonctions continues sur $[a,b]$ dont la restriction à chaque I_j est polynomiale de degré $\leq k$. Pour toute fonction f continue sur $[a,b]$, le *polynôme d'interpolation par morceaux* $\Pi_h^k f$ coïncide sur chaque I_j avec l'interpolant de $f_{|I_j}$ aux $k+1$ noeuds $\left\{x_j^{(i)},\ 0 \leq i \leq k\right\}$. Par conséquent, si $f \in C^{k+1}([a,b])$, en utilisant (7.7) dans chaque intervalle, on obtient l'estimation d'erreur suivante :

$$\|f - \Pi_h^k f\|_\infty \leq C h^{k+1}\ \|f^{(k+1)}\|_\infty. \tag{7.23}$$

Remarquer qu'on peut obtenir une erreur d'interpolation petite, même pour des valeurs de k peu élevées, dès lors que h est "assez petit".

Exemple 7.5 Revenons à la fonction du contre-exemple de Runge en utilisant des polynômes par morceaux de degré 1 et 2, et étudions expérimentalement le comportement de l'erreur quand h décroît. Nous montrons dans la Table 7.3 les erreurs absolues mesurées dans la norme du maximum sur l'intervalle $[-5,5]$ et les estimations correspondantes de l'ordre de convergence p par rapport à h. Mis à part les cas où le nombre de sous-intervalles est excessivement petit, les résultats confirment l'estimation théorique (7.23), *i.e.* $p = k+1$. •

7.4 Interpolation d'Hermite-Birkoff

On peut généraliser l'interpolation de Lagrange d'une fonction f pour prendre en compte, en plus de ses valeurs nodales, les valeurs de ses dérivées en certains noeuds (ou en tous les noeuds).

On se donne $(x_i, f^{(k)}(x_i))$, pour $i = 0, \ldots, n$, $k = 0, \ldots, m_i$ où $m_i \in \mathbb{N}$. En posant $N = \sum_{i=0}^{n}(m_i+1)$, on peut montrer (voir [Dav63]) que si les noeuds $\{x_i\}$ sont distincts, il existe un unique polynôme $H_{N-1} \in \mathbb{P}_{N-1}$, appelé

Table 7.3. Erreur d'interpolation pour l'interpolation de Lagrange par morceaux de degré 1 et 2, dans le cas de la fonction de Runge (7.12) ; p désigne l'exposant de h. Remarquer que, lorsque $h \to 0$, $p \to n+1$, comme le prévoit (7.23)

h	$\|f - \Pi_h^1 f\|_\infty$	p	$\|f - \Pi_h^2 f\|_\infty$	p
5	0.4153		0.0835	
2.5	0.1787	1.216	0.0971	-0.217
1.25	0.0631	1.501	0.0477	1.024
0.625	0.0535	0.237	0.0082	2.537
0.3125	0.0206	1.374	0.0010	3.038
0.15625	0.0058	1.819	1.3828e-04	2.856
0.078125	0.0015	1.954	1.7715e-05	2.964

polynôme d'interpolation d'Hermite, tel que

$$H_{N-1}^{(k)}(x_i) = y_i^{(k)}, \qquad i = 0, \ldots, n, \quad k = 0, \ldots, m_i.$$

Ce polynôme s'écrit

$$H_{N-1}(x) = \sum_{i=0}^{n}\sum_{k=0}^{m_i} y_i^{(k)} L_{ik}(x), \tag{7.24}$$

où $y_i^{(k)} = f^{(k)}(x_i)$, $i = 0, \ldots, n$, $k = 0, \ldots, m_i$.
Les fonctions $L_{ik} \in \mathbb{P}_{N-1}$ sont appelées *polynômes caractéristiques d'Hermite* et sont définies par les relations

$$\frac{d^p}{dx^p}(L_{ik})(x_j) = \begin{cases} 1 & \text{si } i = j \text{ et } k = p, \\ 0 & \text{sinon.} \end{cases}$$

En définissant les polynômes

$$l_{ij}(x) = \frac{(x - x_i)^j}{j!} \prod_{\substack{k=0 \\ k \neq i}}^{n} \left(\frac{x - x_k}{x_i - x_k}\right)^{m_k+1}, \; i = 0, \ldots, n, \; j = 0, \ldots, m_i,$$

et en posant $L_{im_i}(x) = l_{im_i}(x)$ pour $i = 0, \ldots, n$, on a les relations de récurrence suivantes pour les polynômes L_{ij} :

$$L_{ij}(x) = l_{ij}(x) - \sum_{k=j+1}^{m_i} l_{ij}^{(k)}(x_i) L_{ik}(x) \qquad j = m_i - 1, m_i - 2, \ldots, 0.$$

Concernant l'erreur d'interpolation, on a l'estimation

$$f(x) - H_{N-1}(x) = \frac{f^{(N)}(\xi)}{N!}\Omega_N(x) \quad \forall x \in \mathbb{R},$$

où $\xi \in \mathrm{I}(x; x_0, \ldots, x_n)$ et Ω_N est le polynôme de degré N défini par

$$\Omega_N(x) = (x - x_0)^{m_0+1}(x - x_1)^{m_1+1} \cdots (x - x_n)^{m_n+1}.$$

Exemple 7.6 (polynôme d'interpolation osculateur) Posons $m_i = 1$ pour $i = 0, \ldots, n$. Dans ce cas $N = 2n + 2$ et le polynôme d'Hermite est appelé *polynôme osculateur*. Il est donné par

$$H_{N-1}(x) = \sum_{i=0}^{n} \left(y_i A_i(x) + y_i^{(1)} B_i(x) \right)$$

où $A_i(x) = (1 - 2(x - x_i)l_i'(x_i))l_i(x)^2$ et $B_i(x) = (x - x_i)l_i(x)^2$, pour $i = 0, \ldots, n$. Remarquer que

$$l_i'(x_i) = \sum_{k=0, k \neq i}^{n} \frac{1}{x_i - x_k}, \qquad i = 0, \ldots, n.$$

A titre de comparaison, nous utilisons les Programmes 56 et 58 pour calculer les polynômes d'interpolation de Lagrange et d'Hermite de la fonction $f(x) = \sin(4\pi x)$ sur l'intervalle $[0, 1]$ en prenant quatre noeuds équirépartis ($n = 3$). La Figure 7.4 montre les graphes de la fonction f (trait discontinu) et des polynômes $\Pi_n f$ (pointillés) et H_{N-1} (trait plein). •

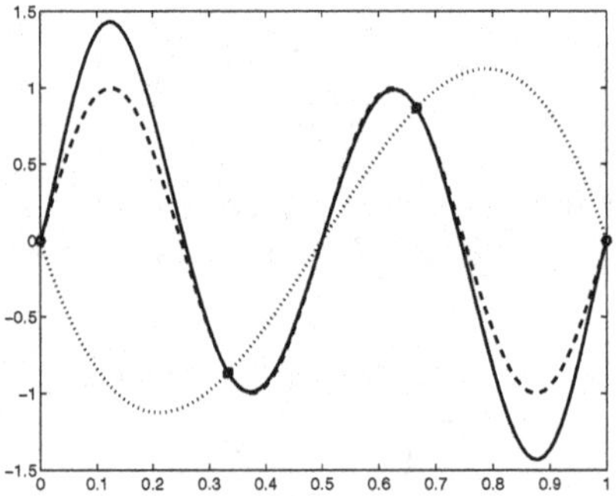

Fig. 7.4. Interpolation de Lagrange et d'Hermite de la fonction $f(x) = \sin(4\pi x)$ sur l'intervalle $[0, 1]$

Le Programme 58 calcule les valeurs du polynôme osculateur aux abscisses contenues dans le vecteur `z`. Les vecteurs `x`, `y` et `dy` contiennent respectivement les noeuds d'interpolation et les valeurs correspondantes de f et f'.

Programme 58 - hermpol : Polynôme osculateur

```
function [herm] = hermpol(x,y,dy,z)
%HERMPOL Interpolation polynomiale de Hermite
% [HERM] = HERMPOL(X, Y, DY, Z) calcule le polynôme d'interpolation de Hermite
% d'une fonction. X contient les noeuds d'interpolation. Y et DY les valeurs
% de la fonction et de sa dérivée en X. Z contient les points auxquels le
% polynôme d'interpolation HERM doit être évalué.
n = max(size(x));
```

```
m = max(size(z));
herm = [];
for j = 1:m
   xx = z(j); hxv = 0;
   for i = 1:n
      den = 1; num = 1; xn = x(i); derLi = 0;
      for k = 1:n
         if k ~= i
            num = num*(xx-x(k)); arg = xn-x(k);
            den = den*arg; derLi = derLi+1/arg;
         end
      end
      Lix2 = (num/den)^2; p = (1-2*(xx-xn)*derLi)*Lix2;
      q = (xx-xn)*Lix2; hxv = hxv+(y(i)*p+dy(i)*q);
   end
   herm = [herm, hxv];
end
return
```

7.5 Extension au cas bidimensionnel

Nous abordons brièvement dans cette section l'extension des concepts précédents au cas bidimensionnel et nous renvoyons à [SL89], [CHQZ06], [QV94] pour plus de détails. Nous désignons par Ω une région bornée de $\mathbb{R}^2$ et par $\mathbf{x} = (x, y)$ les coordonnées d'un point de Ω.

7.5.1 Polynôme d'interpolation

Commençons par la situation particulièrement simple où le domaine d'interpolation Ω est le produit tensoriel de deux intervalles, *i.e.* $\Omega = [a, b] \times [c, d]$. Dans ce cas, en introduisant les noeuds $a = x_0 < x_1 < \ldots < x_n = b$ et $c = y_0 < y_1 < \ldots < y_m = d$, le polynôme d'interpolation $\Pi_{n,m}f$ s'écrit

$$\Pi_{n,m}f(x, y) = \sum_{i=0}^{n}\sum_{j=0}^{m} \alpha_{ij} l_i(x) l_j(y),$$

où $l_i \in \mathbb{P}_n$, $i = 0, \ldots, n$, et $l_j \in \mathbb{P}_m$, $j = 0, \ldots, m$, sont les polynômes caractéristiques de Lagrange unidimensionnels en x et y, et où $\alpha_{ij} = f(x_i, y_j)$.

L'exemple de la Figure 7.5 montre que l'interpolation de Lagrange présente en 2D les défauts déjà constatés en 1D.

Signalons aussi qu'en dimension $d \geq 2$, le problème de la détermination d'un polynôme d'interpolation de degré n par rapport à chaque variable en $n + 1$ noeuds distincts peut être mal posé (voir Exercice 10).

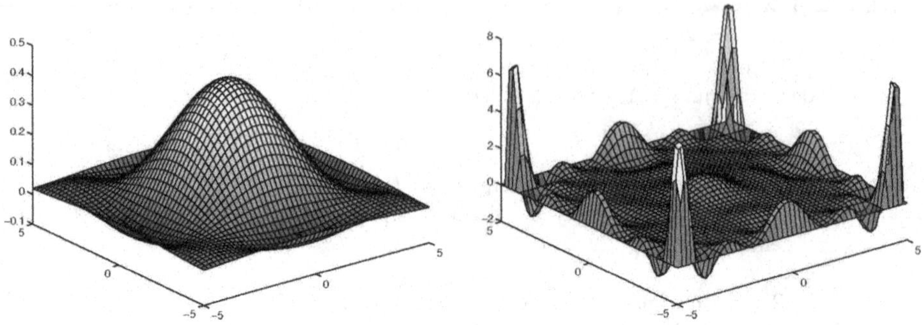

Fig. 7.5. Contre-exemple de Runge étendu au cas bidimensionnel : polynôme d'interpolation sur des grilles à 6×6 noeuds (*à gauche*) et à 11×11 noeuds (*à droite*). Noter le changement d'échelle verticale entre les deux graphes

7.5.2 Interpolation polynomiale par morceaux

Dans le cas multidimensionnel, la grande flexibilité de l'interpolation polynomiale par morceaux permet une prise en compte facile des domaines de forme complexe. On supposera désormais que Ω est un polygone de $\mathbb{R}^2$. On se donne un recouvrement de Ω, noté $\mathcal{T}_h$, en K triangles T ; on a donc $\overline{\Omega} = \bigcup_{T \in \mathcal{T}_h} T$. On fait de plus l'hypothèse que l'intersection de deux triangles de $\mathcal{T}_h$ est soit l'ensemble vide, soit un sommet commun, soit une arête commune (Figure 7.6, à gauche). On dit alors que $\mathcal{T}_h$ est une *triangulation* de Ω et les triangles $T \in \mathcal{T}_h$ sont appelés *éléments*. On suppose enfin que les arêtes des triangles ont une longueur inférieure ou égale à un nombre positif h.

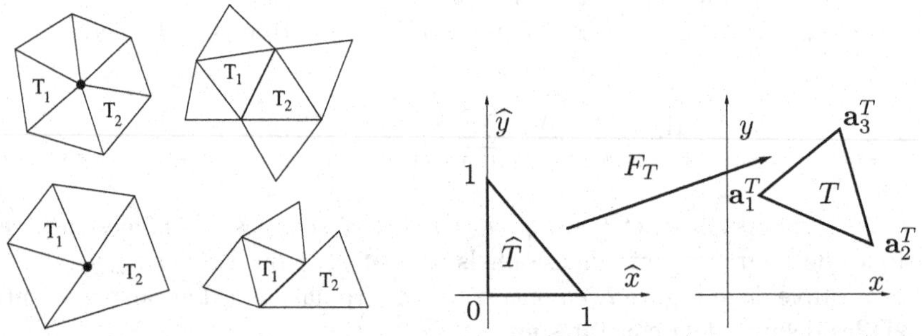

Fig. 7.6. A gauche : des triangulations admissibles (*en haut*) et non admissibles (*en bas*) ; à droite : l'application affine qui transforme le triangle de référence $\hat{T}$ en un élément courant $T \in \mathcal{T}_h$

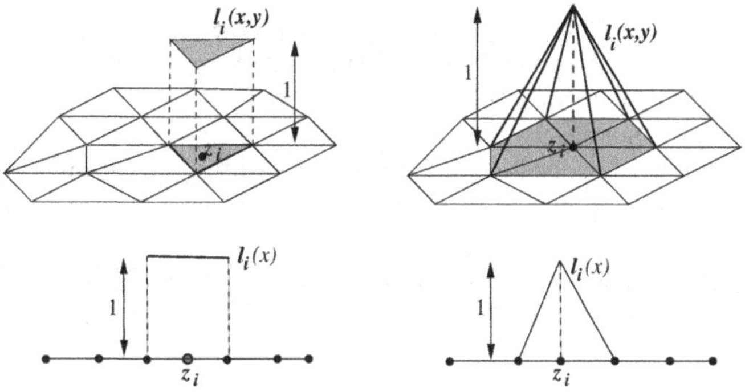

Fig. 7.7. Polynômes caractéristiques de Lagrange par morceaux, en deux et une dimensions d'espace. A gauche, $k = 0$; à droite, $k = 1$

Tout élément $T \in \mathcal{T}_h$ est l'image par une application affine $\mathbf{x} = F_T(\hat{\mathbf{x}}) = \mathrm{B}_T\hat{\mathbf{x}} + \mathbf{b}_T$ d'un *triangle de référence* $\widehat{T}$, de sommets (0,0), (1,0) et (0,1) dans le plan $\hat{\mathbf{x}} = (\hat{x}, \hat{y})$ (voir Figure 7.6, à droite), où la matrice inversible B_T et le second membre $\mathbf{b}_T$ sont donnés respectivement par

$$\mathrm{B}_T = \begin{bmatrix} x_2 - x_1 & x_3 - x_1 \\ y_2 - y_1 & y_3 - y_1 \end{bmatrix}, \quad \mathbf{b}_T = [x_1, y_1]^T, \tag{7.25}$$

et où les coordonnées des sommets de T sont notées $\mathbf{a}_l^T = (x_l, y_l)^T$ pour $l = 1, 2, 3$.

L'application affine (7.25) a une très grande importance pratique car, une fois construite une base engendrant les polynômes d'interpolation sur $\hat{T}$, il est possible de reconstruire le polynôme d'interpolation sur n'importe quel élément T de $\mathcal{T}_h$ en effectuant le changement de coordonnées $\mathbf{x} = F_T(\hat{\mathbf{x}})$. On cherche donc à construire une base de fonctions pouvant être entièrement décrite sur chaque triangle sans recourir à des informations provenant des triangles adjacents.

On introduit pour cela sur $\mathcal{T}_h$ l'ensemble $\mathcal{Z}$ des *noeuds d'interpolation par morceaux* $\mathbf{z}_i = (x_i, y_i)^T$, pour $i = 1, \ldots, N$, et on désigne par $\mathbb{P}_k(\Omega)$, $k \geq 0$, l'espace des polynômes de degré $\leq k$ en x, y

$$\mathbb{P}_k(\Omega) = \left\{ p(x,y) = \sum_{\substack{i,j=0 \\ i+j \leq k}}^{k} a_{ij} x^i y^j, \; x, y \in \Omega \right\}. \tag{7.26}$$

Enfin, pour $k \geq 0$, on note $\mathbb{P}_k^c(\Omega)$ l'espace des fonctions polynomiales de degré $\leq k$ par morceaux telles que, pour $p \in \mathbb{P}_k^c(\Omega)$, $p|_T \in \mathbb{P}_k(T)$ pour tout $T \in \mathcal{T}_h$. Une base élémentaire de $\mathbb{P}_k^c(\Omega)$ est constituée par les *polynômes caractéristiques de Lagrange, i.e.* $l_i = l_i(x, y)$ tels que

$$l_i(\mathbf{z}_j) = \delta_{ij}, \qquad i, j = 1, \ldots, N, \tag{7.27}$$

où δ_{ij} est le symbole de Kronecker. On montre sur la Figure 7.7 les fonctions l_i pour $k = 0, 1$, avec leurs analogues unidimensionnels. Quand $k = 0$, les noeuds d'interpolation sont situés aux *centres de gravité* des triangles, et quand $k = 1$, les noeuds coïncident avec les *sommets* des triangles. Ce choix, que nous conserverons par la suite, n'est pas le seul possible : on aurait pu, par exemple, utiliser les points milieux des arêtes, obtenant alors des polynômes par morceaux discontinus sur Ω.

Pour $k \geq 0$, le *polynôme d'interpolation de Lagrange par morceaux* de f, $\Pi_h^k f \in \mathbb{P}_k^c(\Omega)$, est défini par

$$\Pi_h^k f(x,y) = \sum_{i=1}^{N} f(\mathbf{z}_i) l_i(x,y). \tag{7.28}$$

Remarquer que $\Pi_h^0 f$ est une fonction constante par morceaux, et que $\Pi_h^1 f$ est une fonction linéaire sur chaque triangle, continue en chaque sommet, et donc globalement continue.

Pour $T \in \mathcal{T}_h$, nous désignerons par $\Pi_T^k f$ la restriction du polynôme d'interpolation par morceaux de f sur l'élément T. Par définition, $\Pi_T^k f \in \mathbb{P}_k(T)$; en remarquant que $d_k = \dim\mathbb{P}_k(T) = (k+1)(k+2)/2$, on peut donc écrire

$$\Pi_h^k f(x,y) = \sum_{m=0}^{d_k - 1} f(\tilde{\mathbf{z}}_T^{(m)}) l_{m,T}(x,y), \qquad \forall T \in \mathcal{T}_h. \tag{7.29}$$

En (7.29), on a noté $\tilde{\mathbf{z}}_T^{(m)}$, $m = 0, \ldots, d_k - 1$, les noeuds d'interpolation par morceaux sur T et $l_{m,T}(x,y)$ la restriction à T du polynôme caractéristique de Lagrange d'indice i dans (7.28) associé au noeud $\mathbf{z}_i$ de la liste "globale" coïncidant avec le noeud "local" $\tilde{\mathbf{z}}_T^{(m)}$.

En conservant cette notation, on a $l_{j,T}(\mathbf{x}) = \hat{l}_j \circ F_T^{-1}(\mathbf{x})$, où $\hat{l}_j = \hat{l}_j(\hat{\mathbf{x}})$ est, pour $j = 0, \ldots, d_k - 1$, la j-ième fonction de base de Lagrange de $\mathbb{P}_k(T)$ construite sur l'élément de référence $\hat{T}$. Si $k = 0$ alors $d_0 = 1$, il n'y a donc qu'un seul noeud d'interpolation local (coïncidant avec le centre de gravité du triangle T). Si $k = 1$ alors $d_1 = 3$, il y a donc trois noeuds d'interpolation locaux (coïncidant avec les sommets de T). Sur la Figure 7.8, on a représenté les noeuds d'interpolation locaux sur $\hat{T}$ pour $k = 0$, 1 et 2.

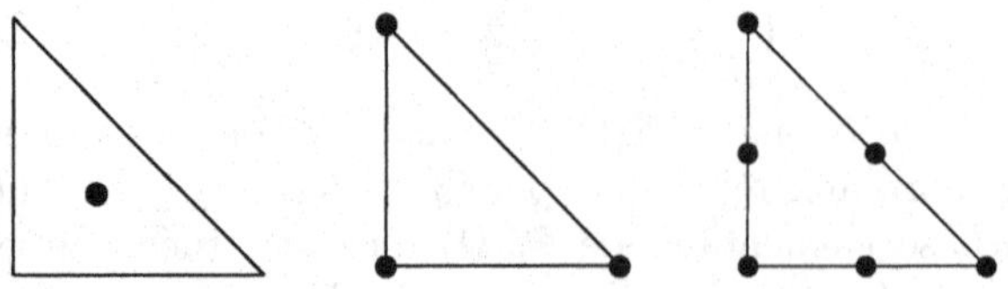

Fig. 7.8. Noeuds d'interpolation locaux sur $\hat{T}$; de gauche à droite $k = 0$, $k = 1$ et $k = 2$

Passons à l'estimation de l'erreur d'interpolation. Pour tout $T \in \mathcal{T}_h$, on note h_T la longueur maximale des arêtes de T et ρ_T le diamètre du cercle inscrit dans T. En supposant $f \in C^{k+1}(T)$, on a le résultat suivant (pour la preuve, voir [CL91], Théorème 16.1, p. 125-126 et [QV94], Remarque 3.4.2, p. 89-90)

$$\|f - \Pi_T^k f\|_{\infty,T} \leq C h_T^{k+1} \|f^{(k+1)}\|_{\infty,T}, \qquad k \geq 0, \tag{7.30}$$

où, pour $g \in C^0(T)$, $\|g\|_{\infty,T} = \max_{\mathbf{x}\in T} |g(\mathbf{x})|$, et où C désigne une constante positive indépendante de h_T et f.

Si on suppose en plus que la triangulation $\mathcal{T}_h$ est *régulière*, c'est-à-dire qu'il existe une constante positive $\sigma > 0$ telle que

$$\max_{T\in\mathcal{T}_h} \frac{h_T}{\rho_T} \leq \sigma,$$

il est alors possible de déduire de (7.30) l'estimation suivante de l'erreur d'interpolation sur le domaine Ω

$$\|f - \Pi_h^k f\|_{\infty,\Omega} \leq C h^{k+1} \|f^{(k+1)}\|_{\infty,\Omega}, \qquad k \geq 0, \qquad \forall f \in C^{k+1}(\Omega). \tag{7.31}$$

La théorie de l'interpolation par morceaux est l'outil de base de la *méthode des éléments finis*, qui est très utilisée dans l'approximation numérique des équations aux dérivées partielles (voir p. ex. [QV94]).

7.6 Splines

Dans cette section, nous considérons l'approximation d'une fonction par des *splines*. C'est une méthode d'interpolation par morceaux possédant des propriétés de régularité globale.

Définition 7.1 Soient $x_0, \ldots, x_n$, $n + 1$ noeuds distincts de $[a, b]$, avec $a = x_0 < x_1 < \ldots < x_n = b$. La fonction $s_k(x)$ sur l'intervalle $[a, b]$ est une *spline* de degré k relative aux noeuds x_j si

$$s_{k|[x_j,x_{j+1}]} \in \mathbb{P}_k, \quad j = 0, 1, \ldots, n-1, \tag{7.32}$$

$$s_k \in C^{k-1}[a, b]. \tag{7.33}$$

■

Si $\mathcal{S}_k$ désigne l'espace des splines s_k définies sur $[a, b]$ et relatives à $n + 1$ noeuds distincts, alors $\dim \mathcal{S}_k = n + k$. Evidemment, tout polynôme de degré k sur $[a, b]$ est une spline; mais en pratique, une spline est constituée de polynômes différents sur chaque sous-intervalle. Il peut donc y avoir des discontinuités de la dérivée k-ième aux noeuds internes $x_1, \ldots, x_{n-1}$. Les noeuds où se produisent ces discontinuités sont appelés *noeuds actifs*.

On vérifie facilement que les conditions (7.32) et (7.33) ne sont pas suffisantes pour caractériser une spline de degré k. En effet, la restriction $s_{k,j} = s_{k|[x_j,x_{j+1}]}$ peut être écrite sous la forme

$$s_{k,j}(x) = \sum_{i=0}^{k} s_{ij}(x - x_j)^i \quad \text{si } x \in [x_j, x_{j+1}; \tag{7.34}$$

on doit donc déterminer $(k+1)n$ coefficients s_{ij}. D'autre part, d'après (7.33),

$$s_{k,j-1}^{(m)}(x_j) = s_{k,j}^{(m)}(x_j), \quad j = 1, \ldots, n-1, \quad m = 0, ..., k-1,$$

ce qui revient à fixer $k(n-1)$ conditions. Il reste par conséquent $(k+1)n - k(n-1) = k+n$ degrés de liberté.

Même si la spline est une spline *d'interpolation*, c'est-à-dire telle que $s_k(x_j) = f_j$ pour $j = 0, \ldots, n$, où $f_0, \ldots, f_n$ sont des valeurs données, il reste encore $k-1$ degrés de liberté à fixer. Pour cette raison, on impose d'autres contraintes qui définissent

1. *les splines périodiques*, si

$$s_k^{(m)}(a) = s_k^{(m)}(b), \quad m = 0, 1, \ldots, k-1; \tag{7.35}$$

2. *les splines naturelles*, si pour $k = 2l - 1$, avec $l \geq 2$

$$s_k^{(l+j)}(a) = s_k^{(l+j)}(b) = 0, \quad j = 0, 1, \ldots, l-2. \tag{7.36}$$

On déduit de (7.34) qu'une spline peut être représentée à l'aide de $k + n$ splines de base. Le choix le plus simple qui consiste à utiliser des polynômes convenablement enrichis n'est pas satisfaisant sur le plan numérique car le problème est alors mal conditionné. Dans les Sections 7.6.1 et 7.6.2, nous donnerons des exemples de splines de base : les splines cardinales pour $k = 3$ et les B-splines pour k quelconque.

7.6.1 Splines d'interpolation cubiques

Les splines d'interpolation cubiques sont particulièrement importantes car : (*i*) ce sont les splines de plus petit degré qui permettent une approximation C^2 ; (*ii*) elles ont de bonnes propriétés de régularité (à condition que la courbure soit assez faible).

Considérons donc, dans $[a, b]$, $n + 1$ noeuds $a = x_0 < x_1 < \ldots < x_n = b$ et les valeurs correspondantes f_i, $i = 0, \ldots, n$. Notre but est de définir un procédé efficace pour construire la spline cubique interpolant ces valeurs. La spline étant de degré 3, sa dérivée seconde doit être continue. Introduisons les notations suivantes :

$$f_i = s_3(x_i), \quad m_i = s_3'(x_i), \quad M_i = s_3''(x_i), \quad i = 0, \ldots, n.$$

Comme $s_{3,i-1} \in \mathbb{P}_3$, $s''_{3,i-1}$ est linéaire et

$$s''_{3,i-1}(x) = M_{i-1}\frac{x_i - x}{h_i} + M_i\frac{x - x_{i-1}}{h_i} \quad \text{pour } x \in [x_{i-1}, x_i], \tag{7.37}$$

où $h_i = x_i - x_{i-1}$, pour $i = 1, \ldots, n$. En intégrant deux fois (7.37) on obtient

$$s_{3,i-1}(x) = M_{i-1}\frac{(x_i - x)^3}{6h_i} + M_i\frac{(x - x_{i-1})^3}{6h_i} + C_{i-1}(x - x_{i-1}) + \widetilde{C}_{i-1},$$

les constantes C_{i-1} et $\widetilde{C}_{i-1}$ sont déterminées en imposant les valeurs aux extrémités $s_3(x_{i-1}) = f_{i-1}$ et $s_3(x_i) = f_i$. Ceci donne, pour $i = 1, \ldots, n-1$

$$\widetilde{C}_{i-1} = f_{i-1} - M_{i-1}\frac{h_i^2}{6}, \quad C_{i-1} = \frac{f_i - f_{i-1}}{h_i} - \frac{h_i}{6}(M_i - M_{i-1}).$$

Imposons à présent la continuité de la dérivée première en x_i ; on obtient

$$\begin{aligned} s'_3(x_i^-) &= \frac{h_i}{6}M_{i-1} + \frac{h_i}{3}M_i + \frac{f_i - f_{i-1}}{h_i} \\ &= -\frac{h_{i+1}}{3}M_i - \frac{h_{i+1}}{6}M_{i+1} + \frac{f_{i+1} - f_i}{h_{i+1}} = s'_3(x_i^+), \end{aligned}$$

où $s'_3(x_i^{\pm}) = \lim\limits_{t \to 0} s'_3(x_i \pm t)$. Ceci conduit au système linéaire suivant (appelé système de M-continuité)

$$\mu_i M_{i-1} + 2M_i + \lambda_i M_{i+1} = d_i\,, \quad i = 1, \ldots, n-1\,, \tag{7.38}$$

où on a posé

$$\begin{aligned} \mu_i &= \frac{h_i}{h_i + h_{i+1}}, \qquad \lambda_i = \frac{h_{i+1}}{h_i + h_{i+1}}, \\ d_i &= \frac{6}{h_i + h_{i+1}}\left(\frac{f_{i+1} - f_i}{h_{i+1}} - \frac{f_i - f_{i-1}}{h_i}\right), \quad i = 1, \ldots, n-1. \end{aligned}$$

Le système (7.38) a $n+1$ inconnues et $n-1$ équations ; 2 (*i.e.* $k-1$) conditions restent donc à fixer. En général, ces conditions sont de la forme

$$2M_0 + \lambda_0 M_1 = d_0, \quad \mu_n M_{n-1} + 2M_n = d_n,$$

où $0 \leq \lambda_0, \mu_n \leq 1$ et d_0, d_n sont des valeurs données. Par exemple, pour obtenir les splines naturelles (satisfaisant $s''_3(a) = s''_3(b) = 0$), on doit annuler les coefficients ci-dessus. Un choix fréquent consiste à poser $\lambda_0 = \mu_n = 1$ et $d_0 = d_1$, $d_n = d_{n-1}$, ce qui revient à prolonger la spline au-delà des points extrêmes de l'intervalle $[a, b]$ et à traiter a et b comme des points internes. Cette stratégie donne une spline au comportement "régulier". Une autre manière de fixer λ_0 et μ_n (surtout utile quand les valeurs $f'(a)$ et $f'(b)$ ne sont pas connues) consiste à imposer la continuité de $s'''_3(x)$ en x_1 et x_{n-1}. Comme les noeuds x_1

et x_{n-1} n'interviennent pas dans la construction de la spline cubique, celle-ci est appelée *spline not-a-knot*, avec pour noeuds "actifs" $\{x_0, x_2, \ldots, x_{n-2}, x_n\}$ et interpolant f aux noeuds $\{x_0, x_1, x_2, \ldots, x_{n-2}, x_{n-1}, x_n\}$.

En général, le système linéaire obtenu est tridiagonal de la forme

$$\begin{bmatrix} 2 & \lambda_0 & 0 & \ldots & 0 \\ \mu_1 & 2 & \lambda_1 & & \vdots \\ 0 & \ddots & \ddots & \ddots & 0 \\ \vdots & & \mu_{n-1} & 2 & \lambda_{n-1} \\ 0 & \ldots & 0 & \mu_n & 2 \end{bmatrix} \begin{bmatrix} M_0 \\ M_1 \\ \vdots \\ M_{n-1} \\ M_n \end{bmatrix} = \begin{bmatrix} d_0 \\ d_1 \\ \vdots \\ d_{n-1} \\ d_n \end{bmatrix} \qquad (7.39)$$

et il peut être efficacement résolu par l'algorithme de Thomas (3.50).

Remarque 7.1 Il existe de nombreuses bibliothèques concernant les splines d'interpolation. Dans MATLAB, indiquons la commande `spline`, qui construit une spline cubique avec la condition *not-a-knot* introduite ci-dessus, et la *toolbox* `spline`[dB90]. Indiquons aussi la bibliothèque FITPACK [Die87a], [Die87b]. ■

Une approche complètement différente pour construire s_3 consiste à se donner une base $\{\varphi_i\}$ de l'espace $\mathcal{S}_3$ (de dimension $n+3$) des splines cubiques. Nous considérons ici le cas où les $n+3$ fonctions de base φ_i ont pour support tout l'intervalle $[a, b]$, et nous renvoyons à la Section 7.6.2 pour le cas où le support est "petit".

On définit les fonctions φ_i par les contraintes d'interpolation suivantes

$$\varphi_i(x_j) = \delta_{ij}, \quad \varphi_i'(x_0) = \varphi_i'(x_n) = 0 \text{ pour } i, j = 0, \ldots, n,$$

et il faut encore définir deux splines φ_{n+1} et φ_{n+2}. Par exemple, si la spline doit satisfaire des conditions sur les dérivées aux extrémités, on impose

$$\begin{array}{llll} \varphi_{n+1}(x_j) = 0, & j = 0, ..., n, & \varphi_{n+1}'(x_0) = 1, & \varphi_{n+1}'(x_n) = 0, \\ \varphi_{n+2}(x_j) = 0, & j = 0, ..., n, & \varphi_{n+2}'(x_0) = 0, & \varphi_{n+2}'(x_n) = 1. \end{array}$$

La spline a alors la forme suivante

$$s_3(x) = \sum_{i=0}^{n} f_i \varphi_i(x) + f_0' \varphi_{n+1}(x) + f_n' \varphi_{n+2}(x),$$

où f_0' et f_n' sont deux valeurs données. La base obtenue $\{\varphi_i,\ i = 0, ..., n+2\}$, appelée *base de splines cardinales*, est souvent utilisée dans la résolution numérique d'équations différentielles ou intégrales. La Figure 7.9 montre une spline cardinale typique calculée sur un intervalle (théoriquement) non borné où les noeuds d'interpolation x_j sont les entiers. La spline change de signe entre chaque intervalle $[x_{j-1}, x_j]$ et $[x_j, x_{j+1}]$ et décroît rapidement vers zéro.

En se restreignant au demi-axe positif, on peut montrer (voir [SL89]) que l'extremum de la fonction sur l'intervalle $[x_j, x_{j+1}]$ est égal à l'extremum sur l'intervalle $[x_{j+1}, x_{j+2}]$ multiplié par un facteur d'atténuation $\lambda \in]0, 1[$. Ainsi, des erreurs pouvant se produire sur un intervalle sont rapidement atténuées sur le suivant, ce qui assure la stabilité de l'algorithme.

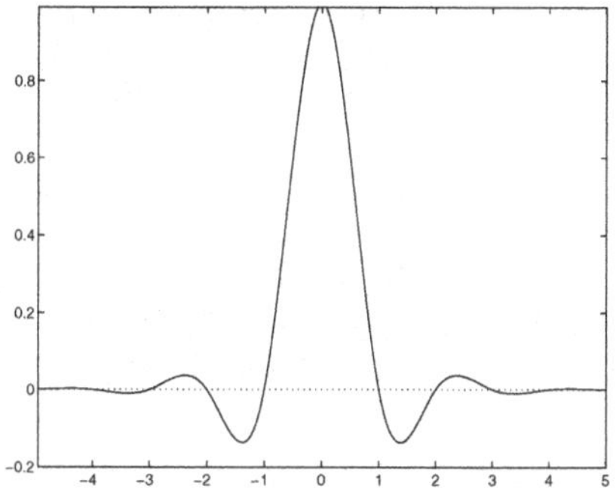

Fig. 7.9. Spline cardinale

Nous résumons maintenant les propriétés principales des splines d'interpolation cubiques et nous renvoyons à [Sch81] et [dB83] pour les preuves et pour des résultats plus généraux.

Propriété 7.2 *Soit $f \in C^2([a, b])$, et soit s_3 la spline cubique naturelle interpolant f. Alors*

$$\int_a^b [s_3''(x)]^2 dx \leq \int_a^b [f''(x)]^2 dx, \qquad (7.40)$$

avec égalité si et seulement si $f = s_3$.

Le résultat ci-dessus, appelé *propriété de la norme du minimum*, est encore valable si, au lieu des conditions naturelles, on impose des conditions sur la dérivée première de la spline aux extrémités (dans ce cas, la spline est dite *contrainte*, voir Exercice 11).

La spline d'interpolation cubique s_f d'une fonction $f \in C^2([a, b])$, avec $s'_f(a) = f'(a)$ et $s'_f(b) = f'(b)$, satisfait également

$$\int_a^b [f''(x) - s_f''(x)]^2 dx \leq \int_a^b [f''(x) - s''(x)]^2 dx \quad \forall s \in S_3.$$

En ce qui concerne l'estimation de l'erreur, on a le résultat suivant :

Propriété 7.3 *Soit $f \in C^4([a,b])$ et soit une partition de $[a,b]$ en sous-intervalles de longueur h_i. On note $h = \max_i h_i$ et $\beta = h/\min_i h_i$. Soit s_3 la spline cubique interpolant f. Alors*

$$\|f^{(r)} - s_3^{(r)}\|_\infty \leq C_r h^{4-r} \|f^{(4)}\|_\infty, \qquad r = 0,1,2,3, \tag{7.41}$$

avec $C_0 = 5/384$, $C_1 = 1/24$, $C_2 = 3/8$ et $C_3 = (\beta + \beta^{-1})/2$.

Par conséquent, la spline s_3 ainsi que ses dérivées première et seconde convergent uniformément vers f et vers ses dérivées quand h tend vers zéro. La dérivée troisième converge également, à condition que β soit uniformément borné.

Exemple 7.7 La Figure 7.10 montre la spline cubique approchant la fonction de l'exemple de Runge, et ses dérivées première, seconde et troisième, sur une grille de 11 noeuds équirépartis. On a indiqué dans la Table 7.4 l'erreur $\|s_3 - f\|_\infty$ en fonction de h ainsi que l'ordre de convergence p. Les résultats montrent clairement que p tend vers 4 (l'ordre théorique) quand h tend vers zéro. •

Table 7.4. Erreur d'interpolation commise pour la fonction de Runge avec des splines cubiques

h	1	0.5	0.25	0.125	0.0625
$\|s_3 - f\|_\infty$	0.022	0.0032	2.7741e-4	1.5983e-5	9.6343e-7
p	–	2.7881	3.5197	4.1175	4.0522

7.6.2 B-splines

Nous revenons maintenant aux splines quelconques de degré k, et nous allons définir la base de B-splines (ou *bell-splines*) en utilisant les différences divisées introduites à la Section 7.2.1.

Définition 7.2 On définit la *B-spline normalisée* $B_{i,k+1}$ de degré k relative aux noeuds distincts $x_i, \ldots, x_{i+k+1}$ par

$$B_{i,k+1}(x) = (x_{i+k+1} - x_i) g[x_i, \ldots, x_{i+k+1}], \tag{7.42}$$

où

$$g(t) = (t-x)_+^k = \begin{cases} (t-x)^k & \text{si } x \leq t, \\ 0 & \text{sinon.} \end{cases} \tag{7.43}$$

■

En substituant (7.18) dans (7.42), on obtient l'expression explicite suivante

$$B_{i,k+1}(x) = (x_{i+k+1} - x_i) \sum_{j=0}^{k+1} \frac{(x_{j+i} - x)_+^k}{\prod\limits_{\substack{l=0 \\ l \neq j}}^{k+1} (x_{i+j} - x_{i+l})}. \tag{7.44}$$

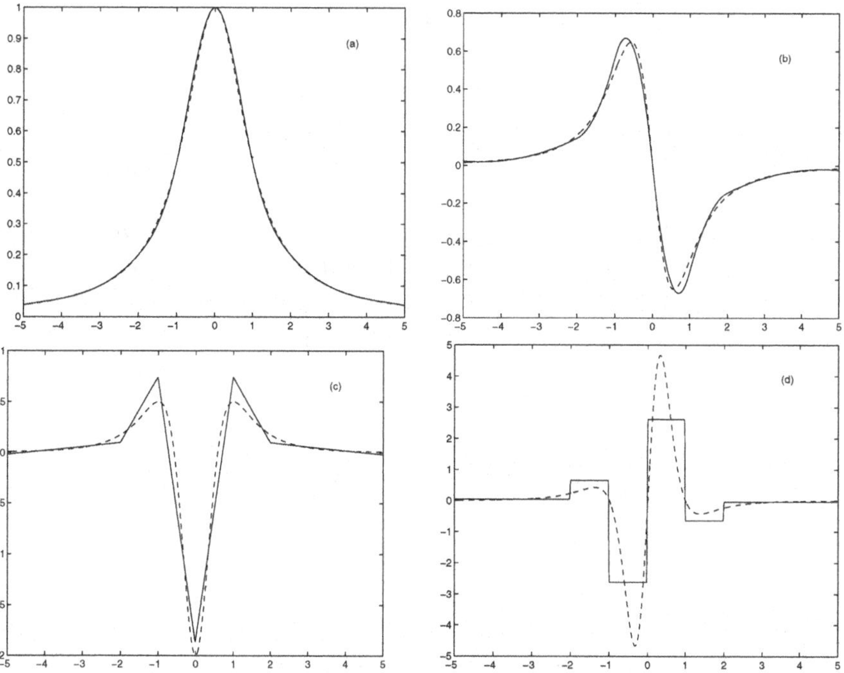

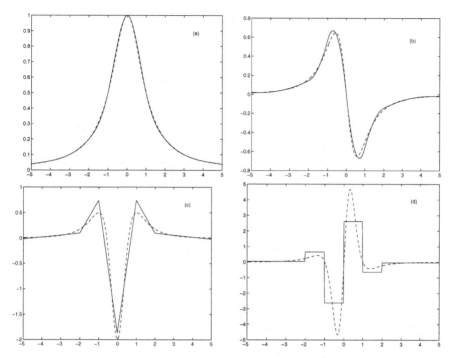

Fig. 7.10. Spline d'interpolation (a) et ses dérivées d'ordre un (b), deux (c) et trois (d) (*traits pleins*) pour la fonction de l'exemple de Runge (*traits discontinus*)

On déduit de (7.44) que les noeuds actifs de $B_{i,k+1}(x)$ sont $x_i, \ldots, x_{i+k+1}$ et que $B_{i,k+1}(x)$ est non nulle seulement sur l'intervalle $[x_i, x_{i+k+1}]$.

On peut montrer que c'est l'unique spline non nulle de support minimum relative aux noeuds $x_i, \ldots, x_{i+k+1}$ [Sch67]. On peut aussi montrer que $B_{i,k+1}(x) \geq 0$ [dB83] et $|B^{(l)}_{i,k+1}(x_i)| = |B^{(l)}_{i,k+1}(x_{i+k+1})|$ pour $l = 0, \ldots, k-1$ [Sch81]. Les B-splines satisfont la relation de récurrence suivante ([dB72], [Cox72]) :

$$
\begin{aligned}
B_{i,1}(x) &= \begin{cases} 1 & \text{si } x \in [x_i, x_{i+1}], \\ 0 & \text{sinon,} \end{cases} \\
B_{i,k+1}(x) &= \frac{x - x_i}{x_{i+k} - x_i} B_{i,k}(x) + \frac{x_{i+k+1} - x}{x_{i+k+1} - x_{i+1}} B_{i+1,k}(x), \ k \geq 1,
\end{aligned}
\tag{7.45}
$$

qui est généralement préférée à (7.44) quand on évalue une B-spline en un point donné.

Remarque 7.2 En généralisant la définition des différences divisées, il est possible de définir des B-splines quand certains noeuds coïncident. On introduit pour cela la relation de récurrence suivante pour les différences divisées de Newton (pour plus de détails voir [Die93]) :

$$f[x_0,\ldots,x_n] = \begin{cases} \dfrac{f[x_1,\ldots,x_n]-f[x_0,\ldots,x_{n-1}]}{x_n-x_0} & \text{si } x_0 < x_1 < \ldots < x_n, \\ \dfrac{f^{(n+1)}(x_0)}{(n+1)!} & \text{si } x_0 = x_1 = \ldots = x_n. \end{cases}$$

Si parmi les $k+2$ noeuds $x_i,\ldots,x_{i+k+1}$, m noeuds $(1 < m < k+2)$ coïncident et sont égaux à λ, alors (7.34) contient une combinaison linéaire des fonctions $(\lambda - x)_+^{k+1-j}$, pour $j = 1,\ldots,m$. Par conséquent, la B-spline ne peut avoir des dérivées continues en λ que jusqu'à l'ordre $k-m$, et elle est discontinue si $m = k+1$. Si $x_{i-1} < x_i = \ldots = x_{i+k} < x_{i+k+1}$, alors (voir [Die93])

$$B_{i,k+1}(x) = \begin{cases} \left(\dfrac{x_{i+k+1}-x}{x_{i+k+1}-x_i}\right)^k & \text{si } x \in [x_i, x_{i+k+1}], \\ 0 & \text{sinon,} \end{cases}$$

et si $x_i < x_{i+1} = \ldots = x_{i+k+1} < x_{i+k+2}$, alors

$$B_{i,k+1}(x) = \begin{cases} \left(\dfrac{x-x_i}{x_{i+k+1}-x_i}\right)^k & \text{si } x \in [x_i, x_{i+k+1}], \\ 0 & \text{sinon.} \end{cases}$$

En combinant ces formules avec la relation de récurrence (7.45), on peut construire des B-splines relatives à des noeuds pouvant coïncider. ■

Exemple 7.8 Examinons le cas particulier de B-splines cubiques sur les noeuds équirépartis $x_{i+1} = x_i + h$, $i = 0, ..., n-1$. L'équation (7.44) devient

$$6h^3 B_{i,4}(x) =$$
$$\begin{cases} (x-x_i)^3 & \text{si } x \in [x_i, x_{i+1}], \\ h^3 + 3h^2(x-x_{i+1}) + 3h(x-x_{i+1})^2 - 3(x-x_{i+1})^3 & \text{si } x \in [x_{i+1}, x_{i+2}], \\ h^3 + 3h^2(x_{i+3}-x) + 3h(x_{i+3}-x)^2 - 3(x_{i+3}-x)^3 & \text{si } x \in [x_{i+2}, x_{i+3}], \\ (x_{i+4}-x)^3, & \text{si } x \in [x_{i+3}, x_{i+4}], \\ 0 & \text{sinon.} \end{cases}$$

La Figure 7.11 représente le graphe de $B_{i,4}$ pour des noeuds distincts et partiellement confondus. •

Etant donné $n+1$ noeuds distincts x_j, $j = 0,\ldots,n$, on peut construire $n-k$ B-splines de degré k linéairement indépendantes, mais il reste alors

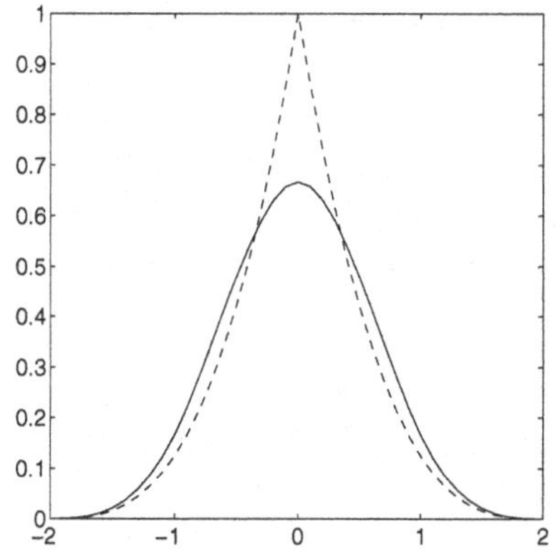

Fig. 7.11. B-spline pour des noeuds distincts (*en trait plein*) et pour des noeuds dont trois coïncident à l'origine. Remarquer la discontinuité de la dérivée première

$2k$ degrés de liberté à fixer pour construire une base de $\mathcal{S}_k$. Une manière de procéder consiste à introduire $2k$ noeuds fictifs

$$\begin{aligned} &x_{-k} \leq x_{-k+1} \leq \ldots \leq x_{-1} \leq x_0 = a, \\ &b = x_n \leq x_{n+1} \leq \ldots \leq x_{n+k}, \end{aligned} \tag{7.46}$$

auxquels on associe la B-splines $B_{i,k+1}$ pour $i = -k, \ldots, -1$ et $i = n - k, \ldots, n-1$. Ainsi, toute spline $s_k \in \mathcal{S}_k$ s'écrit de manière unique

$$s_k(x) = \sum_{i=-k}^{n-1} c_i B_{i,k+1}(x). \tag{7.47}$$

Les réels c_i sont les *coefficients de B-spline* de s_k. On choisit généralement les noeuds (7.46) confondus ou périodiques.

1. *Confondus* : ce choix est bien adapté pour imposer les valeurs atteintes par une spline aux extrémités de son intervalle de définition. Dans ce cas en effet, d'après la Remarque 7.2, on a

$$s_k(a) = c_{-k}, \quad s_k(b) = c_{n-1}. \tag{7.48}$$

2. *Périodiques*, c'est-à-dire

$$x_{-i} = x_{n-i} - b + a, \quad x_{i+n} = x_i + b - a, \quad i = 1, \ldots, k.$$

C'est un bon choix si on doit imposer les conditions de périodicité (7.35).

7.7 Splines paramétriques

Les splines d'interpolation présentent les deux inconvénients suivants :

1. l'approximation obtenue n'est de bonne qualité que si les dérivées de la fonction f ne sont pas trop grandes ($|f'(x)| < 1$ pour tout x). Autrement, la spline peut devenir oscillante, comme le montre l'exemple de la Figure 7.12 (*à gauche*) qui représente, en trait plein, la spline d'interpolation cubique correspondant aux données (d'après [SL89])

x_i	8.125	8.4	9	9.845	9.6	9.959	10.166	10.2
f_i	0.0774	0.099	0.28	0.6	0.708	1.3	1.8	2.177

2. la spline s_k dépend du choix du système de coordonnées. Ainsi, en effectuant une rotation de 36 degrés dans le sens des aiguilles d'une montre dans l'exemple ci-dessus, on obtient une spline dépourvue d'oscillations parasites (voir le petit cadre de la Figure 7.12, *à gauche*).

   Tous les procédés d'interpolation considérés jusqu'à présent dépendent d'un système de coordonnées cartésiennes, ce qui peut être gênant si la spline est utilisée pour représenter graphiquement une courbe qui n'est pas un graphe (par exemple une ellipse). On souhaiterait en effet qu'une telle représentation soit indépendante du système de coordonnées, autrement dit qu'elle possède une propriété d'invariance géométrique.

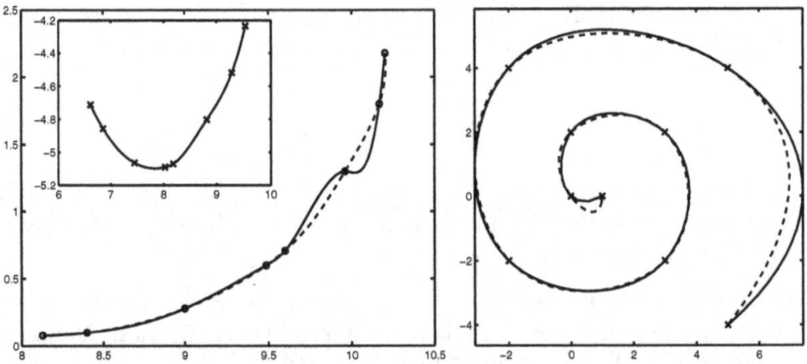

Fig. 7.12. *A gauche :* une spline d'interpolation cubique s_3 ne possède pas de propriété d'invariance géométrique : les données pour s_3 sont les mêmes dans le cadre et dans la figure principale, si ce n'est qu'elles ont subi une rotation de 36 degrés. La rotation diminue la pente de la courbe interpolée et élimine les oscillations. Remarquer que la spline paramétrique (*trait discontinu*) est dépourvue d'oscillation même avant rotation. *A droite :* splines paramétriques pour une distribution de noeuds en spirale. La spline de longueur cumulée est dessinée en trait plein

Une solution consiste à écrire la courbe sous forme paramétrique et à approcher chacune de ses composantes par une spline. Plus précisément, considérons une courbe plane sous forme paramétrique $\mathbf{P}(t) = (x(t), y(t))$, avec

$t \in [0, T]$, prenons un ensemble de points de coordonnées $\mathbf{P}_i = (x_i, y_i)$, pour $i = 0, \ldots, n$, et introduisons une partition de $[0, T]$: $0 = t_0 < t_1 < \ldots < t_n = T$. En utilisant deux ensembles de valeurs $\{t_i, x_i\}$ et $\{t_i, y_i\}$ comme données d'interpolation, on obtient deux splines $s_{k,x}$ et $s_{k,y}$, fonctions de la variable indépendante t, qui interpolent respectivement $x(t)$ et $y(t)$. La courbe paramétrique $\mathbf{S}_k(t) = (s_{k,x}(t), s_{k,y}(t))$ est appelée *spline paramétrique*. Des paramétrisations différentes sur l'intervalle $[0, T]$ conduisent naturellement à des splines différentes (voir Figure 7.12, *à droite*).

Un choix raisonnable de paramétrisation est donné par la longueur de chaque segment $\mathbf{P}_{i-1}\mathbf{P}_i$,

$$l_i = \sqrt{(x_i - x_{i-1})^2 + (y_i - y_{i-1})^2}, \quad i = 1, \ldots, n.$$

En posant $t_0 = 0$ et $t_i = \sum_{k=1}^{i} l_k$ pour $i = 1, \ldots, n$, t_i représente la longueur de la ligne brisée qui joint les points de $\mathbf{P}_0$ à $\mathbf{P}_i$. Cette fonction est appelée *spline de longueur cumulée*. Elle approche de manière satisfaisante les courbes à forte courbure, et on peut prouver (voir [SL89]) qu'elle est géométriquement invariante.

Le Programme 59 permet de construire des splines paramétriques cumulées cubiques en deux dimensions (il peut être facilement généralisé au cas de la dimension trois). On peut aussi construire des *splines paramétriques composites* en imposant des conditions de continuité (voir [SL89]).

Programme 59 - parspline : Splines paramétriques

```
function [xi,yi] = parspline (x,y)
%PARSPLINE Splines paramétriques cubiques
% [XI, YI] = PARSPLINE(X, Y) construit une spline cubique cumulée
% bidimensionnelle. X et Y contiennent les données d'interpolation. XI et YI
% contiennent les paramètres de la spline cubique par rapport aux
% axes x et y.
t (1) = 0;
for i = 1:length (x)-1
   t (i+1) = t (i) + sqrt ( (x(i+1)-x(i))^2 + (y(i+1)-y(i))^2 );
end
z = [t(1):(t(length(t))-t(1))/100:t(length(t))];
xi = spline (t,x,z);
yi = spline (t,y,z);
```

7.8 Exercices

1. Montrer que les polynômes caractéristiques $l_i \in \mathbb{P}_n$ définis en (7.2) forment une base de $\mathbb{P}_n$.

2. Une alternative à la méthode du Théorème 7.1 pour construire le polynôme d'interpolation consiste à imposer directement les $n+1$ contraintes d'interpolation sur Π_n et à calculer les coefficients a_i. On aboutit alors à un système linéaire X**a**= **y**, avec $\mathbf{a} = [a_0, \ldots, a_n]^T$, $\mathbf{y} = [y_0, \ldots, y_n]^T$ et $\mathrm{X} = [x_i^j]$. On appelle X *matrice de Vandermonde*. Montrer que si les noeuds x_i sont distincts, X est inversible.

   [*Indication* : montrer que dét(X)= $\prod_{0 \le j < i \le n} (x_i - x_j)$ par récurrence sur n.]

3. Montrer que $\omega'_{n+1}(x_i) = \prod_{\substack{j=0 \\ j \neq i}}^{n} (x_i - x_j)$ où ω_{n+1} est le polynôme nodal (7.6). Vérifier alors (7.5).

4. Donner une estimation de $\|\omega_{n+1}\|_\infty$ dans le cas $n = 1$ et $n = 2$ pour des noeuds équirépartis.

5. Prouver que

   $$(n-1)!h^{n-1}|(x - x_{n-1})(x - x_n)| \le |\omega_{n+1}(x)| \le n!h^{n-1}|(x - x_{n-1})(x - x_n)|,$$

   où n est pair, $-1 = x_0 < x_1 < \ldots < x_{n-1} < x_n = 1$, $x \in]x_{n-1}, x_n[$ et $h = 2/n$.
   [*Indication* : poser $N = n/2$ et commencer par montrer que

   $$\begin{aligned} \omega_{n+1}(x) = (x + Nh)(x + (N-1)h) \ldots (x + h)x \\ (x - h) \ldots (x - (N-1)h)(x - Nh). \end{aligned} \tag{7.49}$$

   Prendre alors $x = rh$ avec $N - 1 < r < N$.]

6. Sous les hypothèses de l'Exercice 5, montrer que $|\omega_{n+1}|$ est maximum si $x \in]x_{n-1}, x_n[$ (remarquer que $|\omega_{n+1}|$ est une fonction paire).
   [*Indication* : utiliser (7.49) pour montrer que $|\omega_{n+1}(x + h)/\omega_{n+1}(x)| > 1$ pour tout $x \in]0, x_{n-1}[$ ne coïncidant pas avec un noeud d'interpolation.]

7. Montrer la relation de récurrence (7.19) concernant les différences divisées de Newton.

8. Déterminer un polynôme d'interpolation $Hf \in \mathbb{P}_n$ tel que

   $$(Hf)^{(k)}(x_0) = f^{(k)}(x_0), \qquad k = 0, \ldots, n,$$

   et vérifier que le polynôme d'interpolation d'Hermite en un noeud coïncide avec le *polynôme de Taylor*

   $$Hf(x) = \sum_{j=0}^{n} \frac{f^{(j)}(x_0)}{j!}(x - x_0)^j.$$

9. Prouver que le polynôme d'interpolation d'Hermite-Birkoff H_3 n'existe pas pour les valeurs suivantes

$$\left\{f_0 = f(-1) = 1,\ f_1 = f'(-1) = 1,\ f_2 = f'(1) = 2,\ f_3 = f(2) = 1\right\},$$

[*Solution* : en posant $H_3(x) = a_3x^3 + a_2x^2 + a_1x + a_0$, on doit vérifier que la matrice du système linéaire $H_3(x_i) = f_i$, $i = 0, \ldots, 3$ est singulière.]

10. Déterminer les coefficients a_j, $j = 0, \ldots, 3$, pour que le polynôme $p(x, y) = a_3xy + a_2x + a_1y + a_0$ interpole une fonction donnée $f = f(x, y)$ aux noeuds $(-1, 0)$, $(0, -1)$, $(1, 0)$ et $(0, 1)$.
[*Solution* : le problème n'admet pas une solution unique en général ; en effet, en imposant les conditions d'interpolation, le système obtenu est vérifié pour toute valeur de a_3.]

11. Montrer la Propriété 7.2 et vérifier qu'elle est valide même dans le cas où la spline s satisfait des conditions de la forme $s'(a) = f'(a)$, $s'(b) = f'(b)$.
[*Indication* : partir de

$$\int_a^b \left[f''(x) - s''(x)\right] s''(x)dx = \sum_{i=1}^{n} \int_{x_{i-1}}^{x_i} \left[f''(x) - s''(x)\right] s''dx$$

et intégrer deux fois par parties.]

12. Soit $f(x) = \cos(x) = 1 - \frac{x^2}{2!} + \frac{x^4}{4!} - \frac{x^6}{6!} + \ldots$; considérer alors la fraction rationnelle

$$r(x) = \frac{a_0 + a_2x^2 + a_4x^4}{1 + b_2x^2}, \qquad (7.50)$$

appelée *approximation de Padé*. Déterminer les coefficients de r tels que

$$f(x) - r(x) = \gamma_8x^8 + \gamma_{10}x^{10} + \ldots$$

[*Solution* : $a_0 = 1$, $a_2 = -7/15$, $a_4 = 1/40$, $b_2 = 1/30$.]

13. Supposer que la fonction f du précédent exercice soit connue en un ensemble de n points équirépartis $x_i \in]-\pi/2, \pi/2[$, $i = 0, \ldots, n$. Reprendre l'Exercice 12 et déterminer en utilisant MATLAB les coefficients de r tels que la quantité $\sum_{i=0}^{n} |f(x_i) - r(x_i)|^2$ soit minimale. Considérer les cas $n = 5$ et $n = 10$.

8

Intégration numérique

Nous présentons dans ce chapitre les méthodes les plus couramment utilisées pour l'intégration numérique. Bien que nous nous limitions essentiellement aux intégrales sur des intervalles bornés, nous abordons aux Sections 8.7 et 8.8 des extensions aux intervalles non bornés (ou à des fonctions ayant des singularités) et au cas multidimensionnel.

8.1 Formules de quadrature

Soit f une fonction réelle intégrable sur l'intervalle $[a, b]$. Le calcul explicite de l'intégrale définie $I(f) = \int_a^b f(x)dx$ peut être difficile, voire impossible. On appelle *formule de quadrature* ou *formule d'intégration numérique* toute formule permettant de calculer une approximation de $I(f)$.

Une possibilité consiste à remplacer f par une approximation f_n, où n est un entier positif, et calculer $I(f_n)$ au lieu de $I(f)$. En posant $I_n(f) = I(f_n)$, on a

$$I_n(f) = \int_a^b f_n(x)dx, \qquad n \geq 0. \tag{8.1}$$

La dépendance par rapport aux extrémités a, b sera toujours sous-entendue. On écrira donc $I_n(f)$ au lieu de $I_n(f; a, b)$.

Si $f \in C^0([a, b])$, l'*erreur de quadrature* $E_n(f) = I(f) - I_n(f)$ satisfait

$$|E_n(f)| \leq \int_a^b |f(x) - f_n(x)|dx \leq (b - a)\|f - f_n\|_\infty.$$

Donc, si pour un certain n, $\|f - f_n\|_\infty < \varepsilon$, alors $|E_n(f)| \leq \varepsilon(b - a)$.

L'approximation f_n doit être facilement intégrable, ce qui est le cas si, par exemple, $f_n \in \mathbb{P}_n$. Une approche naturelle consiste à prendre $f_n = \Pi_n f$, le polynôme d'interpolation de Lagrange de f sur un ensemble de $n+1$ noeuds distincts $\{x_i, i=0,\ldots,n\}$. Ainsi, on déduit de (8.1) que

$$I_n(f) = \sum_{i=0}^{n} f(x_i) \int_a^b l_i(x)dx, \tag{8.2}$$

où l_i est le polynôme caractéristique de Lagrange de degré n associé au noeud x_i (voir Section 7.1). On notera que (8.2) est un cas particulier de la formule de quadrature suivante

$$I_n(f) = \sum_{i=0}^{n} \alpha_i f(x_i), \tag{8.3}$$

où les coefficients α_i de la combinaison linéaire sont donnés par $\int_a^b l_i(x)dx$. La formule (8.3) est une somme pondérée des valeurs de f aux points x_i, pour $i=0,\ldots,n$. On dit que ces points sont les *noeuds* de la formule de quadrature, et que les nombres $\alpha_i \in \mathbb{R}$ sont ses *coefficients* ou encore ses *poids*. Les poids et les noeuds dépendent en général de n ; à nouveau, pour simplifier l'écriture, cette dépendance sera sous-entendue.
La formule (8.2), appelée *formule de quadrature de Lagrange*, peut être généralisée au cas où on connaît les valeurs de la dérivée de f. Ceci conduit à la formule de quadrature d'*Hermite* (voir [QSS07], Section 9.4).

Les formules de Lagrange et celles d'Hermite sont toutes les deux des *formules de quadrature interpolatoires*, car la fonction f est remplacée par son polynôme d'interpolation (de Lagrange et d'Hermite respectivement). On définit le *degré d'exactitude* d'une formule de quadrature comme le plus grand entier $r \geq 0$ pour lequel

$$I_n(f) = I(f) \qquad \forall f \in \mathbb{P}_r. \tag{8.4}$$

Toute formule de quadrature interpolatoire utilisant $n+1$ noeuds distincts a un degré d'exactitude au moins égal à n. En effet, si $f \in \mathbb{P}_n$, alors $\Pi_n f = f$ et donc $I_n(\Pi_n f) = I(\Pi_n f)$. La réciproque est aussi vraie : une formule de quadrature utilisant $n+1$ noeuds distincts et ayant un degré d'exactitude au moins égal à n est nécessairement de type interpolatoire (pour la preuve voir [IK66], p. 316).

Comme nous le verrons à la Section 9.2, le degré d'exactitude peut même atteindre $2n+1$ dans le cas des formules de quadrature de Gauss.

8.2 Quadratures interpolatoires

Nous présentons dans cette section trois cas particuliers de la formule (8.2) correspondant à $n = 0$, 1 et 2.

8.2.1 Formule du rectangle ou du point milieu

Cette formule est obtenue en remplaçant f par une constante égale à la valeur de f au milieu de $[a, b]$ (voir Figure 8.1, à gauche), ce qui donne

$$I_0(f) = (b-a)f\left(\frac{a+b}{2}\right). \tag{8.5}$$

Le poids est donc $\alpha_0 = b - a$ et le noeud $x_0 = (a + b)/2$. Si $f \in C^2([a, b])$, l'erreur de quadrature est

$$E_0(f) = \frac{h^3}{3}f''(\xi), \quad h = \frac{b-a}{2}, \tag{8.6}$$

où ξ est dans l'intervalle $]a, b[$.

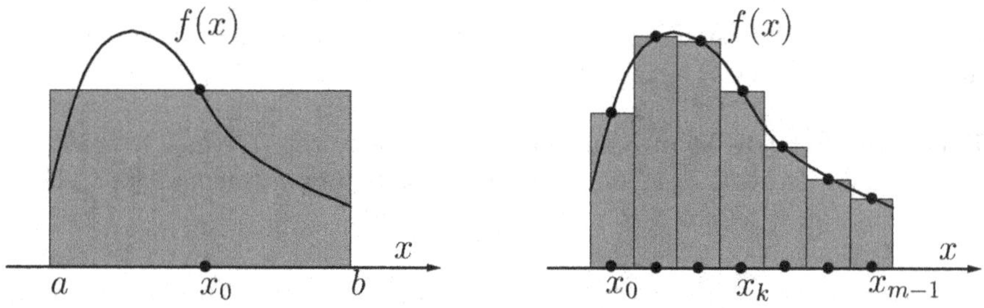

Fig. 8.1. La formule du point milieu (*à gauche*); la formule composite du point milieu (*à droite*)

En effet, le développement de Taylor au second ordre de f en $c = (a+b)/2$ s'écrit

$$f(x) = f(c) + f'(c)(x-c) + f''(\eta(x))(x-c)^2/2,$$

d'où l'on déduit (8.6) en intégrant sur $]a, b[$ et en utilisant le théorème de la moyenne. On en déduit que (8.5) est exacte pour les constantes et les fonctions affines (car dans les deux cas $f''(\xi) = 0$ pour tout $\xi \in]a, b[$). Le degré d'exactitude de la formule du point milieu est donc égal à 1.
Il faut noter que si la longueur de l'intervalle $[a, b]$ n'est pas suffisamment petite, l'erreur de quadrature (8.6) peut être assez importante. On retrouve cet inconvénient dans toutes les formules d'intégration numérique présentées dans les trois prochaines sections. Ceci motive l'introduction des formules composites que nous verrons à la Section 8.4.

Supposons maintenant qu'on approche l'intégrale $I(f)$ en remplaçant f par son interpolation polynomiale composite de degré 0 sur $[a, b]$, construite sur m sous-intervalles de largeur $H = (b-a)/m$, avec $m \geq 1$ (voir Figure 8.1, à droite). En introduisant les noeuds de quadrature $x_k = a + (2k+1)H/2$, pour $k = 0, \ldots, m-1$, on obtient la formule composite du point milieu

$$I_{0,m}(f) = H \sum_{k=0}^{m-1} f(x_k), \qquad m \geq 1. \tag{8.7}$$

Si $f \in C^2([a,b])$, l'erreur de quadrature $E_{0,m}(f) = I(f) - I_{0,m}(f)$ est donnée par

$$E_{0,m}(f) = \frac{b-a}{24} H^2 f''(\xi), \tag{8.8}$$

où $\xi \in]a,b[$. On déduit de (8.8) que (8.7) a un degré d'exactitude égal à 1 ; on peut montrer (8.8) en utilisant (8.6) et la linéarité de l'intégration. En effet, pour $k = 0, \ldots, m-1$ et $\xi_k \in]a + kH, a + (k+1)H[$,

$$E_{0,m}(f) = \sum_{k=0}^{m-1} f''(\xi_k)(H/2)^3/3 = \sum_{k=0}^{m-1} f''(\xi_k) \frac{H^2}{24} \frac{b-a}{m} = \frac{b-a}{24} H^2 f''(\xi).$$

La dernière égalité est une conséquence du théorème suivant, qu'on applique en posant $u = f''$ et $\delta_j = 1$ pour $j = 0, \ldots, m-1$.

Théorème 8.1 (de la moyenne discrète) *Soit $u \in C^0([a,b])$, soient x_j $s+1$ points de $[a,b]$ et δ_j $s+1$ constantes, toutes de même signe. Alors, il existe $\eta \in [a,b]$ tel que*

$$\sum_{j=0}^{s} \delta_j u(x_j) = u(\eta) \sum_{j=0}^{s} \delta_j. \tag{8.9}$$

Démonstration. Soit $u_m = \min_{x \in [a,b]} u(x) = u(\bar{x})$ et $u_M = \max_{x \in [a,b]} u(x) = u(\bar{\bar{x}})$, où $\bar{x}$ et $\bar{\bar{x}}$ sont deux points de $[a,b]$. Alors

$$u_m \sum_{j=0}^{s} \delta_j \leq \sum_{j=0}^{s} \delta_j u(x_j) \leq u_M \sum_{j=0}^{s} \delta_j. \tag{8.10}$$

On pose $\sigma_s = \sum_{j=0}^{s} \delta_j u(x_j)$ et on considère la fonction continue $U(x) = u(x) \sum_{j=0}^{s} \delta_j$. D'après (8.10), $U(\bar{x}) \leq \sigma_s \leq U(\bar{\bar{x}})$. Le théorème de la moyenne donne l'existence d'un point η entre a et b tel que $U(\eta) = \sigma_s$, d'où (8.9). Une preuve similaire peut être faite si les coefficients δ_j sont négatifs. ◇

La formule composite du point milieu est implémentée dans le Programme 60. Dans tout ce chapitre, nous noterons `a` et `b` les extrémités de l'intervalle d'intégration et `m` le nombre de sous-intervalles de quadrature. La variable `fun` contient l'expression de la fonction f, et la variable `int` contient en sortie la valeur approchée de l'intégrale.

Programme 60 - midpntc : Formule composite du point milieu

```
function int = midpntc(a,b,m,fun)
%MIDPNTC Formule composite du point milieu
% INT=MIDPNTC(A,B,M,FUN) calcule une approximation de l'intégrale de la
% fonction FUN sur ]A,B[ par la méthode du point milieu (avec M
% intervalles équirépartis). FUN accepte en entrée un vecteur réel x et
% renvoie un vecteur réel.
h=(b-a)/m;
x=[a+h/2:h:b];
dim=length(x);
y=eval(fun);
if size(y)==1
   y=diag(ones(dim))*y;
end
int=h*sum(y);
return
```

8.2.2 La formule du trapèze

Cette formule est obtenue en remplaçant f par $\Pi_1 f$, son polynôme d'interpolation de Lagrange de degré 1 aux noeuds $x_0 = a$ et $x_1 = b$ (voir Figure 8.2, à gauche). Les noeuds de la formule de quadrature sont alors $x_0 = a$, $x_1 = b$ et ses poids $\alpha_0 = \alpha_1 = (b-a)/2$:

$$I_1(f) = \frac{b-a}{2}\left[f(a) + f(b)\right]. \tag{8.11}$$

Si $f \in C^2([a,b])$, l'erreur de quadrature est donnée par

$$E_1(f) = -\frac{h^3}{12} f''(\xi), \quad h = b - a, \tag{8.12}$$

où ξ est un point de l'intervalle d'intégration.

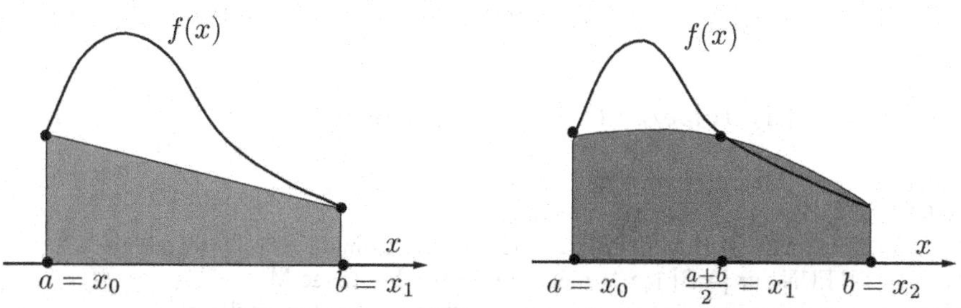

Fig. 8.2. Formules du trapèze (*à gauche*) et de Cavalieri-Simpson (*à droite*)

En effet, d'après l'expression de l'erreur d'interpolation (7.7), on a

$$E_1(f) = \int_a^b (f(x) - \Pi_1 f(x))dx = -\frac{1}{2}\int_a^b f''(\xi(x))(x-a)(b-x)dx.$$

Comme $\omega_2(x) = (x-a)(x-b) < 0$ sur $]a, b[$, le théorème de la moyenne donne

$$E_1(f) = (1/2)f''(\xi)\int_a^b \omega_2(x)dx = -f''(\xi)(b-a)^3/12,$$

pour un $\xi \in]a, b[$, d'où (8.12). La formule du trapèze a donc un degré d'exactitude égal à 1, comme celle du point milieu.

Pour obtenir la formule du trapèze composite, on procède comme dans le cas où $n = 0$: on remplace f sur $[a, b]$ par son polynôme composite de Lagrange de degré 1 sur m sous-intervalles, avec $m \geq 1$. En introduisant les noeuds de quadrature $x_k = a + kH$, pour $k = 0, \ldots, m$ et $H = (b-a)/m$, on obtient

$$I_{1,m}(f) = \frac{H}{2}\sum_{k=0}^{m-1}(f(x_k) + f(x_{k+1})), \qquad m \geq 1, \tag{8.13}$$

où $x_0 = a$ et $x_m = b$. Chaque terme dans (8.13) apparaît deux fois, exceptés le premier et le dernier. La formule peut donc s'écrire

$$I_{1,m}(f) = H\left[\frac{1}{2}f(x_0) + f(x_1) + \ldots + f(x_{m-1}) + \frac{1}{2}f(x_m)\right]. \tag{8.14}$$

Comme on l'a fait pour (8.8), on peut montrer que l'erreur de quadrature associée à (8.14) s'écrit, si $f \in C^2([a, b])$,

$$E_{1,m}(f) = -\frac{b-a}{12}H^2 f''(\xi),$$

où $\xi \in]a, b[$. Le degré d'exactitude est à nouveau égal à 1.

La formule composite du trapèze est implémentée dans le Programme 61.

Programme 61 - trapezc : Formule composite du trapèze

```
function int = trapezc(a,b,m,fun)
%TRAPEZC Formule composite du trapèze
% INT=TRAPEZC(A,B,M,FUN) calcule une approximation de l'intégrale de la
% fonction FUN sur ]A,B[ par la méthode du trapèze (avec M
% intervalles équirépartis). FUN accepte en entrée un vecteur réel x et
% renvoie un vecteur réel.
```

```
h=(b-a)/m;
x=[a:h:b];
dim=length(x);
y=eval(fun);
if size(y)==1
   y=diag(ones(dim))*y;
end
int=h*(0.5*y(1)+sum(y(2:m))+0.5*y(m+1));
return
```

8.2.3 La formule de Cavalieri-Simpson

La formule de Cavalieri-Simpson peut être obtenue en remplaçant f sur $[a, b]$ par son polynôme d'interpolation de degré 2 aux noeuds $x_0 = a$, $x_1 = (a+b)/2$ et $x_2 = b$ (voir Figure 8.2, à droite). Les poids sont donnés par $\alpha_0 = \alpha_2 = (b-a)/6$ et $\alpha_1 = 4(b-a)/6$, et la formule s'écrit

$$I_2(f) = \frac{b-a}{6}\left[f(a) + 4f\left(\frac{a+b}{2}\right) + f(b)\right]. \tag{8.15}$$

On peut montrer que, si $f \in C^4([a, b])$, l'erreur de quadrature est

$$E_2(f) = -\frac{h^5}{90}f^{(4)}(\xi), \quad h = \frac{b-a}{2}, \tag{8.16}$$

où ξ est dans $]a, b[$. On en déduit que la formule (8.15) a un degré d'exactitude égal à 3.

En remplaçant f par son polynôme composite de degré 2 sur $[a, b]$, on obtient la formule composite correspondant à (8.15). On introduit les noeuds de quadrature $x_k = a + kH/2$, pour $k = 0, \ldots, 2m$ et on pose $H = (b-a)/m$, avec $m \geq 1$. On a alors

$$I_{2,m} = \frac{H}{6}\left[f(x_0) + 2\sum_{r=1}^{m-1} f(x_{2r}) + 4\sum_{s=0}^{m-1} f(x_{2s+1}) + f(x_{2m})\right], \tag{8.17}$$

où $x_0 = a$ et $x_{2m} = b$. Si $f \in C^4([a, b])$, l'erreur de quadrature associée à (8.17) est

$$E_{2,m}(f) = -\frac{b-a}{180}(H/2)^4 f^{(4)}(\xi),$$

où $\xi \in]a, b[$; le degré d'exactitude de la formule est 3.
La formule composite de Cavalieri-Simpson est implémentée dans le Programme 62.

Programme 62 - simpsonc : Formule composite de Cavalieri-Simpson

```
function int = simpsonc(a,b,m,fun)
%SIMPSONC Formule composite de Simpson
% INT=SIMPSONC(A,B,M,FUN) calcule une approximation de l'intégrale de la
% fonction FUN sur ]A,B[ par la méthode de Simpson (avec M
% intervalles équirépartis). FUN accepte en entrée un vecteur réel x et
% renvoie un vecteur réel.
h=(b-a)/m;
x=[a:h/2:b];
dim= length(x);
y=eval(fun);
if size(y)==1
  y=diag(ones(dim))*y;
end
int=(h/6)*(y(1)+2*sum(y(3:2:2*m-1))+4*sum(y(2:2:2*m))+y(2*m+1));
return
```

Exemple 8.1 Utilisons les formules composites du point milieu, du trapèze et de Cavalieri-Simpson pour calculer l'intégrale

$$\int_0^{2\pi} xe^{-x}\cos(2x)dx = \frac{\left[3(e^{-2\pi}-1)-10\pi e^{-2\pi}\right]}{25} \simeq -0.122122. \qquad (8.18)$$

La Table 8.1 présente dans les colonnes paires le comportement de la valeur absolue de l'erreur quand H est divisé par 2 (*i.e.* quand m est multiplié par 2), et dans les colonnes impaires le rapport $\mathcal{R}_m = |E_m|/|E_{2m}|$ entre deux erreurs consécutives. Comme prévu par l'analyse théorique précédente, $\mathcal{R}_m$ tend vers 4 pour les formules du point milieu et du trapèze et vers 16 pour la formule de Cavalieri-Simpson. •

Table 8.1. Erreur absolue pour les formules composites du point milieu, du trapèze et de Cavalieri-Simpson dans l'évaluation approchée de l'intégrale (8.18)

m	$\lvert E_{0,m}\rvert$	$\mathcal{R}_m$	$\lvert E_{1,m}\rvert$	$\mathcal{R}_m$	$\lvert E_{2,m}\rvert$	$\mathcal{R}_m$
1	0.9751		1.589e-01		7.030e-01	
2	1.037	0.9406	0.5670	0.2804	0.5021	1.400
4	0.1221	8.489	0.2348	2.415	$3.139\cdot10^{-3}$	159.96
8	$2.980\cdot10^{-2}$	4.097	$5.635\cdot10^{-2}$	4.167	$1.085\cdot10^{-3}$	2.892
16	$6.748\cdot10^{-3}$	4.417	$1.327\cdot10^{-2}$	4.245	$7.381\cdot10^{-5}$	14.704
32	$1.639\cdot10^{-3}$	4.118	$3.263\cdot10^{-3}$	4.068	$4.682\cdot10^{-6}$	15.765
64	$4.066\cdot10^{-4}$	4.030	$8.123\cdot10^{-4}$	4.017	$2.936\cdot10^{-7}$	15.946
128	$1.014\cdot10^{-4}$	4.008	$2.028\cdot10^{-4}$	4.004	$1.836\cdot10^{-8}$	15.987
256	$2.535\cdot10^{-5}$	4.002	$5.070\cdot10^{-5}$	4.001	$1.148\cdot10^{-9}$	15.997

8.3 Les formules de Newton-Cotes

Ces formules sont basées sur l'interpolation de Lagrange avec noeuds *équi-répartis* dans $[a, b]$. Pour $n \geq 0$ fixé, on note $x_k = x_0 + kh$, $k = 0, \ldots, n$ les noeuds de quadrature. Les formules du point milieu, du trapèze et de Simpson sont des cas particuliers des formules de Newton-Cotes correspondant respectivement à $n = 0$, $n = 1$ et $n = 2$. On définit dans le cas général :

- *les formules fermées*, pour lesquelles $x_0 = a$, $x_n = b$ et $h = \dfrac{b-a}{n}$ $(n \geq 1)$;
- *les formules ouvertes*, pour lesquelles $x_0 = a + h$, $x_n = b - h$ et $h = \dfrac{b-a}{n+2}$ $(n \geq 0)$.

Indiquons une propriété intéressante des formules de Newton-Cotes : les poids de quadrature α_i ne dépendent explicitement que de n et h et pas de l'intervalle d'intégration $[a, b]$. Pour vérifier cette propriété dans le cas des formules fermées, introduisons le changement de variable $x = \Psi(t) = x_0 + th$. En notant que $\Psi(0) = a$, $\Psi(n) = b$ et $x_k = a + kh$, on a

$$\frac{x - x_k}{x_i - x_k} = \frac{a + th - (a + kh)}{a + ih - (a + kh)} = \frac{t - k}{i - k}.$$

Ainsi, pour $n \geq 1$

$$l_i(x) = \prod_{k=0, k \neq i}^{n} \frac{t-k}{i-k} = \varphi_i(t), \qquad 0 \leq i \leq n,$$

et on obtient l'expression suivante pour les poids de quadrature

$$\alpha_i = \int_a^b l_i(x)dx = \int_0^n \varphi_i(t)hdt = h\int_0^n \varphi_i(t)dt,$$

d'où on déduit

$$I_n(f) = h\sum_{i=0}^{n} w_i f(x_i), \qquad w_i = \int_0^n \varphi_i(t)dt.$$

Les formules ouvertes peuvent être interprétées de manière analogue : en utilisant à nouveau l'application $x = \Psi(t)$, on a $x_0 = a + h$, $x_n = b - h$ et $x_k = a + h(k+1)$ pour $k = 1, \ldots, n-1$; en posant, pour la cohérence, $x_{-1} = a$, $x_{n+1} = b$ et en procédant comme pour les formules fermées, on obtient $\alpha_i = h\int_{-1}^{n+1} \varphi_i(t)dt$, et donc

$$I_n(f) = h\sum_{i=0}^{n} w_i f(x_i), \qquad w_i = \int_{-1}^{n+1} \varphi_i(t)dt.$$

Dans le cas particulier où $n = 0$, comme $l_0(x) = \varphi_0(t) = 1$, on a $w_0 = 2$.

Les coefficients w_i ne dépendent pas de a, b, h et f, mais seulement de n ; ils peuvent donc être tabulés *a priori*. Dans le cas des formules fermées,

les polynômes φ_i et φ_{n-i}, pour $i = 0, \ldots, n-1$, ont par symétrie la même intégrale. Les poids correspondants w_i et w_{n-i} sont donc égaux pour $i = 0, \ldots, n-1$. Dans le cas des formules ouvertes, les poids w_i et w_{n-i} sont égaux pour $i = 0, \ldots, n$. Pour cette raison, on ne montre dans la Table 8.2 que la première moitié des poids.
Remarquer la présence de *poids négatifs* dans les formules ouvertes pour $n \geq 2$. Ceci peut être une source d'instabilités numériques, dues en particulier aux erreurs d'arrondi.

Table 8.2. Poids des formules de Newton-Cotes fermées (*à gauche*) et ouvertes (*à droite*)

n	1	2	3	4	5	6
w_0	$\frac{1}{2}$	$\frac{1}{3}$	$\frac{3}{8}$	$\frac{14}{45}$	$\frac{95}{288}$	$\frac{41}{140}$
w_1	0	$\frac{4}{3}$	$\frac{9}{8}$	$\frac{64}{45}$	$\frac{375}{288}$	$\frac{216}{140}$
w_2	0	0	0	$\frac{24}{45}$	$\frac{250}{288}$	$\frac{27}{140}$
w_3	0	0	0	0	0	$\frac{272}{140}$

n	0	1	2	3	4	5
w_0	2	$\frac{3}{2}$	$\frac{8}{3}$	$\frac{55}{24}$	$\frac{66}{20}$	$\frac{4277}{1440}$
w_1	0	0	$-\frac{4}{3}$	$\frac{5}{24}$	$-\frac{84}{20}$	$-\frac{3171}{1440}$
w_2	0	0	0	0	$\frac{156}{20}$	$\frac{3934}{1440}$

Par définition l'*ordre infinitésimal* (par rapport au pas d'intégration h) d'une formule de quadrature est le plus grand entier p tel que $|I(f) - I_n(f)| = \mathcal{O}(h^p)$. On a alors le résultat suivant :

Théorème 8.2 *Pour une formule de Newton-Cotes associée à une valeur paire de n, si $f \in C^{n+2}([a,b])$ l'erreur est donnée par l'expression suivante :*

$$E_n(f) = \frac{M_n}{(n+2)!} h^{n+3} f^{(n+2)}(\xi), \tag{8.19}$$

où $\xi \in]a,b[$ et

$$M_n = \begin{cases} \displaystyle\int_0^n t\ \pi_{n+1}(t)dt < 0 & \text{pour les formules fermées,} \\ \displaystyle\int_{-1}^{n+1} t\ \pi_{n+1}(t)dt > 0 & \text{pour les formules ouvertes,} \end{cases}$$

où on a posé $\pi_{n+1}(t) = \prod_{i=0}^{n}(t-i)$. D'après (8.19), le degré d'exactitude est égal à $n+1$ et l'ordre infinitésimal est $n+3$.

De même, pour les valeurs impaires de n, si $f \in C^{n+1}([a,b])$, l'erreur est donnée par

$$E_n(f) = \frac{K_n}{(n+1)!} h^{n+2} f^{(n+1)}(\eta), \tag{8.20}$$

où $\eta \in]a, b[$ *et*

$$K_n = \begin{cases} \int_0^n \pi_{n+1}(t)dt < 0 & \textit{pour les formules fermées,} \\ \int_{-1}^{n+1} \pi_{n+1}(t)dt > 0 & \textit{pour les formules ouvertes.} \end{cases}$$

Le degré d'exactitude est donc égal à n *et l'ordre infinitésimal est* $n+2$.

Démonstration. Nous donnons une preuve dans le cas particulier des formules fermées pour n pair, et nous renvoyons à [IK66], p. 308-314, pour une démonstration complète du théorème.

D'après (7.20), on a

$$E_n(f) = I(f) - I_n(f) = \int_a^b f[x_0, \ldots, x_n, x]\omega_{n+1}(x)dx. \tag{8.21}$$

On pose $W(x) = \int_a^x \omega_{n+1}(t)dt$. Il est clair que $W(a) = 0$; de plus, $\omega_{n+1}(t)$ étant une fonction impaire par rapport au point milieu $(a+b)/2$, on a aussi $W(b) = 0$. En intégrant (8.21) par parties, on obtient

$$\begin{aligned} E_n(f) &= \int_a^b f[x_0, \ldots, x_n, x]W'(x)dx = -\int_a^b \frac{d}{dx} f[x_0, \ldots, x_n, x]W(x)dx \\ &= -\int_a^b \frac{f^{(n+2)}(\xi(x))}{(n+2)!} W(x)dx. \end{aligned}$$

Pour établir la formule ci-dessus, nous avons utilisé l'identité suivante (voir Exercice 4)

$$\frac{\mathrm{d}}{\mathrm{d}x} f[x_0, \ldots, x_n, x] = f[x_0, \ldots, x_n, x, x]. \tag{8.22}$$

Comme $W(x) > 0$ pour $a < x < b$ (voir [IK66], p. 309), on obtient en utilisant le théorème de la moyenne

$$E_n(f) = -\frac{f^{(n+2)}(\xi)}{(n+2)!} \int_a^b W(x)dx = -\frac{f^{(n+2)}(\xi)}{(n+2)!} \int_a^b \int_a^x w_{n+1}(t)dtdx, \tag{8.23}$$

où ξ appartient à $]a,b[$. En échangeant l'ordre d'intégration, en posant $s = x_0 + \tau h$, pour $0 \leq \tau \leq n$, et en rappelant que $a = x_0$, $b = x_n$, on a

$$\begin{aligned}
\int_a^b W(x)dx &= \int_a^b \int_s^b (s-x_0)\ldots(s-x_n)dxds \\
&= \int_{x_0}^{x_n} (s-x_0)\ldots(s-x_{n-1})(s-x_n)(x_n-s)ds \\
&= -h^{n+3}\int_0^n \tau(\tau-1)\ldots(\tau-n+1)(\tau-n)^2 d\tau.
\end{aligned}$$

Enfin, on déduit (8.19) en posant $t = n - \tau$ et en combinant ces résultats avec (8.23). ◇

Les relations (8.19) et (8.20) sont des estimations *a priori* de l'erreur de quadrature (voir Chapitre 2, Section 2.3). Nous examinerons à la Section 8.6 leur utilisation dans la construction d'estimations *a posteriori* de l'erreur dans le cadre des algorithmes adaptatifs.

Pour les formules fermées de Newton-Cotes, nous donnons dans la Table 8.3, pour $1 \leq n \leq 6$, le degré d'exactitude (noté dorénavant r_n) et la valeur absolue de la constante $\mathcal{M}_n = M_n/(n+2)!$ (si n est pair) ou $\mathcal{K}_n = K_n/(n+1)!$ (si n est impair).

Table 8.3. Degré d'exactitude et constantes d'erreur pour les formules fermées de Newton-Cotes

n	r_n	$\mathcal{M}_n$	$\mathcal{K}_n$	n	r_n	$\mathcal{M}_n$	$\mathcal{K}_n$	n	r_n	$\mathcal{M}_n$	$\mathcal{K}_n$
1	1		$\frac{1}{12}$	3	3		$\frac{3}{80}$	5	5		$\frac{275}{12096}$
2	3	$\frac{1}{90}$		4	5	$\frac{8}{945}$		6	7	$\frac{9}{1400}$	

Exemple 8.2 Le but de cet exemple est de vérifier l'importance de l'hypothèse de régularité sur f pour les estimations d'erreur (8.19) et (8.20). Considérons les formules fermées de Newton-Cotes, avec $1 \leq n \leq 6$, pour approcher l'intégrale $\int_0^1 x^{5/2}dx = 2/7 \simeq 0.2857$. Comme f est seulement de classe $C^2([0,1])$, on ne s'attend pas à une amélioration significative de la précision quand n augmente. Ceci est en effet confirmé par la Table 8.4 où on a noté les résultats obtenus avec le Programme 63.

Pour $n = 1,\ldots,6$, on a noté $E_n^c(f)$ le module de l'erreur absolue, q_n^c l'ordre infinitésimal calculé et q_n^s la valeur théorique correspondante prédite par (8.19) et (8.20) sous l'hypothèse de régularité optimale pour f. Il apparaît clairement que q_n^c est plus petit que la valeur théorique prévue q_n^s. •

Table 8.4. Erreur dans l'approximation de $\int_0^1 x^{5/2}dx$

n	$E_n^c(f)$	q_n^c	q_n^s	n	$E_n^c(f)$	q_n^c	q_n^s
1	0.2143	3	3	4	$5.009 \cdot 10^{-5}$	4.7	7
2	$1.196 \cdot 10^{-3}$	3.2	5	5	$3.189 \cdot 10^{-5}$	2.6	7
3	$5.753 \cdot 10^{-4}$	3.8	5	6	$7.857 \cdot 10^{-6}$	3.7	9

Exemple 8.3 Une brève analyse des estimations d'erreur (8.19) et (8.20) pourrait laisser penser que seul le manque de régularité de la fonction peut expliquer une mauvaise convergence des formules de Newton-Cotes. Il est alors un peu surprenant de voir les résultats de la Table 8.5 concernant l'approximation de l'intégrale

$$I(f) = \int_{-5}^{5} \frac{1}{1+x^2}dx = 2\arctan 5 \simeq 2.747, \qquad (8.24)$$

où $f(x) = 1/(1+x^2)$ est la fonction de Runge (voir Section 7.1.2) qui est de classe $C^\infty(\mathbb{R})$. Les résultats montrent en effet clairement que l'erreur demeure quasiment inchangée quand n augmente. Ceci est dû au fait que les singularités sur l'axe imaginaire peuvent aussi affecter les propriétés de convergence d'une formule de quadrature, comme on l'avait déjà noté à la Section 7.1.1. C'est effectivement le cas avec la fonction considérée qui possède deux singularités en $\pm\sqrt{-1}$ (voir [DR75], p. 64-66). •

Table 8.5. Erreur relative $E_n(f) = [I(f) - I_n(f)]/I_n(f)$ dans l'évaluation approchée de (8.24) utilisant les formules de Newton-Cotes

n	$E_n(f)$	n	$E_n(f)$	n	$E_n(f)$
1	0.8601	3	0.2422	5	0.1599
2	-1.474	4	0.1357	6	-0.4091

Pour augmenter la précision d'une méthode de quadrature interpolatoire, il est parfaitement inutile d'augmenter la valeur de n. Ceci aurait en effet les mêmes conséquences négatives que pour l'interpolation de Lagrange avec noeuds équirépartis. Par exemple, les poids de la formule fermée de Newton-Cotes pour $n = 8$ n'ont pas tous le même signe (voir la Table 8.6 et noter que $w_i = w_{n-i}$ pour $i = 0, \ldots, n-1$), ce qui peut entraîner l'apparition d'instabilités numériques dues aux erreurs d'arrondi (voir Chapitre 2), et rend cette formule inutile dans la pratique. On retrouve ce phénomène dans toutes les formules de Newton-Cotes utilisant plus de 8 noeuds. Comme alternative,

Table 8.6. Poids de la formule fermée de Newton-Cotes à 9 noeuds

n	w_0	w_1	w_2	w_3	w_4	r_n	M_n
8	$\frac{3956}{14175}$	$\frac{23552}{14175}$	$-\frac{3712}{14175}$	$\frac{41984}{14175}$	$-\frac{18160}{14175}$	9	$\frac{2368}{467775}$

on peut recourir aux formules composites, dont l'analyse d'erreur sera effectuée à la Section 8.4, ou encore aux formules de quadrature de Gauss (Chapitre 9) qui possèdent le degré d'exactitude le plus grand et dont les noeuds ne sont pas équirépartis.

Les formules fermées de Newton-Cotes, pour $1 \leq n \leq 6$, sont implémentées en MATLAB dans le Programme 63.

Programme 63 - newtcot : Formules fermées de Newton-Cotes

```
function int = newtcot(a,b,n,fun)
%NEWTCOT Formules fermées de Newton-Cotes.
% INT=NEWTCOT(A,B,N,FUN) calcule une approximation de l'intégrale de la
% fonction FUN sur ]A,B[ par la formule fermée de Newton-Cotes à N noeuds.
% FUN accepte en entrée un vecteur réel x et renvoie un vecteur réel.
h=(b-a)/n;
n2=fix(n/2);
if n > 6, error('n vaut au plus 6'); end
a03=1/3; a08=1/8; a45=1/45; a288=1/288; a140=1/140;
alpha=[0.5     0       0        0; ...
       a03     4*a03   0        0; ...
       3*a08   9*a08   0        0; ...
       14*a45  64*a45  24*a45   0; ...
       95*a288 375*a288 250*a288 0; ...
       41*a140 216*a140 27*a140  272*a140];
x=a; y(1)=eval(fun);
for j=2:n+1
  x=x+h; y(j)=eval(fun);
end
int=0;
j=[1:n2+1];  int=sum(y(j).*alpha(n,j));
j=[n2+2:n+1]; int=int+sum(y(j).*alpha(n,n-j+2));
int=int*h;
return
```

8.4 Formules composites de Newton-Cotes

Les exemples de la Section 8.2 ont déjà montré qu'on peut construire les formules composites de Newton-Cotes en remplaçant f par son polynôme d'interpolation de Lagrange composite introduit à la Section 7.1.

Le procédé général consiste à décomposer l'intervalle d'intégration $[a, b]$ en m sous-intervalles $T_j = [y_j, y_{j+1}]$ tels que $y_j = a + jH$, où $H = (b - a)/m$ pour $j = 0, \ldots, m$. On utilise alors, sur chaque sous-intervalle, une formule interpolatoire de noeuds $\{x_k^{(j)}, 0 \leq k \leq n\}$ et de poids $\{\alpha_k^{(j)}, 0 \leq k \leq n\}$.

Puisque

$$I(f) = \int_a^b f(x)dx = \sum_{j=0}^{m-1} \int_{T_j} f(x)dx,$$

une formule de quadrature interpolatoire composite est obtenue en remplaçant $I(f)$ par

$$I_{n,m}(f) = \sum_{j=0}^{m-1} \sum_{k=0}^{n} \alpha_k^{(j)} f(x_k^{(j)}). \tag{8.25}$$

Par conséquent, l'erreur de quadrature est $E_{n,m}(f) = I(f) - I_{n,m}(f)$. Sur chaque sous-intervalle T_j, on peut par exemple utiliser une formule de Newton-Cotes avec $n+1$ noeuds équirépartis : dans ce cas, les poids $\alpha_k^{(j)} = hw_k$ sont encore indépendants de T_j.

En utilisant les mêmes notations qu'au Théorème 8.2, on a le résultat de convergence suivant pour les formules composites :

Théorème 8.3 *Pour une formule composite de Newton-Cotes, avec n pair, si $f \in C^{n+2}([a,b])$, on a*

$$E_{n,m}(f) = \frac{b-a}{(n+2)!} \frac{M_n}{\gamma_n^{n+3}} H^{n+2} f^{(n+2)}(\xi) \tag{8.26}$$

avec $\xi \in]a,b[$. L'ordre infinitésimal en H de l'erreur de quadrature est donc égal à $n+2$ et le degré d'exactitude de la formule est $n+1$.

Pour une formule composite de Newton-Cotes, avec n impair, si $f \in C^{n+1}([a,b])$, on a

$$E_{n,m}(f) = \frac{b-a}{(n+1)!} \frac{K_n}{\gamma_n^{n+2}} H^{n+1} f^{(n+1)}(\eta) \tag{8.27}$$

avec $\eta \in]a,b[$. L'ordre infinitésimal en H de l'erreur de quadrature est donc égal à $n+1$ et le degré d'exactitude de la formule est n. Dans (8.26) et (8.27), $\gamma_n = n+2$ quand la formule est ouverte et $\gamma_n = n$ quand la formule est fermée.

Démonstration. Nous ne considérons que le cas où n est pair. En utilisant (8.19), et en remarquant que M_n ne dépend pas de l'intervalle d'intégration, on a

$$E_{n,m}(f) = \sum_{j=0}^{m-1} \left[I(f)|_{T_j} - I_n(f)|_{T_j} \right] = \frac{M_n}{(n+2)!} \sum_{j=0}^{m-1} h_j^{n+3} f^{(n+2)}(\xi_j),$$

où, pour $j = 0, \ldots, m-1$, $h_j = |T_j|/(n+2) = (b-a)/(m(n+2))$ et où ξ_j est un point de T_j. Comme $(b-a)/m = H$, on obtient

$$E_{n,m}(f) = \frac{M_n}{(n+2)!} \frac{b-a}{m(n+2)^{n+3}} H^{n+2} \sum_{j=0}^{m-1} f^{(n+2)}(\xi_j),$$

d'où on déduit immédiatement (8.26) en appliquant le Théorème 8.1 avec $u(x) = f^{(n+2)}(x)$ et $\delta_j = 1$ pour $j = 0, \ldots, m-1$,

On peut suivre la même démarche pour prouver (8.27). ◇

On constate que, pour n fixé, $E_{n,m}(f) \to 0$ quand $m \to \infty$ (*i.e.* quand $H \to 0$). Ceci assure la convergence de la valeur numérique approchée de l'intégrale vers sa valeur exacte $I(f)$. On constate aussi que le degré d'exactitude des formules composites coïncide avec celui des formules simples alors que leur ordre infinitésimal (par rapport à H) est réduit de 1 par rapport à l'ordre infinitésimal (en h) des formules simples.
Dans les calculs pratiques, il est commode d'effectuer une interpolation locale de bas degré (typiquement $n \leq 2$, comme à la Section 8.2). Ceci conduit à des formules de quadrature composites avec coefficients positifs, ce qui minimise les erreurs d'arrondi.

Exemple 8.4 Pour l'intégrale (8.24) considérée à l'Exemple 8.3, on montre dans la Table 8.7 le comportement de l'erreur absolue en fonction du nombre de sous-intervalles m, dans le cas des formules composites du point milieu, du trapèze et de Cavalieri-Simpson. On observe clairement la convergence de $I_{n,m}(f)$ vers $I(f)$ quand m augmente. De plus, on constate que $E_{0,m}(f) \simeq E_{1,m}(f)/2$ pour $m \geq 32$ (voir Exercice 1). •

Table 8.7. Erreur absolue dans le calcul de (8.24) par quadratures composites

m	$\lvert E_{0,m}\rvert$	$\lvert E_{1,m}\rvert$	$\lvert E_{2,m}\rvert$
1	7.253	2.362	4.04
2	1.367	2.445	$9.65 \cdot 10^{-2}$
8	$3.90 \cdot 10^{-2}$	$3.77 \cdot 10^{-2}$	$1.35 \cdot 10^{-2}$
32	$1.20 \cdot 10^{-4}$	$2.40 \cdot 10^{-4}$	$4.55 \cdot 10^{-8}$
128	$7.52 \cdot 10^{-6}$	$1.50 \cdot 10^{-5}$	$1.63 \cdot 10^{-10}$
512	$4.70 \cdot 10^{-7}$	$9.40 \cdot 10^{-7}$	$6.36 \cdot 10^{-13}$

La convergence de $I_{n,m}(f)$ vers $I(f)$ peut être établie sous des hypothèses de régularité sur f moins sévères que celles requises par le Théorème 8.3. On a en effet le résultat suivant (dont on trouvera la preuve dans [IK66], p. 341-343) :

Propriété 8.1 *Si $f \in C^0([a,b])$ et si les poids $\alpha_k^{(j)}$ dans (8.25) sont positifs, alors*

$$\lim_{m\to\infty} I_{n,m}(f) = \int_a^b f(x)dx \qquad \forall n \geq 0.$$

De plus

$$\left| \int_a^b f(x)dx - I_{n,m}(f) \right| \leq 2(b-a)\Omega(f;H),$$

où, pour tout $\delta > 0$,

$$\Omega(f;\delta) = \sup\{|f(x) - f(y)|,\ x, y \in [a,b],\ x \neq y,\ |x-y| \leq \delta\}$$

est le module de continuité de la fonction f.

8.5 Extrapolation de Richardson

La *méthode d'extrapolation de Richardson* est un procédé qui combine plusieurs approximations d'une certaine quantité α_0 de manière à en obtenir une meilleure approximation. Plus précisément, supposons qu'on dispose d'une méthode pour approcher α_0 par une quantité $\mathcal{A}(h)$ pour toute valeur de $h \neq 0$. Supposons de plus que, pour un certain $k \geq 0$, $\mathcal{A}(h)$ puisse s'écrire

$$\mathcal{A}(h) = \alpha_0 + \alpha_1 h + \ldots + \alpha_k h^k + \mathcal{R}_{k+1}(h) \tag{8.28}$$

avec $|\mathcal{R}_{k+1}(h)| \leq C_{k+1} h^{k+1}$, où les constantes C_{k+1} et les coefficients α_i, pour $i = 0, \ldots, k$, sont indépendants de h. On a donc $\alpha_0 = \lim_{h\to 0} \mathcal{A}(h)$.

En écrivant (8.28) avec δh au lieu de h, pour $0 < \delta < 1$ (typiquement, $\delta = 1/2$), on a

$$\mathcal{A}(\delta h) = \alpha_0 + \alpha_1(\delta h) + \ldots + \alpha_k(\delta h)^k + \mathcal{R}_{k+1}(\delta h).$$

On retranche (8.28) multiplié par δ de cette expression pour obtenir

$$\mathcal{B}(h) = \frac{\mathcal{A}(\delta h) - \delta\mathcal{A}(h)}{1-\delta} = \alpha_0 + \widetilde{\alpha}_2 h^2 + \ldots + \widetilde{\alpha}_k h^k + \widetilde{\mathcal{R}}_{k+1}(h),$$

où on a posé, pour $k \geq 2$, $\widetilde{\alpha}_i = \alpha_i(\delta^i - \delta)/(1-\delta)$, avec $i = 2, \ldots, k$ et $\widetilde{\mathcal{R}}_{k+1}(h) = \left[\mathcal{R}_{k+1}(\delta h) - \delta\mathcal{R}_{k+1}(h)\right]/(1-\delta)$.
Remarquer que $\widetilde{\alpha}_i \neq 0$ si et seulement si $\alpha_i \neq 0$. En particulier, si $\alpha_1 \neq 0$, alors $\mathcal{A}(h)$ est une approximation au premier ordre de α_0, tandis que $\mathcal{B}(h)$ est au moins précis au second ordre. Plus généralement, si $\mathcal{A}(h)$ est une approximation de α_0 d'ordre p, alors la quantité $\mathcal{B}(h) = \left[\mathcal{A}(\delta h) - \delta^p\mathcal{A}(h)\right]/(1-\delta^p)$ approche α_0 à l'ordre $p+1$ (au moins).
On construit alors par récurrence l'algorithme d'extrapolation de Richardson : pour $n \geq 0$, $h > 0$ et $\delta \in]0,1[$, on définit les suites

$$\begin{aligned} &\mathcal{A}_{m,0} = \mathcal{A}(\delta^m h), && m = 0, \ldots, n, \\ &\mathcal{A}_{m,q+1} = \frac{\mathcal{A}_{m,q} - \delta^{q+1}\mathcal{A}_{m-1,q}}{1-\delta^{q+1}}, && q = 0, \ldots, n-1, \\ & && m = q+1, \ldots, n, \end{aligned} \tag{8.29}$$

qui peuvent être représentées par le diagramme ci-dessous

$$
\begin{array}{ccccccccccc}
\mathcal{A}_{0,0} & & & & & & & & & & \\
 & \searrow & & & & & & & & & \\
\mathcal{A}_{1,0} & \rightarrow & \mathcal{A}_{1,1} & & & & & & & & \\
 & \searrow & & \searrow & & & & & & & \\
\mathcal{A}_{2,0} & \rightarrow & \mathcal{A}_{2,1} & \rightarrow & \mathcal{A}_{2,2} & & & & & & \\
 & \searrow & & \searrow & & \searrow & & & & & \\
\mathcal{A}_{3,0} & \rightarrow & \mathcal{A}_{3,1} & \rightarrow & \mathcal{A}_{3,2} & \rightarrow & \mathcal{A}_{3,3} & & & & \\
 & \searrow & & \searrow & & \searrow & & \searrow & & & \\
\vdots & \ddots & & \ddots & & \ddots & & \ddots & & & \\
 & \searrow & & \searrow & & \searrow & & & & \searrow & \\
\mathcal{A}_{n,0} & \rightarrow & \mathcal{A}_{n,1} & \rightarrow & \mathcal{A}_{n,2} & \rightarrow & \mathcal{A}_{n,3} & \dots & & \rightarrow & \mathcal{A}_{n,n}
\end{array}
$$

où les flèches indiquent la façon dont les "anciens" termes contribuent à la construction des "nouveaux".

On peut montrer le résultat suivant (voir p. ex. [Com95], Proposition 4.1) :

Propriété 8.2 *Pour* $n \geq 0$ *et* $\delta \in]0, 1[$

$$
\mathcal{A}_{m,n} = \alpha_0 + \mathcal{O}((\delta^m h)^{n+1}), \qquad m = 0, \ldots, n. \tag{8.30}
$$

En particulier, pour les termes de la première colonne ($n = 0$), la vitesse de convergence vers α_0 est en $\mathcal{O}(\delta^m h)$, tandis que pour ceux de la dernière elle est en $\mathcal{O}((\delta^m h)^{n+1})$, c'est-à-dire n fois plus élevée.

Exemple 8.5 On a utilisé l'extrapolation de Richardson pour approcher en $\overline{x} = 0$ la dérivée de la fonction $f(x) = xe^{-x}\cos(2x)$, introduite à l'Exemple 8.1. On a exécuté pour cela l'algorithme (8.29) avec $\mathcal{A}(h) = [f(\overline{x} + h) - f(\overline{x})]/h$, $\delta = 0.5$, $n = 5$ et $h = 0.1$. La Table 8.8 montre la suite des erreurs absolues $E_{m,n} = |\alpha_0 - \mathcal{A}_{m,n}|$. On constate que l'erreur décroît comme le prévoit (8.30). •

Table 8.8. Erreurs dans l'extrapolation de Richardson pour l'évaluation approchée de $f'(0)$, avec $f(x) = xe^{-x}\cos(2x)$

$E_{m,0}$	$E_{m,1}$	$E_{m,2}$	$E_{m,3}$	$E_{m,4}$	$E_{m,5}$
0.113	–	–	–	–	–
$5.3 \cdot 10^{-2}$	$6.1 \cdot 10^{-3}$	–	–	–	–
$2.6 \cdot 10^{-2}$	$1.7 \cdot 10^{-3}$	$2.2 \cdot 10^{-4}$	–	–	–
$1.3 \cdot 10^{-2}$	$4.5 \cdot 10^{-4}$	$2.8 \cdot 10^{-5}$	$5.5 \cdot 10^{-7}$	–	–
$6.3 \cdot 10^{-3}$	$1.1 \cdot 10^{-4}$	$3.5 \cdot 10^{-6}$	$3.1 \cdot 10^{-8}$	$3.0 \cdot 10^{-9}$	–
$3.1 \cdot 10^{-3}$	$2.9 \cdot 10^{-5}$	$4.5 \cdot 10^{-7}$	$1.9 \cdot 10^{-9}$	$9.9 \cdot 10^{-11}$	$4.9 \cdot 10^{-12}$

8.5.1 Intégration de Romberg

La *méthode d'intégration de Romberg* est une application de l'extrapolation de Richardson à la formule composite du trapèze. On a besoin du résultat suivant, connu sous le nom de développement d'Euler-MacLaurin (pour la preuve voir p. ex. [Ral65], p. 131-133, et [DR75], p. 106-111) :

Propriété 8.3 *Soit $k \geq 0$ et $f \in C^{2k+2}([a,b])$. Approchons $\alpha_0 = \int_a^b f(x)dx$ par la formule composite du trapèze (8.14) : en posant $h_m = (b-a)/m$ pour $m \geq 1$, on obtient*

$$\begin{aligned} I_{1,m}(f) = \alpha_0 \quad & + \sum_{i=1}^{k} \frac{B_{2i}}{(2i)!} h_m^{2i} \left(f^{(2i-1)}(b) - f^{(2i-1)}(a) \right) \\ & + \frac{B_{2k+2}}{(2k+2)!} h_m^{2k+2} (b-a) f^{(2k+2)}(\eta), \end{aligned} \tag{8.31}$$

où $\eta \in]a,b[$ et où $B_{2j} = (-1)^{j-1} \left[\sum_{n=1}^{+\infty} 2/(2n\pi)^{2j} \right] (2j)!$, pour $j \geq 1$, sont les nombres de Bernoulli.

L'équation (8.31) est un cas particulier de (8.28) où $h = h_m^2$ et $\mathcal{A}(h) = I_{1,m}(f)$; remarquer que seules les puissances *paires* du paramètre h apparaissent dans le développement.

L'algorithme d'extrapolation de Richardson (8.29) appliqué à (8.31) donne

$$\begin{aligned} \mathcal{A}_{m,0} &= \mathcal{A}(\delta^m h), & m &= 0, \ldots, n, \\ \mathcal{A}_{m,q+1} &= \frac{\mathcal{A}_{m,q} - \delta^{2(q+1)} \mathcal{A}_{m-1,q}}{1 - \delta^{2(q+1)}}, & q &= 0, \ldots, n-1, \\ & & m &= q+1, \ldots, n. \end{aligned} \tag{8.32}$$

En posant $h = b - a$ et $\delta = 1/2$ dans (8.32) et en notant $T(h_s) = I_{1,s}(f)$ la formule composite du trapèze (8.14) sur $s = 2^m$ sous-intervalles de longueur $h_s = (b-a)/2^m$, pour $m \geq 0$, l'algorithme (8.32) devient

$$\begin{aligned} \mathcal{A}_{m,0} &= T((b-a)/2^m), & m &= 0, \ldots, n, \\ \mathcal{A}_{m,q+1} &= \frac{4^{q+1} \mathcal{A}_{m,q} - \mathcal{A}_{m-1,q}}{4^{q+1} - 1}, & q &= 0, \ldots, n-1, \\ & & m &= q+1, \ldots, n. \end{aligned}$$

On l'appelle *algorithme d'intégration numérique de Romberg.* En utilisant (8.30), on obtient le résultat de convergence suivant

$$\mathcal{A}_{m,n} = \int_a^b f(x)dx + \mathcal{O}(h_s^{2(n+1)}), \quad h_s = \frac{b-a}{2^m}, \quad n \geq 0.$$

Exemple 8.6 La Table 8.9 montre les résultats obtenus en exécutant le Programme 64 pour calculer la quantité α_0 dans les deux cas $\alpha_0^{(1)} = \int_0^\pi e^x \cos(x)dx = -(e^\pi+1)/2$ et $\alpha_0^{(2)} = \int_0^1 \sqrt{x}dx = 2/3$.

On a pris n égal à 9. Dans la seconde et la troisième colonnes figurent les modules des erreurs absolues $E_k^{(r)} = |\alpha_0^{(r)} - \mathcal{A}_{k+1,k+1}^{(r)}|$, pour $r = 1, 2$ et $k = 0, \dots, 6$.

La convergence vers zéro est beaucoup plus rapide pour $E_k^{(1)}$ que pour $E_k^{(2)}$. La première fonction à intégrer est en effet infiniment dérivable alors que la seconde est seulement continue. •

Table 8.9. Intégration de Romberg pour le calcul approché de $\int_0^\pi e^x \cos(x)dx$ (erreur $E_k^{(1)}$) et $\int_0^1 \sqrt{x}dx$ (erreur $E_k^{(2)}$)

k	$E_k^{(1)}$	$E_k^{(2)}$	k	$E_k^{(1)}$	$E_k^{(2)}$
0	22.71	0.1670	4	$8.923 \cdot 10^{-7}$	$1.074 \cdot 10^{-3}$
1	0.4775	$2.860 \cdot 10^{-2}$	5	$6.850 \cdot 10^{-11}$	$3.790 \cdot 10^{-4}$
2	$5.926 \cdot 10^{-2}$	$8.910 \cdot 10^{-3}$	6	$5.330 \cdot 10^{-14}$	$1.340 \cdot 10^{-4}$
3	$7.410 \cdot 10^{-5}$	$3.060 \cdot 10^{-3}$	7	0	$4.734 \cdot 10^{-5}$

L'algorithme de Romberg est implémenté en MATLAB dans le Programme 64.

Programme 64 - romberg : Intégration de Romberg

```
function int = romberg(a,b,n,fun)
%ROMBERG Intégration de Romberg
% INT=ROMBERG(A,B,N,FUN) calcule une approximation de l'intégrale de la
% fonction FUN sur ]A,B[ par la méthode de Romberg.
% FUN accepte en entrée un vecteur réel x et renvoie un vecteur réel.
for i=1:n+1
   A(i,1)=trapezc(a,b,2^(i-1),fun);
end
for j=2:n+1
   for i=j:n+1
      A(i,j)=(4^(j-1)*A(i,j-1)-A(i-1,j-1))/(4^(j-1)-1);
   end
end
int=A(n+1,n+1);
return
```

8.6 Intégration automatique

Un programme d'*intégration numérique automatique*, ou *intégrateur automatique*, est un ensemble d'algorithmes qui fournit une approximation de l'intégrale $I(f) = \int_a^b f(x)dx$ avec une certaine tolérance.

Pour cela, le programme génère une suite $\{\mathcal{I}_k, \mathcal{E}_k\}$, pour $k = 1, \ldots, N$, où $\mathcal{I}_k$ est l'approximation de $I(f)$ à la k-ième étape du processus de calcul, $\mathcal{E}_k$ est une estimation de l'erreur $I(f) - \mathcal{I}_k$, et N un entier fixé.

Le calcul s'achève à la s-ième étape, avec $s \leq N$, quand la condition suivante est remplie

$$\max\left\{\varepsilon_a, \varepsilon_r |\widetilde{I}(f)|\right\} \geq |\mathcal{E}_s| (\simeq |I(f) - \mathcal{I}_s|), \tag{8.33}$$

où ε_a est une tolérance absolue, ε_r une tolérance relative et $\widetilde{I}(f)$ une estimation raisonnable de l'intégrale $I(f)$ (ces trois valeurs sont fournies à l'initialisation par l'utilisateur). Si cette condition n'est pas satisfaite au bout de N étapes, l'intégrateur retourne la dernière approximation calculée $\mathcal{I}_N$, avec un message d'erreur avertissant l'utilisateur que l'algorithme n'a pas convergé.
Idéalement, un intégrateur automatique devrait :

(a) fournir un critère fiable pour déterminer $|\mathcal{E}_s|$ afin de pouvoir effectuer le test de convergence (8.33) ;

(b) garantir une *implémentation efficace* qui minimise le nombre d'évaluations de la fonction nécessaire à l'obtention de l'approximation voulue $\mathcal{I}_s$.

En pratique, pour chaque $k \geq 1$, on peut passer de l'étape k à l'étape $k+1$ du processus d'intégration automatique en suivant, au choix, une stratégie *adaptative* ou *non adaptative.*

Dans le cas non adaptatif, la loi de distribution des noeuds de quadrature est fixée *a priori* et on améliore la qualité de l'estimation $\mathcal{I}_k$ en augmentant à chaque étape le nombre de noeuds. Un exemple d'intégrateur automatique basé sur cette technique est donné à la Section 8.6.1 où on utilise les formules composites de Newton-Cotes sur m et $2m$ sous-intervalles, respectivement, aux étapes k et $k+1$.

Dans le cas adaptatif, les positions des noeuds ne sont pas fixées *a priori* : elles dépendent à l'étape k de l'information stockée durant les $k-1$ étapes précédentes. On obtient un algorithme adaptatif d'intégration automatique en partitionnant l'intervalle $[a, b]$ en subdivisions successives ayant une densité de noeuds non uniforme, cette densité étant typiquement plus grande aux voisinages des zones où f a un fort gradient ou une singularité. Un exemple d'intégrateur adaptatif basé sur la formule de Cavalieri-Simpson est décrit à la Section 8.6.2.

8.6.1 Algorithmes d'intégration non adaptatifs

Nous utilisons dans cette section les formules composites de Newton-Cotes. Notre but est de définir un critère pour estimer l'erreur absolue $|I(f) - \mathcal{I}_k|$ en utilisant l'extrapolation de Richardson. On déduit de (8.26) et (8.27) que, pour $m \geq 1$ et $n \geq 0$, $I_{n,m}(f)$ a un ordre infinitésimal égal à H^{n+p}, avec $p = 2$ pour n pair et $p = 1$ pour n impair, où m, n et $H = (b-a)/m$ sont respectivement le nombre de partitions de $[a, b]$, le nombre de noeuds de quadrature sur chaque sous-intervalle et la longueur constante de chaque sous-intervalle. En doublant la valeur de m (*i.e.* en divisant H par deux) et en procédant par extrapolation, on a

$$I(f) - I_{n,2m}(f) \simeq \frac{1}{2^{n+p}} \left[I(f) - I_{n,m}(f) \right]. \tag{8.34}$$

On a utilisé $\simeq$ au lieu de $=$ car les points ξ et η où on évalue la dérivée dans (8.26) et (8.27) changent quand on passe de m à $2m$ sous-intervalles. La relation (8.34) donne

$$I(f) \simeq I_{n,2m}(f) + \frac{I_{n,2m}(f) - I_{n,m}(f)}{2^{n+p} - 1},$$

d'où on déduit l'*estimation de l'erreur absolue* pour $I_{n,2m}(f)$:

$$I(f) - I_{n,2m}(f) \simeq \frac{I_{n,2m}(f) - I_{n,m}(f)}{2^{n+p} - 1}. \tag{8.35}$$

Si on considère la formule composite de Simpson (*i.e.* $n = 2$), (8.35) prédit une réduction d'un facteur 15 de l'erreur absolue quand on passe de m à $2m$ sous-intervalles. Noter qu'il n'y a que 2^{m-1} évaluations supplémentaires de la fonction pour calculer la nouvelle approximation $I_{1,2m}(f)$ en partant de $I_{1,m}(f)$. La relation (8.35) est un exemple d'estimation d'erreur *a posteriori* (voir Chapitre 2, Section 2.3). Elle est basée sur l'utilisation combinée d'une estimation *a priori* (dans ce cas (8.26) ou (8.27)) et de deux évaluations de la quantité à approcher (l'intégrale $I(f)$) pour deux valeurs différentes du paramètre de discrétisation H.

Exemple 8.7 Utilisons l'estimation *a posteriori* (8.35) dans le cas de la formule composite de Simpson ($n = p = 2$), pour l'approximation de l'intégrale

$$\int_0^{\pi} (e^{x/2} + \cos 4x)dx = 2(e^{\pi} - 1) \simeq 7.621$$

avec une erreur absolue inférieure à 10^{-4}. Pour $k = 0, 1, \ldots$, posons $h_k = (b - a)/2^k$ et notons $I_{2,m(k)}(f)$ l'intégrale de f calculée avec la formule composite de Simpson sur une grille de pas h_k comportant $m(k) = 2^k$ intervalles. On peut alors prendre la quantité suivante comme estimation de l'erreur de quadrature

$$|E_k^V| = |I(f) - I_{2,m(k)}(f)| \simeq \frac{1}{10} |I_{2,2m(k)}(f) - I_{2,m(k)}(f)| = |\mathcal{E}_k|, \qquad k \geq 1. \tag{8.36}$$

La Table 8.10 montre la suite des estimations d'erreur $|\mathcal{E}_k|$ et les erreurs absolues correspondantes $|E_k^V|$ qui ont été *effectivement* observées dans l'intégration numérique. Remarquer qu'une fois que le calcul a convergé, l'erreur estimée par (8.36) est nettement plus élevée que l'erreur observée. •

Table 8.10. Formule automatique non adaptative de Simpson pour l'approximation de $\int_0^\pi (e^{x/2} + \cos 4x)dx$

k	$\lvert\mathcal{E}_k\rvert$	$\lvert E_k^V\rvert$	k	$\lvert\mathcal{E}_k\rvert$	$\lvert E_k^V\rvert$
0		3.156	2	0.10	$4.52 \cdot 10^{-5}$
1	0.42	1.047	3	$5.8 \cdot 10^{-6}$	$2 \cdot 10^{-9}$

Une alternative pour satisfaire les contraintes (a) et (b) consiste à utiliser une *suite emboîtée* de quadratures de Gauss $I_k(f)$ (voir Chapitre 9) dont le degré d'exactitude est croissant pour $k = 1, \ldots, N$. Ces formules sont construites de manière à ce que $\mathcal{S}_{n_k} \subset \mathcal{S}_{n_{k+1}}$ pour $k = 1, \ldots, N-1$, où $\mathcal{S}_{n_k} = \{x_1, \ldots, x_{n_k}\}$ est l'ensemble des noeuds de quadrature relatif à $I_k(f)$. Ainsi, pour $k \geq 1$, la formule au $k+1$-ième niveau utilise *tous* les noeuds de la formule du niveau k, ce qui rend l'implémentation des formules emboîtées particulièrement efficace.

Donnons l'exemple des formules de Gauss-Kronrod à 10, 21, 43 et 87 points, qui sont disponibles dans [PdKÜK83] (dans ce cas $N = 4$). Les formules de Gauss-Kronrod ont un degré d'exactitude r_{n_k} (optimal) égal à $2n_k - 1$, où n_k est le nombre de noeuds de chaque formule, avec $n_1 = 10$ et $n_{k+1} = 2n_k + 1$ pour $k = 1, 2, 3$. On obtient une estimation d'erreur en comparant les résultats donnés par deux formules successives $I_{n_k}(f)$ et $I_{n_{k+1}}(f)$ avec $k = 1, 2, 3$ et le calcul s'arrête à l'étape k pour laquelle

$$|\mathcal{I}_{k+1} - \mathcal{I}_k| \leq \max\{\varepsilon_a, \varepsilon_r |\mathcal{I}_{k+1}|\},$$

(voir aussi [DR75], p. 321).

8.6.2 Algorithmes d'intégration adaptatifs

Le but d'un intégrateur adaptatif est de fournir une approximation de $I(f) = \int_a^b f(x)\,dx$ avec une tolérance fixée ε à l'aide d'une distribution *non uniforme* des sous-intervalles d'intégration dans $[a, b]$. Un algorithme optimal est capable d'adapter automatiquement la longueur des sous-intervalles en fonction de l'intégrande en augmentant la densité des noeuds de quadrature aux endroits où la fonction subit de fortes variations.

Il est commode, pour décrire la méthode, de restreindre notre attention à un sous-intervalle arbitraire $[\alpha, \beta] \subseteq [a, b]$. Afin d'assurer une précision donnée, disons $\varepsilon(\beta - \alpha)/(b - a)$, on doit fixer une longueur h ; au regard des estimations d'erreur des formules de Newton-Cotes, on voit qu'il faut pour cela évaluer les dérivées de f jusqu'à un certain ordre. Cette procédure, qui est irréalisable dans les calculs pratiques, est effectuée comme suit par un intégrateur automatique. Nous considérons dans toute la section la formule de Cavalieri-Simpson (8.15), bien que la méthode puisse être étendue à d'autres formules de quadrature.

Soit $I_f(\alpha, \beta) = \int_\alpha^\beta f(x)dx$, $h = h_0 = (\beta - \alpha)/2$ et

$$S_f(\alpha, \beta) = (h_0/3)\left[f(\alpha) + 4f(\alpha + h_0) + f(\beta)\right].$$

On déduit de (8.16) que

$$I_f(\alpha,\beta) - S_f(\alpha,\beta) = -\frac{h_0^5}{90} f^{(4)}(\xi), \tag{8.37}$$

où ξ est un point de $]\alpha,\beta[$. Pour estimer l'erreur $I_f(\alpha,\beta) - S_f(\alpha,\beta)$ *sans* utiliser explicitement la fonction $f^{(4)}$, on utilise à nouveau la formule de Cavalieri-Simpson sur la réunion des deux sous-intervalles $[\alpha,(\alpha+\beta)/2]$ et $[(\alpha+\beta)/2,\beta]$, obtenant ainsi, pour $h = h_0/2 = (\beta-\alpha)/4$,

$$I_f(\alpha,\beta) - S_{f,2}(\alpha,\beta) = -\frac{(h_0/2)^5}{90}\left(f^{(4)}(\xi) + f^{(4)}(\eta)\right),$$

où $\xi \in]\alpha,(\alpha+\beta)/2[$, $\eta \in](\alpha+\beta)/2,\beta[$ et $S_{f,2}(\alpha,\beta) = S_f(\alpha,(\alpha+\beta)/2) + S_f((\alpha+\beta)/2,\beta)$.

Faisons à présent l'hypothèse que $f^{(4)}(\xi) \simeq f^{(4)}(\eta)$ (ce qui n'est vrai en général que si la fonction $f^{(4)}$ ne varie "pas trop" sur $[\alpha,\beta]$). Alors,

$$I_f(\alpha,\beta) - S_{f,2}(\alpha,\beta) \simeq -\frac{1}{16}\frac{h_0^5}{90} f^{(4)}(\xi), \tag{8.38}$$

où l'erreur est réduite d'un facteur 16 par rapport à (8.37) qui correspond à une longueur h deux fois plus grande. En comparant (8.37) et (8.38), on obtient l'estimation

$$(h_0^5/90) f^{(4)}(\xi) \simeq (16/15)\mathcal{E}_f(\alpha,\beta),$$

où $\mathcal{E}_f(\alpha,\beta) = S_f(\alpha,\beta) - S_{f,2}(\alpha,\beta)$. On déduit alors de (8.38) que

$$|I_f(\alpha,\beta) - S_{f,2}(\alpha,\beta)| \simeq \frac{|\mathcal{E}_f(\alpha,\beta)|}{15}. \tag{8.39}$$

On a ainsi obtenu une formule permettant un calcul simple de l'erreur commise en utilisant la formule composite d'intégration numérique de Cavalieri-Simpson sur l'intervalle $[\alpha,\beta]$. La relation (8.39), ainsi que (8.35), est un nouvel exemple d'estimation d'erreur *a posteriori*. Ces relations combinent l'utilisation d'une estimation *a priori* (dans ce cas (8.16)) et de deux évaluations de la quantité à approcher (l'intégrale $I(f)$) pour deux valeurs différentes du paramètre de discrétisation h.

Dans la pratique, il peut être prudent d'utiliser plutôt la formule d'estimation d'erreur suivante

$$|I_f(\alpha,\beta) - S_{f,2}(\alpha,\beta)| \simeq |\mathcal{E}_f(\alpha,\beta)|/10.$$

De plus, pour assurer une précision globale sur $[a,b]$ avec une tolérance fixée ε, il suffira d'imposer à l'erreur $\mathcal{E}_f(\alpha,\beta)$ de satisfaire sur chaque sous-intervalle $[\alpha,\beta] \subseteq [a,b]$ la contrainte suivante

$$\frac{|\mathcal{E}_f(\alpha,\beta)|}{10} \leq \varepsilon\frac{\beta-\alpha}{b-a}. \tag{8.40}$$

L'algorithme adaptatif d'intégration automatique peut être décrit comme suit. On note :

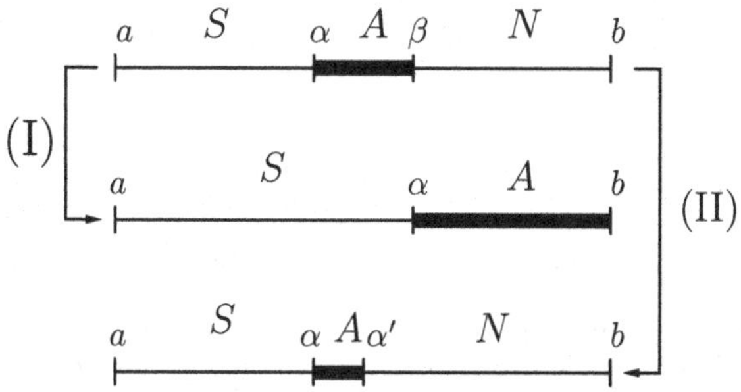

Fig. 8.3. Distribution des intervalles d'intégration à une étape de l'algorithme adaptatif et mise à jour de la grille d'intégration

1. A : l'intervalle d'intégration actif, *i.e.* l'intervalle où l'intégrale doit être calculée ;
2. S : l'intervalle d'intégration déjà examiné, sur lequel le test d'erreur (8.40) a été effectué avec succès ;
3. N : l'intervalle d'intégration à examiner.

Au début de l'algorithme d'intégration on a $N = [a, b]$, $A = N$ et $S = \emptyset$; la situation à une étape quelconque de l'algorithme est décrite sur la Figure 8.3. On a $J_S(f) \simeq \int_a^\alpha f(x)dx$, avec $J_S(f) = 0$ au début du processus ; si l'algorithme s'achève avec succès, $J_S(f)$ contient l'approximation voulue de $I(f)$. On note $J_{(\alpha,\beta)}(f)$ l'intégrale approchée de f sur l'intervalle actif $[\alpha, \beta]$. Cet intervalle est dessiné en gras sur la Figure 8.3. A chaque étape de la méthode d'intégration adaptative les décisions suivantes sont prises :

1. si le test d'erreur locale (8.40) réussit alors :
   (i) $J_S(f)$ est augmenté de $J_{(\alpha,\beta)}(f)$, c'est-à-dire $J_S(f) \leftarrow J_S(f) + J_{(\alpha,\beta)}(f)$;
   (ii) on pose $S \leftarrow S \cup A$, $A = N$ et $\beta = b$ (ce qui correspond au chemin (I) sur la Figure 8.3) ;
2. si le test d'erreur local (8.40) échoue alors :
   (j) A est divisé par deux, et le nouvel intervalle actif est $A = [\alpha, \alpha']$ avec $\alpha' = (\alpha + \beta)/2$ (ce qui correspond au chemin (II) sur la Figure 8.3) ;
   (jj) on pose $N \leftarrow N \cup [\alpha', \beta]$, $\beta \leftarrow \alpha'$;
   (jjj) on fournit une nouvelle estimation d'erreur.

Afin d'empêcher l'algorithme de produire de trop petits intervalles, on peut surveiller la longueur de A et, au cas où elle deviendrait trop petite, prévenir l'utilisateur de la présence possible d'une singularité de la fonction à intégrer (voir Section 8.7).

Exemple 8.8 Utilisons l'intégration adaptative de Cavalieri-Simpson pour calculer l'intégrale

$$
\begin{aligned}
I(f) &= \int_{-3}^{4} \tan^{-1}(10x)dx \\
&= 4\tan^{-1}(40) + 3\tan^{-1}(-30) - (1/20)\log(16/9) \simeq 1.54201193.
\end{aligned}
$$

En exécutant le Programme 65 avec `tol` $= 10^{-4}$ et `hmin` $= 10^{-3}$, on obtient une approximation de l'intégrale avec une erreur absolue environ égale à $2.104 \cdot 10^{-5}$. L'algorithme effectue 77 évaluations de la fonction, correspondant à une partition non uniforme de l'intervalle $[a, b]$ en 38 sous-intervalles. Notons qu'avec un pas de maillage uniforme la formule composite correspondante requiert 128 sous-intervalles pour une erreur absolue de $2.413 \cdot 10^{-5}$.

Sur la Figure 8.4, on montre à gauche la distribution des noeuds de quadrature tracés sur la courbe de la fonction à intégrer ; à droite, on montre la densité des pas d'intégration (constante par morceau) $\Delta_h(x)$, définie comme l'inverse des pas h sur chaque intervalle actif A. Remarquer la valeur élevée atteinte par Δ_h en $x = 0$, là où la dérivée de la fonction à intégrer est maximale. •

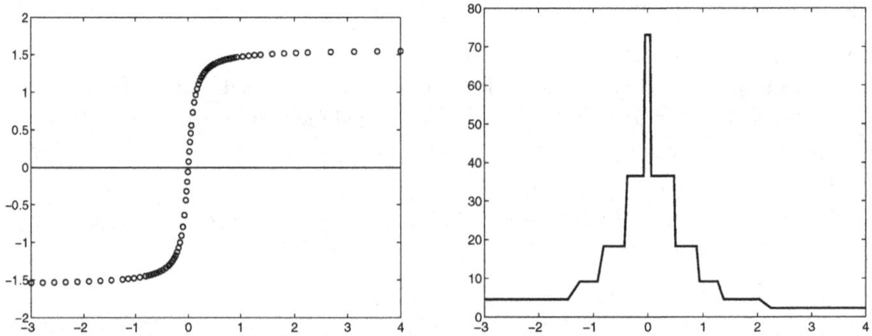

Fig. 8.4. Distribution des noeuds de quadrature (*à gauche*); densité des pas d'intégration pour l'approximation de l'intégrale de l'Exemple 8.8 (*à droite*)

L'algorithme adaptatif qu'on vient de décrire est implémenté en MATLAB dans le Programme 65. Le paramètre d'entrée `hmin` désigne la plus petite valeur admissible du pas d'intégration. En sortie le programme renvoie la valeur approchée de l'intégrale `JSF` et l'ensemble des points d'intégration `nodes`.

Programme 65 - simpadpt : Intégrateur adaptatif avec la formule composite de Cavalieri-Simpson

```
function [JSf,nodes]=simpadpt(f,a,b,tol,hmin,varargin)
%SIMPADPT Quadrature adaptative de Simpson.
% [JSF,NODES] = SIMPADPT(FUN,A,B,TOL,HMIN) tente d'approcher
% l'intégrale d'une fonction FUN sur ]A,B[ avec une erreur TOL
% en utilisant une quadrature de Simpson adaptative récursive.
```

```
% La fonction inline Y = FUN(V) doit prendre en argument un vecteur V
% et renvoyer dans un vecteur Y l'intégrande évalué en chaque élément
% de X.
% JSF = SIMPADPT(FUN,A,B,TOL,HMIN,P1,P2,...) appelle la fonction FUN en
% passant les paramètre optionnels P1,P2,... par FUN(X,P1,P2,...).
A=[a,b]; N=[]; S=[]; JSf = 0; ba = b - a; nodes=[];
while ~isempty(A),
  [deltaI,ISc]=caldeltai(A,f,varargin{:});
  if abs(deltaI) <= 15*tol*(A(2)-A(1))/ba;
    JSf = JSf + ISc;    S = union(S,A);
    nodes = [nodes, A(1) (A(1)+A(2))*0.5 A(2)];
    S = [S(1), S(end)]; A = N; N = [];
  elseif A(2)-A(1) < hmin
    JSf=JSf+ISc;           S = union(S,A);
    S = [S(1), S(end)]; A=N; N=[];
    warning('Pas d''intégration trop petit');
  else
    Am = (A(1)+A(2))*0.5;
    A = [A(1) Am];
    N = [Am, b];
  end
end
nodes=unique(nodes);
return

function [deltaI,ISc]=caldeltai(A,f,varargin)
L=A(2)-A(1);
t=[0; 0.25; 0.5; 0.5; 0.75; 1];
x=L*t+A(1);
L=L/6;
w=[1; 4; 1];
fx=feval(f,x,varargin{:}).*ones(6,1);
IS=L*sum(fx([1 3 6]).*w);
ISc=0.5*L*sum(fx.*[w;w]);
deltaI=IS-ISc;
return
```

8.7 Intégrales singulières

Dans cette section, nous étendons notre analyse aux cas où la fonction f à intégrer présente un saut, fini ou infini, en un point. Nous présentons aussi brièvement les méthodes numériques les mieux adaptées pour calculer les intégrales des fonctions bornées sur des intervalles non bornés.

8.7.1 Intégrales des fonctions présentant des sauts finis

Soit c un point *connu* dans $[a, b]$ et soit f une fonction continue et bornée sur $[a, c[$ et $]c, b]$, avec un saut fini $f(c^+) - f(c^-)$. Comme

$$I(f) = \int_a^b f(x)dx = \int_a^c f(x)dx + \int_c^b f(x)dx, \tag{8.41}$$

n'importe quelle formule d'intégration des sections précédentes peut être utilisée sur $[a, c^-]$ et $[c^+, b]$ pour fournir une approximation de $I(f)$. On procéderait de même si f admettait un nombre *fini* de sauts dans $[a, b]$.

Quand l'emplacement du point de discontinuité de f n'est pas connu *a priori*, une analyse préliminaire du graphe de la fonction doit être effectuée. Comme alternative, on peut recourir à un intégrateur adaptatif capable de détecter la présence de discontinuités en repérant les endroits où le pas d'intégration devient plus petit qu'une tolérance donnée (voir Section 8.6.2).

8.7.2 Intégrales de fonctions tendant vers l'infini

Considérons le cas où $\lim_{x\to a^+} f(x) = \infty$; on traiterait de la même manière le cas où f tend vers l'infini quand $x \to b^-$, et on se ramènerait à l'une de ces deux situations pour traiter le cas d'un point de singularité c intérieur à $[a, b]$ grâce à (8.41). Supposons que la fonction à intégrer est de la forme

$$f(x) = \frac{\phi(x)}{(x-a)^\mu}, \qquad 0 \le \mu < 1,$$

où ϕ est une fonction dont la valeur absolue est bornée par M. Alors

$$|I(f)| \le M \lim_{t\to a^+} \int_t^b \frac{1}{(x-a)^\mu} dx = M \frac{(b-a)^{1-\mu}}{1-\mu}.$$

Supposons qu'on souhaite approcher $I(f)$ avec une tolérance δ. On va décrire pour cela deux méthodes (pour plus de détails voir aussi [IK66], Section 7.6, et [DR75], Section 2.12 et Appendice 1).

Méthode 1. Pour tout ε tel que $0 < \varepsilon < (b-a)$, on décompose l'intégrale singulière en $I(f) = I_1 + I_2$, où

$$I_1 = \int_a^{a+\varepsilon} \frac{\phi(x)}{(x-a)^\mu} dx, \qquad I_2 = \int_{a+\varepsilon}^b \frac{\phi(x)}{(x-a)^\mu} dx.$$

Le calcul de I_2 ne présente pas de difficulté. Après avoir remplacé ϕ par son développement de Taylor à l'ordre p en $x = a$, on obtient

$$\phi(x) = \Phi_p(x) + \frac{(x-a)^{p+1}}{(p+1)!} \phi^{(p+1)}(\xi(x)), \qquad p \ge 0, \tag{8.42}$$

où $\Phi_p(x) = \sum_{k=0}^{p} \phi^{(k)}(a)(x-a)^k/k!$. Alors

$$I_1 = \varepsilon^{1-\mu} \sum_{k=0}^{p} \frac{\varepsilon^k \phi^{(k)}(a)}{k!(k+1-\mu)} + \frac{1}{(p+1)!} \int_a^{a+\varepsilon} (x-a)^{p+1-\mu} \phi^{(p+1)}(\xi(x))dx.$$

En remplaçant I_1 par la somme finie, l'erreur correspondante E_1 peut être bornée ainsi

$$|E_1| \leq \frac{\varepsilon^{p+2-\mu}}{(p+1)!(p+2-\mu)} \max_{a \leq x \leq a+\varepsilon} |\phi^{(p+1)}(x)|, \qquad p \geq 0. \tag{8.43}$$

Pour un p fixé, le second membre de (8.43) est une fonction croissante de ε. D'autre part, en prenant $\varepsilon < 1$ et en supposant que les dérivées successives de ϕ n'augmentent pas trop vite avec p, (8.43) est décroissante quand p augmente. Approchons ensuite I_2 par la formule composite de Newton-Cotes avec m sous-intervalles et n noeuds de quadrature dans chaque sous-intervalle, n étant un entier pair. D'après (8.26), et en cherchant à répartir l'erreur δ entre I_1 et I_2, on a

$$|E_2| \leq \mathcal{M}^{(n+2)}(\varepsilon) \frac{b-a-\varepsilon}{(n+2)!} \frac{|M_n|}{n^{n+3}} \left(\frac{b-a-\varepsilon}{m}\right)^{n+2} = \delta/2, \tag{8.44}$$

où

$$\mathcal{M}^{(n+2)}(\varepsilon) = \max_{a+\varepsilon \leq x \leq b} \left| \frac{d^{n+2}}{dx^{n+2}} \left(\frac{\phi(x)}{(x-a)^\mu} \right) \right|.$$

La valeur de la constante $\mathcal{M}^{(n+2)}(\varepsilon)$ croît rapidement quand ε tend vers zéro ; par conséquent, (8.44) peut nécessiter un nombre $m_\varepsilon = m(\varepsilon)$ très important de sous-intervalles, rendant cette méthode difficilement utilisable en pratique.

Exemple 8.9 Considérons l'intégrale singulière (appelée *intégrale de Fresnel*)

$$I(f) = \int_0^{\pi/2} \frac{\cos(x)}{\sqrt{x}} dx. \tag{8.45}$$

En développant la fonction en série de Taylor à l'origine et en utilisant le théorème d'intégration des séries, on a

$$I(f) = \sum_{k=0}^{\infty} \frac{(-1)^k}{(2k)!} \frac{1}{(2k+1/2)} (\pi/2)^{2k+1/2}.$$

En tronquant la série au dixième terme, on obtient une valeur approchée de l'intégrale égale à 1.9549.

En utilisant la formule composite de Cavalieri-Simpson, l'estimation *a priori* (8.44) donne, quand ε tend vers zéro et en posant $n = 2$, $|M_2| = 4/15$,

$$m_\varepsilon \simeq \left[\frac{0.018}{\delta} \left(\frac{\pi}{2} - \varepsilon \right)^5 \varepsilon^{-9/2} \right]^{1/4}.$$

Pour $\delta = 10^{-4}$, en prenant $\varepsilon = 10^{-2}$, on a besoin de 1140 sous-intervalles (uniformes), et avec $\varepsilon = 10^{-4}$ (resp. $\varepsilon = 10^{-6}$) le nombre de sous-intervalles est $2 \cdot 10^5$ (resp. $3.6 \cdot 10^7$). A titre de comparaison, en exécutant le Programme 65 (intégration adaptative avec la formule de Cavalieri-Simpson) avec $\mathtt{a} = \varepsilon = 10^{-10}$, $\mathtt{hmin} = 10^{-12}$ et $\mathtt{tol} = 10^{-4}$, on obtient une valeur approchée de l'intégrale égale à 1.955, au prix de 1057 évaluations de la fonction, ce qui correspond à 528 subdivisions non uniformes de $[0, \pi/2]$. •

Méthode 2. En utilisant le développement de Taylor (8.42) on obtient

$$I(f) = \int_a^b \frac{\phi(x) - \Phi_p(x)}{(x-a)^\mu} dx + \int_a^b \frac{\Phi_p(x)}{(x-a)^\mu} dx = I_1 + I_2.$$

Le calcul exact de I_2 donne

$$I_2 = (b-a)^{1-\mu} \sum_{k=0}^{p} \frac{(b-a)^k \phi^{(k)}(a)}{k!(k+1-\mu)}. \tag{8.46}$$

L'intégrale I_1 s'écrit, pour $p \geq 0$

$$I_1 = \int_a^b (x-a)^{p+1-\mu} \frac{\phi^{(p+1)}(\xi(x))}{(p+1)!} dx = \int_a^b g(x) dx. \tag{8.47}$$

Contrairement au cas de la méthode 1, la fonction à intégrer g n'explose pas en $x = a$, ses p premières dérivées étant finies en $x = a$.

Par conséquent, en supposant qu'on approche I_1 avec une formule de Newton-Cotes composite, il est possible de donner une estimation de l'erreur de quadrature, à condition que $p \geq n+2$, pour $n \geq 0$ pair, ou $p \geq n+1$, pour n impair.

Exemple 8.10 Considérons à nouveau l'intégrale singulière de Fresnel (8.45), et supposons qu'on utilise la formule composite de Cavalieri-Simpson pour approcher I_1. Nous prenons $p = 4$ dans (8.46) et (8.47). La valeur de I_2 est $(\pi/2)^{1/2}(2 - (1/5)(\pi/2)^2 + (1/108)(\pi/2)^4) \simeq 1.9588$. L'estimation d'erreur (8.26) avec $n = 2$ montre que 2 subdivisions de $[0, \pi/2]$ suffisent pour approcher I_1 avec une erreur $\delta = 10^{-4}$, obtenant alors une valeur $I_1 \simeq -0.0173$. La méthode 2 donne 1.9415 comme approximation de (8.45). •

8.7.3 Intégrales sur des intervalles non bornés

Soit $f \in C^0([a, +\infty[)$; si elle existe et si elle est finie, la limite

$$\lim_{t \to +\infty} \int_a^t f(x) dx$$

est la valeur de l'intégrale singulière

$$I(f) = \int_a^{\infty} f(x)dx = \lim_{t\to+\infty} \int_a^t f(x)dx. \qquad (8.48)$$

On a une définition analogue si f est continue sur $]-\infty, b]$, et pour une fonction $f : \mathbb{R} \to \mathbb{R}$, intégrable sur tout intervalle borné, on pose

$$\int_{-\infty}^{\infty} f(x)dx = \int_{-\infty}^{c} f(x)dx + \int_{c}^{+\infty} f(x)dx, \qquad (8.49)$$

où c est un réel quelconque et où les deux intégrales singulières du second membre de (8.49) sont convergentes. Cette définition est correcte car $I(f)$ ne dépend pas du choix de c.

La condition suivante est *suffisante* pour que f soit intégrable sur $[a, +\infty[$:

$$\exists \rho > 0 \text{ tel que } \lim_{x\to+\infty} x^{1+\rho} f(x) = 0.$$

Autrement dit, f est un infiniment petit d'ordre > 1 par rapport à $1/x$ quand $x \to \infty$. Pour approcher numériquement (8.48) avec une tolérance δ, on considère les méthodes suivantes, et on renvoie au Chapitre 3 de [DR75] pour plus de détails.

Méthode 1. Pour calculer (8.48), on peut décomposer $I(f)$ en $I_1 + I_2$, où $I_1 = \int_a^c f(x)dx$ et $I_2 = \int_c^{\infty} f(x)dx$.

Le point c, qui peut être choisi arbitrairement, est pris de manière à ce que la contribution de I_2 soit négligeable. Plus précisément, en exploitant le comportement asymptotique de f, c est choisi de façon à rendre I_2 égal à une fraction de la tolérance imposée, disons $I_2 = \delta/2$.

On calculera alors I_1 avec une erreur absolue égale à $\delta/2$. Ceci assure que l'erreur globale pour le calcul de $I_1 + I_2$ est inférieure à δ.

Exemple 8.11 Calculons, avec une erreur $\delta = 10^{-3}$, l'intégrale

$$I(f) = \int_0^{\infty} \cos^2(x)e^{-x}dx = 3/5.$$

Pour un $c > 0$ quelconque, on a $I_2 = \int_c^{\infty} \cos^2(x)e^{-x}dx \leq \int_c^{\infty} e^{-x}dx = e^{-c}$; en posant $e^{-c} = \delta/2$, on obtient $c \simeq 7.6$. En utilisant la formule composite du trapèze pour approcher I_1, on obtient $m \geq \left(Mc^3/(6\delta)\right)^{1/2} = 277$, d'après (8.27) avec $n = 1$ et $M = \max_{0\leq x\leq c} |f''(x)| \simeq 1.04$.

Le Programme 61 renvoie la valeur $\mathcal{I}_1 \simeq 0.599905$, avec une erreur absolue de $6.27 \cdot 10^{-5}$ (la valeur exacte est $I_1 = 3/5 - e^{-c}(\cos^2(c) - (\sin(2c) + 2\cos(2c))/5) \simeq 0.599842$). Le résultat global est $\mathcal{I}_1 + I_2 \simeq 0.600405$, avec une erreur absolue par rapport à $I(f)$ égale à $4.05 \cdot 10^{-4}$. •

Méthode 2. Pour un nombre réel c quelconque, on pose $I(f) = I_1 + I_2$ comme pour la méthode 1, on introduit alors le changement de variable $x = 1/t$ afin de transformer I_2 en une intégrale sur l'intervalle *borné* $[0, 1/c]$

$$I_2 = \int_0^{1/c} f(t)t^{-2}dt = \int_0^{1/c} g(t)dt. \tag{8.50}$$

Si $g(t)$ n'est pas singulière en $t = 0$, on peut traiter (8.50) à l'aide de n'importe quelle formule de quadrature présentée dans ce chapitre. Dans le cas contraire, on peut recourir à l'une des méthodes considérées à la Section 8.7.2.

Méthode 3. On utilise les formules interpolatoires de Gauss, où les noeuds d'intégration sont les zéros des polynômes orthogonaux de Laguerre et d'Hermite (voir la Section 9.5).

8.8 Intégration numérique multidimensionnelle

Soit Ω un domaine borné de $\mathbb{R}^2$ de frontière suffisamment régulière. Notons $\mathbf{x}$ le vecteur de coordonnées (x, y). Nous nous intéressons au problème de l'approximation de l'intégrale $I(f) = \int_\Omega f(x, y)dxdy$, où f est une fonction continue sur $\overline{\Omega}$.

Nous présentons pour cela deux méthodes aux Sections 8.8.1 et 8.8.2. La première méthode ne s'applique qu'à certains types de domaines Ω (voir ci-dessous). Elle consiste à ramener le calcul des intégrales doubles à celui d'intégrales simples et à appliquer les quadratures unidimensionnelles le long des deux coordonnées. La seconde méthode, qui s'applique quand Ω est un polygone, consiste à utiliser des quadratures composites de bas degré sur une décomposition de Ω en triangles.

8.8.1 La méthode de réduction

On se donne un domaine de la forme $\Omega = -(x, y) \in \mathbb{R}^2, a < x < b, \phi_1(x) < y < \phi_2(x)\}$ où ϕ_1 et ϕ_2 sont des fonctions continues telles que $\phi_2(x) > \phi_1(x)$, $\forall x \in [a, b]$. On dit alors que Ω est *normal* par rapport à l'axe des x (voir Figure 8.5).

La formule de réduction des intégrales doubles donne

$$I(f) = \int_a^b \int_{\phi_1(x)}^{\phi_2(x)} f(x, y)dydx = \int_a^b F_f(x)dx. \tag{8.51}$$

On peut approcher l'intégrale sur $[a, b]$ par une formule de quadrature composite utilisant M_x sous-intervalles $\{J_k,\ k = 1, \ldots, M_x\}$, de longueur $H =$

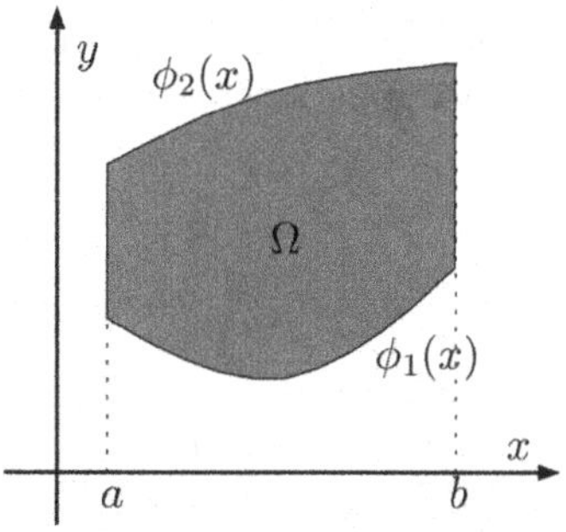

Fig. 8.5. Domaine normal par rapport à l'axe des x

$(b-a)/M_x$, et $n_x^{(k)}+1$ noeuds $\{x_i^k,\ i=0,\ldots,n_x^{(k)}\}$ dans chaque sous-intervalle. On peut donc écrire dans la direction des x

$$I(f) \simeq I_{n_x}^c(f) = \sum_{k=1}^{M_x}\sum_{i=0}^{n_x^{(k)}} \alpha_i^k F_f(x_i^k),$$

où les coefficients α_i^k sont les poids de quadrature sur chaque sous-intervalle J_k. Pour chaque noeud x_i^k, l'approximation de l'intégrale $F_f(x_i^k)$ est effectuée par une quadrature composite utilisant M_y sous-intervalles $\{J_m,\ m=1,\ldots,M_y\}$, de longueur $h_i^k = (\phi_2(x_i^k)-\phi_1(x_i^k))/M_y$ et $n_y^{(m)}+1$ noeuds $\{y_{j,m}^{i,k},\ j=0,\ldots,n_y^{(m)}\}$ dans chaque sous-intervalle.

Dans le cas particulier $M_x=M_y=M$, $n_x^{(k)}=n_y^{(m)}=0$, pour $k,m=1,\ldots,M$, la formule de quadrature résultante est la *formule de réduction du point milieu*

$$I_{0,0}^c(f) = H\sum_{k=1}^{M} h_0^k \sum_{m=1}^{M} f(x_0^k, y_{0,m}^{0,k}),$$

où $H=(b-a)/M$, $x_0^k = a+(k-1/2)H$ pour $k=1,\ldots,M$ et $y_{0,m}^{0,k}=\phi_1(x_0^k)+(m-1/2)h_0^k$ pour $m=1,\ldots,M$. On peut construire de manière analogue la *formule de réduction du trapèze* le long des directions de coordonnées (dans ce cas, $n_x^{(k)}=n_y^{(m)}=1$, pour $k,m=1,\ldots,M$).

On peut bien sûr augmenter l'efficacité de cette approche en utilisant la méthode adaptative décrite à la Section 8.6.2 pour positionner convenablement les noeuds de quadrature x_i^k et $y_{j,m}^{i,k}$ en fonction des variations de f sur le domaine Ω.

Les formules de réduction sont de moins en moins pratiques quand la dimension d du domaine $\Omega \subset \mathbb{R}^d$ augmente, car le coût du calcul augmente alors considérablement. En effet, si chaque intégrale simple nécessite N évaluations de la fonction, le coût total est de N^d.

Les formules de réduction du point milieu et du trapèze pour approcher l'intégrale (8.51) sont implémentées en MATLAB dans les Programmes 66 et

67. Pour simplifier, on prend $M_x = M_y = M$. Les variables phi1 et phi2 contiennent les expressions des fonctions ϕ_1 et ϕ_2 qui délimitent le domaine d'intégration.

Programme 66 - redmidpt : Formule de réduction du point milieu

```
function int=redmidpt(a,b,phi1,phi2,m,fun)
%REDMIDPT Formule de réduction du point milieu
% INT=REDMIDPT(A,B,PHI1,PHI2,M,FUN) calcule l'intégrale de la fonction
% FUN sur le domaine 2D avec X dans ]A,B[ et Y délimité par les fonctions PHI1
% et PHI2. FUN est une fonction de y.
H=(b-a)/m;
xx=[a+H/2:H:b];
dim=length(xx);
for i=1:dim
   x=xx(i); d=eval(phi2); c=eval(phi1); h=(d-c)/m;
   y=[c+h/2:h:d]; w=eval(fun); psi(i)=h*sum(w(1:m));
end
int=H*sum(psi(1:m));
return
```

Programme 67 - redtrap : Formule de réduction du trapèze

```
function int=redtrap(a,b,phi1,phi2,m,fun)
%REDTRAP Formule de réduction du trapèze
% INT=REDTRAP(A,B,PHI1,PHI2,M,FUN) calcule l'intégrale de la fonction
% FUN sur le domaine 2D avec X dans ]A,B[ et Y délimité par les fonctions PHI1
% et PHI2. FUN est une fonction de y.
H=(b-a)/m;
xx=[a:H:b];
dim=length(xx);
for i=1:dim
   x=xx(i); d=eval(phi2); c=eval(phi1); h=(d-c)/m;
   y=[c:h:d]; w=eval(fun); psi(i)=h*(0.5*w(1)+sum(w(2:m))+0.5*w(m+1));
end
int=H*(0.5*psi(1)+sum(psi(2:m))+0.5*psi(m+1));
return
```

8.8.2 Quadratures composites bidimensionnelles

Dans cette section, nous étendons au cas bidimensionnel les quadratures composites interpolatoires considérées à la Section 8.4. Nous supposons que Ω est un polygone convexe sur lequel on introduit une *triangulation* $\mathcal{T}_h$ de N_T triangles (encore appelés *éléments*) tels que $\overline{\Omega} = \bigcup_{T \in \mathcal{T}_h} T$, où le paramètre $h > 0$ est la longueur maximale des côtés des triangles de $\mathcal{T}_h$ (voir Section 7.5.2).

Les formules de quadrature composites interpolatoires sur les triangles peuvent être obtenues exactement comme dans le cas monodimensionnel en remplaçant $\int_\Omega f(x,y)dxdy$ par $\int_\Omega \Pi_h^k f(x,y)dxdy$, où, pour $k \geq 0$, $\Pi_h^k f$ est le polynôme d'interpolation composite de f sur la triangulation $\mathcal{T}_h$ introduite à la Section 7.5.2.

Pour un calcul efficace de cette dernière intégrale, on utilise la propriété d'additivité combinée avec (7.29). Ceci conduit à la formule composite interpolatoire

$$\begin{aligned} I_k^c(f) &= \int_\Omega \Pi_h^k f(x,y)dxdy = \sum_{T\in\mathcal{T}_h} \int_T \Pi_T^k f(x,y)dxdy = \sum_{T\in\mathcal{T}_h} I_k^T(f) \\ &= \sum_{T\in\mathcal{T}_h} \sum_{j=0}^{d_k-1} f(\tilde{\mathbf{z}}_j^T) \int_T l_j^T(x,y)dxdy = \sum_{T\in\mathcal{T}_h} \sum_{j=0}^{d_k-1} \alpha_j^T f(\tilde{\mathbf{z}}_j^T). \end{aligned} \tag{8.52}$$

Les coefficients α_j^T et les points $\tilde{\mathbf{z}}_j^T$ sont respectivement appelés poids et noeuds *locaux* de la formule de quadrature (8.52).

Les poids α_j^T peuvent être calculés sur le triangle de référence $\hat{T}$ de sommets $(0,0)$, $(1,0)$ et $(0,1)$, comme suit

$$\alpha_j^T = \int_T l_j^T(x,y)dxdy = 2|T| \int_{\hat{T}} \hat{l}_j(\hat{x},\hat{y})d\hat{x}d\hat{y}, \quad j = 0,\ldots,d_k-1, \quad \forall T \in \mathcal{T}_h,$$

où $|T|$ est l'aire de T. Si $k=0$, on a $\alpha_0^T = |T|$, et si $k=1$ on a $\alpha_j^T = |T|/3$, pour $j=0,1,2$. En notant respectivement $\mathbf{a}_j^T$ et $\mathbf{a}^T = \sum_{j=1}^3 (\mathbf{a}_j^T)/3$, $j=1,2,3$, les sommets et le centre de gravité du triangle $T \in \mathcal{T}_h$, on obtient les formules suivantes.

Formule composite du point milieu ($k = 0$ dans 8.52)

$$I_0^c(f) = \sum_{T\in\mathcal{T}_h} |T| f(\mathbf{a}^T). \tag{8.53}$$

Formule composite du trapèze ($k = 1$ dans 8.52)

$$I_1^c(f) = \frac{1}{3} \sum_{T\in\mathcal{T}_h} |T| \sum_{j=1}^{3} f(\mathbf{a}_j^T). \tag{8.54}$$

Pour l'analyse d'erreur de quadrature $E_k^c(f) = I(f) - I_k^c(f)$, on introduit la définition suivante :

Définition 8.1 La formule de quadrature (8.52) a un *degré d'exactitude égal à* n, avec $n \geq 0$, si $I_k^{\widehat{T}}(p) = \int_{\widehat{T}} p dxdy$ pour tout $p \in \mathbb{P}_n(\widehat{T})$, où $\mathbb{P}_n(\widehat{T})$ est défini en (7.26). ■

On peut montrer le résultat suivant (voir [IK66], p. 361–362) :

Propriété 8.4 *On suppose que la formule de quadrature* (8.52) *a un degré d'exactitude sur* Ω *égal à* n*, avec* $n \geq 0$*. Alors, il existe une constante positive* K*, indépendante de* h*, telle que*

$$|E_k^c(f)| \leq K_n h^{n+1} |\Omega| M_{n+1}, \tag{8.55}$$

pour toute fonction $f \in C^{n+1}(\Omega)$*, où* M_{n+1} *est la valeur maximale des modules des dérivées d'ordre* $n+1$ *de* f *et* $|\Omega|$ *est l'aire de* Ω*.*

Les formules composites (8.53) et (8.54) ont toutes les deux un degré d'exactitude égal à 1 ; donc, d'après la Propriété 8.4, leur ordre infinitésimal par rapport à h est égal à 2.

Les *formules symétriques* constituent une autre famille de quadratures sur les triangles. Ce sont des formules de Gauss à n noeuds, possédant un haut degré d'exactitude, et ayant la propriété d'avoir des noeuds de quadratures qui occupent des positions "symétriques".
En considérant un triangle arbitraire $T \in \mathcal{T}_h$ et en notant $\mathbf{a}_{(j)}^T$, $j = 1, 2, 3$, les milieux des arêtes de T, voici deux exemples de formules symétriques, ayant respectivement un degré d'exactitude égal à 2 et 3 :

$$I_3(f) = \frac{|T|}{3} \sum_{j=1}^{3} f(\mathbf{a}_{(j)}^T), \qquad n = 3,$$

$$I_7(f) = \frac{|T|}{60} \left(3\sum_{j=1}^{3} f(\mathbf{a}_j^T) + 8\sum_{j=1}^{3} f(\mathbf{a}_{(j)}^T) + 27 f(\mathbf{a}^T) \right), \qquad n = 7.$$

Pour une description et une analyse des formules symétriques pour les triangles, voir [Dun85]. Pour leur extension aux tétraèdres et aux cubes, voir [Kea86] et [Dun86].

Les formules de quadrature composites (8.53) et (8.54) sont implémentées en MATLAB dans les Programmes 68 et 69 pour les approximations des intégrales $\int_T f(x, y) dx dy$, où T est un triangle quelconque. Pour calculer l'intégrale sur Ω, il suffit d'additionner les résultats fournis par le programme sur chaque triangle de $\mathcal{T}_h$. Les coordonnées des sommets du triangle T sont stockées dans les tableaux xv et yv.

Programme 68 - midptr2d : Formule du point milieu sur un triangle

```
function int=midptr2d(xv,yv,fun)
%MIDPTR2D Formule du point milieu sur un triangle.
% INT=MIDPTR2D(XV,YV,FUN) calcule l'intégrale de FUN sur le triangle de
% sommets XV(K),YV(K), K=1,2,3. FUN est une fonction de x et y.
y12=yv(1)-yv(2);
y23=yv(2)-yv(3);
y31=yv(3)-yv(1);
areat=0.5*abs(xv(1)*y23+xv(2)*y31+xv(3)*y12);
x=sum(xv)/3; y=sum(yv)/3;
int=areat*eval(fun);
return
```

Programme 69 - traptr2d : Formule du trapèze sur un triangle

```
function int=traptr2d(xv,yv,fun)
%TRAPTR2D Formule du trapèze sur un triangle.
% INT=TRAPTR2D(XV,YV,FUN) calcule l'intégrale de FUN sur le triangle de
% sommets XV(K),YV(K), K=1,2,3. FUN est une fonction de x et y.
y12=yv(1)-yv(2);
y23=yv(2)-yv(3);
y31=yv(3)-yv(1);
areat=0.5*abs(xv(1)*y23+xv(2)*y31+xv(3)*y12);
int=0;
for i=1:3
   x=xv(i); y=yv(i); int=int+eval(fun);
end
int=int*areat/3;
return
```

8.9 Exercices

1. Soient $E_0(f)$ et $E_1(f)$ les erreurs de quadrature dans (8.6) et (8.12). Prouver que $|E_1(f)| \simeq 2|E_0(f)|$.

2. Vérifier que les estimations d'erreur pour les formules du point milieu, du trapèze et de Cavalieri-Simpson, données respectivement par (8.6), (8.12) et (8.16), sont des cas particuliers de (8.19) ou (8.20). Montrer en particulier que $M_0 = 2/3$, $K_1 = -1/6$ et $M_2 = -4/15$ et déterminer le degré d'exactitude r de chaque formule.
[*Indication* : trouver r tel que $I_n(x^k) = \int_a^b x^k dx$ pour $k = 0, \ldots, r$, et $I_n(x^j) \neq \int_a^b x^j dx$ pour $j > r$.]

3. Soit $I_n(f) = \sum_{k=0}^{n} \alpha_k f(x_k)$ une formule de quadrature de Lagrange à $n+1$ noeuds. Calculer le degré d'exactitude r des formules :

(a) $I_2(f) = (2/3)[2f(-1/2) - f(0) + 2f(1/2)]$;
(b) $I_4(f) = (1/4)[f(-1) + 3f(-1/3) + 3f(1/3) + f(1)]$.
Quel est l'ordre infinitésimal p pour (a) et (b) ?
[*Solution* : $r = 3$ et $p = 5$ pour $I_2(f)$ et $I_4(f)$.]

4. Calculer $\mathrm{d}f[x_0, \ldots, x_n, x]/\mathrm{d}x$ en vérifiant (8.22).
[*Indication* : calculer directement la dérivée en x comme un quotient incrémental, pour un seul noeud x_0, puis augmenter progressivement l'ordre des différences divisées.]

5. Soit $I_w(f) = \int_0^1 w(x)f(x)dx$ avec $w(x) = \sqrt{x}$, et soit la formule de quadrature $Q(f) = af(x_1)$. Trouver a et x_1 tels que Q ait un degré d'exactitude r maximal.
[*Solution* : $a = 2/3$, $x_1 = 3/5$ et $r = 1$.]

6. Soit la formule de quadrature $Q(f) = \alpha_1 f(0) + \alpha_2 f(1) + \alpha_3 f'(0)$ pour l'approximation de $I(f) = \int_0^1 f(x)dx$, où $f \in C^1([0,1])$. Déterminer les coefficients α_j, pour $j = 1, 2, 3$ tels que Q ait un degré d'exactitude $r = 2$.
[*Solution* : $\alpha_1 = 2/3$, $\alpha_2 = 1/3$ et $\alpha_3 = 1/6$.]

7. Appliquer les formules composites du point milieu, du trapèze et de Cavalieri-Simpson pour approcher l'intégrale

$$\int_{-1}^{1} |x|e^x dx,$$

et discuter leur convergence en fonction de la taille H des sous-intervalles.

8. Considérer l'intégrale $I(f) = \int_0^1 e^x dx$ et estimer le nombre minimum m de sous-intervalles nécessaire au calcul de $I(f)$ avec une erreur absolue $\leq 5 \cdot 10^{-4}$ en utilisant les formules composites du trapèze (TR) et de Cavalieri-Simpson (CS). Evaluer dans les deux cas l'erreur absolue Err effectivement commise.
[*Solution* : pour TR, on a $m = 17$ et $Err = 4.95 \cdot 10^{-4}$, et pour CS, $m = 2$ et $Err = 3.70 \cdot 10^{-5}$.]

9. Indiquer une formule de quadrature pour calculer les intégrales suivantes avec une erreur inférieure à 10^{-4} :
a) $\int_0^\infty \sin(x)/(1 + x^4)dx$;
b) $\int_0^\infty e^{-x}(1 + x)^{-5}dx$;
c) $\int_{-\infty}^{\infty} \cos(x)e^{-x^2} dx$.

10. En intégrant le polynôme osculateur d'Hermite H_{N-1} (défini dans l'Exemple 7.6) sur l'intervalle $[a, b]$, établir la formule de quadrature d'Hermite

$$I_{N-1}^H(f) = \sum_{i=0}^{n} \left(y_i \int_a^b A_i(x)\, dx + y_i^{(1)} \int_a^b B_i(x)\, dx \right).$$

En prenant $n = 1$, en déduire la *formule du trapèze corrigée*

$$I_1^{corr}(f) = \frac{b-a}{2}[y_0 + y_1] + \frac{(b-a)^2}{12}\left[y_0^{(1)} - y_1^{(1)}\right]. \tag{8.56}$$

En supposant $f \in C^4([a,b])$, montrer que l'erreur de quadrature associée à (8.56) est donnée par

$$E_1^{corr}(f) = \frac{h^5}{720} f^{(4)}(\xi), \qquad h = b - a,$$

où $\xi \in]a,b[$.

11. Utiliser les formules de réduction du point milieu et du trapèze pour calculer l'intégrale double $I(f) = \int_\Omega \frac{y}{(1+xy)} dxdy$ sur le domaine $\Omega =]0,1[^2$. Exécuter les Programmes 66 et 67 avec $M = 2^i$, pour $i = 0, \ldots, 10$ et tracer dans les deux cas l'erreur absolue avec une échelle logarithmique en fonction de M. Quelle méthode est la plus précise ? Combien de fois doit-on évaluer la fonction pour obtenir une précision (absolue) de l'ordre de 10^{-6} ?
[*Solution* : l'intégrale exacte est $I(f) = \log(4) - 1$, et environ $200^2 = 40000$ évaluations de la fonction sont nécessaires.]

Partie IV

Transformations, dérivations et discrétisations

9

Polynômes orthogonaux en théorie de l'approximation

Les polynômes orthogonaux (p. ex. ceux de Legendre, de Chebyshev ou les polynômes trigonométriques de Fourier) sont très largement utilisés en théorie de l'approximation. Ce chapitre présente leurs principales propriétés et introduit les transformations associées. Nous verrons en particulier la transformation de Fourier discrète et l'algorithme de transformation de Fourier rapide (FFT). Des applications à l'interpolation, à l'approximation par moindres carrés, à la différentiation numérique et à l'intégration de Gauss seront également exposées.

9.1 Approximation de fonctions par des séries de Fourier généralisées

Soit $w = w(x)$ une *fonction poids* sur l'intervalle $]-1, 1[$, c'est-à-dire une fonction positive, intégrable. On se donne une famille $\{p_k,\ k = 0, 1, \ldots\}$, où les p_k sont des polynômes de degré k deux à deux orthogonaux par rapport à w, c'est-à-dire tels que

$$\int_{-1}^{1} p_k(x)p_m(x)w(x)dx = 0 \qquad \text{si } k \neq m.$$

On pose $(f, g)_w = \int_{-1}^{1} f(x)g(x)w(x)dx$ et $\|f\|_w = (f, f)_w^{1/2}$; noter que $(\cdot, \cdot)_w$ définit un produit scalaire et $\|\cdot\|_w$ la norme associée sur l'espace fonctionnel

$$\mathrm{L}^2_w = \mathrm{L}^2_w(-1, 1) = \left\{ f :]-1, 1[\to \mathbb{R},\ \int_{-1}^{1} f^2(x)w(x)dx < \infty \right\}. \tag{9.1}$$

Pour toute fonction $f \in \mathrm{L}^2_w$, la série

$$Sf = \sum_{k=0}^{+\infty} \widehat{f}_k p_k \quad \text{avec } \widehat{f}_k = \frac{(f, p_k)_w}{\|p_k\|^2_w},$$

est appelée *série de Fourier (généralisée) de* f, et $\widehat{f}_k$ est le k*-ième coefficient de Fourier*. Pour tout entier n, on pose

$$f_n(x) = \sum_{k=0}^{n} \widehat{f}_k p_k(x). \tag{9.2}$$

On dit que $f_n \in \mathbb{P}_n$ est la *troncature à l'ordre* n de la série de Fourier de f. On a alors le résultat de convergence suivant :

$$\lim_{n\to+\infty} \|f - f_n\|_w = 0.$$

On traduit ceci en disant que Sf converge vers f *en moyenne quadratique*, ou *au sens* L^2_w. On a de plus l'égalité de Parseval :

$$\|f\|_w^2 = \sum_{k=0}^{+\infty} \widehat{f}_k^2 \|p_k\|_w^2,$$

et, pour tout n, $\|f - f_n\|_w^2 = \sum_{k=n+1}^{+\infty} \widehat{f}_k^2 \|p_k\|_w^2$ est la norme au carré du reste de la série de Fourier.

Le polynôme $f_n \in \mathbb{P}_n$ possède la propriété suivante :

$$\|f - f_n\|_w = \min_{q\in\mathbb{P}_n} \|f - q\|_w. \tag{9.3}$$

En effet, puisque $f - f_n = \sum_{k=n+1}^{+\infty} \widehat{f}_k p_k$, l'orthogonalité des polynômes $\{p_k\}$ implique $(f - f_n, q)_w = 0$ $\forall q \in \mathbb{P}_n$. Or

$$\|f - f_n\|_w^2 \ = (f - f_n, f - f_n)_w = (f - f_n, f - q)_w + (f - f_n, q - f_n)_w,$$

en utilisant l'*inégalité de Cauchy-Schwarz*

$$(f, g)_w \leq \|f\|_w \ \|g\|_w, \tag{9.4}$$

valable pour $f, g \in \mathrm{L}^2_w$, on a donc

$$\|f - f_n\|_w^2 \leq \|f - f_n\|_w \|f - q\|_w \quad \forall q \in \mathbb{P}_n.$$

Comme q est arbitraire dans $\mathbb{P}_n$, on en déduit (9.3). On dit alors que f_n est la projection orthogonale de f sur $\mathbb{P}_n$ au sens L^2_w. Cette propriété montre l'intérêt de calculer numériquement les coefficients $\widehat{f}_k$ de f_n. En notant $\tilde{f}_k$ les approximations de $\widehat{f}_k$, appelés *coefficients discrets* de f, on définit le nouveau polynôme

$$f_n^*(x) = \sum_{k=0}^{n} \tilde{f}_k p_k(x) \tag{9.5}$$

appelé *troncature discrète à l'ordre* n de la série de Fourier de f. Typiquement,

$$\tilde{f}_k = \frac{(f, p_k)_n}{\|p_k\|_n^2}, \tag{9.6}$$

où, pour toute fonction continue f et g, $(f,g)_n$ est l'approximation du produit scalaire $(f,g)_w$ et $\|g\|_n = \sqrt{(g,g)_n}$ est la semi-norme associée à $(\cdot,\cdot)_w$. De manière analogue à ce qui a été fait pour f_n, on peut vérifier que

$$\|f - f_n^*\|_n = \min_{q \in \mathbb{P}_n} \|f - q\|_n \tag{9.7}$$

et on dit que f_n^* est l'approximation de f dans $\mathbb{P}_n$ *au sens des moindres carrés* (la raison de cette dénomination sera expliquée plus loin).

Nous concluons cette section en indiquant que pour toute famille de polynômes orthogonaux $\{p_k\}$ (avec coefficients dominants égaux à 1), on a la formule de récurrence à trois termes suivante (pour la preuve, voir par exemple [Gau96]) :

$$\begin{cases} p_{k+1}(x) = (x - \alpha_k)p_k(x) - \beta_k p_{k-1}(x), & k \geq 0, \\ p_{-1}(x) = 0, \quad p_0(x) = 1, \end{cases} \tag{9.8}$$

où

$$\alpha_k = \frac{(xp_k, p_k)_w}{(p_k, p_k)_w}, \qquad \beta_{k+1} = \frac{(p_{k+1}, p_{k+1})_w}{(p_k, p_k)_w}, \qquad k \geq 0. \tag{9.9}$$

Comme $p_{-1} = 0$, le coefficient β_0 est arbitraire. On le choisit en fonction de la famille de polynômes considérée. Cette relation de récurrence est généralement stable ; elle peut donc être utilisée efficacement dans les calculs numériques, comme on le verra à la Section 9.6.
Nous introduisons dans les prochaines sections deux familles importantes de polynômes orthogonaux.

9.1.1 Les polynômes de Chebyshev

Considérons la fonction poids de Chebyshev $w(x) = (1-x^2)^{-1/2}$ sur l'intervalle $]-1,1[$, et, conformément à (9.1), introduisons l'espace des fonctions de carré intégrable par rapport au poids w

$$\mathrm{L}^2_w = \left\{ f :]-1,1[\to \mathbb{R} : \int_{-1}^{1} f^2(x)(1-x^2)^{-1/2} dx < \infty \right\}.$$

On définit sur cet espace un produit scalaire et une norme :

$$\begin{aligned} (f,g)_w &= \int_{-1}^{1} f(x)g(x)(1-x^2)^{-1/2} dx, \\ \|f\|_w &= \left\{ \int_{-1}^{1} f^2(x)(1-x^2)^{-1/2} dx \right\}^{1/2}. \end{aligned} \tag{9.10}$$

Les polynômes de Chebyshev sont donnés par

$$T_k(x) = \cos k\theta, \quad \theta = \arccos x, \quad k = 0, 1, 2, \ldots \tag{9.11}$$

On peut les construire par récurrence à l'aide de la formule (conséquence de (9.8), voir [DR75], p. 25-26)

$$\begin{cases} T_{k+1}(x) = 2xT_k(x) - T_{k-1}(x), & k = 1, 2, \dots \\ \\ T_0(x) = 1, \qquad T_1(x) = x. \end{cases} \tag{9.12}$$

En particulier, pour tout $k \geq 0$, on note que $T_k \in \mathbb{P}_k$, *i.e.* $T_k(x)$ est un polynôme de degré k par rapport à x. En utilisant des formules trigonométriques bien connues, on a

$$(T_k, T_n)_w = 0 \text{ si } k \neq n, \quad (T_n, T_n)_w = \begin{cases} c_0 = \pi & \text{si } n = 0, \\ c_n = \pi/2 & \text{si } n \neq 0, \end{cases}$$

ce qui exprime l'orthogonalité des polynômes de Chebyshev par rapport au produit scalaire $(\cdot, \cdot)_w$. La série de Chebyshev d'une fonction $f \in \mathrm{L}^2_w$ s'écrit alors

$$Cf = \sum_{k=0}^{\infty} \widehat{f}_k T_k \quad \text{avec} \quad \widehat{f}_k = \frac{1}{c_k} \int_{-1}^{1} f(x) T_k(x)(1 - x^2)^{-1/2} dx.$$

Signalons aussi que $\|T_n\|_\infty = 1$ pour tout n et qu'on a la propriété du *minimax* suivante

$$\|2^{1-n} T_n\|_\infty \leq \min_{p \in \mathbb{P}_n^1} \|p\|_\infty \text{ pour } n \geq 1,$$

où $\mathbb{P}_n^1 = \{p(x) = \sum_{k=0}^{n} a_k x^k,\ a_n = 1\}$ désigne le sous-ensemble des polynômes de degré n et de coefficient dominant égal à 1.

9.1.2 Les polynômes de Legendre

Les polynômes de Legendre sont des polynômes orthogonaux sur l'intervalle $]-1, 1[$ par rapport à la fonction poids $w(x) = 1$. L'espace (9.1) est dans ce cas donné par

$$\mathrm{L}^2(-1,1) = \left\{ f : (-1,1) \to \mathbb{R}, \int_{-1}^{1} |f(x)|^2 dx < +\infty \right\}, \tag{9.13}$$

où $(\cdot, \cdot)_w$ et $\| \cdot \|_w$ sont définis par

$$(f, g) = \int_{-1}^{1} f(x) g(x)\, dx, \quad \|f\|_{\mathrm{L}^2(-1,1)} = \left(\int_{-1}^{1} f^2(x)\, dx \right)^{\frac{1}{2}}.$$

Les polynômes de Legendre sont donnés par

$$L_k(x) = \frac{1}{2^k} \sum_{l=0}^{[k/2]} (-1)^l \begin{pmatrix} k \\ l \end{pmatrix} \begin{pmatrix} 2k-2l \\ k \end{pmatrix} x^{k-2l}, \qquad k = 0, 1, \ldots \quad (9.14)$$

où $[k/2]$ est la partie entière de $k/2$, ou encore par la formule de récurrence à trois termes

$$\begin{cases} L_{k+1}(x) = \dfrac{2k+1}{k+1} x L_k(x) - \dfrac{k}{k+1} L_{k-1}(x), \qquad k = 1, 2 \ldots \\ \\ L_0(x) = 1, \qquad L_1(x) = x. \end{cases}$$

Pour $k = 0, 1 \ldots$, $L_k \in \mathbb{P}_k$ et $(L_k, L_m) = \delta_{km}(k + 1/2)^{-1}$ pour $k, m = 0, 1, 2, \ldots$. Pour toute fonction $f \in \mathrm{L}^2(-1, 1)$, sa série de Legendre s'écrit

$$Lf = \sum_{k=0}^{\infty} \widehat{f}_k L_k, \quad \text{avec} \quad \widehat{f}_k = \left(k + \frac{1}{2}\right)^{-1} \int_{-1}^{1} f(x) L_k(x) dx.$$

Remarque 9.1 (les polynômes de Jacobi) Les polynômes introduits précédemment appartiennent à la famille des polynômes de Jacobi $\{J_k^{\alpha\beta}, k = 0, \ldots, n\}$, qui sont orthogonaux par rapport au poids $w(x) = (1-x)^{\alpha}(1+x)^{\beta}$, avec $\alpha, \beta > -1$. En effet, en posant $\alpha = \beta = 0$ on retrouve les polynômes de Legendre, et avec $\alpha = \beta = -1/2$, les polynômes de Chebyshev. ■

9.2 Interpolation et intégration de Gauss

Les polynômes orthogonaux jouent un rôle crucial dans la construction de formules de quadrature ayant un degré d'exactitude maximal. Soient $x_0, \ldots, x_n$, $n+1$ points distincts de l'intervalle $[-1, 1]$. Pour approcher l'intégrale pondérée $I_w(f) = \int_{-1}^{1} f(x)w(x)dx$, où $f \in C^0([-1, 1])$, on considère les formules de quadrature du type

$$I_{n,w}(f) = \sum_{i=0}^{n} \alpha_i f(x_i), \qquad (9.15)$$

où les α_i sont des coefficients à déterminer. Il est clair que les noeuds et les poids dépendent de n, mais cette dépendance sera sous-entendue. On note

$$E_{n,w}(f) = I_w(f) - I_{n,w}(f)$$

l'erreur entre l'intégrale exacte et son approximation (9.15). Si $E_{n,w}(p) = 0$ pour tout $p \in \mathbb{P}_r$ (avec $r \geq 0$), on dira que la formule (9.15) a un degré d'exactitude r par rapport au poids w. Cette définition généralise celle donnée en (8.4) pour l'intégration ordinaire correspondant au cas où $w = 1$.

On peut obtenir un degré d'exactitude (au moins) égal à n en prenant

$$I_{n,w}(f) = \int_{-1}^{1} \Pi_n f(x) w(x) dx,$$

où $\Pi_n f \in \mathbb{P}_n$ est le polynôme d'interpolation de Lagrange de la fonction f aux noeuds $\{x_i, i = 0, \ldots, n\}$ défini par (7.4). La formule (9.15) a alors un degré d'exactitude égal à n si on prend

$$\alpha_i = \int_{-1}^{1} l_i(x) w(x) dx, \qquad i = 0, \ldots, n, \tag{9.16}$$

où $l_i \in \mathbb{P}_n$ est le i-ième polynôme caractéristique de Lagrange, c'est-à-dire tel que $l_i(x_j) = \delta_{ij}$ pour $i, j = 0, \ldots, n$.

Se pose alors la question de savoir s'il existe des choix de noeuds permettant d'obtenir un degré d'exactitude supérieur à n, disons égal à $r = n + m$ pour un $m > 0$. La réponse à cette question est fournie par le théorème suivant, dû à Jacobi [Jac26].

Théorème 9.1 *Pour un entier* $m > 0$ *donné, la formule de quadrature* (9.15) *a un degré d'exactitude* $n + m$ *si et seulement si elle est de type interpolatoire et si le polynôme nodal* ω_{n+1} (7.6) *associé aux noeuds* $\{x_i\}$ *est tel que*

$$\int_{-1}^{1} \omega_{n+1}(x) p(x) w(x) dx = 0 \qquad \forall p \in \mathbb{P}_{m-1}. \tag{9.17}$$

Démonstration. Montrons que ces conditions sont suffisantes. Si $f \in \mathbb{P}_{n+m}$, il existe $\pi_{m-1} \in \mathbb{P}_{m-1}$ et $q_n \in \mathbb{P}_n$ tels que $f = \omega_{n+1}\pi_{m-1} + q_n$ (π_{m-1} est le quotient et q_n le reste de la division euclidienne). Puisque le degré d'exactitude d'une formule interpolatoire à $n + 1$ noeuds est au moins égal à n, on a

$$\sum_{i=0}^{n} \alpha_i q_n(x_i) = \int_{-1}^{1} q_n(x) w(x) dx = \int_{-1}^{1} f(x) w(x) dx - \int_{-1}^{1} \omega_{n+1}(x) \pi_{m-1}(x) w(x) dx.$$

D'après (9.17), la dernière intégrale est nulle, et donc

$$\int_{-1}^{1} f(x) w(x) dx = \sum_{i=0}^{n} \alpha_i q_n(x_i) = \sum_{i=0}^{n} \alpha_i f(x_i).$$

Le polynôme f étant arbitraire, on en déduit que $E_{n,w}(f) = 0$ pour tout $f \in \mathbb{P}_{n+m}$. On laisse au lecteur le soin de montrer que les conditions sont aussi nécessaires. ◇

Corollaire 9.1 *Le degré d'exactitude maximal de la formule de quadrature* (9.15) *à* $n + 1$ *noeuds est égal à* $2n + 1$.

Démonstration. Si ce n'était pas vrai, on pourrait prendre $m \geq n+2$ dans le théorème précédent. Ceci permettrait de choisir $p = \omega_{n+1}$ dans (9.17), d'où on déduirait que ω_{n+1} est identiquement nul, ce qui est absurde. ◇

En prenant $m = n+1$ (la plus grande valeur admissible), on déduit de (9.17) que le polynôme nodal ω_{n+1} satisfait la relation

$$\int_{-1}^{1} \omega_{n+1}(x)p(x)w(x)dx = 0 \qquad \forall p \in \mathbb{P}_n.$$

Comme ω_{n+1} est un polynôme de degré $n+1$ orthogonal à tous les polynômes de degré plus bas, ω_{n+1} est égal à p_{n+1} à un coefficient multiplicatif près (on rappelle que $\{p_k\}$ est la base des polynômes orthogonaux introduite à la Section 9.1). En particulier, ses racines $\{x_j\}$ coïncident avec celles de p_{n+1} :

$$p_{n+1}(x_j) = 0, \qquad j = 0, \ldots, n. \tag{9.18}$$

Les points $\{x_j\}$ sont les *noeuds de Gauss* associés au poids $w(x)$. On peut à présent conclure que la formule de quadrature (9.15), dont les coefficients et les noeuds sont donnés respectivement par (9.16) et (9.18), a un degré d'exactitude égal à $2n+1$, c'est-à-dire le degré maximal pouvant être atteint avec une formule interpolatoire à $n+1$ noeuds. On l'appelle *formule de quadrature de Gauss.*

Ses poids sont tous positifs et ses noeuds sont dans l'intervalle *ouvert* $]-1,1[$ (voir p. ex. [CHQZ06], p. 70). Néanmoins, il peut être utile de prendre aussi les extrémités de l'intervalle comme noeuds de quadrature. La formule de Gauss ainsi obtenue possédant le plus grand degré d'exactitude est celle ayant pour noeuds les $n+1$ racines du polynôme

$$\overline{\omega}_{n+1}(x) = p_{n+1}(x) + ap_n(x) + bp_{n-1}(x), \tag{9.19}$$

où les constantes a et b sont telles que $\overline{\omega}_{n+1}(-1) = \overline{\omega}_{n+1}(1) = 0$.

En notant ces racines $\overline{x}_0 = -1, \overline{x}_1, \ldots, \overline{x}_n = 1$, les coefficients $\{\overline{\alpha}_i, i = 0, \ldots, n\}$ peuvent être obtenus avec les formules usuelles (9.16) :

$$\overline{\alpha}_i = \int_{-1}^{1} \overline{l}_i(x)w(x)dx, \qquad i = 0, \ldots, n, \tag{9.20}$$

où $\overline{l}_i \in \mathbb{P}_n$ est le i-ième polynôme caractéristique de Lagrange, c'est-à-dire tel que $\overline{l}_i(\overline{x}_j) = \delta_{ij}$ pour $i, j = 0, \ldots, n$. La formule de quadrature

$$I_{n,w}^{GL}(f) = \sum_{i=0}^{n} \overline{\alpha}_i f(\overline{x}_i) \tag{9.21}$$

est appelée *formule de Gauss-Lobatto* à $n+1$ noeuds.

Vérifions qu'elle a un degré d'exactitude égal à $2n-1$. Pour tout $f \in \mathbb{P}_{2n-1}$, il existe $\pi_{n-2} \in \mathbb{P}_{n-2}$ et $q_n \in \mathbb{P}_n$ tels que $f = \overline{\omega}_{n+1}\pi_{n-2} + q_n$. La formule de quadrature (9.21) a un degré d'exactitude au moins égal à n (en tant que formule interpolatoire à $n+1$ noeuds distincts), on a donc

$$\begin{aligned}\sum_{j=0}^{n} \overline{\alpha}_j q_n(x_j) &= \int_{-1}^{1} q_n(x)w(x)dx \\ &= \int_{-1}^{1} f(x)w(x)dx - \int_{-1}^{1} \overline{\omega}_{n+1}(x)\pi_{n-2}(x)w(x)dx.\end{aligned}$$

On déduit de (9.19) que $\bar{\omega}_{n+1}$ est orthogonal à tous les polynômes de degré $\leq n-2$, la dernière intégrale est donc nulle. De plus, puisque $f(\overline{x}_j) = q_n(\overline{x}_j)$ pour $j = 0, \ldots, n$, on conclut que

$$\int_{-1}^{1} f(x)w(x)dx = \sum_{i=0}^{n} \overline{\alpha}_i f(\overline{x}_i) \qquad \forall f \in \mathbb{P}_{2n-1}.$$

En notant $\Pi_{n,w}^{GL} f$ le polynôme de degré n interpolant f aux noeuds $\{\overline{x}_j, j = 0, \ldots, n\}$, on a

$$\Pi_{n,w}^{GL} f(x) = \sum_{i=0}^{n} f(\overline{x}_i)\overline{l}_i(x) \tag{9.22}$$

et donc $I_{n,w}^{GL}(f) = \int_{-1}^{1} \Pi_{n,w}^{GL} f(x)w(x)dx$.

Remarque 9.2 Dans le cas particulier où la quadrature de Gauss-Lobatto est relative à un poids de Jacobi $w(x) = (1-x)^\alpha(1-x)^\beta$, avec $\alpha, \beta > -1$, les noeuds intérieurs $\overline{x}_1, \ldots, \overline{x}_{n-1}$ sont les racines du polynôme $(J_n^{(\alpha,\beta)})'$, c'est-à-dire les points où le n-ième polynôme de Jacobi $J_n^{(\alpha,\beta)}$ atteint ses extréma (voir [CHQZ06], p. 71-72). ■

On peut montrer le résultat de convergence suivant pour l'intégration de Gauss (voir [Atk89], Chapitre 5) :

$$\lim_{n\to+\infty} \left| \int_{-1}^{1} f(x)w(x)dx - \sum_{j=0}^{n} \alpha_j f(x_j) \right| = 0 \qquad \forall f \in C^0([-1,1]).$$

Un résultat similaire existe aussi pour l'intégration de Gauss-Lobatto :

$$\lim_{n\to+\infty} \left| \int_{-1}^{1} f(x)w(x)dx - \sum_{j=0}^{n} \overline{\alpha}_j f(\overline{x}_j) \right| = 0 \qquad \forall f \in C^0([-1,1]).$$

Si la fonction à intégrer n'est pas seulement continue mais aussi différentiable jusqu'à un ordre $p \geq 1$, nous verrons que l'intégration de Gauss converge avec un ordre par rapport à $1/n$ d'autant plus grand que p est grand. Dans les prochaines sections, les résultats précédents seront appliqués aux polynômes de Chebyshev et de Legendre.

Remarque 9.3 (intégration sur un intervalle arbitraire) Une formule de quadrature de noeuds ξ_j et de coefficients β_j, $j = 0, \ldots, n$ sur l'intervalle $[-1, 1]$ peut être transportée sur n'importe quel intervalle $[a, b]$. En effet, si $\varphi : [-1, 1] \to [a, b]$ est l'application affine définie par $x = \varphi(\xi) = \frac{b-a}{2}\xi + \frac{a+b}{2}$, on a

$$\int_a^b f(x)dx = \frac{b-a}{2} \int_{-1}^{1} (f \circ \varphi)(\xi)d\xi.$$

On peut donc employer sur l'intervalle $[a, b]$ la formule de quadrature avec les noeuds $x_j = \varphi(\xi_j)$ et les poids $\alpha_j = \frac{b-a}{2}\beta_j$. Noter que cette formule conserve sur $[a, b]$ le même degré d'exactitude que la formule initiale sur $[-1, 1]$. En effet, si

$$\int_{-1}^{1} p(\xi)d\xi = \sum_{j=0}^{n} p(\xi_j)\beta_j$$

pour tout polynôme p de degré r sur $[-1, 1]$, alors pour tout polynôme q de même degré sur $[a, b]$ on a

$$\sum_{j=0}^{n} q(x_j)\alpha_j = \frac{b-a}{2}\sum_{j=0}^{n}(q \circ \varphi)(\xi_j)\beta_j = \frac{b-a}{2}\int_{-1}^{1}(q \circ \varphi)(\xi)d\xi = \int_a^b q(x)dx,$$

car $(q \circ \varphi)(\xi)$ est un polynôme de degré r sur $[-1, 1]$. ■

9.3 Interpolation et intégration de Chebyshev

Si on considère les quadratures de Gauss relatives au poids de Chebyshev $w(x) = (1 - x^2)^{-1/2}$, les noeuds et les coefficients de Gauss sont donnés par

$$x_j = -\cos\frac{(2j+1)\pi}{2(n+1)}, \quad \alpha_j = \frac{\pi}{n+1}, \quad 0 \leq j \leq n, \tag{9.23}$$

tandis que les noeuds et les poids de Gauss-Lobatto sont

$$\overline{x}_j = -\cos\frac{\pi j}{n}, \quad \overline{\alpha}_j = \frac{\pi}{d_j n}, \quad 0 \leq j \leq n, \tag{9.24}$$

où $d_0 = d_n = 2$ et $d_j = 1$ pour $j = 1, \ldots, n-1$. Remarquer que les noeuds de Gauss (9.23) sont, à $n \geq 0$ fixé, les zéros du polynôme de Chebyshev $T_{n+1} \in \mathbb{P}_{n+1}$, tandis que, pour $n \geq 1$, les noeuds intérieurs $\{\bar{x}_j,\ j = 1, \ldots, n-1\}$ sont les zéros de T'_n, comme on l'avait annoncé à la Remarque 9.2.

En notant $\Pi^{GL}_{n,w} f$ le polynôme de degré $n+1$ qui interpole f aux noeuds (9.24) et en supposant que les dérivées $f^{(k)}$ d'ordre $k = 0, \ldots, s$ de la fonction f sont dans L^2_w (avec $s \geq 1$), on peut montrer que l'erreur d'interpolation est majorée ainsi :

$$\|f - \Pi^{GL}_{n,w} f\|_w \leq C n^{-s} \|f\|_{s,w} \qquad \text{pour } s \geq 1, \tag{9.25}$$

où C désigne une constante *indépendante* de n (dans la suite, on notera encore C des constantes n'ayant pas nécessairement la même valeur) et où $\|\cdot\|_w$ est la norme L^2_w définie en (9.10) et

$$\|f\|_{s,w} = \left(\sum_{k=0}^{s} \|f^{(k)}\|^2_w \right)^{\frac{1}{2}}. \tag{9.26}$$

En particulier, pour toute fonction continue f, on peut établir l'estimation d'erreur ponctuelle suivante (voir Exercice 3) :

$$\|f - \Pi^{GL}_{n,w} f\|_\infty \leq C n^{1/2-s} \|f\|_{s,w}. \tag{9.27}$$

Ainsi, $\Pi^{GL}_{n,w} f$ converge ponctuellement vers f quand $n \to \infty$, pour tout $f \in C^1([-1,1])$. On a le même type de résultat que (9.25) et (9.27) si on remplace $\Pi^{GL}_{n,w} f$ par le polynôme $\Pi^G_n f$ de degré n qui interpole f aux n noeuds de Gauss x_j donnés en (9.23). Pour la preuve de ces résultats voir p. ex. [CHQZ06], p. 296, ou [QV94], p. 112.

On a aussi l'inégalité suivante (voir [Riv74], p.13) :

$$\|f - \Pi^G_n f\|_\infty \leq (1 + \Lambda_n) E^*_n(f) \qquad \text{avec } \Lambda_n \leq \frac{2}{\pi} \log(n+1) + 1, \tag{9.28}$$

où $E^*_n(f) = \inf_{p \in \mathbb{P}_n} \|f - p\|_\infty$ est la meilleure erreur d'approximation de f dans $\mathbb{P}_n$. Pour ce qui est de l'erreur d'intégration numérique, considérons par exemple la formule de quadrature de Gauss-Lobatto (9.21) dont les noeuds et les poids sont donnés en (9.24). Remarquons tout d'abord que

$$\int_{-1}^{1} f(x)(1-x^2)^{-1/2} dx = \lim_{n \to \infty} I^{GL}_{n,w}(f)$$

pour toute fonction f telle que l'intégrale du membre de gauche est finie (voir [Sze67], p. 342). Pour des fonctions (plus régulières) telles que $\|f\|_{s,w}$ est finie pour un certain $s \geq 1$, on a

$$\left| \int_{-1}^{1} f(x)(1-x^2)^{-1/2} dx - I^{GL}_{n,w}(f) \right| \leq C n^{-s} \|f\|_{s,w}. \tag{9.29}$$

Ceci découle du résultat plus général suivant :

$$|(f, v_n)_w - (f, v_n)_n| \leq Cn^{-s}\|f\|_{s,w}\|v_n\|_w \qquad \forall v_n \in \mathbb{P}_n, \tag{9.30}$$

où on a introduit le *produit scalaire discret*

$$(f, g)_n = \sum_{j=0}^{n} \overline{\alpha}_j f(\overline{x}_j) g(\overline{x}_j) = I_{n,w}^{GL}(fg). \tag{9.31}$$

On peut en effet déduire (9.29) de (9.30) en posant $v_n = 1$ et en remarquant que $\|v_n\|_w = \left(\int_{-1}^{1}(1-x^2)^{-1/2}dx\right)^{1/2} = \sqrt{\pi}$. L'inégalité (9.29) permet de conclure que la formule de (Chebyshev) Gauss-Lobatto a un degré d'exactitude $2n-1$ et une précision d'ordre s (par rapport à n^{-1}) dès lors que $\|f\|_{s,w} < \infty$, la précision n'étant limitée que par la régularité s de la fonction à intégrer. Des considérations similaires peuvent être faites pour les formules de (Chebyshev) Gauss à $n+1$ noeuds.
Déterminons enfin les coefficients $\tilde{f}_k$, $k = 0, \ldots, n$ du développement sur la base des polynômes de Chebyshev (9.11) du polynôme d'interpolation $\Pi_{n,w}^{GL} f$ aux $n+1$ noeuds de Gauss-Lobatto

$$\Pi_{n,w}^{GL} f(x) = \sum_{k=0}^{n} \tilde{f}_k T_k(x). \tag{9.32}$$

Noter que $\Pi_{n,w}^{GL} f$ coïncide avec la troncature discrète f_n^* de la série de Chebyshev définie en (9.5). En imposant l'égalité $\Pi_{n,w}^{GL} f(\overline{x}_j) = f(\overline{x}_j)$, $j = 0, \ldots, n$, on trouve

$$f(\overline{x}_j) = \sum_{k=0}^{n} \cos\left(\frac{kj\pi}{n}\right) \tilde{f}_k, \qquad j = 0, \ldots, n. \tag{9.33}$$

Etant donné le degré d'exactitude des quadratures de Gauss-Lobatto, on peut vérifier (voir Exercice 2) que

$$\tilde{f}_k = \frac{2}{nd_k} \sum_{j=0}^{n} \frac{1}{d_j} \cos\left(\frac{kj\pi}{n}\right) f(\overline{x}_j) \qquad k = 0, \ldots, n, \tag{9.34}$$

où $d_j = 2$ si $j = 0, n$ et $d_j = 1$ si $j = 1, \ldots, n-1$. La relation (9.34) donne les coefficients discrets $\{\tilde{f}_k, k = 0, \ldots, n\}$ en fonction des valeurs nodales $\{f(\overline{x}_j), j = 0, \ldots, n\}$. Pour cette raison, on l'appelle *transformée de Chebyshev discrète* (ou CDT pour *Chebyshev discrete transform*) . Grâce à sa structure trigonométrique, on peut la calculer efficacement en utilisant l'algorithme de transformation de Fourier rapide (ou FFT pour *fast Fourier transform*) avec un nombre d'opérations de l'ordre de $n \log_2 n$ (voir Section 9.9.1). Naturellement, (9.33) est l'*inverse* de la CDT, et elle peut aussi être calculée avec la FFT.

9.4 Interpolation et intégration de Legendre

On a vu plus haut que le poids de Legendre est défini par $w(x) = 1$. Pour $n \geq 0$, les noeuds et les coefficients de Gauss correspondants sont donnés par

$$x_j \text{ zéros de } L_{n+1}(x),\ \alpha_j = \frac{2}{(1-x_j^2)[L'_{n+1}(x_j)]^2},\ j = 0, \ldots, n, \tag{9.35}$$

tandis que ceux de Gauss-Lobatto sont, pour $n \geq 1$

$$\overline{x}_0 = -1,\ \overline{x}_n = 1,\ \ \overline{x}_j \text{ zéros de } L'_n(x),\ \ j = 1, \ldots, n-1, \tag{9.36}$$

$$\overline{\alpha}_j = \frac{2}{n(n+1)} \frac{1}{[L_n(x_j)]^2}, \qquad j = 0, \ldots, n, \tag{9.37}$$

où L_n est le n-ième polynôme de Legendre défini en (9.14). On peut vérifier que, pour une certaine constante C indépendante de n,

$$\frac{2}{n(n+1)} \leq \overline{\alpha}_j \leq \frac{C}{n} \qquad \forall j = 0, \ldots, n$$

(voir [BM92], p. 76). Alors, si $\Pi_n^{GL} f$ est le polynôme de degré n interpolant f aux $n+1$ noeuds $\overline{x}_j$ donnés par (9.36), on peut montrer que $\Pi_n^{GL} f$ vérifie les mêmes estimations d'erreur que celles vues pour les polynômes de Chebyshev correspondants (*i.e.* (9.25) et (9.27)).

La norme $\|\cdot\|_w$ correspond simplement à la norme $\|\cdot\|_{\mathrm{L}^2(-1,1)}$, et $\|f\|_{s,w}$ devient

$$\|f\|_s = \left(\sum_{k=0}^{s} \|f^{(k)}\|^2_{\mathrm{L}^2(-1,1)} \right)^{\frac{1}{2}}. \tag{9.38}$$

On a le même type de résultat si $\Pi_n^{GL} f$ est remplacé par le polynôme $\Pi_n^{G} f$ de degré n qui interpole f aux $n+1$ noeuds x_j donnés par (9.35).

En reprenant la définition du produit scalaire discret (9.31), mais avec les noeuds (9.36) et les coefficients (9.37), on voit que $(\cdot,\cdot)_n$ est une approximation du produit scalaire usuel $(\cdot,\cdot)$ de $\mathrm{L}^2(-1,1)$. En effet, l'analogue de (9.30) s'écrit

$$|(f, v_n) - (f, v_n)_n| \leq C n^{-s} \|f\|_s \|v_n\|_{\mathrm{L}^2(-1,1)} \qquad \forall v_n \in \mathbb{P}_n. \tag{9.39}$$

Cette relation est valable pour tout $s \geq 1$ tel que $\|f\|_s < \infty$. En particulier, en posant $v_n = 1$, on a $\|v_n\| = \sqrt{2}$, et on déduit de (9.39) que

$$\left| \int_{-1}^{1} f(x)dx - I_n^{GL}(f) \right| \leq C n^{-s} \|f\|_s, \tag{9.40}$$

ce qui prouve la convergence de la formule de quadrature de Gauss-Legendre-Lobatto vers l'intégrale exacte de f avec un ordre s par rapport à n^{-1} (à condition que $\|f\|_s < \infty$). Il existe un résultat similaire pour les formules de quadrature de Gauss-Legendre à $n+1$ noeuds.

Exemple 9.1 On veut évaluer l'intégrale de $f(x) = |x|^{\alpha+\frac{3}{5}}$ sur $[-1,1]$ pour $\alpha = 0,1,2$. Remarquer que f admet des dérivées "par morceaux" jusqu'à l'ordre $s = s(\alpha) = \alpha + 1$ dans $\mathrm{L}^2(-1,1)$. La Figure 9.1 montre le comportement de l'erreur en fonction de n pour la formule de quadrature de Gauss-Legendre. Conformément à (9.40), le taux de convergence augmente de 1 quand α augmente de 1. •

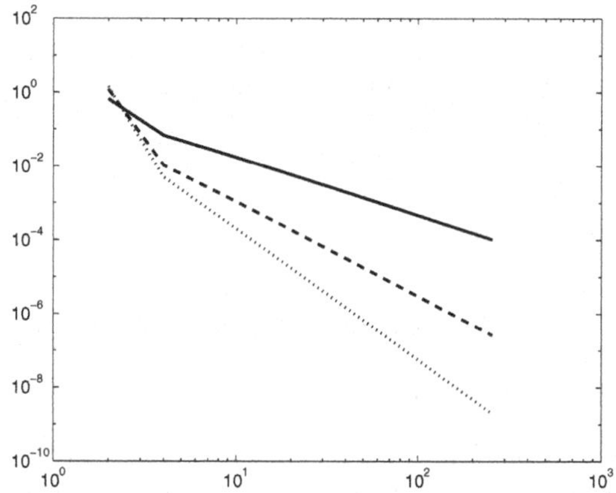

Fig. 9.1. Erreur de quadrature en échelle logarithmique en fonction de n dans le cas d'une fonction ayant ses s premières dérivées dans $\mathrm{L}^2(-1,1)$ pour $s = 1$ (*trait plein*), $s = 2$ (*trait discontinu*), $s = 3$ (*pointillés*)

Le polynôme d'interpolation aux noeuds (9.36) est donné par

$$\Pi_n^{GL} f(x) = \sum_{k=0}^{n} \tilde{f}_k L_k(x). \tag{9.41}$$

Remarquer que, dans ce cas aussi, $\Pi_n^{GL} f$ coïncide avec la troncature discrète de la série de Legendre f_n^* définie en (9.5). En procédant comme à la section précédente, on obtient

$$f(\overline{x}_j) = \sum_{k=0}^{n} \tilde{f}_k L_k(\overline{x}_j), \qquad j = 0, \ldots, n, \tag{9.42}$$

et

$$\tilde{f}_k = \begin{cases} \dfrac{2k+1}{n(n+1)} \displaystyle\sum_{j=0}^{n} L_k(\overline{x}_j) \frac{1}{L_n^2(\overline{x}_j)} f(\overline{x}_j), & k = 0, \ldots, n-1, \\ \dfrac{1}{n+1} \displaystyle\sum_{j=0}^{n} \frac{1}{L_n(\overline{x}_j)} f(\overline{x}_j), & k = n, \end{cases} \tag{9.43}$$

(voir Exercice 6). Les Formules (9.43) et (9.42) fournissent respectivement la *transformée de Legendre discrète* ou DLT (pour *discrete Legendre transform*) et son inverse.

9.5 Intégration de Gauss sur des intervalles non bornés

Nous considérons maintenant l'intégration sur le demi-axe réel et sur l'axe réel tout entier. Nous utilisons les formules d'interpolation de Gauss dont les noeuds sont donnés dans le premier cas par les zéros des polynômes de Laguerre et dans le second cas par ceux des polynômes d'Hermite.

Les polynômes de Laguerre. Ce sont des polynômes orthogonaux relativement au poids $w(x) = e^{-x}$ définis sur l'intervalle $[0, +\infty[$. Il sont donnés par

$$\mathcal{L}_n(x) = e^x \frac{d^n}{dx^n}(e^{-x}x^n), \qquad n \geq 0.$$

Dans le cas des polynômes de Laguerre, la relation de récurrence à trois termes (9.8) s'écrit

$$\begin{cases} \mathcal{L}_{n+1}(x) = (2n+1-x)\mathcal{L}_n(x) - n^2\mathcal{L}_{n-1}(x), & n \geq 0, \\ \mathcal{L}_{-1} = 0, \qquad \mathcal{L}_0 = 1. \end{cases}$$

Pour toute fonction f, on définit $\varphi(x) = f(x)e^x$. Alors, $I(f) = \int_0^\infty f(x)dx = \int_0^\infty e^{-x}\varphi(x)dx$, de sorte qu'il suffit d'appliquer à cette dernière intégrale les quadratures de Gauss-Laguerre pour obtenir, pour $n \geq 1$ et $f \in C^{2n}([0, +\infty[)$

$$I(f) = \sum_{k=1}^{n} \alpha_k \varphi(x_k) + \frac{(n!)^2}{(2n)!}\varphi^{(2n)}(\xi), \qquad 0 < \xi < +\infty, \tag{9.44}$$

où les noeuds x_k, pour $k = 1, \ldots, n$, sont les zéros de $\mathcal{L}_n$ et les poids sont $\alpha_k = (n!)^2 x_k / [\mathcal{L}_{n+1}(x_k)]^2$. On déduit de (9.44) que les formules de Gauss-Laguerre sont exactes pour les fonctions f du type φe^{-x}, où $\varphi \in \mathbb{P}_{2n-1}$. On peut dire qu'elles ont un degré d'exactitude (dans un sens généralisé) optimal et égal à $2n - 1$.

Exemple 9.2 En utilisant une formule de quadrature de Gauss-Laguerre avec $n = 12$ pour calculer l'intégrale de l'Exemple 8.11, on obtient la valeur 0.5997, ce qui donne une erreur absolue de $2.96 \cdot 10^{-4}$. A titre de comparaison, la formule composite du trapèze nécessiterait 277 noeuds pour atteindre la même précision. •

Les polynômes d'Hermite. Ce sont des polynômes orthogonaux relativement au poids $w(x) = e^{-x^2}$ définis sur l'axe réel tout entier. Ils sont donnés par

$$\mathcal{H}_n(x) = (-1)^n e^{x^2} \frac{d^n}{dx^n}(e^{-x^2}), \qquad n \geq 0.$$

Les polynômes d'Hermite peuvent être construits par récurrence avec la formule

$$\begin{cases} \mathcal{H}_{n+1}(x) = 2x\mathcal{H}_n(x) - 2n\mathcal{H}_{n-1}(x), & n \geq 0, \\ \mathcal{H}_{-1} = 0, \qquad \mathcal{H}_0 = 1. \end{cases}$$

Comme dans le cas précédent, en posant $\varphi(x) = f(x)e^{x^2}$, on a $I(f) = \int_{-\infty}^{\infty} f(x)dx = \int_{-\infty}^{\infty} e^{-x^2}\varphi(x)dx$. En appliquant à cette dernière intégrale les quadratures de Gauss-Hermite on obtient, pour $n \geq 1$ et $f \in C^{2n}(\mathbb{R})$

$$I(f) = \int_{-\infty}^{\infty} e^{-x^2}\varphi(x)dx = \sum_{k=1}^{n} \alpha_k \varphi(x_k) + \frac{(n!)\sqrt{\pi}}{2^n(2n)!}\varphi^{(2n)}(\xi), \qquad \xi \in \mathbb{R}, \quad (9.45)$$

où les noeuds x_k, $k = 1, \ldots, n$, sont les zéros de $\mathcal{H}_n$ et les poids sont $\alpha_k = 2^{n+1}n!\sqrt{\pi}/[\mathcal{H}_{n+1}(x_k)]^2$. Comme pour les quadratures de Gauss-Laguerre, les formules de Gauss-Hermite sont exactes pour des fonctions f de la forme φe^{-x^2}, où $\varphi \in \mathbb{P}_{2n-1}$.

On trouvera plus de détails sur ce sujet dans [DR75], p. 173-174.

9.6 Implémentations des quadratures de Gauss

Les programmes MATLAB 70, 71 et 72 calculent les coefficients $\{\alpha_k\}$ et $\{\beta_k\}$ introduits en (9.9), dans le cas des polynômes de Legendre, Laguerre et Hermite. Ces programmes sont appelés par le Programme 73 qui calcule les noeuds et les poids (9.35) pour les formules de Gauss-Legendre, et par les Programmes 74, 75 qui calculent les noeuds et les poids pour les formules de Gauss-Laguerre (9.44) et Gauss-Hermite (9.45). Tous les codes de cette section sont extraits de la bibliothèque ORTHPOL [Gau94].

Programme 70 - coeflege : Coefficients des polynômes de Legendre

```
function [a,b]=coeflege(n)
%COEFLEGE Coefficients des polynômes de Legendre.
%  [A,B]=COEFLEGE(N): A et B sont les coefficients alpha(k) et beta(k)
%  du polynôme de Legendre de degré N.
if n<=1, error('n doit être >1');end a
= zeros(n,1); b=a; b(1)=2; k=[2:n]; b(k)=1./(4-1./(k-1).^2);
return
```

Programme 71 - coeflagu : Coefficients des polynômes de Laguerre

```
function [a,b]=coeflagu(n)
%COEFLAGU Coefficients des polynômes de Laguerre.
%  [A,B]=COEFLAGU(N): A et B sont les coefficients alpha(k) et beta(k)
%  du polynôme de Laguerre de degré N.
if n<=1, error('n doit être >1 '); end
a=zeros(n,1); b=zeros(n,1); a(1)=1; b(1)=1; k=[2:n];
a(k)=2*(k-1)+1; b(k)=(k-1).^2; return
```

Programme 72 - coefherm : Coefficients des polynômes d'Hermite

```
function [a,b]=coefherm(n)
%COEFHERM Coefficients des polynômes de Hermite.
%  [A,B]=COEFHERM(N): A et B sont les coefficients alpha(k) et beta(k)
%  du polynôme de Hermite de degré N.
if n<=1, error('n doit être >1 '); end
a=zeros(n,1); b=zeros(n,1); b(1)=sqrt(4.*atan(1.)); k=[2:n];
b(k)=0.5*(k-1); return
```

Programme 73 - zplege : Noeuds et poids des formules de Gauss-Legendre

```
function [x,w]=zplege(n)
%ZPLEGE formule de Gauss-Legendre.
%  [X,W]=ZPLEGE(N) calcule les noeuds et les poids de la
%  formule de Gauss-Legendre à N noeuds.
if n<=1, error('n doit être >1'); end
[a,b]=coeflege(n);
JacM=diag(a)+diag(sqrt(b(2:n)),1)+diag(sqrt(b(2:n)),-1);
[w,x]=eig(JacM); x=diag(x); scal=2; w=w(1,:)'.^2*scal;
[x,ind]=sort(x); w=w(ind); return
```

Programme 74 - zplagu : Noeuds et poids des formules de Gauss-Laguerre

```
function [x,w]=zplagu(n)
%ZPLAGU formule de Gauss-Laguerre.
%  [X,W]=ZPLAGU(N) calcule les noeuds et les poids de la
%  formule de Gauss-Laguerre à N noeuds.
if n<=1, error('n doit être >1 '); end
[a,b]=coeflagu(n);
JacM=diag(a)+diag(sqrt(b(2:n)),1)+diag(sqrt(b(2:n)),-1);
[w,x]=eig(JacM); x=diag(x); w=w(1,:)'.^2; return
```

Programme 75 - zpherm : Noeuds et poids des formules de Gauss-Hermite

```
function [x,w]=zpherm(n)
%ZPHERM formule de Gauss-Hermite.
%  [X,W]=ZPHERM(N)  calcule les noeuds et les poids de la
%  formule de Gauss-Hermite à N noeuds.
if n<=1, error('n doit être >1 '); end
[a,b]=coefherm(n);
JacM=diag(a)+diag(sqrt(b(2:n)),1)+diag(sqrt(b(2:n)),-1);
[w,x]=eig(JacM); x=diag(x); scal=sqrt(pi); w=w(1,:)'.^2*scal;
[x,ind]=sort(x); w=w(ind); return
```

9.7 Approximation d'une fonction au sens des moindres carrés

Etant donné une fonction $f \in \mathrm{L}^2_w(a,b)$, on cherche un polynôme r_n de degré $\leq n$ qui satisfait

$$\|f - r_n\|_w = \min_{p_n \in \mathbb{P}_n} \|f - p_n\|_w,$$

où $w(x)$ est une fonction poids sur $]a,b[$. Quand il existe, r_n est appelé *polynôme des moindres carrés*. Ce nom vient du fait que, si $w = 1$, r_n est le polynôme qui minimise l'erreur en moyenne quadratique $E = \|f - r_n\|_{\mathrm{L}^2(a,b)}$ (voir Exercice 8).

Comme on l'a vu à la Section 9.1, r_n coïncide avec la troncature f_n d'ordre n de la série de Fourier (voir (9.2) et (9.3)). En fonction du choix du poids $w(x)$, on obtient des polynômes des moindres carrés différents possédant des propriétés de convergence également différentes.

Comme à la Section 9.1, on peut introduire la troncature discrète f_n^* (9.5) de la série de Chebyshev (en posant $p_k = T_k$) ou de la série de Legendre (en posant $p_k = L_k$). Si on utilise en (9.6) le produit scalaire discret induit par la quadrature de Gauss-Lobatto (9.31) alors les $\tilde{f}_k$ coïncident avec les coefficients du développement du polynôme d'interpolation $\Pi^{GL}_{n,w} f$ (voir (9.32) dans le cas de Chebyshev, ou (9.41) dans le cas de Legendre).

Par conséquent, $f_n^* = \Pi^{GL}_{n,w} f$, autrement dit la troncature discrète de la série de Chebyshev ou de Legendre de f coïncide avec le polynôme d'interpolation aux $n+1$ noeuds de Gauss-Lobatto. En particulier l'égalité (9.7) est trivialement satisfaite dans ce cas puisque $\|f - f_n^*\|_n = 0$.

9.7.1 Approximation au sens des moindres carrés discrets

De nombreuses applications nécessitent de représenter de manière synthétique, en utilisant des fonctions élémentaires, un grand ensemble de données discrètes pouvant résulter, par exemple, de mesures expérimentales. Ce type d'approximation, parfois appelé *lissage* ou *fitting* de données, peut être effectué de façon satisfaisante en utilisant la méthode discrète des moindres carrés qu'on va présenter maintenant. On se donne $m+1$ couples de valeurs

$$\{(x_i, y_i),\ i = 0, \ldots, m\}, \tag{9.46}$$

où y_i représente, par exemple, une quantité physique mesurée à la position x_i. En supposant toutes les abscisses distinctes, on se demande s'il existe un polynôme $p_n \in \mathbb{P}_n$ tel que $p_n(x_i) = y_i$ pour tout $i = 0, \ldots, m$. Si $n = m$, on retrouve l'interpolation polynomiale analysée à la Section 7.1. Supposons donc que $n < m$ et notons $\{\varphi_i\}$ une base de $\mathbb{P}_n$.

On cherche un polynôme $p_n(x) = \sum_{i=0}^{n} a_i\varphi_i(x)$ tel que

$$\sum_{j=0}^{m} w_j|p_n(x_j) - y_j|^2 \leq \sum_{j=0}^{m} w_j|q_n(x_j) - y_j|^2 \quad \forall q_n \in \mathbb{P}_n, \tag{9.47}$$

pour des coefficients $w_j > 0$ donnés ; (9.47) est appelé *problème aux moindres carrés discrets*, car on fait intervenir un produit scalaire discret, et que c'est la contrepartie discrète du problème continu vu ci-dessus. La solution p_n sera donc appelée *polynôme aux moindres carrés*. Noter que

$$|||q||| = \left\{ \sum_{j=0}^{m} w_j [q(x_j)]^2 \right\}^{1/2} \tag{9.48}$$

est une semi-norme *essentiellement stricte* sur $\mathbb{P}_n$ (voir Exercice 7). Rappelons que, par définition, une norme (ou une semi-norme) discrète $\|\cdot\|_*$ est *essentiellement stricte* si $\|f+g\|_* = \|f\|_* + \|g\|_*$ implique qu'il existe α et β non nuls tels que $\alpha f(x_i) + \beta g(x_i) = 0$ pour $i = 0, \ldots, m$. Comme $|||\cdot|||$ est une semi-norme essentiellement stricte, le problème (9.47) admet une unique solution (voir, [IK66], Section 3.5). En procédant comme dans le cas continu, on trouve les équations

$$\sum_{k=0}^{n} a_k \sum_{j=0}^{m} w_j \varphi_k(x_j)\varphi_i(x_j) = \sum_{j=0}^{m} w_j y_j \varphi_i(x_j) \qquad \forall i = 0, \ldots, n,$$

qui constituent un *système d'équations normales*, et qu'on écrit plus commodément sous la forme

$$\mathrm{B}^T\mathrm{B}\mathbf{a} = \mathrm{B}^T\mathbf{y}, \tag{9.49}$$

où B est la matrice rectangulaire $(m+1) \times (n+1)$ de coefficients $b_{ij} = \varphi_j(x_i)$, $i = 0, \ldots, m$, $j = 0, \ldots, n$, $\mathbf{a} \in \mathbb{R}^{n+1}$ est le vecteur des coefficients inconnus et $\mathbf{y} \in \mathbb{R}^{m+1}$ le vecteur des données.

Remarquer que le système d'équations normales obtenu en (9.49) est de la même nature que celui introduit à la Section 3.12 dans le cas des systèmes surdéterminés. En effet, si $w_j = 1$ pour $j = 0, \ldots, m$, le système ci-dessus peut être vu comme la solution au sens des moindres carrés du système

$$\sum_{j=0}^{m} a_j \varphi_j(x_i) = y_i, \qquad i = 0, 1, \ldots, m,$$

qui n'admet en général pas de solution au sens classique, puisque le nombre de lignes est plus grand que le nombre de colonnes. Dans le cas où $n = 1$, la solution de (9.47) est une fonction affine, appelée *régression linéaire* associée aux données (9.46). Le système d'équations normales correspondant est

$$\sum_{k=0}^{1}\sum_{j=0}^{m} w_j \varphi_i(x_j)\varphi_k(x_j)a_k = \sum_{j=0}^{m} w_j \varphi_i(x_j) y_j, \qquad i = 0, 1.$$

En posant $(f, g)_m = \sum_{j=0}^{m} f(x_j)g(x_j)$, on obtient

$$\begin{cases} (\varphi_0, \varphi_0)_m a_0 + (\varphi_1, \varphi_0)_m a_1 = (y, \varphi_0)_m, \\ (\varphi_0, \varphi_1)_m a_0 + (\varphi_1, \varphi_1)_m a_1 = (y, \varphi_1)_m, \end{cases}$$

où $y(x)$ est une fonction qui prend la valeur y_i aux noeuds x_i, $i = 0, \ldots, m$. Après un peu d'algèbre, on trouve la forme explicite des coefficients :

$$\begin{aligned} a_0 &= \frac{(y, \varphi_0)_m(\varphi_1, \varphi_1)_m - (y, \varphi_1)_m(\varphi_1, \varphi_0)_m}{(\varphi_1, \varphi_1)_m(\varphi_0, \varphi_0)_m - (\varphi_0, \varphi_1)_m^2}, \\ a_1 &= \frac{(y, \varphi_1)_m(\varphi_0, \varphi_0)_m - (y, \varphi_0)_m(\varphi_1, \varphi_0)_m}{(\varphi_1, \varphi_1)_m(\varphi_0, \varphi_0)_m - (\varphi_0, \varphi_1)_m^2}. \end{aligned}$$

Exemple 9.3 Comme on l'a vu dans l'Exemple 7.2, des petites perturbations dans les données peuvent engendrer des grandes variations dans le polynôme d'interpolation d'une fonction f. Ceci ne se produit pas pour le polynôme aux moindres carrés où m est beaucoup plus grand que n. Par exemple, considérons la fonction $f(x) = sin(2\pi x)$ sur $[-1, 1]$ et évaluons la en 22 noeuds équirépartis $x_i = 2i/21$, $i = 0, \ldots, 21$, en posant $f_i = f(x_i)$. Supposons alors qu'on ajoute à la donnée f_i une perturbation aléatoire de l'ordre de 10^{-3} et notons p_5 et $\tilde{p}_5$ les polynômes aux moindres carrés de degré 5 approchant respectivement les données f_i et $\tilde{f}_i$. La norme du maximum de la différence $p_5 - \tilde{p}_5$ sur $[-1, 1]$ est de l'ordre de 10^{-3}, autrement dit, elle est du même ordre que la perturbation. A titre de comparaison, la même différence dans le cas de l'interpolation de Lagrange est environ égale à 2 (voir Figure 9.2). •

9.8 Le polynôme de meilleure approximation

Considérons la fonction $f \in C^0([a, b]) \to \mathbb{R}$. On dit qu'un polynôme $p_n^* \in \mathbb{P}_n$ est le *polynôme de meilleure approximation de* f s'il satisfait

$$\|f - p_n^*\|_\infty = \min_{p_n \in \mathbb{P}_n} \|f - p_n\|_\infty \quad \forall p_n \in \mathbb{P}_n, \tag{9.50}$$

où $\|g\|_\infty = \max_{a \le x \le b} |g(x)|$ est la norme du maximum sur $[a, b]$. Il s'agit d'un problème d'approximation de type *minimax* (puisqu'on cherche l'erreur minimale mesurée dans la norme du maximum).

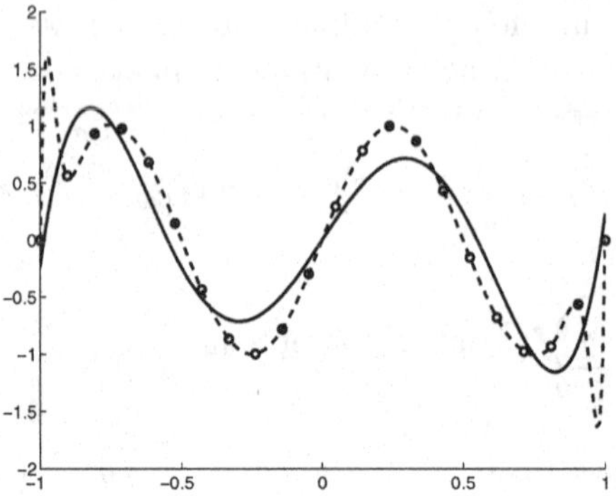

Fig. 9.2. Les données perturbées (*cercles*), le polynôme aux moindres carrés de degré 5 associé (*trait plein*) et le polynôme d'interpolation de Lagrange (*trait discontinu*)

Propriété 9.1 (théorème d'équi-oscillation de Chebyshev) *Si $f \in C^0([a,b])$ et $n \geq 0$, le polynôme de meilleure approximation p_n^* de f existe et est unique. De plus, il existe $n+2$ points $s_0 < s_1 < \ldots < s_{n+1}$ dans $[a,b]$ tels que*

$$f(s_j) - p_n^*(s_j) = \sigma(-1)^j E_n^*(f), \qquad j = 0, \ldots, n+1,$$

où $E_n^*(f) = \|f - p_n^*\|_\infty$, et où, une fois f et n fixés, σ est une constante égale à 1 ou -1.

(Pour la preuve, voir [Dav63], Chapitre 7). Par conséquent, il existe $n+1$ points $x_0 < x_1 < \ldots < x_n$ à déterminer dans $[a,b]$ tels que

$$p_n^*(x_j) = f(x_j), \quad j = 0, 1, \ldots, n,$$

de sorte que le polynôme de meilleure approximation soit un polynôme de degré n qui interpole f en $n+1$ noeuds inconnus.

Le résultat suivant donne une estimation de $E_n^*(f)$ sans calculer explicitement p_n^* (pour la preuve nous renvoyons à [Atk89], Chapitre 4).

Propriété 9.2 (théorème de de la Vallée-Poussin) *Soient $f \in C^0([a,b])$ et $n \geq 0$, et soient $x_0 < x_1 < \ldots < x_{n+1}$ $n+2$ points de $[a,b]$. S'il existe un polynôme q_n de degré $\leq n$ tel que*

$$f(x_j) - q_n(x_j) = (-1)^j e_j \quad j = 0, 1, \ldots, n+1,$$

où tous les e_j ont même signe et sont non nuls, alors

$$\min_{0 \leq j \leq n+1} |e_j| \leq E_n^*(f).$$

On peut alors relier $E_n^*(f)$ à l'erreur d'interpolation :

$$\|f - \Pi_n f\|_\infty \leq \|f - p_n^*\|_\infty + \|p_n^* - \Pi_n f\|_\infty.$$

D'autre part, en utilisant la représentation Lagrangienne de p_n^*, on a

$$\|p_n^* - \Pi_n f\|_\infty = \|\sum_{i=0}^{n}(p_n^*(x_i) - f(x_i))l_i\|_\infty \le \|p_n^* - f\|_\infty \left\|\sum_{i=0}^{n}|l_i|\right\|_\infty ,$$

d'où on déduit

$$\|f - \Pi_n f\|_\infty \le (1 + \Lambda_n)E_n^*(f),$$

où Λ_n est la constante de Lebesgue associée aux noeuds $\{x_i\}$ définie en (7.11). Les résultats ci-dessus conduisent à une caractérisation du polynôme de meilleure approximation, mais ne fournissent pas un procédé constructif. Néanmoins, en partant du théorème d'équi-oscillation de Chebyshev, il est possible de définir un algorithme, appelé algorithme de Remes, qui permet de construire une approximation arbitrairement proche du polynôme p_n^* (voir [Atk89], Section 4.7).

9.9 Polynôme trigonométrique de Fourier

Appliquons la théorie développée dans les sections précédentes à une famille particulière de polynômes orthogonaux *trigonométriques* (et non plus *algébriques* comme précédemment) : les *polynômes de Fourier.* Ce sont des fonctions périodiques à valeurs complexes de période 2π dont la restriction sur $]0, 2\pi[$ est donnée par

$$\varphi_k(x) = e^{ikx}, \qquad k = 0, \pm 1, \pm 2, \ldots$$

où $i^2 = -1$. Nous utiliserons la notation $\mathrm{L}^2(0, 2\pi)$ pour désigner les fonctions à valeurs complexes de carré intégrable sur $]0, 2\pi[$. Autrement dit

$$\mathrm{L}^2(0, 2\pi) = \left\{ f :]0, 2\pi[\to \mathbb{C} \text{ telles que } \int_0^{2\pi} |f(x)|^2 dx < \infty \right\}.$$

On définit sur cet espace un produit scalaire et une norme :

$$(f, g) = \textstyle\int_0^{2\pi} f(x)\overline{g(x)}dx, \quad \|f\|_{\mathrm{L}^2(0,2\pi)} = \sqrt{(f, f)}.$$

Si $f \in \mathrm{L}^2(0, 2\pi)$, sa série de Fourier est

$$Ff = \sum_{k=-\infty}^{\infty} \widehat{f}_k \varphi_k, \quad \text{avec } \widehat{f}_k = \frac{1}{2\pi}\int_0^{2\pi} f(x)e^{-ikx}dx = \frac{1}{2\pi}(f, \varphi_k). \qquad (9.51)$$

Si f est à valeurs complexes, on pose $f(x) = \alpha(x) + i\beta(x)$ pour $x \in [0, 2\pi]$, où $\alpha(x)$ est la partie réelle de f et $\beta(x)$ sa partie imaginaire. En rappelant que

$e^{-ikx} = \cos(kx) - i\sin(kx)$ et en posant

$$a_k = \frac{1}{2\pi}\int_0^{2\pi} [\alpha(x)\cos(kx) + \beta(x)\sin(kx)]\, dx,$$
$$b_k = \frac{1}{2\pi}\int_0^{2\pi} [-\alpha(x)\sin(kx) + \beta(x)\cos(kx)]\, dx,$$

on peut écrire les *coefficients de Fourier* de la fonction f :

$$\widehat{f}_k = a_k + ib_k \qquad \forall k = 0, \pm 1, \pm 2, \ldots \tag{9.52}$$

Nous supposerons dans la suite f à valeurs réelles ; dans ce cas $\widehat{f}_{-k} = \overline{\widehat{f}_k}$ pour tout k.

Soit N un entier positif pair. Comme nous l'avons fait à la Section 9.1, nous appelons *troncature d'ordre* N de la série de Fourier la fonction

$$f_N^*(x) = \sum_{k=-\frac{N}{2}}^{\frac{N}{2}-1} \widehat{f}_k e^{ikx}.$$

Nous utilisons la lettre N majuscule au lieu de n afin de nous conformer à la notation usuellement adoptée dans l'analyse des séries de Fourier discrètes (voir [Bri74], [Wal91]). Pour simplifier les notations nous effectuons aussi une translation d'indice de façon à avoir

$$f_N^*(x) = \sum_{k=0}^{N-1} \widehat{f}_k e^{i(k-\frac{N}{2})x},$$

où maintenant

$$\widehat{f}_k = \frac{1}{2\pi}\int_0^{2\pi} f(x)e^{-i(k-N/2)x} dx = \frac{1}{2\pi}(f, \widetilde{\varphi}_k),\ k = 0, \ldots, N-1 \tag{9.53}$$

et $\widetilde{\varphi}_k = e^{i(k-N/2)x}$. En notant

$$S_N = \text{vect}\{\widetilde{\varphi}_k,\ 0 \leq k \leq N-1\},$$

si $f \in \mathrm{L}^2(0, 2\pi)$, sa troncature d'ordre N satisfait la propriété d'approximation optimale au sens des moindres carrés :

$$\|f - f_N^*\|_{\mathrm{L}^2(0,2\pi)} = \min_{g \in S_N} \|f - g\|_{\mathrm{L}^2(0,2\pi)}.$$

Posons $h = 2\pi/N$ et $x_j = jh$, pour $j = 0, \ldots, N-1$, et introduisons le *produit scalaire discret*

$$(f, g)_N = h \sum_{j=0}^{N-1} f(x_j)\overline{g(x_j)}. \tag{9.54}$$

En remplaçant $(f, \widetilde{\varphi}_k)$ dans (9.53) par $(f, \widetilde{\varphi}_k)_N$, on obtient les *coefficients de Fourier* de la fonction f

$$\begin{aligned} \widetilde{f}_k &= \frac{1}{N} \sum_{j=0}^{N-1} f(x_j) e^{-ikjh} e^{ij\pi} \\ &= \frac{1}{N} \sum_{j=0}^{N-1} f(x_j) W_N^{(k-\frac{N}{2})j}, \quad k = 0, \ldots, N-1, \end{aligned} \tag{9.55}$$

où

$$W_N = exp\left(-i\frac{2\pi}{N}\right)$$

est la *racine principale d'ordre N de l'unité.* Conformément à (9.5), le polynôme trigonométrique

$$\Pi_N^F f(x) = \sum_{k=0}^{N-1} \widetilde{f}_k e^{i(k-\frac{N}{2})x} \tag{9.56}$$

est appelé *série de Fourier discrète d'ordre N.*

Lemme 9.1 *On a la propriété suivante*

$$(\varphi_l, \varphi_j)_N = h \sum_{k=0}^{N-1} e^{-ik(j-l)h} = 2\pi\delta_{jl}, \qquad 0 \le l, j \le N-1, \tag{9.57}$$

où δ_{jl} est le symbole Kronecker.

Démonstration. Pour $l = j$ le résultat est immédiat. Dans le cas $l \neq j$, on a

$$\sum_{k=0}^{N-1} e^{-ik(j-l)h} = \frac{1 - \left(e^{-i(j-l)h}\right)^N}{1 - e^{-i(j-l)h}} = 0$$

car le numérateur vaut $1 - (\cos(2\pi(j-l)) - i\sin(2\pi(j-l))) = 1 - 1 = 0$, et le dénominateur ne s'annule pas puisque $j - l \neq N$ *i.e.* $(j-l)h \neq 2\pi$.

◇

D'après le Lemme 9.1, le polynôme trigonométrique $\Pi_N^F f$ est l'*interpolé de* Fourier de f aux noeuds x_j, c'est-à-dire

$$\Pi_N^F f(x_j) = f(x_j), \qquad j = 0, 1, \ldots, N-1.$$

En effet, en utilisant (9.55) et (9.57) dans (9.56), on a

$$\Pi_N^F f(x_j) = \sum_{k=0}^{N-1} \widetilde{f}_k e^{ikjh} e^{-ijh\frac{N}{2}} = \sum_{l=0}^{N-1} f(x_l) \left[\frac{1}{N} \sum_{k=0}^{N-1} e^{-ik(j-l)h} \right] = f(x_j).$$

La première et la dernière égalités donnent donc

$$f(x_j) = \sum_{k=0}^{N-1} \widetilde{f}_k e^{ik(j-\frac{N}{2})h} = \sum_{k=0}^{N-1} \widetilde{f}_k W_N^{-(j-\frac{N}{2})k}, \qquad j = 0, \ldots, N-1. \tag{9.58}$$

L'application $\{f(x_j)\} \to \{\widetilde{f}_k\}$ définie en (9.55) est appelée *transformée de Fourier discrète* (DFT pour *discrete Fourier transform*), et l'application (9.58) qui à $\{\widetilde{f}_k\}$ associe $\{f(x_j)\}$ est appelée *transformée inverse* (IDFT). DFT et IDFT peuvent s'écrire sous forme matricielle $\{\widetilde{f}_k\} = \mathrm{T}\{f(x_j)\}$ et $\{f(x_j)\} = \mathrm{C}\{\widetilde{f}_k\}$ où $\mathrm{T} \in \mathbb{C}^{N\times N}$, C est l'inverse de T et

$$T_{kj} = \frac{1}{N} W_N^{(k-\frac{N}{2})j}, \qquad k, j = 0, \ldots, N-1,$$
$$C_{jk} = W_N^{-(j-\frac{N}{2})k}, \qquad j, k = 0, \ldots, N-1.$$

Une implémentation naïve du produit matrice vecteur de DFT et IDFT nécessiterait N^2 opérations. Nous verrons à la Section 9.9.1 qu'en utilisant l'algorithme de *transformation de Fourier rapide* (FFT pour *Fast Fourier Transform*) le calcul ne nécessite plus que $\mathcal{O}(N \log_2 N)$ *flops*, à condition que N soit une puissance de 2.

La fonction $\Pi_N^F f \in S_N$ introduite en (9.56) est la solution du problème de minimisation $\|f - \Pi_N^F f\|_N \le \|f - g\|_N$, $\forall g \in S_N$, où $\|\cdot\|_N = (\cdot,\cdot)_N^{1/2}$ est une norme discrète sur S_N. Dans le cas où f est périodique ainsi que ses dérivées jusqu'à l'ordre s ($s \ge 1$), on a une estimation d'erreur analogue à celle des interpolations de Chebyshev et Legendre, *i.e.*

$$\|f - \Pi_N^F f\|_{\mathrm{L}^2(0,2\pi)} \le C N^{-s} \|f\|_s$$

et

$$\max_{0\le x\le 2\pi} |f(x) - \Pi_N^F f(x)| \le C N^{1/2-s} \|f\|_s.$$

De manière analogue, on a également

$$|(f, v_N) - (f, v_N)_N| \le C N^{-s} \|f\|_s \|v_N\|_{\mathrm{L}^2(0,2\pi)}$$

pour tout $v_N \in S_N$, et en particulier, en posant $v_N = 1$, on a l'estimation d'erreur suivante pour la formule de quadrature (9.54)

$$\left| \int_0^{2\pi} f(x)dx - h \sum_{j=0}^{N-1} f(x_j) \right| \le C N^{-s} \|f\|_s$$

(pour la preuve, voir [CHQZ06], Chapitre 2).

Remarquer que $h\sum_{j=0}^{N-1} f(x_j)$ n'est rien d'autre que la formule composite du trapèze pour l'approximation de l'intégrale $\int_0^{2\pi} f(x)dx$. Cette formule s'avère donc extrêmement précise quand on l'applique à des fonctions périodiques et régulières.

Les Programmes 76 et 77 proposent une implémentation MATLAB de DFT et IDFT. Le paramètre d'entrée `f` est une chaîne contenant la fonction f à transformer et `fc` est un vecteur de taille N contenant les valeurs $\widetilde{f}_k$.

Programme 76 - dft : Transformation de Fourier discrète

```
function fc=dft(N,f)
%DFT Transformation de Fourier discrète.
%   FC=DFT(N,F) calcule les coefficients de la transformation de Fourier
%   discrète d'une fonction F.
h = 2*pi/N;
x=[0:h:2*pi*(1-1/N)]; fx = eval(f);
wn = exp(-i*h);
for k=0:N-1,
    s = 0;
    for j=0:N-1
        s = s + fx(j+1)*wn^((k-N/2)*j);
    end
    fc (k+1) = s/N;
end
return
```

Programme 77 - idft : Transformation de Fourier discrète inverse

```
function fv = idft(N,fc)
%IDFT Transformation de Fourier discrète inverse.
%   FV=IDFT(N,F) calcule les coefficients de la transformation de Fourier
%   discrète inverse d'une fonction F.
h  = 2*pi/N; wn = exp(-i*h);
for k=0:N-1
   s = 0;
   for j=0:N-1
      s = s + fc(j+1)*wn^(-k*(j-N/2));
   end
   fv (k+1) = s;
end
return
```

9.9.1 La transformation de Fourier rapide

Comme on l'a signalé à la section précédente, le calcul de la transformation de Fourier discrète (DFT) ou de son inverse (IDFT) par un produit matrice-vecteur, nécessiterait N^2 opérations. Dans cette section nous illustrons les étapes de base de l'algorithme de Cooley-Tukey [CT65], communément appelé *transformation de Fourier rapide* (ou FFT pour *Fast Fourier Transform*). Le calcul d'une DFT d'ordre N est décomposé en DFT d'ordre $p_0, \ldots, p_m$, où les p_i sont les facteurs premiers de N. Si N est une puissance de 2, le coût du calcul est de l'ordre de $N \log_2 N$ *flops*.

Voici un algorithme récursif pour calculer la DFT quand N est une puissance de 2. Soit $\mathbf{f} = (f_i)^T$, $i = 0, \ldots, N-1$ et soit $p(x) = \frac{1}{N}\sum_{j=0}^{N-1} f_j x^j$. Alors, le calcul de la DFT du vecteur $\mathbf{f}$ revient à évaluer $p(W_N^{k-\frac{N}{2}})$ pour $k = 0, \ldots, N-1$. Introduisons les polynômes

$$
\begin{aligned}
p_e(x) &= \frac{1}{N}\left[f_0 + f_2 x + \ldots + f_{N-2} x^{\frac{N}{2}-1}\right], \\
p_o(x) &= \frac{1}{N}\left[f_1 + f_3 x + \ldots + f_{N-1} x^{\frac{N}{2}-1}\right].
\end{aligned}
$$

Remarquer que

$$p(x) = p_e(x^2) + x p_o(x^2),$$

d'où on déduit que le calcul de la DFT de $\mathbf{f}$ peut être effectué en évaluant les polynômes p_e et p_o aux points $W_N^{2(k-\frac{N}{2})}$, $k = 0, \ldots, N-1$. Puisque

$$W_N^{2(k-\frac{N}{2})} = W_N^{2k-N} = exp\left(-i\frac{2\pi k}{N/2}\right) exp(i2\pi) = W_{N/2}^k,$$

on doit évaluer p_e et p_o aux racines principales de l'unité d'ordre $N/2$. De cette manière, la DFT d'ordre N est récrite en termes de deux DFT d'ordre $N/2$; naturellement, on peut appliquer récursivement ce procédé pour p_o et p_e. Le processus s'achève quand le degré des derniers polynômes construits est égal à un.

Dans le Programme 78, nous proposons une implémentation récursive simple de la FFT. Les paramètres d'entrée sont `f` et `NN`, où `f` est un vecteur contenant `NN` valeurs f_k, et où `NN` est une puissance de 2.

Programme 78 - fftrec : Algorithme de FFT récursif

```
function [fftv]=fftrec(f,NN)
%FFTREC Algorithme de FFT récursif.
N = length(f);  w = exp(-2*pi*sqrt(-1)/N);
if N == 2
   fftv = f(1)+w.^[-NN/2:NN-1-NN/2]*f(2);
```

```
else
  a1 = f(1:2:N);  b1 = f(2:2:N);
  a2 = fftrec(a1,NN); b2 = fftrec(b1,NN);
  for k=-NN/2:NN-1-NN/2
    fftv(k+1+NN/2) = a2(k+1+NN/2) + b2(k+1+NN/2)*w^k;
  end
end
return
```

Remarque 9.4 On peut aussi définir un procédé de FFT quand N n'est pas une puissance de 2. L'approche la plus simple consiste à ajouter des zéros à la suite originale $\{f_i\}$ de façon à obtenir un nombre total de valeurs égal à $\tilde{N} = 2^p$, pour un certain p. Cette technique ne conduit néanmoins pas toujours à un résultat correct. Une alternative efficace consiste à effectuer une partition de la matrice de Fourier C en sous-blocs de taille plus petite. En pratique, les implémentations de la FFT peuvent adopter les deux stratégies (voir, par exemple, le *package* `fft` disponible dans MATLAB). ■

9.10 Approximation des dérivées

Un problème qu'on rencontre souvent en analyse numérique est l'approximation de la dérivée d'une fonction f sur un intervalle donné $[a, b]$. Une approche naturelle consiste à introduire $n + 1$ noeuds $\{x_k,\ k = 0, \ldots, n\}$ de $[a, b]$, avec $x_0 = a$, $x_n = b$ et $x_{k+1} = x_k + h$, $k = 0, \ldots, n - 1$ où $h = (b - a)/n$. On approche alors $f'(x_i)$ en utilisant les valeurs nodales $f(x_k)$:

$$h \sum_{k=-m}^{m} \alpha_k u_{i-k} = \sum_{k=-m'}^{m'} \beta_k f(x_{i-k}), \tag{9.59}$$

où $\{\alpha_k\}$, $\{\beta_k\} \in \mathbb{R}$ sont $m + m' + 1$ coefficients à déterminer et u_k est l'approximation recherchée de $f'(x_k)$.

Le coût du calcul est un critère important dans le choix du schéma (9.59). Il faut par exemple noter que si $m \neq 0$, la détermination des quantités $\{u_i\}$ requiert la résolution d'un système linéaire.

L'ensemble des noeuds impliqués dans la construction de la dérivée de y en un noeud donné est appelé *stencil*. La bande de la matrice associée au système (9.59) augmente avec la taille du stencil.

9.10.1 Méthodes des différences finies classiques

Le moyen le plus simple pour construire une formule du type (9.59) consiste à revenir à la définition de la dérivée. Si $f'(x_i)$ existe, alors

$$f'(x_i) = \lim_{h \to 0^+} \frac{f(x_i + h) - f(x_i)}{h}. \tag{9.60}$$

En remplaçant la limite par le taux d'accroissement, avec h fini, on obtient l'approximation

$$u_i^{FD} = \frac{f(x_{i+1}) - f(x_i)}{h}, \qquad 0 \leq i \leq n-1. \tag{9.61}$$

La relation (9.61) est un cas particulier de (9.59) où $m = 0$, $\alpha_0 = 1$, $m' = 1$, $\beta_{-1} = 1$, $\beta_0 = -1$, $\beta_1 = 0$. Le second membre de (9.61) est appelé *différence finie progressive*. L'approximation que l'on fait revient à remplacer $f'(x_i)$ par la pente de la droite passant par les points $(x_i, f(x_i))$ et $(x_{i+1}, f(x_{i+1}))$, comme le montre la Figure 9.3. Pour estimer l'erreur commise, il suffit d'écrire le développement de Taylor de f (qui sera toujours supposée assez régulière) :

$$f(x_{i+1}) = f(x_i) + hf'(x_i) + \frac{h^2}{2} f''(\xi_i), \qquad \text{où } \xi_i \in]x_i, x_{i+1}[.$$

Ainsi,

$$f'(x_i) - u_i^{FD} = -\frac{h}{2} f''(\xi_i).$$

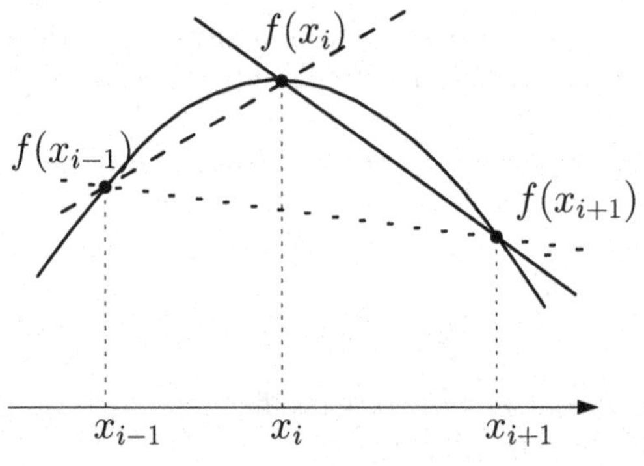

Fig. 9.3. Approximation par différences finies de $f'(x_i)$: rétrograde (*trait discontinu*), progressive (*trait plein*) et centrée (*pointillés*)

Au lieu de (9.60), on aurait pu utiliser un taux d'accroissement centré, obtenant alors l'approximation suivante :

$$u_i^{CD} = \frac{f(x_{i+1}) - f(x_{i-1})}{2h}, \qquad 1 \leq i \leq n-1. \tag{9.62}$$

Le schéma (9.62) est un cas particulier de (9.59) où $m = 0$, $\alpha_0 = 1$, $m' = 1$, $\beta_{-1} = 1/2$, $\beta_0 = 0$, $\beta_1 = -1/2$. Le second membre de (9.62) est appelé *différence finie centrée*. Géométriquement, l'approximation revient à remplacer $f'(x_i)$ par la pente de la droite passant par les points $(x_{i-1}, f(x_{i-1}))$ et

$(x_{i+1}, f(x_{i+1}))$ (voir Figure 9.3). En écrivant à nouveau le développement de Taylor on obtient

$$f'(x_i) - u_i^{CD} = -\frac{h^2}{6} f'''(\xi_i).$$

La formule (9.62) fournit donc une approximation de $f'(x_i)$ qui est du second ordre par rapport à h.

Enfin, on peut définir de manière analogue la *différence finie rétrograde* par

$$u_i^{BD} = \frac{f(x_i) - f(x_{i-1})}{h}, \qquad 1 \le i \le n,$$

à laquelle correspond l'erreur suivante :

$$f'(x_i) - u_i^{BD} = \frac{h}{2} f''(\xi_i).$$

Les valeurs des paramètres dans (9.59) sont $m = 0$, $\alpha_0 = 1$, $m' = 1$ et $\beta_{-1} = 0$, $\beta_0 = 1$, $\beta_1 = -1$.

Des schémas d'ordre élevé, ou encore des approximations par différences finies de dérivées de u d'ordre supérieur, peuvent être construits en augmentant l'ordre des développements de Taylor. Voici un exemple concernant l'approximation de f'' ; si $f \in C^4([a, b])$ on obtient facilement

$$\begin{aligned} f''(x_i) &= \frac{f(x_{i+1}) - 2f(x_i) + f(x_{i-1})}{h^2} \\ &\quad -\frac{h^2}{24}\left(f^{(4)}(x_i + \theta_i h) + f^{(4)}(x_i - \omega_i h)\right), \qquad 0 < \theta_i, \omega_i < 1, \end{aligned}$$

d'où on déduit le schéma aux différences finies *centrées*

$$u_i'' = \frac{f(x_{i+1}) - 2f(x_i) + f(x_{i-1})}{h^2}, \qquad 1 \le i \le n-1, \qquad (9.63)$$

auquel correspond l'erreur

$$f''(x_i) - u_i'' = -\frac{h^2}{24}\left(f^{(4)}(x_i + \theta_i h) + f^{(4)}(x_i - \omega_i h)\right).$$

La formule (9.63) fournit une approximation de $f''(x_i)$ du second ordre par rapport à h.

9.10.2 Différences finies compactes

Des approximations plus précises de f' sont données par les formules suivantes (que nous appellerons *différences compactes*) :

$$\alpha u_{i-1} + u_i + \alpha u_{i+1} = \frac{\beta}{2h}(f_{i+1} - f_{i-1}) + \frac{\gamma}{4h}(f_{i+2} - f_{i-2}), \qquad (9.64)$$

où $i = 2, \ldots, n-2$ et où on a posé pour abréger $f_i = f(x_i)$.

Les coefficients α, β et γ doivent être déterminés de manière à ce que les relations (9.64) conduisent à des valeurs de u_i qui approchent $f'(x_i)$ à l'ordre le plus élevé par rapport à h. Pour cela, on choisit des coefficients qui minimisent l'*erreur de consistance* (voir Section 2.2)

$$\sigma_i(h) = \alpha f_{i-1}^{(1)} + f_i^{(1)} - \alpha f_{i+1}^{(1)} - \left(\frac{\beta}{2h}(f_{i+1} - f_{i-1}) + \frac{\gamma}{4h}(f_{i+2} - f_{i-2})\right). \quad (9.65)$$

Cette formule est obtenue en "injectant" f dans le schéma numérique (9.64). Pour abréger, on pose $f_i^{(k)} = f^{(k)}(x_i)$, $k = 1, 2, \ldots$.

Plus précisément, en supposant que $f \in C^5([a,b])$ et en écrivant le développement de Taylor en x_i, on trouve

$$f_{i\pm 1} = f_i \pm h f_i^{(1)} + \tfrac{h^2}{2} f_i^{(2)} \pm \tfrac{h^3}{6} f_i^{(3)} + \tfrac{h^4}{24} f_i^{(4)} \pm \tfrac{h^5}{120} f_i^{(5)} + \mathcal{O}(h^6),$$

$$f_{i\pm 1}^{(1)} = f_i^{(1)} \pm h f_i^{(2)} + \tfrac{h^2}{2} f_i^{(3)} \pm \tfrac{h^3}{6} f_i^{(4)} + \tfrac{h^4}{24} f_i^{(5)} + \mathcal{O}(h^5).$$

Par substitution dans (9.65), on obtient

$$\sigma_i(h) = (2\alpha+1) f_i^{(1)} + \alpha \frac{h^2}{2} f_i^{(3)} + \alpha \frac{h^4}{12} f_i^{(5)} - (\beta+\gamma) f_i^{(1)}$$

$$-\frac{h^2}{2}\left(\frac{\beta}{6} + \frac{2\gamma}{3}\right) f_i^{(3)} - \frac{h^4}{60}\left(\frac{\beta}{2} + 8\gamma\right) f_i^{(5)} + \mathcal{O}(h^6).$$

On construit des schémas du second ordre en annulant le coefficient de $f_i^{(1)}$, c'est-à-dire $2\alpha + 1 = \beta + \gamma$; des schémas d'ordre 4 en annulant aussi le coefficient de $f_i^{(3)}$: $6\alpha = \beta + 4\gamma$; et des schémas d'ordre 6 en annulant aussi le coefficient de $f_i^{(5)}$: $10\alpha = \beta + 16\gamma$.
Le système linéaire formé par ces trois dernières relations est non singulier. Ainsi, il existe un unique schéma d'ordre 6 et il correspond aux paramètres

$$\alpha = 1/3, \quad \beta = 14/9, \quad \gamma = 1/9. \quad (9.66)$$

Il existe en revanche une infinité de méthodes du second et du quatrième ordre. Parmi celles-ci, citons un schéma très utilisé qui correspond aux coefficients $\alpha = 1/4$, $\beta = 3/2$ et $\gamma = 0$. Des schémas d'ordre plus élevé peuvent être construits au prix d'un accroissement supplémentaire du stencil.

Les schémas aux différences finies traditionnels correspondent au choix $\alpha = 0$ et permettent de calculer de manière explicite l'approximation de la dérivée première de f en un noeud, contrairement aux schémas compacts qui nécessitent dans tous les cas la résolution d'un système linéaire de la forme $\mathbf{Au} = \mathbf{Bf}$ (avec des notations évidentes).
Pour pouvoir résoudre le système, il est nécessaire de se donner les valeurs des variables u_i pour $i < 0$ et $i > n$. On est dans une situation particulièrement

favorable quand f est une fonction périodique de période $b-a$, auquel cas $u_{i+n} = u_i$ pour tout $i \in \mathbb{Z}$. Dans le cas non périodique, le système (9.64) doit être complété par des relations aux noeuds voisins des extrémités de l'intervalle d'approximation. Par exemple, la dérivée première en x_0 peut être calculée en utilisant la relation

$$u_0 + \alpha u_1 = \frac{1}{h}(\mathcal{A}f_1 + \mathcal{B}f_2 + \mathcal{C}f_3 + \mathcal{D}f_4),$$

et en imposant

$$\mathcal{A} = -\frac{3+\alpha+2\mathcal{D}}{2}, \quad \mathcal{B} = 2 + 3\mathcal{D}, \quad \mathcal{C} = -\frac{1-\alpha+6\mathcal{D}}{2},$$

afin que le schéma soit au moins précis à l'ordre deux (voir [Lel92] pour les relations à imposer dans le cas des méthodes d'ordre plus élevé).

Le Programme 79 propose une implémentation MATLAB des schémas aux différences finies compactes (9.64) pour l'approximation de la dérivée d'une fonction f supposée périodique sur l'intervalle $[a, b[$. Les paramètres d'entrée `alpha`, `beta` et `gamma` contiennent les coefficients du schéma, `a` et `b` sont les extrémités de l'intervalle, `f` est une chaîne contenant l'expression de f et `n` désigne le nombre de sous-intervalles de $[a, b]$. En sortie les vecteurs `u` et `x` contiennent les valeurs approchées u_i et les coordonnées des noeuds. Remarquer qu'en posant `alpha=gamma=0` et `beta=1`, on retrouve l'approximation par différences finies centrées (9.62).

Programme 79 - compdiff : Schémas aux différences finies compactes

```
function [u,x] = compdiff(alpha,beta,gamma,a,b,n,f)
%COMPDIFF Schéma aux différences finies compactes.
%   [U,X]=COMPDIFF(ALPHA,BETA,GAMMA,A,B,N,F) calcule la dérivée
%   première d'une fonction F sur l'intervalle ]A,B[ en utilisant un
%   schéma aux différences finies compactes avec les
%   coefficients ALPHA, BETA et GAMMA.
h=(b-a)/(n+1); x=[a:h:b]; fx = eval(f);
A=eye(n+2)+alpha*diag(ones(n+1,1),1)+alpha*diag(ones(n+1,1),-1);
rhs=0.5*beta/h*(fx(4:n+1)-fx(2:n-1))+0.25*gamma/h*(fx(5:n+2)-fx(1:n-2));
if gamma == 0
   rhs=[0.5*beta/h*(fx(3)-fx(1)), rhs, 0.5*beta/h*(fx(n+2)-fx(n))];
   A(1,1:n+2)=zeros(1,n+2);
   A(1,1)= 1; A(1,2)=alpha; A(1,n+1)=alpha;
   rhs=[0.5*beta/h*(fx(2)-fx(n+1)), rhs];
   A(n+2,1:n+2)=zeros(1,n+2);
   A(n+2,n+2)=1; A(n+2,n+1)=alpha; A(n+2,2)=alpha;
   rhs=[rhs, 0.5*beta/h*(fx(2)-fx(n+1))];
else
   rhs=[0.5*beta/h*(fx(3)-fx(1))+0.25*gamma/h*(fx(4)-fx(n+1)), rhs];
```

```
    A(1,1:n+2)=zeros(1,n+2);
    A(1,1)=1; A(1,2)=alpha; A(1,n+1)=alpha;
    rhs=[0.5*beta/h*(fx(2)-fx(n+1))+0.25*gamma/h*(fx(3)-fx(n)), rhs];
    rhs=[rhs,0.5*beta/h*(fx(n+2)-fx(n))+0.25*gamma/h*(fx(2)-fx(n-1))];
    A(n+2,1:n+2)=zeros(1,n+2);
    A(n+2,n+2)=1; A(n+2,n+1)=alpha; A(n+2,2)=alpha;
    rhs=[rhs,0.5*beta/h*(fx(2)-fx(n+1))+0.25*gamma/h*(fx(3)-fx(n))];
end
u = A\rhs';
return
```

Exemple 9.4 Considérons l'approximation de la dérivée de la fonction $f(x) = \sin(x)$ sur l'intervalle $[0, 2\pi]$. La Figure 9.4 représente le logarithme des erreurs nodales maximales en fonction de $p = \log(n)$ pour le schéma aux différences finies centrées du second ordre (9.62) et pour les schémas aux différences compactes du quatrième et du sixième ordre introduits ci-dessus. •

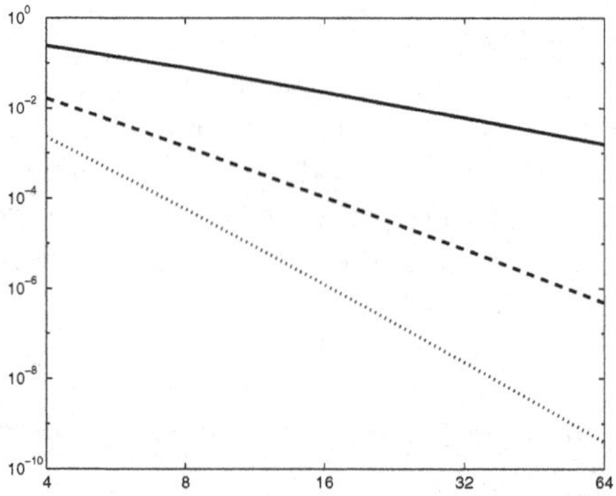

Fig. 9.4. Erreurs nodales maximales en fonction de $p = \log(n)$ pour le schéma aux différences finies centrées du second ordre (*trait plein*) et pour les schémas aux différences compactes du quatrième ordre (*trait discontinu*) et du sixième ordre (*pointillés*)

Remarque 9.5 Pour finir, remarquons qu'à précision égale les schémas compacts ont un stencil plus petit que les différences finies classiques. Les schémas compacts présentent aussi d'autres caractéristiques, comme celle de minimiser l'erreur de phase, qui les rendent supérieurs aux schémas aux différences finies traditionnelles (voir [QSS07], Section 10.11.2.). ■

9.10.3 Dérivée pseudo-spectrale

Un procédé alternatif de différentiation numérique consiste à approcher la dérivée d'une fonction f par la dérivée exacte du polynôme $\Pi_n f$ interpolant f aux noeuds $\{x_0, \ldots, x_n\}$. Exactement comme pour l'interpolation de

Lagrange, des noeuds équirépartis ne conduisent pas à des approximations stables de la dérivée de f quand n est grand. Pour cette raison, nous nous limitons au cas où les noeuds sont distribués (non uniformément) selon la formule de Gauss-Lobatto-Chebyshev.

Pour simplifier, supposons que $I = [-1, 1]$ et, pour $n \geq 1$, prenons dans I les noeuds de Gauss-Lobatto-Chebyshev comme en (9.24). Considérons alors le polynôme d'interpolation de Lagrange $\Pi_{n,w}^{GL} f$, introduit à la Section 9.3. Nous définissons la *dérivée pseudo-spectrale* de f comme étant la dérivée du polynôme $\Pi_{n,w}^{GL} f$, *i.e.*

$$\mathcal{D}_n f = (\Pi_{n,w}^{GL} f)' \in \mathbb{P}_{n-1}(I).$$

L'erreur commise en remplaçant f' par $\mathcal{D}_n f$ est de type *exponentiel*, c'est-à-dire qu'elle ne dépend que de la régularité de la fonction f. Plus précisément, il existe une constante $C > 0$ indépendante de n telle que

$$\|f' - \mathcal{D}_n f\|_w \leq C n^{1-m} \|f\|_{m,w}, \tag{9.67}$$

pour tout $m \geq 2$ pour lequel la norme $\|f\|_{m,w}$, introduite en (9.26), est finie. Avec (9.22) et (9.30), on obtient

$$(\mathcal{D}_n f)(\bar{x}_i) = \sum_{j=0}^{n} f(\bar{x}_j) \bar{l}'_j(\bar{x}_i), \qquad i = 0, \ldots, n, \tag{9.68}$$

de sorte que les valeurs de la dérivée pseudo-spectrale aux noeuds d'interpolation peuvent être calculées en ne connaissant que les valeurs nodales de f et de $\bar{l}'_j$. Ces quantités peuvent être évaluées une fois pour toute et stockées dans une matrice $D \in \mathbb{R}^{(n+1)\times(n+1)}$ appelée *matrice de différentiation pseudo-spectrale*, définie par $D_{ij} = \bar{l}'_j(\bar{x}_i)$, pour $i, j = 0, ..., n$.

La relation (9.68) peut ainsi être écrite sous forme matricielle $\mathbf{f}' = D\mathbf{f}$, en posant $\mathbf{f} = [f(\bar{x}_i)]$ et $\mathbf{f}' = [(\mathcal{D}_n f)(\bar{x}_i)]$ pour $i = 0, ..., n$.
Les coefficients de D sont donnés par les formules explicites suivantes (voir [CHQZ06], p. 69)

$$D_{lj} = \begin{cases} \dfrac{d_l}{d_j} \dfrac{(-1)^{l+j}}{\bar{x}_l - \bar{x}_j}, & l \neq j, \\ \dfrac{-\bar{x}_j}{2(1-\bar{x}_j^2)}, & 1 \leq l = j \leq n-1, \\ -\dfrac{2n^2+1}{6}, & l = j = 0, \\ \dfrac{2n^2+1}{6}, & l = j = n, \end{cases} \tag{9.69}$$

où les coefficients d_l ont été définis à la Section 9.3. Pour calculer la dérivée pseudo-spectrale d'une fonction f sur un intervalle arbitraire $[a, b] \neq [-1, 1]$, il n'y a qu'à effectuer le changement de variables considéré à la Remarque 9.3.

La dérivée seconde pseudo-spectrale peut être calculée comme le produit de la matrice D par le vecteur $\mathbf{f}'$, c'est-à-dire $\mathbf{f}'' = D\mathbf{f}'$, ou en appliquant directement la matrice D^2 au vecteur $\mathbf{f}$.

9.11 Exercices

1. Montrer la relation (9.12).
[*Indication* : poser $x = \cos(\theta)$, pour $0 \leq \theta \leq \pi$.]

2. Montrer (9.34).
[*Indication* : commencer par montrer que $\|v_n\|_n = (v_n, v_n)^{1/2}$, $\|T_k\|_n = \|T_k\|_w$ pour $k < n$ et $\|T_n\|_n^2 = 2\|T_n\|_w^2$ (voir [QV94], formule (4.3.16)). L'assertion découle alors de (9.32) en multipliant par T_l ($l \neq k$) et en prenant $(\cdot,\cdot)_n$.]

3. Prouver (9.27) après avoir montré que
$$\|(f - \Pi_n^{GL} f)'\|_\omega \leq C n^{1-s} \|f\|_{s,\omega}. \tag{9.70}$$
[*Indication* : utiliser l'inégalité de Gagliardo-Nirenberg
$$\max_{-1 \leq x \leq 1} |f(x)| \leq \|f\|^{1/2} \|f'\|^{1/2}$$
valide pour toute fonction $f \in \mathrm{L}^2$ avec $f' \in \mathrm{L}^2$. Utiliser ensuite (9.70) pour montrer (9.27).]

4. Montrer que la semi-norme discrète
$$\|f\|_n = (f,f)_n^{1/2}$$
est une norme sur $\mathbb{P}_n$.

5. Calculer les poids et les noeuds des formules de quadrature
$$\int_a^b w(x) f(x) dx = \sum_{i=0}^{n} \omega_i f(x_i),$$
de manière à ce que leur ordre soit maximal, avec
$$\begin{array}{ll} \omega(x) = \sqrt{x}, & a = 0, \quad b = 1, \quad n = 1; \\ \omega(x) = 2x^2 + 1, & a = -1, \quad b = 1, \quad n = 0; \\ \omega(x) = \left\{ \begin{array}{ll} 2 & \text{pour } 0 < x \leq 1, \\ 1 & \text{pour } -1 \leq x \leq 0 \end{array} \right. & a = -1, \quad b = 1, \quad n = 1; \end{array}$$
[*Solution* : pour $\omega(x) = \sqrt{x}$, les noeuds sont $x_1 = \frac{5}{9} + \frac{2}{9}\sqrt{10/7}$, $x_2 = \frac{5}{9} - \frac{2}{9}\sqrt{10/7}$, d'où on déduit les poids (ordre 3) ; pour $\omega(x) = 2x^2 + 1$, on obtient $x_1 = 3/5$ et $\omega_1 = 5/3$ (ordre 1) ; pour $\omega(x) = 2x^2 + 1$, on a $x_1 = \frac{1}{22} + \frac{1}{22}\sqrt{155}$, $x_2 = \frac{1}{22} - \frac{1}{22}\sqrt{155}$ (ordre 3).]

6. Prouver (9.43).
[*Indication* : remarquer que $(\Pi_n^{GL} f, L_j)_n = \sum_k f_k^*(L_k, L_j)_n = \ldots$, en distinguant le cas $j < n$ du cas $j = n$.]

7. Montrer que $|||\cdot|||$, définie en (9.48), est une semi-norme essentiellement stricte.
[*Solution* : utiliser l'inégalité de Cauchy-Schwarz (1.15) pour vérifier l'inégalité triangulaire, ce qui prouve que $|||\cdot|||$ est une semi-norme. Le fait qu'elle soit essentiellement stricte s'obtient après un peu d'algèbre.]

8. Considérer dans un intervalle $[a, b]$ les noeuds

$$x_j = a + \left(j - \frac{1}{2}\right)\left(\frac{b-a}{m}\right), \quad j = 1, 2, \ldots, m$$

pour $m \geq 1$. Ce sont les milieux de m sous-intervalles de $[a, b]$. Soit f une fonction donnée ; prouver que le polynôme des moindres carrés r_n relatif au poids $w(x) = 1$ minimise l'erreur moyenne définie par

$$E = \lim_{m \to \infty} \left\{ \frac{1}{m} \sum_{j=1}^{m} [f(x_j) - r_n(x_j)]^2 \right\}^{1/2}.$$

9. Considérer la fonction

$$F(a_0, a_1, \ldots, a_n) = \int_0^1 \left[f(x) - \sum_{j=0}^{n} a_j x^j \right]^2 dx$$

et déterminer les coefficients $a_0, a_1, \ldots, a_n$ qui minimisent F. Quel type de système linéaire obtient-on ?
[*Indication* : imposer les conditions $\partial F/\partial a_i = 0$ avec $i = 0, 1, \ldots, n$. La matrice du système linéaire est la matrice de Hilbert (voir Exemple 3.1, Chapitre 3) qui est très mal conditionnée.]

10

Résolution numérique des équations différentielles ordinaires

Nous abordons dans ce chapitre la résolution numérique du problème de Cauchy pour les équations différentielles ordinaires (EDO). Après un bref rappel des notions de base sur les EDO, nous introduisons les techniques les plus couramment utilisées pour l'approximation numérique des équations scalaires. Nous présentons ensuite les concepts de consistance, convergence, zéro-stabilité et stabilité absolue. Nous étendons enfin notre analyse aux systèmes d'EDO, avec une attention particulière pour les problèmes *raides*.

10.1 Le problème de Cauchy

Le problème de Cauchy (aussi appelé problème aux valeurs initiales) consiste à trouver la solution d'une EDO, scalaire ou vectorielle, satisfaisant des conditions initiales. Par exemple, dans le cas scalaire, si I désigne un intervalle de $\mathbb{R}$ contenant le point t_0, le problème de Cauchy associé à une EDO du premier ordre s'écrit :

trouver une fonction réelle $y \in C^1(I)$ telle que

$$\begin{cases} y'(t) = f(t, y(t)), & t \in I, \\ y(t_0) = y_0, \end{cases} \tag{10.1}$$

où $f(t, y)$ est une fonction donnée à valeur réelle définie sur le produit $S = I \times]-\infty, +\infty[$ et continue par rapport aux deux variables. Si f ne dépend pas explicitement de t (*i.e.* $f(t, y) = f(y)$), l'équation différentielle est dite *autonome*.

L'essentiel de notre analyse concernera le cas où l'on a qu'une seule équation, c'est-à-dire le cas scalaire. L'extension aux systèmes sera faite à la Section 10.9.

On obtient en intégrant (10.1) entre t_0 et t

$$y(t) - y_0 = \int_{t_0}^{t} f(\tau, y(\tau))d\tau. \tag{10.2}$$

La solution de (10.1) est donc de classe C^1 sur I et satisfait l'équation intégrale (10.2). Inversement, si y est définie par (10.2), alors elle est continue sur I et $y(t_0) = y_0$. De plus, en tant que primitive de la fonction continue $f(\cdot, y(\cdot))$, $y \in C^1(I)$ et satisfait l'équation différentielle $y'(t) = f(t, y(t))$.

Ainsi, si f est continue, le problème de Cauchy (10.1) est équivalent à l'équation intégrale (10.2). Nous verrons plus loin comment tirer parti de cette équivalence pour les méthodes numériques.

Rappelons maintenant deux résultats d'existence et d'unicité pour (10.1).

1. **Existence locale et unicité**. On suppose $f(t, y)$ localement lipschitzienne en (t_0, y_0) par rapport à y, ce qui signifie qu'il existe une boule ouverte $J \subseteq I$ centrée en t_0 de rayon r_J, une boule ouverte Σ centrée en y_0 de rayon r_Σ et une constante $L > 0$ telles que

$$|f(t, y_1) - f(t, y_2)| \leq L|y_1 - y_2| \quad \forall t \in J, \ \forall y_1, y_2 \in \Sigma. \tag{10.3}$$

   Sous cette hypothèse, le problème de Cauchy (10.1) admet une unique solution dans une boule ouverte de centre t_0 et de rayon r_0 avec $0 < r_0 < \min(r_J, r_\Sigma/M, 1/L)$, où M est le maximum de $|f(t, y)|$ sur $J \times \Sigma$. Cette solution est appelée *solution locale*.

   Remarquer que la condition (10.3) est automatiquement vérifiée si la dérivée de f par rapport à y est continue : en effet, dans ce cas, il suffit de prendre pour L le maximum de $|\partial f(t, y)/\partial y|$ sur $\overline{J \times \Sigma}$.

2. **Existence globale et unicité**. Le problème de Cauchy admet une *solution globale* unique si on peut prendre dans (10.3)

$$J = I, \qquad \Sigma = \mathbb{R},$$

   c'est-à-dire, si f est *uniformément lipschitzienne* par rapport à y.

En vue de l'analyse de stabilité du problème de Cauchy, on considère le problème suivant

$$\begin{cases} z'(t) = f(t, z(t)) + \delta(t), & t \in I, \\ z(t_0) = y_0 + \delta_0, \end{cases} \tag{10.4}$$

où $\delta_0 \in \mathbb{R}$ et où δ est une fonction continue sur I. Le problème (10.4) est déduit de (10.1) en perturbant la donnée initiale y_0 et la fonction f. Caractérisons à présent la sensibilité de la solution z par rapport à ces perturbations.

Définition 10.1 ([Hah67], [Ste71]). Soit I un ensemble borné. Le problème de Cauchy (10.1) est *stable au sens de Liapunov* (ou simplement *stable*) sur I si, pour toute perturbation $(\delta_0, \delta(t))$ satisfaisant

$$|\delta_0| < \varepsilon, \qquad |\delta(t)| < \varepsilon \quad \forall t \in I,$$

avec $\varepsilon > 0$ assez petit pour garantir l'existence de la solution du problème perturbé (10.4), alors

$$\exists C > 0 \text{ tel que } \quad |y(t) - z(t)| < C\varepsilon \qquad \forall t \in I. \tag{10.5}$$

La constante C dépend en général des données du problème t_0, y et f, mais pas de ε.
Quand I n'est pas borné supérieurement, on dit que (10.1) est *asymptotiquement stable* si, en plus de (10.5), on a la propriété suivante

$$|y(t) - z(t)| \to 0 \qquad \text{quand } t \to +\infty, \tag{10.6}$$

si $|\delta(t)| \to 0$, quand $t \to +\infty$. ■

Dire que le problème de Cauchy est stable est équivalent à dire qu'il est *bien posé* au sens donné au Chapitre 2. Si f est uniformément lipschitzienne par rapport à sa deuxième variable, alors le problème de Cauchy est stable. En effet, en posant $w(t) = z(t) - y(t)$, on a

$$w'(t) = f(t, z(t)) - f(t, y(t)) + \delta(t),$$

d'où

$$w(t) = \delta_0 + \int_{t_0}^{t} [f(s, z(s)) - f(s, y(s))]\, ds + \int_{t_0}^{t} \delta(s) ds \qquad \forall t \in I.$$

D'après les hypothèses, on en déduit

$$|w(t)| \leq (1 + |t - t_0|)\, \varepsilon + L \int_{t_0}^{t} |w(s)| ds.$$

Le lemme de Gronwall (qu'on rappelle ci-dessous) donne alors

$$|w(t)| \leq (1 + |t - t_0|)\, \varepsilon e^{L|t-t_0|} \qquad \forall t \in I$$

d'où on déduit (10.5) avec $C = (1 + K_I)e^{LK_I}$ où $K_I = \max_{t \in I} |t - t_0|$.

Lemme 10.1 (de Gronwall) *Soit p une fonction positive intégrable sur l'intervalle $]t_0, t_0 + T[$, et soient g et φ deux fonctions continues sur $[t_0, t_0 + T]$, avec g croissante. Si φ satisfait l'inégalité*

$$\varphi(t) \leq g(t) + \int_{t_0}^{t} p(\tau)\varphi(\tau) d\tau \qquad \forall t \in [t_0, t_0 + T],$$

alors

$$\varphi(t) \leq g(t) \exp\left(\int_{t_0}^{t} p(\tau)d\tau\right) \qquad \forall t \in [t_0, t_0 + T].$$

Pour la preuve, voir par. ex. [QV94] Lemme 1.4.1.

La constante C qui apparaît dans (10.5) peut être très grande, et dépend en général de l'intervalle I, comme c'est le cas dans la preuve ci-dessus. Pour cette raison, la propriété de stabilité asymptotique est mieux adaptée pour décrire le comportement du *système dynamique* (10.1) quand $t \to +\infty$ (voir [Arn73]).

On ne sait intégrer qu'un très petit nombre d'EDO non linéaires (voir p. ex. [Arn73]). De plus, même quand c'est possible, il n'est pas toujours facile d'exprimer explicitement la solution ; considérer par exemple l'équation très simple $y' = (y - t)/(y + t)$, dont la solution n'est définie que de manière implicite par la relation $(1/2)\log(t^2 + y^2) + \tan^{-1}(y/t) = C$, où C est une constante dépendant de la condition initiale.

Pour cette raison, nous sommes conduits à considérer des méthodes numériques. Celles-ci peuvent en effet être appliquées à n'importe quelle EDO, sous la seule condition qu'elle admette une unique solution.

10.2 Méthodes numériques à un pas

Abordons à présent l'approximation numérique du problème de Cauchy (10.1). On fixe $0 < T < +\infty$ et on note $I =]t_0, t_0 + T[$ l'intervalle d'intégration. Pour $h > 0$, soit $t_n = t_0 + nh$, avec $n = 0, 1, 2, \ldots, N_h$, une suite de noeuds de I induisant une discrétisation de I en sous-intervalles $I_n = [t_n, t_{n+1}]$. La longueur h de ces sous-intervalles est appelée *pas de discrétisation*. Le nombre N_h est le plus grand entier tel que $t_{N_h} \leq t_0 + T$. Soit u_j l'approximation au noeud t_j de la solution exacte $y(t_j)$; cette valeur de la solution exacte sera notée dans la suite y_j pour abréger. De même, f_j désigne la valeur $f(t_j, u_j)$. On pose naturellement $u_0 = y_0$.

Définition 10.2 Une méthode numérique pour l'approximation du problème (10.1) est dite à *un pas* si $\forall n \geq 0$, u_{n+1} ne dépend que de u_n. Autrement, on dit que le schéma est une méthode *multi-pas* (ou *à pas multiples*). ■

Pour l'instant, nous concentrons notre attention sur les méthodes à un pas. En voici quelques-unes :

1. **méthode d'Euler progressive** :

$$u_{n+1} = u_n + hf_n; \tag{10.7}$$

2. **méthode d'Euler rétrograde** :

$$u_{n+1} = u_n + hf_{n+1}. \tag{10.8}$$

Dans les deux cas, y' est approchée par un schéma aux différences finies (progressives dans (10.7) et rétrogrades dans (10.8), voir Section 9.10.1). Puisque ces deux schémas sont des approximations au premier ordre par rapport à h de la dérivée première de y, on s'attend à obtenir une approximation d'autant plus précise que le pas du maillage h est petit.

3. **méthode du trapèze (ou de Crank-Nicolson)** :

$$u_{n+1} = u_n + \frac{h}{2}\left[f_n + f_{n+1}\right]. \tag{10.9}$$

Cette méthode provient de l'approximation de l'intégrale de (10.2) par la formule de quadrature du trapèze (8.11).

4. **méthode de Heun** :

$$u_{n+1} = u_n + \frac{h}{2}[f_n + f(t_{n+1}, u_n + hf_n)]. \tag{10.10}$$

Cette méthode peut être obtenue à partir de la méthode du trapèze en remplaçant f_{n+1} par $f(t_{n+1}, u_n + hf_n)$ dans (10.9) (c'est-à-dire en utilisant la méthode d'Euler progressive pour calculer u_{n+1}).

Définition 10.3 (méthodes explicites et méthodes implicites) Une méthode est dite *explicite* si la valeur u_{n+1} peut être calculée directement à l'aide des valeurs précédentes u_k, $k \leq n$ (ou d'une partie d'entre elles). Une méthode est dite *implicite* si u_{n+1} n'est définie que par une relation implicite faisant intervenir la fonction f. ■

Ainsi, la substitution opérée dans la méthode de Heun a pour effet de transformer la méthode *implicite* du trapèze (10.10) en une méthode *explicite*. La méthode d'Euler progressive (10.7) est explicite, tandis que celle d'Euler rétrograde (10.8) est implicite. Noter que les méthodes implicites nécessitent à chaque pas de temps la résolution d'un problème non linéaire (si f dépend non linéairement de la seconde variable).

Les méthodes de Runge-Kutta constituent un exemple important de méthodes à un pas. Nous les analyserons à la Section 10.8.

10.3 Analyse des méthodes à un pas

Toute méthode explicite à un pas approchant (10.1) peut être mise sous la forme

$$u_{n+1} = u_n + h\Phi(t_n, u_n, f_n; h), \quad 0 \leq n \leq N_h - 1, \quad u_0 = y_0, \tag{10.11}$$

où $\Phi(\cdot,\cdot,\cdot;\cdot)$ est appelée *fonction d'incrément*. En posant comme précédemment $y_n = y(t_n)$, on a

$$y_{n+1} = y_n + h\Phi(t_n, y_n, f(t_n, y_n); h) + \varepsilon_{n+1}, \quad 0 \le n \le N_h - 1, \tag{10.12}$$

où ε_{n+1} est le résidu obtenu au point t_{n+1} quand on insère la solution exacte dans le schéma numérique. Ecrivons le résidu sous la forme

$$\varepsilon_{n+1} = h\tau_{n+1}(h).$$

La quantité $\tau_{n+1}(h)$ est appelée *erreur de troncature locale* (ETL) au noeud t_{n+1}. L'*erreur de troncature globale* est alors définie par

$$\tau(h) = \max_{0 \le n \le N_h - 1} |\tau_{n+1}(h)|.$$

Remarquer que $\tau(h)$ dépend de la solution y du problème de Cauchy (10.1).

La méthode d'Euler progressive est un cas particulier de (10.11), pour lequel

$$\Phi(t_n, u_n, f_n; h) = f_n,$$

et la méthode de Heun correspond à

$$\Phi(t_n, u_n, f_n; h) = \frac{1}{2}\left[f_n + f(t_n + h, u_n + hf_n)\right].$$

Un schéma explicite à un pas est entièrement caractérisé par sa fonction d'incrément Φ. Cette fonction, dans tous les cas considérés jusqu'à présent, est telle que

$$\lim_{h\to 0} \Phi(t_n, y_n, f(t_n, y_n); h) = f(t_n, y_n) \quad \forall t_n \ge t_0 \tag{10.13}$$

La propriété (10.13), jointe à la relation évidente $y_{n+1} - y_n = hy'(t_n) + \mathcal{O}(h^2)$, $\forall n \ge 0$, nous permet de déduire de (10.12) que $\lim_{h\to 0} \tau_n(h) = 0$, $0 \le n \le N_h - 1$, ce qui implique

$$\lim_{h\to 0} \tau(h) = 0.$$

Cette dernière relation exprime la *consistance* de la méthode numérique (10.11) avec le problème de Cauchy (10.1). En général, une méthode est dite *consistante* si son erreur de troncature locale est un infiniment petit en h (c'est-à-dire un $\mathcal{O}(h)$). De plus, un schéma est d'*ordre* p si, $\forall t \in I$, la solution $y(t)$ du problème de Cauchy (10.1) satisfait la relation

$$\tau(h) = \mathcal{O}(h^p) \quad \text{pour } h \to 0. \tag{10.14}$$

En utilisant des développements de Taylor, on peut montrer que la méthode d'Euler progressive est d'ordre 1, tandis que la méthode de Heun est d'ordre 2 (voir Exercices 1 et 2).

10.3.1 La zéro-stabilité

Nous allons définir l'analogue de la stabilité au sens de Liapunov (10.5) pour les schémas numériques : si la relation (10.5) est satisfaite avec une constante C indépendante de h, nous dirons que le problème numérique est *zéro-stable.* Plus précisément :

Définition 10.4 (zéro-stabilité des méthodes à un pas) La méthode numérique (10.11) pour l'approximation du problème (10.1) est *zéro-stable* si $\exists h_0 > 0$, $\exists C > 0$ tels que $\forall h \in]0, h_0]$, $\forall \varepsilon > 0$ assez petit, si $|\delta_n| \leq \varepsilon$, $0 \leq n \leq N_h$, alors

$$|z_n^{(h)} - u_n^{(h)}| \leq C\varepsilon, \qquad 0 \leq n \leq N_h, \tag{10.15}$$

où $z_n^{(h)}$, $u_n^{(h)}$ sont respectivement les solutions des problèmes

$$\begin{cases} z_{n+1}^{(h)} = z_n^{(h)} + h\left[\Phi(t_n, z_n^{(h)}, f(t_n, z_n^{(h)}); h) + \delta_{n+1}\right], \\ z_0^{(h)} = y_0 + \delta_0, \end{cases} \tag{10.16}$$

$$\begin{cases} u_{n+1}^{(h)} = u_n^{(h)} + h\Phi(t_n, u_n^{(h)}, f(t_n, u_n^{(h)}); h), \\ u_0^{(h)} = y_0, \end{cases} \tag{10.17}$$

pour $0 \leq n \leq N_h - 1$. ■

Les constantes C et h_0 peuvent dépendre des données du problème t_0, T, y_0 et f.
La zéro-stabilité requiert donc que, sur un intervalle borné, la condition (10.15) soit vérifiée pour toute valeur $h \leq h_0$. La zéro-stabilité implique donc que, sur un intervalle borné, (10.15) est vraie. Cette propriété concerne en particulier le comportement de la méthode numérique dans le cas limite $h \to 0$, ce qui justifie le nom de *zéro*-stabilité. Ce type de stabilité est donc une propriété caractéristique de la méthode numérique elle-même, et pas du problème de Cauchy (dont la stabilité est une conséquence du fait que f est uniformément lipschitzienne). La propriété (10.15) assure que la méthode numérique est peu sensible aux petites perturbations des données ; elle assure donc la stabilité au sens de la définition générale donnée au Chapitre 2.

L'exigence d'avoir une méthode numérique stable provient avant tout de la nécessité de contrôler les (inévitables) erreurs introduites par l'arithmétique finie des ordinateurs. En effet, si la méthode numérique n'était pas zéro-stable, les erreurs d'arrondi commises sur y_0 et sur le calcul de $f(t_n, y_n)$ rendraient la solution calculée inutilisable.

Théorème 10.1 (zéro-stabilité) *Considérons la méthode explicite à un pas* (10.11) *pour la résolution numérique du problème de Cauchy* (10.1). *On* *suppose que la fonction d'incrément* Φ *est lipschitzienne par rapport à sa seconde variable, avec une constante de Lipschitz* Λ *indépendante de* h *et des noeuds* $t_j \in [t_0, t_0 + T]$, *autrement dit*

$$\exists h_0 > 0, \exists \Lambda > 0 : \forall h \in (0, h_0]$$

$$|\Phi(t_n, u_n^{(h)}, f(t_n, u_n^{(h)}); h) - \Phi(t_n, z_n^{(h)}, f(t_n, z_n^{(h)}); h)| \tag{10.18}$$

$$\leq \Lambda |u_n^{(h)} - z_n^{(h)}|, \; 0 \leq n \leq N_h.$$

Alors, la méthode (10.11) *est zéro-stable.*

Démonstration. En posant $w_j^{(h)} = z_j^{(h)} - u_j^{(h)}$, et en retranchant (10.17) à (10.16) on a, pour $j = 0, \ldots, N_h - 1$,

$$w_{j+1}^{(h)} = w_j^{(h)} + h \left[\Phi(t_j, z_j^{(h)}, f(t_j, z_j^{(h)}); h) - \Phi(t_j, u_j^{(h)}, f(t_j, u_j^{(h)}); h) \right] + h\delta_{j+1}.$$

En sommant sur j on obtient, pour $n \geq 1$,

$$\begin{aligned} w_n^{(h)} = w_0^{(h)} \quad & + h \sum_{j=0}^{n-1} \delta_{j+1} \\ & + h \sum_{j=0}^{n-1} \left(\Phi(t_j, z_j^{(h)}, f(t_j, z_j^{(h)}); h) - \Phi(t_j, u_j^{(h)}, f(t_j, u_j^{(h)}); h) \right), \end{aligned}$$

d'où, avec (10.18)

$$|w_n^{(h)}| \leq |w_0| + h \sum_{j=0}^{n-1} |\delta_{j+1}| + h\Lambda \sum_{j=0}^{n-1} |w_j^{(h)}|, \qquad 1 \leq n \leq N_h. \tag{10.19}$$

En appliquant le lemme de Gronwall discret rappelé ci-dessous, on a finalement

$$|w_n^{(h)}| \leq (1 + hn)\, \varepsilon e^{nh\Lambda}, \qquad 1 \leq n \leq N_h,$$

d'où on déduit (10.15) en remarquant que $hn \leq T$ et en posant $C = (1 + T)\, e^{\Lambda T}$. ◇

Noter que la zéro-stabilité implique que la solution est bornée quand f est linéaire par rapport à y.

Lemme 10.2 (de Gronwall discret) *Soit* k_n *une suite de réels positifs et* φ_n *une suite telle que*

$$\begin{cases} \varphi_0 \leq g_0, \\ \varphi_n \leq g_0 + \displaystyle\sum_{s=0}^{n-1} p_s + \sum_{s=0}^{n-1} k_s \phi_s, \qquad n \geq 1. \end{cases}$$

Si $g_0 \geq 0$ *et* $p_n \geq 0$ *pour tout* $n \geq 0$, *alors*

$$\varphi_n \leq \left(g_0 + \sum_{s=0}^{n-1} p_s \right) \exp \left(\sum_{s=0}^{n-1} k_s \right), \qquad n \geq 1.$$

Pour la preuve voir p. ex. [QV94], Lemme 1.4.2. Dans le cas particulier de la méthode d'Euler, on peut vérifier directement la zéro-stabilité en utilisant le fait que f est lipschitzienne (voir la fin de la Section 10.3.2). Dans le cas des méthodes multi-pas, l'analyse conduira à la vérification d'une propriété purement algébrique appelée *condition de racine* (voir Section 10.6.3).

10.3.2 Analyse de la convergence

Définition 10.5 Une méthode est dite *convergente* si

$$\forall n = 0, \ldots, N_h, \qquad |u_n - y_n| \leq C(h),$$

où $C(h)$ est un infiniment petit en h. Dans ce cas, on dit que la méthode est *convergente avec un ordre* p si $\exists \mathcal{C} > 0$ tel que $C(h) = \mathcal{C}h^p$. ■

On peut montrer le théorème suivant

Théorème 10.2 (convergence) *Sous les mêmes hypothèses qu'au Théorème* 10.1*, on a*

$$|y_n - u_n| \leq (|y_0 - u_0| + nh\tau(h))\, e^{nh\Lambda}, \qquad 1 \leq n \leq N_h. \tag{10.20}$$

Par conséquent, si l'hypothèse de consistance (10.13) *est vérifiée et si* $|y_0 - u_0| \to 0$ *quand* $h \to 0$*, alors la méthode est convergente. De plus, si* $|y_0 - u_0| = \mathcal{O}(h^p)$ *et si la méthode est d'ordre* p*, alors elle converge avec un ordre* p*.*

Démonstration. En posant $w_j = y_j - u_j$, en retranchant (10.11) de (10.12) et en procédant comme dans la preuve du théorème précédent, on obtient l'inégalité (10.19) avec

$$w_0 = y_0 - u_0 \text{ et } \delta_{j+1} = \tau_{j+1}(h).$$

L'estimation (10.20) est alors obtenue en appliquant à nouveau le lemme de Gronwall discret. Puisque $nh \leq T$ et $\tau(h) = \mathcal{O}(h^p)$, on conclut que $|y_n - u_n| \leq Ch^p$ où C dépend de T et de Λ, mais pas de h. ◇

Une méthode consistante et zéro-stable est donc convergente. Cette propriété est connue sous le nom de *théorème d'équivalence* ou *théorème de Lax-Richtmyer* (la réciproque – "une méthode convergente est zéro-stable" – est aussi vraie). Ce théorème, qui est démontré dans [IK66], a déjà été évoqué à la Section 2.2.1. C'est un résultat fondamental dans l'analyse des méthodes numériques pour les EDO (voir [Dah56] ou [Hen62] pour les méthodes multi-pas linéaires, [But66], [MNS74] pour des classes de méthodes plus larges). Nous le rencontrerons à nouveau à la Section 10.5 dans l'analyse des méthodes multi-pas.

Nous effectuons maintenant en détail l'analyse de convergence de la méthode d'Euler progressive sans recourir au lemme de Gronwall discret. Dans la première partie de la preuve, nous supposerons que toutes les opérations sont effectuées en arithmétique exacte et que $u_0 = y_0$.

On note $e_{n+1} = y_{n+1} - u_{n+1}$ l'erreur au noeud t_{n+1} pour $n = 0, 1, \ldots$. On a

$$e_{n+1} = (y_{n+1} - u^*_{n+1}) + (u^*_{n+1} - u_{n+1}), \tag{10.21}$$

où $u^*_{n+1} = y_n + hf(t_n, y_n)$ est la solution obtenue après un pas de la méthode d'Euler progressive en partant de la donnée initiale y_n (voir Figure 10.1). Le premier terme entre parenthèses dans (10.21) prend en compte l'erreur de consistance, le second l'accumulation de ces erreurs. On a alors

$$y_{n+1} - u^*_{n+1} = h\tau_{n+1}(h), \quad u^*_{n+1} - u_{n+1} = e_n + h\left[f(t_n, y_n) - f(t_n, u_n)\right].$$

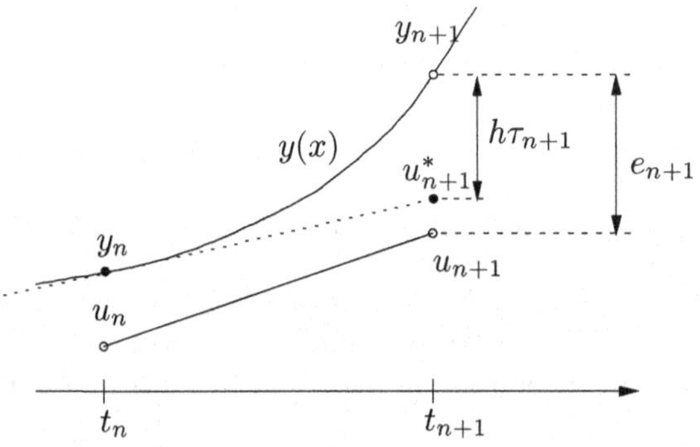

Fig. 10.1. Interprétation géométrique de l'erreur de troncature locale et de l'erreur au noeud t_{n+1} pour la méthode d'Euler progressive

Par conséquent,

$$\begin{aligned} |e_{n+1}| &\leq h|\tau_{n+1}(h)| + |e_n| \\ &\quad + h|f(t_n, y_n) - f(t_n, u_n)| \leq h\tau(h) + (1 + hL)|e_n|, \end{aligned}$$

L étant la constante de Lipschitz de f. Par récurrence sur n, on trouve

$$\begin{aligned} |e_{n+1}| &\leq \left[1 + (1 + hL) + \ldots + (1 + hL)^n\right] h\tau(h) \\ &= \frac{(1 + hL)^{n+1} - 1}{L}\tau(h) \leq \frac{e^{L(t_{n+1} - t_0)} - 1}{L}\tau(h). \end{aligned}$$

Pour cette dernière inégalité, on a utilisé $1 + hL \leq e^{hL}$ et $(n+1)h = t_{n+1} - t_0$.

De plus, si $y \in C^2(I)$, l'erreur de troncature locale pour la méthode d'Euler progressive est donnée par (voir Section 9.10.1)

$$\tau_{n+1}(h) = \frac{h}{2}y''(\xi), \quad \xi \in]t_n, t_{n+1}[,$$

et donc, $\tau(h) \leq (M/2)h$, où $M = \max_{\xi \in I} |y''(\xi)|$. En conclusion,

$$|e_{n+1}| \leq \frac{e^{L(t_{n+1}-t_0)} - 1}{L} \frac{M}{2} h \quad \forall n \geq 0, \tag{10.22}$$

d'où on déduit que l'erreur globale tend vers zéro avec le même ordre que l'erreur de troncature locale.

Si on prend en compte les erreurs d'arrondi, on peut écrire la solution $\bar{u}_{n+1}$ effectivement calculée par la méthode d'Euler progressive au temps t_{n+1} sous la forme

$$\bar{u}_0 = y_0 + \zeta_0, \quad \bar{u}_{n+1} = \bar{u}_n + hf(t_n, \bar{u}_n) + \zeta_{n+1}, \tag{10.23}$$

où ζ_j, $j \geq 0$, désigne l'erreur d'arrondi.
Le problème (10.23) est un cas particulier de (10.16), dans lequel $h\delta_{n+1}$ et $z_n^{(h)}$ sont remplacés respectivement par ζ_{n+1} et $\bar{u}_n$. En combinant les Théorèmes 10.1 et 10.2 on obtient, au lieu de (10.22), l'estimation d'erreur suivante

$$|y_{n+1} - \bar{u}_{n+1}| \leq e^{L(t_{n+1}-t_0)} \left[|\zeta_0| + \frac{1}{L} \left(\frac{M}{2} h + \frac{\zeta}{h} \right) \right],$$

où $\zeta = \max_{1 \leq j \leq n+1} |\zeta_j|$. La présence d'erreurs d'arrondi ne permet donc pas de conclure que l'erreur tend vers zéro quand $h \to 0$: il existe une valeur optimale (non nulle) h_{opt} de h qui minimise l'erreur ; pour $h < h_{opt}$, l'erreur d'arrondi domine l'erreur de troncature et l'erreur globale augmente.

10.3.3 Stabilité absolue

La propriété de *stabilité absolue* est, d'une certaine manière, la contrepartie de la zéro-stabilité du point de vue des rôles respectifs de h et I. De façon heuristique, on dit qu'une méthode numérique est absolument stable si, *pour un h fixé*, u_n reste borné quand $t_n \to +\infty$. Une méthode absolument stable offre donc une garantie sur le comportement *asymptotique* de u_n, alors qu'une méthode zéro-stable assure que, pour une intervalle d'intégration *fixé*, u_n demeure borné quand $h \to 0$.
Considérons le problème de Cauchy linéaire (que nous appellerons dorénavant *problème test*)

$$\begin{cases} y'(t) = \lambda y(t), & t > 0, \\ y(0) = 1, \end{cases} \tag{10.24}$$

avec $\lambda \in \mathbb{C}$, dont la solution est $y(t) = e^{\lambda t}$. Remarquer que si $\mathrm{Re}(\lambda) < 0$ alors $\lim_{t \to +\infty} |y(t)| = 0$.

Définition 10.6 Une méthode numérique pour l'approximation de (10.24) est *absolument stable* si

$$|u_n| \longrightarrow 0 \quad \text{quand} \quad t_n \longrightarrow +\infty. \tag{10.25}$$

La *région de stabilité absolue* de la méthode numérique est le sous-ensemble du plan complexe

$$\mathcal{A} = \{z = h\lambda \in \mathbb{C} \; t.q. \, (10.25) \text{ est vérifiée } \}. \tag{10.26}$$

Ainsi, $\mathcal{A}$ est l'ensemble des valeurs prises par le produit $h\lambda$ pour lesquelles la méthode numérique donne des solutions qui tendent vers zéro quand t_n tend vers l'infini. Cette définition a bien un sens car u_n est une fonction de $h\lambda$. ■

Remarque 10.1 Considérons le problème de Cauchy général (10.1) et supposons qu'il existe deux constantes strictement positives μ_{min} et μ_{max} telles que

$$-\mu_{max} < \frac{\partial f}{\partial y}(t, y(t)) < -\mu_{min} \quad \forall t \in I.$$

Alors, $-\mu_{max}$ est un bon candidat pour jouer le rôle de λ dans l'analyse de stabilité ci-dessus (pour plus de détails, voir [QS06]). ■

Vérifions si les méthodes à un pas introduites précédemment sont absolument stables.

1. *Méthode d'Euler progressive* : le schéma (10.7) appliqué au problème (10.24) donne $u_{n+1} = u_n + h\lambda u_n$ pour $n \geq 0$, avec $u_0 = 1$. En procédant par récurrence sur n, on a

$$u_n = (1 + h\lambda)^n, \qquad n \geq 0.$$

Ainsi, la condition (10.25) est satisfaite si et seulement si $|1 + h\lambda| < 1$, c'est-à-dire si $h\lambda$ se situe à l'intérieur du disque unité centré en $(-1, 0)$ (voir Figure 10.3), ce qui revient à

$$h\lambda \in \mathbb{C}^- \quad \text{et} \quad 0 < h < -\frac{2\text{Re}(\lambda)}{|\lambda|^2}, \tag{10.27}$$

où

$$\mathbb{C}^- = \{z \in \mathbb{C} : \; \text{Re}(z) < 0\}.$$

Exemple 10.1 Pour le problème de Cauchy $y'(x) = -5y(x)$ avec $x > 0$ et $y(0) = 1$, la condition (10.27) implique $0 < h < 2/5$. La Figure 10.2 montre, à gauche, le comportement des solutions calculées avec deux valeurs de h qui ne remplissent pas cette condition, et, à droite, les solutions obtenues avec deux valeurs de h qui la satisfont. Remarquer que dans ce second cas les oscillations, quand elles sont présentent, s'atténuent quand t croît. •

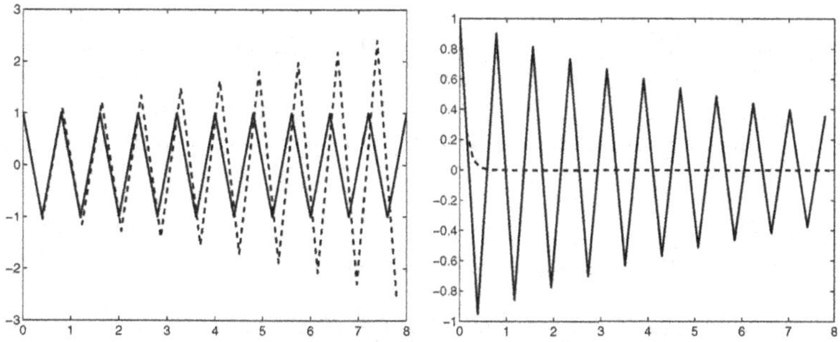

Fig. 10.2. A gauche : solutions calculées pour $h = 0.41 > 2/5$ (*trait discontinu*) et $h = 2/5$ (*trait plein*). Remarquer que, dans le cas limite $h = 2/5$, les oscillations n'évoluent pas quand t augmente. A droite : solutions correspondant à $h = 0.39$ (*trait plein*) et $h = 0.15$ (*trait discontinu*)

2. *Méthode d'Euler rétrograde* : en procédant comme précédemment, on obtient cette fois

$$u_n = \frac{1}{(1 - h\lambda)^n}, \qquad n \geq 0.$$

On a la propriété de stabilité absolue (10.25) *pour toute valeur* $h\lambda$ qui n'appartient pas au disque unité centré en $(1, 0)$ (voir Figure 10.3).

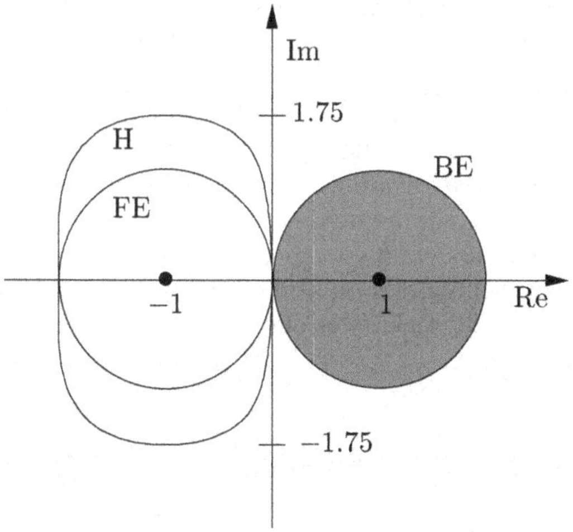

Fig. 10.3. Régions de stabilité absolue pour les méthodes d'Euler progressive (notée FE pour *forward Euler*), d'Euler rétrograde (notée BE pour *backward Euler* et de Heun (notée H). La région de stabilité absolue de la méthode d'Euler rétrograde se situe à l'extérieur du disque unité centré en $(1, 0)$ (*zone grisée*)

Exemple 10.2 La solution numérique donnée par la méthode d'Euler rétrograde dans le cas de l'Exemple 10.1 ne présente pas d'oscillation, quelle que soit la valeur de h. La même méthode appliquée au problème $y'(t) = 5y(t)$ pour $t > 0$ et avec $y(0) = 1$, fournit une solution qui tend vers zéro en décroissant quand $t \to \infty$ pour tout $h > 2/5$, alors que la solution exacte du problème de Cauchy tend vers l'infini. •

3. *Méthode du trapèze (ou de Crank-Nicolson)* : on obtient

$$u_n = \left[\left(1 + \frac{1}{2}\lambda h\right) / \left(1 - \frac{1}{2}\lambda h\right)\right]^n, \qquad n \geq 0,$$

la propriété (10.25) est donc satisfaite pour tout $h\lambda \in \mathbb{C}^-$.

4. *Méthode de Heun* : en appliquant (10.10) au problème (10.24) et en procédant par récurrence sur n, on trouve

$$u_n = \left[1 + h\lambda + \frac{(h\lambda)^2}{2}\right]^n, \qquad n \geq 0.$$

Comme le montre la Figure 10.3, la région de stabilité absolue de la méthode de Heun est plus grande que celle de la méthode d'Euler progressive. Néanmoins, leurs restrictions à l'axe réel coïncident.
On dit qu'une méthode est *A-stable* si $\mathcal{A} \cap \mathbb{C}^- = \mathbb{C}^-$, c'est-à-dire si pour $\text{Re}(\lambda) < 0$, la condition (10.25) est satisfaite pour toute valeur de h.

Les méthodes d'Euler rétrograde et de Crank-Nicolson sont A-stables, tandis que les méthodes d'Euler progressive et de Heun sont conditionnellement stables.

Remarque 10.2 Remarquer que (quand $\text{Re}(\lambda) \leq 0$ dans (10.24)) les méthodes implicites à un pas examinées jusqu'à présent sont *inconditionnellement absolument stables*, alors que les schémas explicites sont *conditionnellement absolument stables*. Ceci n'est cependant pas une règle générale : il existe des schémas implicites instables ou seulement conditionnellement stables. En revanche, il n'y a pas de schéma explicite inconditionnellement absolument stable [Wid67]. ■

10.4 Equations aux différences

Soit un entier $k \geq 1$, nous appellerons une équation de la forme

$$u_{n+k} + \alpha_{k-1}u_{n+k-1} + \ldots + \alpha_0 u_n = \varphi_{n+k}, \quad n = 0, 1, \ldots \tag{10.28}$$

équation aux différences linéaire d'ordre k. Les coefficients $\alpha_0 \neq 0$, $\alpha_1, \ldots,$ α_{k-1} peuvent dépendre de n ou pas. Si, pour tout n, le membre de droite φ_{n+k}

est égal à zéro, l'équation est dite *homogène*, et si les α_j sont indépendants de n, l'équation est dite *à coefficients constants.*
On rencontre par exemple des équations aux différences lors de la discrétisation des équations différentielles ordinaires. Toutes les méthodes numériques examinées jusqu'à présent débouchent en effet toujours sur des équations du type (10.28). Plus généralement, on rencontre les équations (10.28) quand on définit des quantités par des relations de récurrence linéaires. Pour plus de détails sur le sujet, voir les Chapitres 2 et 5 de [BO78] et le Chapitre 6 de [Gau97].

On appelle *solution* de l'équation (10.28) toute suite de valeurs $\{u_n,\, n = 0, 1, \ldots\}$ satisfaisant (10.28). Etant donné k *valeurs initiales* $u_0, \ldots, u_{k-1}$, il est toujours possible de construire une solution de (10.28) en calculant de manière séquentielle

$$u_{n+k} = \varphi_{n+k} - (\alpha_{k-1}u_{n+k-1} + \ldots + \alpha_0 u_n), \quad n = 0, 1, \ldots$$

Mais notre but est de trouver une expression de la solution u_{n+k} qui ne dépende que des coefficients et des valeurs initiales.

Nous commençons par considérer le cas *homogène à coefficients constants,*

$$u_{n+k} + \alpha_{k-1}u_{n+k-1} + \ldots + \alpha_0 u_n = 0, \quad n = 0, 1, \ldots \tag{10.29}$$

On associe à (10.29) le *polynôme caractéristique* $\Pi \in \mathbb{P}_k$ défini par

$$\Pi(r) = r^k + \alpha_{k-1}r^{k-1} + \ldots + \alpha_1 r + \alpha_0. \tag{10.30}$$

Si on note ses racines r_j, $j = 0, \ldots, k-1$, toute suite de la forme

$$\left\{r_j^n,\, n = 0, 1, \ldots\right\} \qquad \text{pour } j = 0, \ldots, k-1 \tag{10.31}$$

est une solution de (10.29), car

$$\begin{aligned} & r_j^{n+k} + \alpha_{k-1}r_j^{n+k-1} + \ldots + \alpha_0 r_j^n \\ & = r_j^n\left(r_j^k + \alpha_{k-1}r_j^{k-1} + \ldots + \alpha_0\right) = r_j^n\Pi(r_j) = 0. \end{aligned}$$

On dit que les k suites définies en (10.31) sont les *solutions fondamentales* de l'équation homogène (10.29). Toute suite de la forme

$$u_n = \gamma_0 r_0^n + \gamma_1 r_1^n + \ldots + \gamma_{k-1}r_{k-1}^n, \qquad n = 0, 1, \ldots \tag{10.32}$$

est aussi une solution de (10.29) (linéarité de l'équation).
On peut déterminer les coefficients $\gamma_0, \ldots, \gamma_{k-1}$ en imposant les k conditions initiales $u_0, \ldots, u_{k-1}$. De plus, on peut montrer que si toutes les racines de Π sont simples, alors *toutes* les solutions de (10.29) peuvent être mises sous la forme (10.32).

Cette dernière assertion n'est plus valable si Π admet des racines de multiplicité strictement supérieure à 1. Si, pour un certain j, la racine r_j est de multiplicité $m \geq 2$, il suffit de remplacer la solution fondamentale correspondante $\{r_j^n, n = 0, 1, \ldots\}$ par les m suites

$$\{r_j^n, n = 0, 1, \ldots\}, \{nr_j^n, n = 0, 1, \ldots\}, \ldots, \{n^{m-1}r_j^n, n = 0, 1, \ldots\},$$

afin d'obtenir un système de solutions fondamentales qui engendrent toutes les solutions de (10.29).
Plus généralement, en supposant que $r_0, \ldots, r_{k'}$ sont les racines distinctes de Π de multiplicités respectivement égales à $m_0, \ldots, m_{k'}$, on peut écrire la solution de (10.29) sous la forme

$$u_n = \sum_{j=0}^{k'} \left(\sum_{s=0}^{m_j - 1} \gamma_{sj} n^s \right) r_j^n, \qquad n = 0, 1, \ldots \tag{10.33}$$

Noter que même si certaines racines sont complexes conjuguées, on peut toujours obtenir une solution réelle (voir Exercice 3).

Exemple 10.3 Pour l'équation aux différences $u_{n+2} - u_n = 0$, on a $\Pi(r) = r^2 - 1$, d'où $r_0 = -1$ et $r_1 = 1$. La solution est donc donnée par $u_n = \gamma_{00}(-1)^n + \gamma_{01}$. Si on se donne en plus les conditions initiales u_0 et u_1, on trouve $\gamma_{00} = (u_0 - u_1)/2$, $\gamma_{01} = (u_0 + u_1)/2$. •

Exemple 10.4 Pour l'équation aux différences $u_{n+3} - 2u_{n+2} - 7u_{n+1} - 4u_n = 0$, le polynôme caractéristique est $\Pi(r) = r^3 - 2r^2 - 7r - 4$. Ses racines sont $r_0 = -1$ (multiplicité 2), $r_1 = 4$ et la solution est $u_n = (\gamma_{00} + n\gamma_{10})(-1)^n + \gamma_{01}4^n$. En imposant les conditions initiales, on peut calculer les coefficients inconnus en résolvant le système linéaire suivant

$$\begin{cases} \gamma_{00} + \gamma_{01} & = u_0, \\ -\gamma_{00} - \gamma_{10} + 4\gamma_{01} & = u_1, \\ \gamma_{00} + 2\gamma_{10} + 16\gamma_{01} & = u_2, \end{cases}$$

ce qui donne $\gamma_{00} = (24u_0 - 2u_1 - u_2)/25$, $\gamma_{10} = (u_2 - 3u_1 - 4u_0)/5$ et $\gamma_{01} = (2u_1 + u_0 + u_2)/25$. •

L'expression (10.33) n'est pas très pratique car elle ne met pas en évidence la dépendance de u_n par rapport aux k conditions initiales. On obtient une représentation plus commode en introduisant un nouvel ensemble $\left\{\psi_j^{(n)}, n = 0, 1, \ldots\right\}$ de solutions fondamentales satisfaisant

$$\psi_j^{(i)} = \delta_{ij}, \quad i, j = 0, 1, \ldots, k-1. \tag{10.34}$$

La solution de (10.29) correspondant aux données initiales $u_0, \ldots, u_{k-1}$ est

$$u_n = \sum_{j=0}^{k-1} u_j \psi_j^{(n)}, \qquad n = 0, 1, \ldots \tag{10.35}$$

Les nouvelles solutions fondamentales $\left\{\psi_j^{(l)},\ l=0,1,\ldots\right\}$ peuvent être représentées en fonction de celles données en (10.31) :

$$\psi_j^{(n)} = \sum_{m=0}^{k-1} \beta_{j,m} r_m^n \quad \text{pour } j=0,\ldots,k-1,\ n=0,1,\ldots \tag{10.36}$$

En imposant (10.34), on obtient les k systèmes linéaires

$$\sum_{m=0}^{k-1} \beta_{j,m} r_m^i = \delta_{ij}, \qquad i,j=0,\ldots,k-1,$$

dont les formes matricielles sont

$$\mathrm{R}\mathbf{b}_j = \mathbf{e}_j, \qquad j=0,\ldots,k-1. \tag{10.37}$$

Ici $\mathbf{e}_j$ désigne le vecteur unité du j-ième axe de coordonnées, $\mathrm{R}=(r_{im})=(r_m^i)$ et $\mathbf{b}_j=(\beta_{j,0},\ldots,\beta_{j,k-1})^T$. Si tous les r_j sont des racines simples de Π, la matrice R est inversible (voir Exercice 5).

On peut traiter le cas général où Π a $k'+1$ racines distinctes $r_0,\ldots,r_{k'}$ de multiplicité $m_0,\ldots,m_{k'}$, en remplaçant dans (10.36) $\{r_j^n,\ \ n=0,1,\ldots\}$ par $\{r_j^n n^s,\ \ n=0,1,\ldots\}$, où $j=0,\ldots,k'$ et $s=0,\ldots,m_j-1$.

Exemple 10.5 Considérons à nouveau l'équation aux différences de l'Exemple 10.4. Ici, on a $\{r_0^n,\ nr_0^n,\ r_1^n,\ n=0,1,\ldots\}$; la matrice R est donc

$$\mathrm{R} = \begin{bmatrix} r_0^0 & 0 & r_2^0 \\ r_0^1 & r_0^1 & r_2^1 \\ r_0^2 & 2r_0^2 & r_2^2 \end{bmatrix} = \begin{bmatrix} 1 & 0 & 1 \\ -1 & -1 & 4 \\ 1 & 2 & 16 \end{bmatrix}.$$

La résolution des trois systèmes (10.37) donne

$$\begin{aligned}
\psi_0^{(n)} &= \frac{24}{25}(-1)^n - \frac{4}{5}n(-1)^n + \frac{1}{25}4^n, \\
\psi_1^{(n)} &= -\frac{2}{25}(-1)^n - \frac{3}{5}n(-1)^n + \frac{2}{25}4^n, \\
\psi_2^{(n)} &= -\frac{1}{25}(-1)^n + \frac{1}{5}n(-1)^n + \frac{1}{25}4^n,
\end{aligned}$$

et on peut vérifier que la solution $u_n = \sum_{j=0}^2 u_j \psi_j^{(n)}$ coïncide avec celle déjà trouvée dans l'Exemple 10.4. •

Nous passons maintenant au cas où les coefficients sont *non constants* et nous considérons l'équation homogène suivante

$$u_{n+k} + \sum_{j=1}^{k} \alpha_{k-j}(n) u_{n+k-j} = 0, \qquad n=0,1,\ldots \tag{10.38}$$

Le but est de la transformer en une équation différentielle ordinaire au moyen d'une fonction F, appelée *fonction génératrice* de l'équation (10.38). F dépend d'une variable réelle t et on l'obtient ainsi : on écrit le développement en série entière de F en $t = 0$ sous la forme

$$F(t) = \sum_{n=0}^{\infty} \gamma_n u_n t^n. \tag{10.39}$$

Les coefficients $\{\gamma_n\}$ sont inconnus et doivent être déterminés de manière à ce que

$$\sum_{j=0}^{k} c_j F^{(k-j)}(t) = \sum_{n=0}^{\infty} \left[u_{n+k} + \sum_{j=1}^{k} \alpha_{k-j}(n) u_{n+k-j} \right] t^n, \tag{10.40}$$

où les c_j sont des constantes inconnues ne dépendant pas de n. Noter que d'après (10.39) on obtient l'équation différentielle ordinaire

$$\sum_{j=0}^{k} c_j F^{(k-j)}(t) = 0$$

qu'on complète avec les conditions initiales $F^{(j)}(0) = \gamma_j u_j$ pour $j = 0, \ldots, k-1$. Une fois qu'on dispose de F, il est simple d'obtenir u_n à l'aide de la définition de F.

Exemple 10.6 Considérons l'équation aux différences

$$(n+2)(n+1)u_{n+2} - 2(n+1)u_{n+1} - 3u_n = 0, \quad n = 0, 1, \ldots \tag{10.41}$$

avec les conditions initiales $u_0 = u_1 = 2$ et cherchons une fonction génératrice de la forme (10.39). En dérivant la série terme à terme, on a

$$F'(t) = \sum_{n=0}^{\infty} \gamma_n n u_n t^{n-1}, \quad F''(t) = \sum_{n=0}^{\infty} \gamma_n n(n-1) u_n t^{n-2},$$

d'où, après un peu d'algèbre,

$$F'(t) = \sum_{n=0}^{\infty} \gamma_n n u_n t^{n-1} = \sum_{n=0}^{\infty} \gamma_{n+1}(n+1) u_{n+1} t^n,$$
$$F''(t) = \sum_{n=0}^{\infty} \gamma_n n(n-1) u_n t^{n-2} = \sum_{n=0}^{\infty} \gamma_{n+2}(n+2)(n+1) u_{n+2} t^n.$$

Ainsi, (10.40) s'écrit

$$\begin{aligned} &\sum_{n=0}^{\infty}(n+1)(n+2)u_{n+2}t^n - 2\sum_{n=0}^{\infty}(n+1)u_{n+1}t^n - 3\sum_{n=0}^{\infty}u_n t^n \\ &= c_0 \sum_{n=0}^{\infty} \gamma_{n+2}(n+2)(n+1)u_{n+2}t^n + c_1 \sum_{n=0}^{\infty}\gamma_{n+1}(n+1)u_{n+1}t^n + c_2 \sum_{n=0}^{\infty}\gamma_n u_n t^n. \end{aligned} \tag{10.42}$$

En identifiant les deux membres on trouve

$$\gamma_n = 1 \ \forall n \geq 0, \quad c_0 = 1, \ c_1 = -2, \ c_2 = -3.$$

Nous avons donc associé à l'équation aux différences l'équation différentielle ordinaire à coefficients constants

$$F''(t) - 2F'(t) - 3F(t) = 0,$$

avec $F(0) = F'(0) = 2$. Le n-ième coefficient de la solution $F(t) = e^{3t} + e^{-t}$ est

$$\frac{1}{n!}F^{(n)}(0) = \frac{1}{n!}\left[(-1)^n + 3^n\right],$$

et donc $u_n = (1/n!)\left[(-1)^n + 3^n\right]$ est la solution de (10.41). •

Le cas *non homogène* (10.28) peut être traité en cherchant des solutions de la forme

$$u_n = u_n^{(0)} + u_n^{(\varphi)},$$

où $u_n^{(0)}$ est la solution de l'équation homogène associée et $u_n^{(\varphi)}$ une solution particulière de l'équation non homogène. Une fois qu'on a calculé la solution de l'équation homogène, une technique générale pour obtenir la solution de l'équation non homogène consiste à utiliser la méthode de variation des constantes combinée avec une réduction de l'ordre de l'équation aux différences (voir [BO78]).

Dans le cas particulier des équations aux différences à coefficients constants avec φ_n de la forme $c^n Q(n)$, où c est une constante et Q un polynôme de degré p par rapport à la variable n, on peut utiliser la technique des *coefficients indéterminés*. Cette méthode consiste à chercher une solution particulière qui dépend de constantes à déterminer et qui possède une forme connue, dépendant de la forme du second membre φ_n. Ainsi quand φ_n est du type $c^n Q(n)$, il suffit de chercher une solution particulière de la forme

$$u_n^{(\varphi)} = c^n(b_p n^p + b_{p-1}n^{p-1} + \ldots + b_0),$$

où $b_p, \ldots, b_0$ sont des constantes à déterminer de manière à ce que $u_n^{(\varphi)}$ soit effectivement une solution de (10.28).

Exemple 10.7 Considérons l'équation aux différences $u_{n+3} - u_{n+2} + u_{n+1} - u_n = 2^n n^2$. La solution particulière est de la forme $u_n = 2^n(b_2 n^2 + b_1 n + b_0)$. En substituant cette solution dans l'équation, on trouve $5b_2 n^2 + (36b_2 + 5b_1)n + (58b_2 + 18b_1 + 5b_0) = n^2$, d'où on déduit par identification $b_2 = 1/5$, $b_1 = -36/25$ et $b_0 = 358/125$. •

Comme dans le cas homogène, il est possible d'exprimer la solution de (10.28) sous la forme

$$u_n = \sum_{j=0}^{k-1} u_j \psi_j^{(n)} + \sum_{l=k}^{n} \varphi_l \psi_{k-1}^{(n-l+k-1)}, \qquad n = 0, 1, \ldots, \tag{10.43}$$

où on pose $\psi_{k-1}^{(i)} = 0$ pour $i < 0$ et $\varphi_j = 0$ pour $j < k$.

10.5 Méthodes multi-pas

Introduisons à présent quelques exemples de méthodes multi-pas, c'est-à-dire des méthodes pour lesquelles la solution numérique au noeud t_{n+1} dépend de la solution en des noeuds t_k avec $k \leq n-1$. La Définition 10.2 peut être étendue comme suit.

Définition 10.7 (méthode à q pas) Une méthode à q pas ($q \geq 1$) est telle que, $\forall n \geq q-1$, u_{n+1} dépend directement de u_{n+1-q}, mais pas des valeurs de u_k avec $k < n+1-q$. ■

Une méthode explicite à *deux pas* bien connue peut être obtenue en utilisant le schéma aux différences finies centrées (9.62) pour approcher la dérivée première dans (10.1). Ceci conduit à la *méthode du point milieu*

$$u_{n+1} = u_{n-1} + 2hf_n, \qquad n \geq 1, \tag{10.44}$$

où $u_0 = y_0$, u_1 est à déterminer et f_n désigne la valeur $f(t_n, u_n)$.

Un exemple de schéma implicite à deux pas est donné par la *méthode de Simpson*, obtenue à partir de la forme intégrale (10.2) avec $t_0 = t_{n-1}$ et $t = t_{n+1}$ à laquelle on applique la formule de quadrature de Cavalieri-Simpson :

$$u_{n+1} = u_{n-1} + \frac{h}{3}[f_{n-1} + 4f_n + f_{n+1}], \qquad n \geq 1, \tag{10.45}$$

où $u_0 = y_0$, et u_1 est à déterminer.

Il est clair, au regard de ces exemples, qu'une méthode multi-pas nécessite q valeurs initiales $u_0, \ldots, u_{q-1}$ pour "démarrer". Comme le problème de Cauchy ne fournit qu'une seule donnée (u_0), on doit trouver une manière de fixer les autres valeurs. Une possibilité consiste à utiliser des méthodes explicites à un pas d'ordre élevé, par exemple celle de Heun (10.10) ou celles de Runge-Kutta que nous verrons à la Section 10.8.

Dans cette section, nous présentons les *méthodes multi-pas linéaires* à $p+1$ pas (avec $p \geq 0$) définies par

$$u_{n+1} = \sum_{j=0}^{p} a_j u_{n-j} + h\sum_{j=0}^{p} b_j f_{n-j} + hb_{-1}f_{n+1}, \; n = p, p+1, \ldots \tag{10.46}$$

Les coefficients a_j, b_j sont réels et caractérisent complètement le schéma ; on suppose que $a_p \neq 0$ ou $b_p \neq 0$. Si $b_{-1} \neq 0$ le schéma est implicite, autrement il est explicite.

On peut reformuler (10.46) ainsi

$$\sum_{s=0}^{p+1} \alpha_s u_{n+s} = h\sum_{s=0}^{p+1} \beta_s f(t_{n+s}, u_{n+s}), \; n = 0, 1, \ldots, N_h - (p+1), \tag{10.47}$$

où on a posé $\alpha_{p+1} = 1$, $\alpha_s = -a_{p-s}$ pour $s = 0, \ldots, p$ et $\beta_s = b_{p-s}$ pour $s = 0, \ldots, p+1$. La relation (10.47) est un cas particulier d'équation aux différences linéaire (10.28), avec $k = p+1$ et $\varphi_{n+j} = h\beta_j f(t_{n+j}, u_{n+j})$, pour $j = 0, \ldots, p+1$.

Définition 10.8 L'erreur de troncature locale $\tau_{n+1}(h)$ induite par la méthode multi-pas (10.46) en t_{n+1} (pour $n \geq p$) est définie par

$$h\tau_{n+1}(h) = y_{n+1} - \left[\sum_{j=0}^{p} a_j y_{n-j} + h \sum_{j=-1}^{p} b_j y'_{n-j}\right], \qquad n \geq p, \tag{10.48}$$

où $y_{n-j} = y(t_{n-j})$ et $y'_{n-j} = y'(t_{n-j})$ pour $j = -1, \ldots, p$. ■

Comme pour les méthodes à un pas, la quantité $h\tau_{n+1}(h)$ est le résidu obtenu en t_{n+1} si on "injecte" la solution exacte dans le schéma numérique. En posant $\tau(h) = \max_n |\tau_n(h)|$, on a la définition suivante :

Définition 10.9 (consistance) La méthode multi-pas (10.46) est consistante si $\tau(h) \to 0$ quand $h \to 0$. Si de plus $\tau(h) = \mathcal{O}(h^q)$, pour un $q \geq 1$, la méthode est dite d'ordre q. ■

On peut caractériser de manière plus précise l'erreur de troncature locale en introduisant l'opérateur linéaire $\mathcal{L}$ associé à la méthode multi-pas linéaire (10.46) défini par

$$\mathcal{L}[w(t); h] = w(t+h) - \sum_{j=0}^{p} a_j w(t - jh) - h \sum_{j=-1}^{p} b_j w'(t - jh), \tag{10.49}$$

où $w \in C^1(I)$ est une fonction arbitraire. Noter que l'erreur de troncature locale est exactement $\mathcal{L}[y(t_n); h]$. En supposant w assez régulière, on calcule w et w' aux points $t - jh$ à l'aide du développement de Taylor de ces fonctions en $t - ph$:

$$\mathcal{L}[w(t); h] = C_0 w(t - ph) + C_1 h w^{(1)}(t - ph) + \ldots + C_k h^k w^{(k)}(t - ph) + \ldots$$

Par conséquent, si la méthode multi-pas est d'ordre q et si $y \in C^{q+1}(I)$, on a

$$\tau_{n+1}(h) = C_{q+1} h^{q+1} y^{(q+1)}(t_{n-p}) + \mathcal{O}(h^{q+2}).$$

Le terme $C_{q+1} h^{q+1} y^{(q+1)}(t_{n-p})$ est appelé *erreur de troncature locale principale* et C_{q+1} est la constante d'erreur. L'erreur de troncature locale principale est très utilisée dans la définition de stratégies adaptatives pour les méthodes multi-pas (voir [Lam91], Chapitre 3).

Le Programme 80 propose une implémentation MATLAB des méthodes multi-pas de la forme (10.46) pour la résolution du problème de Cauchy sur l'intervalle $]t_0, T[$. Les paramètres d'entrée sont : le vecteur colonne a qui contient les $p+1$ coefficients a_i ; le vecteur colonne `b` qui contient les $p+2$ coefficients b_i ; le pas de discrétisation h ; le vecteur des données initiales `u0` aux instants `t0` ; les macros `fun` et `dfun` contiennent les fonctions f et $\partial f/\partial y$. Si la méthode multi-pas est implicite, on doit fournir une tolérance `tol` et un nombre maximal d'itérations `itmax`. Ces deux paramètres contrôlent la convergence de l'algorithme de Newton utilisé pour résoudre l'équation non linéaire (10.46) associée à la méthode multi-pas. En sortie, le code renvoie les vecteurs `u` et `t` qui contiennent la solution calculée aux instants `t`.

Programme 80 - multistep : Méthodes multi-pas linéaires

```
function [t,u]=multistep(a,b,tf,t0,u0,h,fun,dfun,tol,itmax)
%MULTISTEP Méthode multi-pas.
%  [T,U]=MULTISTEP(A,B,TF,T0,U0,H,FUN,DFUN,TOL,ITMAX) résout le
%  problème de Cauchy Y'=FUN(T,Y) pour T dans ]T0,TF[ en utilisant une méthode
%  multi-pas avec les coefficients A et B. H est le pas de temps. TOL
%  est la tolérance des itérations  de point fixe quand la méthode
%  choisie est implicite.
y = u0;  t = t0;  f = eval (fun); p = length(a) - 1; u = u0;
nt = fix((tf - t0 (1) )/h);
for k = 1:nt
   lu=length(u);
   G=a'*u(lu:-1:lu-p)+ h*b(2:p+2)'*f(lu:-1:lu-p);
   lt=length(t0);
   t0=[t0; t0(lt)+h];
   unew=u(lu);
   t=t0(lt+1); err=tol+1; it=0;
   while err>tol & it<=itmax
      y=unew;
      den=1-h*b(1)*eval(dfun);
      fnew=eval(fun);
      if den == 0
         it=itmax+1;
      else
         it=it+1;
         unew=unew-(unew-G-h*b(1)* fnew)/den;
         err=abs(unew-y);
      end
   end
   u=[u; unew]; f=[f; fnew];
end
t=t0;
return
```

Dans les prochaines sections, nous examinons quelques familles de méthodes multi-pas.

10.5.1 Méthodes d'Adams

On déduit ces méthodes de la forme intégrale (10.2) en évaluant de manière approchée l'intégrale de f entre t_n et t_{n+1}. On suppose les noeuds de discrétisation équirépartis, c'est-à-dire $t_j = t_0 + jh$, avec $h > 0$ et $j \geq 1$. On intègre alors, au lieu de f, son polynôme d'interpolation aux $\tilde{p} + \vartheta$ noeuds distincts, où $\vartheta = 1$ quand les méthodes sont explicites (dans ce cas $\tilde{p} \geq 0$) et $\vartheta = 2$ quand les méthodes sont implicites (dans ce cas $\tilde{p} \geq -1$). Les schémas obtenus ont la forme suivante

$$u_{n+1} = u_n + h \sum_{j=-1}^{\tilde{p}+\vartheta} b_j f_{n-j}. \tag{10.50}$$

Les noeuds d'interpolation peuvent être ou bien :

1. $t_n, t_{n-1}, \ldots, t_{n-\tilde{p}}$ (dans ce cas $b_{-1} = 0$ et la méthode est explicite) ; ou bien
2. $t_{n+1}, t_n, \ldots, t_{n-\tilde{p}}$ (dans ce cas $b_{-1} \neq 0$ et le schéma est implicite).

Ces schémas *implicites* sont appelés méthodes d'*Adams-Moulton*, et les *explicites* sont appelés méthodes d'*Adams-Bashforth.*

Méthodes d'Adams-Bashforth. En prenant $\tilde{p} = 0$, on retrouve la méthode d'Euler progressive, puisque le polynôme d'interpolation de degré zéro au noeud t_n est simplement $\Pi_0 f = f_n$. Pour $\tilde{p} = 1$, le polynôme d'interpolation linéaire aux noeuds t_{n-1} et t_n est

$$\Pi_1 f(t) = f_n + (t - t_n)\frac{f_{n-1} - f_n}{t_{n-1} - t_n}.$$

Comme $\Pi_1 f(t_n) = f_n$ et $\Pi_1 f(t_{n+1}) = 2f_n - f_{n-1}$, on obtient

$$\int_{t_n}^{t_{n+1}} \Pi_1 f(t) = \frac{h}{2}\left[\Pi_1 f(t_n) + \Pi_1 f(t_{n+1})\right] = \frac{h}{2}\left[3f_n - f_{n-1}\right].$$

Le schéma d'Adams-Bashforth à deux pas est donc

$$u_{n+1} = u_n + \frac{h}{2}\left[3f_n - f_{n-1}\right]. \tag{10.51}$$

Si $\tilde{p} = 2$, on trouve de façon analogue le schéma d'Adams-Bashforth à trois pas

$$u_{n+1} = u_n + \frac{h}{12}\left[23f_n - 16f_{n-1} + 5f_{n-2}\right]$$

et pour $\tilde{p} = 3$, on a le schéma d'Adams-Bashforth à quatre pas

$$u_{n+1} = u_n + \frac{h}{24}\left(55f_n - 59f_{n-1} + 37f_{n-2} - 9f_{n-3}\right).$$

Remarquer que les schémas d'Adams-Bashforth utilisent $\tilde{p}+1$ noeuds et sont des méthodes à $\tilde{p}+1$ pas (avec $\tilde{p} \geq 0$). De plus, les schémas d'Adams-Bashforth à q pas sont d'ordre q. Les constantes d'erreur C^*_{q+1} de ces méthodes sont réunies dans la Table 10.1.

Méthodes d'Adams-Moulton. Si $\tilde{p} = -1$, on retrouve le schéma d'Euler rétrograde. Si $\tilde{p} = 0$, on construit le polynôme d'interpolation de degré un de f aux noeuds t_n et t_{n+1}, et on retrouve le schéma de Crank-Nicolson (10.9). Pour la méthode à deux pas ($\tilde{p} = 1$), on construit le polynôme d'interpolation de degré 2 de f aux noeuds t_{n-1}, t_n, t_{n+1}, et on obtient le schéma suivant

$$u_{n+1} = u_n + \frac{h}{12}\left[5f_{n+1} + 8f_n - f_{n-1}\right]. \tag{10.52}$$

Les schémas correspondant à $\tilde{p} = 2$ et 3 sont respectivement donnés par

$$u_{n+1} = u_n + \frac{h}{24}\left(9f_{n+1} + 19f_n - 5f_{n-1} + f_{n-2}\right)$$

et

$$u_{n+1} = u_n + \frac{h}{720}\left(251f_{n+1} + 646f_n - 264f_{n-1} + 106f_{n-2} - 19f_{n-3}\right).$$

Les schémas d'Adams-Moulton utilisent $\tilde{p}+2$ noeuds et sont à $\tilde{p}+1$ pas si $\tilde{p} \geq 0$, la seule exception étant le schéma d'Euler rétrograde ($\tilde{p} = -1$) qui est à un pas et utilise un noeud. Les schémas d'Adams-Moulton à q pas sont d'ordre $q+1$, excepté à nouveau le schéma d'Euler rétrograde qui est une méthode à un pas d'ordre un. Leurs constantes d'erreur C_{q+1} sont reportées dans la Table 10.1.

Table 10.1. Constantes d'erreur pour les méthodes d'Adams-Bashforth et d'Adams-Moulton d'ordre q

q	C^*_{q+1}	C_{q+1}	q	C^*_{q+1}	C_{q+1}
1	$\frac{1}{2}$	$-\frac{1}{2}$	3	$\frac{3}{8}$	$-\frac{1}{24}$
2	$\frac{5}{12}$	$-\frac{1}{12}$	4	$\frac{251}{720}$	$-\frac{19}{720}$

10.5.2 Méthodes BDF

Les formules de *différentiation rétrograde* (notées BDF pour *backward differentiation formulae*) sont des méthodes multi-pas implicites obtenues par une approche complémentaire de celle suivie pour les méthodes d'Adams. Pour ces dernières, on a effectué une intégration numérique de la fonction source f, tandis que dans les méthodes BDF on approche directement la valeur de la dérivée première de y au noeud t_{n+1} par la dérivée première du polynôme interpolant y aux $p+2$ noeuds $t_{n+1}, t_n, \ldots, t_{n-p}$, avec $p \geq 0$.

On obtient alors des schémas de la forme

$$u_{n+1} = \sum_{j=0}^{p} a_j u_{n-j} + h b_{-1} f_{n+1}$$

avec $b_{-1} \neq 0$. La méthode (10.8) en est l'exemple le plus élémentaire, elle correspond aux coefficients $a_0 = 1$ et $b_{-1} = 1$.

On indique dans la Table 10.2 les coefficients des méthodes BDF zéro-stables. Nous verrons en effet à la Section 10.6.3 que les méthodes BDF ne sont zéro-stables que pour $p \leq 5$ (voir [Cry73]).

Table 10.2. Coefficients des méthodes BDF zéro-stables ($p = 0, 1, \ldots, 5$)

p	a_0	a_1	a_2	a_3	a_4	a_5	b_{-1}
0	1	0	0	0	0	0	1
1	$\frac{4}{3}$	$-\frac{1}{3}$	0	0	0	0	$\frac{2}{3}$
2	$\frac{18}{11}$	$-\frac{9}{11}$	$\frac{2}{11}$	0	0	0	$\frac{6}{11}$
3	$\frac{48}{25}$	$-\frac{36}{25}$	$\frac{16}{25}$	$-\frac{3}{25}$	0	0	$\frac{12}{25}$
4	$\frac{300}{137}$	$-\frac{300}{137}$	$\frac{200}{137}$	$-\frac{75}{137}$	$\frac{12}{137}$	0	$\frac{60}{137}$
5	$\frac{360}{147}$	$-\frac{450}{147}$	$\frac{400}{147}$	$-\frac{225}{147}$	$\frac{72}{147}$	$-\frac{10}{147}$	$\frac{60}{137}$

10.6 Analyse des méthodes multi-pas

Comme nous l'avons fait pour les méthodes à un pas, nous établissons dans cette section les conditions algébriques qui assurent la consistance et la stabilité des méthodes multi-pas.

10.6.1 Consistance

On peut établir la propriété suivante :

Théorème 10.3 *La méthode multi-pas* (10.46) *est consistante si et seulement si les coefficients satisfont les relations algébriques*

$$\sum_{j=0}^{p} a_j = 1, \quad -\sum_{j=0}^{p} j a_j + \sum_{j=-1}^{p} b_j = 1. \tag{10.53}$$

Si de plus $y \in C^{q+1}(I)$ pour un $q \geq 1$, où y est la solution du problème de Cauchy (10.1), *alors la méthode est d'ordre q si et seulement si, en plus de*

(10.53), *les relations suivantes sont vérifiées*

$$\sum_{j=0}^{p}(-j)^i a_j + i\sum_{j=-1}^{p}(-j)^{i-1}b_j = 1,\ i = 2,\ldots,q.$$

Démonstration. En écrivant les développements de Taylor de y et f, on a, pour $n \geq p$

$$y_{n-j} = y_n - jhy'_n + \mathcal{O}(h^2), \qquad f(t_{n-j}, y_{n-j}) = f(t_n, y_n) + \mathcal{O}(h). \tag{10.54}$$

En injectant ces valeurs dans le schéma multi-pas et en négligeant les termes en h d'ordre supérieur à 1, on trouve

$$\begin{aligned}
&y_{n+1} - \sum_{j=0}^{p} a_j y_{n-j} - h\sum_{j=-1}^{p} b_j f(t_{n-j}, y_{n-j})\\
&= y_{n+1} - \sum_{j=0}^{p} a_j y_n + h\sum_{j=0}^{p} j a_j y'_n - h\sum_{j=-1}^{p} b_j f(t_n, y_n) - \mathcal{O}(h^2)\left(\sum_{j=0}^{p} a_j - \sum_{j=-1}^{p} b_j\right)\\
&= y_{n+1} - \sum_{j=0}^{p} a_j y_n - hy'_n\left(-\sum_{j=0}^{p} j a_j + \sum_{j=-1}^{p} b_j\right) - \mathcal{O}(h^2)\left(\sum_{j=0}^{p} a_j - \sum_{j=-1}^{p} b_j\right),
\end{aligned}$$

où on a remplacé y'_n par f_n. D'après la définition (10.48), on obtient donc

$$h\tau_{n+1}(h) = y_{n+1} - \sum_{j=0}^{p} a_j y_n - hy'_n\left(-\sum_{j=0}^{p} j a_j + \sum_{j=-1}^{p} b_j\right) - \mathcal{O}(h^2)\left(\sum_{j=0}^{p} a_j - \sum_{j=-1}^{p} b_j\right),$$

d'où on déduit l'erreur de troncature locale

$$\begin{aligned}
\tau_{n+1}(h) = &\frac{y_{n+1} - y_n}{h} + \frac{y_n}{h}\left(1 - \sum_{j=0}^{p} a_j\right)\\
&+ y'_n\left(\sum_{j=0}^{p} j a_j - \sum_{j=-1}^{p} b_j\right) - \mathcal{O}(h)\left(\sum_{j=0}^{p} a_j - \sum_{j=-1}^{p} b_j\right).
\end{aligned}$$

Puisque, pour tout n, $(y_{n+1} - y_n)/h \to y'_n$, quand $h \to 0$, on en déduit que $\tau_{n+1}(h)$ tend vers 0 quand h tend vers 0 si et seulement si les relations algébriques (10.53) sont satisfaites. Le reste de la preuve peut être fait de manière analogue en prenant en compte des termes d'ordre plus élevé dans les développements (10.54). ◇

10.6.2 Les conditions de racines

Utilisons les méthodes multi-pas (10.46) pour résoudre de manière approchée le problème modèle (10.24). La solution numérique satisfait l'équation aux différences linéaire

$$u_{n+1} = \sum_{j=0}^{p} a_j u_{n-j} + h\lambda\sum_{j=-1}^{p} b_j u_{n-j}, \tag{10.55}$$

qui est de la forme (10.29). On peut donc appliquer la théorie développée à la Section 10.4 et chercher des solutions fondamentales de la forme $u_k = [r_i(h\lambda)]^k$, $k = 0, 1, \ldots$, où $r_i(h\lambda)$, $i = 0, \ldots, p$, sont les racines du polynôme $\Pi \in \mathbb{P}_{p+1}$

$$\Pi(r) = \rho(r) - h\lambda\sigma(r). \tag{10.56}$$

On a noté

$$\rho(r) = r^{p+1} - \sum_{j=0}^{p} a_j r^{p-j} \qquad \text{et} \quad \sigma(r) = b_{-1} r^{p+1} + \sum_{j=0}^{p} b_j r^{p-j}$$

le *premier* et le *second polynôme caractéristique* de la méthode multi-pas (10.46). Le polynôme $\Pi(r)$ est le polynôme caractéristique associé à l'équation aux différences (10.55), et les $r_j(h\lambda)$ sont ses *racines caractéristiques.*

Les racines de ρ sont $r_i(0)$, $i = 0, \ldots, p$; on les notera simplement r_i dans la suite. On déduit de la première condition (10.53) que si une méthode multi-pas est consistante alors 1 est une racine de ρ. Nous supposerons que cette racine ("la racine de consistance") est $r_0(0) = r_0$ et nous appellerons *racine principale* la racine $r_0(h\lambda)$ correspondante.

Définition 10.10 (condition de racines) On dit que la méthode multi-pas (10.46) satisfait la *condition de racines* si toute racine r_i est soit contenue à l'intérieur du disque unité centré à l'origine du plan complexe, soit située sur sa frontière, mais dans ce dernier cas, elle doit être une racine simple de ρ. Autrement dit,

$$\begin{cases} |r_j| \leq 1, & j = 0, \ldots, p, \\ \text{pour les } j \text{ tels que } |r_j| = 1, \text{ alors} & \rho'(r_j) \neq 0. \end{cases} \tag{10.57}$$

■

Définition 10.11 (condition de racines forte) On dit que la méthode multi-pas (10.46) satisfait la *condition de racines forte* si elle satisfait la condition de racines et si $r_0 = 1$ est la seule racine située sur la frontière du disque unité. Autrement dit,

$$|r_j| < 1, \qquad j = 1, \ldots, p. \tag{10.58}$$

■

Définition 10.12 (condition de racines absolue) La méthode multi-pas (10.46) satisfait la *condition de racines absolue* s'il existe $h_0 > 0$ tel que

$$|r_j(h\lambda)| < 1, \qquad j = 0, \ldots, p, \quad \forall h \leq h_0.$$

■

10.6.3 Analyse de stabilité et convergence des méthodes multi-pas

Examinons à présent les liens entre les conditions de racines et la stabilité des méthodes multi-pas. En généralisant la Définition 10.4, on a :

Définition 10.13 (zéro-stabilité des méthodes multi-pas) La méthode multi-pas (10.46) est zéro-stable si

$$\exists h_0 > 0,\ \exists C > 0 : \quad \forall h \in (0, h_0],\ |z_n^{(h)} - u_n^{(h)}| \leq C\varepsilon,\ 0 \leq n \leq N_h, \quad (10.59)$$

où $N_h = \max\{n : t_n \leq t_0 + T\}$, et où $z_n^{(h)}$ et $u_n^{(h)}$ sont respectivement les solutions des problèmes :

$$\begin{cases} z_{n+1}^{(h)} = \displaystyle\sum_{j=0}^{p} a_j z_{n-j}^{(h)} + h \sum_{j=-1}^{p} b_j f(t_{n-j}, z_{n-j}^{(h)}) + h\delta_{n+1}, \\ z_k^{(h)} = w_k^{(h)} + \delta_k, \qquad k = 0, \ldots, p, \end{cases} \quad (10.60)$$

$$\begin{cases} u_{n+1}^{(h)} = \displaystyle\sum_{j=0}^{p} a_j u_{n-j}^{(h)} + h \sum_{j=-1}^{p} b_j f(t_{n-j}, u_{n-j}^{(h)}), \\ u_k^{(h)} = w_k^{(h)}, \qquad k = 0, \ldots, p \end{cases} \quad (10.61)$$

pour $p \leq n \leq N_h - 1$, où $|\delta_k| \leq \varepsilon$, $0 \leq k \leq N_h$, $w_0^{(h)} = y_0$ et où $w_k^{(h)}$, $k = 1, \ldots, p$, sont p valeurs initiales construites à partir d'un autre schéma numérique. ■

Propriété 10.1 (zéro-stabilité et condition de racines) *Pour une méthode multi-pas consistante, la condition de racines est équivalente à la zéro-stabilité.*

La Propriété 10.1, dont la démonstration est p. ex. donnée dans [QSS07] (Théorème 11.4), permet d'étudier la stabilité de plusieurs familles de méthodes.

Dans le cas particulier des méthodes consistantes à un pas, le polynôme ρ n'admet que la racine $r_0 = 1$. Ces méthodes satisfont donc *automatiquement* la condition de racines et sont donc zéro-stables.

Pour les méthodes d'Adams (10.50), le polynôme ρ est toujours de la forme $\rho(r) = r^{p+1} - r^p$. Ses racines sont donc $r_0 = 1$ et $r_1 = 0$ (de multiplicité p), et toutes les méthodes d'Adams sont zéro-stables.

Les méthodes du point milieu (10.44) et de Simpson (10.45) sont aussi zéro-stables : dans les deux cas, le premier polynôme caractéristique est $\rho(r) = r^2 - 1$, d'où $r_0 = 1$ et $r_1 = -1$.

Enfin, les méthodes BDF de la Section 10.5.2 sont zéro-stables si $p \leq 5$, puisque dans ce cas la condition de racines est satisfaite (voir [Cry73]).

Nous sommes maintenant en mesure d'énoncer des résultats de convergence.

Propriété 10.2 (convergence) *Une méthode multi-pas consistante est convergente si et seulement si elle satisfait la condition de racines et si l'erreur sur les données initiales tend vers zéro quand $h \to 0$. De plus, la méthode converge avec un ordre q si elle est d'ordre q et si l'erreur sur les données initiales est un $\mathcal{O}(h^q)$.*

Démonstration. voir [QSS07], Théorème 11.5. ◇

Une conséquence remarquable de ce résultat est le théorème d'équivalence de Lax-Richtmyer :

Corollaire 10.1 (théorème d'équivalence) *Un méthode multi-pas consistante est convergente si et seulement si elle est zéro-stable et l'erreur sur les données initiales tend vers zéro quand h tend vers zéro.*

Nous concluons cette section avec le résultat suivant, qui établit une limite supérieure pour l'ordre des méthodes multi-pas (voir [Dah63]).

Propriété 10.3 (première barrière de Dahlquist) *Il n'y a pas de méthode à q pas linéaire zéro-stable d'ordre supérieur à $q+1$ si q est impair, $q+2$ si q est pair.*

10.6.4 Stabilité absolue des méthodes multi-pas

Considérons à nouveau l'équation aux différences (10.55) obtenue en appliquant la méthode multi-pas (10.46) au problème modèle (10.24). D'après (10.33), sa solution est de la forme

$$u_n = \sum_{j=1}^{k'} \left(\sum_{s=0}^{m_j-1} \gamma_{sj} n^s \right) [r_j(h\lambda)]^n, \qquad n = 0, 1, \ldots ,$$

où les $r_j(h\lambda)$, $j = 1, \ldots, k'$, sont les racines distinctes du polynôme caractéristique (10.56), et où on a noté m_j la multiplicité de $r_j(h\lambda)$. Au regard de (10.25), il est clair que la *condition de racines absolue* introduite à la Définition 10.12 est nécessaire et suffisante pour assurer que la méthode multi-pas (10.46) est absolument stable quand $h \leq h_0$.

Les méthodes multi-pas dont la région de stabilité $\mathcal{A}$ (voir (10.26)) est non bornée constituent un exemple remarquable de méthodes absolument stables.

Parmi elles on trouve les méthodes *A-stables*, introduites à la fin de la Section 10.3.3, et les méthodes *ϑ-stables*, pour lesquelles $\mathcal{A}$ contient le secteur

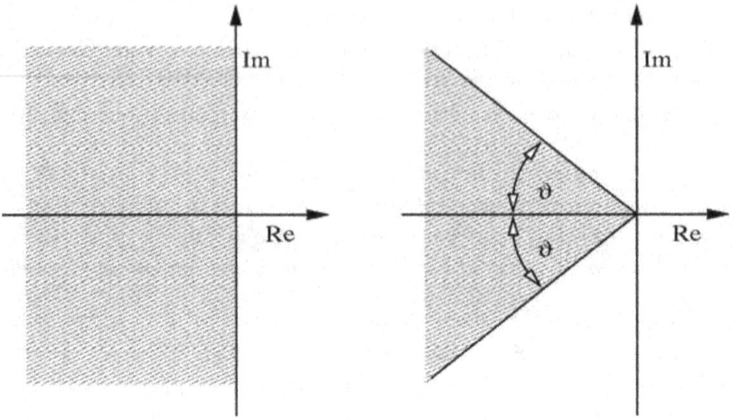

Fig. 10.4. Régions de stabilité absolue pour les méthodes A-stables (*à gauche*) et les méthodes ϑ-stables (*à droite*)

angulaire constitué des $z \in \mathbb{C}$ tels que $-\vartheta < \pi - \arg(z) < \vartheta$, avec $\vartheta \in]0, \pi/2[$. Les méthodes A-stables sont extrêmement importantes quand on résout des problèmes *raides* (voir Section 10.10).
Le résultat suivant, dont la preuve est donnée dans [Wid67], établit une relation entre l'ordre d'une méthode multi-pas, son nombre de pas et ses propriétés de stabilité.

Propriété 10.4 (seconde barrière de Dahlquist) *Une méthode multi-pas explicite linéaire ne peut être ni A-stable, ni ϑ-stable. De plus, il n'y a pas de méthode multi-pas linéaire A-stable d'ordre supérieur à 2. Enfin, pour tout $\vartheta \in]0, \pi/2[$, il n'existe des méthodes à q pas, linéaires, ϑ-stables et d'ordre q que pour $q = 3$ et $q = 4$.*

Examinons maintenant les régions de stabilité absolue de diverses méthodes multi-pas.

Les régions de stabilité absolue des schémas d'Adams explicites et implicites diminuent progressivement quand l'ordre de la méthode augmente. Sur la Figure 10.5 (à gauche), on montre les régions de stabilité absolue pour les méthodes d'Adams-Bashforth présentées à la Section 10.5.1.

Les régions de stabilité absolue des schémas d'Adams-Moulton, excepté celui de Crank-Nicolson qui est A-stable, sont représentées sur la Figure 10.5 (à droite).

On a représenté sur la Figure 10.6 les régions de stabilité absolue de quelques méthodes BDF introduites à la Section 10.5.2. Elles sont non bornées et contiennent toujours les nombres réels négatifs.

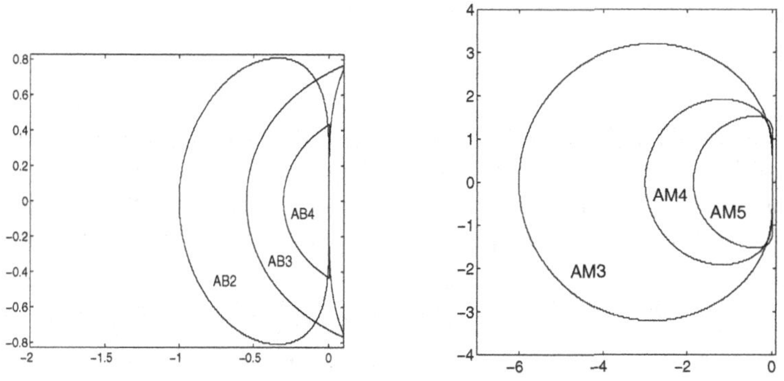

Fig. 10.5. Contours extérieurs des régions de stabilité absolue pour les méthodes d'Adams-Bashforth (*à gauche*) du second au quatrième ordre (AB2, AB3 et AB4) et pour les méthodes d'Adams-Moulton (*à droite*), du troisième au cinquième ordre (AM3, AM4 et AM5). Remarquer que la région de AB3 déborde sur le demi-plan des nombres complexes à partie réelle positive. La région correspondant au schéma d'Euler explicite (AB1) a été dessinée sur la Figure 10.3

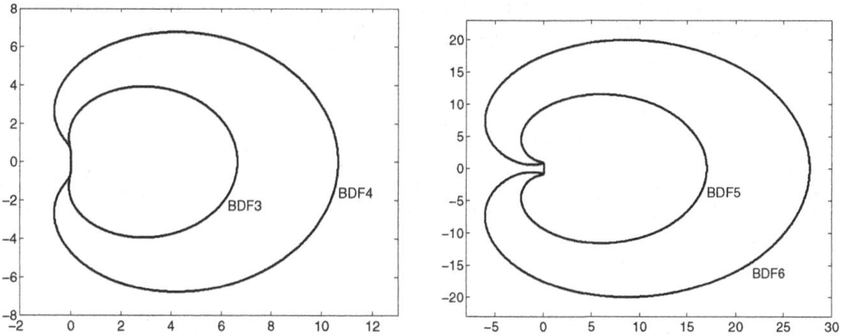

Fig. 10.6. Contours *intérieurs* des régions de stabilité absolue pour les méthodes BDF à trois et quatre pas (BDF3 et BDF4, *à gauche*), à cinq et six pas (BDF5 et BDF6, *à droite*). Contrairement aux cas des méthodes d'Adams, ces régions sont non bornées et s'étendent au-delà de la portion limitée représentée sur la figure

Ces propriétés de stabilité rendent les méthodes BDF attractives pour la résolution de problèmes *raides* (voir Section 10.10).

Remarque 10.3 Certains auteurs (voir p. ex. [BD74]) adoptent une autre définition de la stabilité absolue en remplaçant (10.25) par la propriété plus faible

$$\exists C > 0 \,:\, |u_n| \leq C \text{ quand } t_n \to +\infty.$$

Selon cette nouvelle définition, la stabilité absolue d'une méthode numérique peut être vue comme la contrepartie de la stabilité *asymptotique* (10.6) du problème de Cauchy. La nouvelle région de stabilité absolue $\mathcal{A}^*$ serait alors

$$\mathcal{A}^* = \{z \in \mathbb{C} : \exists C > 0, \ |u_n| \leq C \quad \forall n \geq 0\}$$

et ne coïnciderait pas nécessairement avec $\mathcal{A}$. Par exemple, pour la méthode du point milieu $\mathcal{A}$ est vide, tandis que $\mathcal{A}^* = \{z = \alpha i, \ \alpha \in [-1, 1]\}$.

En général, si $\mathcal{A}$ est non vide, alors $\mathcal{A}^*$ est sa fermeture. Notons que les méthodes zéro-stables sont celles pour lesquelles la région $\mathcal{A}^*$ contient l'origine $z = 0$ du plan complexe. ■

Pour conclure, notons que la condition de racines forte (10.58) implique, pour un problème linéaire, que

$$\forall h \leq h_0, \ \exists C > 0 : |u_n| \leq C(|u_0| + \ldots + |u_p|) \quad \forall n \geq p+1. \tag{10.62}$$

On dit qu'une méthode est *relativement stable* si elle satisfait (10.62). Clairement, (10.62) implique la zéro-stabilité, mais la réciproque est fausse.
La Figure 10.7 résume les conclusions principales de cette section concernant la stabilité, la convergence et les conditions de racines, dans le cas particulier d'une méthode consistante appliquée au problème modèle (10.24).

		Cond. de racines	$\Longleftarrow$	Cond. de racines forte	$\Longleftarrow$	Cond. de racines absolue
		$\Updownarrow$		$\Downarrow$		$\Updownarrow$
Convergence	$\Longleftrightarrow$	Zéro-stabilité	$\Longleftarrow$	(10.62)	$\Longleftarrow$	Stabilité absolue

Fig. 10.7. Relations entre les conditions de racines, la stabilité et la convergence pour une méthode consistante appliquée au problème modèle (10.24)

10.7 Méthodes prédicteur-correcteur

Quand on résout un problème de Cauchy non linéaire de la forme (10.1), l'utilisation d'un schéma implicite implique la résolution d'une équation non linéaire à chaque pas de temps. Par exemple, quand on utilise la méthode de Crank-Nicolson, on obtient l'équation non linéaire

$$u_{n+1} = u_n + \frac{h}{2}\left[f_n + f_{n+1}\right] = \Psi(u_{n+1}),$$

qui peut être mise sous la forme $\Phi(u_{n+1}) = 0$, où $\Phi(u_{n+1}) = u_{n+1} - \Psi(u_{n+1})$. Pour résoudre cette équation, la méthode de Newton donnerait

$$u_{n+1}^{(k+1)} = u_{n+1}^{(k)} - \Phi(u_{n+1}^{(k)})/\Phi'(u_{n+1}^{(k)}),$$

pour $k = 0, 1, \ldots$, jusqu'à convergence et nécessiterait une donnée initiale $u_{n+1}^{(0)}$ assez proche de u_{n+1}. Une solution alternative consiste à effectuer des itérations de point fixe

$$u_{n+1}^{(k+1)} = \Psi(u_{n+1}^{(k)}) \tag{10.63}$$

pour $k = 0, 1, \ldots$, jusqu'à convergence. Dans ce cas, la condition de convergence globale de la méthode de point fixe (voir Théorème 6.1) impose une contrainte sur le pas de discrétisation de la forme

$$h < \frac{1}{|b_{-1}|L}, \tag{10.64}$$

où L est la constante de Lipschitz de f par rapport à y. En pratique, excepté pour les problèmes raides (voir Section 10.10), cette restriction sur h n'est pas gênante car la précision impose généralement une contrainte plus restrictive encore. Noter que chaque itération de (10.63) requiert une évaluation de la fonction f et que le coût du calcul peut être naturellement réduit en fournissant une bonne donnée initiale $u_{n+1}^{(0)}$. Ceci peut être réalisé en effectuant un pas d'une méthode multi-pas explicite et en itérant sur (10.63) pendant un nombre m fixé d'itérations. En procédant ainsi, la méthode multi-pas implicite utilisée dans l'algorithme de point fixe "corrige" la valeur de u_{n+1} "prédite" par la méthode multi-pas explicite. Un procédé de ce type s'appelle *méthode prédicteur-correcteur* et peut être implémenté de très nombreuses façons.

Dans la version de base, la valeur $u_{n+1}^{(0)}$ est calculée par un schéma explicite à $\tilde{p}+1$-pas, appelé *prédicteur* (identifié ici par les coefficients $\{\tilde{a}_j, \tilde{b}_j\}$)

$$[P] \quad u_{n+1}^{(0)} = \sum_{j=0}^{\tilde{p}} \tilde{a}_j u_{n-j}^{(1)} + h \sum_{j=0}^{\tilde{p}} \tilde{b}_j f_{n-j}^{(0)},$$

où $f_k^{(0)} = f(t_k, u_k^{(0)})$ et $u_k^{(1)}$ sont soit les solutions calculées par la méthode prédicteur-correcteur aux pas précédents, soit les conditions initiales. On évalue alors la fonction f au nouveau point $(t_{n+1}, u_{n+1}^{(0)})$ (*étape d'évaluation*)

$$[E] \quad f_{n+1}^{(0)} = f(t_{n+1}, u_{n+1}^{(0)}),$$

et on effectue pour finir une unique itération de point fixe en utilisant un schéma multi-pas implicite de la forme (10.46)

$$[C] \quad u_{n+1}^{(1)} = \sum_{j=0}^{p} a_j u_{n-j}^{(1)} + h b_{-1} f_{n+1}^{(0)} + h \sum_{j=0}^{p} b_j f_{n-j}^{(0)}.$$

Cette seconde étape du procédé, qui est en fait explicite, est appelée *correcteur*. L'ensemble de l'algorithme est désigné en abrégé par PEC ou $P(EC)^1$: P et C désignent respectivement une application au temps t_{n+1} du prédicteur et du correcteur, et E désigne une évaluation de la fonction f.

Cette stratégie peut être généralisée en effectuant $m > 1$ itérations à chaque pas t_{n+1}. Les méthodes correspondantes sont appelées schémas *prédicteur-multicorrecteur* et calculent $u_{n+1}^{(0)}$ au temps t_{n+1} en utilisant le prédicteur sous la forme

$$[P] \quad u_{n+1}^{(0)} = \sum_{j=0}^{\tilde{p}} \tilde{a}_j u_{n-j}^{(m)} + h \sum_{j=0}^{\tilde{p}} \tilde{b}_j f_{n-j}^{(m-1)}. \qquad (10.65)$$

Ici $m \geq 1$ désigne le nombre (fixé) d'itérations du correcteur effectuées aux étapes suivantes $[E]$ et $[C]$: pour $k = 0, 1, \ldots, m-1$

$$[E] \quad f_{n+1}^{(k)} = f(t_{n+1}, u_{n+1}^{(k)}),$$

$$[C] \quad u_{n+1}^{(k+1)} = \sum_{j=0}^{p} a_j u_{n-j}^{(m)} + h b_{-1} f_{n+1}^{(k)} + h \sum_{j=0}^{p} b_j f_{n-j}^{(m-1)}.$$

Cette catégorie de méthodes prédicteur-correcteur est notée $P(EC)^m$. Une autre, notée $P(EC)^m E$, consiste à mettre également à jour la fonction f à la fin du processus :

$$[P] \quad u_{n+1}^{(0)} = \sum_{j=0}^{\tilde{p}} \tilde{a}_j u_{n-j}^{(m)} + h \sum_{j=0}^{\tilde{p}} \tilde{b}_j f_{n-j}^{(m)},$$

et, pour $k = 0, 1, \ldots, m-1$,

$$[E] \quad f_{n+1}^{(k)} = f(t_{n+1}, u_{n+1}^{(k)}),$$

$$[C] \quad u_{n+1}^{(k+1)} = \sum_{j=0}^{p} a_j u_{n-j}^{(m)} + h b_{-1} f_{n+1}^{(k)} + h \sum_{j=0}^{p} b_j f_{n-j}^{(m)},$$

suivi de

$$[E] \quad f_{n+1}^{(m)} = f(t_{n+1}, u_{n+1}^{(m)}).$$

Exemple 10.8 Le schéma de Heun (10.10) peut être vu comme une méthode prédicteur-correcteur dont le prédicteur est un schéma d'Euler explicite et le correcteur un schéma de Crank-Nicolson.

On peut aussi considérer les schémas d'Adams-Bashforth d'ordre 2 (10.51) et d'Adams-Moulton d'ordre 3 (10.52). La version PEC correspondante est : étant donné $u_0^{(0)} = u_0^{(1)} = u_0$, $u_1^{(0)} = u_1^{(1)} = u_1$ et $f_0^{(0)} = f(t_0, u_0^{(0)})$, $f_1^{(0)} = f(t_1, u_1^{(0)})$, calculer pour $n = 1, 2, \dots,$

$$\begin{aligned}
[P] \quad & u_{n+1}^{(0)} = u_n^{(1)} + \frac{h}{2}\left[3f_n^{(0)} - f_{n-1}^{(0)}\right], \\
[E] \quad & f_{n+1}^{(0)} = f(t_{n+1}, u_{n+1}^{(0)}), \\
[C] \quad & u_{n+1}^{(1)} = u_n^{(1)} + \frac{h}{12}\left[5f_{n+1}^{(0)} + 8f_n^{(0)} - f_{n-1}^{(0)}\right],
\end{aligned}$$

et la version $PECE$ est : étant donné $u_0^{(0)} = u_0^{(1)} = u_0$, $u_1^{(0)} = u_1^{(1)} = u_1$ et $f_0^{(1)} = f(t_0, u_0^{(1)})$, $f_1^{(1)} = f(t_1, u_1^{(1)})$, calculer pour $n = 1, 2, \dots,$

$$\begin{aligned}
[P] \quad & u_{n+1}^{(0)} = u_n^{(1)} + \frac{h}{2}\left[3f_n^{(1)} - f_{n-1}^{(1)}\right], \\
[E] \quad & f_{n+1}^{(0)} = f(t_{n+1}, u_{n+1}^{(0)}), \\
[C] \quad & u_{n+1}^{(1)} = u_n^{(1)} + \frac{h}{12}\left[5f_{n+1}^{(0)} + 8f_n^{(1)} - f_{n-1}^{(1)}\right], \\
[E] \quad & f_{n+1}^{(1)} = f(t_{n+1}, u_{n+1}^{(1)}).
\end{aligned}$$

•

Avant de passer à l'étude de la convergence des méthodes prédicteur-correcteur, nous allons simplifier un peu les notations. Habituellement, on effectue plus de pas de prédicteur que de correcteur. Nous définissons donc le nombre de pas de la méthode prédicteur-correcteur comme étant le nombre de pas du prédicteur. Ce nombre sera noté p dans la suite. Compte tenu de cette définition, on n'imposera plus la contrainte $|a_p| + |b_p| \neq 0$ aux coefficients du correcteur. Par exemple, pour le schéma prédicteur-correcteur

$$\begin{aligned}
[P] \quad & u_{n+1}^{(0)} = u_n^{(1)} + hf(t_{n-1}, u_{n-1}^{(0)}), \\
[C] \quad & u_{n+1}^{(1)} = u_n^{(1)} + \tfrac{h}{2}\left[f(t_n, u_n^{(0)}) + f(t_{n+1}, u_{n+1}^{(0)})\right],
\end{aligned}$$

on a $p = 2$ (même si le correcteur est une méthode à un pas). Par conséquent, le premier et le second polynôme caractéristique de la méthode du correcteur seront $\rho(r) = r^2 - r$ et $\sigma(r) = (r^2 + r)/2$ au lieu de $\rho(r) = r - 1$ et $\sigma(r) = (r + 1)/2$.

Dans toutes les méthodes prédicteur-correcteur, l'erreur de troncature du prédicteur se combine avec celle du correcteur, générant ainsi une nouvelle erreur de troncature que nous allons examiner. Soient $\tilde{q}$ l'ordre du prédicteur et q celui du correcteur. Supposons que $y \in C^{\widehat{q}+1}$, où $\widehat{q} = \max(\tilde{q}, q)$. Alors

$$\begin{aligned}
y(t_{n+1}) \quad & - \quad \sum_{j=0}^{p} \tilde{a}_j y(t_{n-j}) - h \sum_{j=0}^{p} \tilde{b}_j f(t_{n-j}, y_{n-j}) \\
& = \quad \tilde{C}_{\tilde{q}+1} h^{\tilde{q}+1} y^{(\tilde{q}+1)}(t_{n-p}) + \mathcal{O}(h^{\tilde{q}+2}),
\end{aligned}$$

$$\begin{aligned} y(t_{n+1}) &- \sum_{j=0}^{p} a_j y(t_{n-j}) - h \sum_{j=-1}^{p} b_j f(t_{n-j}, y_{n-j}) \\ &= C_{q+1} h^{q+1} y^{(q+1)}(t_{n-p}) + \mathcal{O}(h^{q+2}), \end{aligned}$$

où $\tilde{C}_{\tilde{q}+1}$ et C_{q+1} sont respectivement les constantes d'erreur du prédicteur et du correcteur. On a alors le résultat suivant :

Propriété 10.5 *Soit un prédicteur d'ordre $\tilde{q}$ et un correcteur d'ordre q.*

Si $\tilde{q} \geq q$ (ou $\tilde{q} < q$ avec $m > q - \tilde{q}$), alors le prédicteur-correcteur a le même ordre et la même erreur de troncature locale principale que le correcteur.

Si $\tilde{q} < q$ et $m = q - \tilde{q}$, alors le prédicteur-correcteur a le même ordre que le correcteur, mais une erreur de troncature locale principale différente.

Si $\tilde{q} < q$ et $m \leq q - \tilde{q} - 1$, alors le prédicteur-correcteur est d'ordre $\tilde{q} + m$ (donc plus petit que q).

Remarquer en particulier que si le prédicteur est d'ordre $q - 1$ et le correcteur d'ordre q, le schéma PEC suffit à obtenir une méthode d'ordre q. De plus, les schémas $P(EC)^m E$ et $P(EC)^m$ ont toujours le même ordre et la même erreur de troncature locale principale.

Nous constatons qu'en combinant un schéma d'Adams-Bashforth d'ordre q avec le schéma correspondant d'Adams-Moulton de même ordre, on obtient une méthode d'ordre q, appelée schéma ABM. Une estimation de son erreur de troncature locale principale est donnée par

$$\frac{C_{q+1}}{C^*_{q+1} - C_{q+1}} \left(u^{(m)}_{n+1} - u^{(0)}_{n+1} \right),$$

où C_{q+1} et C^*_{q+1} sont les constantes d'erreur données dans la Table 10.1. On peut alors diminuer en conséquence le pas de discrétisation h si cette estimation dépasse une tolérance fixée et l'augmenter dans le cas contraire (pour les stratégies d'adaptation du pas de discrétisation dans une méthode prédicteur-correcteur, voir [Lam91], p. 128–147).

Le Programme 81 propose une implémentation MATLAB des méthodes $P(EC)^m E$. Les paramètres d'entrée `at`, `bt`, `a`, `b` contiennent les coefficients $\tilde{a}_j, \tilde{b}_j$ ($j = 0, \ldots, \tilde{p}$) du prédicteur et les coefficients a_j ($j = 0, \ldots, p$), b_j ($j = -1, \ldots, p$) du correcteur. `f` est une chaîne contenant l'expression de $f(t, y)$, `h` est le pas de discrétisation, `t0` et `tf` sont les extrémités de l'intervalle d'intégration, `u0` est le vecteur des données initiales, `m` est le nombre d'itérations internes du correcteur. La variable `pece` doit être égale à `'y'` si on choisit $P(EC)^m E$, autrement le programme effectue $P(EC)^m$.

Programme 81 - predcor : Schéma prédicteur-correcteur

```
function [t,u]=predcor(a,b,at,bt,h,f,t0,u0,tf,pece,m)
%PREDCOR Schéma prédicteur-correcteur.
%   [T,U]=PREDCOR(A,B,AT,BT,H,FUN,T0,U0,TF,PECE,M) résout le problème
%   de Cauchy Y'=FUN(T,Y) pour T dans ]T0,TF[ en utilisant un prédicteur
%   avec des coefficients AT et BT, et un correcteur avec A et B. H est
%   le pas de temps. Si PECE=1, on utilise la méthode P(EC)^mE, sinon
%   la méthode P(EC)^m
p  = max(length(a),length(b)-1);
pt = max(length(at),length(bt));
q  = max(p,pt); if length(u0)<q, break, end;
t  = [t0:h:t0+(q-1)*h]; u = u0; y = u0; fe = eval(f);
k  = q;
for t = t0+q*h:h:tf
   ut=sum(at.*u(k:-1:k-pt+1))+h*sum(bt.*fe(k:-1:k-pt+1));
   y=ut; foy=eval(f);
   uv=sum(a.*u(k:-1:k-p+1))+h*sum(b(2:p+1).*fe(k:-1:k-p+1));
   k = k+1;
   for j=1:m
      fy=foy; up=uv+h*b(1)*fy; y=up; foy=eval(f);
   end
   if pece==1
      fe=[fe,foy];
   else
      fe=[fe,fy];
   end
   u=[u,up];
end
t=[t0:h:tf];
return
```

Exemple 10.9 Vérifions la performance du schéma $P(EC)^mE$ sur le problème de Cauchy $y'(t) = e^{-y(t)}$ pour $t \in [0,1]$ avec $y(0) = 1$. La solution exacte est $y(t) = \log(1+t)$. Dans les tests numériques, le correcteur est le schéma d'Adams-Moulton du 3ème ordre (AM3), et le prédicteur est soit le schéma d'Euler explicite (AB1) soit le schéma d'Adams-Bashforth du second ordre (AB2). La Figure 10.8 montre que la paire AB2-AM3 a une convergence du troisième ordre ($m = 1$), et AB1-AM3 est du premier ordre ($m = 1$). En prenant $m = 2$, on récupère la convergence d'ordre 3 du correcteur pour la paire AB1-AM3. •

Comme pour la stabilité absolue, le polynôme caractéristique de $P(EC)^m$ s'écrit

$$\Pi_{P(EC)^m}(r) = b_{-1}r^p\left(\widehat{\rho}(r) - h\lambda\widehat{\sigma}(r)\right) + \frac{H^m(1-H)}{1-H^m}\left(\tilde{\rho}(r)\widehat{\sigma}(r) - \widehat{\rho}(r)\tilde{\sigma}(r)\right)$$

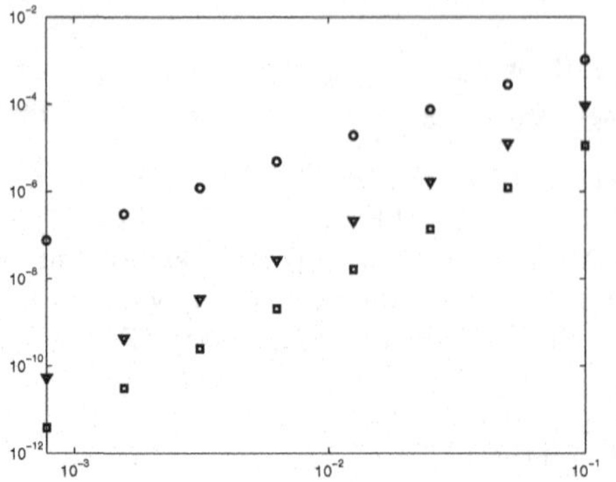

Fig. 10.8. Vitesse de convergence pour les schémas $P(EC)^mE$ en fonction de $\log(h)$. On a noté ∇ pour le schéma AB2-AM3 ($m = 1$), $\circ$ pour AB1-AM3 ($m = 1$) et $\square$ pour AB1-AM3 avec $m = 2$

et pour $P(EC)^mE$ on a

$$\Pi_{P(EC)^mE}(r) = \widehat{\rho}(r) - h\lambda\widehat{\sigma}(r) + \frac{H^m(1-H)}{1-H^m}\left(\tilde{\rho}(r) - h\lambda\tilde{\sigma}(r)\right).$$

On a posé $H = h\lambda b_{-1}$ et on a noté respectivement $\tilde{\rho}$ et $\tilde{\sigma}$ le premier et le second polynôme caractéristique du *prédicteur*. $\widehat{\rho}$ et $\widehat{\sigma}$ sont reliés au premier et au second polynômes caractéristiques comme expliqué précédemment. Remarquer que dans les deux cas, le polynôme caractéristique tend vers le polynôme caractéristique correspondant du *correcteur* puisque la fonction $H^m(1-H)/(1-H^m)$ tend vers zéro quand m tend vers l'infini.

Exemple 10.10 Considérons les schémas ABM à p pas. Les polynômes caractéristiques sont $\widehat{\rho}(r) = \tilde{\rho}(r) = r(r^{p-1} - r^{p-2})$, et $\widehat{\sigma}(r) = r\sigma(r)$, où $\sigma(r)$ est le second polynôme caractéristique du correcteur. On a tracé sur la Figure 10.9 (à droite) les régions de stabilité des schémas ABM d'ordre 2. Pour les schémas ABM d'ordre 2, 3 et 4, on peut ranger par ordre de taille décroissant les régions de stabilité : $PECE$, $P(EC)^2E$, le prédicteur et PEC (voir Figure 10.9 à gauche). Le schéma ABM à un pas est une exception à la règle et la plus grande région est celle correspondant au prédicteur (voir Figure 10.9 à gauche). •

10.8 Méthodes de Runge-Kutta

On peut voir les méthodes multi-pas linéaires et les méthodes de Runge-Kutta (RK) comme le résultat de deux stratégies opposées pour passer du schéma d'Euler progressif (10.7) à des méthodes d'ordre supérieur.

Comme la méthode d'Euler, les schémas multi-pas sont linéaires par rapport à u_n et $f_n = f(t_n, u_n)$, ils ne requièrent qu'une seule évaluation de la

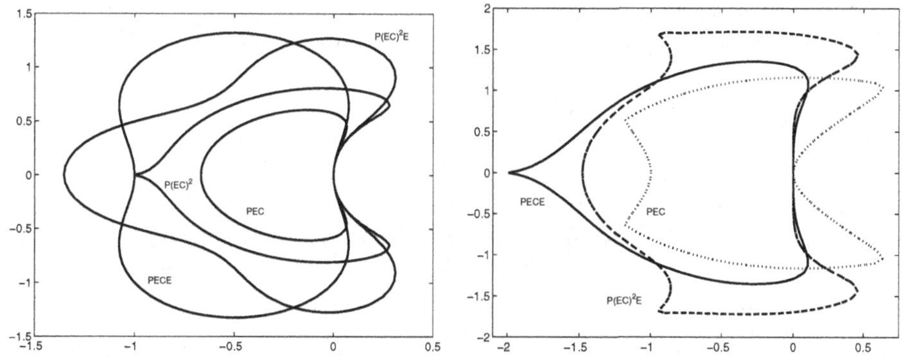

Fig. 10.9. Régions de stabilité pour les schémas ABM d'ordre 1 (*à gauche*) et 2 (*à droite*)

fonction à chaque pas de temps, et on peut augmenter leur précision en augmentant le nombre de pas de temps. A l'inverse, les méthodes RK conservent la structure des méthodes à un pas et on augmente leur précision en augmentant le nombre d'évaluations de la fonction à chaque pas de temps, sacrifiant ainsi la linéarité.

Par conséquent, les méthodes RK se prêtent mieux à des stratégies adaptatives que les méthodes multi-pas, mais l'estimation de l'erreur locale est une tâche plus difficile pour les méthodes RK que pour les méthodes multi-pas. Dans sa forme la plus générale, une méthode RK peut s'écrire

$$u_{n+1} = u_n + hF(t_n, u_n, h; f), \qquad n \geq 0, \tag{10.66}$$

où F est la fonction d'incrément définie par

$$\begin{aligned} F(t_n, u_n, h; f) &= \sum_{i=1}^{s} b_i K_i, \\ K_i &= f(t_n + c_i h, u_n + h\sum_{j=1}^{s} a_{ij} K_j), \quad i = 1, 2, \ldots, s, \end{aligned} \tag{10.67}$$

où s désigne le nombre d'*étapes* de la méthode. Les coefficients $\{a_{ij}\}$, $\{c_i\}$ et $\{b_i\}$ caractérisent complètement une méthode RK. On peut les présenter dans un *tableau de Butcher* :

$$\begin{array}{c|cccc} c_1 & a_{11} & a_{12} & \ldots & a_{1s} \\ c_2 & a_{21} & a_{22} & & a_{2s} \\ \vdots & \vdots & & \ddots & \vdots \\ c_s & a_{s1} & a_{s2} & \ldots & a_{ss} \\ \hline & b_1 & b_2 & \ldots & b_s \end{array} \qquad \text{ou} \qquad \begin{array}{c|c} \mathbf{c} & \mathrm{A} \\ \hline & \mathbf{b}^T \end{array},$$

où $\mathrm{A} = (a_{ij}) \in \mathbb{R}^{s \times s}$, $\mathbf{b} = [b_1, \ldots, b_s]^T \in \mathbb{R}^s$ et $\mathbf{c} = [c_1, \ldots, c_s]^T \in \mathbb{R}^s$. Nous supposerons dans la suite que la condition suivante est vérifiée

$$c_i = \sum_{j=1}^{s} a_{ij}, \quad i = 1, \ldots, s. \tag{10.68}$$

Si les coefficients a_{ij} de A sont nuls pour $j \geq i$, $i = 1, 2, \ldots, s$, alors chaque K_i peut être explicitement calculé en fonction des $i-1$ coefficients $K_1, \ldots, K_{i-1}$ déjà connus. Dans ce cas la méthode RK est *explicite*. Autrement, elle est *implicite* et il faut résoudre un système non linéaire de dimension s pour calculer les K_i.

L'augmentation des calculs pour les schémas implicites rend leur utilisation coûteuse ; un compromis acceptable est obtenu avec les méthodes RK *semi-implicites*. Dans ce cas $a_{ij} = 0$ pour $j > i$, de sorte que chaque K_i est solution de l'équation non linéaire

$$K_i = f\left(t_n + c_i h, u_n + h a_{ii} \boxed{K_i} + h \sum_{j=1}^{i-1} a_{ij} K_j\right).$$

Un schéma semi-implicite implique donc la résolution de s équations non linéaires indépendantes.

L'erreur de troncature locale $\tau_{n+1}(h)$ au noeud t_{n+1} de la méthode RK (10.66) est définie au moyen du résidu :

$$h\tau_{n+1}(h) = y_{n+1} - y_n - hF(t_n, y_n, h; f),$$

où $y(t)$ est la solution exacte du problème de Cauchy (10.1). La méthode (10.66) est *consistante* si $\tau(h) = \max_n |\tau_n(h)| \to 0$ quand $h \to 0$. On peut montrer (voir [Lam91]) que c'est le cas si et seulement si

$$\sum_{i=1}^{s} b_i = 1.$$

Comme d'habitude, on dit que (10.66) est une méthode consistante d'ordre p (≥ 1) par rapport à h si $\tau(h) = \mathcal{O}(h^p)$ quand $h \to 0$.

Puisque les méthodes RK sont des méthodes à un pas, la consistance implique la stabilité, et donc la *convergence*. Comme avec les méthodes multi-pas, on peut établir des estimations de $\tau(h)$; néanmoins, ces estimations sont souvent trop compliquées pour être utiles en pratique. Signalons seulement que, comme pour les méthodes multi-pas, si un schéma RK a une erreur de troncature locale $\tau_n(h) = \mathcal{O}(h^p)$ pour tout n, alors l'ordre de convergence est aussi égal à p.

Le résultat suivant établit une relation entre l'ordre et le nombre d'étapes des méthodes RK explicites.

Propriété 10.6 *L'ordre d'une méthode RK explicite à s étapes ne peut pas être plus grand que s. De plus, il n'existe pas de méthode à s étapes d'ordre s si $s \geq 5$.*

Nous renvoyons le lecteur à [But87] pour les preuves de ce résultat et de ceux que nous donnons plus loin. En particulier, pour des ordres allant de 1 à 8, on a fait figurer dans le tableau ci-après le nombre minimum d'étapes s_{min} requis pour avoir une méthode d'ordre donnée

ordre	1	2	3	4	**5**	6	7	8
s_{min}	1	2	3	4	**6**	7	9	11

Remarquer que 4 est le nombre maximal d'étapes pour lequel l'ordre de la méthode n'est pas plus petit que le nombre d'étapes lui-même. Un exemple de méthode RK du quatrième ordre est donné par le schéma explicite à 4 étapes suivant :

$$\begin{aligned}
u_{n+1} &= u_n + \frac{h}{6}(K_1 + 2K_2 + 2K_3 + K_4), \\
K_1 &= f_n, \\
K_2 &= f(t_n + \tfrac{h}{2}, u_n + \tfrac{h}{2}K_1), \\
K_3 &= f(t_n + \tfrac{h}{2}, u_n + \tfrac{h}{2}K_2), \\
K_4 &= f(t_{n+1}, u_n + hK_3).
\end{aligned} \qquad (10.69)$$

En ce qui concerne les schémas implicites, le plus grand ordre qu'on puisse obtenir avec s étapes est égal à $2s$.

Remarque 10.4 (le cas des systèmes) Une méthode de Runge-Kutta peut être aisément étendue aux systèmes d'équations différentielles ordinaires. Néanmoins, l'ordre d'une méthode RK dans le cas scalaire ne coïncide pas nécessairement avec celui de la méthode analogue dans le cas vectoriel. En particulier, pour $p \geq 4$, une méthode d'ordre p dans le cas du système autonome $\mathbf{y}' = \mathbf{f}(\mathbf{y})$, avec $\mathbf{f} : \mathbb{R}^m \to \mathbb{R}^n$ est encore d'ordre p quand on l'applique à l'équation scalaire autonome $y' = f(y)$, mais la réciproque n'est pas vraie. A ce propos, voir [Lam91], Section 5.8. ■

10.8.1 Construction d'une méthode RK explicite

La méthode classique pour construire une méthode RK explicite consiste à faire en sorte que le plus grand nombre de termes du développement de Taylor de la solution exacte y_{n+1} en x_n coïncide avec ceux de la solution approchée u_{n+1} (en supposant qu'on effectue un pas de la méthode RK à partir de la solution exacte y_n). Nous allons illustrer cette technique dans le cas d'une méthode RK explicite à 2 étapes.

Considérons une méthode RK explicite à 2 étapes et supposons qu'on dispose au n-ième pas de la solution exacte y_n. Alors

$$u_{n+1} = y_n + hF(t_n, y_n, h; f) = y_n + h(b_1 K_1 + b_2 K_2),$$

$$K_1 = f(t_n, y_n), \qquad K_2 = f(t_n + hc_2, y_n + hc_2 K_1),$$

où on a supposé l'égalité (10.68) vérifiée. En écrivant le développement de Taylor de K_2 en x_n au second ordre, on obtient

$$K_2 = f_n + hc_2(f_{n,t} + K_1 f_{n,y}) + \mathcal{O}(h^2),$$

où on a noté $f_{n,z}$ la dérivée partielle de f par rapport à z évaluée en (t_n, y_n). Alors

$$u_{n+1} = y_n + hf_n(b_1 + b_2) + h^2 c_2 b_2(f_{n,t} + f_n f_{n,y}) + \mathcal{O}(h^3).$$

On effectue alors le même développement sur la solution exacte

$$\begin{aligned} y_{n+1} &= y_n + hy'_n + \tfrac{h^2}{2} y''_n + \mathcal{O}(h^3) \\ &= y_n + hf_n + \tfrac{h^2}{2}(f_{n,t} + f_n f_{n,y}) + \mathcal{O}(h^3). \end{aligned}$$

En identifiant les termes des deux développements jusqu'à l'ordre le plus élevé, on trouve que les coefficients de la méthode RK doivent vérifier $b_1 + b_2 = 1$, $c_2 b_2 = \frac{1}{2}$.

Ainsi, il y a une infinité de schémas explicites RK à 2 étapes précis au second ordre. Les méthodes de Heun (10.10) et d'Euler modifiée (10.84) en sont deux exemples. Naturellement, une démarche similaire (et très calculatoire!), avec des méthodes comportant plus d'étapes et des développements de Taylor d'ordre plus élevé, permet de construire des schémas RK d'ordre plus élevé. Par exemple, en gardant tous les termes jusqu'à l'ordre 5, on obtient le schéma (10.69).

10.8.2 Pas de discrétisation adaptatif pour les méthodes RK

Les schémas RK étant des méthodes à un pas, ils se prêtent bien à des techniques d'adaptation du pas de discrétisation h, à condition qu'on dispose d'un estimateur efficace de l'erreur locale. En général, il s'agit d'un estimateur d'erreur *a posteriori*, car les estimateurs d'erreur locale *a priori* sont trop compliqués en pratique. L'estimateur d'erreur peut être construit de deux manières :

- en utilisant la même méthode RK, mais avec deux pas de discrétisation différents (typiquement $2h$ et h) ;
- en utilisant deux méthodes RK d'ordre différent mais ayant le même nombre d'étapes s.

Dans le premier cas, si on utilise une méthode RK d'ordre p, on suppose qu'en partant d'une donnée exacte $u_n = y_n$ (qui ne serait pas disponible si $n \geq 1$), l'erreur locale en t_{n+1} est inférieure à une tolérance fixée. On a la relation suivante

$$y_{n+1} - u_{n+1} = \Phi(y_n)h^{p+1} + \mathcal{O}(h^{p+2}), \tag{10.70}$$

où Φ est une fonction inconnue évaluée en y_n. (Remarquer que dans ce cas particulier $y_{n+1} - u_{n+1} = h\tau_{n+1}(h)$).

En effectuant le même calcul avec un pas $2h$ en partant de x_{n-1} et en notant la solution calculée $\widehat{u}_{n+1}$, on trouve

$$\begin{aligned} y_{n+1} - \widehat{u}_{n+1} &= \Phi(y_{n-1})(2h)^{p+1} + \mathcal{O}(h^{p+2}) \\ &= \Phi(y_n)(2h)^{p+1} + \mathcal{O}(h^{p+2}), \end{aligned} \tag{10.71}$$

où on a aussi développé y_{n-1} par rapport à t_n. En retranchant (10.70) de (10.71), on obtient

$$(2^{p+1} - 1)h^{p+1}\Phi(y_n) = u_{n+1} - \widehat{u}_{n+1} + \mathcal{O}(h^{p+2}),$$

d'où

$$y_{n+1} - u_{n+1} \simeq \frac{u_{n+1} - \widehat{u}_{n+1}}{(2^{p+1} - 1)} = \mathcal{E}.$$

Si $|\mathcal{E}|$ est inférieur à une tolérance fixée ε, on passe au pas de temps suivant, autrement l'estimation est répétée avec un pas de temps divisé par deux. En général, on double le pas de temps quand $|\mathcal{E}|$ est inférieur à $\varepsilon/2^{p+1}$.

Cette approche conduit à une augmentation considérable de l'effort de calcul, à cause des $s-1$ évaluations fonctionnelles supplémentaires nécessaires à la construction de $\widehat{u}_{n+1}$. De plus, si on doit diminuer le pas de discrétisation, la valeur de u_n doit être recalculée.

Une alternative, qui ne requiert pas d'évaluations fonctionnelles supplémentaires, consiste à utiliser simultanément deux méthodes RK à s étapes, respectivement d'ordre p et $p+1$, possédant les mêmes K_i. On représente ces méthodes de manière synthétique dans un tableau de Butcher modifié

$$\begin{array}{c|c} \mathbf{c} & \mathrm{A} \\ \hline & \mathbf{b}^T \\ & \widehat{\mathbf{b}}^T \\ \hline & \mathbf{E}^T \end{array} \tag{10.72}$$

où la méthode d'ordre p est identifiée par les coefficients $\mathbf{c}$, A et $\mathbf{b}$, celle d'ordre $p+1$ par $\mathbf{c}$, A et $\widehat{\mathbf{b}}$, et où $\mathbf{E} = \mathbf{b} - \widehat{\mathbf{b}}$.

La différence entre les solutions approchées en x_{n+1} fournit une estimation de l'erreur de troncature locale du schéma d'ordre le plus bas. Comme les coefficients K_i coïncident, cette différence est donnée par $h\sum_{i=1}^{s} E_i K_i$ et ne requiert donc pas d'évaluations fonctionnelles supplémentaires.

Remarquer que si la solution u_{n+1} calculée par le schéma d'ordre p est utilisée pour initialiser le schéma au pas de temps $n+2$, la méthode sera globalement d'ordre p. En revanche, si on prend la solution calculée par le schéma d'ordre $p+1$, le schéma résultant sera d'ordre $p+1$ (exactement comme pour les méthodes de type prédicteur-correcteur).

La méthode de Runge-Kutta Fehlberg d'ordre 4 est un des schémas de la forme (10.72) les plus populaires. Elle consiste en une méthode RK d'ordre 4 couplée avec une méthode RK d'ordre 5 (pour cette raison, elle est connue sous le nom de méthode RK45). Son tableau de Butcher modifié est représenté ci-dessous.

$$
\begin{array}{c|cccccc}
0 & 0 & 0 & 0 & 0 & 0 & 0 \\
\frac{1}{4} & \frac{1}{4} & 0 & 0 & 0 & 0 & 0 \\
\frac{3}{8} & \frac{3}{32} & \frac{9}{32} & 0 & 0 & 0 & 0 \\
\frac{12}{13} & \frac{1932}{2197} & -\frac{7200}{2197} & \frac{7296}{2197} & 0 & 0 & 0 \\
1 & \frac{439}{216} & -8 & \frac{3680}{513} & -\frac{845}{4104} & 0 & 0 \\
\frac{1}{2} & -\frac{8}{27} & 2 & -\frac{3544}{2565} & \frac{1859}{4104} & -\frac{11}{40} & 0 \\
\hline
 & \frac{25}{216} & 0 & \frac{1408}{2565} & \frac{2197}{4104} & -\frac{1}{5} & 0 \\
 & \frac{16}{135} & 0 & \frac{6656}{12825} & \frac{28561}{56430} & -\frac{9}{50} & \frac{2}{55} \\
\hline
 & \frac{1}{360} & 0 & -\frac{128}{4275} & -\frac{2197}{75240} & \frac{1}{50} & \frac{2}{55}
\end{array}
$$

Cette méthode a tendance à sous-estimer l'erreur. Elle n'est donc pas complètement fiable quand le pas de discrétisation h est grand ou quand on l'applique à des problèmes dans lesquels f dépend fortement de t.

Remarque 10.5 Un *package* MATLAB nommé `funfun`, propose, en plus des deux méthodes de Runge-Kutta Fehlberg classiques (la paire deuxième-troisième ordre RK23, et la paire quatrième-cinquième ordre RK45), deux autres méthodes, `ode15s` et `ode15s`, obtenues à partir des méthodes BDF (voir [SR97]) qui sont bien adaptées à la résolution des problèmes *raides*. ■

Remarque 10.6 (méthodes RK implicites) Les méthodes RK implicites peuvent être obtenues à partir de la formulation intégrale du problème de Cauchy (10.2). Voir p. ex. [QSS07], Section 11.8.3. ■

10.8.3 Régions de stabilité absolue des méthodes RK

Une méthode RK à s étapes appliquée au problème modèle (10.24) donne

$$K_i = \lambda \left(u_n + h\sum_{j=1}^{s} a_{ij}K_j \right), \quad u_{n+1} = u_n + h\sum_{i=1}^{s} b_i K_i, \tag{10.73}$$

c'est-à-dire une équation aux différences du premier ordre. Si $\mathbf{K}$ et $\mathbf{1}$ sont respectivement les vecteurs de composantes $[K_1, \ldots, K_s]^T$ et $[1, \ldots, 1]^T$, alors (10.73) devient

$$\mathbf{K} = \lambda(u_n \mathbf{1} + h\mathrm{A}\mathbf{K}), \quad u_{n+1} = u_n + h\mathbf{b}^T\mathbf{K},$$

d'où $\mathbf{K} = (\mathrm{I} - h\lambda\mathrm{A})^{-1}\mathbf{1}u_n$ et

$$u_{n+1} = \left[1 + h\lambda\mathbf{b}^T(\mathrm{I} - h\lambda\mathrm{A})^{-1}\mathbf{1}\right] u_n = R(h\lambda)u_n,$$

où $R(h\lambda)$ est la *fonction de stabilité*.

La méthode RK est absolument stable (*i.e.* la suite $\{u_n\}$ satisfait (10.25)) si et seulement si $|R(h\lambda)| < 1$, et sa région de stabilité absolue est donnée par

$$\mathcal{A} = \{z = h\lambda \in \mathbb{C} \text{ tels que } |R(h\lambda)| < 1\}.$$

Si la méthode est explicite, A est triangulaire inférieure stricte et la fonction R peut s'écrire sous la forme suivante (voir [DV84])

$$R(h\lambda) = \frac{\text{dét}(\mathrm{I} - h\lambda\mathrm{A} + h\lambda\mathbf{1}\mathbf{b}^T)}{\text{dét}(\mathrm{I} - h\lambda\mathrm{A})}.$$

Ainsi, puisque $\text{dét}(\mathrm{I} - h\lambda\mathrm{A}) = 1$, $R(h\lambda)$ est un polynôme en la variable $h\lambda$, et $|R(h\lambda)|$ ne peut pas être inférieur à 1 pour toutes les valeurs de $h\lambda$. Par conséquent, $\mathcal{A}$ ne peut jamais être non borné pour une méthode RK explicite.

Dans le cas particulier d'une méthode RK explicite d'ordre $s = 1, \ldots, 4$, on obtient [Lam91]

$$R(h\lambda) = 1 + h\lambda + \frac{1}{2}(h\lambda)^2 + \ldots + \frac{1}{s!}(h\lambda)^s.$$

Les régions de stabilité absolue correspondantes sont dessinées sur la Figure 10.10. Remarquer que, contrairement aux méthodes multi-pas, la taille des régions de stabilité absolue des méthodes RK augmente quand l'ordre augmente.

Notons pour finir que les régions de stabilité absolue des méthodes RK explicites peuvent ne pas être connexes ; voir l'Exercice 13 pour un exemple.

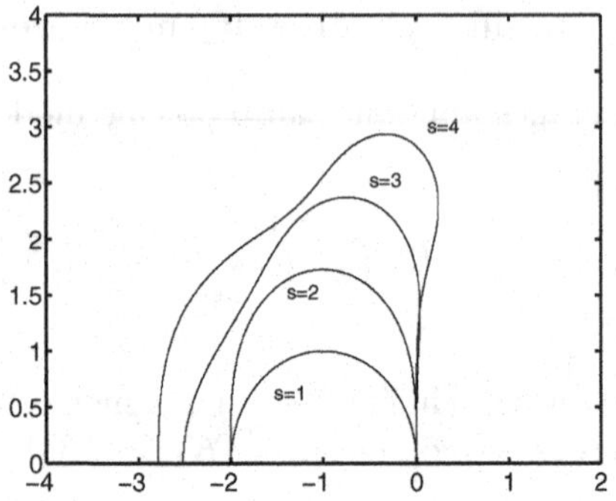

Fig. 10.10. Régions de stabilité absolue pour les méthodes RK explicites à s étapes, avec $s = 1, \ldots, 4$. Le tracé ne montre que la partie $\mathrm{Im}(h\lambda) \geq 0$ car les régions sont symétriques par rapport à l'axe réel

10.9 Systèmes d'équations différentielles ordinaires

Considérons le système d'équations différentielles ordinaires du premier ordre

$$\mathbf{y}' = \mathbf{F}(t, \mathbf{y}), \tag{10.74}$$

où $\mathbf{F} : \mathbb{R} \times \mathbb{R}^n \to \mathbb{R}^n$ est une fonction vectorielle donnée et $\mathbf{y} \in \mathbb{R}^n$ est le vecteur solution qui dépend de n constantes arbitraires fixées par les n conditions initiales

$$\mathbf{y}(t_0) = \mathbf{y}_0. \tag{10.75}$$

Rappelons la propriété suivante :

Propriété 10.7 *Soit* $\mathbf{F} : \mathbb{R} \times \mathbb{R}^n \to \mathbb{R}^n$ *une fonction continue sur* $D = [t_0, T] \times \mathbb{R}^n$, *où* t_0 *et* T *sont finis. S'il existe une constante positive* L *telle que*

$$\|\mathbf{F}(t, \mathbf{y}) - \mathbf{F}(t, \bar{\mathbf{y}})\| \leq L\|\mathbf{y} - \bar{\mathbf{y}}\| \tag{10.76}$$

pour tout $(t, \mathbf{y})$ *et* $(t, \bar{\mathbf{y}}) \in D$, *alors, pour tout* $\mathbf{y}_0 \in \mathbb{R}^n$ *il existe une unique fonction* $\mathbf{y}$, *continue et différentiable par rapport à* t, *solution du problème de Cauchy* (10.74)-(10.75).

La condition (10.76) exprime le fait que $\mathbf{F}$ est *lipschitzienne* par rapport à sa seconde variable.

Il est rarement possible d'écrire de manière analytique la solution du système (10.74), mais on peut le faire dans des cas très particuliers, par exemple quand le système est de la forme

$$\mathbf{y}'(t) = \mathbf{A}\mathbf{y}(t), \tag{10.77}$$

avec A$\in \mathbb{R}^{n\times n}$. On suppose que A possède n valeurs propres distinctes λ_j, $j = 1,\ldots,n$. La solution $\mathbf{y}$ est alors donnée par

$$\mathbf{y}(t) = \sum_{j=1}^{n} C_j e^{\lambda_j t}\mathbf{v}_j, \qquad (10.78)$$

où $C_1,\ldots,C_n$ sont des constantes et $\{\mathbf{v}_j\}$ est une base formée des vecteurs propres de A associés aux valeurs propres λ_j pour $j = 1,\ldots,n$. La solution est déterminée en se donnant n conditions initiales.

Du point de vue numérique, les méthodes introduites dans le cas scalaire peuvent être étendues aux systèmes. Il est par contre plus délicat de généraliser la théorie développée pour la stabilité absolue. Pour cela, considérons le système (10.77). Comme on l'a vu précédemment, la propriété de stabilité absolue concerne le comportement de la solution numérique quand t tend vers l'infini dans le cas où la solution du problème (10.74) satisfait

$$\|\mathbf{y}(t)\| \to 0 \quad \text{quand } t \to \infty. \qquad (10.79)$$

Au regard de (10.78), la condition (10.79) est satisfaite si les parties réelles des valeurs propres de A sont toutes négatives, car alors

$$e^{\lambda_j t} = e^{\mathrm{Re}\lambda_j t}(\cos(\mathrm{Im}\lambda_j) + i\sin(\mathrm{Im}\lambda_i)) \to 0 \quad \text{quand } t \to \infty.$$

Puisque A possède n valeurs propres distinctes, il existe une matrice inversible Q telle que $\Lambda = \mathrm{Q}^{-1}\mathrm{AQ}$, Λ étant la matrice diagonale dont les coefficients sont les valeurs propres de A (voir Section 1.8).

En introduisant la variable auxiliaire $\mathbf{z} = \mathrm{Q}^{-1}\mathbf{y}$, le système original peut donc être transformé en

$$\mathbf{z}' = \Lambda\mathbf{z}. \qquad (10.80)$$

La matrice Λ étant diagonale, les résultats valables dans le cas scalaire s'appliquent immédiatement au cas vectoriel en considérant chaque équation (scalaire) du système (10.80).

10.10 Problèmes raides

Considérons un système non homogène d'équations différentielles ordinaires linéaires à coefficients constants :

$$\mathbf{y}'(t) = \mathrm{A}\mathbf{y}(t) + \boldsymbol{\varphi}(t) \qquad \text{avec } \mathrm{A} \in \mathbb{R}^{n\times n}, \quad \boldsymbol{\varphi}(t) \in \mathbb{R}^n,$$

où on suppose que A possède n valeurs propres distinctes λ_j, $j = 1,\ldots,n$. On sait qu'alors

$$\mathbf{y}(t) = \sum_{j=1}^{n} C_j e^{\lambda_j t}\mathbf{v}_j + \boldsymbol{\psi}(t) = \mathbf{y}_{hom}(t) + \boldsymbol{\psi}(t),$$

où $C_1, \ldots, C_n$ sont n constantes, $\{\mathbf{v}_j\}$ est une base constituée des vecteurs propres de A et $\psi(t)$ est une solution particulière de l'équation différentielle. Dans toute cette section, nous supposerons $\mathrm{Re}\lambda_j < 0$ pour tout j.

Quand $t \to \infty$, la solution $\mathbf{y}$ tend vers la solution particulière ψ. On peut donc interpréter ψ comme étant la *solution stationnaire* (c'est-à-dire la solution atteinte en temps infini) et $\mathbf{y}_{hom}$ comme étant la *solution transitoire* (c'est-à-dire la solution pour t fini). Faisons l'hypothèse qu'on ne s'intéresse qu'à la solution stationnaire. Si on utilise un schéma numérique ayant une région de stabilité absolue *bornée*, le pas de discrétisation h est soumis à une condition dépendant du module maximum des valeurs propres de A. D'un autre côté, plus ce module est grand, plus l'intervalle de temps sur lequel la composante de la solution varie significativement est petit. On est donc face à une sorte de paradoxe : le schéma est contraint d'utiliser un petit pas de temps pour calculer une composante de la solution qui est quasiment constante pour des grandes valeurs de t.

Plus précisément, supposons que

$$\sigma \leq \mathrm{Re}\lambda_j \leq \tau < 0 \qquad \forall j = 1, \ldots, n \tag{10.81}$$

et introduisons le *quotient de raideur* $r_s = \sigma/\tau$. On dit que le système d'équations différentielles ordinaires linéaires est *raide* si les valeurs propres de la matrice A ont toutes une partie réelle négative et si $r_s \gg 1$.
Néanmoins, se limiter à l'examen du spectre de A pour caractériser la raideur d'un problème peut présenter quelques inconvénients. Par exemple, quand $\sigma \simeq 0$, le quotient de raideur peut être très grand alors que le problème n'est "vraiment" raide que si τ est lui aussi très grand. De plus, des conditions initiales particulières peuvent affecter la raideur du problème (par exemple, en les choisissant de manière à ce que les constantes multipliant les composantes "raides" soient nulles).

Pour cette raison, certains auteurs jugent insatisfaisante la précédente définition de la raideur d'un problème, tout en reconnaissant l'impossibilité d'établir avec précision ce qu'on entend par ce terme. Nous nous contenterons de mentionner une seule définition alternative, qui présente l'intérêt de mettre l'accent sur ce qu'on observe en pratique dans un problème raide.

Définition 10.14 (d'après [Lam91], p. 220) Un système d'équations différentielles ordinaires est *raide* s'il force une méthode numérique ayant une région de stabilité absolue de taille finie à utiliser un pas de discrétisation excessivement petit compte tenu de la régularité de la solution exacte, quelle que soit la condition initiale pour laquelle le problème admet une solution. ■

D'après cette définition, il est clair qu'aucune méthode conditionnellement absolument stable n'est adaptée à la résolution d'un problème raide. Ceci nous amène à utiliser des méthodes implicites (p. ex. de Runge-Kutta ou multi-pas) qui sont plus coûteuses que les schémas explicites mais qui possèdent des régions de stabilité absolue de taille infinie. Il faut néanmoins rappeler que pour les problèmes non linéaires, les méthodes implicites conduisent à des équations non linéaires, et qu'il est essentiel, pour résoudre ces dernières, de choisir des méthodes numériques itératives dont la convergence ne dépend pas de la valeur de h.

Par exemple, dans le cas des méthodes multi-pas, on a vu que l'utilisation d'un algorithme de point fixe impose sur h la contrainte (10.64) qui est fonction de la constante de Lipschitz L de f. Dans le cas d'un système linéaire, cette contrainte est

$$L \geq \max_{i=1,\ldots,n} |\lambda_i|,$$

de sorte que (10.64) implique une forte limitation sur h (qui peut être même plus sévère que celle requise pour assurer la stabilité d'un schéma explicite).

Une manière de contourner ce problème consiste à recourir à une méthode de Newton ou à une de ses variantes. La barrière de Dahlquist impose une forte limitation dans l'utilisation des méthodes multi-pas, la seule exception étant les schémas BDF, qui, comme on l'a vu, sont θ-stables pour $p \leq 5$ (pour un nombre de pas plus grand, ils ne sont même pas zéro-stables). La situation devient bien plus favorable quand on considère les méthodes RK implicites, comme on l'a observé à la fin de la Section 10.8.3.

La théorie développée jusqu'à présent n'est valable en toute rigueur que si le système est linéaire. Dans le cas non linéaire, considérons le problème de Cauchy (10.74), pour lequel la fonction $\mathbf{F} : \mathbb{R} \times \mathbb{R}^n \rightarrow \mathbb{R}^n$ est supposée différentiable. Une stratégie possible pour étudier sa stabilité consiste à linéariser le système dans un voisinage de la solution exacte :

$$\mathbf{y}'(t) = \mathbf{F}(t, \mathbf{y}(t)) + \mathrm{J}_{\mathbf{F}}(t, \mathbf{y}(t)) \left[\mathbf{y} - \mathbf{y}(t)\right].$$

La technique ci-dessus peut être dangereuse quand les valeurs propres de $\mathrm{J}_{\mathbf{F}}$ ne suffisent pas à décrire le comportement de la solution exacte du problème original. On peut effectivement trouver des contre-exemples pour lesquels :

1. $\mathrm{J}_{\mathbf{F}}$ a des valeurs propres complexes conjuguées, tandis que la solution de (10.74) n'a pas un comportement oscillant;
2. $\mathrm{J}_{\mathbf{F}}$ a des valeurs propres réelles positives, tandis que la solution de (10.74) ne croît pas avec t de manière monotone;
3. $\mathrm{J}_{\mathbf{F}}$ a des valeurs propres de parties réelles négatives, tandis que la solution de (10.74) ne décroît pas avec t de manière monotone.

   Par exemple, le système

$$\mathbf{y}' = \begin{bmatrix} -\dfrac{1}{2t} & \dfrac{2}{t^3} \\ -\dfrac{t}{2} & -\dfrac{1}{2t} \end{bmatrix} \mathbf{y} \quad = \quad \mathrm{A}(t)\mathbf{y},$$

   pour $t \geq 1$, a pour solution

$$\mathbf{y}(t) = C_1 \begin{bmatrix} t^{-3/2} \\ -\frac{1}{2}t^{1/2} \end{bmatrix} + C_2 \begin{bmatrix} 2t^{-3/2} \log t \\ t^{1/2}(1 - \log t) \end{bmatrix}$$

dont la norme euclidienne diverge de manière monotone dès que $t > (12)^{1/4} \simeq 1.86$ quand $C_1 = 1$, $C_2 = 0$, et les valeurs propres de $\mathrm{A}(t)$, égales à $(-1 \pm 2i)/(2t)$, ont une partie réelle négative.

On doit donc aborder le cas non linéaire à l'aide de techniques *ad hoc*, en reformulant convenablement le concept de stabilité lui-même (voir [Lam91], Chapitre 7).

10.11 Exercices

1. Montrer que la méthode de Heun est d'ordre 2.
[*Indication* : remarquer que

$$E_1 = \int_{t_n}^{t_{n+1}} f(s, y(s))ds - \frac{h}{2}[f(t_n, y_n) + f(t_{n+1}, y_{n+1})]$$

et

$$E_2 = \frac{h}{2}\left\{[f(t_{n+1}, y_{n+1}) - f(t_{n+1}, y_n + hf(t_n, y_n))]\right\},$$

où E_1 est l'erreur due à l'intégration numérique par la méthode du trapèze et E_2 est l'erreur liée à la méthode d'Euler progressive.]

2. Montrer que la méthode de Crank-Nicolson est d'ordre 2.
[*Solution*: D'après (8.12), et en supposant que $f \in C^2(I)$ on a, pour un certain ξ_n entre t_n et t_{n+1}

$$y_{n+1} = y_n + \frac{h}{2}\left[f(t_n, y_n) + f(t_{n+1}, y_{n+1})\right] - \frac{h^3}{12} f''(\xi_n, y(\xi_n)),$$

ou encore,

$$\frac{y_{n+1} - y_n}{h} = \frac{1}{2}\left[f(t_n, y_n) + f(t_{n+1}, y_{n+1})\right] - \frac{h^2}{12} f''(\xi_n, y(\xi_n)). \quad (10.82)$$

La formule (10.9) est donc obtenue à partir de (10.82) en négligeant le dernier terme qui est d'ordre 2 par rapport à h.

3. Résoudre l'équation aux différences $u_{n+4} - 6u_{n+3} + 14u_{n+2} - 16u_{n+1} + 8u_n = n$ avec les conditions initiales $u_0 = 1$, $u_1 = 2$, $u_2 = 3$ et $u_3 = 4$.
[*Solution* : $u_n = 2^n(n/4 - 1) + 2^{(n-2)/2}\sin(\pi/4) + n + 2$.]

4. Montrer que si le polynôme caractéristique Π défini en (10.30) a des racines simples, alors toute solution de l'équation aux différences associée peut être écrite sous la forme (10.32).
[*Indication* : remarquer qu'une solution quelconque y_{n+k} est complètement déterminée par les valeurs initiales $y_0, \ldots, y_{k-1}$. De plus, si les racines r_i de Π sont distinctes, il existe k coefficients α_i uniques tels que $\alpha_1 r_1^j + \ldots + \alpha_k r_k^j = y_j$ avec $j = 0, \ldots, k-1$.]

5. Montrer que si le polynôme caractéristique Π a des racines simples, la matrice R définie en (10.37) est inversible.
[*Indication :* elle coïncide avec la transposée de la matrice de Vandermonde où x_i^j est remplacée par r_j^i (voir Exercice 2, Chapitre 7).]

6. Les polynômes de Legendre L_i satisfont l'équation aux différences

$$(n+1)L_{n+1}(x) - (2n+1)xL_n(x) + nL_{n-1}(x) = 0$$

avec $L_0(x) = 1$ et $L_1(x) = x$ (voir Section 9.1.2). On définit la fonction génératrice par $F(z,x) = \sum_{n=0}^{\infty} P_n(x)z^n$. Montrer que $F(z,x) = (1 - 2zx + z^2)^{-1/2}$.

7. Montrer que la *fonction gamma*

$$\Gamma(z) = \int_0^{\infty} e^{-t}t^{z-1}dt \qquad (10.83)$$

pour $z \in \mathbb{C}$ de partie réelle positive, est la solution de l'équation aux différences $\Gamma(z+1) = z\Gamma(z)$
[*Indication* : intégrer par parties.]

8. Etudier la méthode multi-pas linéaire

$$u_{n+1} = \alpha u_n + (1-\alpha)u_{n-1} + 2hf_n + \frac{h\alpha}{2}\left[f_{n-1} - 3f_n\right],$$

où $\alpha \in \mathbb{R}$.

9. Etudier la famille de méthodes multi-pas linéaires dépendant d'un paramètre α définies par

$$u_{n+1} = u_n + h[(1 - \frac{\alpha}{2})f(x_n, u_n) + \frac{\alpha}{2}f(x_{n+1}, u_{n+1})].$$

Considérer la méthode correspondant à $\alpha = 1$ et l'appliquer au problème de Cauchy suivant :

$$\begin{aligned} &y'(x) = -10y(x), \quad x > 0, \\ &y(0) = 1 \end{aligned}$$

Trouver les valeurs de h pour lesquelles cette méthode est absolument stable.
[*Solution* : la méthode correspondant à $\alpha = 1$ est la seule à être consistante, c'est la méthode de Crank-Nicolson.]

10. Les méthodes d'Adams peuvent être facilement généralisées en intégrant entre t_{n-r} et t_{n+1} pour $r \geq 1$. Montrer qu'on obtient alors des méthodes de la forme

$$u_{n+1} = u_{n-r} + h\sum_{j=-1}^{p} b_j f_{n-j}$$

et montrer que pour $r = 1$ on retrouve la méthode du point milieu introduite en (10.44) (les méthodes de cette famille sont appelées *méthodes de Nystron*).

11. Vérifier que la méthode de Heun (10.10) est une méthode de Runge-Kutta à deux pas et écrire les tableaux de Butcher correspondants. Faire de même avec la *méthode d'Euler modifiée*, définie par

$$u_{n+1} = u_n + hf(t_n + \frac{h}{2}, u_n + \frac{h}{2}f_n), \quad n \geq 0. \tag{10.84}$$

[*Solution* :

$$\begin{array}{c|cc} 0 & 0 & 0 \\ 1 & 1 & 0 \\ \hline & \frac{1}{2} & \frac{1}{2} \end{array} \qquad \begin{array}{c|cc} 0 & 0 & 0 \\ \frac{1}{2} & \frac{1}{2} & 0 \\ \hline & 0 & 1 \end{array}$$

]

12. Vérifier que le tableau de Butcher de la méthode (10.69) est donné par

$$\begin{array}{c|cccc} 0 & 0 & 0 & 0 & 0 \\ \frac{1}{2} & \frac{1}{2} & 0 & 0 & 0 \\ \frac{1}{2} & 0 & \frac{1}{2} & 0 & 0 \\ 1 & 0 & 0 & 1 & 0 \\ \hline & \frac{1}{6} & \frac{1}{3} & \frac{1}{3} & \frac{1}{6} \end{array}$$

13. Ecrire un programme MATLAB qui trace les régions de stabilité absolue d'une méthode de Runge-Kutta pour laquelle on dispose de la fonction $R(h\lambda)$. Tester le code dans le cas particulier où

$$R(h\lambda) = 1 + h\lambda + (h\lambda)^2/2 + (h\lambda)^3/6 + (h\lambda)^4/24 + (h\lambda)^5/120 + (h\lambda)^6/600$$

et vérifier que cette région n'est pas connexe.

14. Déterminer la fonction $R(h\lambda)$ associée à la *méthode de Merson* dont le tableau de Butcher est donné par

$$\begin{array}{c|ccccc} 0 & 0 & 0 & 0 & 0 & 0 \\ \frac{1}{3} & \frac{1}{3} & 0 & 0 & 0 & 0 \\ \frac{1}{3} & \frac{1}{6} & \frac{1}{6} & 0 & 0 & 0 \\ \frac{1}{2} & \frac{1}{8} & 0 & \frac{3}{8} & 0 & 0 \\ 1 & \frac{1}{2} & 0 & -\frac{3}{2} & 2 & 0 \\ \hline & \frac{1}{6} & 0 & 0 & \frac{2}{3} & \frac{1}{6} \end{array}$$

[*Solution* : $R(h\lambda) = 1 + \sum_{i=1}^{4}(h\lambda)^i/i! + (h\lambda)^5/144$.]

11

Problèmes aux limites en dimension un

Ce chapitre est dédié à l'analyse des méthodes d'approximation pour les problèmes aux limites monodimensionnels (1D) de type elliptique. On y présente la méthode des différences finies et la méthode des éléments finis. On considère aussi brièvement l'extension aux problèmes elliptiques bidimensionnels (2D).

11.1 Un problème modèle

Pour commencer, considérons le problème aux limites 1D suivant :

$$-u''(x) = f(x), \quad 0 < x < 1, \tag{11.1}$$

$$u(0) = u(1) = 0. \tag{11.2}$$

D'après le théorème fondamental de l'analyse, si $u \in C^2([0,1])$ et satisfait l'équation différentielle (11.1) alors

$$u(x) = c_1 + c_2 x - \int_0^x F(s)\, ds,$$

où c_1 et c_2 sont des constantes et $F(s) = \int_0^s f(t)\, dt$. En intégrant par parties, on obtient :

$$\int_0^x F(s)\, ds = [sF(s)]_0^x - \int_0^x sF'(s)\, ds = \int_0^x (x-s)f(s)\, ds.$$

On peut choisir les constantes c_1 et c_2 pour satisfaire les conditions aux limites. La condition $u(0) = 0$ implique $c_1 = 0$, et $u(1) = 0$ implique $c_2 = \int_0^1 (1 - s)f(s)\, ds$. Par conséquent, la solution de (11.1)-(11.2) peut s'écrire sous la forme suivante :

$$u(x) = x\int_0^1 (1-s)f(s)\,ds - \int_0^x (x-s)f(s)\,ds,$$

ou, de façon plus compacte,

$$u(x) = \int_0^1 G(x,s)f(s)\,ds, \tag{11.3}$$

où on définit

$$G(x,s) = \begin{cases} s(1-x) & \text{si } 0 \le s \le x, \\ x(1-s) & \text{si } x \le s \le 1. \end{cases} \tag{11.4}$$

La fonction G est appelée *fonction de Green* pour le problème aux limites (11.1)-(11.2). C'est une fonction de x affine par morceaux à s fixé, et vice versa. Elle est continue, symétrique (*i.e.* $G(x,s) = G(s,x)$ pour tout $x, s \in [0,1]$), positive, nulle si x ou s vaut 0 ou 1, et $\int_0^1 G(x,s)\,ds = \frac{1}{2}x(1-x)$. La fonction est tracée sur la Figure 11.1.

On peut donc conclure que pour tout $f \in C^0([0,1])$, il existe une unique solution $u \in C^2([0,1])$ du problème aux limites (11.1)-(11.2) et qu'elle s'écrit sous la forme (11.3). On peut déduire de (11.1) des propriétés de régularité plus fortes sur u ; en effet, si $f \in C^m([0,1])$ pour $m \ge 0$ alors $u \in C^{m+2}([0,1])$.

Noter que si $f \in C^0([0,1])$ est positive, alors u est aussi positive. C'est une propriété dite de *monotonie*. Elle découle directement de (11.3), puisque $G(x,s) \ge 0$ pour tout $x, s \in [0,1]$. La propriété suivante s'appelle *principe du*

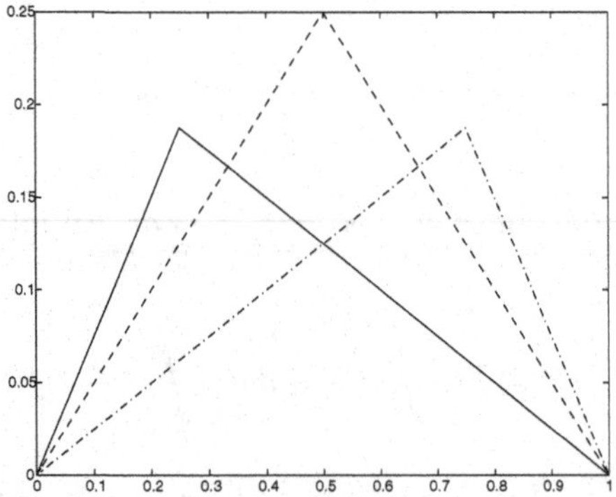

Fig. 11.1. Fonction de Green pour trois valeurs de x : $x = 1/4$ (*trait plein*), $x = 1/2$ (*trait discontinu*), $x = 3/4$ (*trait mixte*)

maximum : si $f \in C^0([0,1])$,

$$\|u\|_\infty \leq \frac{1}{8}\|f\|_\infty, \tag{11.5}$$

où $\|u\|_\infty = \max_{0\leq x\leq 1}|u(x)|$ est la norme du maximum. En effet, comme G est positive,

$$|u(x)| \leq \int_0^1 G(x,s)|f(s)|\,ds \leq \|f\|_\infty \int_0^1 G(x,s)\,ds = \frac{1}{2}x(1-x)\|f\|_\infty$$

d'où découle l'inégalité (11.5).

11.2 Approximation par différences finies

On définit sur l'intervalle $[0,1]$ les points $\{x_j\}_{j=0}^n$ où $x_j = jh$, $n \geq 2$ étant un entier et $h = 1/n$ étant le *pas de discrétisation*. L'ensemble des points $\{x_j\}_{j=0}^n$ est appelé *grille*.

L'approximation de la solution u est donnée par une suite finie $\{u_j\}_{j=0}^n$ vérifiant

$$-\frac{u_{j+1} - 2u_j + u_{j-1}}{h^2} = f(x_j) \qquad \text{pour } j = 1,\ldots,n-1 \tag{11.6}$$

et $u_0 = u_n = 0$. La valeur u_j approche $u(x_j)$, c'est-à-dire la valeur de la solution aux points de la grille. Cette relation de récurrence s'obtient en remplaçant $u''(x_j)$ par son approximation du second ordre par différences finies centrées (9.63) (voir Section 9.10.1).

En posant $\mathbf{u} = (u_1,\ldots,u_{n-1})^T$ et $\mathbf{f} = (f_1,\ldots,f_{n-1})^T$ avec $f_i = f(x_i)$, il est facile de voir qu'on peut écrire (11.6) sous la forme compacte

$$\mathrm{A}_{\mathrm{fd}}\mathbf{u} = \mathbf{f}, \tag{11.7}$$

où A_{fd} est la matrice symétrique $(n-1)\times(n-1)$ de différences finies définie par

$$\mathrm{A}_{\mathrm{fd}} = h^{-2}\mathrm{tridiag}_{n-1}(-1,2,-1). \tag{11.8}$$

Cette matrice est à diagonale dominante par lignes ; elle est de plus définie positive puisque pour tout vecteur $\mathbf{x} \in \mathbb{R}^{n-1}$

$$\mathbf{x}^T\mathrm{A}_{\mathrm{fd}}\mathbf{x} = h^{-2}\left[x_1^2 + x_{n-1}^2 + \sum_{i=2}^{n-1}(x_i - x_{i-1})^2\right].$$

Par conséquent, (11.7) admet une unique solution. On notera également que A_{fd} est une M-matrice (voir Définition 1.26 et Exercice 2), ce qui garantit que la solution par différences finies jouit de la même propriété de monotonie que la solution exacte $u(x)$ (autrement dit $\mathbf{u}$ est positive dès que $\mathbf{f}$ l'est). Cette propriété est appelée *principe du maximum discret.*

Afin de récrire (11.6) à l'aide d'opérateurs, on introduit V_h, un ensemble de fonctions discrètes définies aux points de grille x_j pour $j = 0, \ldots, n$. Si $v_h \in V_h$, la valeur $v_h(x_j)$ est définie pour tout j. On utilisera parfois l'abréviation v_j pour $v_h(x_j)$. On introduit également V_h^0, le sous-ensemble de V_h contenant les fonctions discrètes s'annulant aux extrémités x_0 et x_n. Pour une fonction $w_h \in V_h$, on définit l'opérateur L_h par

$$(L_h w_h)(x_j) = -\frac{w_{j+1} - 2w_j + w_{j-1}}{h^2} \qquad \text{pour } j = 1, \ldots, n-1. \qquad (11.9)$$

Le problème aux différences finies (11.6) peut alors s'écrire de manière équivalente : trouver $u_h \in V_h^0$ tel que

$$(L_h u_h)(x_j) = f(x_j) \qquad \text{pour } j = 1, \ldots, n-1. \qquad (11.10)$$

Remarquer que, dans cette formulation, les conditions aux limites sont prises en compte en cherchant u_h dans V_h^0.

La méthode des différences finies peut aussi servir à approcher des opérateurs différentiels d'ordre plus élevé que celui considéré dans cette section. Mais, comme pour le cas présenté ici, une attention particulière doit être prêtée aux conditions aux limites.

11.2.1 Analyse de stabilité par la méthode de l'énergie

Pour deux fonctions discrètes $w_h, v_h \in V_h$, on définit le *produit scalaire discret*

$$(w_h, v_h)_h = h \sum_{k=0}^{n} c_k w_k v_k,$$

avec $c_0 = c_n = 1/2$ et $c_k = 1$ pour $k = 1, \ldots, n-1$. Cette définition provient de l'évaluation de $(w, v) = \int_0^1 w(x)v(x)dx$ par la formule composite du trapèze (8.13). On définit alors la norme suivante sur V_h :

$$\|v_h\|_h = (v_h, v_h)_h^{1/2}.$$

Lemme 11.1 *L'opérateur L_h est symétrique,* i.e.

$$(L_h w_h, v_h)_h = (w_h, L_h v_h)_h \qquad \forall\, w_h, v_h \in V_h^0,$$

et défini positif, i.e.

$$(L_h v_h, v_h)_h \geq 0 \qquad \forall v_h \in V_h^0,$$

avec égalité seulement si $v_h = 0$.

Démonstration. En partant de la relation

$$w_{j+1}v_{j+1} - w_j v_j = (w_{j+1} - w_j)v_j + (v_{j+1} - v_j)w_{j+1},$$

on obtient par sommation sur j de 0 à $n-1$ la relation suivante

$$\sum_{j=0}^{n-1}(w_{j+1} - w_j)v_j = w_n v_n - w_0 v_0 - \sum_{j=0}^{n-1}(v_{j+1} - v_j)w_{j+1},$$

pour tout $w_h, v_h \in V_h$. Cette égalité correspond à une *intégration par parties discrète.* En intégrant deux fois par parties, et en posant pour simplifier les notations $w_{-1} = v_{-1} = 0$, pour $w_h, v_h \in V_h^0$, on obtient

$$\begin{aligned}(L_h w_h, v_h)_h &= -h^{-1}\sum_{j=0}^{n-1}\left[(w_{j+1} - w_j) - (w_j - w_{j-1})\right] v_j \\ &= h^{-1}\sum_{j=0}^{n-1}(w_{j+1} - w_j)(v_{j+1} - v_j).\end{aligned}$$

On déduit de cette relation que $(L_h w_h, v_h)_h = (w_h, L_h v_h)_h$; de plus, en prenant $w_h = v_h$, on obtient

$$(L_h v_h, v_h)_h = h^{-1}\sum_{j=0}^{n-1}(v_{j+1} - v_j)^2. \tag{11.11}$$

Cette quantité est toujours strictement positive, à moins que $v_{j+1} = v_j$ pour $j = 0, \ldots, n-1$, auquel cas $v_j = 0$ pour $j = 0, \ldots, n$ puisque $v_0 = 0$. $\diamond$

Pour toute fonction discrète $v_h \in V_h^0$, on définit la norme

$$|||v_h|||_h = \left\{ h\sum_{j=0}^{n-1}\left(\frac{v_{j+1} - v_j}{h}\right)^2\right\}^{1/2}. \tag{11.12}$$

Ainsi, la relation (11.11) est équivalente à

$$(L_h v_h, v_h)_h = |||v_h|||_h^2 \qquad \text{pour tout } v_h \in V_h^0. \tag{11.13}$$

Lemme 11.2 *Pour toute fonction $v_h \in V_h^0$, on a*

$$\|v_h\|_h \leq \frac{1}{\sqrt{2}}|||v_h|||_h. \tag{11.14}$$

Démonstration. Comme $v_0 = 0$, on a

$$v_j = h\sum_{k=0}^{j-1}\frac{v_{k+1} - v_k}{h} \qquad \text{pour } j = 1, \ldots, n-1.$$

Alors,

$$v_j^2 = h^2 \left[\sum_{k=0}^{j-1} \left(\frac{v_{k+1} - v_k}{h} \right) \right]^2 .$$

En utilisant l'inégalité de Minkowski

$$\left(\sum_{k=1}^{m} p_k \right)^2 \leq m \left(\sum_{k=1}^{m} p_k^2 \right), \tag{11.15}$$

valable pour tout entier $m \geq 1$ et toute suite $\{p_1, \ldots, p_m\}$ de réels (voir Exercice 4), on obtient

$$\sum_{j=1}^{n-1} v_j^2 \leq h^2 \sum_{j=1}^{n-1} j \sum_{k=0}^{j-1} \left(\frac{v_{k+1} - v_k}{h} \right)^2 .$$

Ainsi, pour tout $v_h \in V_h^0$, on a

$$\|v_h\|_h^2 = h \sum_{j=1}^{n-1} v_j^2 \leq h^2 \sum_{j=1}^{n-1} jh \sum_{k=0}^{n-1} \left(\frac{v_{k+1} - v_k}{h} \right)^2 = h^2 \frac{(n-1)n}{2} |||v_h|||_h^2.$$

On en déduit l'inégalité (11.14) puisque $h = 1/n$. ◇

Remarque 11.1 Pour tout $v_h \in V_h^0$, la fonction discrète $v_h^{(1)}$ dont les valeurs sur la grille sont données par $(v_{j+1} - v_j)/h$, $j = 0, \ldots, n-1$, peut être vue comme la dérivée discrète de v_h (voir Section 9.10.1). L'inégalité (11.14) s'écrit donc

$$\|v_h\|_h \leq \frac{1}{\sqrt{2}} \|v_h^{(1)}\|_h \qquad \forall v_h \in V_h^0.$$

C'est l'analogue discret sur $[0, 1]$ de l'inégalité suivante, appelée *inégalité de Poincaré* : sur tout intervalle $[a, b]$, il existe une constante $C_P > 0$ telle que

$$\|v\|_{\mathrm{L}^2(]a,b[)} \leq C_P \|v'\|_{\mathrm{L}^2(]a,b[)} \tag{11.16}$$

pour tout $v \in C^1([a, b])$ telle que $v(a) = v(b) = 0$. Dans cette relation, $\| \cdot \|_{\mathrm{L}^2(]a,b[)}$ est la norme $\mathrm{L}^2(]a, b[)$ définie par

$$\|f\|_{\mathrm{L}^2(]a,b[)} = \left(\int_a^b |f(x)|^2 dx \right)^{1/2} . \tag{11.17}$$

■

L'inégalité (11.14) a une conséquence intéressante : en multipliant chaque équation de (11.10) par u_j et en sommant sur j de 1 à $n - 1$, on obtient

$$(L_h u_h, u_h)_h = (f, u_h)_h.$$

En appliquant à (11.13) l'inégalité de Cauchy-Schwarz (1.15) (valide en dimension finie), on obtient

$$|||u_h|||_h^2 \leq \|f_h\|_h \|u_h\|_h,$$

où $f_h \in V_h$ est la fonction discrète telle que $f_h(x_j) = f(x_j)$ pour $j = 0, \ldots, n$. Avec (11.14), on en déduit que

$$\|u_h\|_h \leq \frac{1}{2}\|f_h\|_h, \tag{11.18}$$

d'où on conclut que le problème aux différences finies (11.6) a une unique solution (ou, ce qui est équivalent, que l'unique solution correspondant à $f_h = 0$ est $u_h = 0$). De plus, (11.18) est un résultat de *stabilité* : il montre en effet que la solution du problème aux différences finies est bornée par la donnée initiale f_h.

Pour montrer la convergence, on commence par introduire la notion de consistance. D'après notre définition générale (2.13), si $f \in C^0([0,1])$ et si $u \in C^2([0,1])$ est la solution de (11.1)-(11.2), l'erreur de troncature locale est la fonction discrète τ_h définie par

$$\tau_h(x_j) = (L_h u)(x_j) - f(x_j), \qquad j = 1, \ldots, n-1. \tag{11.19}$$

Avec un développement de Taylor, on en déduit que

$$\begin{aligned} \tau_h(x_j) &= (L_h u)(x_j) + u''(x_j) \\ &= -\frac{h^2}{24}(u^{(iv)}(\xi_j) + u^{(iv)}(\eta_j)) \end{aligned} \tag{11.20}$$

avec $\xi_j \in]x_{j-1}, x_j[$ et $\eta_j \in]x_j, x_{j+1}[$. En définissant la *norme discrète du maximum* par

$$\|v_h\|_{h,\infty} = \max_{0 \leq j \leq n} |v_h(x_j)|,$$

on déduit de (11.20)

$$\|\tau_h\|_{h,\infty} \leq \frac{\|f''\|_\infty}{12} h^2, \tag{11.21}$$

dès que $f \in C^2([0,1])$. En particulier, $\lim_{h \to 0} \|\tau_h\|_{h,\infty} = 0$. Le schéma aux différences finies est donc consistant avec le problème différentiel (11.1)-(11.2).

Remarque 11.2 Un développement de Taylor de u autour de x_j peut aussi s'écrire

$$u(x_j \pm h) = u(x_j) \pm h u'(x_j) + \frac{h^2}{2} u''(x_j) \pm \frac{h^3}{6} u'''(x_j) + \mathcal{R}_4(x_j \pm h)$$

avec des restes intégraux

$$\mathcal{R}_4(x_j+h) = \int_{x_j}^{x_j+h} \left(u'''(t) - u'''(x_j)\right) \frac{(x_j+h-t)^2}{2} dt,$$

$$\mathcal{R}_4(x_j-h) = -\int_{x_j-h}^{x_j} \left(u'''(t) - u'''(x_j)\right) \frac{(x_j-h-t)^2}{2} dt.$$

En utilisant ces deux relations et (11.19), on voit facilement que

$$\tau_h(x_j) = \frac{1}{h^2} \left(\mathcal{R}_4(x_j+h) + \mathcal{R}_4(x_j-h)\right). \tag{11.22}$$

Pour tout entier $m \geq 0$, on note $C^{m,1}(]0,1[)$ l'espace des fonctions de $C^m(]0,1[)$ dont la dérivée m-ème est lipschitzienne, *i.e.*

$$\max_{x,y \in]0,1[, x \neq y} \frac{|v^{(m)}(x) - v^{(m)}(y)|}{|x-y|} \leq M < \infty.$$

D'après (11.22), on voit qu'il suffit de supposer que $u \in C^{3,1}(]0,1[)$ pour avoir

$$\|\tau_h\|_{h,\infty} \leq M h^2.$$

Ceci montre que le schéma aux différences finies est en fait consistant avec le problème différentiel (11.1)-(11.2) sous des hypothèses de régularité de la solution exacte u plus faibles que celles données plus haut. ■

Remarque 11.3 Soit $e = u - u_h$ la fonction discrète donnant l'*erreur de discrétisation* sur la grille. On a

$$L_h e = L_h u - L_h u_h = L_h u - f_h = \tau_h. \tag{11.23}$$

On peut montrer (voir Exercice 5) que

$$\|\tau_h\|_h^2 \leq 3\left(\|f\|_h^2 + \|f\|_{\mathrm{L}^2(]0,1[)}^2\right). \tag{11.24}$$

On en déduit que, si les normes de f apparaissant au second membre de (11.24) sont bornées, alors la norme de la dérivée seconde discrète de l'erreur de discrétisation est aussi bornée. ■

11.2.2 Analyse de convergence

On peut caractériser la solution u_h du schéma aux différences finies à l'aide d'une fonction de Green discrète. Pour cela, on définit pour tout point x_k de la grille une fonction discrète $G^k \in V_h^0$ solution de

$$L_h G^k = e^k, \tag{11.25}$$

où $e^k \in V_h^0$ satisfait $e^k(x_j) = \delta_{kj}$, $1 \leq j \leq n-1$. On vérifie facilement que $G^k(x_j) = hG(x_j, x_k)$, où G est la fonction de Green introduite en (11.4) (voir Exercice 6). Pour toute fonction discrète $g \in V_h^0$, on peut définir la fonction discrète

$$w_h = T_h g, \qquad w_h = \sum_{k=1}^{n-1} g(x_k) G^k. \tag{11.26}$$

Alors

$$L_h w_h = \sum_{k=1}^{n-1} g(x_k) L_h G^k = \sum_{k=1}^{n-1} g(x_k) e^k = g.$$

En particulier, la solution u_h de (11.10) satisfait $u_h = T_h f$, donc

$$u_h = \sum_{k=1}^{n-1} f(x_k) G^k \quad \text{et} \quad u_h(x_j) = h \sum_{k=1}^{n-1} G(x_j, x_k) f(x_k). \tag{11.27}$$

Théorème 11.1 *Si $f \in C^2([0,1])$, alors l'erreur nodale $e(x_j) = u(x_j) - u_h(x_j)$ vérifie*

$$\|u - u_h\|_{h,\infty} \leq \frac{h^2}{96} \|f''\|_\infty, \tag{11.28}$$

i.e. u_h converge vers u (dans la norme discrète du maximum) à l'ordre 2 en h.

Démonstration. On commence par remarquer qu'avec la formule de représentation (11.27), on a l'analogue discret de (11.5) :

$$\|u_h\|_{h,\infty} \leq \frac{1}{8} \|f\|_{h,\infty}. \tag{11.29}$$

En effet, on a

$$\begin{aligned} |u_h(x_j)| &\leq h \sum_{k=1}^{n-1} G(x_j, x_k) |f(x_k)| \leq \|f\|_{h,\infty} \left(h \sum_{k=1}^{n-1} G(x_j, x_k) \right) \\ &= \|f\|_{h,\infty} \frac{1}{2} x_j (1 - x_j) \leq \frac{1}{8} \|f\|_{h,\infty}, \end{aligned}$$

puisque, si $g = 1$, alors $T_h g$ vérifie $T_h g(x_j) = \frac{1}{2} x_j (1 - x_j)$ (voir Exercice 7).

L'inégalité (11.29) donne un résultat de stabilité dans la norme discrète du maximum pour la solution u_h. Avec (11.23), on obtient, en utilisant le même argument que pour (11.29),

$$\|e\|_{h,\infty} \leq \frac{1}{8} \|\tau_h\|_{h,\infty}.$$

Avec (11.21), l'assertion (11.28) en découle.

◇

Remarquer que pour établir le résultat de convergence (11.28), on a utilisé à la fois la stabilité et la consistance. De plus, l'erreur de discrétisation est du même ordre (par rapport à h) que l'erreur de consistance τ_h.

11.2.3 Différences finies pour des problèmes aux limites 1D avec coefficients variables

On considère le problème aux limites 1D suivant, qui est plus général que (11.1)-(11.2) :

$$\begin{aligned} Lu(x) &= -(J(u)(x))' + \gamma(x)u(x) = f(x), \quad 0 < x < 1, \\ u(0) &= d_0, \quad u(1) = d_1, \end{aligned} \tag{11.30}$$

où

$$J(u)(x) = \alpha(x)u'(x), \tag{11.31}$$

d_0 et d_1 sont des constantes données, α, γ et f sont des fonctions données, continues sur $[0,1]$. On suppose $\gamma(x) \geq 0$ sur $[0,1]$ et $\alpha(x) \geq \alpha_0 > 0$ pour un certain α_0. La variable auxiliaire $J(u)$ est appelée *flux* associé à u ; elle a très souvent un sens physique précis.

Pour l'approximation, il est commode d'introduire une nouvelle grille sur $[0,1]$ constituée des points milieux $x_{j+1/2} = (x_j + x_{j+1})/2$ des intervalles $[x_j, x_{j+1}]$ pour $j = 0, \ldots, n-1$. On approche alors (11.30) par le schéma aux différences finies suivant : trouver $u_h \in V_h$ tel que

$$\begin{aligned} L_h u_h(x_j) &= f(x_j) \quad \text{pour } j = 1, \ldots, n-1, \\ u_h(x_0) &= d_0, \qquad u_h(x_n) = d_1, \end{aligned} \tag{11.32}$$

où L_h est défini par

$$L_h w_h(x_j) = -\frac{J_{j+1/2}(w_h) - J_{j-1/2}(w_h)}{h} + \gamma_j w_j, \tag{11.33}$$

pour $j = 1, \ldots, n-1$. On a posé $\gamma_j = \gamma(x_j)$ et, pour $j = 0, \ldots, n-1$, les *flux approchés* sont donnés par

$$J_{j+1/2}(w_h) = \alpha_{j+1/2}\frac{w_{j+1} - w_j}{h}, \tag{11.34}$$

avec $\alpha_{j+1/2} = \alpha(x_{j+1/2})$.
Le schéma aux différences finies (11.32)-(11.33) avec les flux approchés (11.34) peut encore être mis sous la forme (11.7) en posant

$$\mathrm{A}_{\mathrm{fd}} = h^{-2}\mathrm{tridiag}_{n-1}(\mathbf{a}, \mathbf{d}, \mathbf{a}) + \mathrm{diag}_{n-1}(\mathbf{c}), \tag{11.35}$$

où

$$\begin{aligned} \mathbf{a} &= -[\alpha_{3/2}, \alpha_{5/2}, \ldots, \alpha_{n-3/2}]^T \in \mathbb{R}^{n-2}, \\ \mathbf{d} &= [\alpha_{1/2} + \alpha_{3/2}, \ldots, \alpha_{n-3/2} + \alpha_{n-1/2}]^T \in \mathbb{R}^{n-1}, \\ \mathbf{c} &= [\gamma_1, \ldots, \gamma_{n-1}]^T \in \mathbb{R}^{n-1}. \end{aligned}$$

La matrice (11.35) est symétrique définie positive et à diagonale strictement dominante si $\gamma > 0$.

On peut analyser la convergence du schéma (11.32)-(11.33) en adaptant directement les techniques des Sections 11.2.1 et 11.2.2.

Pour finir, on propose de considérer des conditions aux limites plus générales que celles vues en (11.30) :

$$u(0) = d_0, \quad J(u)(1) = g_1,$$

où d_0 et g_1 sont donnés. La condition aux limites en $x = 1$ est appelée *condition aux limites de Neumann*. Celle en $x = 0$ est appelée *condition aux limites de Dirichlet*. La discrétisation de la condition aux limites de Neumann peut être effectuée en utilisant la technique du *miroir*. Pour toute fonction ψ assez régulière, des développements de Taylor en x_n donnent :

$$\psi_n = \frac{\psi_{n-1/2} + \psi_{n+1/2}}{2} - \frac{h^2}{16}(\psi''(\eta_n) + \psi''(\xi_n)),$$

pour $\eta_n \in]x_{n-1/2}, x_n[$, $\xi_n \in]x_n, x_{n+1/2}[$. En prenant $\psi = J(u)$ et en négligeant les termes contenant des h^2, on obtient

$$J_{n+1/2}(u_h) = 2g_1 - J_{n-1/2}(u_h). \tag{11.36}$$

Remarquer que le point $x_{n+1/2} = x_n + h/2$ n'existe pas réellement ; on l'appelle point "fantôme". Le flux correspondant $J_{n+1/2}$ est obtenu par extrapolation linéaire du flux aux noeuds $x_{n-1/2}$ et x_n. L'équation aux différences finies (11.33) au noeud x_n s'écrit

$$\frac{J_{n-1/2}(u_h) - J_{n+1/2}(u_h)}{h} + \gamma_n u_n = f_n.$$

En utilisant (11.36) pour définir $J_{n+1/2}(u_h)$, on obtient finalement l'approximation d'ordre 2 suivante :

$$-\alpha_{n-1/2}\frac{u_{n-1}}{h^2} + \left(\frac{\alpha_{n-1/2}}{h^2} + \frac{\gamma_n}{2}\right) u_n = \frac{g_1}{h} + \frac{f_n}{2}.$$

Cette formule suggère une modification simple des coefficients de la matrice et du second membre du système (11.7).

D'autres conditions aux limites peuvent être envisagées et discrétisées par différences finies. On renvoie à l'Exercice 10 pour des conditions de la forme $\lambda u + \mu u' = g$ aux deux extrémités de $]0, 1[$ (conditions aux limites de *Robin*).

Pour une présentation et une analyse complète de l'approximation par différences finies de problèmes aux limites 1D, voir p.ex. [Str89] et [HGR96].

11.3 Méthode de Galerkin

On considère à présent l'approximation de Galerkin du problème (11.1)-(11.2). Celle-ci est à la base des méthodes d'éléments finis et des méthodes spectrales qui sont largement utilisées pour l'approximation numérique des problèmes aux limites.

11.3.1 Formulation intégrale des problèmes aux limites

On généralise légèrement le problème (11.1) sous la forme suivante :

$$-(\alpha u')'(x) + (\beta u')(x) + (\gamma u)(x) = f(x), \quad 0 < x < 1, \tag{11.37}$$

avec $u(0) = u(1) = 0$, où α, β et γ sont des fonctions continues sur $[0,1]$ avec $\alpha(x) \geq \alpha_0 > 0$ pour tout $x \in [0,1]$. Multiplions (11.37) par une fonction $v \in C^1([0,1])$, qu'on appellera "fonction test", et intégrons sur l'intervalle $[0,1]$

$$\int_0^1 \alpha u'v' \, dx + \int_0^1 \beta u'v \, dx + \int_0^1 \gamma uv \, dx = \int_0^1 fv \, dx + [\alpha u'v]_0^1,$$

où on a intégré par parties le premier terme. Si on impose à la fonction v de s'annuler en $x = 0$ et $x = 1$, on obtient

$$\int_0^1 \alpha u'v' \, dx + \int_0^1 \beta u'v \, dx + \int_0^1 \gamma uv \, dx = \int_0^1 fv \, dx.$$

On notera V l'espace des fonctions test. Cet espace contient des fonctions v continues, s'annulant en $x = 0$ et $x = 1$, et dont la dérivée première est *continue par morceaux*, c'est-à-dire continue partout excepté en un nombre fini de points de $[0,1]$ où les limites à droite et à gauche, v'_- et v'_+, existent mais ne coïncident pas nécessairement.

L'espace V est un espace vectoriel noté $\mathrm{H}_0^1(]0,1[)$. Plus précisément,

$$\begin{aligned} \mathrm{H}_0^1(]0,1[) &= \left\{ v \in \mathrm{L}^2(]0,1[) : \ v' \in \mathrm{L}^2(]0,1[), \ v(0) = v(1) = 0 \right\}, \\ \mathrm{L}^2(]a,b[) &= \{ f :]a,b[\to \mathbb{R}, \ \textstyle\int_a^b |f(x)|^2 dx < +\infty \}, \end{aligned} \tag{11.38}$$

où v' est la *dérivée au sens des distributions* de v, dont la définition est donnée en Section 11.3.2.

On vient de montrer que si une fonction $u \in C^2([0,1])$ satisfait (11.37), alors u est aussi solution du problème suivant :

$$\text{trouver } u \in V : \ a(u,v) = (f,v) \ \text{ pour tout } v \in V, \tag{11.39}$$

où $(f,v) = \int_0^1 fv \, dx$ désigne à présent le produit scalaire de $\mathrm{L}^2(]0,1[)$ et

$$a(u,v) = \int_0^1 \alpha u'v' \, dx + \int_0^1 \beta u'v \, dx + \int_0^1 \gamma uv \, dx \tag{11.40}$$

est une forme bilinéaire, *i.e.* une forme linéaire par rapport à chacun de ses arguments u et v. Le problème (11.39) est appelé *formulation faible* du problème (11.1). Comme (11.39) ne contient que des dérivées premières de u, cette formulation peut décrire des cas où une solution classique $u \in C^2([0,1])$ de (11.37) n'existe pas alors que le problème physique est bien défini.

Si par exemple, $\alpha = 1$, $\beta = \gamma = 0$, la solution $u(x)$ peut modéliser le déplacement du point x d'une corde élastique soumis à un chargement linéique f, dont la position au repos est $u(x) = 0$ pour tout $x \in [0,1]$ et qui est fixée aux extrémités $x = 0$ et $x = 1$. La Figure 11.2 (*à droite*) montre la solution $u(x)$ correspondant à une fonction f discontinue (voir Figure 11.2, *à gauche*). Clairement, u'' n'est pas définie aux points $x = 0.4$ et $x = 0.6$ où f est discontinue.

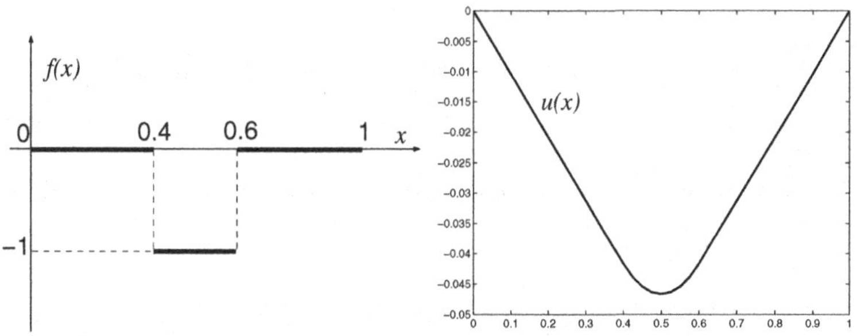

Fig. 11.2. Corde élastique fixée à ses extrémités et soumise à un chargement discontinu f (*à gauche*). Déplacement vertical u (*à droite*)

Si les conditions aux limites pour (11.37) ne sont pas homogènes, c'est-à-dire si $u(0) = u_0$, $u(1) = u_1$, avec u_0 et u_1 *a priori* non nuls, on peut se ramener à une formulation analogue à (11.39) en procédant comme suit. Soit $\bar{u}(x) = xu_1 + (1-x)u_0$ la fonction affine qui interpole les données aux extrémités, et soit $\overset{0}{u}= u(x) - \bar{u}(x)$. Alors $\overset{0}{u}\in V$ satisfait le problème suivant :

$$\text{trouver } \overset{0}{u}\in V : \; a(\overset{0}{u}, v) = (f, v) - a(\bar{u}, v) \;\; \text{pour tout } v \in V.$$

Des conditions aux limites de Neumann, $u'(0) = u'(1) = 0$, conduisent à un problème similaire. En procédant comme pour (11.39), on voit que la solution u de ce problème de Neumann homogène satisfait le même problème (11.39) à condition de prendre pour V l'espace $\mathrm{H}^1(]0,1[)$. On pourrait aussi considérer des conditions aux limites plus générales, de type mixte par exemple (voir Exercice 12).

11.3.2 Notions sur les distributions

Soit X un espace de Banach, c'est-à-dire un espace vectoriel normé complet. Une fonction T définie sur l'espace vectoriel X et à valeurs dans l'espace des scalaires $\mathbb{R}$ est appelée une *forme*. On dit qu'une forme $T : X \to \mathbb{R}$ est *continue* si $\lim_{x\to x_0} T(x) = T(x_0)$ pour tout $x_0 \in X$. On dit qu'elle est *linéaire* si $T(x+y) = T(x) + T(y)$ pour tout $x, y \in X$ et $T(\lambda x) = \lambda T(x)$ pour tout $x \in X$ et $\lambda \in \mathbb{R}$.

Il est d'usage de noter $\langle T, x\rangle$ l'image de x par une forme linéaire continue T. Les symboles $\langle \cdot, \cdot \rangle$ sont appelés *crochets de dualité*. Par exemple, soit $X = C^0([0,1])$ muni de la norme du maximum $\|\cdot\|_\infty$ et soient les deux formes définies sur X par

$$\langle T, x\rangle = x(0), \qquad \langle S, x\rangle = \int_0^1 x(t)\sin(t)dt.$$

On vérifie facilement que T et S sont linéaires et continues sur X. L'ensemble des formes linéaires continues sur X est un espace appelé *espace dual* de X et noté X'.

On définit l'espace $C_0^\infty(]0,1[)$ (aussi noté $\mathcal{D}(]0,1[)$) des fonctions indéfiniment dérivables et ayant un support compact dans $[0,1]$, *i.e.* s'annulant à l'extérieur d'un ouvert borné $]a,b[\subset]0,1[$, avec $0 < a < b < 1$. On dit que $v_n \in \mathcal{D}(]0,1[)$ converge vers $v \in \mathcal{D}(]0,1[)$ s'il existe un fermé borné $K \subset]0,1[$ tel que v_n est nulle hors de K pour tout n, et la dérivée $v_n^{(k)}$ converge vers $v^{(k)}$ uniformément dans $]0,1[$ pour tout $k \geq 0$.

L'espace des formes linéaires sur $\mathcal{D}(]0,1[)$, continues au sens de la convergence qu'on vient d'introduire, est noté $\mathcal{D}'(]0,1[)$ (c'est *l'espace dual* de $\mathcal{D}(]0,1[)$). Ses éléments sont appelés *distributions*. En particulier, toute fonction localement intégrable f est associée à une distribution, encore notée f et définie par :

$$\langle f, \varphi\rangle = \int_0^1 f\varphi.$$

Nous sommes maintenant en mesure d'introduire la *dérivée au sens des distributions*. Soit T une distribution, *i.e.* un élément de $\mathcal{D}'(]0,1[)$. Pour tout $k \geq 0$, $T^{(k)}$ est aussi une distribution, définie par

$$\langle T^{(k)}, \varphi\rangle = (-1)^k \langle T, \varphi^{(k)}\rangle \qquad \forall \varphi \in \mathcal{D}(]0,1[). \tag{11.41}$$

Par exemple, considérons la fonction de Heaviside

$$H(x) = \begin{cases} 1 & x \geq 0, \\ 0 & x < 0. \end{cases}$$

La dérivée au sens des distributions de H est la *masse de Dirac* à l'origine δ, définie par

$$v \to \delta(v) = v(0), \qquad v \in \mathcal{D}(\mathbb{R}).$$

On voit, d'après la définition (11.41), que toute distribution est indéfiniment dérivable ; de plus, si T est une fonction de classe C^1, sa dérivée au sens des distributions coïncide avec sa dérivée usuelle.

11.3.3 Formulation et propriétés de la méthode de Galerkin

Contrairement à la méthode des différences finies, qui découle directement de la formulation différentielle (11.37), encore appelée *formulation forte*, la méthode de Galerkin est basée sur la formulation faible (11.39). Si V_h est un sous-espace vectoriel de dimension finie de V, la méthode de Galerkin consiste à approcher (11.39) par le problème

$$\text{trouver } u_h \in V_h : \ a(u_h, v_h) = (f, v_h) \quad \forall v_h \in V_h. \tag{11.42}$$

Ceci est un problème en dimension finie. En effet, soit $\{\varphi_1, \ldots, \varphi_N\}$ une base de V_h, c'est-à-dire un ensemble générateur de N fonctions linéairement indépendantes de V_h. On peut écrire

$$u_h(x) = \sum_{j=1}^{N} u_j \varphi_j(x).$$

L'entier N est la dimension de l'espace vectoriel V_h. En prenant $v_h = \varphi_i$ dans (11.42), on voit que le problème de Galerkin (11.42) est équivalent à chercher N coefficients réels inconnus $\{u_1, \ldots, u_N\}$ tels que

$$\sum_{j=1}^{N} u_j a(\varphi_j, \varphi_i) = (f, \varphi_i) \qquad \forall i = 1, \ldots, N. \tag{11.43}$$

On a utilisé la linéarité de $a(\cdot, \cdot)$ par rapport à son premier argument, *i.e.*

$$a(\sum_{j=1}^{N} u_j \varphi_j, \varphi_i) = \sum_{j=1}^{N} u_j a(\varphi_j, \varphi_i).$$

En introduisant la matrice $\mathrm{A_G} = (a_{ij})$, $a_{ij} = a(\varphi_j, \varphi_i)$ (appelée *matrice de raideur*), le vecteur inconnu $\mathbf{u} = [u_1, \ldots, u_N]^T$ et le second membre $\mathbf{f}_\mathrm{G} = [f_1, \ldots, f_N]^T$, avec $f_i = (f, \varphi_i)$, on voit que (11.43) est équivalent au système linéaire

$$\mathrm{A_G}\mathbf{u} = \mathbf{f}_\mathrm{G}. \tag{11.44}$$

La structure de $\mathrm{A_G}$ et l'ordre de précision de u_h dépendent de la forme des fonctions de base $\{\varphi_i\}$, et donc du choix de V_h.

Nous allons voir deux exemples remarquables de méthodes de Galerkin. Dans le premier exemple, la *méthode des éléments finis*, V_h est un espace de fonctions continues, s'annulant aux extrémité $x = 0$ et 1, et dont la restriction à des sous-intervalles de $[0, 1]$ de longueur au plus h, est polynomiale. Dans le second exemple, la *méthode spectrale*, V_h est un espace de polynômes s'annulant aux extrémités $x = 0, 1$.

Mais avant de considérer ces deux cas particuliers, nous commençons par établir quelques propriétés générales des méthodes de Galerkin (11.42).

11.3.4 Analyse de la méthode de Galerkin

On munit l'espace $\mathrm{H}_0^1(]0,1[)$ de la norme suivante :

$$|v|_{\mathrm{H}^1(]0,1[)} = \left\{ \int_0^1 |v'(x)|^2 \, dx \right\}^{1/2}. \tag{11.45}$$

Nous nous limitons au cas particulier où $\beta = 0$ et $\gamma(x) \geq 0$. Dans le cas général du problème (11.37), on supposera que

$$-\frac{1}{2}\beta' + \gamma \geq 0 \qquad \forall x \in [0,1]. \tag{11.46}$$

Ceci assure que le problème de Galerkin (11.42) admet une unique solution dépendant continûment des données. En prenant $v_h = u_h$ dans (11.42) on obtient

$$\begin{aligned} \alpha_0 |u_h|^2_{\mathrm{H}^1(]0,1[)} &\leq \int_0^1 \alpha (u_h')^2 \, dx + \int_0^1 \gamma (u_h)^2 \, dx \\ &= (f, u_h) \leq \|f\|_{\mathrm{L}^2(]0,1[)} \|u_h\|_{\mathrm{L}^2(]0,1[)}, \end{aligned}$$

où on a utilisé l'inégalité de Cauchy-Schwarz (9.4) pour le second membre de l'inégalité. On en déduit, grâce à l'inégalité de Poincaré (11.16), que

$$|u_h|_{\mathrm{H}^1(]0,1[)} \leq \frac{C_P}{\alpha_0} \|f\|_{\mathrm{L}^2(]0,1[)}. \tag{11.47}$$

Ainsi, dès que $f \in \mathrm{L}^2(]0,1[)$, la norme de la solution de Galerkin est bornée uniformément par rapport à la dimension du sous-espace V_h. L'inégalité (11.47) établit donc la stabilité de la solution d'un problème de Galerkin.

Concernant la convergence, on peut montrer le résultat suivant.

Théorème 11.2 *Soit* $C = \alpha_0^{-1}(\|\alpha\|_\infty + C_P^2 \|\gamma\|_\infty)$ *; on a*

$$|u - u_h|_{\mathrm{H}^1(]0,1[)} \leq C \min_{w_h \in V_h} |u - w_h|_{\mathrm{H}^1(]0,1[)}. \tag{11.48}$$

Démonstration. En soustrayant (11.42) à (11.39) (en se servant de $v_h \in V_h \subset V$), on obtient, grâce à la bilinéarité de la forme $a(\cdot,\cdot)$,

$$a(u - u_h, v_h) = 0 \qquad \forall v_h \in V_h. \tag{11.49}$$

Alors, en posant $e(x) = u(x) - u_h(x)$, on en déduit

$$\alpha_0 |e|^2_{\mathrm{H}^1(]0,1[)} \leq a(e,e) = a(e, u - w_h) + a(e, w_h - u_h) \qquad \forall w_h \in V_h.$$

Le dernier terme est nul d'après (11.49). On a d'autre part, en utilisant l'inégalité de Cauchy-Schwarz,

$$\begin{aligned} a(e, u-w_h) &= \int_0^1 \alpha e'(u-w_h)'\,dx + \int_0^1 \gamma e(u-w_h)\,dx \\ &\le \|\alpha\|_\infty |e|_{\mathrm{H}^1(]0,1[)} |u-w_h|_{\mathrm{H}^1(]0,1[)} \\ &\quad + \|\gamma\|_\infty \|e\|_{\mathrm{L}^2(]0,1[)} \|u-w_h\|_{\mathrm{L}^2(]0,1[)}, \end{aligned}$$

d'où on déduit (11.48), en utilisant à nouveau l'inégalité de Poincaré pour les termes $\|e\|_{\mathrm{L}^2(]0,1[)}$ et $\|u-w_h\|_{\mathrm{L}^2(]0,1[)}$. ◇

Le résultat précédent est en fait valable sous des hypothèses plus générales pour les problèmes (11.39) et (11.42) : on peut supposer que V est un espace de Hilbert, muni de la norme $\|\cdot\|_V$, et que la forme bilinéaire $a : V \times V \to \mathbb{R}$ satisfait les propriétés suivantes :

$$\exists \alpha_0 > 0 : \ a(v,v) \ge \alpha_0 \|v\|_V^2 \quad \forall v \in V \text{ (coercivité)} \tag{11.50}$$

$$\exists M > 0 : \ |a(u,v)| \le M\|u\|_V \|v\|_V \quad \forall u, v \in V \text{ (continuité).} \tag{11.51}$$

De plus, le second membre (f, v) satisfait l'inégalité suivante :

$$|(f,v)| \le K\|v\|_V \qquad \forall v \in V.$$

Alors les problèmes (11.39) et (11.42) admettent des solutions uniques qui satisfont

$$\|u\|_V \le \frac{K}{\alpha_0}, \quad \|u_h\|_V \le \frac{K}{\alpha_0}.$$

Ce résultat célèbre est connu sous le nom de lemme de Lax-Milgram (pour sa preuve voir p.ex. [QV94]). On a aussi l'estimation d'erreur suivante :

$$\|u-u_h\|_V \le \frac{M}{\alpha_0} \min_{w_h \in V_h} \|u-w_h\|_V. \tag{11.52}$$

La preuve de ce dernier résultat, connu sous le nom de lemme de Céa, est très similaire à celle de (11.48) et est laissée au lecteur.

Montrons à présent que, sous l'hypothèse (11.50), la matrice du système (11.44) est définie positive. On doit pour cela vérifier que $\mathbf{v}^T \mathrm{A_G} \mathbf{v} \ge 0 \, \forall \mathbf{v} \in \mathbb{R}^N$ et que $\mathbf{v}^T \mathrm{A_G} \mathbf{v} = 0 \Leftrightarrow \mathbf{v} = \mathbf{0}$ (voir Section 1.12).

On associe à un vecteur quelconque $\mathbf{v} = (v_i)$ de $\mathbb{R}^N$ la fonction $v_h = \sum_{j=1}^N v_j\varphi_j \in V_h$. La forme $a(\cdot,\cdot)$ étant bilinéaire et coercive, on a :

$$\begin{aligned}
\mathbf{v}^T \mathrm{A_G}\mathbf{v} &= \sum_{j=1}^N\sum_{i=1}^N v_i a_{ij} v_j = \sum_{j=1}^N\sum_{i=1}^N v_i a(\varphi_j,\varphi_i) v_j \\
&= \sum_{j=1}^N\sum_{i=1}^N a(v_j\varphi_j, v_i\varphi_i) = a\left(\sum_{j=1}^N v_j\varphi_j, \sum_{i=1}^N v_i\varphi_i\right) \\
&= a(v_h, v_h) \geq \alpha_0 \|v_h\|_V^2 \geq 0.
\end{aligned}$$

De plus, si $\mathbf{v}^T\mathrm{A_G}\mathbf{v} = 0$ alors $\|v_h\|_V^2 = 0$ ce qui implique $v_h = 0$ et donc $\mathbf{v} = \mathbf{0}$.

Il est facile de vérifier que la matrice $\mathrm{A_G}$ est symétrique ssi la forme bilinéaire $a(\cdot,\cdot)$ l'est aussi.

Par exemple, dans le cas du problème (11.37) avec $\beta = \gamma = 0$, la matrice $\mathrm{A_G}$ est symétrique définie positive (s.d.p.) tandis que si β et γ sont non nuls, $\mathrm{A_G}$ n'est définie positive que sous l'hypothèse (11.46). Si $\mathrm{A_G}$ est s.d.p., le système linéaire (11.44) peut être résolu efficacement à l'aide de méthodes directes, comme la factorisation de Cholesky (voir Section 3.4.2), ou bien à l'aide de méthodes itératives, comme la méthode du gradient conjugué (voir Section 4.3.4). Ceci est particulièrement intéressant pour la résolution de problèmes aux limites en dimension d'espace supérieure à un (voir Section 11.4).

11.3.5 Méthode des éléments finis

La méthode des éléments finis est une stratégie pour construire le sous-espace V_h dans (11.42) basée sur l'interpolation polynomiale par morceaux vue à la Section 7.3. On définit pour cela une partition $\mathcal{T}_h$ de [0,1] en n sous-intervalles $I_j = [x_j, x_{j+1}]$, $n \geq 2$, de longueur $h_j = x_{j+1} - x_j$, $j = 0, \ldots, n-1$, avec

$$0 = x_0 < x_1 < \ldots < x_{n-1} < x_n = 1,$$

et on pose $h = \max_{\mathcal{T}_h}(h_j)$. On peut considérer pour $k \geq 1$ la famille X_h^k des fonctions continues et polynomiales par morceaux introduite en (7.22) (où $[a,b]$ est remplacé par $[0,1]$). Tout élément $v_h \in X_h^k$ est une fonction continue sur $[0,1]$ dont la restriction à tout $I_j \in \mathcal{T}_h$ est un polynôme de degré $\leq k$. Dans la suite, on considérera surtout les cas où $k = 1$ et $k = 2$.

On pose

$$V_h = X_h^{k,0} = \left\{v_h \in X_h^k : v_h(0) = v_h(1) = 0\right\}. \tag{11.53}$$

La dimension N de l'espace d'éléments finis V_h est égale à $nk - 1$.

Pour vérifier la précision de la méthode, on commence par remarquer que, grâce au lemme de Céa (11.52),

$$\min_{w_h \in V_h} \|u - w_h\|_{\mathrm{H}_0^1(]0,1[)} \leq \|u - \Pi_h^k u\|_{\mathrm{H}_0^1(]0,1[)}, \tag{11.54}$$

où $\Pi_h^k u$ est l'interpolant de la solution exacte $u \in V$ de (11.39) (voir Section 7.3). D'après l'inégalité (11.54), on voit que l'estimation de l'*erreur d'approximation* de Galerkin $\|u - u_h\|_{\mathrm{H}_0^1(]0,1[)}$ se ramène à l'estimation de l'*erreur d'interpolation* $\|u - \Pi_h^k u\|_{\mathrm{H}_0^1(]0,1[)}$. Quand $k = 1$, en utilisant (11.52) et

$$\|f - \Pi_h^1 f\|_{\mathrm{L}^2(]0,1[)} + h\|(f - \Pi_h^1 f)'\|_{\mathrm{L}^2(]0,1[)} \leq C_1 h^2 \|f''\|_{\mathrm{L}^2(]0,1[)}, \quad (11.55)$$

(voir [QSS07, Chap.8]), on obtient

$$\|u - u_h\|_{\mathrm{H}_0^1(]0,1[)} \leq \frac{M}{\alpha_0} C h \|u\|_{\mathrm{H}^2(]0,1[)},$$

dès que $u \in \mathrm{H}^2(]0,1[)$. Cette estimation peut être généralisée au cas $k > 1$ comme le montre le résultat de convergence suivant (dont on trouvera la preuve p.ex. dans [QV94], Théorème 6.2.1).

Propriété 11.1 *Soient* $u \in \mathrm{H}_0^1(]0,1[)$ *la solution exacte de* (11.39) *et* $u_h \in V_h$ *son approximation par éléments finis construits avec des fonctions continues, polynomiales par morceaux de degré* $k \geq 1$. *Supposons aussi que* $u \in \mathrm{H}^s(]0,1[)$ *avec* $s \geq 2$. *On a alors l'estimation d'erreur suivante :*

$$\|u - u_h\|_{\mathrm{H}_0^1(]0,1[)} \leq \frac{M}{\alpha_0} C h^l \|u\|_{\mathrm{H}^{l+1}(]0,1[)}, \quad (11.56)$$

où $l = \min(k, s-1)$. *Sous les mêmes hypothèses, on peut aussi montrer que :*

$$\|u - u_h\|_{\mathrm{L}^2(]0,1[)} \leq C h^{l+1} \|u\|_{\mathrm{H}^{l+1}(]0,1[)}. \quad (11.57)$$

L'estimation (11.56) montre que la méthode de Galerkin est *convergente*. Plus précisément, son erreur d'approximation tend vers zéro quand $h \to 0$ et la convergence est d'ordre l. On voit aussi qu'il est inutile d'augmenter le degré k des éléments finis si la solution u n'est pas suffisamment régulière. On dit que l est un *seuil de régularité*. L'alternative évidente pour améliorer la précision dans ce cas est de réduire le pas de discrétisation h. Les méthodes spectrales sont basées sur la stratégie contraire (augmenter le degré k) et sont donc particulièrement bien adaptées aux problèmes dont les solutions sont très régulières (voir [QSS07], [CHQZ06]).

Il est intéressant de considérer le cas où la solution exacte u a la régularité *minimale* ($s = 1$). Le lemme de Céa assure toujours la convergence de la méthode de Galerkin, puisque quand $h \to 0$ le sous-espace V_h devient dense dans V. Cependant, l'estimation (11.56) n'est plus valide. Il n'est donc plus possible d'établir l'ordre de convergence de la méthode numérique. La Table 11.1 résume les ordres de convergence de la méthode des éléments finis pour $k = 1, \ldots, 4$ et $s = 1, \ldots, 5$. Les résultats encadrés correspondent aux combinaisons optimales de k et s.

Table 11.1. Ordre de convergence de la méthodes des éléments finis en fonction de k (degré d'interpolation) et s (régularité de Sobolev de la solution u)

k	$s = 1$	$s = 2$	$s = 3$	$s = 4$	$s = 5$
1	seulement convergence	$\boxed{h^1}$	h^1	h^1	h^1
2	seulement convergence	h^1	$\boxed{h^2}$	h^2	h^2
3	seulement convergence	h^1	h^2	$\boxed{h^3}$	h^3
4	seulement convergence	h^1	h^2	h^3	$\boxed{h^4}$

Voyons à présent comment construire une base $\{\varphi_j\}$ pour l'espace d'éléments finis X_h^k dans les cas particuliers où $k = 1$ et $k = 2$. Le point de départ est de choisir un ensemble convenable de *degrés de liberté* pour chaque élément I_j de la partition $\mathcal{T}_h$ (*i.e.* les paramètres qui permettent de déterminer de manière unique une fonction de X_h^k). Une fonction quelconque v_h de X_h^k peut alors s'écrire

$$v_h(x) = \sum_{i=0}^{nk} v_i \varphi_i(x),$$

où $\{v_i\}$ est l'ensemble des degrés de liberté de v_h et où les fonctions de base φ_i (aussi appelées *fonctions de forme*) sont supposées satisfaire la propriété d'interpolation de Lagrange $\varphi_i(x_j) = \delta_{ij}$, $i, j = 0, \ldots, n$, où δ_{ij} est le symbole de Kronecker.

L'espace X_h^1

Cet espace est constitué des fonctions continues et affines par morceaux sur la partition $\mathcal{T}_h$. Comme il n'y a qu'une droite passant par deux noeuds distincts, le nombre de degrés de liberté de v_h est égal au nombre de noeuds dans la partition, soit $n+1$. Par conséquent, $n+1$ fonctions de forme φ_i, $i = 0, \ldots, n$ sont nécessaires pour engendrer l'espace X_h^1. Le choix le plus naturel pour φ_i, $i = 1, \ldots, n-1$, est

$$\varphi_i(x) = \begin{cases} \dfrac{x - x_{i-1}}{x_i - x_{i-1}} & \text{pour } x_{i-1} \leq x \leq x_i, \\[2ex] \dfrac{x_{i+1} - x}{x_{i+1} - x_i} & \text{pour } x_i \leq x \leq x_{i+1}, \\[2ex] 0 & \text{sinon.} \end{cases} \tag{11.58}$$

La fonction de forme φ_i est donc affine par morceaux sur $\mathcal{T}_h$, sa valeur est 1 au noeud x_i et 0 sur les autres noeuds de la partition. Son support (c'est-à-dire le sous-ensemble de $[0, 1]$ où φ_i est non nulle) est la réunion des intervalles I_{i-1} et I_i si $1 \leq i \leq n-1$, et l'intervalle I_0 (resp. I_{n-1}) si $i = 0$ (resp. $i = n$). Le graphe des fonctions φ_i, φ_0 et φ_n est représenté sur la Figure 11.3.

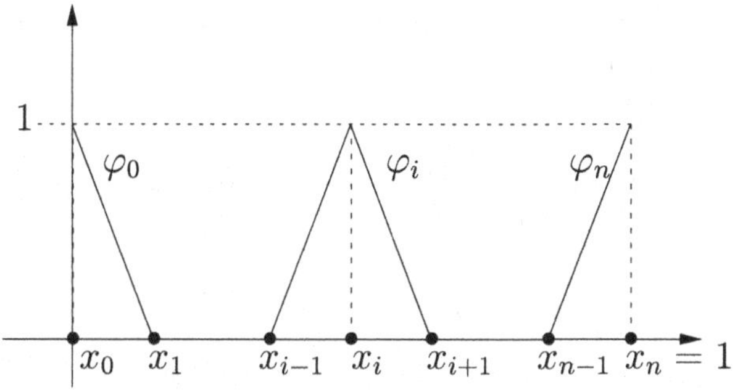

Fig. 11.3. Fonctions de forme de X_h^1 associées aux noeuds internes et aux extrémités

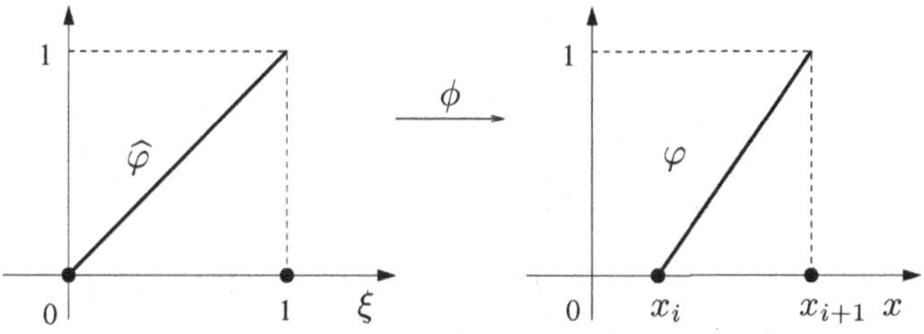

Fig. 11.4. Application affine ϕ allant de l'intervalle de référence vers un intervalle arbitraire de la partition

Pour tout intervalle $I_i = [x_i, x_{i+1}]$, $i = 0, \ldots, n-1$, les deux fonctions de base φ_i et φ_{i+1} peuvent être vues comme les images de deux fonctions de forme *de référence* $\widehat{\varphi}_0$ et $\widehat{\varphi}_1$ (définies sur l'*intervalle de référence* $[0, 1]$) par l'application affine $\phi : [0, 1] \to I_i$

$$x = \phi(\xi) = x_i + \xi(x_{i+1} - x_i), \qquad i = 0, \ldots, n-1. \tag{11.59}$$

En posant $\widehat{\varphi}_0(\xi) = 1 - \xi$, $\widehat{\varphi}_1(\xi) = \xi$, on peut construire les deux fonctions de forme φ_i et φ_{i+1} sur l'intervalle I_i de la manière suivante :

$$\varphi_i(x) = \widehat{\varphi}_0(\xi(x)), \qquad \varphi_{i+1}(x) = \widehat{\varphi}_1(\xi(x)),$$

où $\xi(x) = (x - x_i)/(x_{i+1} - x_i)$ (voir Figure 11.4).

L'espace X_h^2

Un élément $v_h \in X_h^2$ est une fonction polynomiale par morceaux de degré 2 sur chaque intervalle I_i. Une telle fonction est déterminée de manière unique par des valeurs données en trois points distincts de I_i. Pour assurer la continuité de v_h sur $[0, 1]$, on choisit pour degrés de liberté les valeurs de la fonction aux noeuds x_i de $\mathcal{T}_h$, $i = 0, \ldots, n$. On choisit également les valeurs aux milieux des intervalles I_i, $i = 0, \ldots, n-1$. Il y a donc au total $2n+1$ degrés de liberté, qu'il est commode de numéroter comme les noeuds correspondant de $x_0 = 0$

à $x_{2n} = 1$, de sorte que les milieux des intervalles aient des numéros impairs et les extrémités aient des numéros pairs.

L'expression des fonctions de base est

$$(i\,\text{pair}) \quad \varphi_i(x) = \begin{cases} \dfrac{(x - x_{i-1})(x - x_{i-2})}{(x_i - x_{i-1})(x_i - x_{i-2})} & \text{pour } x_{i-2} \leq x \leq x_i, \\[2ex] \dfrac{(x_{i+1} - x)(x_{i+2} - x)}{(x_{i+1} - x_i)(x_{i+2} - x_i)} & \text{pour } x_i \leq x \leq x_{i+2}, \\[2ex] 0 & \text{sinon,} \end{cases} \tag{11.60}$$

$$(i\,\text{impair}) \quad \varphi_i(x) = \begin{cases} \dfrac{(x_{i+1} - x)(x - x_{i-1})}{(x_{i+1} - x_i)(x_i - x_{i-1})} & \text{pour } x_{i-1} \leq x \leq x_{i+1} \\[2ex] 0 & \text{sinon.} \end{cases} \tag{11.61}$$

Toutes les fonctions de base vérifient $\varphi_i(x_j) = \delta_{ij}$, $i, j = 0, \ldots, 2n$. Les fonctions de base de référence de X_h^2 sur $[0, 1]$ sont données par

$$\widehat{\varphi}_0(\xi) = (1 - \xi)(1 - 2\xi), \quad \widehat{\varphi}_1(\xi) = 4(1 - \xi)\xi, \quad \widehat{\varphi}_2(\xi) = \xi(2\xi - 1) \tag{11.62}$$

et sont représentées sur la Figure 11.5. Comme dans le cas des élément finis affines par morceaux de X_h^1, les fonctions de forme (11.60) et (11.61) sont les images de (11.62) par l'application affine (11.59). On remarquera que le support de la fonction de base φ_{2i+1} associée au point milieu x_{2i+1} coïncide avec l'intervalle auquel le point milieu appartient. Compte tenu de sa forme, φ_{2i+1} est habituellement appelée *fonction bulle.*

Jusqu'à présent, on a seulement considéré des fonctions de forme lagrangiennes. Si on retire cette contrainte, d'autres types de bases peuvent être construits. Par exemple, sur l'intervalle de référence,

$$\widehat{\psi}_0(\xi) = 1 - \xi, \quad \widehat{\psi}_1(\xi) = (1 - \xi)\xi, \quad \widehat{\psi}_2(\xi) = \xi. \tag{11.63}$$

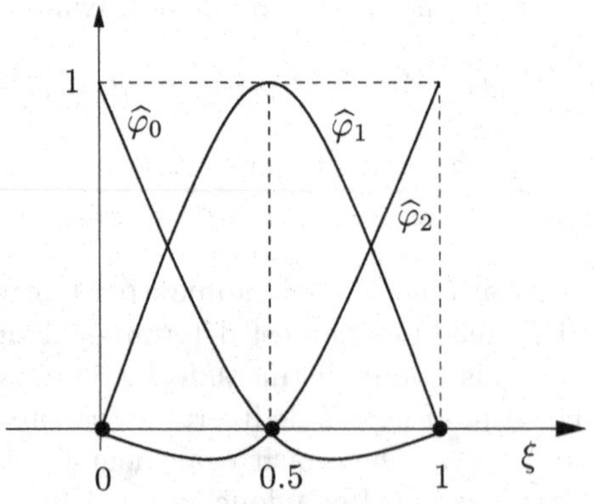

Fig. 11.5. Fonctions de base de X_h^2 sur l'intervalle de référence

Cette base est dite *hiérarchique* car elle est obtenue en complétant les fonctions de base du sous-espace de degré juste inférieur à celui de X_h^2 (*i.e.* X_h^1). Plus précisément, la fonction bulle $\widehat{\psi}_1 \in X_h^2$ est ajoutée aux fonctions de forme $\widehat{\psi}_0$ et $\widehat{\psi}_2$ de X_h^1. Les bases hiérarchiques sont utiles quand on augmente le degré d'interpolation de manière adaptative (on parle alors *d'adaptativité de type* p).

Pour montrer que les fonctions (11.63) forment une base, on doit vérifier qu'elles sont linéairement indépendantes, *i.e.*

$$\alpha_0\widehat{\psi}_0(\xi) + \alpha_1\widehat{\psi}_1(\xi) + \alpha_2\widehat{\psi}_2(\xi) = 0 \quad \forall \xi \in [0,1] \quad \Leftrightarrow \quad \alpha_0 = \alpha_1 = \alpha_2 = 0.$$

Ceci est bien vérifié dans notre cas puisque si

$$\sum_{i=0}^{2} \alpha_i \widehat{\psi}_i(\xi) = \alpha_0 + \xi(\alpha_1 - \alpha_0 + \alpha_2) - \alpha_1\xi^2 = 0 \qquad \forall \xi \in [0,1],$$

alors $\alpha_0 = 0$, $\alpha_1 = 0$ et donc $\alpha_2 = 0$.

En procédant de manière analogue à ce qu'on vient de voir, on peut construire une base pour tout sous-espace X_h^k, avec k arbitraire. Cependant, on doit garder à l'esprit qu'en augmentant le degré k du polynôme d'interpolation, on augmente le nombre de degrés de liberté de la méthode des éléments finis et donc le coût de la résolution du système linéaire (11.44).

Examinons la structure et les propriétés de la matrice de raideur associée au système (11.44) dans le cas de la méthode des éléments finis ($\mathrm{A_G} = \mathrm{A_{fe}}$).

Comme les fonctions de base d'éléments finis de X_h^k ont un support restreint, $\mathrm{A_{fe}}$ est *creuse*. Dans le cas particulier $k = 1$, le support de la fonction de forme φ_i est la réunion des intervalles I_{i-1} et I_i si $1 \le i \le n-1$, et l'intervalle I_0 (resp. I_{n-1}) si $i = 0$ (resp. $i = n$). Par conséquent, pour $i = 1, \ldots, n-1$, seules les fonctions de forme φ_{i-1} et φ_{i+1} ont un support dont l'intersection avec celui de φ_i est non vide. Ceci implique que $\mathrm{A_{fe}}$ est *tridiagonale* puisque $a_{ij} = 0$ si $j \notin \{i-1, i, i+1\}$. Quand $k = 2$, on déduit d'arguments similaires que $\mathrm{A_{fe}}$ est une matrice *pentadiagonale*.

Le *conditionnement* de $\mathrm{A_{fe}}$ est une fonction du pas de discrétisation h ; en effet,

$$K_2(\mathrm{A_{fe}}) = \|\mathrm{A_{fe}}\|_2 \|\mathrm{A_{fe}^{-1}}\|_2 = \mathcal{O}(h^{-2})$$

(voir p.ex. [QV94], Section 6.3.2), ce qui montre que le conditionnement du système (11.44) résultant de la méthode des éléments finis croit rapidement quand $h \to 0$. Ainsi, quand on diminue h dans le but d'améliorer la précision, on détériore le conditionnement du système. Quand on utilise des méthodes de résolution itératives, il est donc nécessaire de recourir à des techniques de préconditionnement, particulièrement pour les problèmes à plusieurs dimensions d'espace (voir Section 4.3.2).

Remarque 11.4 (Problèmes elliptiques d'ordre supérieur) Les méthodes de Galerkin en général, et la méthode des éléments finis en particulier, peuvent aussi être utilisées pour d'autres types d'équations elliptiques, par exemple celles d'ordre quatre. Dans ce cas, la solution approchée (ainsi que les fonctions tests) doivent être continûment dérivables. Voir la Section 13.5 pour un exemple. ■

11.3.6 Equations d'advection-diffusion

Les problèmes aux limites de la forme (11.37) sont utilisés pour décrire des processus de diffusion, d'advection et d'absorption (ou de réaction) d'une certaine quantité physique $u(x)$. Le terme $-(\alpha u')'$ modélise la diffusion, $\beta u'$ l'advection (ou le transport), γu l'absorption (si $\gamma > 0$). Lorsque α est petit devant β (ou γ), la méthode de Galerkin introduite ci-dessus peut donner des résultats numériques très imprécis. L'inégalité (11.52) permet d'expliquer ceci de manière heuristique : quand la constante M/α_0 est très grande, l'estimation de l'erreur est très mauvaise à moins que h ne soit beaucoup plus petit que $(M/\alpha_0)^{-1}$. En particulier, en supposant pour simplifier tous les coefficients de (11.37) constants, l'approximation par élément finis donne une solution oscillante si $\mathbb{P}\mathsf{e} < 1$ où

$$\mathbb{P}\mathsf{e} = \frac{|\beta| h}{2\alpha}$$

est appelé *nombre de Péclet local* (voir [QV94, Chap.8]). Le moyen le plus simple de prévenir ces oscillations consiste à choisir un pas de maillage h assez petit de manière à ce que $\mathbb{P}\mathsf{e} < 1$. Cependant, ceci est rarement faisable en pratique : par exemple, si $\beta = 1$ et $\alpha = 5 \cdot 10^{-5}$, on devrait prendre $h < 10^{-4}$, c'est-à-dire diviser $[0, 1]$ en 10000 sous-intervalles, ce qui est infaisable en plusieurs dimensions d'espace. On peut recourir à d'autres stratégies, comme les *méthodes de stabilisation* (voir p.ex. [QSS07]) dont le principe de base est de remplacer dans (11.37) la viscosité α par une viscosité artificielle α_h définie par

$$\alpha_h = \alpha(1 + \phi(\mathbb{P}\mathsf{e})), \tag{11.64}$$

où ϕ est une fonction donnée du nombre de Péclet local. Mentionnons deux choix possibles :

1. $\phi(t) = t$ donne la méthode dite *décentrée* (*upwind* en anglais) ;
2. $\phi(t) = t - 1 + B(2t)$, où $B(t)$ est l'inverse de la fonction de Bernoulli définie par $B(t) = t/(e^t - 1)$ pour $t \neq 0$ et $B(0) = 1$. On a alors la méthode aux différences finies dite de *fitting exponentiel*, aussi connue sous le nom de méthode de Scharfetter-Gummel [SG69].

11.3.7 Problèmes d'implémentation

Dans cette section, on propose une implémentation de la méthode des éléments finis affines par morceaux ($k = 1$) pour le problème aux limites (11.37) avec des conditions aux limites de Dirichlet non homogènes.
Voici la liste des paramètres d'entrée du Programme 82 : `Nx` est le nombre de sous-intervalles ; `I` est l'intervalle $[a, b]$, `alpha`, `beta`, `gamma` et `f` les macros correspondant aux coefficients de l'équation, `bc=[ua,ub]` est un vecteur contenant les conditions aux limites de Dirichlet pour u en $x = a$ et $x = b$. Le paramètre `stabfun` est une chaîne de caractères optionnelle permettant à l'utilisateur de choisir la méthode de viscosité artificielle pour les problèmes du type de ceux considérés à la Section 11.3.6.

Programme 82 - ellfem : Eléments finis affines 1D

```
function [uh,x] = ellfem(Nx,I,alpha,beta,gamma,f,bc,stabfun)
%ELLFEM Solveur éléments finis.
% [UH,X]=ELLFEM(NX,I,ALPHA,BETA,GAMMA,F,BC) résout le problème aux
% limites:
%          -ALPHA*U''+BETA*U'+GAMMA=F in (I(1),I(2))
%          U(I(1))=BC(1),       U(I(2))=BC(2)
% avec des éléments finis affines. ALPHA, BETA, GAMMA et F peuvent
% être des fonctions inline.
% [UH,X]=ELLFEM(NX,I,ALPHA,BETA,GAMMA,F,BC,STABFUN) résout le
% problème avec des éléments finis stabilisés:
%   STABFUN='upwind' pour la méthode décentrée;
%   STABFUN='sgvisc' pour le fitting exponentiel.
%
a=I(1); b=I(2); h=(b-a)/Nx; x=[a+h/2:h:b-h/2];
valpha=feval(alpha,x); vbeta=feval(beta,x);
vgamma=feval(gamma,x); vf=feval(f,x);
rhs=0.5*h*(vf(1:Nx-1)+vf(2:Nx));
if nargin == 8
   [Afe,rhsbc]=femmatr(Nx,h,valpha,vbeta,vgamma,stabfun);
else
   [Afe,rhsbc]=femmatr(Nx,h,valpha,vbeta,vgamma);
end
[L,U,P]=lu(Afe);
rhs(1)=rhs(1)-bc(1)*(-valpha(1)/h-vbeta(1)/2+h*vgamma(1)/3+rhsbc(1));
rhs(Nx-1)=rhs(Nx-1)-bc(2)*(-valpha(Nx)/h+vbeta(Nx)/2+...
        h*vgamma(Nx)/3+rhsbc(2));
rhs=P*rhs';
z=L\rhs; w=U\z;
uh=[bc(1), w', bc(2)]; x=[a:h:b];
return
```

Les Programmes 83 et 84 calculent respectivement la viscosité artificielle pour le schéma décentré et le schéma de *fitting* exponentiel. Ces méthodes sont choisies par l'utilisateur en prenant un paramètre `stabfun` (Programme 82) égal à `@upwind` ou `@sgvisc`. La fonction `sgvisc` utilise la fonction `bern` (Programme 85) pour évaluer l'inverse de la fonction de Bernoulli.

Programme 83 - upwind : Viscosité artificielle du schéma décentré

```
function [Kupw,rhsbc] = upwind(Nx,h,nu,beta)
%UPWIND viscosité artificielle du schéma décentré
% Matrice de raideur et second membre.
Peclet=0.5*h*abs(beta);
dd=(Peclet(1:Nx-1)+Peclet(2:Nx))/h;
ld=-Peclet(2:Nx-1)/h;
ud=-Peclet(1:Nx-2)/h;
Kupw=spdiags([[ld 0]',dd',[0 ud]'],-1:1,Nx-1,Nx-1);
rhsbc = - [Peclet(1)/h, Peclet(Nx)/h];
return
```

Programme 84 - sgvisc : Viscosité artificielle du schéma de fitting exponentiel

```
function [Ksg,rhsbc] = sgvisc(Nx, h, nu, beta)
%SGVISC viscosité artificielle du schéma de fitting exponentiel
% Matrice de raideur et second membre.
Peclet=0.5*h*abs(beta)./nu;
[bp, bn]=bern(2*Peclet);
Peclet=Peclet-1+bp;
dd=(nu(1:Nx-1).*Peclet(1:Nx-1)+nu(2:Nx).*Peclet(2:Nx))/h;
ld=-nu(2:Nx-1).*Peclet(2:Nx-1)/h;
ud=-nu(1:Nx-2).*Peclet(1:Nx-2)/h;
Ksg=spdiags([[ld 0]',dd',[0 ud]'],-1:1,Nx-1,Nx-1);
rhsbc = - [nu(1)*Peclet(1)/h, nu(Nx)*Peclet(Nx)/h];
return
```

Programme 85 - bern : Evaluation de la fonction de Bernoulli

```
function [bp,bn]=bern(x)
%BERN Evaluation de la fonction de Bernoulli
xlim=1e-2; ax=abs(x);
if ax==0,
   bp=1; bn=1; return
end
if ax>80
   if x>0, bp=0.; bn=x; return
   else, bp=-x; bn=0; return, end
end
```

```
if ax>xlim
   bp=x/(exp(x)-1); bn=x+bp; return
else
   ii=1; fp=1.;fn=1.; df=1.; s=1.;
   while abs(df)>eps
      ii=ii+1;  s=-s; df=df*x/ii;
      fp=fp+df; fn=fn+s*df; bp=1./fp; bn=1./fn;
   end
   return
end
return
```

Le Programme 86 calcule la matrice de raideur A_{fe}. Les coefficients α, β, γ et le terme de force f sont remplacés par des fonctions constantes par morceaux sur chaque sous-intervalle du maillage. Les autres intégrales de (11.37), impliquant les fonctions de base et leurs dérivées, sont calculées de manière exacte.

Programme 86 - femmatr : Construction de la matrice de raideur

```
function [Afe,rhsbc] = femmatr(Nx,h,alpha,beta,gamma,stabfun)
%FEMMATR Matrice de raideur et second membre.
dd=(alpha(1:Nx-1)+alpha(2:Nx))/h;
dc=-(beta(2:Nx)-beta(1:Nx-1))/2;
dr=h*(gamma(1:Nx-1)+gamma(2:Nx))/3;
ld=-alpha(2:Nx-1)/h;  lc=-beta(2:Nx-1)/2;  lr=h*gamma(2:Nx-1)/6;
ud=-alpha(2:Nx-1)/h; uc=beta(2:Nx-1)/2;  ur=h*gamma(2:Nx-1)/6;
Kd=spdiags([[ld 0]',dd',[0 ud]'],-1:1,Nx-1,Nx-1);
Kc=spdiags([[lc 0]',dc',[0 uc]'],-1:1,Nx-1,Nx-1);
Kr=spdiags([[lr 0]',dr',[0 ur]'],-1:1,Nx-1,Nx-1);
Afe=Kd+Kc+Kr;
if nargin == 6
  Ks,rhsbc]=feval(stabfun,Nx,h,alpha,beta); Afe = Afe + Ks;
else
  rhsbc = [0, 0];
end
return
```

La norme H^1 de l'erreur peut être calculée à l'aide du Programme 87. On doit pour cela fournir les macros `u` et `ux` contenant la solution exacte u et sa dérivée u'. La solution numérique est stockée dans le vecteur `uh`, le vecteur `coord` contient les coordonnées de la grille et `h` le pas du maillage. Les intégrales intervenant dans le calcul de la norme H^1 de l'erreur sont évaluées avec la formule de Simpson composite (8.17).

Programme 87 - H1error : Calcul de la norme H^1 de l'erreur

```
function [L2err,H1err]=H1error(coord,h,uh,u,udx)
%H1ERROR Calcul de l'erreur en norme H1.
nvert=max(size(coord)); x=[]; k=0;
for i = 1:nvert-1
   xm=(coord(i+1)+coord(i))*0.5;
   x=[x, coord(i),xm];
   k=k+2;
end
ndof=k+1; x(ndof)=coord(nvert);
uq=eval(u); uxq=eval(udx);
L2err=0; H1err=0;
for i=1:nvert-1
   L2err = L2err + (h/6)*((uh(i)-uq(2*i-1))^2+...
      4*(0.5*uh(i)+0.5*uh(i+1)-uq(2*i))^2+(uh(i+1)-uq(2*i+1))^2);
   H1err = H1err + (1/(6*h))*((uh(i+1)-uh(i)-h*uxq(2*i-1))^2+...
      4*(uh(i+1)-uh(i)-h*uxq(2*i))^2+(uh(i+1)-uh(i)-h*uxq(2*i+1))^2);
end
H1err = sqrt(H1err + L2err); L2err = sqrt(L2err);
return
```

Exemple 11.1 Vérifions la précision de la solution obtenue par éléments finis pour le problème suivant. On considère une tige de longueur L dont la température en $x = 0$ est fixée à t_0 et qui est thermiquement isolée en $x = L$. On suppose que la tige a une section d'aire constante A et de périmètre p.

La température u en un point quelconque $x \in]0, L[$ de la tige est modélisée par le problème suivant, avec conditions aux limites mixtes de Dirichlet-Neumann :

$$\begin{cases} -\mu A u'' + \sigma p u = 0, & x \in]0, L[, \\ u(0) = u_0, & u'(L) = 0, \end{cases} \tag{11.65}$$

où μ désigne la conductivité thermique et σ le coefficient de transport convectif. La solution exacte de ce problème est la fonction (régulière)

$$u(x) = u_0 \frac{\cosh[m(L-x)]}{\cosh(mL)},$$

où $m = \sqrt{\sigma p/\mu A}$. On résout ce problème avec des éléments finis affines et quadratiques ($k = 1$ et $k = 2$) sur une grille uniforme. Pour les applications numériques, on prend une longueur $L = 100[cm]$ et une section circulaire de rayon $2[cm]$ (on a donc $A = 4\pi[cm^2]$, $p = 4\pi[cm]$). On pose $u_0 = 10[°C]$, $\sigma = 2$ et $\mu = 200$.

La Figure 11.6 (*à gauche*) montre le comportement de l'erreur dans les normes L^2 et H^1 pour les éléments affines et quadratiques. Remarquer le très bon accord entre les résultats numériques et les estimations théoriques (11.56) et (11.57) : la solution exacte étant régulière, les ordres de convergence dans les normes L^2 et H^1 tendent respectivement vers $k+1$ et k quand on utilise des éléments finis de degré k.

•

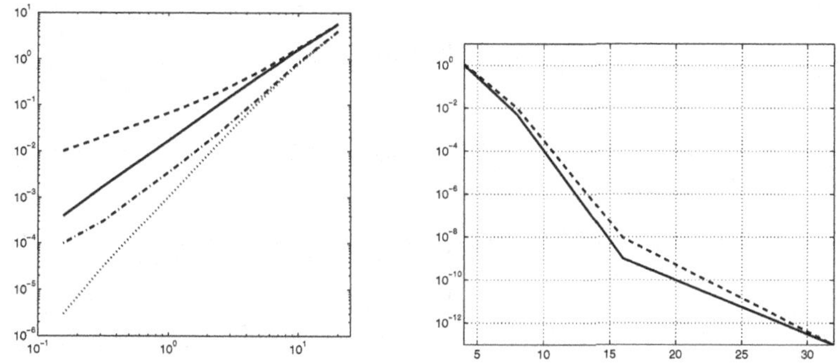

Fig. 11.6. *A gauche* : courbes d'erreur (en fonction de h) pour les éléments affines et quadratiques. Les traits pleins et discontinus correspondent aux normes $\mathrm{H}^1(]0,L[)$ et $\mathrm{L}^2(]0,L[)$ de l'erreur quand $k = 1$; de même pour les traits mixtes et les pointillés quand $k = 2$. *A droite* : courbes d'erreur obtenues pour une méthode spectrale (voir [CHQZ06]) en fonction de N (degré du polynôme). Les traits discontinus et pleins correspondent respectivement aux normes $\mathrm{H}^1(]0,L[)$ et $\mathrm{L}^2(]0,L[)$ de l'erreur

11.4 Un aperçu du cas bidimensionnel

Nous allons mai tenant nous prêter au jeu d'étendre en quelques pages au cas bidimensionnel les principes de base vus dans les sections précédentes dans le cas monodimensionnel.

La généralisation immédiate du problème (11.1)-(11.2) est le célèbre *problème de Poisson* avec conditions aux limites homogènes de Dirichlet

$$\begin{cases} -\triangle u = f & \text{dans } \Omega, \\ u = 0 & \text{sur } \partial\Omega, \end{cases} \tag{11.66}$$

où $\triangle u = \partial^2 u/\partial x^2 + \partial^2 u/\partial y^2$ est l'opérateur de Laplace et Ω un domaine bidimensionnel borné de frontière $\partial\Omega$. Si Ω est le carré unité $\Omega =]0,1[^2$, l'approximation par différences finies de (11.66) qui généralise (11.10) est

$$\begin{cases} L_h u_h(x_{i,j}) = f(x_{i,j}) & \text{pour } i,j = 1,\ldots,N-1, \\ u_h(x_{i,j}) = 0 & \text{si } i = 0 \text{ ou } N, \qquad j = 0 \text{ ou } N, \end{cases} \tag{11.67}$$

où $x_{i,j} = (ih, jh)$ ($h = 1/N > 0$) sont les points de grilles et u_h est une fonction discrète. Enfin, L_h désigne une approximation consistante de l'opérateur $L = -\triangle$. Le choix classique est

$$L_h u_h(x_{i,j}) = \frac{1}{h^2}\left(4u_{i,j} - u_{i+1,j} - u_{i-1,j} - u_{i,j+1} - u_{i,j-1}\right), \tag{11.68}$$

où $u_{i,j} = u_h(x_{i,j})$, ce qui correspond à une discrétisation centrée du second ordre de la dérivée seconde (9.63) dans les directions x et y (voir Figure 11.7, *à gauche*).

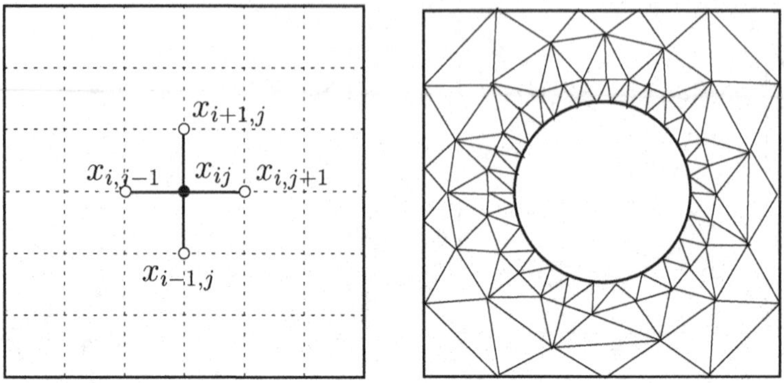

Fig. 11.7. *A gauche* : grille de différences finies et stencil pour un domaine carré. *A droite* : triangulation éléments finis d'une région entourant un trou

Le schéma résultant est connu sous le nom de *discrétisation à cinq points* du laplacien. Il est facile (et utile) de vérifier en exercice que la matrice associée A_{fd} a $(N-1)^2$ lignes, est pentadiagonale, et que sa i-ème ligne est donnée par

$$(a_{fd})_{ij} = \frac{1}{h^2}\begin{cases} 4 & \text{si } j = i, \\ -1 & \text{si } j = i-N-1,\, i-1,\, i+1,\, i+N+1, \\ 0 & \text{sinon.} \end{cases} \tag{11.69}$$

De plus, A_{fd} est symétrique définie positive et est une M-matrice (voir Exercice 13). Sans surprise, l'erreur de consistance associée à (11.68) est du second ordre en h. Il en est de même de l'erreur de discrétisation $\|u - u_h\|_{h,\infty}$ de la méthode. On peut considérer des conditions aux limites plus générales qu'en (11.66) en étendant au cas bidimensionnel la technique du miroir décrite à la Section 11.2.3 et dans l'Exercice 10 (pour une discussion complète sur ce sujet, voir p.ex. [Smi85]).

La méthode de Galerkin se généralise encore plus facilement (au moins formellement). En effet, elle s'écrit exactement de la même manière qu'en (11.42), avec naturellement un espace fonctionnel V_h et une forme bilinéaire $a(\cdot,\cdot)$ adaptés au problème considéré. La méthode des éléments finis correspond au choix

$$V_h = \left\{ v_h \in C^0(\overline{\Omega}) \ :\ v_{h|T} \in \mathbb{P}_k(T)\ \forall T \in \mathcal{T}_h,\ v_{h|\partial\Omega} = 0 \right\}, \tag{11.70}$$

où $\mathcal{T}_h$ désigne une triangulation du domaine $\overline{\Omega}$ (voir Section 7.5.2), et $\mathbb{P}_k$ ($k \geq 1$) l'espace des polynômes définis en (7.26). Remarquer qu'il n'est pas nécessaire que Ω soit un domaine rectangulaire (voir Figure 11.7, *à droite*).

Pour la forme bilinéaire $a(\cdot,\cdot)$, des manipulations du même type que celles de la Section 11.3.1 conduisent à

$$a(u_h, v_h) = \int\limits_{\Omega} \nabla u_h \cdot \nabla v_h \, dxdy,$$

où on a utilisé la formule de Green suivante qui généralise la formule d'intégration par parties :

$$\int\limits_{\Omega} - \triangle u \, v \, dxdy = \int\limits_{\Omega} \nabla u \cdot \nabla v \, dxdy - \int\limits_{\partial\Omega} \nabla u \cdot \mathbf{n} \, v \, d\gamma, \tag{11.71}$$

pour toutes fonctions u, v assez régulières et où $\mathbf{n}$ est la normale sortante sur $\partial\Omega$ (voir Exercice 14).

L'analyse de l'erreur de la méthode des éléments finis en dimension 2 de (11.66) se fait encore en combinant le lemme de Céa et des estimations d'erreur d'interpolation, comme à la Section 11.3.5. Le résultat suivant est l'analogue en dimension 2 de la Propriété 11.1 (pour la preuve, voir p.ex. [QV94], Théorème 6.2.1).

Propriété 11.2 *Soit* $u \in \mathrm{H}_0^1(\Omega)$ *la solution faible exacte de* (11.66) *et* $u_h \in V_h$ *son approximation obtenue par éléments finis construits avec des fonctions continues, polynomiales par morceaux de degré* $k \geq 1$. *On suppose que* $u \in \mathrm{H}^s(\Omega)$ *pour un* $s \geq 2$. *On a alors l'estimation d'erreur suivante :*

$$\|u - u_h\|_{\mathrm{H}_0^1(\Omega)} \leq \frac{M}{\alpha_0} C h^l \|u\|_{\mathrm{H}^{l+1}(\Omega)}, \tag{11.72}$$

où $l = \min(k, s-1)$. *Sous les mêmes hypothèses, on peut aussi montrer :*

$$\|u - u_h\|_{\mathrm{L}^2(\Omega)} \leq C h^{l+1} \|u\|_{\mathrm{H}^{l+1}(\Omega)}. \tag{11.73}$$

Pour tout entier $s \geq 0$, l'espace de Sobolev $\mathrm{H}^s(\Omega)$ introduit ci-dessus est défini comme l'espace des fonctions dont les dérivées partielles d'ordre au plus s (au sens des distributions) appartiennent à l'espace $\mathrm{L}^2(\Omega)$. L'espace $\mathrm{H}_0^1(\Omega)$ est l'espace des fonctions de $\mathrm{H}^1(\Omega)$ telles que $u = 0$ sur $\partial\Omega$. Il faudrait détailler davantage le sens mathématique précis de cette dernière propriété, une fonction de $\mathrm{H}_0^1(\Omega)$ n'étant généralement pas continue (en dimension strictement supérieure à 1). Pour une présentation complète et l'analyse des espaces de Sobolev, nous renvoyons à [Ada75] et [LM68].

En procédant comme à la Section 11.3.3, on peut écrire la solution éléments finis u_h de la manière suivante :

$$u_h(x, y) = \sum_{j=1}^{N} u_j \varphi_j(x, y),$$

où $\{\varphi_j\}_{j=1}^N$ est une base de V_h. Comme exemple de telles bases, on peut considérer pour $k = 1$, celle engendrée par les *fonctions chapeau* introduites à la Section 7.5.2 (voir Figure 7.7, *à droite*). La méthode des éléments finis conduit à la résolution du système linéaire $\mathrm{A_{fe}}\mathbf{u} = \mathbf{f}$, où $(a_{\mathrm{fe}})_{ij} = a(\varphi_j, \varphi_i)$.

Tout comme dans le cas monodimensionnel, la matrice $\mathrm{A_{fe}}$ est symétrique définie positive et, en général, creuse. La structure creuse dépend fortement de la topologie de $\mathcal{T}_h$ et de la numérotation de ses noeuds. De plus, le conditionnement spectral de $\mathrm{A_{fe}}$ est encore en $\mathcal{O}(h^{-2})$. Par conséquent, quand on utilise des méthodes itératives pour résoudre le système linéaire, il est nécessaire de recourir à de bons préconditionneurs (voir Section 4.3.2). En revanche, si on utilise des méthodes directes, il est surtout important de procéder à une renumérotation convenable des noeuds (voir [QSS07]).

11.5 Exercices

1. Considérons le problème aux limites (11.1)-(11.2) avec $f(x) = 1/x$. En utilisant (11.3) prouver que $u(x) = -x\log(x)$. Vérifier que $u \in C^2(]0,1[)$, que $u(0)$ n'est pas défini et que u', u'' n'existent pas en $x = 0$ (autrement dit, si $f \in C^0(]0,1[)$ et $f \notin C^0([0,1])$, alors u n'appartient pas à $C^0([0,1])$).

2. Montrer que la matrice $\mathrm{A_{fd}}$ introduite en (11.8) est une M-matrice.
[*Indication*: vérifier que $\mathrm{A_{fd}}\mathbf{x} \geq 0 \Rightarrow \mathbf{x} \geq 0$. Pour cela, pour $\alpha > 0$ poser $\mathrm{A_{fd,\alpha}} = \mathrm{A_{fd}} + \alpha \mathrm{I}_{n-1}$. Puis calculer $\mathbf{w} = \mathrm{A_{fd,\alpha}}\mathbf{x}$ et montrer que $\min_{1\leq i\leq(n-1)} w_i \geq 0$. Enfin, comme la matrice $\mathrm{A_{fd,\alpha}}$ est inversible (puisqu'elle est symétrique et définie positive) et comme les coefficients de $\mathrm{A_{fd,\alpha}^{-1}}$ sont des fonctions continues de $\alpha \geq 0$, on en déduit que $\mathrm{A_{fd,\alpha}^{-1}}$ est une matrice positive quand $\alpha \to 0$.]

3. Montrer que (11.13) définit une norme sur V_h^0.

4. Montrer (11.15) par récurrence sur m.

5. Montrer l'estimation (11.24).
[*Indication*: pour chaque noeud interne x_j, $j = 1, \ldots, n-1$, intégrer par parties (11.22) pour obtenir

$$\begin{aligned}&\tau_h(x_j)\\ &= -u''(x_j) - \frac{1}{h^2}\left[\int_{x_j-h}^{x_j} u''(t)(x_j - h - t)^2\, dt - \int_{x_j}^{x_j+h} u''(t)(x_j + h - t)^2\, dt\right].\end{aligned}$$

Puis, élever au carré et sommer $\tau_h(x_j)^2$ pour $j = 1, \ldots, n-1$. Remarquer que $(a + b + c)^2 \leq 3(a^2 + b^2 + c^2)$ pour tous réels a, b, c, et appliquer l'inégalité de Cauchy-Schwarz.]

6. Montrer que $G^k(x_j) = hG(x_j, x_k)$, où G est la fonction de Green introduite en (11.4) et G^k son analogue discret solution de (11.4).
[*Solution* : on montre le résultat en vérifiant que $L_hG = he^k$. En effet, pour un x_k fixé, la fonction $G(x_k, s)$ est affine sur les intervalles $[0, x_k]$ et $[x_k, 1]$ de sorte

que $L_h G = 0$ en chaque noeud x_l pour $l = 0, \dots, k-1$ et $l = k+1, \dots, n+1$. Enfin, un calcul direct montre que $(L_h G)(x_k) = 1/h$ ce qui achève la preuve.]

7. Poser $g = 1$ et prouver que $T_h g(x_j) = \frac{1}{2} x_j (1 - x_j)$.
[*Solution*: utiliser la définition (11.26) avec $g(x_k) = 1$, $k = 1, \dots, n-1$ et utiliser $G^k(x_j) = hG(x_j, x_k)$ (d'après l'exercice ci-dessus). Puis

$$T_h g(x_j) = h \left[\sum_{k=1}^{j} x_k (1 - x_j) + \sum_{k=j+1}^{n-1} x_j (1 - x_k) \right]$$

d'où on déduit, après quelques calculs, le résultat voulu.]

8. Montrer l'inégalité de Young (12.7).

9. Montrer que $\|v_h\|_h \le \|v_h\|_{h,\infty}$ $\forall v_h \in V_h$.

10. On considère le problème aux limites 1D (11.30) avec les conditions aux limites suivantes

$$\lambda_0 u(0) + \mu_0 u(0) = g_0, \qquad \lambda_1 u(1) + \mu_1 u(1) = g_1,$$

où λ_j, μ_j et g_j sont donnés ($j = 0, 1$). En utilisant la technique du miroir décrite à la Section 11.2.3, écrire la discrétisation par différences finies des équations correspondant aux noeuds x_0 et x_n.
[*Solution* :

$$\text{noeud } x_0 : \quad \left(\frac{\alpha_{1/2}}{h^2} + \frac{\gamma_0}{2} + \frac{\alpha_0 \lambda_0}{\mu_0 h} \right) u_0 - \alpha_{1/2} \frac{u_1}{h^2} = \frac{\alpha_0 g_0}{\mu_0 h} + \frac{f_0}{2},$$

$$\text{noeud } x_n : \quad \left(\frac{\alpha_{n-1/2}}{h^2} + \frac{\gamma_n}{2} + \frac{\alpha_n \lambda_1}{\mu_1 h} \right) u_n - \alpha_{n-1/2} \frac{u_{n-1}}{h^2} = \frac{\alpha_n g_1}{\mu_1 h} + \frac{f_n}{2}.]$$

11. Discrétiser l'opérateur différentiel du quatrième ordre $Lu(x) = -u^{(iv)}(x)$ en utilisant des différences finies centrées.
[*Solution* : appliquer deux fois l'opérateur de différences finies centrées L_h défini en (11.9).]

12. On considère le problème (11.37) avec conditions aux limites de Neumann non homogènes $\alpha u'(0) = w_0$, $\alpha u'(1) = w_1$. Montrer que la solution satisfait le problème (11.39) avec $V = \mathrm{H}^1(]0,1[)$ et le second membre remplacé par $(f, v) + w_1 v(1) - w_0 v(0)$. Etablir la formulation dans le cas de conditions aux limites mixtes $\alpha u'(0) = w_0$, $u(1) = u_1$.

13. Montrer que la matrice A_{fd} dont les coefficients sont donnés par (11.69) est symétrique définie positive et que c'est une M-matrice. [*Solution*: pour montrer que A_{fd} est définie positive, procéder comme dans la preuve de la Section 11.2, puis comme dans l'Exercice 2.]

14. Montrer la formule de Green (11.71).
[*Solution* : pour commencer, remarquer que pour tout u, v assez réguliers, $\mathrm{div}(v \nabla u) = v \Delta u + \nabla u \cdot \nabla v$. Puis, intégrer cette relation sur Ω et utiliser le théorème de la divergence $\int_\Omega \mathrm{div}(v \nabla u)\, dxdy = \int_{\partial \Omega} \frac{\partial u}{\partial n} v \, d\gamma$.]

12

Problèmes transitoires paraboliques et hyperboliques

Ce chapitre est consacré à l'approximation d'équations aux dérivées partielles dépendant du temps. On considérera des problèmes paraboliques et hyperboliques qu'on discrétisera soit par différences finies soit par éléments finis.

12.1 Equation de la chaleur

On s'intéresse à la recherche d'une fonction $u = u(x,t)$, pour $x \in [0,1]$ et $t > 0$, qui satisfait l'équation aux dérivées partielles

$$\frac{\partial u}{\partial t} + Lu = f, \quad 0 < x < 1, \ t > 0, \tag{12.1}$$

soumise aux conditions aux limites

$$u(0,t) = u(1,t) = 0, \qquad t > 0, \tag{12.2}$$

et à la donnée initiale

$$u(x,0) = u_0(x), \qquad 0 \leq x \leq 1. \tag{12.3}$$

L'opérateur différentiel L est défini par

$$Lu = -\nu \frac{\partial^2 u}{\partial x^2}. \tag{12.4}$$

L'équation (12.1) est appelée équation de la chaleur. La quantité $u(x,t)$ peut en effet décrire la température au point x et au temps t d'une barre métallique qui occupe l'intervalle $[0,1]$, et ayant les propriétés suivantes : sa conductivité thermique est constante et égale à $\nu > 0$; ses extrémités sont maintenues à une température de zéro degré ; au temps $t = 0$ sa température en un point x est donnée par $u_0(x)$; enfin la barre est soumise à une source de chaleur de densité linéique $f(x,t)$. On suppose ici que la densité ρ et la capacité calorifique par unité de masse c_p sont toutes les deux constantes et égales à un. Dans le cas contraire, il faudrait multiplier la dérivée temporelle $\partial u/\partial t$ par ρc_p dans (12.1).

On peut écrire la solution du problème (12.1)-(12.3) sous la forme d'une *série de Fourier*. Par exemple, si $\nu = 1$ et $f = 0$, elle est donnée par

$$u(x,t) = \sum_{n=1}^{\infty} c_n e^{-(n\pi)^2 t} \sin(n\pi x), \tag{12.5}$$

où les c_n sont les coefficients de Fourier de la donnée initiale $u_0(x)$ associés au sinus, c'est-à-dire

$$c_n = 2\int_0^1 u_0(x) \sin(n\pi x)\, dx, \quad n = 1, 2 \ldots.$$

Si, au lieu de (12.2), on considère les *conditions de Neumann*

$$u_x(0,t) = u_x(1,t) = 0, \qquad t > 0, \tag{12.6}$$

la solution correspondante (toujours dans le cas $\nu = 1$ et $f = 0$) serait donnée par

$$u(x,t) = \frac{d_0}{2} + \sum_{n=1}^{\infty} d_n e^{-(n\pi)^2 t} \cos(n\pi x),$$

où les d_n sont les coefficients de Fourier de la donnée initiale $u_0(x)$ associés au cosinus, c'est-à-dire

$$d_n = 2\int_0^1 u_0(x) \cos(n\pi x)\, dx, \quad n = 1, 2 \ldots.$$

Ces expressions montrent que la solution a une décroissance exponentielle en temps. On peut aussi établir un résultat sur le comportement en temps de *l'énergie*

$$E(t) = \int_0^1 u^2(x,t)\, dx.$$

En effet, en multipliant (12.1) par u et en intégrant par rapport à x sur l'intervalle $[0,1]$, on obtient

$$\begin{aligned}\int_0^1 \frac{\partial u}{\partial t}(x,t)u(x,t)\,dx \;-\; \nu\int_0^1 \frac{\partial^2 u}{\partial x^2}(x,t)u(x,t)\,dx &= \frac{1}{2}\int_0^1 \frac{\partial u^2}{\partial t}(x,t)\,dx \\ &+ \nu\int_0^1 \left(\frac{\partial u}{\partial x}(x,t)\right)^2 dx - \nu\left[\frac{\partial u}{\partial x}(x,t)u(x,t)\right]_{x=0}^{x=1} \\ &= \frac{1}{2}E'(t) + \nu\int_0^1 \left(\frac{\partial u}{\partial x}(x,t)\right)^2 dx,\end{aligned}$$

où on a intégré par parties, utilisé les conditions aux limites (12.2) ou (12.6), et interverti dérivation et intégration. L'inégalité de Cauchy-Schwarz (9.4) donne

$$\int_0^1 f(x,t)u(x,t)\,dx \le \sqrt{F(t)}\sqrt{E(t)},$$

où $F(t) = \int_0^1 f^2(x,t)\,dx$. Donc

$$E'(t) + 2\nu\int_0^1 \left(\frac{\partial u}{\partial x}(x,t)\right)^2 dx \le 2\sqrt{F(t)}\sqrt{E(t)}.$$

Avec l'inégalité de Poincaré (11.16) sur $]a,b[=]0,1[$, on obtient

$$E'(t) + 2\frac{\nu}{(C_P)^2}E(t) \le 2\sqrt{F(t)}\sqrt{E(t)}.$$

L'inégalité de Young

$$ab \le \varepsilon a^2 + \frac{1}{4\varepsilon}b^2, \qquad \forall a,b\in\mathbb{R}, \quad \forall\varepsilon>0, \tag{12.7}$$

donne

$$2\sqrt{F(t)}\sqrt{E(t)} \le \gamma E(t) + \frac{1}{\gamma}F(t),$$

où on a posé $\gamma = \nu/C_P^2$. Donc, $E'(t)+\gamma E(t) \le \frac{1}{\gamma}F(t)$, ou, de manière équivalente, $(e^{\gamma t}E(t))' \le \frac{1}{\gamma}e^{\gamma t}F(t)$. Ainsi, en intégrant de 0 à t, on obtient

$$E(t) \le e^{-\gamma t}E(0) + \frac{1}{\gamma}\int_0^t e^{\gamma(s-t)}F(s)ds. \tag{12.8}$$

En particulier, quand $f=0$, (12.8) montre que l'énergie $E(t)$ décroît exponentiellement vite en temps.

12.2 Approximation par différences finies de l'équation de la chaleur

Il faut, pour résoudre numériquement l'équation de la chaleur, discrétiser à la fois en x et en t. Commençons par la variable x en procédant comme à la Section 11.2. On note $u_i(t)$ une approximation de $u(x_i,t)$, $i=0,\ldots,n$, et on approche le problème de Dirichlet (12.1)-(12.3) par le schéma

$$\begin{aligned}
&\overset{\bullet}{u}_i(t) - \frac{\nu}{h^2}(u_{i-1}(t) - 2u_i(t) + u_{i+1}(t)) = f_i(t), && i=1,\ldots,n-1, \forall t>0,\\
&u_0(t) = u_n(t) = 0 && \forall t>0,\\
&u_i(0) = u_0(x_i), && i=0,\ldots,n,
\end{aligned}$$

où le point placé au dessus d'une fonction désigne la dérivation par rapport au temps, et où $f_i(t) = f(x_i,t)$. Ceci constitue ce qu'on appelle une *semi-discrétisation* du problème (12.1)-(12.3). C'est un système d'équations différentielles ordinaires de la forme

$$\begin{cases} \dot{\mathbf{u}}(t) = -\nu \mathrm{A}_{\mathrm{fd}} \mathbf{u}(t) + \mathbf{f}(t) \quad \forall t>0, \\ \mathbf{u}(0) = \mathbf{u}_0, \end{cases} \tag{12.9}$$

où $\mathbf{u}(t) = [u_1(t),\ldots,u_{n-1}(t)]^T$ est le vecteur des inconnues, $\mathbf{f}(t) = [f_1(t), \ldots, f_{n-1}(t)]^T$, $\mathbf{u}_0 = [u_0(x_1),\ldots,u_0(x_{n-1})]^T$ et A_{fd} est la matrice tridiagonale introduite en (11.8). Remarquer que pour établir (12.9) on a supposé que $u_0(x_0) = u_0(x_n) = 0$, ce qui est cohérent avec la condition aux limites (12.2).

Pour intégrer en temps (12.9), on peut utiliser une méthode célèbre appelée *$\theta-$schéma*. On note v^k la valeur de la variable v au temps $t^k = k\Delta t$, pour $\Delta t > 0$; le θ-schéma appliqué à (12.9) s'écrit alors

$$\begin{cases} \dfrac{\mathbf{u}^{k+1} - \mathbf{u}^k}{\Delta t} = -\nu \mathrm{A}_{\mathrm{fd}}(\theta \mathbf{u}^{k+1} + (1-\theta)\mathbf{u}^k) + \theta \mathbf{f}^{k+1} + (1-\theta)\mathbf{f}^k, \\ \hfill k = 0,1,\ldots \\ \mathbf{u}^0 = \mathbf{u}_0, \end{cases} \tag{12.10}$$

ou de manière équivalente,

$$(\mathrm{I} + \nu\theta\Delta t \mathrm{A}_{\mathrm{fd}})\, \mathbf{u}^{k+1} = (\mathrm{I} - \nu(1-\theta)\Delta t \mathrm{A}_{\mathrm{fd}})\, \mathbf{u}^k + \mathbf{g}^{k+1}, \tag{12.11}$$

où $\mathbf{g}^{k+1} = \Delta t(\theta \mathbf{f}^{k+1} + (1-\theta)\mathbf{f}^k)$ et I est la matrice identité d'ordre $n-1$.

Pour certaines valeurs de θ, on retrouve des méthodes usuelles introduites au Chapitre 10. Par exemple, si $\theta = 0$, (12.11) correspond au schéma d'Euler progressif et $\mathbf{u}^{k+1}$ s'obtient de manière explicite ; dans les autres cas, un système linéaire (associé à une matrice constante $\mathrm{I} + \nu\theta\Delta t \mathrm{A}_{\mathrm{fd}}$) doit être résolu à chaque pas de temps.

Pour étudier la stabilité, supposons que $f = 0$ (donc $\mathbf{g}^k = \mathbf{0}\ \forall k > 0$). D'après (12.5) la solution exacte $u(x,t)$ tend vers zéro pour tout x quand

$t \to \infty$. On s'attend donc à ce que la solution discrète ait le même comportement. Quand c'est effectivement le cas, on dit que le schéma (12.11) est *asymptotiquement stable*, ce qui est cohérent avec ce qu'on a vu au Chapitre 10, Section 10.1, pour les équations différentielles ordinaires.

Si $\theta = 0$, on déduit de (12.11) que

$$\mathbf{u}^k = (\mathrm{I} - \nu\Delta t \mathrm{A}_{\mathrm{fd}})^k \mathbf{u}^0, \quad k = 1, 2, \ldots.$$

D'après l'analyse des matrices convergentes (voir Section 1.11.2), on en déduit que $\mathbf{u}^k \to \mathbf{0}$ quand $k \to \infty$ ssi

$$\rho(\mathrm{I} - \nu\Delta t \mathrm{A}_{\mathrm{fd}}) < 1. \tag{12.12}$$

D'autre part, les valeurs propres de A_{fd} sont données par (voir Exercice 3)

$$\mu_i = \frac{4}{h^2}\sin^2(i\pi h/2), \qquad i = 1, \ldots, n-1.$$

Donc (12.12) est vérifiée ssi

$$\Delta t < \frac{1}{2\nu}h^2.$$

Comme prévu, la méthode d'Euler explicite est conditionnellement stable, et le pas de temps Δt doit décroître comme le carré du pas d'espace h.

Dans le cas de la méthode d'Euler rétrograde ($\theta = 1$), le schéma (12.11) s'écrit

$$\mathbf{u}^k = \left[(\mathrm{I} + \nu\Delta t \mathrm{A}_{\mathrm{fd}})^{-1}\right]^k \mathbf{u}^0, \qquad k = 1, 2, \ldots.$$

Comme toutes les valeurs propres de la matrice $(\mathrm{I} + \nu\Delta t \mathrm{A}_{\mathrm{fd}})^{-1}$ sont réelles, positives et strictement inférieures à 1 pour tout Δt, ce schéma est inconditionnellement stable. Plus généralement, le θ-schéma est inconditionnellement stable si $1/2 \le \theta \le 1$, et conditionnellement stable si $0 \le \theta < 1/2$ (voir Section 12.3.1).

Regardons maintenant la précision. L'erreur de troncature locale du θ-schéma est de l'ordre de $\Delta t + h^2$ si $\theta \neq \frac{1}{2}$, et de l'ordre de $\Delta t^2 + h^2$ si $\theta = \frac{1}{2}$. La méthode correspondant à $\theta = 1/2$ est souvent appelée *schéma de Crank-Nicolson*; elle est inconditionnellement stable et du second ordre par rapport à Δt et h.

12.3 Approximation par éléments finis de l'équation de la chaleur

On peut aussi discrétiser (12.1)-(12.3) en espace avec une méthode de Galerkin, p.ex. la méthode des éléments finis, en procédant comme on l'a fait au

Chapitre 11 dans le cas elliptique. Pour commencer, on multiplie, pour tout $t > 0$, l'équation (12.1) par une fonction test $v = v(x)$ et on intègre sur $]0, 1[$. Puis, on pose $V = \mathrm{H}_0^1(]0, 1[)$ et $\forall t > 0$, on cherche une fonction $t \to u(x, t) \in V$ (en abrégé $u(t) \in V$) telle que

$$\int_0^1 \frac{\partial u(t)}{\partial t} v dx + a(u(t), v) = F(v) \qquad \forall v \in V, \tag{12.13}$$

avec $u(0) = u_0$, et où $a(u(t), v) = \int_0^1 \nu(\partial u(t)/\partial x)(\partial v/\partial x)\, dx$ et $F(v) = \int_0^1 f(t) v dx$ sont respectivement des formes bilinéaire et linéaire, associées à l'opérateur elliptique L et au second membre f. Remarquer que $a(\cdot, \cdot)$ est un cas particulier de (11.40). Dorénavant, nous sous-entendrons le fait que u et f dépendent de x.

Soit V_h un sous-espace de V de dimension finie. On considère le problème de Galerkin suivant : $\forall t > 0$, trouver $u_h(t) \in V_h$ tel que

$$\int_0^1 \frac{\partial u_h(t)}{\partial t} v_h dx + a(u_h(t), v_h) = F(v_h) \quad \forall v_h \in V_h, \tag{12.14}$$

où $u_h(0) = u_{0h}$ et $u_{0h} \in V_h$ est une approximation convenable de u_0. On dit que le problème (12.14) est une *semi-discrétisation* de (12.13), car seule la variable d'espace a été discrétisée.

En procédant comme pour l'estimation d'énergie (12.8), on obtient l'estimation *a priori* suivante de la solution discrète $u_h(t)$ de (12.14)

$$E_h(t) \leq e^{-\gamma t} E_h(0) + \frac{1}{\gamma} \int_0^t e^{\gamma(s-t)} F(s) ds,$$

où $E_h(t) = \int_0^1 u_h^2(x, t)\, dx$.

Comme pour la discrétisation par éléments finis de (12.14), on introduit l'espace d'éléments finis V_h défini en (11.53) et une base $\{\varphi_j\}$ de V_h comme à la Section 11.3.5. On peut alors chercher la solution u_h de (12.14) sous la forme

$$u_h(t) = \sum_{j=1}^{N_h} u_j(t) \varphi_j,$$

où les $\{u_j(t)\}$ sont des coefficients inconnus et où N_h est la dimension de V_h. On déduit alors de (12.14)

$$\int_0^1 \sum_{j=1}^{N_h} \dot{u}_j(t) \varphi_j \varphi_i dx + a\left(\sum_{j=1}^{N_h} u_j(t) \varphi_j, \varphi_i\right) = F(\varphi_i), \qquad i = 1, \ldots, N_h$$

c'est-à-dire,

$$\sum_{j=1}^{N_h} \dot{u}_j(t) \int_0^1 \varphi_j \varphi_i dx + \sum_{j=1}^{N_h} u_j(t) a(\varphi_j, \varphi_i) = F(\varphi_i), \qquad i = 1, \ldots, N_h.$$

Avec les mêmes notations qu'en (12.9), on a

$$\mathrm{M}\dot{\mathbf{u}}(t) + \mathrm{A}_{\mathrm{fe}}\mathbf{u}(t) = \mathbf{f}_{\mathrm{fe}}(t), \tag{12.15}$$

où $\mathrm{A}_{\mathrm{fe}} = (a(\varphi_j, \varphi_i))$, $\mathbf{f}_{\mathrm{fe}}(t) = (F(\varphi_i))$ et $\mathrm{M} = (m_{ij}) = (\int_0^1 \varphi_j \varphi_i dx)$ pour $i, j = 1, \ldots, N_h$. La matrice M s'appelle *matrice de masse* . Comme elle est inversible, on peut écrire le système d'EDO (12.15) sous forme normale :

$$\dot{\mathbf{u}}(t) = -\mathrm{M}^{-1}\mathrm{A}_{\mathrm{fe}}\mathbf{u}(t) + \mathrm{M}^{-1}\mathbf{f}_{\mathrm{fe}}(t). \tag{12.16}$$

Pour résoudre (12.16) de manière approchée, on peut à nouveau appliquer le θ-schéma :

$$\mathrm{M}\frac{\mathbf{u}^{k+1} - \mathbf{u}^k}{\Delta t} + \mathrm{A}_{\mathrm{fe}}\left[\theta \mathbf{u}^{k+1} + (1-\theta)\mathbf{u}^k\right] = \theta \mathbf{f}_{\mathrm{fe}}^{k+1} + (1-\theta)\mathbf{f}_{\mathrm{fe}}^k. \tag{12.17}$$

Comme d'habitude, l'exposant k indique que la quantité est considérée au temps t^k. De la même manière qu'avec les différences finies, on retrouve respectivement pour $\theta = 0, 1$ et $1/2$ les schémas d'Euler explicite, implicite et le schéma de Crank-Nicolson. Seul ce dernier est du second ordre en Δt.
Pour tout k, (12.17) est un système linéaire associé à la matrice

$$\mathrm{K} = \frac{1}{\Delta t}\mathrm{M} + \theta \mathrm{A}_{\mathrm{fe}}.$$

Comme M et A_{fe} sont symétriques définies positives, la matrice K l'est aussi. On peut donc effectuer, à $t = 0$, sa décomposition de Cholesky $\mathrm{K} = \mathrm{H}^T\mathrm{H}$, où H est une matrice triangulaire supérieure (voir Section 3.4.2). On doit alors résoudre à chaque pas de temps les deux systèmes linéaires triangulaires de taille de N_h

$$\begin{cases} \mathrm{H}^T\mathbf{y} = \left[\dfrac{1}{\Delta t}\mathrm{M} - (1-\theta)\mathrm{A}_{\mathrm{fe}}\right]\mathbf{u}^k + \theta \mathbf{f}_{\mathrm{fe}}^{k+1} + (1-\theta)\mathbf{f}_{\mathrm{fe}}^k, \\ \mathrm{H}\mathbf{u}^{k+1} = \mathbf{y}, \end{cases}$$

ce qui représente un coût de calcul de l'ordre $N_h^2/2$ opérations par système. Quand $\theta = 0$, une technique appelée *condensation de la masse* (*mass-lumping* en anglais), consistant à approcher M par une matrice diagonale inversible $\widetilde{\mathrm{M}}$, permet de découpler le système d'équations (12.17). Dans le cas d'éléments finis affines par morceaux, on obtient la matrice $\widetilde{\mathrm{M}}$ en appliquant la formule composite du trapèze aux noeuds $\{x_i\}$ pour évaluer les intégrales $\int_0^1 \varphi_j \varphi_i \, dx$. On obtient alors $\tilde{m}_{ij} = h\delta_{ij}$, $i, j = 1, \ldots, N_h$ (voir Exercice 2).

12.3.1 Analyse de stabilité du θ-schéma

Le θ-schéma appliqué au problème de Galerkin (12.14) donne

$$\begin{aligned}\left(\frac{u_h^{k+1}-u_h^k}{\Delta t}, v_h\right) &+ a\left(\theta u_h^{k+1}+(1-\theta)u_h^k, v_h\right) \\ &= \theta F^{k+1}(v_h)+(1-\theta)F^k(v_h) \qquad \forall v_h \in V_h\end{aligned} \tag{12.18}$$

pour $k \geq 0$ et avec $u_h^0 = u_{0h}$, $F^k(v_h) = \int_0^1 f(t^k)v_h(x)dx$. Pour faire l'analyse de stabilité, on peut considérer le cas particulier où $F = 0$; on se concentre pour l'instant sur le cas $\theta = 1$ (schéma d'Euler implicite), c'est-à-dire

$$\left(\frac{u_h^{k+1}-u_h^k}{\Delta t}, v_h\right) + a\left(u_h^{k+1}, v_h\right) = 0 \qquad \forall v_h \in V_h.$$

En posant $v_h = u_h^{k+1}$, on a

$$\left(\frac{u_h^{k+1}-u_h^k}{\Delta t}, u_h^{k+1}\right) + a(u_h^{k+1}, u_h^{k+1}) = 0.$$

D'après la définition de $a(\cdot,\cdot)$,

$$a\left(u_h^{k+1}, u_h^{k+1}\right) = \nu \left\|\frac{\partial u_h^{k+1}}{\partial x}\right\|^2_{L^2(]0,1[)}. \tag{12.19}$$

On remarque de plus (voir Exercice 3 pour la preuve de ce résultat) que

$$\|u_h^{k+1}\|^2_{L^2(]0,1[)} + 2\nu\Delta t \left\|\frac{\partial u_h^{k+1}}{\partial x}\right\|^2_{L^2(]0,1[)} \leq \|u_h^k\|^2_{L^2(]0,1[)}. \tag{12.20}$$

On en déduit que, $\forall n \geq 1$

$$\sum_{k=0}^{n-1}\|u_h^{k+1}\|^2_{L^2(]0,1[)} + 2\nu\Delta t \sum_{k=0}^{n-1}\left\|\frac{\partial u_h^{k+1}}{\partial x}\right\|^2_{L^2(]0,1[)} \leq \sum_{k=0}^{n-1}\|u_h^k\|^2_{L^2(]0,1[)}.$$

La somme étant télescopique, on obtient

$$\|u_h^n\|^2_{L^2(]0,1[)} + 2\nu\Delta t \sum_{k=0}^{n-1}\left\|\frac{\partial u_h^{k+1}}{\partial x}\right\|^2_{L^2(]0,1[)} \leq \|u_{0h}\|^2_{L^2(]0,1[)}, \tag{12.21}$$

ce qui montre que le schéma est inconditionnellement stable. En procédant de manière analogue quand $f \neq 0$, on peut montrer que

$$\begin{aligned}\|u_h^n\|^2_{L^2(]0,1[)} &+ 2\nu\Delta t \sum_{k=0}^{n-1}\left\|\frac{\partial u_h^{k+1}}{\partial x}\right\|^2_{L^2(]0,1[)} \\ &\leq C(n)\left(\|u_{0h}\|^2_{L^2(]0,1[)} + \sum_{k=1}^{n}\Delta t\|f^k\|^2_{L^2(]0,1[)}\right),\end{aligned} \tag{12.22}$$

où $C(n)$ est une constante indépendante de h et de Δt.

Remarque 12.1 On peut établir le même type d'inégalité de stabilité (12.21) et (12.22) quand $a(\cdot,\cdot)$ est une forme bilinéaire plus générale, à condition qu'elle soit continue et coercive (voir Exercice 4). ■

Pour effectuer l'analyse de stabilité du θ-schéma pour un θ arbitraire dans $[0,1]$, on a besoin de définir les *valeurs propres* et les *vecteurs propres* de la forme bilinéaire $a(\cdot,\cdot)$.

Définition 12.1 On dit que λ est une valeur propre de la forme bilinéaire $a(\cdot,\cdot) : V \times V \mapsto \mathbb{R}$, et que $w \in V$ est le vecteur propre associé, si

$$a(w,v) = \lambda(w,v) \qquad \forall v \in V,$$

où $(\cdot,\cdot)$ désigne le produit scalaire habituel sur $\mathrm{L}^2(]0,1[)$. ■

Si la forme bilinéaire $a(\cdot,\cdot)$ est symétrique et coercive, elle a une infinité de valeurs propres strictement positives formant une suite non bornée ; de plus, les vecteurs propres associés (appelés aussi *fonctions propres*) forment une base de l'espace V.

Au niveau discret, le couple correspondant $(\lambda_h, w_h) \in \mathbb{R} \times V_h$ vérifie

$$a(w_h, v_h) = \lambda_h(w_h, v_h) \quad \forall v_h \in V_h. \tag{12.23}$$

D'un point de vue algébrique, on peut reformuler le problème (12.23) de la manière suivante :

$$\mathrm{A_{fe}}\mathbf{w} = \lambda_h \mathrm{M}\mathbf{w}$$

(où $\mathbf{w}$ est le vecteur contenant les valeurs nodales de w_h). Ceci peut être vu comme un *problème de valeurs propres généralisé* (voir [QSS07]). Toutes les valeurs propres $\lambda_h^1, \ldots, \lambda_h^{N_h}$ sont positives. Les vecteurs propres correspondants $w_h^1, \ldots, w_h^{N_h}$ forment une base du sous-espace V_h et peuvent être choisis *orthonormés*, c'est-à-dire tels que $(w_h^i, w_h^j) = \delta_{ij}$, $\forall i,j = 1,\ldots,N_h$. En particulier, toute fonction $v_h \in V_h$ peut être représentée ainsi :

$$v_h(x) = \sum_{j=1}^{N_h} v_j w_h^j(x).$$

Supposons maintenant que $\theta \in [0,1]$ et concentrons-nous sur le cas où la forme bilinéaire $a(\cdot,\cdot)$ est symétrique. Bien que le résultat final de stabilité soit encore valable dans le cas non symétrique, la preuve qui suit ne s'applique pas dans ce cas, car alors les vecteurs propres ne forment pas une base de V_h. Soient $\{w_h^i\}$ les vecteurs propres de $a(\cdot,\cdot)$, qui forment une base orthogonale de V_h. A chaque pas de temps $u_h^k \in V_h$, on peut exprimer u_h^k ainsi :

$$u_h^k(x) = \sum_{j=1}^{N_h} u_j^k w_h^j(x).$$

En posant $F = 0$ dans (12.18) et en prenant $v_h = w_h^i$, on trouve

$$\frac{1}{\Delta t} \sum_{j=1}^{N_h} \left[u_j^{k+1} - u_j^k\right] \left(w_h^j, w_h^i\right) + \sum_{j=1}^{N_h} \left[\theta u_j^{k+1} + (1-\theta)u_j^k\right] a(w_h^j, w_h^i) = 0, \qquad i = 1, \ldots, N_h.$$

Comme les w_h^j sont les fonctions propres de $a(\cdot, \cdot)$, on obtient

$$a(w_h^j, w_h^i) = \lambda_h^j (w_h^j, w_h^i) = \lambda_h^j \delta_{ij} = \lambda_h^i,$$

d'où

$$\frac{u_i^{k+1} - u_i^k}{\Delta t} + \left[\theta u_i^{k+1} + (1-\theta)u_i^k\right] \lambda_h^i = 0.$$

En résolvant cette équation par rapport à u_i^{k+1}, on trouve

$$u_i^{k+1} = u_i^k \frac{\left[1 - (1-\theta)\lambda_h^i \Delta t\right]}{\left[1 + \theta\lambda_h^i \Delta t\right]}.$$

Pour que la méthode soit inconditionnellement stable, on doit avoir (voir Chapitre 10)

$$\left|\frac{1 - (1-\theta)\lambda_h^i \Delta t}{1 + \theta\lambda_h^i \Delta t}\right| < 1,$$

c'est-à-dire

$$2\theta - 1 > -\frac{2}{\lambda_h^i \Delta t}.$$

Si $\theta \geq 1/2$, cette inégalité est satisfaite pour toute valeur de Δt. Inversement, si $\theta < 1/2$, on doit avoir

$$\Delta t < \frac{2}{(1-2\theta)\lambda_h^i}.$$

Pour que cette relation soit vérifiée pour toutes les valeurs propres λ_h^i de la forme bilinéaire, il suffit qu'elle le soit pour la plus grande d'entre elles, qu'on supposera être $\lambda_h^{N_h}$.

On conclut donc que si $\theta \geq 1/2$ le θ-schéma est inconditionnellement stable (*i.e.* stable $\forall \Delta t$), tandis que si $0 \leq \theta < 1/2$ le θ-schéma est stable seulement si

$$\Delta t \leq \frac{2}{(1-2\theta)\lambda_h^{N_h}}.$$

On peut montrer qu'il existe deux constantes positives c_1 et c_2, indépendantes de h, telles que

$$c_1 h^{-2} \leq \lambda_h^{N_h} = c_2 h^{-2}$$

(pour la preuve, voir [QV94], Section 6.3.2). On en déduit, que si $0 \leq \theta < 1/2$, la méthode est stable seulement si

$$\Delta t \leq C_1(\theta)h^2, \tag{12.24}$$

pour une certaine constante $C_1(\theta)$ indépendante de h et Δt.

Avec une preuve analogue, on peut montrer que si on utilise une méthode de Galerkin spectrale pour le problème (12.13), le $\theta-$schéma est inconditionnellement stable si $\theta \geq \frac{1}{2}$, tandis que pour $0 \leq \theta < \frac{1}{2}$, on a stabilité seulement si

$$\Delta t \leq C_2(\theta)N^{-4}, \tag{12.25}$$

pour une constante $C_2(\theta)$ indépendante de N et Δt. La différence entre (12.24) et (12.25) est due au fait que la plus grande valeur propre de la matrice de raideur spectrale croît en $\mathcal{O}(N^4)$ par rapport au degré du polynôme d'approximation.

En comparant la solution du problème totalement discrétisé (12.18) et celle du problème semi-discrétisé (12.14), en utilisant le résultat de stabilité (12.22) et l'erreur de troncature en temps, on peut établir le *résultat de convergence* suivant

$$\|u(t^k) - u_h^k\|_{\mathrm{L}^2(]0,1[)} \leq C(u_0, f, u)(\Delta t^{p(\theta)} + h^{r+1}) \qquad \forall k \geq 1,$$

où r désigne le degré du polynôme par morceaux définissant l'espace d'élément finis V_h, $p(\theta) = 1$ si $\theta \neq 1/2$, $p(1/2) = 2$ et C est une constante qui dépend de ses arguments u_0, f, u (en les supposant suffisamment réguliers) mais pas de h et Δt. Dans le cas particulier où $f = 0$, on peut établir de meilleures inégalités :

$$\|u(t^k) - u_h^k\|_{\mathrm{L}^2(]0,1[)} \leq C\left[\left(\frac{h}{\sqrt{t^k}}\right)^{r+1} + \left(\frac{\Delta t}{t^k}\right)^{p(\theta)}\right]\|u_0\|_{\mathrm{L}^2(]0,1[)},$$

pour $k \geq 1$, $\theta = 1$ ou $\theta = 1/2$ (pour la preuve de ces résultats, voir [QV94], p. 394-395).

Le Programme 88 propose une implémentation du θ-schéma pour la résolution de l'équation de la chaleur sur le domaine $]a, b[\times]t_0, T[$. La discrétisation en espace se fait par éléments finis affines par morceaux. Les paramètres d'entrée sont : le vecteur colonne `I` contenant les extrémités de l'intervalle en espace (a = `I(1)`, b = `I(2)`) et de l'intervalle en temps (t_0 = `I(3)`, T = `I(4)`) ; le vecteur colonne `n` contenant le nombre de pas d'espace et de pas de temps ; les macros `u0` et `f` contenant les fonctions u_{0h} et f, la viscosité constante `nu`, les conditions aux limites de Dirichlet `bc(1)` et `bc(2)`, et la valeur du paramètre `theta`.

Programme 88 - thetameth : θ-schéma pour l'équation de la chaleur

```
function [u,x] = thetameth(I,n,u0,f,bc,nu,theta)
%THETAMETH Theta-schéma.
%  [U,X]=THETAMETH(I,N,U0,F,BC,NU,THETA) résout l'équation de la chaleur
%  avec le THETA-schéma.
nx=n(1); h=(I(2)-I(1))/nx; x=[I(1):h:I(2)]; t=I(3);
uold=(eval(u0))'; nt=n(2); k=(I(4)-I(3))/nt; e=ones(nx+1,1);
K=spdiags([(h/(6*k)-nu*theta/h)*e, (2*h/(3*k)+2*nu*theta/h)*e, ...
   (h/(6*k)-nu*theta/h)*e],-1:1,nx+1,nx+1);
B=spdiags([(h/(6*k)+nu*(1-theta)/h)*e, (2*h/(3*k)-nu*2*(1-theta)/h)*e, ...
   (h/(6*k)+nu*(1-theta)/h)*e],-1:1,nx+1,nx+1);
K(1,1)=1;     K(1,2)=0;    B(1,1)= 0;    B(1,2)=0;
K(nx+1,nx+1)=1; K(nx+1,nx)=0; B(nx+1,nx+1)=0; B(nx+1,nx)=0;
[L,U]=lu(K);
t=I(3);
x=[I(1)+h:h:I(2)-h];
fold=(eval(f))';
fold=h*fold;
fold=[bc(1); fold; bc(2)];
for time=I(3)+k:k:I(4)
   t=time;
   fnew=(eval(f))'; fnew=h*fnew; fnew=[bc(1); fnew; bc(2)];
   b=theta*fnew+(1-theta)*fold+B*uold;
   y=L\b; u=U\y; uold=u;
end
x=[I(1):h:I(2)];
return
```

Exemple 12.1 Vérifions la précision en temps du θ-schéma appliqué à l'équation de la chaleur (12.1) sur le domaine espace-temps $]0,1[\times]0,1[$, avec un f choisi de sorte que la solution exacte soit $u = \sin(2\pi x)\cos(2\pi t)$. On fixe le pas d'espace $h = 1/500$ et on prend un pas de temps Δt égal à $(10k)^{-1}$, avec $k = 1, \ldots, 4$. On utilise des élément finis affines par morceaux pour la discrétisation en espace. La Figure 12.1 montre la convergence du schéma d'Euler rétrograde ($\theta = 1$, *trait plein*) du schéma de Crank-Nicolson ($\theta = 1/2$, *trait discontinu*) en norme $\mathrm{L}^2(]0,1[)$ (évaluée au temps $t = 1$), quand Δt tend vers zéro. Comme prévu, la méthode de Crank-Nicolson est beaucoup plus précise que celle d'Euler. •

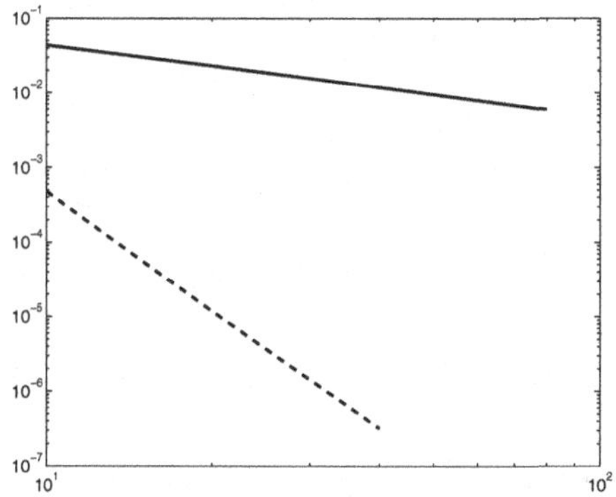

Fig. 12.1. Analyse de la convergence du θ-schéma en fonction du nombre $1/\Delta t$ de pas de temps (en abscisse) : $\theta = 1$ (*trait plein*) et $\theta = 0.5$ (*trait discontinu*)

12.4 Equations hyperboliques : un problème de transport scalaire

Considérons le problème scalaire hyperbolique suivant

$$\begin{cases} \dfrac{\partial u}{\partial t} + a\dfrac{\partial u}{\partial x} = 0, \quad x \in \mathbb{R},\, t > 0, \\ u(x,0) = u_0(x), \quad x \in \mathbb{R}, \end{cases} \tag{12.26}$$

où a est un nombre réel positif. Sa solution est donnée par

$$u(x,t) = u_0(x - at), \quad t \geq 0,$$

et représente une onde se propageant à la vitesse a. Les courbes $(x(t), t)$ du plan (x,t) satisfaisant l'équation différentielle ordinaire suivante

$$\begin{cases} \dfrac{dx(t)}{dt} = a, \quad t > 0, \\ x(0) = x_0, \end{cases} \tag{12.27}$$

sont appelées *courbes caractéristiques*. Ce sont des lignes droites d'équation $x(t) = x_0 + at$, $t > 0$ le long desquelles la solution de (12.26) reste constante. En effet,

$$\frac{du}{dt} = \frac{\partial u}{\partial t} + \frac{\partial u}{\partial x}\frac{dx}{dt} = 0 \qquad \text{sur } \ (x(t),t).$$

Pour le problème plus général

$$\begin{cases} \dfrac{\partial u}{\partial t} + a\dfrac{\partial u}{\partial x} + a_0 u = f, \quad x \in \mathbb{R},\, t > 0, \\ u(x,0) = u_0(x), \qquad\qquad x \in \mathbb{R}, \end{cases} \tag{12.28}$$

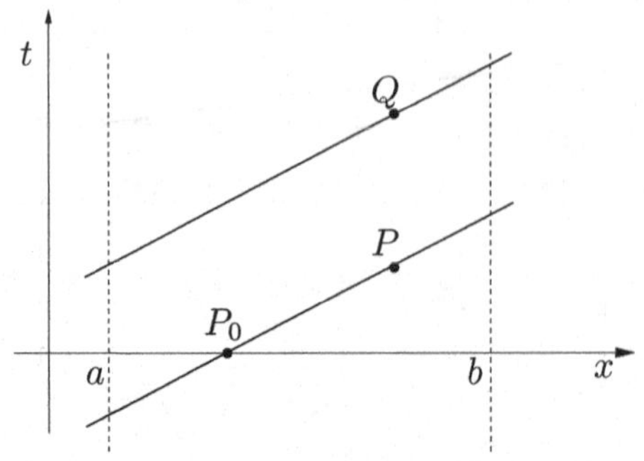

Fig. 12.2. Exemples de caractéristiques : droites issues des points P et Q

où a, a_0 et f sont des fonctions des variables (x, t), les courbes caractéristiques sont encore définies par (12.27). Mais dans ce cas, les solutions de (12.28) satisfont, le long des caractéristiques, l'équation différentielle

$$\frac{du}{dt} = f - a_0 u \quad \text{sur } (x(t), t).$$

Considérons maintenant le problème (12.26) sur un intervalle borné. Par exemple, supposons que $x \in [\alpha, \beta]$ et $a > 0$. Comme u est constante le long des caractéristiques, on voit sur la Figure 12.2 (*à gauche*) que la solution en P a la valeur u_0 qu'elle avait en P_0, "pied" de la caractéristique issue de P. Considérons à présent la caractéristique issue de Q : elle intersecte la droite $x(t) = \alpha$ à un certain temps $t = \bar{t} > 0$. Le point $x = \alpha$ est donc un point *d'entrée* et il est nécessaire d'y fixer une valeur de u pour tout $t > 0$. Si a était négatif, alors le point d'entrée serait en $x = \beta$.

Remarquer que dans le problème (12.26), une discontinuité de u_0 en x_0 se propage le long de la caractéristique issue de x_0. On peut rendre cette remarque rigoureuse en introduisant le concept de *solutions faibles*, voir p.ex. [GR96]. Il existe une autre motivation à l'introduction des solutions faibles : dans les problèmes hyperboliques non linéaires, les caractéristiques peuvent se croiser ; dans ce cas, la solution ne peut pas être continue et il n'existe plus de solution au sens classique.

12.5 Systèmes d'équations linéaires hyperboliques

On considère les systèmes linéaires hyperboliques de la forme

$$\frac{\partial \mathbf{u}}{\partial t} + \mathrm{A}\frac{\partial \mathbf{u}}{\partial x} = \mathbf{0}, \quad x \in \mathbb{R},\, t > 0, \tag{12.29}$$

où $\mathbf{u} : \mathbb{R} \times [0, \infty[\to \mathbb{R}^p$ et $\mathrm{A} \in \mathbb{R}^{p \times p}$ est une matrice à coefficients constants.

Le système est dit *hyperbolique* si A est diagonalisable et a des valeurs propres réelles, c'est-à-dire s'il existe une matrice inversible $\mathrm{T} \in \mathbb{R}^{p \times p}$ telle que

$$A = T\Lambda T^{-1},$$

où $\Lambda = \text{diag}(\lambda_1, ..., \lambda_p)$ est la matrice diagonale des valeurs propres réelles de A, et où $T = [\boldsymbol{\omega}^1, \boldsymbol{\omega}^2, \ldots, \boldsymbol{\omega}^p]$ est la matrice dont les colonnes sont les vecteurs propres à droite de A (voir Section 1.7). Ainsi

$$A\boldsymbol{\omega}^k = \lambda_k \boldsymbol{\omega}^k, \quad k = 1, \ldots, p.$$

Le système est dit *strictement hyperbolique* s'il est hyperbolique et que ses valeurs propres sont distinctes.
En introduisant les *variables caractéristiques* $\mathbf{w} = T^{-1}\mathbf{u}$, le système (12.29) devient

$$\frac{\partial \mathbf{w}}{\partial t} + \Lambda \frac{\partial \mathbf{w}}{\partial x} = \mathbf{0}.$$

C'est un système de p équations scalaires indépendantes de la forme

$$\frac{\partial w_k}{\partial t} + \lambda_k \frac{\partial w_k}{\partial x} = 0, \quad k = 1, \ldots, p.$$

En procédant comme à la Section 12.4, on obtient $w_k(x,t) = w_k(x - \lambda_k t, 0)$, et donc la solution $\mathbf{u} = T\mathbf{w}$ du problème (12.29) peut s'écrire

$$\mathbf{u}(x,t) = \sum_{k=1}^{p} w_k(x - \lambda_k t, 0)\boldsymbol{\omega}^k.$$

Le long de la k-ème caractéristique, qui est la courbe $(x_k(t), t)$ du plan (x,t) vérifiant $x_k'(t) = \lambda_k$, la fonction w_k est constante. Dans le cas d'un système strictement hyperbolique, en tout point $(\overline{x}, \overline{t})$ du plan (x,t) passent p caractéristiques distinctes. Donc $u(\overline{x}, \overline{t})$ ne dépend que de la donnée initiale aux points $\overline{x} - \lambda_k \overline{t}$. C'est pourquoi l'ensemble des p points situés aux pieds des caractéristiques passant par le point $(\overline{x}, \overline{t})$

$$D(\overline{t}, \overline{x}) = \left\{x \in \mathbb{R} \ : \ x = \overline{x} - \lambda_k \overline{t}\ ,\ k = 1, ..., p\right\}, \tag{12.30}$$

est appelé *domaine de dépendance* de la solution $\mathbf{u}(\overline{x}, \overline{t})$.

Si le problème (12.29) est posé sur un intervalle borné $]\alpha, \beta[$ au lieu d'être posé sur la droite réelle toute entière, on détermine le point d'entrée de chaque variable caractéristique w_k en fonction du signe de λ_k. Ainsi, le nombre de valeurs propres positives (resp. négatives) détermine le nombre de conditions aux limites pouvant être imposées en $x = \alpha$ (resp. $x = \beta$). On verra un exemple de ceci à la Section 12.5.1.

12.5.1 Equation des ondes

On considère l'équation hyperbolique du second ordre, appelée *équation des ondes*,

$$\frac{\partial^2 u}{\partial t^2} - \gamma^2 \frac{\partial^2 u}{\partial x^2} = f, \quad x \in]\alpha, \beta[, \quad t > 0, \tag{12.31}$$

complétée par la donné initiale

$$u(x,0) = u_0(x) \quad \text{et} \quad \frac{\partial u}{\partial t}(x,0) = v_0(x), \quad x \in]\alpha,\beta[,$$

et les conditions aux limites

$$u(\alpha,t) = 0 \quad \text{et} \quad u(\beta,t) = 0, \quad t > 0. \tag{12.32}$$

Par exemple, u peut modéliser le déplacement transverse d'une corde vibrante de longueur $\beta - \alpha$, fixée à ses extrémités. Dans ce cas, γ est un coefficient dépendant de la masse linéique et de la raideur de la corde et f est une densité de force verticale appliquée à la corde.

Les fonctions $u_0(x)$ et $v_0(x)$ désignent respectivement le déplacement initial et la vitesse initiale de la corde.
Le changement de variables

$$\omega_1 = \frac{\partial u}{\partial x}, \quad \omega_2 = \frac{\partial u}{\partial t},$$

transforme (12.31) en le système du premier ordre

$$\frac{\partial \boldsymbol{\omega}}{\partial t} + \mathrm{A}\frac{\partial \boldsymbol{\omega}}{\partial x} = \mathbf{f}, \quad x \in]\alpha,\beta[, \quad t > 0, \tag{12.33}$$

où

$$\boldsymbol{\omega} = \begin{bmatrix} \omega_1 \\ \omega_2 \end{bmatrix}, \quad \mathrm{A} = \begin{bmatrix} 0 & -1 \\ -\gamma^2 & 0 \end{bmatrix}, \quad \mathbf{f} = \begin{bmatrix} 0 \\ f \end{bmatrix},$$

et les conditions initiales sont $\omega_1(x,0) = u_0'(x)$ et $\omega_2(x,0) = v_0(x)$.

Comme les valeurs propres de A sont les deux réels distincts $\pm\gamma$ (représentant les vitesses de propagation de l'onde), on en déduit que le système (12.33) est hyperbolique. Etant donné le signe des valeurs propres, on voit aussi qu'une condition aux limites doit être imposée en chaque extrémité, comme cela a été fait en (12.32). Remarquer que, comme dans les cas précédents, des données initiales régulières donnent des solutions régulières, tandis que d'éventuelles discontinuités de la donnée initiale se propagent le long des caractéristiques.

Remarque 12.2 Remarquer qu'en remplaçant $\frac{\partial^2 u}{\partial t^2}$ par t^2, $\frac{\partial^2 u}{\partial x^2}$ par x^2 et f par 1, l'équation des ondes devient

$$t^2 - \gamma^2 x^2 = 1,$$

qui représente une hyperbole dans le plan (x,t). Si on avait procédé de même pour l'équation de la chaleur (12.1), on aurait trouvé

$$t - \nu x^2 = 1,$$

qui représente une parabole dans le plan (x, t). Enfin, pour l'équation de Poisson (11.66), en remplaçant $\frac{\partial^2 u}{\partial x^2}$ par x^2, $\frac{\partial^2 u}{\partial y^2}$ par y^2 et f par 1, on trouve

$$x^2 + y^2 = 1,$$

qui est l'équation d'une ellipse dans le plan (x, y).

C'est cette interprétation géométrique qui explique la classification des opérateurs différentiels en opérateurs hyperboliques, paraboliques et elliptiques. ■

12.6 Méthode des différences finies pour les équations hyperboliques

On propose de discrétiser le problème hyperbolique (12.26) par différences finies en espace-temps. Pour cela, le demi-plan $\{(x,t): -\infty < x < \infty,\ t > 0\}$ est discrétisé en choisissant un pas d'espace Δx, un pas de temps Δt et des points de grille (x_j, t^n) définis par

$$x_j = j\Delta x, \quad j \in \mathbb{Z}, \quad t^n = n\Delta t, \quad n \in \mathbb{N}.$$

On pose

$$\lambda = \Delta t/\Delta x,$$

et $x_{j+1/2} = x_j + \Delta x/2$. On cherche des solutions discrètes u_j^n qui approchent les valeurs $u(x_j, t^n)$ de la solution exacte pour tout j, n.

On utilise assez souvent des méthodes explicites en temps dans les problèmes hyperboliques, bien que celles-ci imposent des restrictions sur la valeur de λ (contrairement à ce qui se passe pour les méthodes implicites). Concentrons-nous sur le problème (12.26). Tout schéma aux différences finies explicite peut s'écrire sous la forme

$$u_j^{n+1} = u_j^n - \lambda(h_{j+1/2}^n - h_{j-1/2}^n), \tag{12.34}$$

où $h_{j+1/2}^n = h(u_j^n, u_{j+1}^n)$ pour tout j. La fonction $h(\cdot,\cdot)$ s'appelle *flux numérique*.

12.6.1 Discrétisation de l'équation scalaire

Voici plusieurs exemples de méthodes explicites et les flux numériques correspondant.

1. *Euler explicite/centré*

$$u_j^{n+1} = u_j^n - \frac{\lambda}{2}a(u_{j+1}^n - u_{j-1}^n) \tag{12.35}$$

qui peut être mis sous la forme (12.34) en posant

$$h_{j+1/2}^n = \frac{1}{2}a(u_{j+1}^n + u_j^n). \tag{12.36}$$

2. *Lax-Friedrichs*

$$u_j^{n+1} = \frac{1}{2}(u_{j+1}^n + u_{j-1}^n) - \frac{\lambda}{2}a(u_{j+1}^n - u_{j-1}^n) \tag{12.37}$$

qui est de la forme (12.34) avec

$$h_{j+1/2}^n = \frac{1}{2}[a(u_{j+1}^n + u_j^n) - \lambda^{-1}(u_{j+1}^n - u_j^n)].$$

3. *Lax-Wendroff*

$$u_j^{n+1} = u_j^n - \frac{\lambda}{2}a(u_{j+1}^n - u_{j-1}^n) + \frac{\lambda^2}{2}a^2(u_{j+1}^n - 2u_j^n + u_{j-1}^n) \tag{12.38}$$

qui est de la forme (12.34) avec

$$h_{j+1/2}^n = \frac{1}{2}[a(u_{j+1}^n + u_j^n) - \lambda a^2(u_{j+1}^n - u_j^n)].$$

4. *Euler explicite/décentré*

$$u_j^{n+1} = u_j^n - \frac{\lambda}{2}a(u_{j+1}^n - u_{j-1}^n) + \frac{\lambda}{2}|a|(u_{j+1}^n - 2u_j^n + u_{j-1}^n) \tag{12.39}$$

qui est de la forme (12.34) avec

$$h_{j+1/2}^n = \frac{1}{2}[a(u_{j+1}^n + u_j^n) - |a|(u_{j+1}^n - u_j^n)].$$

On peut obtenir les trois derniers schémas en ajoutant un terme de diffusion numérique au schéma d'Euler explicite/centré. Ils s'écrivent alors de manière équivalente :

$$u_j^{n+1} = u_j^n - \frac{\lambda}{2}a(u_{j+1}^n - u_{j-1}^n) + \frac{1}{2}k\frac{u_{j+1}^n - 2u_j^n + u_{j-1}^n}{(\Delta x)^2}, \tag{12.40}$$

où la viscosité artificielle k correspondant à chaque cas est donnée dans la Table 12.1.
Ainsi, le flux numérique de chaque schéma s'écrit

$$h_{j+1/2} = h_{j+1/2}^{FE} + h_{j+1/2}^{diff},$$

où $h_{j+1/2}^{FE}$ est le flux numérique du schéma d'Euler/centré (donné en (12.36)) et où le *flux diffusif artificiel* $h_{j+1/2}^{diff}$ est donné, pour les trois cas, dans la Table 12.1.

Comme exemple de méthode implicite, on peut considérer le schéma d'*Euler implicite/centré*

$$u_j^{n+1} + \frac{\lambda}{2}a(u_{j+1}^{n+1} - u_{j-1}^{n+1}) = u_j^n, \tag{12.41}$$

Table 12.1. Viscosité artificielle, flux artificiel et erreur de troncature pour les schémas de Lax-Friedrichs, Lax-Wendroff et pour le schéma décentré

méthodes	k	$h^{diff}_{j+1/2}$	$\tau(\Delta t, \Delta x)$
Lax-Friedrichs	Δx^2	$-\frac{1}{2\lambda}(u_{j+1}-u_j)$	$\mathcal{O}\left(\frac{\Delta x^2}{\Delta t}+\Delta t+\Delta x\right)$
Lax-Wendroff	$a^2\Delta t^2$	$-\frac{\lambda a^2}{2}(u_{j+1}-u_j)$	$\mathcal{O}\left(\Delta t^2+\Delta x^2\right)$
Décentré	$\lvert a\rvert\Delta x\Delta t$	$-\frac{\lvert a\rvert}{2}(u_{j+1}-u_j)$	$\mathcal{O}(\Delta t+\Delta x)$

qui peut aussi s'écrire sous la forme (12.34) à condition de remplacer h^n par h^{n+1}. Dans ce cas, le flux numérique est identique à celui du schéma d'Euler explicite/centré.

Voici pour finir deux schémas permettant de résoudre numériquement l'équation des ondes (12.31) :

1. *Saute-mouton* (*leap-frog* en anglais)
$$u_j^{n+1} - 2u_j^n + u_j^{n-1} = (\gamma\lambda)^2(u_{j+1}^n - 2u_j^n + u_{j-1}^n); \qquad (12.42)$$
2. *Newmark*
$$\begin{aligned} u_j^{n+1} - u_j^n &= \Delta t v_j^n + (\gamma\lambda)^2\left[\beta w_j^{n+1} + \left(\tfrac{1}{2}-\beta\right)w_j^n\right],\\ v_j^{n+1} - v_j^n &= \frac{(\gamma\lambda)^2}{\Delta t}\left[\theta w_j^{n+1} + (1-\theta)w_j^n\right], \end{aligned} \qquad (12.43)$$
avec $w_j = u_{j+1} - 2u_j + u_{j-1}$ et où les paramètres β et θ satisfont $0 \leq \beta \leq \frac{1}{2}$, $0 \leq \theta \leq 1$.

12.7 Analyse des méthodes de différences finies

Nous allons analyser la consistance, la stabilité et la convergence des schémas aux différences finies introduits ci-dessus, ainsi que leurs propriétés de dissipation et de dispersion.

12.7.1 Consistance

Comme on l'a vu à la Section 10.3, l'erreur de troncature locale d'un schéma numérique est le résidu obtenu quand on injecte la solution exacte dans le schéma.

En notant u la solution exacte du problème (12.26), on définit l'*erreur de troncature locale* de la méthode (12.35) en (x_j, t^n) par
$$\tau_j^n = \frac{u(x_j,t^{n+1}) - u(x_j,t^n)}{\Delta t} - a\frac{u(x_{j+1},t^n) - u(x_{j-1},t^n)}{2\Delta x}.$$

L'*erreur de troncature* est

$$\tau(\Delta t, \Delta x) = \max_{j,n} |\tau_j^n|.$$

Si $\tau(\Delta t, \Delta x)$ tend vers zéro quand Δt et Δx tendent indépendamment vers zéro, le schéma numérique est dit *consistant.*

Le schéma est dit *d'ordre* p en temps et *d'ordre* q en espace, si, pour une solution assez régulière du problème exact, on a

$$\tau(\Delta t, \Delta x) = \mathcal{O}(\Delta t^p + \Delta x^q).$$

Un développement de Taylor permet de calculer les erreurs de troncature des méthodes introduites ci-dessus. On les a indiquées dans la Table 12.1. Le schéma saute-mouton et le schéma de Newmark sont tous les deux du second ordre si $\Delta t = \Delta x$. L'erreur de troncature des schémas d'Euler centrés, implicite ou explicite, est en $\mathcal{O}(\Delta t + \Delta x^2)$.

Enfin, on dit qu'un schéma numérique est *convergent* si

$$\lim_{\Delta t, \Delta x \to 0} \max_{j,n} |u(x_j, t^n) - u_j^n| = 0.$$

12.7.2 Stabilité

On dit qu'une méthode numérique appliquée à un problème hyperbolique (linéaire ou non linéaire) est *stable* si, pour tout temps T, il existe deux constantes $C_T > 0$ (dépendant éventuellement de T) et $\delta_0 > 0$, telles que

$$\|\mathbf{u}^n\|_\Delta \leq C_T \|\mathbf{u}^0\|_\Delta, \tag{12.44}$$

pour tout n tel que $n\Delta t \leq T$ et pour tout Δt, Δx tels que $0 < \Delta t \leq \delta_0$, $0 < \Delta x \leq \delta_0$. On a désigné par $\|\cdot\|_\Delta$ une norme discrète convenable, par exemple l'une des suivantes :

$$\|\mathbf{v}\|_{\Delta,p} = \left(\Delta x \sum_{j=-\infty}^{\infty} |v_j|^p \right)^{\frac{1}{p}} \quad \text{pour } p = 1, 2, \quad \|\mathbf{v}\|_{\Delta,\infty} = \sup_j |v_j|. \tag{12.45}$$

On notera que $\|\cdot\|_{\Delta,p}$ est une approximation de la norme $\mathrm{L}^p(\mathbb{R})$. Par exemple, le schéma d'Euler implicite/centré (12.41) est inconditionnellement stable dans la norme $\|\cdot\|_{\Delta,2}$ (voir Exercice 7).

12.7.3 Condition de CFL

Courant, Friedrichs et Lewy [CFL28] ont montré que, pour qu'un schéma explicite de la forme (12.34) soit stable, il est nécessaire que les pas de discrétisation en espace et en temps vérifient

$$|a\lambda| = \left| a \frac{\Delta t}{\Delta x} \right| \leq 1. \tag{12.46}$$

Cette inégalité est connue sous le nom de *condition de CFL*. Le nombre $a\lambda$, qui est une quantité sans dimension (puisque a est une vitesse), est appelé *nombre de CFL*. Si la vitesse a n'est pas constante, la condition de CFL s'écrit

$$\Delta t \leq \frac{\Delta x}{\sup\limits_{x\in\mathbb{R},\ t>0} |a(x,t)|}.$$

Dans le cas d'un système hyperbolique (12.29), la condition de stabilité devient

$$\left|\lambda_k \frac{\Delta t}{\Delta x}\right| \leq 1, \quad k=1,\ldots,p,$$

où $\{\lambda_k,\ k=1\ldots,p\}$ désigne l'ensemble des valeurs propres de A.

On peut donner une interprétation géométrique de la condition de CFL. Dans un schéma aux différences finies, u_j^{n+1} dépend le plus souvent des valeurs de u^n aux trois points x_{j+i}, $i=-1,0,1$. Par récurrence, la solution u_j^{n+1} ne dépend de la donnée initiale qu'aux points x_{j+i}, pour $i=-(n+1),\ldots,(n+1)$ (voir Figure 12.3).

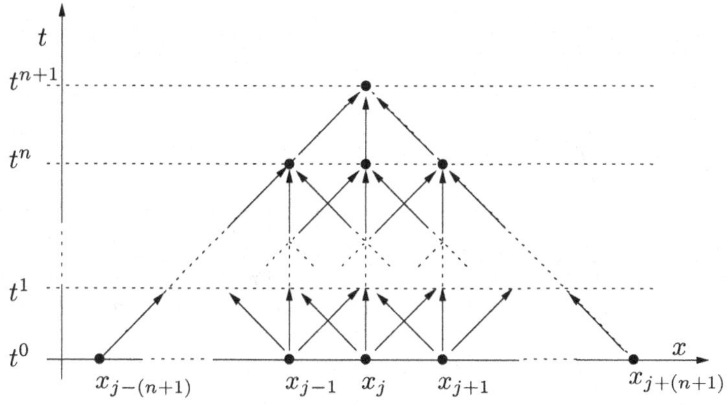

Fig. 12.3. Domaine de dépendance numérique $D_{\Delta t}(x_j,t^{n+1})$

On définit le *domaine de dépendance numérique* $D_{\Delta t}(x_j,t^n)$ comme l'ensemble des points au temps $t=0$ dont dépend la solution u_j^n, c'est-à-dire

$$D_{\Delta t}(x_j,t^n) \subset \left\{x\in\mathbb{R}:\ |x-x_j| \leq n\Delta x = \frac{t^n}{\lambda}\right\}.$$

On a donc, pour tout point $(\overline{x},\overline{t})$,

$$D_{\Delta t}(\overline{x},\overline{t}) \subset \left\{x\in\mathbb{R}:\ |x-\overline{x}| \leq \frac{\overline{t}}{\lambda}\right\}.$$

En particulier, en passant à la limite $\Delta t \to 0$ avec λ fixé, le domaine de dépendance numérique devient

$$D_0(\overline{x}, \overline{t}) = \left\{ x \in \mathbb{R} : \ |x - \overline{x}| \leq \frac{\overline{t}}{\lambda} \right\}.$$

La condition (12.46) est donc équivalente à l'inclusion

$$D(\overline{x}, \overline{t}) \subset D_0(\overline{x}, \overline{t}), \tag{12.47}$$

où $D(\overline{x}, \overline{t})$ est le domaine de dépendance défini en (12.30).

Cette condition est nécessaire à la stabilité. En effet, quand elle n'est pas satisfaite, il existe des points y^* qui appartiennent au domaine de dépendance sans appartenir au domaine de dépendance *numérique*. Changer la donnée initiale en y^* influence alors la solution exacte mais pas la solution numérique. Ceci rend impossible la convergence et *a fortiori* la stabilité, d'après le théorème d'équivalence de Lax-Richtmyer.

Dans le cas d'un système hyperbolique, on déduit de (12.47) que la condition de CFL revient à dire que les droites d'équation $x = \overline{x} - \lambda_k(\overline{t} - t)$, $k = 1, \ldots, p$ doivent couper la droite $t = \overline{t} - \Delta t$ en des points x appartenant au domaine de dépendance (voir Figure 12.4).

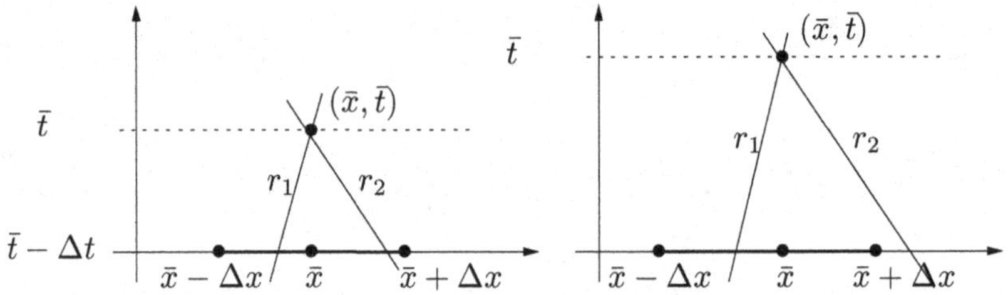

Fig. 12.4. Interprétation géométrique de la condition de CFL pour un système avec $p = 2$, où $r_i = \overline{x} - \lambda_i(t - \overline{t})$ $i = 1, 2$. La condition de CFL est satisfaite sur le schéma de gauche, mais pas sur le schéma de droite

Analysons la stabilité de quelques-unes des méthodes introduites ci-dessus. En supposant $a > 0$, le schéma décentré (12.39) peut s'écrire

$$u_j^{n+1} = u_j^n - \lambda a(u_j^n - u_{j-1}^n). \tag{12.48}$$

Donc

$$\|\mathbf{u}^{n+1}\|_{\Delta,1} \leq \Delta x \sum_j |(1 - \lambda a)u_j^n| + \Delta x \sum_j |\lambda a u_{j-1}^n|.$$

Les deux quantités λa et $1 - \lambda a$ sont positives si (12.46) est vérifiée. Donc

$$\|\mathbf{u}^{n+1}\|_{\Delta,1} \leq \Delta x(1 - \lambda a) \sum_j |u_j^n| + \Delta x \lambda a \sum_j |u_{j-1}^n| = \|\mathbf{u}^n\|_{\Delta,1}.$$

L'inégalité (12.44) est donc satisfaite en prenant $C_T = 1$ et $\|\cdot\|_\Delta = \|\cdot\|_{\Delta,1}$.

Le schéma de Lax-Friedrichs est également stable, sous l'hypothèse (12.46). En effet, on a d'après (12.37)

$$u_j^{n+1} = \frac{1}{2}(1-\lambda a)u_{j+1}^n + \frac{1}{2}(1+\lambda a)u_{j-1}^n.$$

Donc,

$$\begin{aligned}
\|\mathbf{u}^{n+1}\|_{\Delta,1} &\leq \frac{1}{2}\Delta x\left[\sum_j |(1-\lambda a)u_{j+1}^n| + \sum_j |(1+\lambda a)u_{j-1}^n|\right] \\
&\leq \frac{1}{2}(1-\lambda a)\|\mathbf{u}^n\|_{\Delta,1} + \frac{1}{2}(1+\lambda a)\|\mathbf{u}^n\|_{\Delta,1} = \|\mathbf{u}^n\|_{\Delta,1}.
\end{aligned}$$

De même, le schéma de Lax-Wendroff est stable dès que l'hypothèse (12.46) sur Δt est vérifiée (pour la preuve, voir p.ex. [QV94] Chapitre 14).

12.7.4 Analyse de stabilité de von Neumann

Nous allons maintenant montrer que la condition (12.46) n'est pas suffisante pour garantir la stabilité du schéma d'Euler explicite/centré (12.35). Pour cela, nous supposons que la fonction $u_0(x)$ est 2π-périodique et peut être développée en série de Fourier

$$u_0(x) = \sum_{k=-\infty}^{\infty} \alpha_k e^{ikx}, \tag{12.49}$$

où

$$\alpha_k = \frac{1}{2\pi}\int_0^{2\pi} u_0(x)\, e^{-ikx}\, dx$$

est le k-ème coefficient de Fourier de u_0 (voir Section 9.9). Donc,

$$u_j^0 = u_0(x_j) = \sum_{k=-\infty}^{\infty} \alpha_k e^{ikjh}, \quad j = 0, \pm 1, \pm 2, \ldots,$$

où on a posé $h = \Delta x$ pour alléger les notations. En appliquant (12.35) avec $n = 0$, on obtient :

$$\begin{aligned}
u_j^1 &= \sum_{k=-\infty}^{\infty} \alpha_k e^{ikjh}\left(1 - \frac{a\Delta t}{2h}(e^{ikh} - e^{-ikh})\right) \\
&= \sum_{k=-\infty}^{\infty} \alpha_k e^{ikjh}\left(1 - \frac{a\Delta t}{h} i \sin(kh)\right).
\end{aligned}$$

En posant

$$\gamma_k = 1 - \frac{a\Delta t}{h} i \sin(kh),$$

on trouve par récurrence sur n :

$$u_j^n = \sum_{k=-\infty}^{\infty} \alpha_k e^{ikjh} \gamma_k^n, \quad j = 0, \pm 1, \pm 2, \ldots, \quad n \geq 1. \tag{12.50}$$

Le nombre $\gamma_k \in \mathbb{C}$ est appelé *coefficient d'amplification* de la k-ème fréquence (ou harmonique). Comme

$$|\gamma_k| = \left\{ 1 + \left(\frac{a\Delta t}{h} \sin(kh) \right)^2 \right\}^{\frac{1}{2}},$$

on en déduit que

$$|\gamma_k| > 1 \ \text{ si } \quad a \neq 0 \ \text{ et } \quad k \neq \frac{m\pi}{h}, \qquad m = 0, \pm 1, \pm 2, \ldots.$$

Par conséquent, la valeur nodale $|u_j^n|$ ne cesse de croître quand $n \to \infty$ et la solution numérique “explose” tandis que la solution exacte vérifie

$$|u(x,t)| = |u_0(x - at)| \leq \max_{s \in \mathbb{R}} |u_0(s)| \quad \forall x \in \mathbb{R}, \quad \forall t > 0.$$

Le schéma centré (12.35) est donc *inconditionnellement instable*, c'est-à-dire instable quel que soit le choix des paramètres Δt et Δx.

Cette analyse, basée sur les séries de Fourier, est appelée *analyse de von Neumann*. On l'utilise pour étudier non seulement la stabilité d'un schéma numérique en norme $\|\cdot\|_{\Delta,2}$ mais aussi ses propriétés de dissipation et de dispersion.

Tout schéma aux différences finies explicite pour le problème (12.26) satisfait une relation de récurrence analogue à (12.50), où γ_k dépend *a priori* de Δt et h et est appelé *k-ème coefficient d'amplification* du schéma.

Théorème 12.1 *Si on choisit Δt et h tels que $|\gamma_k| \leq 1 \ \forall k$, alors le schéma numérique est stable dans la norme $\|\cdot\|_{\Delta,2}$.*

Démonstration. Pour simplifier, on se restreint au cas où u_0 est une fonction 2π-périodique. On prend N noeuds équirépartis sur $[0, 2\pi[$ (avec N pair) :

$$x_j = jh, \quad j = 0, \ldots, N-1, \quad \text{avec} \quad h = \frac{2\pi}{N},$$

Les données initiales sont alors $\{u_0(x_j), j = 0, \ldots, N-1\}$. Ceci revient à remplacer dans le schéma numérique u_0 par son interpolation trigonométrique, notée $\tilde{u}_0$, d'ordre $N/2$ aux noeuds $\{x_j\}$. Ainsi,

$$\tilde{u}_0(x) = \sum_{k=-\frac{N}{2}}^{\frac{N}{2}-1} \alpha_k e^{ikx},$$

où les α_k sont des coefficients donnés. En appliquant le schéma (12.34), on trouve :

$$u_j^0 = u_0(x_j) = \sum_{k=-\frac{N}{2}}^{\frac{N}{2}-1} \alpha_k e^{ikjh}, \quad u_j^n = \sum_{k=-\frac{N}{2}}^{\frac{N}{2}-1} \alpha_k \gamma_k^n e^{ikjh}.$$

On remarque que

$$\|\mathbf{u}^n\|_{\Delta,2}^2 = h \sum_{j=0}^{N-1} \sum_{k,m=-\frac{N}{2}}^{\frac{N}{2}-1} \alpha_k \overline{\alpha}_m (\gamma_k \overline{\gamma}_m)^n e^{i(k-m)jh}.$$

Avec le Lemme 9.1, on a

$$h \sum_{j=0}^{N-1} e^{i(k-m)jh} = 2\pi \delta_{km}, \quad -\frac{N}{2} \leq k, m \leq \frac{N}{2} - 1,$$

ce qui implique

$$\|\mathbf{u}^n\|_{\Delta,2}^2 = 2\pi \sum_{k=-\frac{N}{2}}^{\frac{N}{2}-1} |\alpha_k|^2 |\gamma_k|^{2n}.$$

Par conséquent, comme $|\gamma_k| \leq 1 \ \forall k$,

$$\|\mathbf{u}^n\|_{\Delta,2}^2 \leq 2\pi \sum_{k=-\frac{N}{2}}^{\frac{N}{2}-1} |\alpha_k|^2 = \|\mathbf{u}^0\|_{\Delta,2}^2 \quad \forall n \geq 0,$$

ce qui montre que le schéma est stable dans la norme $\|\cdot\|_{\Delta,2}$. ◇

Pour le schéma décentré (12.39), on trouve, en procédant comme pour le schéma centré, les coefficients d'amplification suivants (voir Exercice 6)

$$\gamma_k = \begin{cases} 1 - a\dfrac{\Delta t}{h}(1 - e^{-ikh}) & \text{si } a > 0, \\ 1 - a\dfrac{\Delta t}{h}(e^{-ikh} - 1) & \text{si } a < 0. \end{cases}$$

Donc

$$\forall k, \quad |\gamma_k| \leq 1 \quad \text{si} \quad \Delta t \leq \frac{h}{|a|},$$

qui n'est autre que la condition de CFL.

D'après le théorème 12.1, si la condition de CFL est satisfaite, le schéma décentré est stable dans la norme $\|\cdot\|_{\Delta,2}$.

Pour conclure, remarquons que le schéma décentré (12.48) vérifie

$$u_j^{n+1} = (1 - \lambda a) u_j^n + \lambda a u_{j-1}^n.$$

D'après (12.46), ou bien λa ou bien $1 - \lambda a$ est positif, donc

$$\min(u_j^n, u_{j-1}^n) \leq u_j^{n+1} \leq \max(u_j^n, u_{j-1}^n).$$

Par conséquent

$$\inf_{l\in\mathbb{Z}} \{u_l^0\} \leq u_j^n \leq \sup_{l\in\mathbb{Z}} \{u_l^0\} \quad \forall j \in \mathbb{Z},\ \forall n \geq 0,$$

c'est-à-dire,

$$\|\mathbf{u}^n\|_{\Delta,\infty} \leq \|\mathbf{u}^0\|_{\Delta,\infty} \quad \forall n \geq 0, \tag{12.51}$$

ce qui montre que si (12.46) est vérifié, le schéma décentré est stable dans la norme $\|\cdot\|_{\Delta,\infty}$. La relation (12.51) est appelée *principe du maximum discret* (voir aussi la Section 11.2.2).

Remarque 12.3 Pour l'équation des ondes (12.31), le schéma saute-mouton (12.42) est stable sous la condition de CFL $\Delta t \leq \Delta x/|\gamma|$, et le schéma de Newmark (12.43) est inconditionnellement stable si $2\beta \geq \theta \geq \frac{1}{2}$ (voir [Joh90]). ■

12.8 Dissipation et dispersion

L'analyse de von Neumann des coefficients d'amplification met non seulement en évidence les propriétés de stabilité mais aussi de *dissipation* d'un schéma numérique.

Considérons la solution exacte du problème (12.26) :

$$u(x, t^n) = u_0(x - an\Delta t) \quad \forall n \geq 0, \quad \forall x \in \mathbb{R}.$$

En particulier, en appliquant (12.49), on en déduit que

$$u(x_j, t^n) = \sum_{k=-\infty}^{\infty} \alpha_k e^{ikjh} g_k^n, \quad \text{où} \quad g_k = e^{-iak\Delta t}. \tag{12.52}$$

En posant

$$\varphi_k = k\Delta x,$$

on a $k\Delta t = \lambda\varphi_k$ et donc

$$g_k = e^{-ia\lambda\varphi_k}. \tag{12.53}$$

Le réel φ_k, exprimé ici en radians, est appelé *phase* de la k-ème harmonique. En comparant (12.52) et (12.50), on voit que γ_k est l'analogue de g_k pour le schéma numérique. On note de plus que $|g_k| = 1$, alors que $|\gamma_k| \leq 1$ pour la stabilité.

Ainsi, γ_k est un coefficient de dissipation ; plus $|\gamma_k|$ est petit, plus l'amplitude α_k est réduite, et par conséquent, plus forte est la dissipation numérique. Le quotient $\epsilon_a(k) = \frac{|\gamma_k|}{|g_k|}$ est appelé *erreur d'amplification* de la k-ème harmonique associée au schéma numérique (dans notre cas, il coïncide avec le coefficient d'amplification). D'autre part, en écrivant

$$\gamma_k = |\gamma_k| e^{-i\omega\Delta t} = |\gamma_k| e^{-i\frac{\omega}{k}\lambda\varphi_k},$$

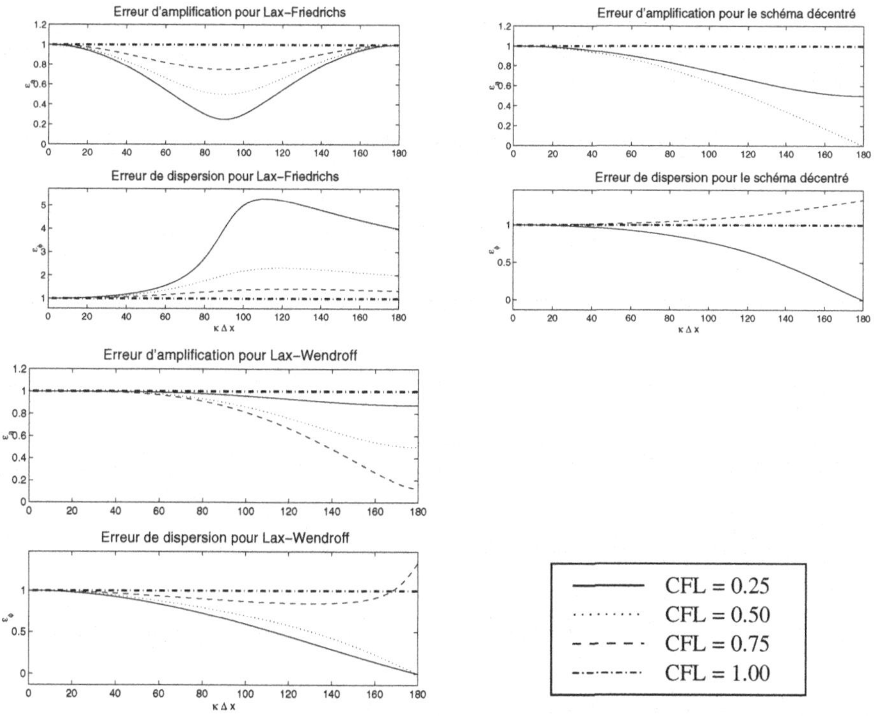

Fig. 12.5. Erreurs d'amplification et de dispersion pour divers schémas numériques

et en comparant cette relation avec (12.53), on peut identifier $\frac{\omega}{k}$ comme étant la *vitesse de propagation* de la solution numérique relative à la k-ème harmonique. Le quotient entre cette vitesse et la vitesse a de la solution exacte est appelé *erreur de dispersion* ϵ_d relative à la k-ème harmonique

$$\epsilon_d(k) = \frac{\omega}{ka} = \frac{\omega \Delta x}{\varphi_k a}.$$

Les erreurs d'amplification et de dispersion du schéma numérique sont fonctions de la phase φ_k et du nombre de CFL $a\lambda$. On les a représentées sur la Figure 12.5 en se limitant à l'intervalle $0 \leq \varphi_k \leq \pi$ et en exprimant φ_k en degrés plutôt qu'en radians.

Sur la Figure 12.6, on a représenté les solutions numériques de l'équation (12.26) avec $a = 1$ et avec une donnée initiale u_0 constituée d'un paquet de deux ondes sinusoïdales de longueur d'onde l et centrées à l'origine $x = 0$. Les trois tracés du haut de la figure correspondent à $l = 10\Delta x$, ceux du bas à $l = 4\Delta x$. Comme $k = (2\pi)/l$, on a $\varphi_k = ((2\pi)/l)\Delta x$, donc $\varphi_k = \pi/10$ pour les tracés du haut et $\varphi_k = \pi/4$ pour ceux du bas. Toutes les solutions numériques ont été calculées avec un nombre de CFL égal à 0.75, en utilisant les schémas introduits précédemment. Remarquer que la dissipation est assez forte aux hautes fréquences ($\varphi_k = \pi/4$), particulièrement pour les méthodes d'ordre un (comme les schémas décentrés et de Lax-Friedrichs).

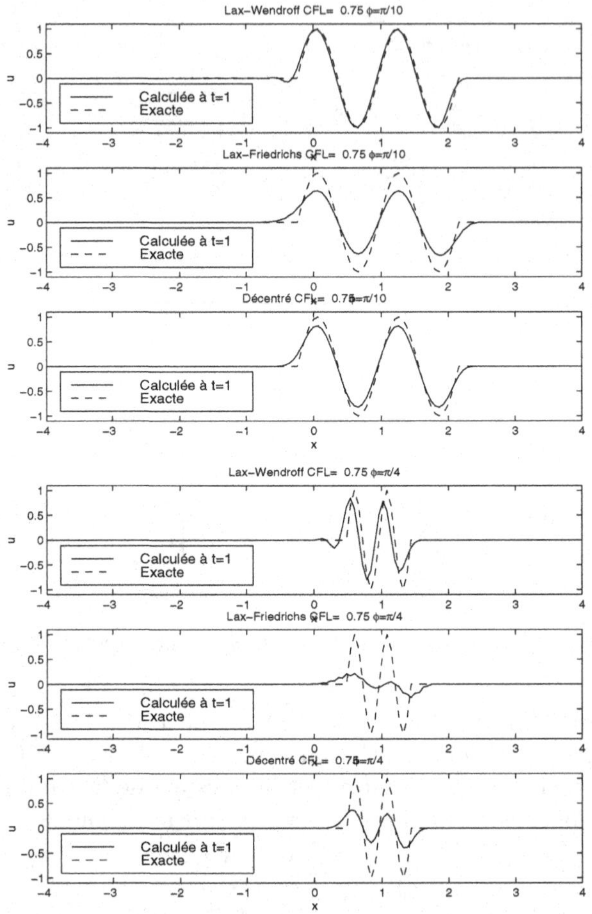

Fig. 12.6. Solutions correspondant au transport d'un paquet d'ondes sinusoïdales, pour différentes longueurs d'ondes

Pour mettre en évidence la dispersion, on a repris les calculs avec $\varphi_k = \pi/3$ et différentes valeurs de CFL. Les solutions numérique après 5 pas de temps sont représentées sur la Figure 12.7. Le schéma de Lax-Wendroff est le moins dissipatif pour toutes les CFL. De plus, en comparant les pics des solutions numériques avec ceux de la solution exacte, on voit que le schéma de Lax-Friedrichs a une erreur de dispersion positive, puisque l'onde "numérique" avance plus vite que l'onde exacte. Le schéma décentré exhibe une légère erreur de dispersion pour une CFL de 0.75 qui disparaît pour une CFL de

0.5. Les pics sont ici bien alignés avec ceux de la solution exacte, bien qu'ils aient été réduits à cause de la dissipation numérique. Enfin, le schéma de Lax-Wendroff a une faible erreur de dispersion négative ; la solution numérique est en effet légèrement en retard par rapport à la solution exacte.

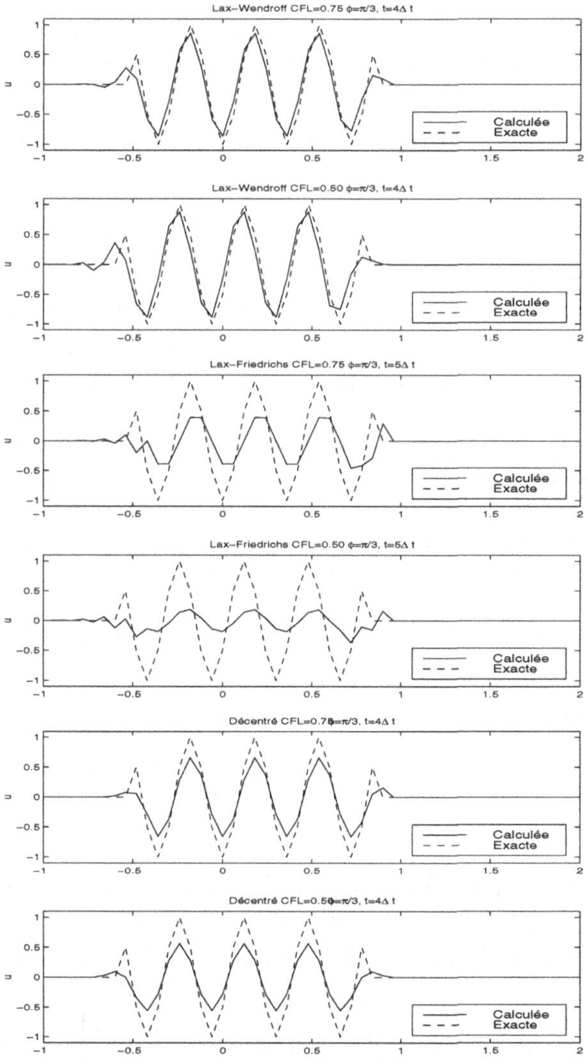

Fig. 12.7. Solutions correspondant au transport d'un paquet d'ondes sinusoïdales, pour différentes valeurs de CFL

12.9 Eléments finis pour les équations hyperboliques

Considérons le problème suivant, hyperbolique d'ordre un, linéaire et scalaire, sur l'intervalle $]\alpha, \beta[\subset \mathbb{R}$

$$\begin{cases} \dfrac{\partial u}{\partial t} + a\dfrac{\partial u}{\partial x} + a_0 u = f & \text{dans } Q_T =]\alpha, \beta[\times]0, T[, \\ u(\alpha, t) = \varphi(t), & t \in]0, T[, \\ u(x, 0) = u_0(x), & x \in \Omega, \end{cases} \tag{12.54}$$

où $a = a(x)$, $a_0 = a_0(x,t)$, $f = f(x,t)$, $\varphi = \varphi(t)$ et $u_0 = u_0(x)$ sont des fonctions données.

On suppose $a(x) > 0$ $\forall x \in [\alpha, \beta]$. Cela implique en particulier que le point $x = \alpha$ est une *entrée*, et qu'une condition aux limites doit y être imposée.

12.9.1 Discrétisation en espace avec éléments finis continus et discontinus

On peut semi-discrétiser le problème (12.54) avec la méthode de Galerkin (voir Section 11.3). On définit pour cela les espaces

$$V_h = X_h^r = \left\{ v_h \in C^0([\alpha, \beta]) : \ v_{h|I_j} \in \mathbb{P}_r(I_j) \ \forall \ I_j \in \mathcal{T}_h \right\}$$

et

$$V_h^{in} = \{ v_h \in V_h : \ v_h(\alpha) = 0 \},$$

où $\mathcal{T}_h$ est une partition de Ω (voir Section 11.3.5) en $n \geq 2$ sous-intervalles $I_j = [x_j, x_{j+1}]$, pour $j = 0, \ldots, n-1$.

Soit $u_{0,h}$ une approximation éléments finis convenable de u_0. On considère le problème : pour $t \in]0, T[$, trouver $u_h(t) \in V_h$ tel que

$$\begin{cases} \displaystyle\int_\alpha^\beta \frac{\partial u_h(t)}{\partial t} v_h \, dx + \int_\alpha^\beta \left(a \frac{\partial u_h(t)}{\partial x} + a_0(t) u_h(t) \right) v_h \, dx \\ \displaystyle\qquad = \int_\alpha^\beta f(t) v_h \, dx \qquad \forall \ v_h \in V_h^{in}, \\ u_h(t) = \varphi_h(t) \quad \text{en} \quad x = \alpha, \end{cases} \tag{12.55}$$

avec $u_h(0) = u_{0,h} \in V_h$.

Si φ_h vaut zéro, $u_h(t) \in V_h^{in}$, et on peut prendre $v_h = u_h(t)$ pour obtenir l'inégalité suivante

$$\begin{aligned}\|u_h(t)\|^2_{L^2(]\alpha,\beta[)} &+ \int_0^t \mu_0 \|u_h(\tau)\|^2_{L^2(]\alpha,\beta[)}\, d\tau + a(\beta)\int_0^t u_h^2(\tau,\beta)\, d\tau \\ &\leq \|u_{0,h}\|^2_{L^2(]\alpha,\beta[)} + \int_0^t \frac{1}{\mu_0}\|f(\tau)\|^2_{L^2(]\alpha,\beta[)} d\tau\,,\end{aligned}$$

pour tout $t \in [0,T]$, où on a supposé

$$0 < \mu_0 \leq a_0(x,t) - \frac{1}{2}a'(x). \tag{12.56}$$

Dans le cas particulier où f et a_0 sont nuls, on obtient

$$\|u_h(t)\|_{L^2(]\alpha,\beta[)} \leq \|u_{0,h}\|_{L^2(]\alpha,\beta[)},$$

ce qui traduit la stabilité de l'énergie du système. Quand (12.56) n'est pas vérifié (par exemple, quand a est une vitesse de convection constante et $a_0 = 0$), le lemme de Gronwall 10.1 implique

$$\begin{aligned}&\|u_h(t)\|^2_{L^2(]\alpha,\beta[)} + a(\beta)\int_0^t u_h^2(\tau,\beta)\, d\tau \\ &\leq \left(\|u_{0,h}\|^2_{L^2(]\alpha,\beta[)} + \int_0^t \|f(\tau)\|^2_{L^2(]\alpha,\beta[)}\, d\tau\right)\exp\int_0^t [1+2\mu^*(\tau)]\, d\tau,\end{aligned} \tag{12.57}$$

où $\mu^*(t) = \max_{x\in[\alpha,\beta]} |\mu(x,t)|$.

Une alternative à la semi-discrétisation du problème (12.54) consiste à utiliser des éléments finis *discontinus*. Ce choix est motivé par le fait que les solutions des problèmes hyperboliques peuvent présenter, comme on l'a vu, des discontinuités (y compris dans les cas linéaires).

On peut définir ainsi l'espace d'éléments finis

$$W_h = Y_h^r = \left\{v_h \in L^2(]\alpha,\beta[) :\ v_{h|I_j} \in \mathbb{P}_r(I_j)\ \forall\ I_j \in \mathcal{T}_h\right\},$$

c'est-à-dire l'espace des polynômes par morceaux, de degré inférieur ou égal à r, non nécessairement continus aux noeuds.

La méthode de Galerkin discontinue s'écrit alors : pour tout $t \in]0,T[$ trouver $u_h(t) \in W_h$ tel que

$$\begin{cases} \displaystyle\int_\alpha^\beta \frac{\partial u_h(t)}{\partial t} v_h \, dx + \\ \displaystyle\sum_{i=0}^{n-1} \left\{ \int_{x_i}^{x_{i+1}} \left(a \frac{\partial u_h(t)}{\partial x} + a_0(x) u_h(t) \right) v_h \, dx + a(u_h^+ - U_h^-)(x_i,t) v_h^+(x_i) \right\} \\ \displaystyle = \int_\alpha^\beta f(t) v_h \, dx \quad \forall v_h \in W_h, \end{cases} \tag{12.58}$$

où les $\{x_i\}$ sont les noeuds de $\mathcal{T}_h$ avec $x_0 = \alpha$ et $x_n = \beta$, et où, pour chaque noeud x_i, $v_h^+(x_i)$ désigne la limite à droite de v_h en x_i, et $v_h^-(x_i)$ sa limite à gauche. Enfin, $U_h^-(x_i,t) = u_h^-(x_i,t)$ si $i = 1,\ldots,n-1$, tandis que $U_h^-(x_0,t) = \varphi(t)$ $\forall t > 0$.

Si a est positif, x_j est une *entrée* de I_j pour tout j et on pose

$$[u]_j = u^+(x_j) - u^-(x_j), \quad u^\pm(x_j) = \lim_{s \to 0^\pm} u(x_j + sa), \quad j = 1,\ldots,n-1.$$

Alors, pour tout $t \in [0,T]$ l'estimation de stabilité du problème (12.58) s'écrit

$$\begin{aligned} &\|u_h(t)\|^2_{\mathrm{L}^2(]\alpha,\beta[)} + \int_0^t \left(\|u_h(\tau)\|^2_{\mathrm{L}^2(]\alpha,\beta[)} + \sum_{j=0}^{n-1} a(x_j)[u_h(\tau)]_j^2 \right) d\tau \\ &\le C \left[\|u_{0,h}\|^2_{\mathrm{L}^2(]\alpha,\beta[)} + \int_0^t \left(\|f(\tau)\|^2_{\mathrm{L}^2(]\alpha,\beta[)} + a\varphi^2(\tau) \right) d\tau \right]. \end{aligned} \tag{12.59}$$

Pour analyser la convergence, on peut prouver l'estimation d'erreur pour des éléments finis continus de degré r, $r \geq 1$ (voir [QV94], Section 14.3.1)

$$\begin{aligned} \max_{t \in [0,T]} \|u(t) - u_h(t)\|_{\mathrm{L}^2(]\alpha,\beta[)} &+ \left(\int_0^T a |u(\alpha,\tau) - u_h(\alpha,\tau)|^2 \, d\tau \right)^{1/2} \\ &= \mathcal{O}(\|u_0 - u_{0,h}\|_{\mathrm{L}^2(]\alpha,\beta[)} + h^r). \end{aligned}$$

Si au contraire on utilise des éléments finis discontinus de degré $r \geq 0$, l'estimation de convergence devient (voir [QV94], Section 14.3.3 et les références incluses)

$$\begin{aligned} &\max_{t \in [0,T]} \|u(t) - u_h(t)\|_{\mathrm{L}^2(]\alpha,\beta[)} + \left(\int_0^T \|u(t) - u_h(t)\|^2_{\mathrm{L}^2(]\alpha,\beta[)} \, dt \right. \\ &\left. + \int_0^T \sum_{j=0}^{n-1} a(x_j) \, [u(t) - u_h(t)]_j^2 \, dt \right)^{1/2} = \mathcal{O}(\|u_0 - u_{0,h}\|_{\mathrm{L}^2(]\alpha,\beta[)} + h^{r+1/2}). \end{aligned}$$

12.9.2 Discrétisation en temps

La discrétisation en temps des méthodes d'éléments finis introduites à la section précédente peut se faire soit par différences finies soit par éléments finis. Si on choisit un schéma aux différences finies implicite, les deux méthodes (12.55) et (12.58) sont inconditionnellement stables.

Par exemple, utilisons la méthode d'Euler implicite pour la discrétisation en temps du problème (12.55). Le problème s'écrit, pour tout $n \geq 0$: trouver $u_h^{n+1} \in V_h$ tel que

$$\begin{aligned}\frac{1}{\Delta t}\int_\alpha^\beta (u_h^{n+1} - u_h^n)v_h\,dx + \int_\alpha^\beta a\frac{\partial u_h^{n+1}}{\partial x}v_h\,dx \\ + \int_\alpha^\beta a_0^{n+1}u_h^{n+1}v_h\,dx = \int_\alpha^\beta f^{n+1}v_h\,dx \qquad \forall v_h \in V_h^{in},\end{aligned} \tag{12.60}$$

avec $u_h^{n+1}(\alpha) = \varphi^{n+1}$ et $u_h^0 = u_{0h}$. Si $f = 0$ et $\varphi = 0$, en prenant $v_h = u_h^{n+1}$ dans (12.60) on trouve

$$\begin{aligned}\frac{1}{2\Delta t}\left(\|u_h^{n+1}\|^2_{\mathrm{L}^2(]\alpha,\beta[)} - \|u_h^n\|^2_{\mathrm{L}^2(]\alpha,\beta[)}\right) + a(\beta)(u_h^{n+1}(\beta))^2 \\ +\mu_0\|u_h^{n+1}\|^2_{\mathrm{L}^2(]\alpha,\beta[)} \leq 0\end{aligned}$$

$\forall n \geq 0$. En sommant sur n de 0 à $m-1$, on trouve, pour $m \geq 1$,

$$\begin{aligned}\|u_h^m\|^2_{\mathrm{L}^2(]\alpha,\beta[)} + 2\Delta t\left(\sum_{j=1}^m \|u_h^j\|^2_{\mathrm{L}^2(]\alpha,\beta[)} + \sum_{j=1}^m a(\beta)(u_h^{j+1}(\beta))^2\right) \\ \leq \|u_h^0\|^2_{\mathrm{L}^2(]\alpha,\beta[)}.\end{aligned}$$

En particulier, on peut conclure que

$$\|u_h^m\|_{\mathrm{L}^2(]\alpha,\beta[)} \leq \|u_h^0\|_{\mathrm{L}^2(]\alpha,\beta[)} \quad \forall m \geq 0.$$

Les schémas explicites en revanche sont soumis à une condition de stabilité : par exemple, dans le cas de la méthode d'Euler explicite, la condition de stabilité est $\Delta t = \mathcal{O}(\Delta x)$. Cette restriction n'est pas aussi sévère que dans le cas des équations paraboliques. C'est en particulier pour cela que les schémas explicites sont souvent utilisés dans l'approximation des équations hyperboliques.

Les Programmes 89 et 90 proposent une implémentation des méthodes de Galerkin discontinues de degré 0 (dG(0)) et 1 (dG(1)) en espace couplées avec une méthode d'Euler implicite en temps pour résoudre (12.26) sur le domaine espace-temps $]\alpha, \beta[\times]t_0, T[$.

Programme 89 - ipeidg0 : Euler implicite dG(0)

```
function [u,x]=ipeidg0(I,n,a,u0,bc)
%IPEIDG0 Euler implicite dG(0) pour l'équation de transport scalaire.
%  [U,X]=IPEIDG0(I,N,A,U0,BC) résout l'équation
%    DU/DT+A+DU/DX=0  X dans (I(1),I(2)), T dans (I(3),I(4))
%  avec des éléments finis en espace-temps.
nx=n(1); h=(I(2)-I(1))/nx; x=[I(1)+h/2:h:I(2)];
t=I(3);  u=(eval(u0))';
nt=n(2); k=(I(4)-I(3))/nt;
lambda=k/h;
e=ones(nx,1);
A=spdiags([-a*lambda*e, (1+a*lambda)*e],-1:0,nx,nx);
[L,U]=lu(A);
for t = I(3)+k:k:I(4)
  f = u;
  if a > 0
    f(1) = a*bc(1)+f(1);
  elseif a <= 0
    f(nx) = a*bc(2)+f(nx);
  end
  y = L \ f; u = U \ y;
end
return
```

Programme 90 - ipeidg1 : Euler implicite dG(1)

```
function [u,x]=ipeidg1(I,n,a,u0,bc)
%IPEIDG1 Euler implicite dG(1) pour l'équation de transport scalaire.
%  [U,X]=IPEIDG1(I,N,A,U0,BC) résout l'équation
%    DU/DT+A+DU/DX=0  X dans (I(1),I(2)), T dans (I(3),I(4))
%    avec des éléments finis en espace-temps.
nx=n(1); h=(I(2)-I(1))/nx; x=[I(1):h:I(2)];
t=I(3);  um=(eval(u0))';
u=[]; xx=[];
for i=1:nx+1
   u=[u, um(i), um(i)];  xx=[xx, x(i), x(i)];
end
u=u'; nt=n(2); k=(I(4)-I(3))/nt;
lambda=k/h;
e=ones(2*nx+2,1);
B=spdiags([1/6*e,1/3*e,1/6*e],-1:1,2*nx+2,2*nx+2);
dd=1/3+0.5*a*lambda;
du=1/6+0.5*a*lambda;
dl=1/6-0.5*a*lambda;
A=sparse([]);
A(1,1)=dd; A(1,2)=du; A(2,1)=dl; A(2,2)=dd;
```

```
for i=3:2:2*nx+2
   A(i,i-1)=-a*lambda; A(i,i)=dd; A(i,i+1)=du;
   A(i+1,i)= dl;         A(i+1,i+1)=A(i,i);
end
[L,U]=lu(A);
for t = I(3)+k:k:I(4)
   f = B*u;
   if a>0
      f(1)=a*bc(1)+f(1);
   elseif a<=0
      f(nx)=a*bc(2)+f(nx);
   end
   y=L\f; u=U\y;
end
x=xx;
return
```

12.10 Exercices

1. Appliquer le θ-schéma (12.10) pour approcher la solution du problème de Cauchy scalaire (10.1) et, en utilisant l'analyse de la Section 10.3, prouver que l'erreur de troncature locale est de l'ordre de $\Delta t + h^2$ si $\theta \neq \frac{1}{2}$ et de l'ordre de $\Delta t^2 + h^2$ si $\theta = \frac{1}{2}$.

2. Montrer que dans le cas des éléments finis affines par morceaux, la technique de condensation de la masse décrite à la Section 12.3 (calcul des intégrales $m_{ij} = \int_0^1 \varphi_j \varphi_i \, dx$ par la formule du trapèze (8.11)) donne effectivement une matrice diagonale. Ceci montre, en particulier, que la matrice diagonale $\widetilde{\mathrm{M}}$ est inversible. [*Indication* : commencer par vérifier que l'intégration exacte donne

$$m_{ij} = \frac{h}{6} \left\{ \begin{array}{ll} \frac{1}{2} & i \neq j, \\ 1 & i = j. \end{array} \right.$$

Puis, appliquer la formule du trapèze pour calculer m_{ij}, en se souvenant que $\varphi_i(x_j) = \delta_{ij}$.]

3. Montrer l'inégalité (12.20).

[*Indication* : en utilisant les inégalités de Cauchy-Schwarz et de Young, commencer par montrer que

$$\int_0^1 (u-v)u \, dx \geq \frac{1}{2} \left(\|u\|^2_{\mathrm{L}^2(]0,1[)} - \|v\|^2_{\mathrm{L}^2(]0,1[)} \right) \qquad \forall\, u,v \in \mathrm{L}^2(]0,1[)$$

puis, utiliser (12.19).]

4. On suppose que la forme bilinéaire $a(\cdot,\cdot)$ du problème (12.13) est continue et coercive sur l'espace de fonctions V (voir (11.50)-(11.51)) avec des constantes de continuité et de coercivité M et α. Montrer qu'on a encore les inégalités de stabilité (12.21) et (12.22) en remplaçant ν par α.

5. Montrer que les méthodes (12.37), (12.38) et (12.39) peuvent s'écrire sous la forme (12.40). Montrer alors que les expressions correspondantes de viscosité artificielle K et du flux de diffusion artificielle $h^{diff}_{j+1/2}$ sont celles de la Table (12.1).

6. Déterminer la condition de CFL pour le schéma décentré.

7. Montrer que pour le schéma décentré (12.41), on a $\|\mathbf{u}^{n+1}\|_{\Delta,2} \leq \|\mathbf{u}^n\|_{\Delta,2}$ pour tout $n \geq 0$.
[*Indication* : multiplier l'équation (12.41) par u_j^{n+1}, et remarquer que

$$(u_j^{n+1} - u_j^n)u_j^{n+1} \geq \frac{1}{2}\left(|u_j^{n+1}|^2 - |u_j^n|^2\right).$$

Puis, sommer sur j les inégalités obtenues et remarquer que

$$\frac{\lambda a}{2}\sum_{j=-\infty}^{\infty}\left(u_{j+1}^{n+1} - u_{j-1}^{n+1}\right)u_j^{n+1} = 0,$$

la somme étant télescopique.]

8. Montrer (12.57).

9. Montrer (12.59) quand $f = 0$.
[*Indication* : prendre $\forall t > 0$, $v_h = u_h(t)$ dans (12.58).]

13

Applications

Nous présentons dans ce dernier chapitre quelques applications, issues des sciences de l'ingénieur et de la physique, utilisant les notions et les outils développés dans l'ensemble de l'ouvrage.

13.1 Analyse d'un réseau électrique

On considère un réseau électrique purement résistif comportant n composants S reliés en série par des résistances R, un générateur de courant I_0 et une résistance de charge R_L (Figure 13.1). Un réseau purement résistif de ce type peut, par exemple, modéliser un atténuateur de signal pour des applications à basses fréquences dans lesquelles les effets inductifs et capacitifs peuvent être négligés. Les points de connexion entre les composants électriques seront appelés *noeuds* et sont numérotés comme sur la figure. Pour $n \geq 1$, le nombre de noeuds est égal à $4n$. On note V_i la valeur du potentiel électrique au noeud i pour $i = 0, \ldots, 4n - 1$. Les V_i sont les inconnues du problème. On utilise *l'analyse nodale* pour résoudre ce problème. Plus précisément, on écrit la *loi de Kirchhoff* en tous les noeuds du réseau, ce qui conduit à un système linéaire $\tilde{\mathrm{Y}}\tilde{\mathbf{V}} = \tilde{\mathbf{I}}$; $\tilde{\mathbf{V}} \in \mathbb{R}^{N+1}$ est le vecteur des potentiels électriques, $\tilde{\mathbf{I}} \in \mathbb{R}^{N+1}$ est le vecteur de charge et les coefficients de la matrice $\tilde{\mathrm{Y}} \in \mathbb{R}^{(N+1)\times(N+1)}$, pour

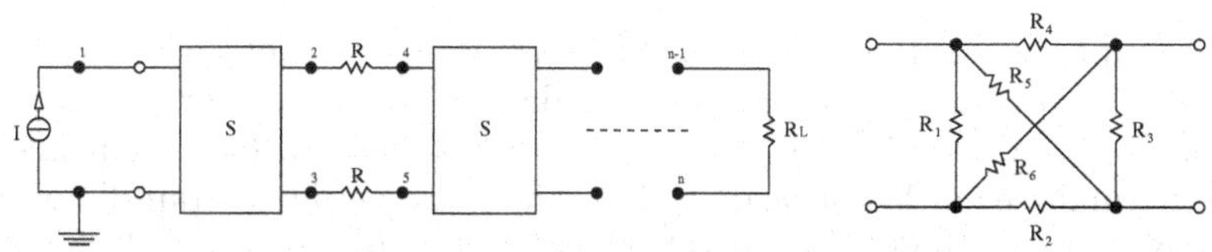

Fig. 13.1. Réseau électrique résistif (*à gauche*) et composant résistif S (*à droite*)

$i, j = 0, \ldots, 4n-1$, sont donnés par

$$\tilde{Y}_{ij} = \begin{cases} \sum_{k \in adj(i)} G_{ik} & \text{pour } i = j, \\ -G_{ij} & \text{pour } i \neq j, \end{cases}$$

où $adj(i)$ est l'ensemble des indices des noeuds voisins du noeud i et $G_{ij} = 1/R_{ij}$ est l'admittance entre le noeud i et le noeud j (R_{ij} est la résistance entre i et j). Comme le potentiel est défini à une constante près, on pose arbitrairement $V_0 = 0$ (potentiel du sol). Par conséquent, le nombre de noeuds indépendants pour le calcul de la différence de potentiel est $N = 4n - 1$ et le système linéaire à résoudre devient $\mathbf{YV} = \mathbf{I}$, où $\mathrm{Y} \in \mathbb{R}^{N \times N}$, $\mathbf{V} \in \mathbb{R}^N$ et $\mathbf{I} \in \mathbb{R}^N$ sont obtenus respectivement en éliminant la première ligne et la première colonne de $\tilde{\mathrm{Y}}$ et le premier terme de $\tilde{\mathbf{V}}$ et $\tilde{\mathbf{I}}$.
La matrice Y est symétrique définie positive et à diagonale dominante. Cette dernière propriété se démontre en notant que

$$\tilde{\mathbf{V}}^T \tilde{\mathrm{Y}} \tilde{\mathbf{V}} = \sum_{i=1}^{N} \tilde{\mathrm{Y}}_{ii} V_i^2 + \sum_{i,j=1}^{N} G_{ij}(V_i - V_j)^2,$$

qui est une quantité toujours positive, et nulle si et seulement si $\tilde{\mathbf{V}} = \mathbf{0}$. On a représenté sur la Figure 13.2 la structure creuse de Y dans le cas $n = 3$ (*à gauche*) et le conditionnement spectral de Y en fonction du nombre de blocs n (*à droite*). Tous les calculs ont été effectués avec des résistances de 1 Ω et avec $I_0 = 1\,A$.

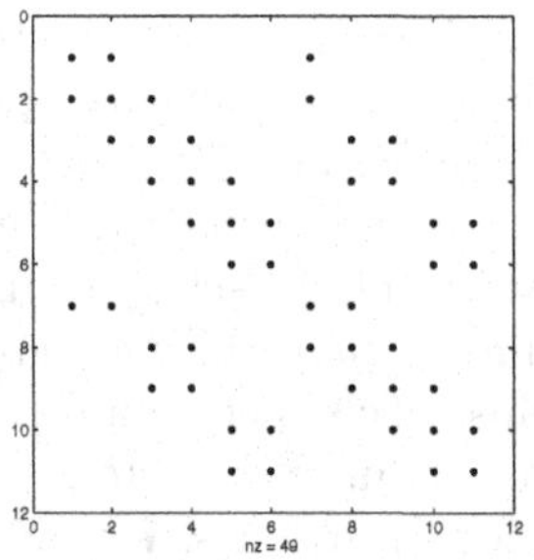

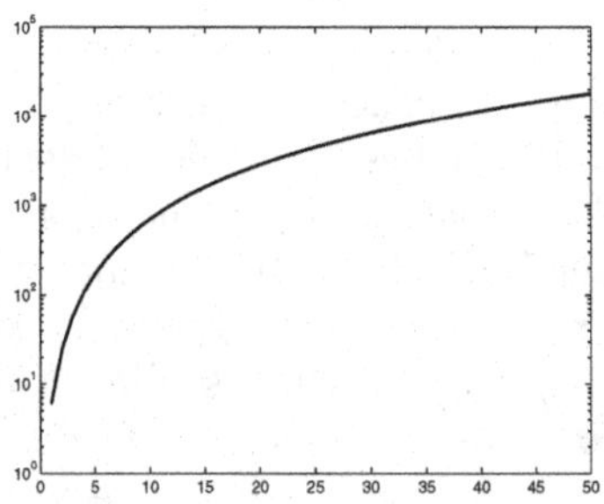

Fig. 13.2. La structure creuse de Y pour $n = 3$ (*à gauche*) et le conditionnement spectral de Y en fonction de n (*à droite*)

On a représenté sur la Figure 13.3 l'historique de la convergence de diverses méthodes itératives non préconditionnées dans le cas $n = 5$ (correspondant à des matrices de taille 19×19). Les tracés représentent la norme euclidienne du résidu normalisée par la norme du résidu initial. La courbe en trait discontinu correspond aux méthodes de Gauss-Seidel et JOR (qui convergent de la même manière), la courbe en trait mixte correspond à la méthode du gradient, et

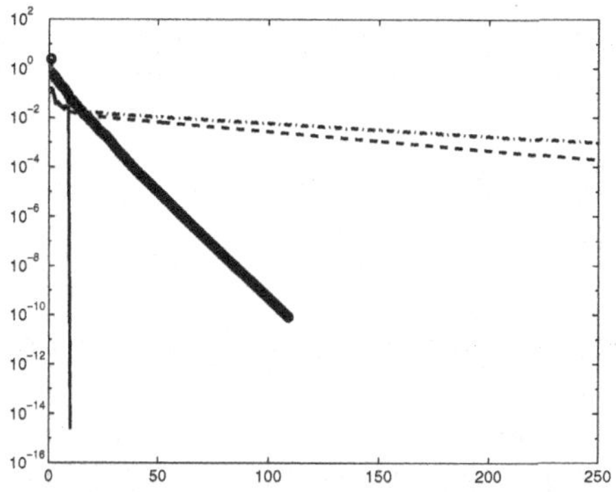

Fig. 13.3. Convergence de diverses méthodes itératives non préconditionnées

les courbes en trait plein et en trait épais (cercles) correspondent respectivement au gradient conjugué (GC) et à la méthode SOR (avec paramètre de relaxation optimal $\omega \simeq 1.76$, calculé avec (4.19) puisque Y est une matrice tridiagonale par blocs symétrique définie positive). La méthode SOR converge en 109 itérations, et le gradient conjugué en 10 itérations.

Nous avons aussi considéré la résolution du système par une méthode de gradient conjugué préconditionné par les versions de Cholesky des préconditionneurs ILU(0) et MILU(0), avec des seuils de tolérance $\varepsilon = 10^{-2}, 10^{-3}$ pour MILU(0) (voir Section 4.3.2). Les calculs avec les deux préconditionneurs ont été effectués avec les fonctions `cholinc` et `michol` de MATLAB. La Table 13.1 montre la convergence de la méthode pour n = 5, 10, 20, 40, 80, 160 et pour les diverses valeurs de ε. Nous indiquons dans la deuxième colonne le nombre de coefficients non nuls dans la factorisée de Cholesky de la matrice Y, dans la troisième colonne le nombre d'itérations de gradient conjugué non préconditionné, et dans les colonnes ICh(0) et MICh(0) (avec $\varepsilon = 10^{-2}$ et $\varepsilon = 10^{-3}$) le nombre d'itérations de gradient conjugué préconditionné respectivement par une factorisée incomplète de Cholesky et de Cholesky modifiée. Entre parenthèses est indiqué le nombre de termes non nuls de la factorisée L des préconditionneurs.

Table 13.1. Nombre d'itérations de GC préconditionné

n	nz	GC	ICh(0)	MICh(0) $\varepsilon = 10^{-2}$	MIC(0) $\varepsilon = 10^{-3}$
5	114	10	9 (54)	6 (78)	4 (98)
10	429	20	15 (114)	7 (173)	5 (233)
20	1659	40	23 (234)	10 (363)	6 (503)
40	6519	80	36 (474)	14 (743)	7 (1043)
80	25839	160	62 (954)	21 (1503)	10 (2123)
160	102879	320	110 (1914)	34 (3023)	14 (4283)

Remarquer la décroissance du nombre d'itérations quand ε diminue. Remarquer également la façon dont le nombre d'itérations augmente avec la taille du problème.

13.2 Analyse du flambage d'une poutre

Considérons la poutre mince homogène de longueur L représentée sur la Figure 13.4. La poutre est en appui simple à ses extrémités et elle est soumise a une compression normale P en $x = L$. On note $y(x)$ son déplacement vertical ; on impose $y(0) = y(L) = 0$. Considérons le problème du flambage de la

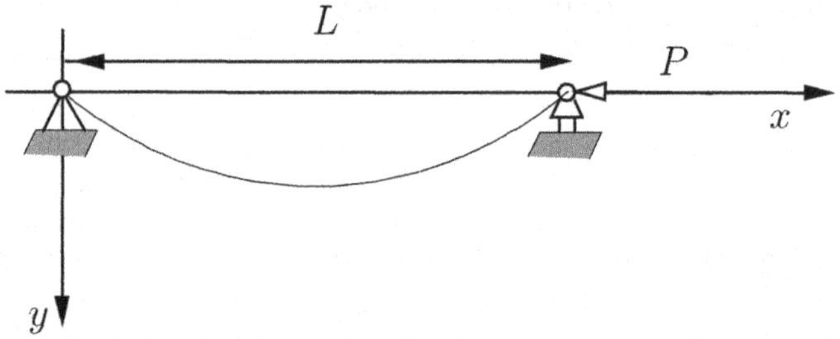

Fig. 13.4. Une poutre en appui simple soumise à une compression normale

poutre. Ceci revient à déterminer la *charge critique* P_{cr}, définie comme la plus petite valeur de P pour laquelle un équilibre (différent de la configuration rectiligne) existe. Il est important de déterminer avec précision la valeur de P_{cr}, car des instabilités de la structure peuvent apparaître quand on se rapproche de cette valeur.

Le calcul explicite de la charge critique peut être effectué sous l'hypothèse des petits déplacements, en écrivant l'équation d'équilibre de la structure dans sa configuration déformée (dessinée en pointillés sur la Figure 13.4)

$$\begin{cases} -E\left(J(x)y'(x)\right)' = M_e(x), & 0 < x < L, \\ y(0) = y(L) = 0, \end{cases} \tag{13.1}$$

où E est le module de Young de la poutre et $M_e(x) = Py(x)$ est le moment de la charge P en un point d'abscisse x. On suppose dans (13.1) que le moment d'inertie J peut varier le long de la poutre, ce qui se produit effectivement quand la section n'est pas uniforme.

L'équation (13.1) exprime l'équilibre entre le moment externe M_e et le moment interne $M_i = -E(Jy')'$ qui tend à ramener la poutre dans sa configuration d'équilibre rectiligne. Si la réaction M_i l'emporte sur l'action déstabilisante M_e, l'équilibre de la configuration initiale rectiligne est stable. La situation devient critique (flambage de la poutre) quand $M_i = M_e$.

Supposons J constant et posons $\alpha^2 = P/(EJ)$; en résolvant le problème aux limites (13.1), on aboutit à l'équation $C \sin \alpha L = 0$, qui admet les solutions non triviales $\alpha = (k\pi)/L, k = 1, 2, \ldots$. En prenant $k = 1$, on obtient la valeur de la charge critique $P_{cr} = \frac{\pi^2 EJ}{L^2}$.

Pour résoudre numériquement le problème aux limites (13.1), on introduit pour $n \geq 1$, les noeuds de discrétisation $x_j = jh$, avec $h = L/(n+1)$ et $j = 1, \ldots, n$, et on définit le vecteur des *déplacements nodaux approchés* u_j aux noeuds intérieurs x_j (aux extrémités, on a $u_0 = y(0) = 0$, $u_{n+1} = y(L) = 0$). En utilisant la méthode des différences finies (voir Section 9.10.1), le calcul de la charge critique se ramène à la détermination de la plus *petite* valeur propre de la matrice tridiagonale symétrique définie positive $\mathrm{A} = \mathrm{tridiag}_n(-1, 2, -1) \in \mathbb{R}^{n \times n}$.
On vérifie en effet que la discrétisation de (13.1) par schéma aux différences finies centrées conduit au problème aux valeurs propres suivant :

$$\mathrm{A}\mathbf{u} = \alpha^2 h^2 \mathbf{u},$$

où $\mathbf{u} \in \mathbb{R}^n$ est le vecteur des déplacements nodaux u_j. La contrepartie discrète de la condition $C \sin(\alpha) = 0$ impose que $Ph^2/(EJ)$ coïncide avec les valeurs propres de A quand P varie.

En notant λ_{min} la plus petite valeur propre de A et P_{cr}^h la valeur (approchée) de la charge critique, on a $P_{cr}^h = (\lambda_{min} EJ)/h^2$. En posant $\theta = \pi/(n+1)$, on peut vérifier (voir Exercice 3, Chapitre 4) que les valeurs propres de la matrice A sont

$$\lambda_j = 2(1 - \cos(j\theta)), \qquad j = 1, \ldots, n. \tag{13.2}$$

On a effectué le calcul numérique de λ_{min} avec l'algorithme de Givens décrit à la Section 5.8.2, pour $n = 10$. En exécutant le Programme 39 avec une tolérance absolue égale à l'unité d'arrondi, on a obtenu la solution $\lambda_{min} \simeq 0.081$ après 57 itérations.

Il est intéressant d'examiner le cas où la section de la poutre n'est pas uniforme, car alors, contrairement au cas précédent, la valeur exacte de la charge critique n'est pas connue *a priori*. On suppose que la section de la poutre est partout rectangulaire de largeur a fixée et de hauteur σ variant selon la loi

$$\sigma(x) = s\left[1 + \left(\frac{S}{s} - 1\right)\left(\frac{x}{L} - 1\right)^2\right], \qquad 0 \leq x \leq L,$$

où S et s sont les valeurs aux extrémités, avec $S \geq s > 0$. Le moment d'inertie en fonction de x est donné par $J(x) = (1/12)a\sigma^3(x)$; en procédant comme précédemment, on aboutit à un système linéaire de la forme

$$\tilde{\mathrm{A}}\mathbf{u} = (P/E)h^2\mathbf{u},$$

où cette fois $\tilde{\mathrm{A}} = \mathrm{tridiag}_n(\mathbf{b}, \mathbf{d}, \mathbf{b})$ est une matrice tridiagonale symétrique définie positive dont les coefficients diagonaux sont $d_i = J(x_{i-1/2}) + J(x_{i+1/2})$, pour $i = 1, \ldots, n$, et dont les coefficients extra-diagonaux sont $b_i = -J(x_{i+1/2})$, pour $i = 1, \ldots, n-1$.

On se donne les paramètres suivants : $a = 0.4\,[m]$, $s = a$, $S = 0.5\,[m]$ et $L = 10\,[m]$. Pour pouvoir effectuer des comparaisons, on a multiplié par $\bar{J} = a^4/12$ la plus petite valeur propre de la matrice A dans le cas uniforme (correspondant à $S = s = a$), obtenant ainsi $\lambda_{min} = 1.7283 \cdot 10^{-4}$. En exécutant le Programme 39 pour $n = 10$, on obtient la valeur $\lambda_{min} = 2.243 \cdot 10^{-4}$ dans le cas non uniforme. Ce résultat confirme que le chargement critique augmente quand la section de la poutre en $x = 0$ augmente ; autrement dit, la structure atteint un régime d'instabilité pour des valeurs de chargement plus élevées que dans le cas où la section est uniforme.

13.3 Analyse de l'équation d'état d'un gaz réel

Pour une môle de gaz parfait, l'équation d'état $Pv = RT$ établit une relation entre la pression P du gaz (en pascals $[Pa]$), le volume spécifique v (en mètres cubes par kilogramme $[m^3Kg^{-1}]$) et la température T (en kelvins $[K]$), R étant la constante des gaz parfaits, exprimée en $[JKg^{-1}K^{-1}]$ (joules par kilogramme et par kelvin).

Pour un gaz réel, l'équation des gaz parfaits doit être remplacée par celle de van der Waals qui prend en compte l'interaction entre les molécules (voir [Sla63]).

En notant α et β les constantes du gaz dans le modèle de van der Waals, et en supposant connues P et T, on doit résoudre l'équation non linéaire suivante pour déterminer le volume spécifique v

$$f(v) = (P + \alpha/v^2)(v - \beta) - RT = 0. \qquad (13.3)$$

Considérons pour cela la méthode de Newton (6.16). On s'intéresse au cas du dioxyde de carbone (CO_2), à la pression $P = 10[atm]$ (égale à $1013250[Pa]$) et à la température $T = 300[K]$. Dans ce cas $\alpha = 188.33[Pa\ m^6Kg^{-2}]$ et $\beta = 9.77 \cdot 10^{-4}[m^3Kg^{-1}]$; à titre de comparaison, la solution calculée en supposant le gaz parfait est $\tilde{v} \simeq 0.056[m^3Kg^{-1}]$.

Nous indiquons dans la Table 13.2 les résultats obtenus en exécutant le Programme 46 pour différentes données initiales $v^{(0)}$. Nous avons noté N_{it} le nombre d'itérations de Newton nécessaire à la convergence vers la racine v^* de $f(v) = 0$ en utilisant une tolérance absolue égale à l'unité d'arrondi. L'approximation de v^* à laquelle on aboutit par le calcul est $v^{N_{it}} \simeq 0.0535$.

Table 13.2. Convergence de la méthode de Newton vers la racine de l'équation (13.3)

$v^{(0)}$	N_{it}	$v^{(0)}$	N_{it}	$v^{(0)}$	N_{it}	$v^{(0)}$	N_{it}
10^{-4}	47	10^{-2}	7	10^{-3}	21	10^{-1}	5

Afin d'analyser la forte dépendance de N_{it} par rapport à la valeur de $v^{(0)}$, examinons la dérivée $f'(v) = P - \alpha v^{-2} + 2\alpha\beta v^{-3}$. Pour $v > 0$, $f'(v) = 0$ en $v_M \simeq 1.99 \cdot 10^{-3}[m^3Kg^{-1}]$ (maximum relatif) et en $v_m \simeq 1.25 \cdot 10^{-2}[m^3Kg^{-1}]$ (minimum relatif), comme on peut le voir sur la Figure 13.5 (à gauche).
Si on choisit $v^{(0)}$ dans l'intervalle $]0, v_m[$ (avec $v^{(0)} \neq v_M$) la convergence de la méthode de Newton est donc lente, comme le montre la Figure 13.5 (*à droite*), où la courbe avec des cercles représente la suite $\{|v^{(k+1)} - v^{(k)}|\}$, pour $k \geq 0$.

Un remède possible consiste à utiliser successivement la méthode de dichotomie et la méthode de Newton (voir Section 6.2.1). On parle alors parfois de "polyalgorithme". La méthode de dichotomie est appliquée sur l'intervalle $[a, b]$, avec $a = 10^{-4}[m^3Kg^{-1}]$ et $b = 0.1[m^3Kg^{-1}]$. Elle est interrompue quand le sous-intervalle sélectionné a une longueur inférieure à $10^{-3}[m^3Kg^{-1}]$. La méthode de Newton est appliquée dans ce dernier sous-intervalle avec une tolérance de l'ordre de l'unité d'arrondi. La convergence vers v^* est alors atteinte en 11 itérations. La suite $\{|v^{(k+1)} - v^{(k)}|\}$, pour $k \geq 0$, est représentée avec des étoiles sur la Figure 13.5 (*à droite*).

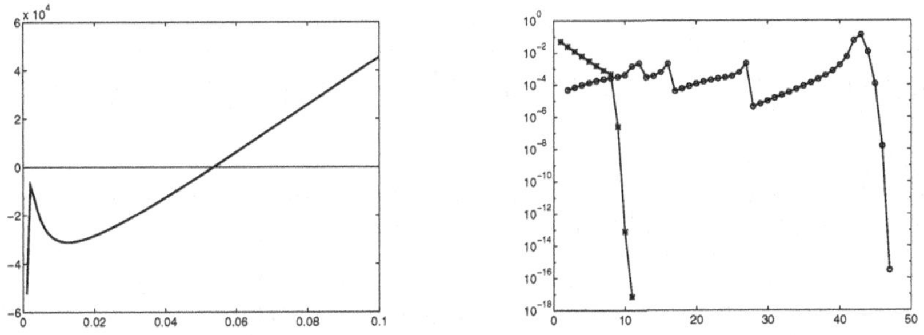

Fig. 13.5. Graphe de la fonction f dans (13.3) (*à gauche*) ; incréments $|v^{(k+1)} - v^{(k)}|$ obtenus par la méthode de Newton (*cercles*) et avec la méthode dichotomie-Newton (*étoiles*)

13.4 Résolution d'un système non linéaire modélisant un dispositif semi-conducteur

Considérons le système non linéaire d'inconnue $\mathbf{u} \in \mathbb{R}^n$

$$\mathbf{F}(\mathbf{u}) = \mathrm{A}\mathbf{u} + \boldsymbol{\phi}(\mathbf{u}) - \mathbf{b} = \mathbf{0}, \tag{13.4}$$

où $\mathrm{A} = (\lambda/h)^2 \mathrm{tridiag}_n(-1, 2 - 1)$, pour $h = 1/(n+1)$, $\phi_i(\mathbf{u}) = 2K \sinh(u_i)$ pour $i = 1, \ldots, n$, où λ et K sont deux constantes positives et où $\mathbf{b} \in \mathbb{R}^n$ est un vecteur donné. On rencontre le problème (13.4) en micro-électronique, dans la simulation numérique des semi-conducteurs. Dans ce contexte, $\mathbf{u}$ représente le potentiel électrique et $\mathbf{b}$ le profil de dopage.

On a représenté schématiquement sur la Figure 13.6 (*à gauche*) le dispositif particulier considéré dans l'exemple numérique : une diode de jonction $p-n$ de longueur normalisée, soumise à une polarisation extérieure $\triangle V = V_b - V_a$, et le profil de dopage du dispositif normalisé à 1 (*à droite*). Remarquer que $b_i = b(x_i)$, pour $i = 1, \dots, n$, où $x_i = ih$. Le lecteur intéressé par la modélisation de ce problème pourra consulter p. ex. [Jer96], [Mar86].

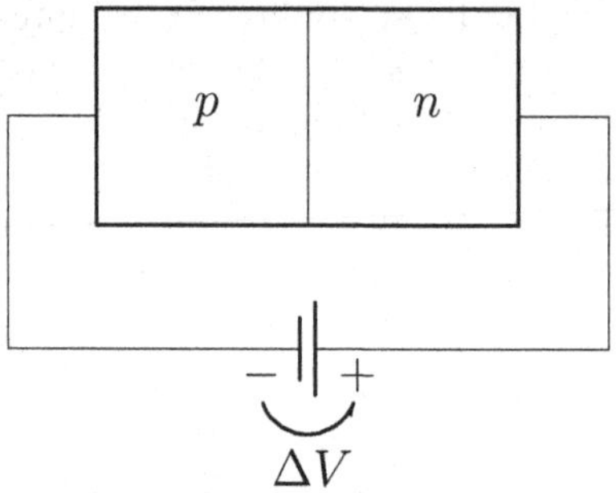

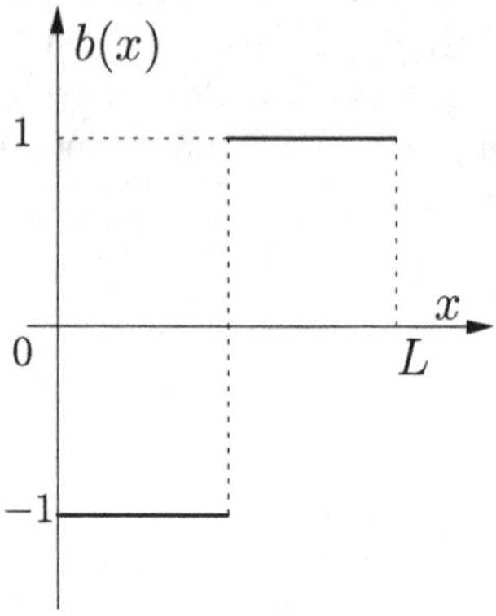

Fig. 13.6. Schéma d'un dispositif semi-conducteur (*à gauche*); profil de dopage (*à droite*)

Résoudre le système (13.4) revient à trouver le minimiseur dans $\mathbb{R}^n$ de la fonction $\mathbf{f} : \mathbb{R}^n \to \mathbb{R}$ définie par

$$\mathbf{f}(\mathbf{u}) = \frac{1}{2}\mathbf{u}^T \mathrm{A}\mathbf{u} + 2\sum_{i=1}^{n} \cosh(u_i)) - \mathbf{b}^T\mathbf{u}. \tag{13.5}$$

On peut vérifier que pour tout $\mathbf{u}, \mathbf{v} \in \mathbb{R}^n$ avec $\mathbf{u} \neq \mathbf{v}$ et pour tout $\lambda \in]0, 1[$

$$\lambda \mathbf{f}(\mathbf{u}) + (1-\lambda)\mathbf{f}(\mathbf{v}) - \mathbf{f}(\lambda\mathbf{u} + (1-\lambda)\mathbf{v}) > (1/2)\lambda(1-\lambda)\|\mathbf{u} - \mathbf{v}\|_{\mathrm{A}}^2,$$

où $\|\cdot\|_{\mathrm{A}}$ désigne la norme de l'énergie introduite en (1.30). Ceci implique que $\mathbf{f}(\mathbf{u})$ est une fonction uniformément convexe dans $\mathbb{R}^n$ et donc que la fonction (13.5) admet un unique minimiseur $\mathbf{u}^* \in \mathbb{R}^n$; on peut de plus montrer (voir Théorème 14.4.3, p. 503 [OR70]) qu'il existe une suite $\{\alpha_k\}$ telle que les itérées de la méthode de Newton amortie (qui est un cas particulier des méthodes de quasi-Newton introduite à la Section 6.7.3) converge vers $\mathbf{u}^* \in \mathbb{R}^n$ (au moins) superlinéairement. La méthode de Newton amortie appliquée à la résolution du système (13.4) conduit à la suite de problèmes linéarisés :

étant donné $\mathbf{u}^{(0)} \in \mathbb{R}^n$, $\forall k \geq 0$ résoudre

$$\left[\mathrm{A} + 2K \,\mathrm{diag}_n(\cosh(u_i^{(k)}))\right] \delta\mathbf{u}^{(k)} = \mathbf{b} - \left(\mathrm{A}\mathbf{u}^{(k)} + \boldsymbol{\phi}(\mathbf{u}^{(k)})\right), \tag{13.6}$$

puis poser $\mathbf{u}^{(k+1)} = \mathbf{u}^{(k)} + \alpha_k \delta\mathbf{u}^{(k)}$.

Considérons maintenant deux manières de choisir les paramètres d'accélération α_k. La première a été proposée dans [BR81] :

$$\alpha_k = \frac{1}{1 + \rho_k \left\| \mathbf{F}(\mathbf{u}^{(k)}) \right\|}, \qquad k = 0, 1, \ldots, \tag{13.7}$$

où $\|\cdot\|$ désigne une norme vectorielle, par exemple $\|\cdot\| = \|\cdot\|_\infty$, et où les coefficients $\rho_k \geq 0$ sont des paramètres d'accélération choisis de façon à ce que la condition de descente $\|\mathbf{F}(\mathbf{u}^{(k)} + \alpha_k \delta \mathbf{u}^{(k)})\|_\infty < \|\mathbf{F}(\mathbf{u}^{(k)})\|_\infty$ soit satisfaite (voir [BR81] pour les détails d'implémentation de l'algorithme).

Quand $\|\mathbf{F}(\mathbf{u}^{(k)})\|_\infty \to 0$, (13.7) implique $\alpha_k \to 1$ et on retrouve ainsi la convergence quadratique de la méthode de Newton. Quand $\|\mathbf{F}(\mathbf{u}^{(k)})\|_\infty \gg 1$, ce qui se produit typiquement dans les premières itérations, α_k est proche de zéro, les itérations de Newton sont donc fortement amorties.
Comme alternative à (13.7), la suite $\{\alpha_k\}$ peut être obtenue en utilisant la formule plus simple, suggérée dans [Sel84], Chapitre 7

$$\alpha_k = 2^{-i(i-1)/2}, \qquad k = 0, 1, \ldots, \tag{13.8}$$

où i est le premier entier de l'intervalle $[1, It_{max}]$ tel que la condition de descente ci-dessus soit satisfaite, It_{max} étant le nombre maximum de cycles d'amortissement par itération de Newton (égal à 10 dans les tests numériques).
Afin de les comparer, on a implémenté la méthode de Newton standard et la méthode de Newton amortie. Pour cette dernière, on a utilisé (13.7) et (13.8) pour les coefficients α_k. Pour retrouver la méthode de Newton standard, on a posé dans (13.6) $\alpha_k = 1$ pour tout $k \geq 0$.

Les tests numériques ont été effectués avec $n = 49$, $b_i = -1$ pour $i \leq n/2$ et les b_i restants égaux à 1. On a pris $\lambda^2 = 1.67 \cdot 10^{-4}$, $K = 6.77 \cdot 10^{-6}$, les $n/2$ premières composantes du vecteur initial $\mathbf{u}^{(0)}$ égales à V_a et les autres composantes égales à V_b, où $V_a = 0$ et $V_b = 10$.

La tolérance sur la différence en deux itérées consécutives (critère avec lequel on contrôle la convergence de la méthode de Newton amortie (13.6)) a été choisie égale à 10^{-4}.
La Figure 13.7 montre (*à gauche*), pour les trois algorithmes, l'erreur absolue en échelle logarithmique en fonction du nombre d'itérations. Remarquer la rapidité de la convergence de la méthode de Newton amortie (8 itérations avec (13.7) et 10 avec (13.8)), alors que la méthode de Newton standard converge très lentement (192 itérations).

Il est intéressant d'analyser sur la Figure 13.7 (à droite) le comportement de la suite α_k en fonction du nombre d'itérations. La courbe avec des étoiles correspond à (13.7) et celle avec des cercles à (13.8). Comme on l'a noté précédemment, les α_k démarrent avec des valeurs très petites, et convergent rapidement vers 1 quand la méthode de Newton amortie (13.6) entre dans la région d'attraction du minimiseur $\mathbf{x}^*$.

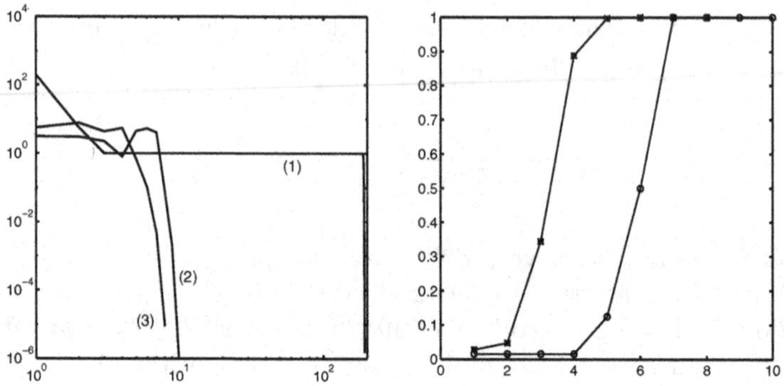

Fig. 13.7. Erreur absolue (*à gauche*) et paramètres d'amortissement α_k (*à droite*). On note (1) la courbe correspondant à la méthode de Newton standard, (2) et (3) celles correspondant à la méthode de Newton amortie avec des α_k respectivement définis par (13.8) et (13.7)

13.5 Analyse par éléments finis d'une poutre encastrée

Nous allons utiliser les polynômes d'Hermite par morceaux (voir Section 7.4) pour approcher numériquement la flexion transverse d'une poutre encastrée.

Ce système physique est modélisé par un problème aux limites du quatrième ordre :

$$\begin{cases} (\alpha(x)u''(x))'' = f(x), & 0 < x < \mathcal{L}, \\ u(0) = u(\mathcal{L}) = 0, & u'(0) = u'(\mathcal{L}) = 0. \end{cases} \qquad (13.9)$$

Nous supposons dans la suite que α est une fonction positive bornée sur $]0,\mathcal{L}[$ et que $f \in \mathrm{L}^2(0,\mathcal{L})$.

En multipliant (13.9) par une fonction arbitraire v suffisamment régulière, et en intégrant deux fois par parties, on obtient

$$\int_0^{\mathcal{L}} \alpha u''v''dx - [\alpha u'''v]_0^{\mathcal{L}} + [\alpha u''v']_0^{\mathcal{L}} = \int_0^{\mathcal{L}} fvdx.$$

Le problème (13.9) est alors remplacé par le problème suivant :

$$\text{trouver } u \in V \text{ tel que } \int_0^{\mathcal{L}} \alpha u''v''dx = \int_0^{\mathcal{L}} fvdx \qquad \forall v \in V, \qquad (13.10)$$

où

$$V = \left\{v : v^{(k)} \in \mathrm{L}^2(0,\mathcal{L}),\, k = 0,1,2,\, v^{(k)}(0) = v^{(k)}(\mathcal{L}) = 0,\, k = 0,1\right\}.$$

Le problème (13.10) admet une unique solution. Cette solution correspond à la configuration déformée qui minimise l'énergie potentielle totale de la poutre sur l'espace V (voir p. ex. [Red86], p. 156)

$$J(u) = \int_0^{\mathcal{L}} \left(\frac{1}{2}\alpha(u'')^2 - fu\right) dx.$$

En vue de la résolution numérique du problème (13.10), nous introduisons une partition $\mathcal{T}_h$ de $[0, \mathcal{L}]$ en N sous-intervalles $T_k = [x_{k-1}, x_k]$, $(k = 1, \ldots, N)$ de longueur uniforme $h = \mathcal{L}/N$, avec $x_k = kh$, et l'espace de dimension finie

$$\begin{aligned} V_h = \ & \{v_h \in C^1([0, \mathcal{L}]), v_h|_T \in \mathbb{P}_3(T) \quad \forall T \in \mathcal{T}_h, \\ & \qquad v_h^{(k)}(0) = v_h^{(k)}(\mathcal{L}) = 0, \, k = 0, 1\}. \end{aligned} \tag{13.11}$$

Nous allons équiper V_h d'une base. Pour cela, nous associons à chaque noeud interne x_i $(i = 1, \ldots, N-1)$ un support $\sigma_i = T_i \cup T_{i+1}$ et *deux* fonctions φ_i, ψ_i définies comme suit : pour tout k, $\varphi_i|_{T_k} \in \mathbb{P}_3(T_k)$, $\psi_i|_{T_k} \in \mathbb{P}_3(T_k)$ et pour tout $j = 0, \ldots, N$,

$$\begin{cases} \varphi_i(x_j) = \delta_{ij}, & \varphi_i'(x_j) = 0, \\ \psi_i(x_j) = 0, & \psi_i'(x_j) = \delta_{ij}. \end{cases} \tag{13.12}$$

Remarquer que les fonctions ci-dessus appartiennent à V_h et définissent une base

$$B_h = \{\varphi_i, \psi_i, i = 1, \ldots, N-1\}. \tag{13.13}$$

Ces fonctions de base peuvent être transportées sur l'intervalle de référence $\hat{T} = [0, 1]$ pour $0 \le \hat{x} \le 1$, par l'application affine $x = h\hat{x} + x_{k-1}$ qui applique $\hat{T}$ sur T_k, pour $k = 1, \ldots, N$.

Introduisons donc sur l'intervalle de référence $\hat{T}$ les fonctions de base $\hat{\varphi}_0^{(0)}$ et $\hat{\varphi}_0^{(1)}$ associées au noeud $\hat{x} = 0$, et $\hat{\varphi}_1^{(0)}$ et $\hat{\varphi}_1^{(1)}$ associées au noeud $\hat{x} = 1$. Ces fonctions sont de la forme $\hat{\varphi} = a_0 + a_1\hat{x} + a_2\hat{x}^2 + a_3\hat{x}^3$; les fonctions avec l'exposant "0" doivent satisfaire les deux premières conditions de (13.12), tandis que celles avec l'exposant "1" doivent remplir les deux autres conditions. En résolvant le système 4×4 associé, on trouve

$$\begin{aligned} &\hat{\varphi}_0^{(0)}(\hat{x}) = 1 - 3\hat{x}^2 + 2\hat{x}^3, \quad &\hat{\varphi}_0^{(1)}(\hat{x}) = \hat{x} - 2\hat{x}^2 + \hat{x}^3, \\ &\hat{\varphi}_1^{(0)}(\hat{x}) = 3\hat{x}^2 - 2\hat{x}^3, &\hat{\varphi}_1^{(1)}(\hat{x}) = -\hat{x}^2 + \hat{x}^3. \end{aligned} \tag{13.14}$$

Les graphes des fonctions (13.14) sont tracés sur la Figure 13.8 (à gauche), où (0), (1), (2) et (3) désignent $\hat{\varphi}_0^{(0)}$, $\hat{\varphi}_1^{(0)}$, $\hat{\varphi}_0^{(1)}$ et $\hat{\varphi}_1^{(1)}$.

La fonction $u_h \in V_h$ peut être écrite sous la forme

$$u_h(x) = \sum_{i=1}^{N-1} u_i\varphi_i(x) + \sum_{i=1}^{N-1} u_i^{(1)}\psi_i(x). \tag{13.15}$$

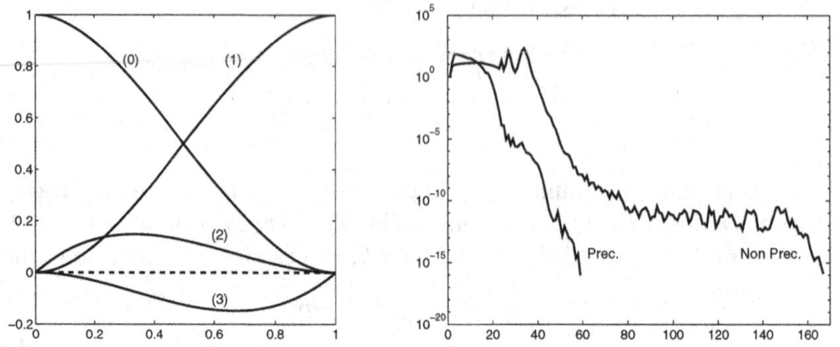

Fig. 13.8. Base canonique d'Hermite sur l'intervalle de référence $0 \leq \hat{x} \leq 1$ (*à gauche*) ; convergence de l'algorithme du gradient conjugué lors de la résolution du système (13.19) (*à droite*). Le nombre d'itérations k est représenté sur l'axe des x, et la quantité $\|\mathbf{r}^{(k)}\|_2/\|\mathbf{b}_1\|_2$ (où $\mathbf{r}$ est le résidu du système (13.19)) sur l'axe des y

Les coefficients (*degrés de liberté*) définissant u_h vérifient $u_i = u_h(x_i)$ et $u_i^{(1)} = u_h'(x_i)$ pour $i = 1, \ldots, N-1$. Remarquer que (13.15) est un cas particulier de (7.24) où on a posé $m_i = 1$.

La discrétisation du problème (13.10) s'écrit

$$\text{trouver } u_h \in V_h \text{ tel que } \quad \int_0^{\mathcal{L}} \alpha u_h'' v_h'' dx = \int_0^{\mathcal{L}} f v_h dx \qquad \forall v_h \in B_h. \tag{13.16}$$

C'est l'approximation par *éléments finis de Galerkin* du problème différentiel (13.9) (voir p. ex. [QSS07] Chapitre 12).

En utilisant la représentation (13.15), nous aboutissons au système à $2N-2$ inconnues $u_1, u_2, \ldots, u_{N-1}, u_1^{(1)}, u_2^{(1)}, \ldots u_{N-1}^{(1)}$ suivant

$$\begin{cases} \displaystyle\sum_{j=1}^{N-1} \left\{ u_j \int_0^{\mathcal{L}} \alpha \varphi_j'' \varphi_i'' dx + u_j^{(1)} \int_0^{\mathcal{L}} \alpha \psi_j'' \varphi_i'' dx \right\} = \int_0^{\mathcal{L}} f \varphi_i dx, \\ \displaystyle\sum_{j=1}^{N-1} \left\{ u_j \int_0^{\mathcal{L}} \alpha \varphi_j'' \psi_i'' dx + u_j^{(1)} \int_0^{\mathcal{L}} \alpha \psi_j'' \psi_i'' dx \right\} = \int_0^{\mathcal{L}} f \psi_i dx, \end{cases} \tag{13.17}$$

pour $i = 1, \ldots, N-1$. En supposant pour simplifier que la poutre est de longueur $\mathcal{L}$ égale à un, que α et f sont deux constantes et en calculant les intégrales dans (13.17), le système final s'écrit sous forme matricielle

$$\begin{cases} \mathrm{A}\mathbf{u} + \mathrm{B}\mathbf{p} = \mathbf{b}_1, \\ \mathrm{B}^T\mathbf{u} + \mathrm{C}\mathbf{p} = \mathbf{0}, \end{cases} \tag{13.18}$$

où les vecteurs $\mathbf{u}, \mathbf{p} \in \mathbb{R}^{N-1}$ contiennent les inconnues nodales u_i et $u_i^{(1)}$, $\mathbf{b}_1 \in \mathbb{R}^{N-1}$ est le vecteur dont les composantes sont égales à $h^4 f/\alpha$ et 0, et

$$\begin{aligned}
\mathrm{A} &= \mathrm{tridiag}_{N-1}(-12, 24, -12),\\
\mathrm{B} &= \mathrm{tridiag}_{N-1}(-6, 0, 6),\\
\mathrm{C} &= \mathrm{tridiag}_{N-1}(2, 8, 2).
\end{aligned}$$

Le système (13.18) est de taille $2(N-1)$; en éliminant l'inconnue $\mathbf{p}$ de la seconde équation, on obtient le système réduit (de taille $N-1$)

$$\left(\mathrm{A} - \mathrm{BC}^{-1}\mathrm{B}^T\right)\mathbf{u} = \mathbf{b}_1. \tag{13.19}$$

Comme B est antisymétrique et que A est symétrique définie positive, la matrice $\mathrm{M} = \mathrm{A} - \mathrm{BC}^{-1}\mathrm{B}^T$ est également symétrique définie positive. Il n'est pas envisageable d'utiliser une factorisation de Cholesky pour résoudre le système (13.19) car C^{-1} est une matrice pleine. On peut en revanche utiliser l'algorithme du gradient conjugué (GC) convenablement préconditionné (le conditionnement spectral de M étant de l'ordre de $h^{-4} = N^4$).

Remarquer que le calcul du résidu à chaque étape $k \geq 0$ nécessite la résolution d'un système linéaire dont la matrice est C et dont le second membre est le vecteur $\mathrm{B}^T\mathbf{u}^{(k)}$, où $\mathbf{u}^{(k)}$ est l'itérée courante de GC. Ce système peut être résolu avec l'algorithme de Thomas (3.50) pour un coût de l'ordre de N *flops*.

On interrompt les itérations de GC dès que $\|\mathbf{r}^{(k)}\|_2 \leq \mathrm{u}\|\mathbf{b}_1\|_2$, où $\mathbf{r}^{(k)}$ est le résidu du système (13.19) et u est l'unité d'arrondi.

Les résultats obtenus avec GC dans le cas d'une partition uniforme de $[0, 1]$ en $N = 50$ éléments et en posant $\alpha = f = 1$ sont résumés sur la Figure 13.8 (à droite). On y a représenté la convergence de la méthode dans le cas non préconditionné (noté "Non Prec.") et avec un préconditionneur SSOR (noté "Prec.") associé à un paramètre de relaxation $\omega = 1.95$.

Remarquer que GC ne converge pas en $N-1$ étapes, ce qui est dû aux erreurs d'arrondi. Remarquer aussi l'efficacité du préconditionneur SSOR pour diminuer le nombre d'itérations. Néanmoins, le coût élevé de ce préconditionneur nous incite à un autre choix. Au regard de la structure de la matrice M, un préconditionneur naturel est donné par $\tilde{\mathrm{M}} = \mathrm{A} - \mathrm{B}\tilde{\mathrm{C}}^{-1}\mathrm{B}^T$, où $\tilde{\mathrm{C}}$ est matrice diagonale de coefficients $\tilde{c}_{ii} = \sum_{j=1}^{N-1} |c_{ij}|$. La matrice $\tilde{\mathrm{M}}$ est une matrice bande dont l'inversion est bien moins coûteuse que pour SSOR. De plus, comme le montre la Table 13.3, l'utilisation de $\tilde{\mathrm{M}}$ conduit à une diminution spectaculaire du nombre d'itérations nécessaire à la convergence.

Table 13.3. Nombre d'itérations en fonction de N

N	Non préc.	Préc. avec SSOR	Préc. avec $\tilde{\mathrm{M}}$
25	51	27	12
50	178	61	25
100	685	118	33
200	2849	237	34

13.6 Action du vent sur le mât d'un voilier

Considérons l'action du vent sur le voilier schématiquement représenté sur la Figure 13.9 (à gauche). Le mât, de longueur L, est désigné par le segment de droite AB, et l'un des deux haubans (cordes assurant la tension latérale du mât) est représenté par le segment BO. Chaque partie infinitésimale de la voile transmet à la partie correspondante du mât de longueur dx une force $f(x)dx$. L'expression de f en fonction de la hauteur x mesurée depuis A (la base du mât) est donnée par

$$f(x) = \frac{\alpha x}{x+\beta} e^{-\gamma x},$$

où α, β et γ sont des constantes supposées connues.

La résultante R de la force f est définie par

$$R = \int_0^L f(x)dx = I(f), \tag{13.20}$$

et est appliquée en un point situé à une distance b (à déterminer) de la base du mât.

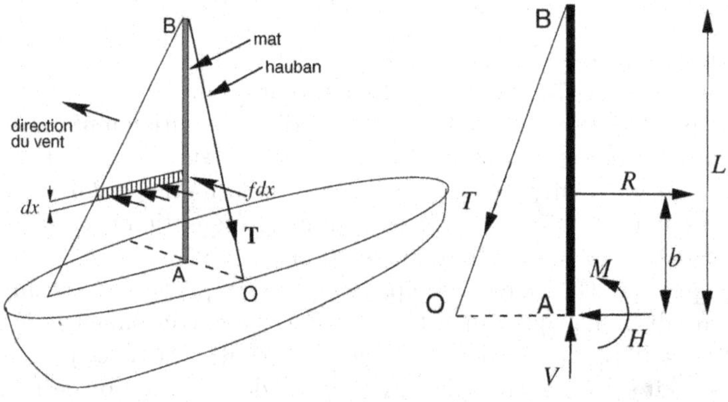

Fig. 13.9. Schéma d'un voilier (*à gauche*) ; forces agissant sur le mât (*à droite*)

Les valeurs de R et de la distance b, donnée par $b = I(xf)/I(f)$, sont très importantes pour la conception du mât et la détermination de la section des haubans. En effet, une fois connues R et b, il est possible d'analyser la structure hyperstatique mât/haubans (en utilisant p. ex. la méthode des forces) pour en déduire les réactions V, H et M à la base du mât et la traction T transmise par le hauban (représentée à droite de la Figure 13.9). On peut alors trouver les actions internes dans la structure, ainsi que les contraintes maximales subies par le mât AB et le hauban BO, et en déduire enfin les paramètres géométriques des sections de AB et BO.

Pour le calcul approché de R, on a considéré les formules composites du point milieu, notée dans la suite (MP), du trapèze (TR), de Cavalieri-Simpson (CS), et à titre de comparaison la formule de quadrature adaptative de Cavalieri-Simpson introduite à la Section 8.6.2, notée (AD).

Pour les tests numériques, on a pris $\alpha = 50$, $\beta = 5/3$ et $\gamma = 1/4$, et on a exécuté le Programme 65 avec `tol`$=10^{-4}$ et `hmin`$=10^{-3}$.

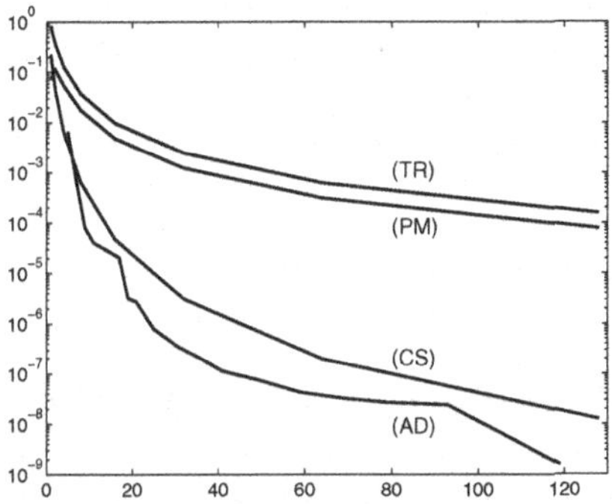

Fig. 13.10. Erreurs relatives dans le calcul approché de l'intégrale $\int_0^L (\alpha x e^{-\gamma x})/(x+\beta)dx$

On a calculé les suites d'intégrales à l'aide des formules composites avec $m_k = 2^k$ partitions uniformes de $[0, L]$, pour $k = 0, \ldots, 12$. Au-delà de $k = 12$ (m_k vaut alors $2^{12} = 4096$), dans le cas de CS, les chiffres significatifs ne changent plus. Ne disposant pas de formule explicite pour l'intégrale (13.20), on a supposé que la valeur exacte de $I(f)$ est donnée par CS pour $k = 12$, soit $I_{12}^{(CS)} = 100.0613683179612$.

On a tracé sur la Figure 13.10 l'erreur relative $|I_{12}^{(CS)} - I_k|/I_{12}$ en échelle logarithmique, pour $k = 0, \ldots, 7$, I_k étant un élément de la suite pour les trois formules considérées. A titre de comparaison, on a aussi représenté le graphe de l'erreur relative correspondant à la formule adaptative AD, appliquée à un nombre de subdivisions (non uniformes) équivalent à celui des formules composites.
Remarquer qu'à nombre de subdivisions égal, la formule AD est plus précise, avec une erreur relative de $2.06 \cdot 10^{-7}$ obtenue avec 37 subdivisions (non uniformes) de $[0, L]$. Les méthodes PM et TR atteignent une précision comparable avec respectivement 2048 et 4096 sous-intervalles uniformes, tandis que CS en nécessite environ 64. L'efficacité du procédé adaptatif apparaît clairement sur les tracés de la Figure 13.11. On y voit à gauche le graphe de f et la distribution des noeuds de quadrature. A droite de la même figure, on a tracé la fonction $\Delta_h(x)$ qui représente la densité (constante par morceau) du pas d'intégration h, défini comme l'inverse de la valeur h sur chaque intervalle actif A (voir Section 8.6.2).

Remarquer aussi la valeur élevée de Δ_h en $x = 0$, où les dérivées de f sont maximales.

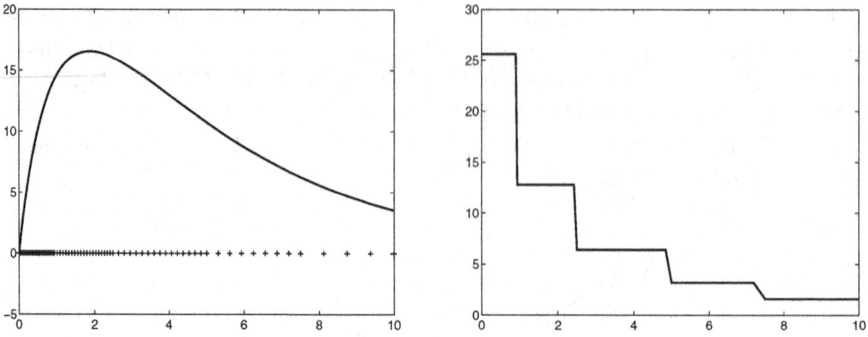

Fig. 13.11. Distribution des noeuds de quadrature (*à gauche*); densité du pas d'intégration pour l'approximation de l'intégrale $\int_0^L (\alpha x e^{-\gamma x})/(x+\beta)dx$ (*à droite*)

13.7 Résolution numérique de l'équation de Schrödinger

Considérons l'équation aux dérivées partielles suivante, issue de la mécanique quantique et connue sous le nom d'*équation de Schrödinger* :

$$i\frac{\partial \psi}{\partial t} = -\frac{\hbar}{2m}\frac{\partial^2 \psi}{\partial x^2}, \qquad x \in \mathbb{R}, \qquad t > 0, \tag{13.21}$$

où $\hbar$ désigne la constante de Planck et où $i^2 = -1$. La fonction à valeurs complexes $\psi = \psi(x,t)$, solution de (13.21), est appelée *fonction d'onde* et la quantité $|\psi(x,t)|^2$ définit la densité de probabilité qu'un électron libre de masse m se trouve en x au temps t (voir [FRL55]).

Le problème de Cauchy correspondant modélise le mouvement d'un électron dans une cellule d'un réseau infini (pour plus de détails voir p. ex. [AF83]).

Considérons la condition initiale $\psi(x,0) = w(x)$, où w est la fonction "marche d'escalier" prenant la valeur $1/\sqrt{2b}$ pour $|x| \le b$ et la valeur zéro pour $|x| > b$, avec $b = a/5$, et où $2a$ représente la distance inter-ionique du réseau. On cherche des solutions périodiques, de période $2a$.

Nous allons montrer qu'on peut résoudre (13.21) par analyse de Fourier. On commence par écrire la série de Fourier de w et ψ (pour tout $t > 0$)

$$\begin{aligned} w(x) &= \sum_{k=-N/2}^{N/2-1} \widehat{w}_k e^{i\pi kx/a}, \qquad \widehat{w}_k = \frac{1}{2a}\int_{-a}^{a} w(x)e^{-i\pi kx/a}dx, \\ \psi(x,t) &= \sum_{k=-N/2}^{N/2-1} \widehat{\psi}_k(t) e^{i\pi kx/a}, \quad \widehat{\psi}_k(t) = \frac{1}{2a}\int_{-a}^{a} \psi(x,t)e^{-i\pi kx/a}dx. \end{aligned} \tag{13.22}$$

On substitue alors (13.22) dans (13.21), obtenant le problème de Cauchy suivant pour les N premiers coefficients de Fourier $\widehat{\psi}_k$, avec $k = -N/2, \dots, N/2-1$

$$\begin{cases} \widehat{\psi}_k'(t) = -i\dfrac{\hbar}{2m}\left(\dfrac{k\pi}{a}\right)^2 \widehat{\psi}_k(t), \\ \widehat{\psi}_k(0) = \widetilde{\widehat{w}}_k. \end{cases} \quad (13.23)$$

Les coefficients $\{\widetilde{\widehat{w}}_k\}$ ont été calculés en régularisant les coefficients $\{\widehat{w}_k\}$ de la fonction “marche” w en utilisant la régularisation de Lanczos :

$$\sigma_k = \frac{\sin(2(k - N/2)(\pi/N))}{2(k - N/2)(\pi/N)}, \qquad k = 0, \dots, N-1.$$

Ceci a pour but d'éviter le phénomène de Gibbs au voisinage des singularités de w. Ce procédé de régularisation est connu sous le nom de *filtre de Lanczos* (voir [CHQZ06], Chapitre 2).
Après avoir résolu (13.23), on obtient avec (13.22) l'expression de la fonction d'onde

$$\psi_N(x,t) = \sum_{k=-N/2}^{N/2-1} \widetilde{\widehat{w}}_k e^{-iE_k t/\hbar} e^{i\pi kx/a}, \quad (13.24)$$

où les coefficients $E_k = (k^2\pi^2\hbar^2)/(2ma^2)$ représentent les états d'énergie que l'électron peut atteindre au cours de son déplacement dans le puits de potentiel.

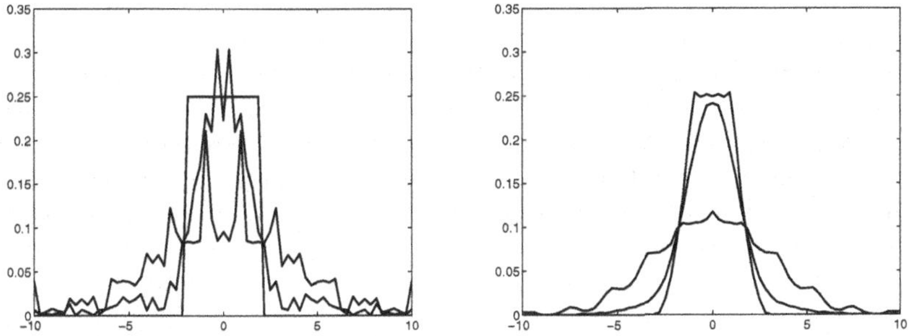

Fig. 13.12. Densité de probabilité $|\psi(x,t)|^2$ en $t = 0, 2, 5\,[s]$, correspondant à la donnée initiale “marche d'escalier” : solution sans filtre (*à gauche*), avec filtre de Lanczos (*à droite*)

Pour calculer les coefficients $\widehat{w}_k$ (et donc $\widetilde{\widehat{w}}_k$), on a utilisé la fonction `fft` de MATLAB (voir Section 9.9.1), avec $N = 2^6 = 64$ points et en posant $a = 10\ \mathring{A} = 10^{-9}[m]$. L'analyse en temps a été effectuée jusqu'à $T = 10\,[s]$, avec un pas de temps de $1\,[s]$; sur les graphes, l'unité pour l'axe des x est $[\mathring{A}]$, et pour l'axe des y elle est respectivement de $10^5\,[m^{-1/2}]$ et $10^{10}\,[m^{-1}]$.

Sur la Figure 13.12, on a représenté la densité de probabilité $|\psi(x,t)|^2$ en $t = 0$, 2 et 5 $[s]$. On montre à gauche le résultat obtenu sans le procédé de régularisation, et à droite le même calcul avec “filtrage” des coefficients de Fourier.

La seconde courbe montre l'effet de la régularisation sur la solution ; noter que l'atténuation des oscillations est obtenue au prix d'un léger étalement de la distribution de probabilité initiale (en forme de marche).

Pour finir, on effectue la même analyse en partant d'une donnée initiale régulière. On choisit pour cela une densité de probabilité initiale w gaussienne telle que $\|w\|_2 = 1$. La solution $|\psi(x,t)|^2$, cette fois calculée sans régularisation, est présentée sur la Figure 13.13, pour $t = 0, 2, 5, 7, 9[s]$. Remarquer l'absence d'oscillations parasites, contrairement au cas précédent.

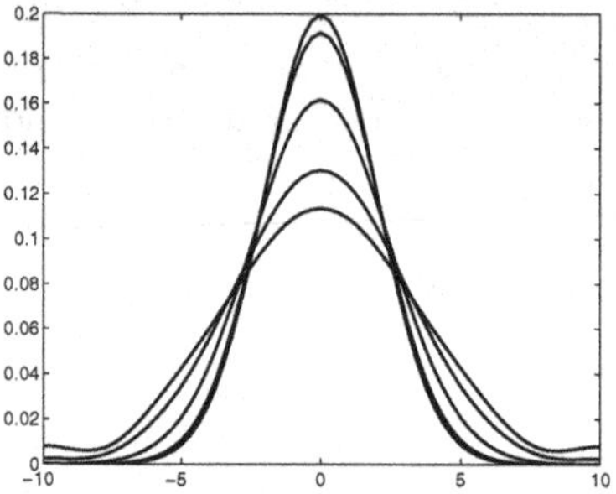

Fig. 13.13. Densité de probabilité $|\psi(x,t)|^2$ en $t = 0, 2, 5, 7, 9[s]$, correspondant à une donnée initiale gaussienne

13.8 Mouvements de la paroi artérielle

On peut modéliser une artère par un cylindre souple de base circulaire, de longueur L, de rayon R_0 et dont la paroi, d'épaisseur H, est constituée d'un matériau élastique incompressible, homogène et isotrope. On obtient un modèle simple décrivant le comportement mécanique de la paroi artérielle en interaction avec le sang en supposant que le cylindre est un assemblage d'anneaux indépendants les uns des autres. Ceci revient à négliger les actions internes longitudinales et axiales le long du vaisseau et à supposer que la paroi ne se déforme que suivant la direction radiale. Le rayon R du vaisseau est donc donné par $R(t) = R_0 + y(t)$ où t est le temps et où y est le déplacement radial de l'anneau par rapport à un rayon de référence R_0. L'application de la loi de Newton au système d'anneaux indépendants conduit à l'équation modélisant le comportement mécanique de la paroi au cours du temps :

$$y''(t) + \beta y'(t) + \alpha y(t) = \gamma(p(t) - p_0), \tag{13.25}$$

où $\alpha = E/(\rho_w R_0^2)$, $\gamma = 1/(\rho_w H)$ et β est une constante positive. Les paramètres physiques ρ_w et E désignent la densité de la paroi artérielle et son module de Young. La fonction $p - p_0$ représente la contrainte due à la différence de pression entre l'intérieur de l'artère, où se trouve le sang, et l'extérieur, où se trouvent d'autres organes. Au repos, quand $p = p_0$, l'artère a une configuration cylindrique de rayon R_0 ($y = 0$).

On peut écrire l'équation (13.25) sous la forme $\mathbf{y}'(t) = \mathrm{A}\mathbf{y}(t) + \mathbf{b}(t)$ où $\mathbf{y} = [y, y']^T$, $\mathbf{b} = [0, -\gamma(p - p_0)]^T$ et

$$\mathrm{A} = \begin{pmatrix} 0 & 1 \\ -\alpha & -\beta \end{pmatrix}. \tag{13.26}$$

Les valeurs propres de A sont $\lambda_\pm = (-\beta \pm \sqrt{\beta^2 - 4\alpha})/2$; donc, si $\beta \geq 2\sqrt{\alpha}$, les deux valeurs propres sont négatives et le système est asymptotiquement stable, avec $\mathbf{y}(t)$ décroissant exponentiellement vers zéro quand $t \to \infty$. Si $0 < \beta < 2\sqrt{\alpha}$, les valeurs propres sont complexes conjuguées et il se produit des oscillations amorties qui tendent exponentiellement vers zéro quand $t \to \infty$. Les tests numériques ont été effectués avec les méthodes d'Euler rétrograde (BE pour *backward Euler*) et de Crank-Nicolson (CN). On a posé $\mathbf{y}(t) = \mathbf{0}$ et on a pris les valeurs (réalistes) suivantes pour les paramètres physiques : $L = 5 \cdot 10^{-2}[m]$, $R_0 = 5 \cdot 10^{-3}[m]$, $\rho_w = 10^3[Kgm^{-3}]$, $H = 3 \cdot 10^{-4}[m]$ et $E = 9 \cdot 10^5[Nm^{-2}]$, d'où $\gamma \simeq 3.3[Kg^{-1}m^{-2}]$ et $\alpha = 36 \cdot 10^6[s^{-2}]$. Une fonction sinusoïdale $p - p_0 = x\Delta p(a + b\cos(\omega_0 t))$ a été utilisée pour modéliser la variation de pression le long du vaisseau en fonction de x et du temps, avec $\Delta p = 0.25 \cdot 133.32$ $[Nm^{-2}]$, $a = 10 \cdot 133.32$ $[Nm^{-2}]$, $b = 133.32$ $[Nm^{-2}]$ et une pulsation $\omega_0 = 2\pi/0.8$ $[rads^{-1}]$ qui correspond au battement cardiaque.

Les résultats présentés ci-dessous correspondent à la coordonnée $x = L/2$. On a analysé deux cas (très différents) correspondant à (1) $\beta = \sqrt{\alpha}\,[s^{-1}]$ et (2) $\beta = \alpha\,[s^{-1}]$; on vérifie facilement que le *quotient de raideur* (voir Section 10.10) du cas (2) est presque égal à α ; le problème est donc très raide. On remarque également que, dans les deux cas, les parties réelles des valeurs propres de A sont très grandes. Le pas de temps doit donc être très petit pour pouvoir décrire avec précision l'évolution rapide du système.

Dans le cas (1), on a étudié le système différentiel sur l'intervalle de temps $[0, 2.5 \cdot 10^{-3}]$ avec un pas de temps $h = 10^{-4}$. Les valeurs propres de A ayant un module égal à 6000, notre choix de h nous permettrait d'utiliser aussi bien une méthode explicite.

La Figure 13.14 (à gauche) montre les solutions numériques et la solution exacte en fonction du temps. Le trait plein fin correspond à la solution exacte, le trait discontinu à la solution donnée par CN et le trait plein épais à celle donnée par BE. On note clairement une bien meilleure précision pour CN ; ceci est confirmé par la courbe de la Figure 13.14 (à droite) qui montre les trajectoires de la solution calculée dans l'espace de phase. Dans ce cas, le système différentiel a été intégré sur l'intervalle $[0, 0.25]$ avec un pas de temps $h = 2.5 \cdot 10^{-4}$. Le trait discontinu est la trajectoire obtenue avec CN et le trait plein est celle obtenue avec BE. Le schéma BE introduit clairement une dissipation beaucoup plus forte que celle introduite par CN ; le tracé montre

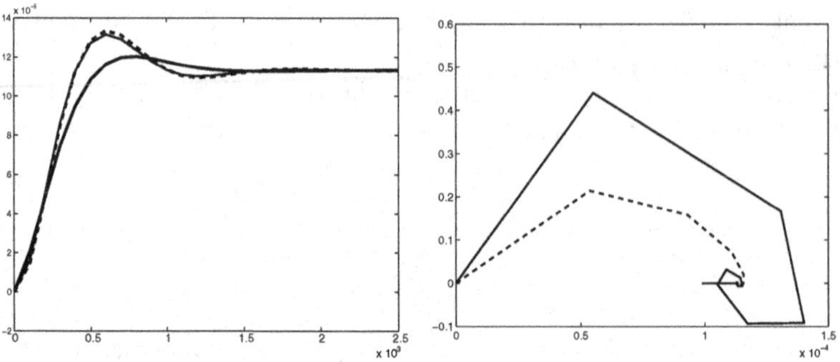

Fig. 13.14. Simulation transitoire (*à gauche*) et trajectoire dans l'espace de phase (*à droite*)

aussi que les solutions données par les deux méthodes convergent vers un cycle limite correspondant à la composante en cosinus du terme de force.

Dans le cas (2), le système différentiel a été intégré sur l'intervalle de temps $[0, 10]$ avec un pas $h = 0.1$. La raideur du problème est mise en évidence par le tracé des vitesses de déformation z représentées sur la Figure 13.15 (*à gauche*). Le trait plein est la solution calculée avec BE et le trait discontinu est celle obtenue avec CN ; pour la clarté du graphique, on a représenté seulement le tiers des valeurs nodales pour CN. On constate que de fortes oscillations se produisent. Les valeurs propres de A sont en effet $\lambda_1 = -1$, et $\lambda_2 = -36 \cdot 10^6$. Les composantes y et $z(= y')$ de la solution $\mathbf{y}$ calculée par CN sont

$$y_k^{CN} = \left(\frac{1 + (h\lambda_1)/2}{1 - (h\lambda_1)/2}\right)^k \simeq (0.9048)^k, z_k^{CN} = \left(\frac{1 + (h\lambda_2)/2}{1 - (h\lambda_2)/2}\right)^k \simeq (-0.9999)^k,$$

pour $k \geq 0$. La première est clairement stable, tandis que la seconde est

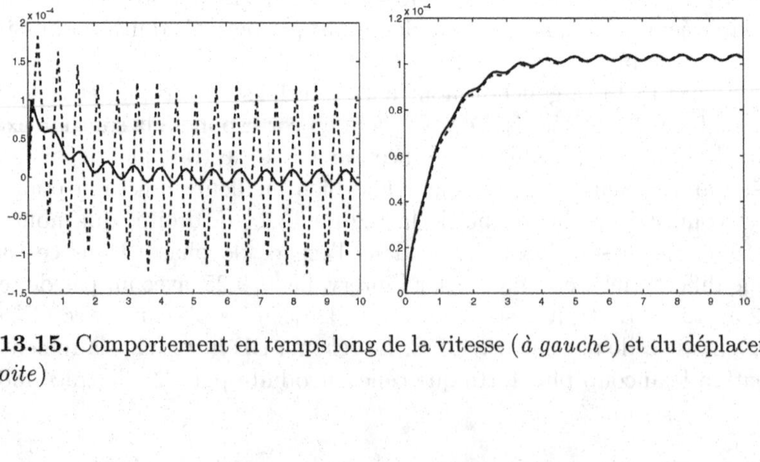

Fig. 13.15. Comportement en temps long de la vitesse (*à gauche*) et du déplacement (*à droite*)

oscillante. Au contraire, la méthode BE donne

$$y_k^{BE} = \left(\frac{1}{1-h\lambda_1}\right)^k \simeq (0.9090)^k, z_k^{CN} = \left(\frac{1}{1-h\lambda_2}\right)^k \simeq (0.2777)^k, k \geq 0,$$

qui sont toutes les deux stables pour tout $h > 0$. Conformément à ces conclusions, on constate sur la Figure 13.15 (*à droite*) que la première composante y du vecteur solution $\mathbf{y}$ est correctement approchée par les deux méthodes. Le trait plein correspond à BE et le trait discontinu à CN.

13.9 Lubrification d'une pièce mécanique

On considère une pièce mécanique rigide se déplaçant dans la direction x le long d'un support physique supposé infini. La pièce est séparée du support par une fine couche d'un liquide visqueux (le lubrifiant). On suppose que la pièce, de longueur L, se déplace avec la vitesse U par rapport au support. La surface de la pièce qui fait face au support est décrite par la fonction s (voir Figure 13.16, *à gauche*).

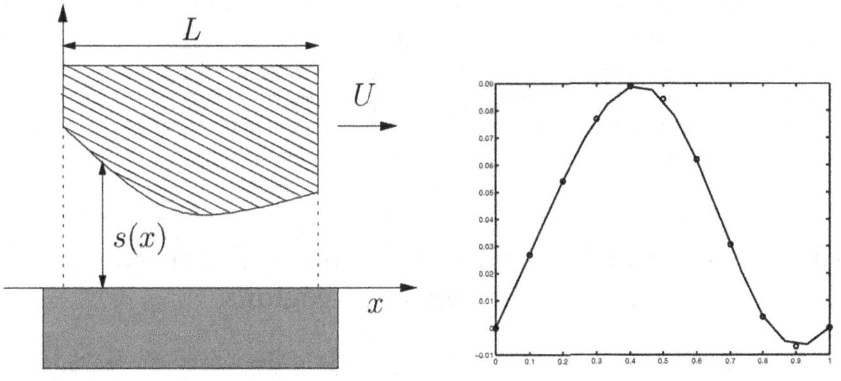

Fig. 13.16. Caractéristique géométrique de la pièce mécanique considérée à la Section 13.9 (*à gauche*); pression sur une pièce en forme de convergeant-divergeant. Le trait plein correspond à la solution obtenue avec des éléments finis quadratiques, les symboles ◦ correspondent aux valeurs nodales de la solution obtenue avec des éléments finis affines (*à droite*)

En notant μ la viscosité du lubrifiant, la pression p agissant sur la pièce mécanique peut être modélisée par le problème de Dirichlet suivant :

$$\begin{cases} -\left(\dfrac{s^3}{6\mu}p'\right)' = -(Us)', & x \in]0, L[, \\ p(0) = 0, \quad p(L) = 0. & \end{cases}$$

Pour les simulations numériques, on suppose que la pièce mécanique en forme de convergeant-divergeant est de longueur 1 et de surface $s(x) = 1 - 3/2x + 9/8x^2$ avec $\mu = 1$.

La Figure 13.16 (*à droite*) montre la solution obtenue avec des éléments finis linéaires et quadratiques sur un maillage uniforme avec un pas d'espace $h = 0.2$. Le système linéaire est résolu avec la méthode du gradient conjugué non préconditionné. Pour rendre la norme euclidienne du résidu inférieure à 10^{-10}, il faut 4 itérations avec des éléments affines et 9 itérations avec des éléments quadratiques.

La Table 13.4 présente des estimations numériques du conditionnement $K_2(\mathrm{A_{fe}})$ en fonction de h. On a noté les matrices A_1 (resp. A_2) dans le cas affine (resp. quadratique). On cherche à exprimer le conditionnement sous la forme h^{-p} quand h tend vers zéro ; les nombres p_i sont des valeurs estimées de p. On constate que dans les deux cas, le conditionnement croît comme h^{-2}, cependant, à h fixé, $K_2(\mathrm{A}_2)$ est beaucoup plus grand que $K_2(\mathrm{A}_1)$.

Table 13.4. Conditionnement de la matrice de raideur pour des éléments finis affines et quadratiques

h	$K_2(\mathrm{A}_1)$	p_1	$K_2(\mathrm{A}_2)$	p_2
0.10000	63.951	–	455.24	
0.05000	348.21	2.444	2225.7	2.28
0.02500	1703.7	2.290	10173.3	2.19
0.01250	7744.6	2.184	44329.6	2.12
0.00625	33579	2.116	187195.2	2.07

13.10 Distribution verticale d'une concentration de spores sur des grandes régions

Nous nous intéressons dans cette section à la diffusion et au transport de spores dans l'air, tels que les endospores de bactéries ou les pollens de fleurs. Nous étudions la distribution verticale de concentration sur une zone étendue en supposant que les spores diffusent passivement dans l'atmosphère et ne sont soumis qu'à la gravité.

Dans un modèle simple, on suppose que la *diffusivité* ν et la *vitesse de transport* β sont des constantes connues et on moyenne divers phénomènes physiques locaux comme la convection à faible échelle ainsi que le transport horizontal et la diffusion horizontale. On note $x \geq 0$ la position verticale, la concentration $u(x)$ de spores à l'équilibre est solution de

$$\begin{cases} -\nu u'' + \beta u' = 0, & 0 < x < H, \\ u(0) = u_0, & -\nu u'(H) + \beta u(H) = 0, \end{cases} \tag{13.27}$$

où H est une hauteur fixée à laquelle on suppose que le flux total $-\nu u' + \beta u$ s'annule (voir Section 11.3.1). Des valeurs réalistes des coefficients sont $\nu = 10\ m^2 s^{-1}$ et $\beta = -0.03\ ms^{-1}$; dans les simulations numériques, on a pris une concentration u_0 de 1 grain de pollen par m^3, et une hauteur H de 10 km. Le nombre de Péclet global est donc $\mathbb{P}\mathrm{E}_{gl} = |\beta|H/(2\nu| = 15$.

On a approché (13.27) avec une méthode d'éléments finis affines. La Figure 13.17 (*à gauche*) montre la solution calculée avec le Programme 82 sur un maillage uniforme avec un pas d'espace $h = H/10$. La solution obtenue avec la méthode de Galerkin non stabilisée (G) est représentée en trait plein. Les solutions obtenues avec les méthodes de stabilisation de Scharfetter-Gummel (SG) et décentrée (UP pour *upwind* en anglais) sont représentées respectivement avec des traits mixtes et des traits discontinus.

On remarque des oscillations parasites dans la solution G. La solution UP est trop diffusée alors que la solution SG est exacte aux noeuds. Le nombre de Péclet local vaut 1.5 dans ce cas. En prenant $h = H/100$, la méthode de Galerkin pure est stable, comme le montre la Figure 13.17 (*à droite*) où sont représentées les solutions G (*trait plein*) et UP (*trait discontinu*).

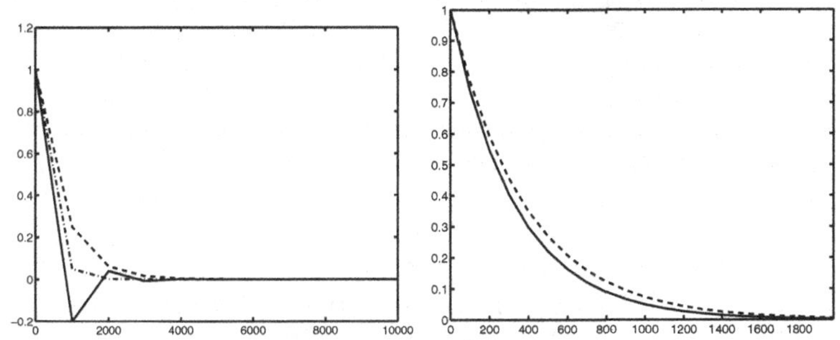

Fig. 13.17. Concentration verticale de spores : solutions G, SG et UP avec $h = H/10$ (*à gauche*) et $h = H/100$ (*à droite*, où seul l'intervalle $[0, 2000]$ est considéré). L'axe des x représente la position verticale

13.11 Conduction thermique dans une barre

On considère une barre homogène de longueur 1 et de conductivité thermique ν, dont les extrémités ont une température fixée à $u = 0$. Soit $u_0(x)$ la température le long de la barre au temps $t = 0$ et $f = f(x,t)$ un terme modélisant une source de chaleur. L'évolution en temps de la température $u = u(x,t)$ de la barre est modélisée par le problème aux données initiales (12.1)-(12.4).
On considère le cas où $f = 0$ et on augmente brutalement la température de la barre au point 1/2. On peut modéliser grossièrement cette situation en prenant par exemple $u_0 = K$, où K est une constante positive donnée, sur un

sous-intervalle $[a,b] \subseteq [0,1]$ et 0 à l'extérieur de $[a,b]$. La donnée initiale est donc une fonction discontinue.

On a utilisé le θ-schéma avec $\theta = 0.5$ (méthode de Crank-Nicolson) et $\theta = 1$ (méthode d'Euler implicite). On a exécuté le Programme 88 avec $h = 1/20$, $\Delta t = 1/40$ et on a représenté les solutions obtenues au temps $t = 2$ sur la Figure 13.18. La méthode de Crank-Nicolson souffre d'une instabilité due au manque de régularité de la donnée initiale (à ce sujet, voir [QV94], Chapitre 11). Au contraire, la méthode d'Euler implicite donne une solution stable qui décroît correctement vers zéro quand t augmente (le terme source f étant nul).

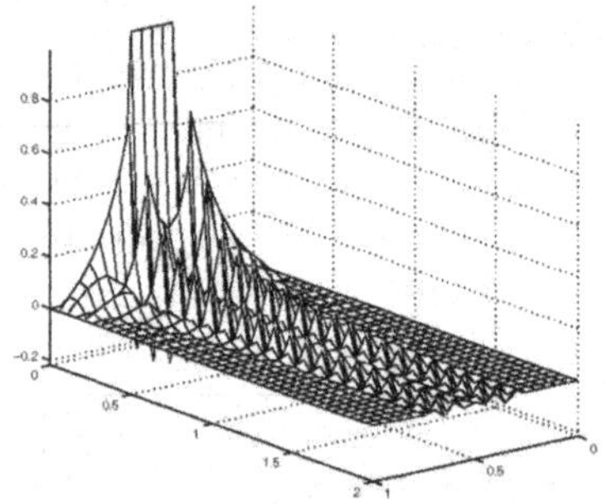

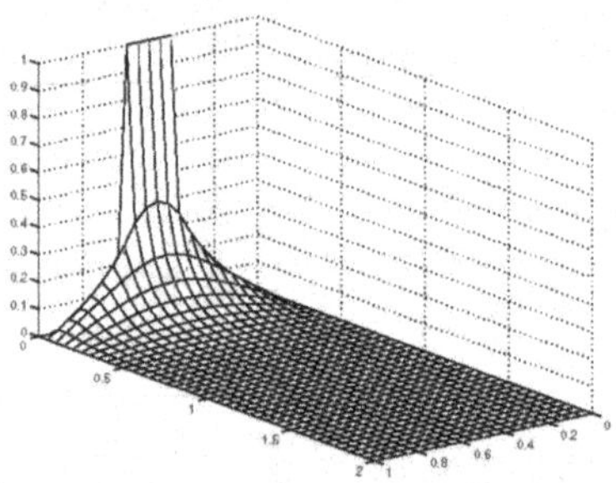

Fig. 13.18. Solutions pour un problème parabolique avec donnée initiale discontinue : méthode de Crank-Nicolson (*à gauche*) et d'Euler implicite (*à droite*)

13.12 Un modèle hyperbolique pour l'interaction du sang avec la paroi artérielle

On considère à nouveau le problème d'interaction fluide-structure dans une artère cylindrique vu à la Section 13.8 (où on avait adopté le modèle simple des anneaux indépendants).

On note z la coordonnée longitudinale. Si on ne néglige plus l'interaction axiale entre les anneaux, l'équation (13.25) devient

$$\rho_w H \frac{\partial^2 \eta}{\partial t^2} - \sigma_z \frac{\partial^2 \eta}{\partial z^2} + \frac{HE}{R_0^2}\eta = P - P_0, \quad t > 0, \quad 0 < z < L, \tag{13.28}$$

où σ_z est la composante radiale de la contrainte axiale et L est la longueur du cylindre considéré. En particulier, en négligeant le troisième terme du membre de gauche et en posant $\gamma^2 = \sigma_z/(\rho_w H)$, $f = (P - P_0)/(\rho_w H)$, on retrouve l'équation des ondes (12.31).

On a effectué deux séries d'expériences numériques avec le schéma saute-mouton (SM) et le schéma de Newmark (NW). Dans la première série, le domaine d'intégration est le cylindre en espace-temps $]0,1[\times]0,1[$ et le terme source est $f = (1+\pi^2\gamma^2)e^{-t}\sin(\pi x)$ de sorte que la solution exacte est $u(x,t) = e^{-t}\sin(\pi x)$. La Table 13.5 contient les estimations des ordres de convergence des deux méthodes, notées respectivement p_{SM} et p_{NW}.

Pour calculer ces quantités, on a d'abord résolu l'équation des ondes sur quatre grilles de pas $\Delta x = \Delta t = 1/(2^k \cdot 10)$, $k = 0,\ldots,3$. On note $u_h^{(k)}$ la solution numérique obtenue sur la k-ème grille, et pour $j = 1,\ldots,10$, on note $t_j^{(0)} = j/10$ les noeuds de discrétisation en temps de la grille la plus grossière $k = 0$. Pour $k = 0,\ldots,3$, on a alors évalué les erreurs nodales maximales e_j^k sur la k-ème grille en espace aux temps $t_j^{(0)}$. On a alors estimé l'ordre de convergence $p_j^{(k)}$ par

$$p_j^{(k)} = \frac{\log(e_j^0/e_j^k)}{\log(2^k)}, \qquad k = 1,2,3.$$

Conformément aux résultats théoriques, les deux méthodes présentent une convergence d'ordre 2.

Table 13.5. Estimation des ordres de convergence pour le schéma saute-mouton (SM) et le schéma de Newmark (NW)

$t_j^{(0)}$	$p_{SM}^{(1)}$	$p_{SM}^{(2)}$	$p_{SM}^{(3)}$
0.1	2.0344	2.0215	2.0151
0.2	2.0223	2.0139	2.0097
0.3	2.0170	2.0106	2.0074
0.4	2.0139	2.0087	2.0061
0.5	2.0117	2.0073	2.0051
0.6	2.0101	2.0063	2.0044
0.7	2.0086	2.0054	2.0038
0.8	2.0073	2.0046	2.0032
0.9	2.0059	2.0037	2.0026
1.0	2.0044	2.0028	2.0019

$t_j^{(0)}$	$p_{NW}^{(1)}$	$p_{NW}^{(2)}$	$p_{NW}^{(3)}$
0.1	1.9549	1.9718	1.9803
0.2	1.9701	1.9813	1.9869
0.3	1.9754	1.9846	1.9892
0.4	1.9791	1.9869	1.9909
0.5	1.9827	1.9892	1.9924
0.6	1.9865	1.9916	1.9941
0.7	1.9910	1.9944	1.9961
0.8	1.9965	1.9979	1.9985
0.9	2.0034	2.0022	2.0015
1.0	2.0125	2.0079	2.0055

Dans la seconde série d'expériences, on a pris $\gamma^2 = \sigma_z/(\rho_w H)$ avec $\sigma_z = 1$ $[Kgs^{-2}]$, et $f = (x\Delta p \cdot \sin(\omega_0 t))/(\rho_w H)$. Les paramètres ρ_w, H et L sont les mêmes qu'à la Section 13.8. Le domaine en espace-temps est $]0,L[\times]0,T[$, avec $T = 1$ $[s]$.

On a d'abord utilisé le schéma de Newmark avec $\Delta x = L/10$ et $\Delta t = T/100$; la valeur correspondante de $\gamma\lambda$ est 3.6515, où $\lambda = \Delta t/\Delta x$. Comme le schéma de Newmark est inconditionnellement stable, on ne s'attend pas à des oscillations parasites, ce qui est confirmé par la Figure 13.19, *à gauche*. Remarquer que la solution a un comportement périodique correct, avec une période correspondant à un battement cardiaque. Remarquer aussi qu'avec ces valeurs de Δt et Δx, la condition de CFL n'est pas satisfaite ; on ne peut donc pas utiliser le schéma saute-mouton. Pour surmonter ce problème, on a pris un pas de temps beaucoup plus petit $\Delta t = T/400$, de manière à avoir $\gamma\lambda \simeq 0.9129$. Le schéma saute-mouton peut alors être utilisé. Le résultat est tracé sur la Figure 13.19, *à droite* ; on a obtenu une solution similaire avec le schéma de Newmark et les mêmes paramètres de discrétisation.

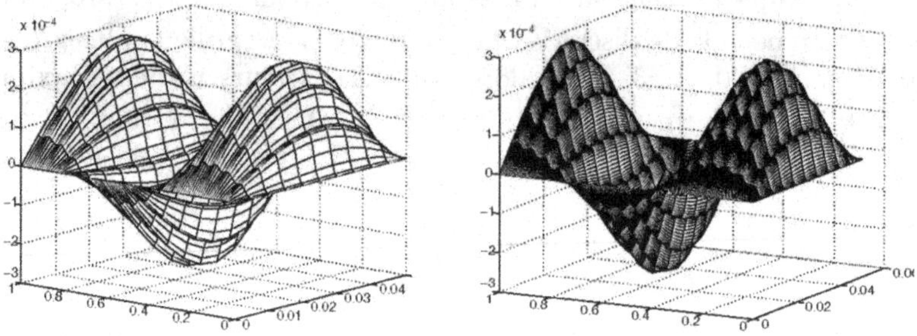

Fig. 13.19. Solutions calculées avec le schéma de Newmark sur une grille avec $\Delta t = T/100$ et $\Delta x = L/10$ (*à gauche*) et le schéma saute-mouton sur une grille avec le même Δx et $\Delta t = T/400$ (*à droite*)

Bibliographie

[Aas71] Aasen J. (1971) On the Reduction of a Symmetric Matrix to Tridiagonal Form. *BIT* 11 : 233–242.

[ABB+92] Anderson E., Bai Z., Bischof C., Demmel J., Dongarra J., Croz J. D., Greenbaum A., Hammarling S., McKenney A., Oustrouchov S., and Sorensen D. (1992) *LAPACK User's Guide, Release 1.0.* SIAM, Philadelphia.

[Ada75] Adams D. (1975) *Sobolev Spaces.* Academic Press, New York.

[AF83] Alonso M. and Finn E. (1983) *Fundamental University Physics*, volume 3. Addison-Wesley, Reading, Massachusetts.

[Arn73] Arnold V. I. (1973) *Ordinary Differential Equations.* The MIT Press, Cambridge, Massachusetts.

[Atk89] Atkinson K. E. (1989) *An Introduction to Numerical Analysis.* John Wiley, New York.

[Axe94] Axelsson O. (1994) *Iterative Solution Methods.* Cambridge University Press, Cambridge.

[Bar89] Barnett S. (1989) Leverrier's Algorithm : A New Proof and Extensions. *Numer. Math.* 7 : 338–352.

[BD74] Björck A. and Dahlquist G. (1974) *Numerical Methods.* Prentice-Hall, Englewood Cliffs, New York.

[BDMS79] Bunch J., Dongarra J., Moler C., and Stewart G. (1979) *LINPACK User's Guide.* SIAM, Philadelphia.

[Bjö88] Björck A. (1988) *Least Squares Methods : Handbook of Numerical Analysis Vol. 1 Solution of Equations in* $\mathbb{R}^N$. Elsevier North Holland.

[BM92] Bernardi C. and Maday Y. (1992) *Approximations Spectrales des Problémes aux Limites Elliptiques.* Springer-Verlag, Paris.

[BMW67] Barth W., Martin R. S., and Wilkinson J. H. (1967) Calculation of the Eigenvalues of a Symmetric Tridiagonal Matrix by the Method of Bisection. *Numer. Math.* 9 : 386–393.

[BO78] Bender C. M. and Orszag S. A. (1978) *Advanced Mathematical Methods for Scientists and Engineers.* McGraw-Hill, New York.

[BR81] Bank R. E. and Rose D. J. (1981) Global Approximate Newton Methods. *Numer. Math.* 37 : 279–295.

[Bra75] Bradley G. (1975) *A Primer of Linear Algebra.* Prentice-Hall, Englewood Cliffs, New York.

[Bri74] Brigham E. O. (1974) *The Fast Fourier Transform.* Prentice-Hall, Englewood Cliffs, New York.

[BS90] Brown P. and Saad Y. (1990) Hybrid Krylov Methods for Nonlinear Systems of equations. *SIAM J. Sci. and Stat. Comput.* 11(3) : 450–481.

[But66] Butcher J. C. (1966) On the Convergence of Numerical Solutions to Ordinary Differential Equations. *Math. Comp.* 20 : 1–10.

[But87] Butcher J. (1987) *The Numerical Analysis of Ordinary Differential Equations : Runge-Kutta and General Linear Methods.* Wiley, Chichester.

[CFL28] Courant R., Friedrichs K., and Lewy H. (1928) Über die partiellen differenzengleichungen der mathematischen physik. *Math. Ann.* 100 : 32–74.

[CHQZ06] Canuto C., Hussaini M. Y., Quarteroni A., and Zang T. A. (2006) *Spectral Methods : Fundamentals in Single Domains.* Springer-Verlag, Berlin Heidelberg.

[CL91] Ciarlet P. G. and Lions J. L. (1991) *Handbook of Numerical Analysis : Finite Element Methods (Part 1).* North-Holland, Amsterdam.

[CMSW79] Cline A., Moler C., Stewart G., and Wilkinson J. (1979) An Estimate for the Condition Number of a Matrix. *SIAM J. Sci. and Stat. Comput.* 16 : 368–375.

[Com95] Comincioli V. (1995) *Analisi Numerica Metodi Modelli Applicazioni.* McGraw-Hill Libri Italia, Milano.

[Cox72] Cox M. (1972) The Numerical Evaluation of B-splines. *Journal of the Inst. of Mathematics and its Applications* 10 : 134–149.

[Cry73] Cryer C. W. (1973) On the Instability of High Order Backward-Difference Multistep Methods. *BIT* 13 : 153–159.

[CT65] Cooley J. and Tukey J. (1965) An Algorithm for the Machine Calculation of Complex Fourier Series. *Math. Comp.* 19 : 297–301.

[Dah56] Dahlquist G. (1956) Convergence and Stability in the Numerical Integration of Ordinary Differential Equations. *Math. Scand.* 4 : 33–53.

[Dah63] Dahlquist G. (1963) A Special Stability Problem for Linear Multistep Methods. *BIT* 3 : 27–43.

[Dat95] Datta B. (1995) *Numerical Linear Algebra and Applications.* Brooks/Cole Publishing, Pacific Grove, CA.

[Dav63] Davis P. (1963) *Interpolation and Approximation.* Blaisdell Pub., New York.

[dB72] de Boor C. (1972) On Calculating with B-splines. *Journal of Approximation Theory* 6 : 50–62.

[dB83] de Boor C. (1983) A Practical Guide to Splines. In *Applied Mathematical Sciences.* (27), Springer-Verlag, New York.

[dB90] de Boor C. (1990) *SPLINE TOOLBOX for use with MATLAB.* The Math Works, Inc., South Natick.

[Dek71] Dekker T. (1971) A Floating-Point Technique for Extending the Available Precision. *Numer. Math.* 18 : 224–242.

[Dem97] Demmel J. (1997) *Applied Numerical Linear Algebra.* SIAM, Philadelphia.

[DER86] Duff I., Erisman A., and Reid J. (1986) *Direct Methods for Sparse Matrices.* Oxford University Press, London.

[Deu04] Deuflhard P. (2004) *Newton methods for nonlinear problems. Affine invariance and adaptive algorithms*, volume 35 of *Springer Series in Computational Mathematics.* Springer-Verlag, Berlin Heidelberg.

[DGK84] Dongarra J., Gustavson F., and Karp A. (1984) Implementing Linear Algebra Algorithms for Dense Matrices on a Vector Pipeline Machine. *SIAM Review* 26(1) : 91–112.

[Die87a] Dierckx P. (1987) *FITPACK User Guide part 1 : Curve Fitting Routines.* TW Report, Dept. of Computer Science, Katholieke Universiteit, Leuven, Belgium.

[Die87b] Dierckx P. (1987) *FITPACK User Guide part 2 : Surface Fitting Routines.* TW Report, Dept. of Computer Science, Katholieke Universiteit, Leuven, Belgium.

[Die93] Dierckx P. (1993) *Curve and Surface Fitting with Splines.* Claredon Press, New York.

[DR75] Davis P. and Rabinowitz P. (1975) *Methods of Numerical Integration.* Academic Press, New York.

[DS83] Dennis J. and Schnabel R. (1983) *Numerical Methods for Unconstrained Optimization and Nonlinear Equations.* Prentice-Hall, Englewood Cliffs, New York.

[Dun85] Dunavant D. (1985) High Degree Efficient Symmetrical Gaussian Quadrature Rules for the Triangle. *Internat. J. Numer. Meth. Engrg.* 21 : 1129–1148.

[Dun86] Dunavant D. (1986) Efficient Symmetrical Cubature Rules for Complete Polynomials of High Degree over the Unit Cube. *Internat. J. Numer. Meth. Engrg.* 23 : 397–407.

[DV84] Dekker K. and Verwer J. (1984) *Stability of Runge-Kutta Methods for Stiff Nonlinear Differential Equations.* North-Holland, Amsterdam.

[dV89] der Vorst H. V. (1989) High Performance Preconditioning. *SIAM J. Sci. Stat. Comput.* 10 : 1174–1185.

[EEHJ96] Eriksson K., Estep D., Hansbo P., and Johnson C. (1996) *Computational Differential Equations.* Cambridge Univ. Press, Cambridge.

[Elm86] Elman H. (1986) A Stability Analisys of Incomplete LU Factorization. *Math. Comp.* 47 : 191–218.

[Erd61] Erdös P. (1961) Problems and Results on the Theory of Interpolation. *Acta Math. Acad. Sci. Hungar.* 44 : 235–244.

[Erh97] Erhel J. (1997) About Newton-Krylov Methods. In Periaux J. and al. (eds) *Computational Science for* 21st *Century*, pages 53–61. Wiley, New York.

[Fab14] Faber G. (1914) Über die interpolatorische Darstellung stetiger Funktionem. *Jber. Deutsch. Math. Verein.* 23 : 192–210.

[FF63] Faddeev D. K. and Faddeeva V. N. (1963) *Computational Methods of Linear Algebra.* Freeman, San Francisco and London.

[FM67] Forsythe G. E. and Moler C. B. (1967) *Computer Solution of Linear Algebraic Systems.* Prentice-Hall, Englewood Cliffs, New York.

[Fra61] Francis J. G. F. (1961) The QR Transformation : A Unitary Analogue to the LR Transformation. Parts I and II. *Comp. J.* pages 265–272,332–334.

[FRL55] F. Richtmyer E. K. and Lauritsen T. (1955) *Introduction to Modern Physics.* McGraw-Hill, New York.

[Gas83] Gastinel N. (1983) *Linear Numerical Analysis.* Kershaw Publishing, London.

[Gau94] Gautschi W. (1994) Algorithm 726 : ORTHPOL - A Package of Routines for Generating Orthogonal Polynomials and Gauss-type Quadrature Rules. *ACM Trans. Math. Software* 20 : 21–62.

[Gau96] Gautschi W. (1996) Orthogonal Polynomials : Applications and Computation. *Acta Numerica* pages 45–119.

[Gau97] Gautschi W. (1997) *Numerical Analysis. An Introduction.* Birkhäuser, Basel.

[Giv54] Givens W. (1954) Numerical Computation of the Characteristic Values of a Real Symmetric Matrix. *Oak Ridge National Laboratory* ORNL-1574.

[GL81] George A. and Liu J. (1981) *Computer Solution of Large Sparse Positive Definite Systems.* Prentice-Hall, Englewood Cliffs, New York.

[GL89] Golub G. and Loan C. V. (1989) *Matrix Computations.* The John Hopkins Univ. Press, Baltimore and London.

[God66] Godeman R. (1966) *Algebra.* Kershaw, London.

[Gol91] Goldberg D. (1991) What Every Computer Scientist Should Know about Floating-point Arithmetic. *ACM Computing Surveys* 23(1) : 5–48.

[GR96] Godlewski E. and Raviart P. (1996) *Numerical Approximation of Hyperbolic System of Conservation Laws*, volume 118 of *Applied Mathematical Sciences.* Springer-Verlag, New York.

[Hac94] Hackbush W. (1994) *Iterative Solution of Large Sparse Systems of Equations.* Springer-Verlag, New York.

[Hah67] Hahn W. (1967) *Stability of Motion.* Springer-Verlag, Berlin Heidelberg.

[Hal58] Halmos P. (1958) *Finite-Dimensional Vector Spaces.* Van Nostrand, Princeton, New York.

[Hen62] Henrici P. (1962) *Discrete Variable Methods in Ordinary Differential Equations.* Wiley, New York.

[Hen74] Henrici P. (1974) *Applied and Computational Complex Analysis*, volume 1. Wiley, New York.

[HGR96] H-G. Roos M. Stynes L. T. (1996) *Numerical Methods for Singularly Perturbed Differential Equations.* Springer-Verlag, Berlin Heidelberg.

[Hig88] Higham N. (1988) The Accuracy of Solutions to Triangular Systems. *University of Manchester, Dep. of Mathematics* 158 : 91–112.

[Hig89] Higham N. (1989) The Accuracy of Solutions to Triangular Systems. *SIAM J. Numer. Anal.* 26(5) : 1252–1265.

[Hig96] Higham N. (1996) *Accuracy and Stability of Numerical Algorithms.* SIAM Publications, Philadelphia, PA.

[Hil87] Hildebrand F. (1987) *Introduction to Numerical Analysis.* McGraw-Hill, New York.

[Hou75] Householder A. (1975) *The Theory of Matrices in Numerical Analysis.* Dover Publications, New York.

[HP94] Hennessy J. and Patterson D. (1994) *Computer Organization and Design - The Hardware/Software Interface.* Morgan Kaufmann, San Mateo.

[IK66] Isaacson E. and Keller H. (1966) *Analysis of Numerical Methods.* Wiley, New York.

[Jac26] Jacobi C. (1826) Uber Gauβ neue Methode, die Werthe der Integrale näherungsweise zu finden. *J. Reine Angew. Math.* 30 : 127–156.

[Jer96] Jerome J. J. (1996) *Analysis of Charge Transport. A Mathematical Study of Semiconductor Devices.* Springer, Berlin Heidelberg.

[JM92] Jennings A. and McKeown J. (1992) *Matrix Computation.* Wiley, Chichester.

[Joh90] Johnson C. (1990) *Numerical Solution of Partial Differential Equations by the Finite Element Method.* Cambridge Univ. Press, Cambridge.

[JW77] Jankowski M. and Wozniakowski M. (1977) Iterative Refinement Implies Numerical Stability. *BIT* 17 : 303–311.

[Kah66] Kahan W. (1966) Numerical Linear Algebra. *Canadian Math. Bull.* 9 : 757–801.

[Kea86] Keast P. (1986) Moderate-Degree Tetrahedral Quadrature Formulas. *Comp. Meth. Appl. Mech. Engrg.* 55 : 339–348.

[Kel99] Kelley C. (1999) *Iterative Methods for Optimization*, volume 18 of *Frontiers in Applied Mathematics.* SIAM, Philadelphia.

[Lam91] Lambert J. (1991) *Numerical Methods for Ordinary Differential Systems.* John Wiley and Sons, Chichester.

[Lax65] Lax P. (1965) Numerical Solution of Partial Differential Equations. *Amer. Math. Monthly* 72(2) : 74–84.

[Lel92] Lele S. (1992) Compact Finite Difference Schemes with Spectral-like Resolution. *Journ. of Comp. Physics* 103(1) : 16–42.

[LH74] Lawson C. and Hanson R. (1974) *Solving Least Squares Problems.* Prentice-Hall, Englewood Cliffs, New York.

[LM68] Lions J. L. and Magenes E. (1968) *Problemes aux limitès non-homogènes et applications.* Dunod, Paris.

[Man80] Manteuffel T. (1980) An Incomplete Factorization Technique for Positive Definite Linear Systems. *Math. Comp.* 150(34) : 473–497.

[Mar86] Markowich P. (1986) *The Stationary Semiconductor Device Equations.* Springer-Verlag, Wien and New York.

[McK62] McKeeman W. (1962) Crout with Equilibration and Iteration. *Comm. ACM* 5 : 553–555.

[MdV77] Meijerink J. and der Vorst H. V. (1977) An Iterative Solution Method for Linear Systems of Which the Coefficient Matrix is a Symmetric M-matrix. *Math. Comp.* 137(31) : 148–162.

[MM71] Maxfield J. and Maxfield M. (1971) *Abstract Algebra and Solution by Radicals.* Saunders, Philadelphia.

[MNS74] Mäkela M., Nevanlinna O., and Sipilä A. (1974) On the Concept of Convergence, Consistency and Stability in Connection with Some Numerical Methods. *Numer. Math.* 22 : 261–274.

[Mor84] Morozov V. (1984) *Methods for Solving Incorrectly Posed Problems.* Springer-Verlag, New York.

[Mul56] Muller D. (1956) A Method for Solving Algebraic Equations using an Automatic Computer. *Math. Tables Aids Comput.* 10 : 208–215.

[Nat65] Natanson I. (1965) *Constructive Function Theory*, volume III. Ungar, New York.

[Nob69] Noble B. (1969) *Applied Linear Algebra.* Prentice-Hall, Englewood Cliffs, New York.

[OR70] Ortega J. and Rheinboldt W. (1970) *Iterative Solution of Nonlinear Equations in Several Variables.* Academic Press, New York and London.

[PdKÜK83] Piessens R., deDoncker Kapenga E., Überhuber C. W., and Kahaner D. K. (1983) *QUADPACK : A Subroutine Package for Automatic Integration.* Springer-Verlag, Berlin Heidelberg.

[PR70] Parlett B. and Reid J. (1970) On the Solution of a System of Linear Equations Whose Matrix is Symmetric but not Definite. *BIT* 10 : 386–397.

[QS06] Quarteroni A. and Saleri F. (2006) *Scientific Computing with Matlab and Octave.* Springer-Verlag, Berlin Heidelberg.

[QSS07] Quarteroni A., Sacco R., and Saleri F. (2007) *Numerical Mathematics*, volume 37 of *Texts in Applied Mathematics.* Springer-Verlag, New York, 2nd edition.

[QV94] Quarteroni A. and Valli A. (1994) *Numerical Approximation of Partial Differential Equations.* Springer, Berlin and Heidelberg.

[Ral65] Ralston A. (1965) *A First Course in Numerical Analysis.* McGraw-Hill, New York.

[Red86] Reddy B. D. (1986) *Applied Functional Analysis and Variational Methods in Engineering.* McGraw-Hill, New York.

[Ric81] Rice J. (1981) *Matrix Computations and Mathematical Software.* McGraw-Hill, New York.

[Riv74] Rivlin T. (1974) *The Chebyshev Polynomials.* John Wiley and Sons, New York.

[RM67] Richtmyer R. and Morton K. (1967) *Difference Methods for Initial Value Problems.* Wiley, New York.

[RR78] Ralston A. and Rabinowitz P. (1978) *A First Course in Numerical Analysis.* McGraw-Hill, New York.

[Rut58] Rutishauser H. (1958) Solution of Eigenvalue Problems with the LR Transformation. *Nat. Bur. Stand. Appl. Math. Ser.* 49 : 47–81.

[Saa90] Saad Y. (1990) Sparskit : A basic tool kit for sparse matrix computations. Technical Report 90-20, Research Institute for Advanced Computer Science, NASA Ames Research Center, Moffet Field, CA.

[Saa96] Saad Y. (1996) *Iterative Methods for Sparse Linear Systems.* PWS Publishing Company, Boston.

[Sch67] Schoenberg I. (1967) On Spline functions. In Shisha O. (ed) *Inequalities*, pages 255–291. Academic Press, New York.

[Sch81] Schumaker L. (1981) *Splines Functions : Basic Theory.* Wiley, New York.

[Sel84] Selberherr S. (1984) *Analysis and Simulation of Semiconductor Devices.* Springer-Verlag, Wien and New York.

[SG69] Scharfetter D. and Gummel H. (1969) Large-signal analysis of a silicon Read diode oscillator. *IEEE Trans. on Electr. Dev.* 16 : 64–77.

[Ske80] Skeel R. (1980) Iterative Refinement Implies Numerical Stability for Gaussian Elimination. *Math. Comp.* 35 : 817–832.

[SL89] Su B. and Liu D. (1989) *Computational Geometry : Curve and Surface Modeling.* Academic Press, New York.

[Sla63] Slater J. (1963) *Introduction to Chemical Physics.* McGraw-Hill, New York.

[SM03] Suli E. and Mayers D. (2003) *An Introduction to Numerical Analysis.* Cambridge University Press, Cambridge.

[Smi85] Smith G. (1985) *Numerical Solution of Partial Differential Equations : Finite Difference Methods.* Oxford University Press, Oxford.

[SR97] Shampine L. F. and Reichelt M. W. (1997) The MATLAB ODE Suite. *SIAM J. Sci. Comput.* 18 : 1–22.

[SS90] Stewart G. and Sun J. (1990) *Matrix Perturbation Theory.* Academic Press, New York.

[Ste71] Stetter H. (1971) Stability of discretization on infinite intervals. In Morris J. (ed) *Conf. on Applications of Numerical Analysis*, pages 207–222. Springer-Verlag, Berlin Heidelberg.

[Ste73] Stewart G. (1973) *Introduction to Matrix Computations.* Academic Press, New York.

[Str69] Strassen V. (1969) Gaussian Elimination is Not Optimal. *Numer. Math.* 13 : 727–764.

[Str80] Strang G. (1980) *Linear Algebra and Its Applications.* Academic Press, New York.

[Str89] Strikwerda J. (1989) *Finite Difference Schemes and Partial Differential Equations.* Wadsworth and Brooks/Cole, Pacific Grove.

[Sze67] Szegö G. (1967) *Orthogonal Polynomials.* AMS, Providence, R.I.

[Var62] Varga R. (1962) *Matrix Iterative Analysis.* Prentice-Hall, Englewood Cliffs, New York.

[Wac66] Wachspress E. (1966) *Iterative Solutions of Elliptic Systems.* Prentice-Hall, Englewood Cliffs, New York.

[Wal91] Walker J. (1991) *Fast Fourier Transforms.* CRC Press, Boca Raton.

[Wen66] Wendroff B. (1966) *Theoretical Numerical Analysis.* Academic Press, New York.

[Wid67] Widlund O. (1967) A Note on Unconditionally Stable Linear Multistep Methods. *BIT* 7 : 65–70.

[Wil62] Wilkinson J. (1962) Note on the Quadratic Convergence of the Cyclic Jacobi Process. *Numer. Math.* 6 : 296–300.

[Wil63] Wilkinson J. (1963) *Rounding Errors in Algebraic Processes.* Prentice-Hall, Englewood Cliffs, New York.

[Wil65] Wilkinson J. (1965) *The Algebraic Eigenvalue Problem.* Clarendon Press, Oxford.

[Wil68] Wilkinson J. (1968) A priori Error Analysis of Algebraic Processes. In *Intern. Congress Math.*, volume 19, pages 629–639. Izdat. Mir, Moscow.

[You71] Young D. (1971) *Iterative Solution of Large Linear Systems.* Academic Press, New York.

Liste des programmes

Index